热镀锌实用数据手册

李九岭　编著

北　京
冶　金　工　业　出　版　社
2012

内容简介

本书是一本热镀锌实用数据速查工具书。全书共分8章，主要内容包括：概论、热镀锌理论、热镀锌原材料、溶剂法批量热镀锌、还原法带钢热镀锌、热镀锌产品质量检查、热镀锌热工数据和热镀锌基础数据等。本书内容新颖，数据真实可靠，实用性强。书中数据全部以表格形式编排，便于读者查阅。

本书适于带钢连续热镀锌、溶剂法批量热镀锌生产企业的工程技术人员、工长和工人阅读，也可供其他镀锌生产部门和专业设计人员、研究人员以及大专院校相关专业师生参考。

图书在版编目(CIP)数据

热镀锌实用数据手册/李九岭编著．—北京：冶金工业出版社，2012.4

ISBN 978-7-5024-5857-7

Ⅰ.①热… Ⅱ.①李… Ⅲ.①热浸镀锌—数据—手册
Ⅳ.①TQ153.1

中国版本图书馆CIP数据核字(2012)第019426号

出 版 人　曹胜利
地　　址　北京北河沿大街嵩祝院北巷39号，邮编100009
电　　话　(010)64027926　电子信箱　yjcbs@cnmip.com.cn
责任编辑　李　梅　美术编辑　彭子赫　版式设计　孙跃红
责任校对　刘　倩　责任印制　牛晓波
ISBN 978-7-5024-5857-7
三河市双峰印刷装订有限公司印刷；冶金工业出版社出版发行；各地新华书店经销
2012年4月第1版，2012年4月第1次印刷
787mm×1092mm　1/16；31印张；745千字；479页
108.00元

冶金工业出版社投稿电话：(010)64027932　投稿信箱：tougao@cnmip.com.cn
冶金工业出版社发行部　电话：(010)64044283　传真：(010)64027893
冶金书店　地址：北京东四西大街46号(100010)　电话：(010)65289081(兼传真)
(本书如有印装质量问题，本社发行部负责退换)

序

热镀锌防腐镀层金属材料，已广泛应用于建筑、家电、车船、通讯、容器制造、机电等行业，几乎涉及了国民衣食住行的各个领域。随着社会的发展，作为耐蚀、节能、低碳、环保、可回收使用的热镀锌材料，必将成为现代化建设中常用的、基础的、高效的循环经济用材。

钢材热镀锌始于1742年，至今已有270年的历史。目前，全世界建有带钢连续热镀锌机组800多条，批量生产热镀锌厂家也有3000多家，统计表明，这些数据还在不断攀升。我国热镀锌生产起步较晚，但经改革开放后30多年的快速发展，已大大缩短了与发达国家的差距。本书作者从事热镀锌生产与研究半个世纪，是中国宽带钢连续热镀锌的奠基人，在长期的生产与理论研究过程中，着手解决了一系列工艺、技术难题，具有丰富的理论和实践经验。1981年，他的专著《带钢连续热镀锌》由冶金工业出版社公开出版发行，为我国带钢连续热镀锌的发展培养了一代专业人才。继而他又带领他的弟子编著了《带钢连续热镀锌生产问答》，同时还在国内专业刊物上发表论文30余篇，为我国热镀锌技术进步做出了积极的贡献。

18年来，在本书作者的指导下，武汉吉瑞化工科技有限公司一直专注于服务冷轧产业链，生产为冷轧板、热镀锌板、彩涂板所使用的轧制油、光整液、脱脂剂、钝化液、耐指纹液、化涂液、防锈油等专业涂镀化学品，是我国最早开发研究涂镀化学品废弃物环保处理工艺与设备的单位。吉瑞化工是国家创新基金资助项目单位，具有多项国家发明专利和多项重大科研成果，拥有能独立完成自主知识产权技术研发的专业队伍及生产装备。

《热镀锌实用数据手册》是作者对热镀锌工艺技术的高度概括，更是他一生研究成果的结晶。该手册对广大热镀锌从业人员极具参考价值，我特向广大读者诚挚推荐。

武汉吉瑞化工科技有限公司　董事长

汪晓林

2012年1月

前　言

到2011年年末，我国宽带钢连续热镀锌生产线已有430余条，窄带、中宽带热镀锌线也有1000余条，批量热镀锌生产厂家也发展到了1000余家，直接从事带钢连续热镀锌专业的产业人员有数十万人。目前，国内公开出版发行的热镀锌专著有十几本，翻译外国学者的溶剂法热镀锌专著有3本，还有国内外热镀锌会议发表的相关论文集数十本，但从事热镀锌专业的生产人员、检验人员、管理人员、设计人员、建设人员、研究人员、教学人员、商贸人员等，在工作和研究中，想查到一个实用技术参数或生产数据像大海捞针一样困难。针对这一普遍存在的问题，作者经过多年精心构思，参阅了国内外大量热镀锌文献，以本人50年从事热镀锌生产与研究的经验，编写了这本《热镀锌实用数据手册》，以满足广大热镀锌从业人员渴望数据速查的需求。全书内容完全采用表格形式，阅读、检索一目了然。

在本书编写过程中，河北省冶金研究院陈冬教授，华南理工大学陈锦虹教授，重钢四厂袁思胜教授，武钢冷轧总厂宋木清教授、张雨泉高工、官贵良高工，武钢研究院郑洪道教授，邯钢李守华高工，酒钢董世文高工，首钢吕军教授，宝钢金鑫焱教授，鞍钢李锋教授，唐钢李文田教授，攀钢邹桂明高工，攀华集团许秀飞教授，钢铁研究总院张启富教授，中冶南方工程技术有限公司（原武汉钢铁设计研究院）邵远敬教授，中冶赛迪工程技术股份有限公司（原重庆钢铁设计研究院）游先政教授，中冶京诚工程技术有限公司（原北京钢铁设计研究总院）宋加教授、沈志前教授，黄石山力科技发展有限公司张才富教授、巫嘉谋教授、房振彦教授、柯江军高工、熊应举高工、杨春峰高工、李学标高工、王营安高工、陈旻高工，武汉吉瑞化工科技有限公司汪晓林高工等提出了许多宝贵意见，在此一并表示衷心感谢。

由于作者水平有限，书中存在的不足之处，恳请广大读者批评指正。

李九龄

2012年1月

目　录

1 概　论

1.1 热镀锌的发展

1.1.1 世界热镀锌发展大事记

世界热镀锌发展大事记见表1-1。

表1-1　世界热镀锌发展大事记

序　号	年　份	事　　件
1	1742	法国化学家P.T. 马鲁因发明了热镀锌
2	1786	英国发表了用氯化氨做溶剂的热镀锌方法
3	1800	德国热镀锌工业化
4	1836	法国热镀锌工业化
5	1846	钢板热镀锌发明了辊镀法
6	1906	日本八幡制铁所热镀锌钢板投入工业生产
7	1930	用于热镀锌的原板出现了采用冷轧机生产的冷轧带钢卷
8	1931	波兰人森吉米尔发明了举世闻名的森吉米尔法带钢连续热镀锌
9	1934	美国建成了世界第一条宽度超过1m的宽带钢连续热镀锌线
10	1938	美国阿姆柯钢铁公司发明了分解氨法带钢连续热镀锌
11	1939	美国莎伦钢铁公司发明了莎伦法带钢连续热镀锌
12	1947	美国赛拉斯钢铁公司发明了赛拉斯法
13	1947	英国首次采用气刀控制锌层厚度
14	1948	美国钢铁公司发明了全辐射美钢联法
15	1953	美国惠林钢铁公司的工程师柯克·诺尔特曼发明了惠林法
16	1965	美国阿姆柯钢铁公司发明了改良森吉米尔法带钢连续热镀锌（NOF法）
17	1965	美国内陆钢铁公司工程师李禾发明了5%铝-锌镀层板（Galfan）
18	1966	美国伯利恒钢铁公司发明了55%铝-锌硅镀层板（Galvalume）
19	1972	Galvalume镀层板投入工业化生产
20	1980	Galfan镀层板由国际铅锌协会投入工业运营
21	1997	日本新日铁发明了0.5%镁-锌镀层板（DYMAZINC）
22	1998	日本日新制铁发明了6%铝-3%镁-锌镀层板（ZAM）
23	2001	日本新日铁发明了11%铝-3%镁-0.1%硅-锌镀层板（DYMA）

1.1.2 国外热镀锌的发展

1.1.2.1 国外带钢热镀锌的发展

截至2011年末，全世界宽带钢热镀锌作业线已经达到892条，其地区分布状况见表1-2。

表 1-2 镀锌线全球分布状况

序 号	大 洲	热镀锌线/条	电镀锌线/条
1	亚 洲	591	35
2	欧 洲	140	2
3	北美洲	98	—
4	南美洲	27	37
5	非 洲	22	8
6	澳 洲	14	5
合 计		892	100

各大洲镀锌线分布状况见表 1-3 ~ 表 1-8。

表 1-3 亚洲镀锌线分布

序 号	国家及地区	热镀锌线/条	电镀锌线/条
1	中国大陆	430	8
2	印 度	17	1
3	印度尼西亚	16	—
4	日 本	65	18
5	韩 国	16	6
6	其 他	47	2
合 计		591	35

表 1-4 欧洲镀锌线分布

序 号	国家及地区	热镀锌线/条	电镀锌线/条
1	比利时	11	4
2	法 国	18	3
3	英 国	15	3
4	德 国	21	7
5	意大利	10	7
6	俄罗斯	17	2
7	西班牙	8	3
8	土耳其	8	1
9	瑞 典	5	1
10	波 兰	5	1
11	捷 克	5	1
12	其 他	17	4
合 计		140	37

表 1-5 北美洲镀锌线分布

序 号	国家及地区	热镀锌线/条	电镀锌线/条
1	加拿大	16	1
2	哥斯达黎加	1	—
3	危地马拉	1	—
4	墨西哥	10	1
5	美 国	70	16
合 计		98	18

表 1-6 南美洲镀锌线分布

序 号	国家及地区	热镀锌线/条	电镀锌线/条
1	阿根廷	4	1
2	巴 西	17	4
3	智 利	2	—
4	哥伦比亚	1	—
5	秘 鲁	2	—
6	委内瑞拉	1	—
合 计		27	5

表 1-7 非洲镀锌线分布

序 号	国家及地区	热镀锌线/条	电镀锌线/条
1	阿尔及利亚	2	—
2	埃 及	3	—
3	肯尼亚	3	—
4	利比亚	2	—
5	摩洛哥	2	—
6	南 非	8	1
7	突尼斯	2	1
合 计		22	2

表 1-8 澳洲镀锌线分布

序 号	国家及地区	热镀锌线/条	电镀锌线/条
1	澳大利亚	12	—
2	新西兰	2	—
合 计		14	—

1.1.2.2 国际批量热镀锌的发展

国际批量热镀锌的分布概况见表 1-9。

表 1-9 国际批量热镀锌的分布概况（2006 年）

序 号	国家或地区	工厂数	年产量/万吨	总耗锌量/万吨	平均锌耗量/$kg \cdot t^{-1}$
1	欧 盟	640	650	42	65
2	北 美	240	280	17	61
3	印 度	140	60	3.4	57
4	澳大利亚	40	32	2.6	81
5	日 本	130	150	9.2	61
6	东南亚	76	140	7.5	54
7	非 洲	80	70	4.2	60
8	中 国	1007	450	38	84
9	南美洲	250	170	13	76
10	中 东	95	120	7.8	65
合 计		2698	2122	144.7	—

1.1.3 国内热镀锌的发展

1.1.3.1 带钢连续热镀锌

中国宽带热镀锌线增长现状，见表1-10。

表1-10 中国宽带热镀锌线增长现状

年 份	增长条数	总条数	年生产能力/万吨	占粗钢比/%
2000	—	13	230	1
2001	3	16	260	1.5
2002	5	21	310	2
2003	13	34	500	3
2004	46	80	1200	4
2005	33	109	1800	5
2006	24	137	2700	6
2007	49	186	3800	8
2008	44	230	4600	9
2009	50	280	5200	10
2010	55	335	6000	11
2011	95	430	7000	12

中国宽带钢热镀锌作业线由国有企业与民营企业两个部分组成，见表1-11和表1-12。

表1-11 中国国有企业宽带钢热镀锌线一览表

序号	厂 家	年产量/万吨	厚度/mm	宽度/mm	原板来源	产品用途	生产方法	炉型	投产年份	设备制造厂家
1	武钢1号线	25	0.25~2.5	700~1530	自产	建材家电	NOF法	卧式	1979	奥钢联改造
2	武钢2号线	48	0.4~2.5	800~2100	自产	汽车	全辐射法	立式	2006	西马克
3	武钢3号线	40	0.2~1.6	800~1850	自产	家电汽车	全辐射法	立式	2006	西马克
4	武钢4号线	30	0.3~2.0	800~1850	自产	55% Al-Zn	全辐射法	立式	2006	西马克
5	武钢5号线	25	0.25~1.5	800~1350	自产	建材,家电	全辐射法	立式	2006	黄石山力
6	武钢6号线	35	0.25~1.6	800~1430	自产	家电,汽车	全辐射法	立式	2010	中冶南方
7	宝钢1号线	35	0.3~3.0	900~1850	自产	建材	NOF法	立式	1990	美维恩
8	宝钢2号线	40	0.2~1.6	900~1850	自产	汽车	全辐射法	立式	1999	西马克
9	宝钢3号线	20	0.19~1.3	800~1250	自产	55% Al-Zn	NOF法	卧式	2005	日本川崎
10	宝钢4号线	50	0.2~1.6	900~1700	自产	家电汽车	全辐射法	立式	2005	日新日铁
11	宝钢5号线	40	0.2~1.6	900~1700	自产	汽车	全辐射法	立式	2005	日本三菱
12	宝钢6号线	25	0.2~1.5	800~1250	自产	建材	全辐射法	立式	2007	DMS
13	宝钢7号线	25	0.2~1.5	800~1250	自产	建材	全辐射法	立式	2007	DMS
14	宝钢8号线	40	0.4~2.5	900~1850	自产	汽车外板	全辐射法	立式	2009	宝 钢
15	宝钢9号线	35	0.4~2.5	900~1850	自产	汽车内板	全辐射法	立式	2010	宝 钢
16	宝钢梅山线	25	0.35~2.0	700~1400	自产	建材家电	全辐射法	立式	2009	宝 钢
17	宝钢梅山线	25	0.2~1.3	700~1250	自产	55% Al-Zn	全辐射法	立式	2009	宝 钢
18	鞍钢1号线	40	0.3~3.0	700~1550	自产	建材	全辐射法	立式	2004	CMI
19	鞍钢2号线	40	0.3~2.5	700~1550	自产	汽车	全辐射法	立式	2004	CMI

续表 1-11

序号	厂　家	年产量/万吨	厚度/mm	宽度/mm	原板来源	产品用途	生产方法	炉型	投产年份	设备制造厂家
20	鞍钢 3 号线	40	0.3～3.0	700～1550	自产	建材	全辐射法	立式	2007	CMI
21	鞍钢 4 号线	40	0.3～3.0	700～1550	自产	建材	全辐射法	立式	2007	CMI
22	鞍钢大连 1	40	0.4～2.0	700～1850	自产	汽车	全辐射法	立式	2004	CMI
23	鞍钢大连 2	35	0.4～1.6	700～1550	自产	汽车家电	全辐射法	立式	2004	CMI
24	安钢 1 号线	40	0.3～2.0	800～1850	自产	汽车	全辐射法	立式	2010	西马克
25	安钢 2 号线	30	0.25～1.2	800～1250	自产	家电	全辐射法	立式	2010	西马克
26	本钢 1 号线	20	0.5～2.5	700～1550	自产	建材	NOF 法	卧式	1996	德马克
27	本钢 2 号线	45	0.4～2.5	700～1550	自产	汽车	全辐射法	立式	2006	CMI
28	本钢 3 号线	45	0.25～1.6	700～1550	自产	家电	全辐射法	立式	2006	奥钢联
29	本钢 4 号线	45	0.25～2.5	700～1600	自产	汽车	全辐射法	立式	2006	奥钢联
30	马钢 1 号线	35	0.3～2.5	700～1550	自产	建材	NOF 法	卧式	2004	新日铁
31	马钢 2 号线	35	0.3～2.0	700～1550	自产	家电	全辐射法	立式	2005	西马克
32	马钢 3 号线	45	0.25～2.5	900～2080	自产	汽车	全辐射法	立式	2008	CMI
33	马钢 4 号线	40	0.2～1.6	900～1850	自产	家电汽车	全辐射法	立式	2008	CMI
34	包钢 1 号线	50	0.3～3.0	700～1680	自产	建材	全辐射法	立式	2005	奥钢联
35	包钢 2 号线	40	0.3～2.0	700～1860	自产	家电	全辐射法	立式	2007	包　钢
36	攀钢 1 号线	15	0.25～2.5	700～1120	自产	建材	NOF 法	卧式	1996	日本三菱
37	攀钢 2 号线	35	0.25～2.0	700～1250	自产	55% Al-Zn	全辐射法	立式	2004	奥钢联
38	攀钢 3 号线	35	0.2～1.6	700～1120	自产	建材	全辐射法	立式	2006	中冶赛迪
39	攀钢 4 号线	35	0.2～1.6	700～1120	自产	建材	全辐射法	立式	2006	中冶赛迪
40	攀钢西昌线	40	0.4～2.5	800～1850	自产	汽车	全辐射法	立式	2011	西马克
41	唐钢 1 号线	45	0.3～2.5	700～1550	自产	建材	NOF 法	L 形	2004	达涅利
42	唐钢 2 号线	50	1.0～5.0	700～1550	热轧	建材	NOF 法	卧式	2006	奥钢联
43	唐钢 3 号线	45	0.3～2.0	700～1550	自产	建材	全辐射法	立式	2006	达涅利
44	邯钢 1 号线	30	0.8～4.5	700～1770	热轧	建材	NOF 法	卧式	2003	达涅利
45	邯钢 2 号线	35	0.25～2.0	700～1680	自产	家电	全辐射法	立式	2005	奥钢联
46	邯钢 3 号线	48	0.40～2.5	900～2080	自产	汽车	全辐射法	立式	2010	CMI
47	邯钢 4 号线	42	0.30～1.6	900～1680	自产	家电	全辐射法	立式	2010	CMI
48	首钢 1 号线	20	0.2～1.5	800～1250	自产	建材	NOF 法	卧式	2004	CMI
49	首钢 2 号线	36	0.3～2.0	800～1530	自产	建材家电	全辐射法	立式	2006	CMI
50	首钢 3 号线	45	0.3～2.0	800～1700	自产	汽车	全辐射法	立式	2007	CMI
51	首钢 4 号线	35	0.3～1.6	700～1250	自产	家电	全辐射法	立式	2007	CMI
52	首钢京唐 1	50	0.40～2.0	850～1680	自产	家电	全辐射法	立式	2009	CMI
53	首钢京唐 2	50	0.40～2.0	850～1680	自产	55% Al-Zn	全辐射法	立式	2009	CMI
54	酒钢 1 号线	35	0.25～1.0	800～1850	自产	汽车板	全辐射法	立式	2009	中冶赛迪
55	酒钢 2 号线	40	0.40～2.5	830～1660	自产	家电	全辐射法	立式	2009	中冶赛迪
56	重钢 1 号线	10	0.2～1.2	700～1250	自产	建材	全辐射法	卧式	2002	黄石山力
57	天铁线	40	0.3～2.0	800～1600	自产	建材家电	全辐射法	立式	2006	CMI
58	天津一轧线	30	0.2～1.6	800～1650	自产	家电	NOF 法	立式	2010	达涅利
59	广钢 1 号线	40	0.3～2.0	700～1680	自产	汽车	全辐射法	立式	2006	日本 JFE

续表 1-11

序号	厂 家	年产量/万吨	厚度/mm	宽度/mm	原板来源	产品用途	生产方法	炉型	投产年份	设备制造厂家
60	广钢 2 号线	30	0. 2 ~ 1. 3	700 ~ 1250	自产	55% Al-Zn	全辐射法	立式	2006	日本 JFE
61	涟钢线	30	0. 25 ~ 3. 2	700 ~ 1550	自产	建材	NOF 法	卧式	2005	新日铁
62	济钢 1 号线	20	0. 25 ~ 2. 0	700 ~ 1550	自产	建材	全辐射法	立式	2004	钢研新冶
63	济钢阳谷线	10	0. 2 ~ 1. 2	700 ~ 1250	自产	建材	全辐射法	卧式	2005	黄石山力
64	昆钢线	15	0. 25 ~ 2. 0	700 ~ 1550	自产	建材	NOF 法	卧式	2004	韩国浦项
65	通钢 1 号线	30	0. 25 ~ 2. 0	800 ~ 1530	自产	建材家电	全辐射法	立式	2007	钢研新冶
66	通钢 2 号线	30	0. 80 ~ 4. 0	800 ~ 1530	热轧	建材	NOF 法	卧式	2007	中冶南方
67	宝钢黄石线	10	0. 2 ~ 1. 5	700 ~ 1000	自产	建材	全辐射法	立式	1996	钢研新冶
68	福建三明线	10	0. 2 ~ 1. 2	800 ~ 1250	外购	建材	NOF 法	卧式	2004	中冶京诚
69	八一钢厂线	15	0. 2 ~ 1. 2	800 ~ 1250	自产	建材	全辐射法	卧式	2005	中冶连铸
70	深圳华美 1	25	0. 2 ~ 1. 2	800 ~ 1250	自产	建材	全辐射法	立式	2005	钢研新冶
71	深圳华美 2	25	0. 2 ~ 1. 2	800 ~ 1250	自产	建材	全辐射法	立式	2007	钢研新冶

表 1-12 中国民营企业宽带钢热镀锌线一览表

序号	厂 家	年产量/万吨	厚度/mm	宽度/mm	原板来源	产品用途	生产方法	炉型	投产年份	设备制造厂家
1	大连浦金线	10	0. 2 ~ 1. 5	600 ~ 1250	外购	建材	全辐射法	卧式	1997	韩国浦项
2	江苏浦项线	10	0. 2 ~ 1. 5	600 ~ 1250	外购	建材	全辐射法	卧式	1998	韩国浦项
3	绍兴万成线	15	0. 2 ~ 1. 2	800 ~ 1250	外购	55% Al-Zn	全辐射法	卧式	2008	黄石山力
4	海宁中大 1	10	0. 2 ~ 1. 2	800 ~ 1250	自产	建材	全辐射法	卧式	2008	黄石山力
5	海宁中大 2	18	0. 2 ~ 0. 6	800 ~ 1250	自产	建材	全辐射法	卧式	2012	黄石山力
6	海宁联鑫 1	20	0. 25 ~ 1. 2	800 ~ 1250	自产	55% Al-Zn	全辐射法	卧式	2011	黄石山力
7	海宁联鑫 2	25	0. 25 ~ 1. 5	800 ~ 1250	自产	家电	全辐射法	立式	2011	黄石山力
8	嘉兴奥冠线	10	0. 2 ~ 1. 2	800 ~ 1250	外购	建材	全辐射法	卧式	2008	奥 冠
9	嘉兴华钢线	10	0. 2 ~ 1. 2	800 ~ 1250	外购	建材	全辐射法	卧式	2008	华 钢
10	浙江中伟线	15	0. 2 ~ 1. 2	800 ~ 1250	外购	建材	全辐射法	卧式	2009	中 伟
11	华东轻钢线	10	0. 2 ~ 1. 2	800 ~ 1250	自产	建材	全辐射法	卧式	2003	机械自动化所
12	杭州恒达线	15	0. 2 ~ 1. 2	800 ~ 1250	外购	55% Al-Zn	全辐射法	卧式	2007	星 和
13	杭州兴日钢 1	15	0. 2 ~ 1. 2	800 ~ 1250	自产	建材	全辐射法	立式	2004	黄石山力
14	杭州兴日钢 2	15	0. 2 ~ 1. 2	800 ~ 1250	自产	55% Al-Zn	全辐射法	卧式	2007	钢研新冶
15	杭州兴日钢 3	15	0. 2 ~ 1. 2	800 ~ 1250	自产	55% Al-Zn	全辐射法	卧式	2007	钢研新冶
16	杭州兴日钢 4	15	0. 2 ~ 0. 8	800 ~ 1250	自产	建材	全辐射法	卧式	2007	钢研新冶
17	杭州兴日钢 5	15	0. 2 ~ 0. 8	800 ~ 1250	自产	建材	全辐射法	卧式	2007	钢研新冶
18	杭州同兴线 1	15	0. 2 ~ 0. 5	800 ~ 1250	自产	建材	全辐射法	卧式	2011	钢研新冶
19	杭州同兴线 2	15	0. 2 ~ 0. 5	800 ~ 1250	自产	建材	全辐射法	卧式	2012	钢研新冶
20	杭州协和 1	10	0. 2 ~ 1. 2	800 ~ 1250	外购	建材	全辐射法	卧式	2004	机械自动化所
21	杭州协和 2	15	0. 2 ~ 1. 2	800 ~ 1250	自产	55% Al-Zn	全辐射法	卧式	2007	机械自动化所
22	浙江协和首信	12	0. 16 ~ 0. 8	800 ~ 1250	自产	建材	全辐射法	卧式	2011	钢研新冶
23	浙江协和首信	12	0. 16 ~ 0. 8	800 ~ 1250	自产	建材	全辐射法	卧式	2012	钢研新冶
24	浙江协和首信	15	0. 25 ~ 2. 0	800 ~ 1250	自产	建材	全辐射法	卧式	2011	钢研新冶

续表 1-12

序号	厂　家	年产量/万吨	厚度/mm	宽度/mm	原板来源	产品用途	生产方法	炉型	投产年份	设备制造厂家
25	浙江协和首信	20	0.2～0.5	800～1250	自产	建材	全辐射法	卧式	2012	钢研新冶
26	杭州协和3	15	0.2～1.2	800～1250	自产	建材	全辐射法	卧式	2008	黄石山力
27	杭州协和4	15	0.2～1.2	800～1050	自产	建材	全辐射法	卧式	2010	黄石山力
28	杭州协和5	15	0.2～1.2	800～1050	自产	建材	全辐射法	卧式	2010	黄石山力
29	杭州舜达伟业	15	0.2～1.2	800～1250	外购	55% Al-Zn	全辐射法	卧式	2008	黄石山力
30	芜湖恒达线	15	0.2～1.2	800～1250	自产	55% Al-Zn	全辐射法	卧式	2007	星　和
31	杭州永丰1	15	0.2～1.2	800～1250	外购	55% Al-Zn	全辐射法	立式	2007	黄石山力
32	杭州永丰2	15	0.2～1.2	800～1250	外购	建材	全辐射法	立式	2010	黄石山力
33	杭州东南网架1	15	0.3～1.2	800～1250	自产	家电	全辐射法	卧式	2006	黄石山力
34	杭州东南网架2	15	0.2～0.8	800～1250	自产	建材	全辐射法	卧式	2011	黄石山力
35	杭州东南网成都	15	0.2～1.2	800～1250	自产	55% Al-Zn	全辐射法	卧式	2008	星　和
36	杭州华达1号	15	0.2～1.2	800～1250	外购	建材	全辐射法	立式	2004	黄石山力
37	杭州华达2号	15	0.2～1.2	800～1250	外购	55% Al-Zn	全辐射法	立式	2004	黄石山力
38	杭州华达3号	10	0.24～0.6	900～1250	外购	建材	全辐射法	卧式	2008	星　和
39	桐乡华钢1	15	0.2～1.2	800～1250	外购	建材	全辐射法	卧式	2008	华　钢
40	桐乡华钢2	15	0.2～0.8	800～1250	外购	建材	全辐射法	卧式	2011	华　钢
41	宁波中盟线	25	0.2～1.2	800～1250	自产	建材	全辐射法	立式	2007	中冶赛迪
42	宁波兰天线	10	0.2～1.2	800～1250	外购	建材	全辐射法	卧式	2004	中冶南方
43	宁波大港1号	15	0.2～1.2	800～1250	自产	建材	全辐射法	卧式	2007	黄石山力
44	宁波大港2号	15	0.2～1.2	800～1250	自产	55% Al-Zn	全辐射法	卧式	2007	黄石山力
45	嘉兴荣佳线	10	0.2～1.2	800～1250	外购	建材	全辐射法	卧式	2004	新大中
46	杭州正茂线	15	0.15～0.8	800～1250	自产	建材	全辐射法	卧式	2012	东　和
47	江苏大江线	25	0.2～1.2	800～1250	自产	55% Al-Zn	全辐射法	立式	2008	中冶赛迪
48	江苏大力神1	15	0.15～0.8	800～1250	自产	建材	全辐射法	卧式	2008	东　和
49	江苏大力神2	15	0.15～0.8	800～1250	自产	建材	全辐射法	卧式	2008	东　和
50	江苏大力神3	15	0.15～0.8	800～1250	自产	建材	全辐射法	卧式	2008	东　和
51	江苏大力神4	15	0.15～0.8	800～1250	自产	建材	全辐射法	卧式	2008	东　和
52	江苏新大中1	10	0.3～3.0	600～1000	自产	建材	全辐射法	卧式	2002	黄石山力
53	江苏新大中2	10	0.2～0.8	800～1250	自产	建材	全辐射法	卧式	2003	新大中
54	江苏新大中3	15	0.2～1.2	800～1250	自产	55% Al-Zn	全辐射法	卧式	2003	新大中
55	江苏新大中4	35	0.6～3.0	800～1250	热轧板	55% Al-Zn	全辐射法	卧式	2007	新大中
56	江苏新大中5	15	0.2～0.8	800～1250	自产	55% Al-Zn	全辐射法	卧式	2007	新大中
57	兴国永大线	10	0.2～0.8	800～1250	自产	建材	全辐射法	卧式	2007	钢研新冶
58	上海南极光线	30	1.0～4.0	800～1250	自产	热轧板	NOF法	卧式	2007	中冶京诚
59	江苏业辉线	15	0.2～1.2	800～1250	外购	建材	全辐射法	卧式	2010	黄石山力
60	江苏华丽线	15	0.2～1.2	600～1250	外购	建材	全辐射法	卧式	2004	星　和
61	江苏百汇线	15	0.2～1.2	800～1250	外购	建材	全辐射法	卧式	2004	星　和
62	江苏常松1号	15	0.2～1.2	800～1250	外购	建材	全辐射法	卧式	2005	机械自动化所
63	江苏常松2号	15	0.2～1.2	800～1250	外购	55% Al-Zn	NOF法	卧式	2008	机械自动化所
64	江苏常松3号	15	0.15～0.8	800～1250	自产	建材	全辐射法	卧式	2010	东　和

续表 1-12

序号	厂 家	年产量/万吨	厚度/mm	宽度/mm	原板来源	产品用途	生产方法	炉型	投产年份	设备制造厂家
65	江苏常松 4 号	15	0.15～0.8	800～1250	自产	建材	全辐射法	卧式	2010	东 和
66	江苏常科线	15	0.2～1.2	800～1250	自产	55% Al-Zn	全辐射法	卧式	2007	东 和
67	江苏吉景 1 号	15	0.2～0.8	800～1250	自产	建材	全辐射法	卧式	2008	东 和
68	江苏吉景 2 号	15	0.2～0.8	800～1250	自产	建材	全辐射法	卧式	2008	东 和
69	江苏吉景 3 号	15	0.2～0.8	800～1250	自产	建材	全辐射法	卧式	2008	东 和
70	江苏江南 1 号	30	0.2～1.2	800～1250	外购	建材家电	全辐射法	立式	2005	日本企业
71	江苏江南 2 号	30	0.2～1.2	800～1250	外购	55% Al-Zn	全辐射法	立式	2005	日本企业
72	江苏华西村 1	15	0.2～1.2	800～1250	外购	建材	全辐射法	卧式	2004	星 和
73	江苏华西村 2	15	0.2～1.5	800～1250	外购	55% Al-Zn	全辐射法	卧式	2005	星 和
74	江苏华西村 3	30	0.5～3.0	800～1250	外购	55% Al-Zn	NOF 法	卧式	2007	东 和
75	江苏联合铁钢	30	0.2～1.2	700～1270	自产	家电建材	NOF 法	L 型卧式	2004	印度企业
76	江苏联合铁钢	25	0.2～1.2	700～1270	自产	55% Al-Zn	NOF 法	L 型卧式	2004	印度企业
77	江苏宗承 1	25	0.2～1.2	800～1250	自产	55% Al-Zn	NOF 法	L 型卧式	2009	印度企业
78	江苏宗承 2	40	0.8～3.5	800～1250	外购	建材	NOF 法	卧式	2010	钢研新冶
79	江苏华明线	15	0.2～1.2	800～1250	外购	建材	全辐射法	卧式	2005	黄石山力
80	江苏万达 1 号	15	0.2～1.2	800～1250	自产	建材	全辐射法	卧式	2003	黄石山力
81	江苏万达 2 号	15	0.2～1.2	800～1250	自产	建材	全辐射法	卧式	2004	钢研新冶
82	江苏万达 3 号	15	0.2～1.2	800～1250	自产	55% Al-Zn	全辐射法	卧式	2006	钢研新冶
83	江苏港星 1 号	10	0.2～1.2	800～1250	自产	建材	全辐射法	卧式	2003	机械自动化所
84	江苏港星 2 号	15	0.2～1.2	800～1250	自产	建材	全辐射法	卧式	2010	东 和
85	江苏克罗德 1	20	0.2～0.8	800～1250	自产	55% Al-Zn	全辐射法	立式	2008	中冶赛迪
86	江苏克罗德 2	25	0.2～1.2	800～1250	自产	55% Al-Zn	全辐射法	卧式	2008	中冶赛迪
87	江苏克罗德 3	35	0.5～3.5	800～1250	自产	建材	NOF 法	卧式	2008	中冶赛迪
88	江苏华冶 1 号	20	0.2～1.5	800～1250	外购	建材	全辐射法	卧式	2004	中冶南方
89	江苏华冶 2 号	25	0.5～3.5	800～1250	自产	建材	NOF 法	卧式	2009	中冶赛迪
90	江苏华冶 3 号	25	0.2～1.5	800～1250	自产	建材	全辐射法	立式	2010	中冶赛迪
91	江苏康耐特线	10	0.2～1.5	600～1200	外购	建材	全辐射法	卧式	2003	康耐特
92	江苏欣瑞 1 号	30	0.3～2.0	800～1600	自产	家电汽车	全辐射法	立式	2004	川 崎
93	江苏欣瑞 2 号	30	0.3～1.6	800～1600	自产	55% Al-Zn	全辐射法	立式	2004	川 崎
94	江苏常熟叶辉	30	0.3～1.2	800～1600	自产	建材	全辐射法	立式	2004	中国台湾地区企业
95	江苏星岛 1 号	40	1.0～4.5	800～1600	热板	建材	NOF 法	卧式	2004	中国台湾地区企业
96	江苏星岛 2 号	60	1.0～4.5	800～1600	热板	建材	NOF 法	卧式	2004	中国台湾地区企业
97	江苏科弘 1 号	25	0.3～2.0	800～1250	自产	建材	全辐射法	立式	2005	日本三菱
98	江苏科弘 2 号	25	0.2～1.2	800～1250	自产	55% Al-Zn	全辐射法	卧式	2005	达涅利
99	江苏科弘 3 号	25	0.2～1.2	800～1250	自产	55% Al-Zn	全辐射法	卧式	2005	达涅利
100	江苏科弘 4 号	15	0.2～1.2	800～1250	自产	建材	全辐射法	卧式	2005	钢研新冶
101	江苏南通钢正	15	0.2～1.2	800～1250	外购	55% Al-Zn	全辐射法	卧式	2007	星 和
102	江苏海门赐宝	15	0.2～1.2	800～1250	外购	建材	全辐射法	立式	2007	黄石山力
103	江苏博思格线	40	0.3～2.0	800～1680	自产	55% Al-Zn	全辐射法	立式	2006	澳大利亚企业
104	江苏东泰线	15	0.18～0.8	800～1250	自产	建材	全辐射法	卧式	2012	黄石山力

续表 1-12

序号	厂　家	年产量/万吨	厚度/mm	宽度/mm	原板来源	产品用途	生产方法	炉型	投产年份	设备制造厂家
105	江苏阳泰线	15	0.2～0.6	800～1250	自产	建材	全辐射法	卧式	2011	佛山瑞众
106	冠州集团1号	20	0.2～1.2	800～1250	自产	建材	全辐射法	立式	2004	黄石山力
107	冠州集团2号	20	0.2～1.2	800～1250	自产	55% Al-Zn	全辐射法	立式	2007	黄石山力
108	冠州集团3号	15	0.15～0.8	800～1250	自产	建材	全辐射法	卧式	2010	自动化所
109	冠州集团4号	40	0.8～4.5	800～1550	自产	建材	NOF法	卧式	2010	中冶京诚
110	冠州集团5号	30	0.3～2.5	800～1550	自产	家电	全辐射法	立式	2011	黄石山力
111	济钢阳谷线	15	0.2～1.2	800～1250	自产	55% Al-Zn	全辐射法	卧式	2008	黄石山力
112	山东长虹1	10	0.2～1.2	800～1250	外购	建材	全辐射法	卧式	2008	黄石山力
113	山东长虹2	10	0.15～0.6	800～1250	外购	建材	全辐射法	卧式	2010	欧　达
114	冠县中天1	10	0.2～1.2	800～1250	外购	55% Al-Zn	全辐射法	卧式	2008	黄石山力
115	冠县中天2	16	0.13～0.8	800～1250	外购	55% Al-Zn	全辐射法	卧式	2012	黄石山力
116	冠县恒通1	15	0.2～1.2	800～1250	外购	55% Al-Zn	全辐射法	卧式	2008	北京全有
117	冠县恒通2	15	0.2～1.2	800～1250	外购	建材	全辐射法	卧式	2010	冠县恒通
118	冠县金冠线	15	0.15～0.8	800～1250	外购	建材	全辐射法	卧式	2010	冠县金冠
119	冠县众冠1	15	0.15～0.8	800～1250	外购	建材	全辐射法	卧式	2010	佛山瑞众
120	冠县众冠2	15	0.15～0.8	800～1250	外购	建材	全辐射法	卧式	2011	佛山瑞众
121	冠县前进线	10	0.15～0.8	800～1100	外购	建材	全辐射法	卧式	2010	佛山瑞众
122	冠县星都线	10	0.15～0.8	800～1050	外购	建材	全辐射法	卧式	2010	黄石山力
123	山东科瑞1	15	0.2～1.2	800～1250	外购	建材	全辐射法	卧式	2006	黄石山力
124	山东科瑞2	15	0.2～0.6	800～1250	外购	55% Al-Zn	全辐射法	卧式	2008	星　和
125	山东科瑞3	15	0.2～1.2	800～1250	外购	55% Al-Zn	全辐射法	卧式	2008	西重所
126	山东远大1	15	0.2～1.2	800～1250	自产	建材	全辐射法	卧式	2006	黄石山力
127	山东远大2	15	0.2～1.2	800～1250	自产	建材	全辐射法	卧式	2008	黄石山力
128	山东远大3	20	0.25～1.5	800～1250	自产	建材	全辐射法	立式	2011	中冶京诚
129	山东发达1	10	0.1～0.4	800～1250	外购	建材	全辐射法	卧式	2007	黄石山力
130	山东发达2	10	0.1～0.6	800～1250	外购	建材	全辐射法	卧式	2011	自　建
131	山东蓬莱线	20	0.2～1.2	800～1250	自产	建材	全辐射法	立式	2004	黄石山力
132	山东汇富1	15	0.2～1.2	800～1250	外购	建材	全辐射法	卧式	2008	钢研新冶
133	山东汇富2	15	0.16～0.8	800～1250	外购	建材	全辐射法	卧式	2009	星　和
134	山东汇丰2	15	0.18～0.8	800～1250	外购	建材	全辐射法	卧式	2011	京杰锐思
135	山东诚丰线	15	0.2～0.8	800～1250	外购	建材	全辐射法	卧式	2011	东　和
136	博兴京博线	15	0.2～1.2	800～1250	外购	建材	全辐射法	卧式	2004	钢研新冶
137	博兴全通线	15	0.15～0.8	800～1250	外购	建材	全辐射法	卧式	2011	自　建
138	山东正大1	10	0.15～0.6	800～1250	外购	建材	全辐射法	卧式	2008	佛山瑞众
139	山东正大2	10	0.15～0.6	800～1250	外购	建材	全辐射法	卧式	2011	佛山瑞众
140	博兴云光1	10	0.15～0.6	800～1250	外购	建材	全辐射法	卧式	2009	佛山瑞众
141	博兴云光2	10	0.15～0.6	800～1250	外购	建材	全辐射法	卧式	2010	佛山瑞众
142	博兴云光3	10	0.15～0.6	800～1250	外购	建材	全辐射法	卧式	2010	佛山瑞众
143	博兴云光4	10	0.15～0.6	800～1250	外购	建材	全辐射法	卧式	2010	佛山瑞众
144	博兴兰天1线	10	0.15～0.8	800～1250	外购	建材	全辐射法	卧式	2010	佛山瑞众

续表 1-12

序号	厂 家	年产量/万吨	厚度/mm	宽度/mm	原板来源	产品用途	生产方法	炉型	投产年份	设备制造厂家
145	博兴兰天2线	10	0.15~0.8	800~1250	外购	建材	全辐射法	卧式	2011	佛山瑞众
146	博兴众鑫发1	10	0.15~0.6	800~1250	外购	建材	全辐射法	卧式	2010	佛山瑞众
147	博兴众鑫发2	10	0.15~0.6	800~1250	外购	建材	全辐射法	卧式	2010	佛山瑞众
148	博兴舜鑫达线	15	0.15~0.6	800~1250	外购	建材	全辐射法	卧式	2010	佛山瑞众
149	博兴金盛泰1	10	0.15~0.8	800~1250	外购	建材	全辐射法	卧式	2010	佛山瑞众
150	博兴金盛泰2	10	0.15~0.8	800~1250	外购	建材	全辐射法	卧式	2010	佛山瑞众
151	博兴金福泰	10	0.15~0.8	800~1250	外购	建材	全辐射法	卧式	2010	佛山瑞众
152	博兴烨辉线	10	0.15~0.6	800~1250	外购	建材	全辐射法	卧式	2011	佛山瑞众
153	博兴华惠线	10	0.20~0.6	800~1250	外购	建材	全辐射法	卧式	2011	佛山瑞众
154	博兴聚鑫线	10	0.20~0.6	800~1250	外购	建材	全辐射法	卧式	2011	佛山瑞众
155	博兴双鑫线	10	0.20~0.6	800~1250	外购	建材	全辐射法	卧式	2011	佛山瑞众
156	博兴双发线	10	0.20~0.6	800~1250	外购	建材	全辐射法	卧式	2011	自 建
157	博兴普金线	10	0.20~0.6	800~1250	外购	建材	全辐射法	卧式	2011	佛山瑞众
158	博兴博金线	10	0.20~0.6	800~1250	外购	建材	全辐射法	卧式	2011	佛山瑞众
159	博兴华丰线	10	0.20~0.6	800~1250	外购	建材	全辐射法	卧式	2011	佛山瑞众
160	博兴嘉隆线	10	0.20~0.6	800~1250	外购	建材	全辐射法	卧式	2011	佛山瑞众
161	博兴澳航线	10	0.20~0.6	800~1250	外购	建材	全辐射法	卧式	2011	佛山瑞众
162	博兴茂盛线	10	0.20~0.6	800~1250	外购	建材	全辐射法	卧式	2011	佛山瑞众
163	山东东冶线	10	0.20~0.6	800~1250	外购	建材	全辐射法	卧式	2011	佛山瑞众
164	山东三星线	10	0.20~0.6	800~1250	外购	建材	全辐射法	卧式	2011	佛山瑞众
165	博兴力强线	10	0.20~0.6	800~1250	外购	建材	全辐射法	卧式	2011	佛山瑞众
166	博兴盈鑫线	10	0.15~0.8	800~1250	外购	建材	全辐射法	卧式	2010	西安大洋
167	山东恒达线	10	0.16~0.7	800~1250	外购	建材	全辐射法	卧式	2010	星 和
168	山东恒基线	10	0.2~1.2	800~1250	外购	建材	全辐射法	卧式	2011	钢研新冶
169	博兴唐荣线	15	0.15~0.6	800~1250	外购	建材	全辐射法	卧式	2010	星 和
170	博兴唐龙线	15	0.15~0.6	800~1250	外购	建材	全辐射法	卧式	2011	自 建
171	博兴恒宇线	10	0.15~0.8	800~1250	外购	建材	全辐射法	卧式	2010	自 建
172	博兴新日线	10	0.2~1.5	800~1250	外购	建材	溶剂法	无	2001	钢研新冶
173	山东泰丰1	10	0.15~0.8	800~1250	外购	建材	全辐射法	卧式	2010	自 建
174	山东泰丰2	10	0.15~0.8	800~1250	外购	建材	全辐射法	卧式	2010	自 建
175	山东泰丰3	10	0.15~0.6	800~1250	外购	建材	全辐射法	卧式	2011	星 和
176	山东泰丰4	10	0.15~0.6	800~1250	外购	建材	全辐射法	卧式	2011	星 和
177	山东泰达线	15	0.2~1.2	800~1250	外购	建材	全辐射法	卧式	2011	钢研新冶
178	博兴锦隆线	10	0.15~0.8	800~1250	外购	建材	全辐射法	卧式	2011	自 建
179	博兴汇鑫1	15	0.15~0.8	800~1250	外购	建材	全辐射法	卧式	2011	自 建
180	博兴汇鑫2	15	0.15~0.8	800~1250	外购	建材	全辐射法	卧式	2011	自 建
181	博兴旺鑫线	15	0.15~0.8	800~1250	外购	建材	全辐射法	卧式	2011	自 建
182	博兴金利线	15	0.15~0.8	800~1250	外购	建材	全辐射法	卧式	2011	自 建
183	博兴金利达	10	0.15~0.6	800~1250	外购	建材	全辐射法	卧式	2011	自 建
184	博兴宏盛达	10	0.15~0.8	800~1250	外购	建材	全辐射法	卧式	2011	自 建

续表 1-12

序号	厂　家	年产量/万吨	厚度/mm	宽度/mm	原板来源	产品用途	生产方法	炉型	投产年份	设备制造厂家
185	山东泰达线	10	0.15～0.8	800～1250	外购	建材	全辐射法	卧式	2011	自　建
186	山东广源1	20	0.2～1.5	800～1250	外购	建材	全辐射法	卧式	2005	黄石山力
187	山东广源2	20	0.16～0.5	800～1250	外购	建材	全辐射法	卧式	2010	钢研新冶
188	山东华鲁1	15	0.2～1.2	800～1250	自产	55% Al-Zn	全辐射法	卧式	2007	钢研新冶
189	山东华鲁2	15	0.2～1.2	800～1250	自产	建材	全辐射法	卧式	2009	钢研新冶
190	山东华鲁两用	30	0.2～1.5	800～1250	自产	建材	全辐射法	立式	2012	钢研新冶
191	博兴鲁茂线	10	0.15～0.6	800～1250	外购	建材	全辐射法	卧式	2010	自　建
192	博兴宏鑫源	10	0.15～0.6	800～1250	外购	建材	全辐射法	卧式	2010	自　建
193	博兴聚鑫源1	15	0.15～0.6	800～1250	外购	建材	全辐射法	卧式	2010	自　建
194	博兴聚鑫源2	15	0.15～0.6	800～1250	外购	建材	全辐射法	卧式	2010	自　建
195	博兴鑫丰源	10	0.15～0.6	800～1250	外购	建材	全辐射法	卧式	2010	自　建
196	博兴奥龙线	10	0.15～0.6	800～1250	外购	建材	全辐射法	卧式	2010	自　建
197	博兴金顺发	10	0.15～0.6	800～1250	外购	建材	全辐射法	卧式	2011	自　建
198	博兴惠德线	10	0.15～0.6	800～1250	外购	建材	全辐射法	卧式	2011	自　建
199	博兴富泰线	10	0.15～0.6	800～1250	外购	建材	全辐射法	卧式	2011	自　建
200	博兴汇金线	10	0.15～0.6	800～1250	外购	建材	全辐射法	卧式	2011	星　和
201	山东宏升线	15	0.15～0.6	800～1250	外购	建材	全辐射法	卧式	2011	星　和
202	山东宏宇线	15	0.15～0.6	800～1250	外购	建材	全辐射法	卧式	2011	自　建
203	山东金泰利	15	0.18～1.0	800～1250	外购	建材	全辐射法	卧式	2011	星　和
204	山东宏达线	15	0.18～1.0	800～1250	外购	建材	全辐射法	卧式	2011	星　和
205	山东凤阳1	10	0.2～1.2	800～1250	自产	建材	全辐射法	卧式	2004	自动化所
206	山东凤阳2	10	0.2～1.2	800～1250	自产	55% Al-Zn	全辐射法	卧式	2004	东　和
207	山东凤阳3	15	0.2～1.2	800～1250	自产	建材	全辐射法	卧式	2004	自动化所
208	山东凤阳4	15	0.2～0.8	800～1250	自产	建材	全辐射法	卧式	2011	东　和
209	山东临清线	15	0.2～1.2	800～1250	自产	55% Al-Zn	全辐射法	卧式	2006	黄石山力
210	山东项通线	15	0.2～1.2	800～1250	外购	建材	全辐射法	卧式	2007	黄石山力
211	山东中泰线	15	0.2～1.2	800～1250	外购	建材	全辐射法	卧式	2011	钢研新冶
212	山东凯景线	15	0.25～1.2	800～1250	外购	建材	全辐射法	卧式	2009	星　和
213	山东亿科线	20	0.18～1.2	800～1250	外购	建材	全辐射法	卧式	2009	京杰锐思
214	邯郸日鑫线	25	0.2～1.2	800～1250	自产	55% Al-Zn	全辐射法	立式	2008	黄石山力
215	河北鑫达线	20	0.2～1.2	800～1250	外购	建材	全辐射法	立式	2003	黄石山力
216	河北中钢1号	15	0.2～1.2	800～1250	外购	建材	全辐射法	卧式	2004	中冶京诚
217	河北中钢2号	15	0.2～1.2	800～1250	自产	55% Al-Zn	全辐射法	卧式	2007	黄石山力
218	河北恒通1号	10	0.2～1.2	800～1250	自产	建材	全辐射法	无	2001	钢研新冶
219	河北恒通2号	20	0.2～1.2	800～1250	自产	建材	全辐射法	立式	2003	钢研新冶
220	河北恒通3号	30	0.2～1.2	800～1250	自产	建材	全辐射法	立式	2003	恒　通
221	河北恒通4号	15	0.2～1.2	800～1250	自产	建材	全辐射法	立式	2006	黄石山力
222	河北恒通1号	30	0.2～1.2	800～1250	自产	建材、家电	全辐射法	立式	2004	恒　通
223	河北恒通2号	30	0.2～1.2	800～1250	自产	建材、家电	全辐射法	立式	2004	恒　通
224	河北恒通3号	30	0.2～1.2	800～1250	自产	建材、家电	全辐射法	立式	2005	恒　通

续表 1-12

序号	厂 家	年产量/万吨	厚度/mm	宽度/mm	原板来源	产品用途	生产方法	炉型	投产年份	设备制造厂家
225	河北恒通4号	30	0.2～1.2	800～1250	自产	建材、家电	全辐射法	立式	2005	恒 通
226	河北恒通5号	30	0.2～1.2	800～1250	自产	55% Al-Zn	全辐射法	立式	2005	恒 通
227	河北恒通6号	30	0.2～1.2	800～1250	自产	55% Al-Zn	全辐射法	立式	2005	恒 通
228	河北恒通7号	30	0.2～1.2	800～1250	自产	建材、家电	全辐射法	立式	2007	恒 通
229	河北恒通8号	30	0.2～1.2	800～1250	自产	建材、家电	全辐射法	立式	2007	恒 通
230	河北恒通9号	15	0.15～0.8	800～1250	自产	建材	全辐射法	立式	2007	恒 通
231	河北恒通10	15	0.15～0.8	800～1250	自产	建材	全辐射法	立式	2007	恒 通
232	河北恒通11	20	0.2～1.2	800～1250	自产	88% Al-12% Si	全辐射法	立式	2007	恒 通
233	河北恒通12	30	1.0～3.5	800～1250	自产	55% Al-Zn	NOF法	卧式	2007	恒 通
234	河北恒通13	30	1.0～3.5	800～1250	自产	55% Al-Zn	NOF法	卧式	2007	恒 通
235	河北贝钢1	30	0.2～1.5	800～1250	自产	建材	全辐射法	立式	2008	中冶赛迪
236	河北贝钢2	30	0.5～3.5	800～1250	自产	建材	NOF法	卧式	2009	中冶赛迪
237	天津南辰线	10	0.2～1.2	800～1250	外购	建材	全辐射法	无	2001	广 恒
238	天津皆诚1	15	0.2～1.2	800～1250	外购	建材	全辐射法	卧式	2009	钢研新冶
239	天津皆诚2	15	0.16～0.6	800～1250	外购	建材	全辐射法	卧式	2011	星 和
240	天津皆诚3	15	0.18～1.0	800～1250	外购	建材	全辐射法	卧式	2011	星 和
241	天津恒兴1	10	0.18～1.5	700～1250	外购	建材	NOF法	卧式	2005	凤凰炉
242	天津恒兴2	15	0.18～1.5	500～1250	自产	55% Al-Zn	全辐射法	卧式	2007	星 和
243	天津恒兴3	10	0.15～0.35	800～1250	自产	建材	全辐射法	卧式	2009	星 和
244	天津恒兴4	15	0.15～0.35	800～1000	自产	建材	全辐射法	卧式	2009	星 和
245	天津恒兴5	15	0.15～0.4	800～1250	自产	建材	全辐射法	卧式	2010	星 和
246	天津恒兴6	15	0.6～1.2	800～1250	自产	55% Al-Zn	全辐射法	卧式	2010	星 和
247	恒兴双用线	30	0.3～1.5	900～1250	自产	建材、家电	全辐射法	立式	2011	星 和
248	天津新宇1	10	0.2～1.2	600～1250	自产	建材	全辐射法	卧式	2004	星 和
249	天津新宇2	25	0.2～1.2	800～1250	自产	55% Al-Zn	全辐射法	立式	2006	中冶赛迪
250	天津新宇3	20	0.18～0.8	800～1250	自产	建材	全辐射法	卧式	2009	钢研新冶
251	天津新宇4	15	0.15～0.5	800～1250	自产	建材	全辐射法	卧式	2010	星 和
252	天津新宇5	15	0.15～0.5	800～1250	自产	建材	全辐射法	卧式	2010	星 和
253	天津新宇6	25	0.18～1.2	800～1250	自产	建材	全辐射法	卧式	2011	京杰锐思
254	天津中宇华1	15	0.2～1.2	800～1250	自产	建材	全辐射法	卧式	2011	钢研新冶
255	天津中宇华2	15	0.2～0.6	800～1250	自产	建材	全辐射法	卧式	2012	钢研新冶
256	天津江林1	15	0.2～0.5	800～1250	自产	55% Al-Zn	全辐射法	卧式	2007	黄石山力
257	天津江林2	15	0.2～1.2	800～1250	自产	55% Al-Zn	全辐射法	卧式	2008	黄石山力
258	天津江林3	15	0.18～0.8	700～1250	自产	建材	全辐射法	卧式	2011	星 和
259	天津凤鸣1	15	0.2～1.2	800～1250	外购	建材	全辐射法	卧式	2010	钢研新冶
260	天津凤鸣2	15	0.2～1.2	800～1250	外购	建材	全辐射法	卧式	2011	钢研新冶
261	天津凤鸣3	15	0.2～1.2	800～1250	外购	建材	全辐射法	卧式	2011	钢研新冶
262	河北益源线	15	0.2～1.2	800～1250	外购	建材	全辐射法	卧式	2004	钢研新冶
263	河北京华1	15	0.2～1.2	800～1250	自产	建材	全辐射法	卧式	2007	星 和
264	河北京华2	25	0.2～1.2	800～1250	外购	55% Al-Zn	全辐射法	立式	2007	中冶赛迪

续表 1-12

序号	厂 家	年产量/万吨	厚度/mm	宽度/mm	原板来源	产品用途	生产方法	炉型	投产年份	设备制造厂家
265	河北京华3	10	0.25~0.45	800~1250	自产	55% Al-Zn	全辐射法	卧式	2008	星 和
266	河北京华4	20	0.18~1.2	800~1250	自产	55% Al-Zn	全辐射法	卧式	2011	京杰锐思
267	河北智慧1号	10	0.25~1.2	800~1250	外购	建材	全辐射法	卧式	2005	星 和
268	河北智慧2号	15	0.18~0.7	800~1250	外购	55% Al-Zn	全辐射法	卧式	2007	星 和
269	河北智慧3号	15	0.15~0.5	800~1250	外购	建材	全辐射法	卧式	2011	星 和
270	河北万路1号	15	0.25~1.2	800~1250	自产	建材	全辐射法	卧式	2006	星 和
271	河北万路2号	15	0.2~1.2	800~1250	自产	55% Al-Zn	全辐射法	立式	2010	黄石山力
272	河北万路3号	25	0.2~1.2	800~1250	自产	55% Al-Zn	全辐射法	立式	2012	黄石山力
273	河北宏远线	10	0.24~0.6	800~1250	外购	建材	全辐射法	卧式	2009	星 和
274	河北蓝天1	20	0.2~1.2	800~1250	自产	55% Al-Zn	全辐射法	立式	2007	黄石山力
275	河北蓝天2	20	0.2~0.8	800~1250	自产	建材	全辐射法	卧式	2010	黄石山力
276	河北春兴线	20	0.2~1.2	800~1250	自产	55% Al-Zn	全辐射法	立式	2007	钢研新冶
277	河北彦博线	15	0.2~1.2	800~1250	自产	建材	全辐射法	卧式	2011	京杰锐思
278	河南顺凯线	18	0.2~1.2	800~1250	外购	55% Al-Zn	全辐射法	卧式	2008	黄石山力
279	河南西峡线	15	0.2~1.2	800~1250	外购	建材	全辐射法	卧式	2009	佛山瑞众
280	安徽赛远线	15	0.2~0.8	800~1250	外购	建材	全辐射法	卧式	2011	东 和
281	辽宁兴哲线	10	0.2~1.2	700~1250	自产	建材	全辐射法	卧式	2003	新大中
282	辽宁盼盼线	15	0.2~1.2	800~1250	外购	建材	全辐射法	卧式	2004	自动化所
283	辽宁金山线	15	0.2~1.2	800~1250	外购	建材	全辐射法	卧式	2010	欧 达
284	大连万事达	10	0.2~0.6	800~1250	外购	建材	全辐射法	卧式	2010	佛山瑞众
285	广东万事达	10	0.15~0.6	800~1250	外购	建材	全辐射法	卧式	2010	佛山瑞众
286	广东清远线	15	0.2~1.2	800~1250	自产	建材	全辐射法	卧式	2008	钢研新冶
287	广恒1号线	10	0.2~1.2	800~1250	外购	建材	全辐射法	卧式	1998	钢研新冶
288	广恒2号线	30	0.2~1.2	800~1250	外购	建材	全辐射法	立式	2004	广 恒
289	广东宇虹1号	10	0.2~1.2	800~1000	外购	建材	马佛管法	卧式	2002	宇 虹
290	广东宇虹2号	10	0.2~0.8	800~1250	外购	建材	全辐射法	卧式	2005	宇 虹
291	广东裕昇1号	15	0.2~1.2	800~1250	自产	建材	NOF法	卧式	2005	裕 昇
292	广东裕昇2号	15	0.2~1.2	800~1250	自产	55% Al-Zn	NOF法	卧式	2006	裕 昇
293	广东金利亚线	15	0.2~0.8	800~1250	自产	55% Al-Zn	全辐射法	卧式	2007	金利亚
294	广东七彩1号	10	0.2~1.2	700~1250	自产	建材	NOF法	卧式	2002	黄石山力
295	广东七彩2号	15	0.2~2.5	700~1250	自产	建材	NOF法	卧式	2010	盛冶泰峰
296	广东金兰线	15	0.2~1.2	700~1250	外购	建材	全辐射法	卧式	2005	黄石山力
297	广东南钢线	10	0.2~1.2	700~1250	外购	建材	全辐射法	卧式	2005	自动化所
298	广东新日钢线	15	0.3~1.5	700~1250	外购	55% Al-Zn	全辐射法	卧式	2007	黄石山力
299	广东华冠1号	20	0.3~2.0	800~1250	外购	55% Al-Zn	NOF法	卧式	2004	中国台湾
300	广东华冠2号	30	0.25~1.6	800~1250	自产	55% Al-Zn	NOF法	卧式	2008	中冶赛迪
301	广东日昌线	10	0.2~1.2	600~1000	外购	建材	全辐射法	卧式	2002	日 昌
302	广东华友	15	0.2~1.2	800~1250	外购	建材	全辐射法	卧式	2005	华 友
303	广东利恒兴1	10	0.2~1.2	800~1250	外购	建材	全辐射法	卧式	2003	利恒兴
304	广东利恒兴2	10	0.2~1.2	800~1250	外购	建材	全辐射法	卧式	2005	利恒兴

续表 1-12

序号	厂 家	年产量/万吨	厚度/mm	宽度/mm	原板来源	产品用途	生产方法	炉型	投产年份	设备制造厂家
305	广东韩江1号	10	0.2～1.2	800～1250	外购	建材	全辐射法	无	1998	广 恒
306	广东韩江2号	10	0.2～1.2	800～1250	外购	建材	NOF法	卧式	2003	中冶京诚
307	广东韩江3号	10	0.2～1.2	800～1250	外购	建材	全辐射法	卧式	2005	中冶京诚
308	广东揭阳荣顺	15	0.2～1.2	800～1250	外购	建材	全辐射法	卧式	2007	兴中信
309	广东高明基业	15	0.3～1.2	800～1250	自产	建材	全辐射法	立式	2009	黄石山力
310	福建凯景1	15	0.2～1.5	600～1250	外购	建材	湿熔剂法	无	1999	澳大利亚
311	福建凯景2	20	0.2～1.2	800～1250	外购	建材	全辐射法	立式	2007	中冶京诚
312	福建凯景3	25	0.2～1.2	800～1250	外购	建材	全辐射法	立式	2008	中冶京诚
313	福建凯景4	20	0.2～1.2	800～1250	外购	55% Al-Zn	全辐射法	立式	2008	中冶京诚
314	福建宇星线	15	0.2～1.2	800～1250	自产	建材	全辐射法	卧式	2008	中冶京诚
315	福建方明线	12	0.2～1.2	800～1250	外购	55% Al-Zn	全辐射法	卧式	2006	方 明
316	福建永大1	35	0.8～3.5	800～1250	自产	建材	NOF法	卧式	2010	中冶京诚
317	福建永大2	25	0.2～1.2	800～1250	自产	建材	全辐射法	立式	2010	钢研新冶
318	福建永大3	25	0.2～1.2	800～1250	自产	55% Al-Zn	全辐射法	立式	2010	钢研新冶
319	福建凯西线	15	0.35～0.5	800～1250	自产	建材	全辐射法	卧式	2012	钢研新冶
320	黄石业正线	15	0.2～1.2	800～1250	自产	建材	全辐射法	卧式	2003	盛冶泰峰
321	黄石山力1号	15	0.2～1.2	800～1250	外购	建材	全辐射法	卧式	2004	黄石山力
322	黄石山力2号	40	0.8～4.5	800～1250	外购	热轧板	NOF法	卧式	2010	黄石山力
323	黄石山力3号	25	0.25～2.0	800～1250	自产	55% Al-Zn	全辐射法	立式	2010	黄石山力
324	黄石盛冶线	15	0.2～1.2	800～1250	外购	建材	全辐射法	卧式	2010	盛冶泰峰
325	湖北风华线	15	0.2～1.2	800～1250	外购	建材	全辐射法	卧式	2012	黄石山力
326	宜昌全通1	15	0.2～0.8	800～1250	自产	建材	全辐射法	卧式	2009	全 通
327	宜昌全通2	15	0.2～0.8	800～1250	自产	建材	全辐射法	卧式	2009	全 通
328	宜昌全通3	15	0.2～0.8	800～1250	自产	建材	全辐射法	卧式	2010	全 通
329	宜昌全通4	15	0.2～0.8	800～1250	自产	建材	全辐射法	卧式	2010	全 通
330	宜昌全通5	15	0.2～0.8	800～1250	自产	建材	全辐射法	卧式	2010	全 通
331	宜昌全通6	15	0.2～0.8	800～1250	自产	建材	全辐射法	卧式	2010	全 通
332	宜昌全通7	15	0.2～0.8	800～1250	自产	建材	全辐射法	卧式	2010	全 通
333	宜昌全通8	15	0.2～0.8	800～1250	自产	建材	全辐射法	卧式	2010	全 通
334	宜昌全通9	15	0.2～0.8	800～1250	自产	建材	全辐射法	卧式	2010	全 通
335	宜昌全通10	15	0.2～0.8	800～1250	自产	建材	全辐射法	卧式	2010	全 通
336	宜昌全通11	15	0.2～0.8	800～1250	自产	建材	全辐射法	卧式	2010	全 通
337	宜昌全通12	15	0.2～0.8	800～1250	自产	建材	全辐射法	卧式	2010	全 通
338	宜昌全通13	15	0.2～0.8	800～1250	自产	建材	全辐射法	卧式	2010	全 通
339	宜昌全通14	15	0.2～0.8	800～1250	自产	建材	全辐射法	卧式	2010	全 通
340	宜昌全通15	15	0.2～0.8	800～1250	自产	建材	全辐射法	卧式	2010	全 通
341	宜昌全通16	15	0.2～0.8	800～1250	自产	建材	全辐射法	卧式	2010	全 通
342	宜昌全通17	15	0.2～0.8	800～1250	自产	建材	全辐射法	卧式	2010	全 通
343	宜昌全通18	15	0.2～0.8	800～1250	自产	建材	全辐射法	卧式	2010	全 通
344	宜昌全通19	15	0.2～0.8	800～1250	自产	建材	全辐射法	卧式	2011	全 通

续表 1-12

序号	厂　家	年产量/万吨	厚度/mm	宽度/mm	原板来源	产品用途	生产方法	炉型	投产年份	设备制造厂家
345	宜昌全通20	15	0.2~0.8	800~1250	自产	建材	全辐射法	卧式	2011	全　通
346	宜昌全通21	30	0.3~1.6	800~1250	自产	家电	全辐射法	立式	2011	全　通
347	宜昌全通22	30	0.3~1.6	800~1250	自产	家电	全辐射法	立式	2011	全　通
348	宜昌全通23	30	0.3~1.6	800~1250	自产	家电	全辐射法	立式	2011	全　通
349	宜昌全通24	30	0.3~1.6	800~1250	自产	家电	全辐射法	立式	2011	全　通
350	重庆攀花1	15	0.2~0.8	800~1250	自产	建材	全辐射法	卧式	2009	钢研新冶
351	重庆攀花2	15	0.2~1.5	800~1250	自产	建材	全辐射法	卧式	2009	钢研新冶
352	重庆攀花3	40	0.5~4.0	800~1250	自产	建材	NOF法	卧式	2011	钢研新冶
353	重庆攀花4	40	0.35~2.0	800~1680	自产	汽车	全辐射法	立式	2012	钢研新冶
354	重庆攀花5	40	0.35~2.0	800~1680	自产	汽车	全辐射法	立式	2012	钢研新冶
355	陕西华鲁1	30	0.2~1.2	800~1250	自产	建材	全辐射法	立式	2011	钢研新冶
356	陕西华鲁2	30	0.4~2.0	800~1250	自产	建材	全辐射法	立式	2011	钢研新冶
357	成都凯西线	15	0.16~0.5	800~1250	外购	建材	全辐射法	卧式	2011	钢研新冶
358	成都凯西祥荣	25	0.6~2.5	800~1250	外购	建材	全辐射法	卧式	2012	中冶京诚
359	新疆会兴线	15	0.2~1.2	800~1250	外购	55% Al-Zn	全辐射法	卧式	2012	黄石山力

中国宽带钢热镀锌线地区分布，见表1-13。

表1-13　中国宽带钢热镀锌线地区分布

序　号	省、(直辖) 市及地区	条　数	年生产能力/万吨
1	山东省	110	1600
2	河北地区	79	1500
3	江苏省	60	920
4	浙江省	44	620
5	湖北省	37	680
6	广东省	29	500
7	辽宁省	15	400
8	上海市	12	350
9	福建省	11	160
10	四川省	7	150
11	重庆市	6	150
12	安徽省	6	150
13	河南省	4	60
14	内蒙古	2	40
15	吉林省	2	40
16	甘肃省	2	60
17	新疆维吾尔自治区	2	30
18	湖南省	1	25
19	云南省	1	15
合　计		430	7000

1.1.3.2　批量热镀锌

中国批量热镀锌地区分布，见表1-14。

表 1-14　中国批量热镀锌地区分布

序　号	省、(直辖) 市、自治区	厂家数量	年生产能力/万吨
1	北京市	11	35
2	上海市	35	95
3	天津市	48	75
4	重庆市	10	10
5	河北省	68	80
6	黑龙江省	12	20
7	辽宁省	33	75
8	吉林省	12	3
9	山东省	101	105
10	江苏省	215	195
11	广东省	70	75
12	浙江省	98	80
13	湖北省	17	15
14	湖南省	19	15
15	青海省	2	5
16	山西省	13	10
17	云南省	9	8
18	贵州省	8	8
19	陕西省	23	10
20	福建省	28	20
21	河南省	14	20
22	甘肃省	3	3
23	新疆维吾尔自治区	4	3
24	宁夏回族自治区	2	2
25	内蒙古自治区	6	2
26	广西壮族自治区	9	3
27	江西省	6	8
28	安徽省	14	8
29	四川省	18	10
合　计	29	1007	1150

中国批量热镀锌容锌量超过 300t 的锌锅数量统计，见表 1-15。

表 1-15　中国批量热镀锌容锌量超过 300t 的锌锅数量统计

序 号	厂　家	锌锅数量	大容量锌锅内腔设计尺寸 /m×m×m	锌锅的最大容锌量/t
1	上海永丰热镀锌有限公司	9	16.2×2.5×3.8	1050
2	上海永丰热镀锌有限公司		16.0×2.8×3.0	950
3	上海永丰热镀锌有限公司		10.0×1.8×3.6	440
4	上海永丰余姚厂		15.0×1.6×2.5	450
5	上海聚丰热镀锌有限公司		7.0×2.2×3.3	350
6	上海日新热镀锌有限公司		12.5×1.8×1.8	300

续表 1-15

序 号	厂 家	锌锅数量	大容量锌锅内腔设计尺寸 /m×m×m	锌锅的最大容锌量/t
7	上海青浦华昌热镀锌厂		12.5×2.0×2.2	400
8	上海青浦大荣热镀锌厂		12.5×1.8×1.8	300
9	上海江南船舶管业有限公司		13.5×2.0×2.8	500
10	上海江南船厂热镀锌公司		13.0×1.5×2.2	300
11	上海江奉热镀锌有限公司		12.5×1.6×2.3	330
12	上海柏南科技有限公司		15.0×3.1×3.5	1200
13	上海大松机械公司		12.5×1.8×1.8	300
14	上海东润换热器有限公司		13.0×1.8×2.0	350
15	上海电力线路器材制造热镀锌厂		13.5×1.5×2.2	300
16	天津津通电力铁塔有限公司热镀锌厂	6	16.0×2.2×3.0	700
17	天津津通电力铁塔有限公司热镀锌厂		14.0×1.8×2.6	450
18	天津津通电力铁塔有限公司热镀锌厂		13.5×1.6×2.0	300
19	天津中意德热镀锌设备有限公司		13.5×1.6×1.8	300
20	天津东埜船舶热镀锌厂		12.5×1.6×2.3	300
21	天津宝来利镀锌管有限公司		9.5×1.65×2.0	300
22	天津环球热镀锌厂		14.0×1.65×1.85	300
23	天津东林热镀锌有限公司		12.5×2.0×2.5	450
24	北京亚林电力器材制造有限公司		13.5×1.8×2.5	350
25	北京市电力线路器材厂	2	15.2×3.0×2.2	700
26	北京市电力线路器材厂		13.5×1.8×2.2	350
27	北京送变电公司线路器材厂		13.8×2.0×2.6	500
28	重庆顺泰铁塔制造有限公司	2	13.0×2.0×2.6	500
29	重庆顺泰铁塔制造有限公司		13.0×1.5×2.65	350
30	重庆江特表面处理有限公司		14.0×2.8×3.5	950
31	重钢四厂		13.0×1.5×2.5	320
32	江苏宜兴铁塔厂		14.8×2.1×2.9	620
33	江苏扬州新鑫热镀锌有限公司		13.5×1.65×2.0	300
34	江苏徐州大黄山热镀锌厂		13.5×2.0×2.0	380
35	江苏无锡中锌热镀锌有限公司		16.8×1.8×2.3	480
36	江苏无锡信达热镀锌厂		15.8×2.0×2.5	550
37	江苏无锡前洲热镀锌厂		13.0×1.8×2.0	300
38	江苏张家港华林热镀锌有限公司		13.5×1.8×2.1	350
39	江苏张家港华康热镀锌有限公司		14.2×1.8×1.85	320
40	江苏张家港华夏交通设施有限公司		15.8×2.6×2.8	820
41	江苏张家港荣昌镀锌有限公司		13.8×2.0×2.8	500
42	江苏镇江丹徒江南热镀锌有限公司		12.5×1.5×2.0	300
43	江苏镇江华东热镀锌有限公司		12.2×2.05×2.3	480
44	江苏宜兴大平热镀锌厂		15.8×2.3×2.5	600
45	江苏扬州道兴热镀锌有限公司		16.0×1.6×2.1	380
46	江苏扬州新鑫热镀锌公司		16.0×2.8×3.0	950

续表 1-15

序 号	厂　家	锌锅数量	大容量锌锅内腔设计尺寸 /m×m×m	锌锅的最大容锌量/t
47	江苏扬州健松镀锌有限公司		15.0×1.8×2.0	380
48	江苏无锡万里热镀锌厂		13.0×1.8×1.8	300
49	江苏无锡腾飞热镀锌有限公司		13.5×1.8×2.2	350
50	江苏无锡陆区热镀锌厂		16.0×2.5×2.5	700
51	江苏无锡聚丰铁塔制造有限公司		14.8×2.1×3.0	650
52	江苏无锡行达热镀锌厂		16.0×2.8×3.0	950
53	江苏泰兴热镀锌厂		14.8×2.0×2.0	400
54	江苏苏州立中实业有限公司		16.0×2.4×2.8	750
55	江苏苏州东方铁塔有限公司	2	16.0×3.0×3.8	1000
56	江苏南京大吉铁塔制造有限公司		16.0×2.10×3.5	900
57	江苏宜兴大平杆塔制造有限公司		15.8×1.50×2.5	420
58	江苏南京大吉铁塔制造有限公司		13.0×2.50×3.5	800
59	江苏昆山金星热镀锌厂	2	16.0×2.1×3.2	750
60	江苏昆山金星热镀锌厂		12.0×3.0×2.0	500
61	江苏靖江凯靖热镀锌有限公司		11.5×1.8×2.0	260
62	江苏高邮江北金属结构制造有限公司		16.0×2.0×3.0	650
63	江苏高邮飞花灯饰制造有限公司		16.0×2.4×2.9	800
64	江苏常熟保得利电力通讯热镀锌公司	2	16.8×2.8×3.0	960
65	江苏常熟保得利电力通讯热镀锌公司		15.8×2.8×2.2	680
66	江苏常熟铁塔厂		13.5×2.0×2.8	500
67	江苏南通诚信热镀锌有限公司		12.8×1.8×2.45	320
68	江苏南京江标集团热镀锌厂		13.5×1.8×2.5	400
69	江苏南京菲克斯特脚手架有限公司		13.0×2.2×2.4	480
70	江苏金塔电力器材有限公司		12.8×1.8×1.8	300
71	江苏常熟铁塔厂		13.5×1.8×2.5	400
72	江苏齐天铁塔制造公司		13.8×2.5×2.8	650
73	江苏徐州光环钢管有限公司		13.0×1.6×1.8	300
74	江苏徐州大黄山镀锌厂		14.5×2.6×2.8	750
75	江苏徐州东方明珠热镀锌有限公司		15.1×2.4×2.4	600
76	江苏徐州鑫岳工贸有限公司		13.0×1.6×2.5	360
77	江苏齐天铁塔制造有限公司		13.8×1.6×2.15	330
78	山东济南郭店铁塔厂		13.5×1.8×2.5	400
79	山东济南金源热镀锌有限公司		16.5×3.0×3.0	1000
80	山东潍坊正和金属涂装有限公司		14.0×1.6×2.0	300
81	山东潍坊长安铁塔有限公司		14.0×1.8×2.5	400
82	山东潍坊长安铁塔股份有限公司		14.0×1.8×2.5	400
83	山东潍坊长安铁塔股份有限公司		14.0×2.8×3.5	780
84	山东潍坊银海热镀锌有限公司		13.2×2.3×2.7	600
85	山东诸城泰和金属有限公司		14×1.8×2.2	380
86	山东烟台凤金热镀锌铁塔有限公司		15.0×2.0×3.0	650

续表 1-15

序 号	厂 家	锌锅数量	大容量锌锅内腔设计尺寸 /m×m×m	锌锅的最大容锌量/t
87	山东烟台福源热镀锌有限公司		12.8×1.8×2.5	400
88	山东烟台铭城集团有限公司		15.0×2.0×3.0	630
89	山东烟台铭城集团有限公司		14.0×2.9×3.8	1050
90	山东德州华兴热镀锌厂		14.0×1.55×2.5	400
91	山东青岛武晓制塔有限公司	4	13.5×1.8×2.5	400
92	山东青岛武晓铁塔有限公司		14.2×3.2×3.6	1100
93	山东青岛武晓铁塔有限公司		12.0×2.0×2.2	350
94	山东青岛武晓铁塔有限公司		14.0×2.0×2.5	500
95	山东青岛东方铁塔有限公司		16.0×3.0×3.0	1000
96	山东青岛强力钢结构制造有限公司		12.5×1.8×2.2	360
97	山东青岛汇金通电力设备股份有限公司		15.0×2.6×3.9	1050
98	山东青岛润兴金属表面处理有限公司		14.0×2.0×2.8	540
99	山东鑫万通钢结构有限公司		15.5×2.0×2.4	520
100	山东青岛汇恒通热镀锌有限公司		13.0×2.0×3.0	550
101	山东青岛东方铁塔厂		18.0×1.5×2.0	400
102	山东莱州云峰铁塔有限公司		14.0×1.6×2.0	400
103	山东莱州热镀锌有限公司		14.0×2.0×2.0	400
104	山东胶州东方热镀锌有限公司		15.0×2.0×2.5	600
105	山东德州广鑫热镀锌有限公司		14.0×1.6×2.0	400
106	山东滕州布衡达热镀锌有限公司		11.0×1.6×2.6	300
107	山东滨州东滨热镀锌有限责任公司		13.5×1.6×2.0	350
108	山东龙口市电镀工艺有限公司		12.5×1.6×2.5	350
109	山东凌县光大经贸有限公司		15.2×2.2×2.4	580
110	山东海阳永丰热镀锌有限公司		1.38×2.2×3.5	730
111	山东鲁能泰山铁塔有限公司		14.0×2.3×2.8	600
112	青岛鲁能豪迈钢结构有限公司		13.7×3.0×4.26	1210
113	浙江桐乡海河电力设备有限公司		12.5×1.8×2.0	300
114	浙江盛达铁塔有限公司	2	13.8×3.0×4.0	1150
115	浙江盛达江东铁塔有限公司		13.8×2.6×3.0	750
116	浙江宁波沪涌电力器材股份有限公司	2	15.0×1.5×1.9	300
117	浙江宁波金禾城机械厂	2	12.5×1.6×2.5	350
118	浙江金华恒辉热镀锌有限公司		15.8×2.38×3.0	800
119	浙江永达热镀锌有限公司		13.6×2.2×3.2	680
120	浙江杭州明杰热镀锌有限公司		14.0×2.5×3.5	860
121	浙江杭州航峰金属热镀锌制造公司		20.0×1.8×3.0	750
122	浙江杭州富阳富浩金属镀锌有限公司		12.5×1.8×2.0	320
123	浙江金华华峰稀土热镀锌公司		13.5×1.5×2.0	260
124	浙江龙游县奇秀交通设施厂		13.6×2.0×2.5	500
125	浙江金华热镀锌公司		13.0×1.7×2.3	400
126	浙江飞溅塔杆热镀锌公司		15.5×2.0×3.0	650

续表 1-15

序号	厂家	锌锅数量	大容量锌锅内腔设计尺寸/m×m×m	锌锅的最大容锌量/t
127	浙江绍兴电力设备公司		12.8×2.0×2.8	500
128	河北送变电线路器材厂		13.5×1.5×2.0	300
129	河北张家口青山电力通讯铁塔厂		13.0×1.6×2.0	300
130	河北通讯设备厂热镀锌工程部		16.0×2.0×2.7	600
131	河北通讯设备厂热镀锌工程部		13.5×1.6×2.0	300
132	河北石家庄胜利热镀锌厂		16.6×1.8×1.8	350
133	河北霸州华兴热镀锌厂		12.5×1.6×1.8	300
134	河北保定飞硕热镀锌厂		15.5×1.8×1.8	320
135	河北保定清苑热镀锌有限公司		15.5×1.65×1.8	320
136	河北保定开源铁塔公司		13.0×2.0×3.3	500
137	河北保定鸿通线路器材有限公司		15.0×2.2×2.6	600
138	河北沧州中大热镀锌公司		13.0×1.6×1.8	300
139	河北德州广鑫钢结构有限公司		13.2×1.7×2.4	400
140	河北交通通讯设备厂		13.0×1.7×2.3	300
141	河北冀鑫热镀锌有限公司		13.5×2.0×2.2	400
142	河北广信金属构件有限公司		12.6×2.2×1.9	380
143	河北景县华浩热镀锌有限公司		11.0×2.0×2.5	400
144	河北衡水三兴热镀锌有限公司		11.5×2.2×2.5	400
145	河北永年县盛辉热镀锌有限公司		13.0×1.5×2.3	310
146	河北华都铨通讯有限公司		13.6×1.72×2.3	380
147	河北卓艺线路器材有限公司		15.3×2.2×3.0	700
148	广东电力线路器材厂		13.0×1.6×2.0	300
149	广东龙穴江南管业热镀锌有限公司		13.0×2.0×3.0	520
150	广东锌新世纪热镀锌有限公司		13.0×1.6×2.2	300
151	广东中山中意钢结构热镀锌发展公司		13.0×1.6×1.8	300
152	广东中山中意钢结构热镀锌发展公司		13.5×1.8×2.8	460
153	广东锌辉扬热镀锌有限公司		13.0×1.5×3.0	400
154	广东深圳宏开得力热镀锌有限公司		14.0×1.5×2.3	320
155	广东南海水头宇龙热镀锌有限公司		13.0×2.0×2.3	300
156	广东南海南方热镀锌铁塔构件厂		13.8×1.6×2.38	350
157	广东南海南方热镀锌铁塔构件厂		14.0×2.0×2.0	400
158	广东佛山高明南越钢结构制造有限公司		15.0×3.0×3.5	1100
159	广东佛山北滘南越热镀锌厂	2	13.5×2.5×3.0	700
160	广东鹤山运通热镀锌有限公司		15.0×3.0×3.2	1000
161	广东高要华明钢杆有限公司		13.0×2.0×2.0	380
162	广东东莞银同有色金属制品有限公司		14.2×1.4×2.7	300
163	广东南海华明特种钢杆有限公司		13.5×1.8×2.0	330
164	广东番禺联发热镀锌有限公司		12.6×1.6×1.9	300
165	广东番禺运通热镀锌有限公司	2	15.0×2.0×2.5	600
166	广东东莞三和五金制品有限公司		9.5×1.8×2.5	300

续表 1-15

序 号	厂 家	锌锅数量	大容量锌锅内腔设计尺寸/m×m×m	锌锅的最大容锌量/t
167	广州冠和钢管有限公司		9.5×1.5×2.8	300
168	广州京华制管有限公司		9.5×1.55×2.8	300
169	辽宁沈阳电业金属防腐厂		19.5×2.5×3.0	1000
170	辽宁沈阳电业金属防腐厂		16.5×1.6×1.8	300
171	辽宁大连金州热镀锌有限公司		9.2×1.8×2.5	300
172	辽宁大连博森热镀锌有限公司		9.5×2.0×2.5	300
173	辽宁鞍山市铁塔厂		15.2×1.6×2.3	400
174	辽宁鞍山永丰热镀锌有限公司		14.6×3.0×4.0	1230
175	辽宁葫芦岛渤船产业装备公司		14.8×1.6×2.3	300
176	辽宁营口华隆杆塔制造有限公司		12.5×1.8×2.2	340
177	黑龙江哈尔滨万通金属技术开发公司		13.8×1.8×2.0	300
178	黑龙江哈尔滨中北热镀锌有限公司		13.5×1.8×2.2	350
179	吉林长春聚德龙铁塔集团		13.0×1.5×3.0	400
180	吉林北方铁塔制造公司		13.5×2.0×3.5	650
181	吉林梨树铁塔制造公司		12.5×3.0×4.5	1100
182	吉林京华制管有限公司		9.5×1.55×2.8	300
183	四川成都铁塔厂	2	12.5×1.6×2.5	250
184	四川成都铁塔厂		14.0×2.2×3.5	750
185	四川成都四友热镀锌设备公司		13.5×1.55×2.3	300
186	四川成都铁塔制造公司		13.5×1.6×2.5	360
187	四川成都铁塔厂		12.5×1.6×2.5	310
188	四川成都路桥公司		13.5×1.8×2.4	400
189	安徽马鞍山鼎泰金属制品厂	2	13.5×1.55×2.3	300
190	安徽马鞍山鼎泰金属制品厂		13.5×2.55×2.8	700
191	安徽宏源电力铁塔制造股份有限公司		12.5×1.6×2.0	300
192	安徽汇源镀锌有限公司		13.5×1.9×2.35	430
193	安徽庐峰铁塔制造公司		12.8×2.0×2.2	400
194	安徽庐峰镀锌有限公司		15.0×2.3×2.9	700
195	安徽芜湖装备公司		13.0×2.0×3.0	500
196	安徽郎溪热镀锌有限公司		10.6×1.8×2.5	350
197	福建坚石电力线路器材有限公司		13.5×1.8×2.2	350
198	河南新世纪热镀锌有限公司		11.0×1.5×2.5	260
199	河南郑州吉晟热镀锌有限公司		16.8×2.0×2.6	600
200	河南郑州中锌热镀锌有限公司		15.0×2.0×1.8	350
201	河南送变电线路器材厂		13.0×1.5×2.2	300
202	河南尧舜热镀锌厂		15.5×1.8×2.0	400
203	河南郑州尧舜热镀锌钢管有限公司		16.0×2.0×2.8	620
204	河南郑州金盛热镀锌管有限公司	2	14.8×1.8×2.0	350
205	河南郑州新兴热镀锌有限公司		16.0×2.0×2.0	500
206	河南洛阳强远制管有限公司	2	13.0×1.8×2.1	300

续表 1-15

序 号	厂 家	锌锅数量	大容量锌锅内腔设计尺寸 /m×m×m	锌锅的最大容锌量/t
207	湖南长沙星顺电力器材厂		12.5×1.5×2.0	300
208	湖南电力大力热镀锌公司	2	13.0×1.5×2.5	320
209	湖南银辉热镀锌公司		13.0×1.5×2.5	320
210	湖南景明电力器材有限责任公司		13.0×1.6×2.45	350
211	陕西西安捷瑞热镀锌有限责任公司		13.0×2.0×2.5	400
212	陕西西安户县金地热镀锌有限公司		12.5×2.6×2.0	400
213	贵州电力线路器材厂		13.0×1.5×2.2	300
214	甘肃天水铁塔厂		13.0×1.5×2.0	300
215	青海西宁铁塔厂		13.0×1.5×2.0	300
216	内蒙古鑫源铁塔制造公司		13.0×2.0×3.0	520
217	内蒙古胜利钢业制造有限公司		15.0×1.6×1.8	320
218	内蒙古包头东方路桥交通设施有限公司		12.5×1.6×2.5	350
219	福建凯景热镀锌公司		13.0×1.6×2.5	350
220	新疆吉昌铁塔制造公司		13.0×1.5×2.0	300
221	新疆新华能精密架构公司		13.0×2.0×3.0	520
222	湖北安陆中电铁塔公司		12.5×1.85×2.0	300
223	湖北嘉鱼县华岐制管有限公司		9.5×1.65×1.9	300
224	湖北武汉红旗热镀锌厂	2	13.5×2.0×2.8	500
225	湖北武汉红旗铁塔镀锌有限公司		13.5×2.1×2.3	450
226	湖北武汉星光热镀锌厂	2	12.5×1.8×2.0	300
227	湖北武汉星光热镀锌有限责任公司		12.6×2.2×2.52	480

1.2 钢材涂镀层按功能分类

钢材涂镀层按功能分类，见表 1-16。

表 1-16 钢材涂镀层按功能分类

序 号	功 能	涂 层	举 例
1	防腐涂层	电镀层（含电泳）	电镀锌、镉
		氧化层	钢铁氧化（发蓝）
		化学转化涂层	铬酸盐膜、磷酸盐膜
		热浸镀层	热浸镀锌、铝、锡、铅
		热喷涂层	热喷涂锌、铝
		涂料及塑料涂层	各种油漆、塑料（聚乙烯等）
		扩散涂层	铬扩散层、锌扩散层
2	耐磨涂层	电镀层	电镀
		热喷涂层	热喷涂 Ni 基合金、Al_2O_3 等
		激光表面处理涂层	激光相变硬化层，熔凝及涂敷
		堆焊层	堆焊耐磨合金
		物理气相沉积（PVD）	离子镀 TiN、TiC、Ti(CN)
		化学气相沉积（CVD）	镀 TiC、TiN
		固体润滑涂层	MoS_2 及 TiN + MoS_2 复合涂层

续表 1-16

序号	功能	涂层	举例
3	特殊功能涂层	金属陶瓷热障涂层	ZrO_2 涂层
		导电涂层	非金属表面涂镀金属；铝制电器件化学氧化
		隐身涂层	铁氧体吸波材料涂层
		电磁屏蔽涂层	热喷涂铝、涂层
		抗海洋生物涂层	无毒硅酸盐防污涂料涂层
		装饰性氧化-着色涂层	铝合金氧化-着色涂层
		防粘减磨涂层	Teflon 涂层
		人造骨生物相容性涂层	等离子喷涂羟基磷灰石涂层
		热烫印层	各种烫金层
		亲水与介电涂层	高介质陶瓷涂层
		铸渗涂层	高铬白口铁铸渗层
		电火花强化涂层	模具（如 CrWMn）电火花强化层
		瓷釉层	陶瓷制品瓷釉层
		热障涂层	Y_2O_3-ZrO_2 涂层

1.3 钢材热浸镀层分类

钢材热浸镀层的类别，见表 1-17。

表 1-17 钢材热浸镀层的类别

种类		前处理	锌液化学成分	温度/℃	后处理	用途
连续生产	板材	氢气还原除锈	0.20%铝，其余锌	460	钝化	汽车、家电、建材
	线材	酸洗除铁锈	0.04%铝，其余锌	450	钝化	工业、农业、渔业
	管材	酸洗除铁锈	0.04%铝，其余锌	450	钝化	建筑、工程施工
批量生产	结构件	酸洗除铁锈	0.04%铝，其余锌	440	钝化	交通、通讯、电力
	玛钢件	喷丸除铁锈	0.04%铝，其余锌	580	爆炸法	建筑、电力
	钢筋	酸洗除铁锈	0.04%铝，其余锌	440	钝化	建筑
	螺杆帽	酸洗除铁锈	0.04%铝，其余锌	580	爆炸法	工业、农业
	杂件	酸洗除铁锈	0.04%铝，其余锌	440	钝化	工业、农业

1.4 带钢热浸镀层分类

1.4.1 带钢热浸镀层种类

带钢热浸镀层种类，见表 1-18。

表 1-18 带钢热浸镀层种类

热浸镀类别	生产方法	镀锅内化学成分	温度/℃	前处理	后处理	镀层耐腐蚀性质	市场需求
热浸镀锡	溶剂法	锡	280	酸洗、溶剂	热水漂洗	镀层为阴极，不保护钢板	已被淘汰
热浸镀铅	溶剂法	10%锡，3%锑，其余铅	350	酸洗、溶剂	热水漂洗	镀层为阴极，不保护钢板	市场萎缩
热浸镀锌	溶剂法	0.12%铝，其余锌	460	酸洗、溶剂	热水漂洗	镀层为阳极，能保护钢板不被腐蚀	市场广阔
	还原法	0.20%铝，其余锌		氢气还原退火	风冷、水冷		
热浸镀铝①	溶剂法	10%硅，其余铝	650	酸洗、溶剂	热水漂洗	镀层为阴极不保护钢板	市场固定
	还原法			氢气还原、退火	风冷、水冷		

续表 1-18

<table>
<tr><th colspan="2">热浸镀类别</th><th>生产方法</th><th>镀锅内化学成分</th><th>温度/℃</th><th>前处理</th><th>后处理</th><th>镀层耐腐蚀性质</th><th>市场需求</th></tr>
<tr><td rowspan="4">热浸镀锌铝合金</td><td rowspan="2">5%铝-锌</td><td>溶剂法</td><td>5%铝，其余锌</td><td rowspan="2">420</td><td>酸洗、溶剂</td><td>热水漂洗</td><td rowspan="2">镀层为阳极
能保护钢板不被腐蚀</td><td rowspan="2">市场萎缩</td></tr>
<tr><td>还原法</td><td>5%铝,0.1%RE,其余锌</td><td>氢气还原</td><td>风冷、水冷</td></tr>
<tr><td rowspan="2">55%铝-锌</td><td rowspan="2">还原法</td><td rowspan="2">55%铝,43.5%锌,1.5%硅</td><td rowspan="2">600</td><td rowspan="2">氢气还原、退火</td><td rowspan="2">快速风冷、水冷</td><td rowspan="2">镀层为阳极
能保护钢板不被腐蚀</td><td rowspan="2">市场广阔</td></tr>
<tr></tr>
</table>

①二型。

1.4.2 几种常规带钢热镀层性能对比

几种常规带钢热镀层性能对比，见表 1-19 和表 1-20。

表 1-19 四种常用镀层性能对比表

镀层种类	热镀锌	热镀铝锌硅	热镀锌 - 5%铝	热镀铝①
熔点/℃	419.5	499 ~ 580	382	600
镀液温度/℃	455 ~ 470	600 ~ 650	420 ~ 450	650
钢带入锅温度/℃	比镀液高 10 ~ 60	比镀液低 20 ~ 50	比镀液高 10 ~ 50	650
镀层厚度控制(双面) /g · m^{-2}	60 ~ 600	30 ~ 180	60 ~ 600	60 ~ 200
镀层耐腐蚀特性	碱性介质	酸性介质	碱性介质	酸性介质
镀层密度/g · cm^{-3}	7.10	3.69	6.60	2.78
耐热性	较差	好	最差	最好
市场占有率	最大	较大	最小	较小

①二型。

表 1-20 常规铝锌合金镀层产品性能特点对照表

发明时间	中文名称	外文名称	化学成分/%					性 能 特 点
			锌	铝	硅	稀土	镁	
1966 年	镀铝锌硅板	Galvalume	余量	55	1.6	0.1	—	耐腐蚀性能好
1980 年	镀锌铝板	Galfan	余量	5	—	0.1	—	组织致密，加工性能好
1995 年	暂 缺	Super Zinc	余量	4.5	—	—	0.1	在高温、高湿度下耐腐蚀性好
1997 年	暂 缺	Davma Zinc	余量	0.2	—	—	0.5	耐腐蚀性能好，适合于建材板
1998 年	镀锌铝镁板	ZAM	余量	6	—	—	3	切口保护性好，镀层硬度高
2001 年	暂 缺	Super Dyma	余量	11	0.2	—	3	涂装性和耐黑变性能好

1.4.3 热镀锌层与其他涂镀层综合性能比较

热镀锌层与其他涂镀层综合性能比较，见表 1-21 ~ 表 1-23。

表 1-21 热镀锌层与其他涂镀层综合性能比较

综合性能	性能等级（5 最好，1 最差）						
	热镀锌镀层	5%铝-锌镀层	55%铝-锌镀层	热镀铝镀层	热镀锌合金化	电镀锌镀层	涂富锌漆
加工成形性	5	5	3	2	4	5	4
裸板耐蚀性	3	4	5	5	4	3	2
切边保护性	5	5	3	1	5	5	2
成形后耐蚀性	3	5	5	2	3	3	2
漆膜附着力	5	5	4	2	5	5	5
涂装后耐蚀性	4	5	5	3	5	4	2
可焊性	4	4	2	1	5	5	2
耐热性、反射性	3	3	4	5	2	3	1
相对成本	4	3	3	3	4	2	5

表 1-22　各种热浸镀层的组织结构及用途比较

产品名称	镀层外观图片	镀层组织结构图片	镀层组织结构	性能特性	用　　途
热镀锌板			钢基体加纯锌层，中间有锌铁化合物层（化合物层较薄）	耐大气蚀性：良 牺牲性防蚀：优良 加工成形性：优良 漆膜附着力：良 抗高温氧化性：差	最适合于碱性环境，宜于制作家电用品、汽车；不适宜强海洋性气候，不能用作储水器具
热镀铝板			钢基体加纯铝层，中间有铝铁化合物层（化合物层很厚）	抗酸性耐蚀性：优良 牺牲性防蚀：无 加工成形性：差 漆膜附着力：良 抗高温氧化性：优良	最适宜于酸性环境，适宜制取水管、汽车排气管；不适宜于碱性环境
55%铝-锌-硅板			钢基体加80%的铝和20%的锌镀层，中间有铝铁化合物（化合物层较厚）	抗酸性耐蚀性：优良 牺牲性防蚀：差 加工成形性：良 漆膜附着力：良 抗高温氧化性：优良	最适合于中性环境，适宜于屋面、墙面、钢结构、适宜于储水器具；不适宜于碱性环境
5%铝-锌板			钢基体加锌铝共晶组织镀层，中间基本没有铝铁化合物	耐大气蚀性：良 牺牲性防蚀：优良 加工成形性：良 漆膜附着力：良 抗高温氧化性：差	比较适合于碱性环境，最适宜于彩涂后用于家电面板，不适宜于强海洋性气候

表 1-23　热镀锌与热镀铝锌硅产品成本比较

项　　目	热镀锌（GI）			热镀铝锌硅（GL）			备　注
	天然气	发生炉煤气	电	天然气	发生炉煤气	电	
镀层厚度/μm	5	5	5	5	5	5	—
镀层合金密度/g · cm^{-3}	7.1	7.1	7.1	3.7	3.7	3.7	—
镀层合金价格/元 · kg^{-1}	33	33	33	29	29	29	—
燃料价格/元 · kg^{-1}	3.15	0.7	0	3.15	0.7		天然气 2.3 元/m^3
燃料消耗/kg · t^{-1}	26	70	0	26	70		—
钢板厚度/mm	0.5	0.5	0.5	0.5	0.5		—
吨产品表面积/m^2 · t^{-1}	254.78	254.78	254.78	254.78	254.78	254.78	—
双面镀层重量/g · m^{-2}	71.00	71.00	71.00	37.00	37.00	37.00	—
镀液合金消耗/kg · t^{-1}	18.1	18.1	18.1	9.5	9.5	9.5	—
锌渣生产量/kg · t^{-1}	2.00	2.00	2.00	3.50	3.50	3.50	—
渣消耗费用/元 · t^{-1}	40.00	40.00	40.00	56.00	56.00	56.00	—
镀液合金费用/元 · t^{-1}	597.3	597.3	597.3	275.5	275.5	275.5	—
热镀板单价/元 · t^{-1}	6500	6500	6500	6500	6500	6500	售价相等计算
镀层增重回收/元 · t^{-1}	117.65	117.65	117.65	61.75	61.75	61.75	—
电价/元 · (kW · h)$^{-1}$	0.60	0.60	0.60	0.60	0.60	0.60	—
用电量/kW · h · t^{-1}	50	60	210	80	90	240	—
沉没辊消耗/元 · t^{-1}	4	4	4	6.7	6.7	6.7	—
成材率/%	98	98	98	95	95	95	含镀层金属
燃料费/元 · t^{-1}	81.90	49	13	81.90	49	13	含蒸汽
成材价差/元 · t^{-1}	40	40	40	100	100	100	含镀层金属
电费/元 · t^{-1}	30	36	126	48	54	144	—

1.5　气相热镀层

1.5.1　气相热镀层的生产工艺

气相热镀层的生产工艺，见表 1-24。

表 1-24　气相热镀层的生产工艺

前 处 理		气相热镀层	后 处 理
表面清洗	清除铁锈		
化学清洗	电子轰击	电子束加热蒸发	光　整
电解清洗	粒子轰击	粒子束加热蒸发	钝　化
热水漂洗	机械喷丸	感应加热蒸发	涂　油

1.5.2　气相热镀层与其他镀层综合性能比较

气相热镀层与其他镀层综合性能比较，见表 1-25。

表 1-25 气相热镀层与其他镀层综合性能比较

种 类	冷 镀①	热 镀	气 镀②
前处理除 FeO	酸洗 $FeO + 2HCl \rightarrow FeCl_2 + H_2O$	氢气还原 $FeO + H_2 \rightarrow Fe + H_2O$	电子束轰击活化 FeO→FeO 固态 气态
镀层原理	电化学	物 理	物 理
状 态	固 相	液 相	气 相
温 度	常 温	高于熔点 50℃	高于沸点（真空状态）
镀层厚度/μm	2～10	7～40	2～5
均匀性	较好	较差	好
致密性	较差	较好	好
黏附性	较好	较好	好
生产成本	较高	较低	高
工程投资	较高	较低	高
产品用途	室内包装业	室外工农业	高级装饰业高科技领域
可操作性	较难	容易	难
环境保护	较差	较好	好
技术水平	已普及	已普及	高科技

①冷镀包括电镀与机械镀；

②气镀为气相热镀层。

1.6 带钢连续热镀锌

1.6.1 带钢连续热镀锌方法分类

带钢连续热镀锌方法分类与特征，见表 1-26 。

表 1-26 带钢连续热镀锌方法分类与特征

序号	热镀锌方法	退火	前 处 理	镀前保护法	锌锅	产品用途
1	单张溶剂法	线外	脱脂、酸洗、涂溶剂	湿法或干法	铁锅	屋面板
2	半连续溶剂法	线外	脱脂、酸洗、涂溶剂	湿法或干法	铁锅	屋面板
3	全连续溶剂法	线外	脱脂、酸洗、涂溶剂	干 法	陶瓷锅	屋面板
4	赛拉斯法	线内	酸洗、赛拉斯炉加热炉	HNX 保护气体	铁锅	屋面板
5	莎伦法	线内	炉内向带钢喷 HCl 气体	HNX 保护气体	铁锅	屋面板
6	森吉米尔法	线内	氧化炉加热、氢气还原	HNX 保护气体	铁锅	屋面板
7	改良森吉米尔法（NOF）	线内	化学脱脂、NOF 炉加热	HNX 保护气体	陶瓷锅	汽车、家电
8	全辐射美钢联法	线内	电解脱脂、全辐射炉加热	HNX 保护气体	陶瓷锅	汽车、家电

1.6.2 带钢连续热镀锌工艺

1.6.2.1 森吉米尔法与改良森吉米尔法的比较

森吉米尔法与改良森吉米尔法的比较，见表 1-27。

表 1-27　森吉米尔法改良前后对比

项　目	森吉米尔法	改良森吉米尔法	备　注
NOF 炉炉长/m	8～10	16～30	NOF 炉加长可相应降低炉膛温度，延长炉体使用寿命
NOF 炉炉内气氛	氧化性	还原性或微弱氧化性	改良森吉米尔法控制过剩空气系数小于 1
出 NOF 炉带钢温度/℃	350～450	550～700	—
出 NOF 炉时带钢表面状态	氧化层厚	氧化层薄	改良森吉米尔法的 NOF 炉和还原炉连成了一个整体，带钢在炉中不氧化，并且出加热炉后又密封性地进入了还原炉，所以带钢表面氧化层很薄
可还原性	在还原炉中不易彻底还原	易被还原	—
最高运行速度/m·min^{-1}	90	200	改良森吉米尔法的带钢表面氧化层薄易被还原，可提高速度
镀锌层黏附性	较差	较好	森吉米尔法的带钢表面常常残存有未被还原的氧化铁皮，所以镀锌层的黏附性往往较差
热量分配比例/%	氧化炉，30～40 还原炉，60～70	预热炉，60～70 还原炉，30～40	炉中燃气明火直接加热，热效率高；还原炉辐射管间接加热，热效率低，故改良森吉米尔法热量分配较合理
保护气体中氢气含量/%	75	5～15	—
炉子安全性	易发生爆炸	不易发生爆炸	改良森吉米尔法保护气体氢含量较低，并在冷却段安装有点火器，操作较为安全

1.6.2.2　改良森吉米尔法与全辐射美钢联法的比较

改良森吉米尔法与全辐射美钢联法的比较，见表 1-28。

表 1-28　改良森吉米尔法与全辐射美钢联法的比较

项　目		清洗 + NOF 直接加热法	清洗 + 全辐射间接加热法
产品用途		不设清洗段可经济地生产建筑、容器业用板；设清洗段，其产品也可用作家电、汽车板	其产品多用作汽车板，更可以用作建筑、容器业和家电行业
钢带规格		炉内温度高达 1250℃，易烧断钢带，因而钢带厚度应在 0.4mm 以上	可处理薄钢带，由于热瓢曲问题，厚度限制在 0.18mm 以上
带钢表面质量	氧　化	燃烧产物直接与带钢接触，易氧化	燃烧产物不与带钢接触，不易被氧化
	麻　点	炉内温度高，内衬多为重质砖，长期使用内衬表面易剥落，砖颗粒散落在带钢表面上，易产生麻点	炉内温度低于 900℃，内衬多为陶瓷纤维并用不锈钢敷面，内衬寿命长，不会因剥落导致带钢产生麻点
	烧　穿	炉内温度高，操作不当会烧穿带钢造成断带	没有烧穿断带的危险
	热瓢曲	热加速度达 40℃/s，可将带钢迅速加热到 500～600℃，炉辊少，产生瓢曲的可能性小	加热速度低时，易产生热瓢曲，可通过预热带钢采用炉辊热凸度加以控制

续表 1-28

项目		清洗 + NOF 直接加热法	清洗 + 全辐射间接加热法
对保护气体及煤气的要求	氢含量	卧式炉采用15%氢含量保护气氛	炉内保护气氛氢含量低，立式炉在5%以下
	消耗量	由于炉内燃烧产物和保护气氛一起通过排烟系统，保护气氛通过直接加热炉排掉，消耗量大；由于炉温高，氮气安全吹扫耗量大	炉子入口易密封，各段保护气氛相对独立，连续排放更新，因而耗量小，由于炉温低，氮气安全吹扫耗量相对较小
	煤 气	由于直接加热，燃烧产物直接与钢带接触，且空燃比控制严格，因而对煤气质量及热值要求高；煤气需精脱硫、脱萘及净化；种类为焦炉煤气或天然气，低发值（标态）不小于 $10.5MJ/m^3$ 的高、焦混合煤气	由于间接加热，燃烧产物不与带钢接触，因而对煤气质量及热值的要求比直接加热稍低
操作维护	操 作	直接加热速度快，对变品种、变规格的炉温调节非常灵活。但其控制要求高，尤其空燃比的控制、空燃比扰动会影响炉况的稳定性	间接加热速度慢，对品种、变规格的炉温调节灵活性差。由于辐射管和炉辊热惰性大，温度等控制稳定
	维 护	炉辊、辐射管数量少，维护及维修量相对减少。直接加热时由于耐材的剥落、氧化物的积聚，定期维修量大	炉辊、辐射管数量大，维护及维修量大
投 资		不设清洗段，且炉子长度较短，投资相对较小。因而用该法生产表面质量要求不苛刻的产品，如建筑业用板，是经济的；设清洗段，与间接加热相比，投资差别不大。用该方法也可生产优质汽车板	与带清洗段的直接加热相比，投资差别不大，该法多用作生产优质汽车板、家电板和高级建筑板

1.6.2.3 改良森吉米尔法与全辐射美钢联法卧式炉与立式炉的比较

改良森吉米尔法与全辐射美钢联法卧式炉与立式炉的比较，见表1-29。

表 1-29 改良森吉米尔法和全辐射美钢联法立式炉与卧式炉的比较

序号	项 目	改良森吉米尔法（NOF 炉）		美钢联法（全辐射炉）	
		卧式炉	立式炉	卧式炉	立式炉
1	生产率	中等，60t/h	较高，无限制	较低，20~25t/h	较高，无限制
2	产品应用	建筑业	建筑业，汽车较困难	建筑业	汽车制造、家电
3	板厚/mm	>0.4	>0.5	>0.15	>0.2
4	板宽限制	板宽任意，无限制	宽/厚<3000	板宽任意，无限制	宽/厚<3000
5	炉温/℃	最高1300	最高1300	≤950	≤950
6	加热速度/$℃·s^{-1}$	>40	>40	5~10	5~10
7	退火周期	时间短，炉温高	时间短，炉温高	时间长，退火炉温低	时间长，退火炉温低
8	均热时间	短，<5s	长，15~60s	短，<5s	长，15~60s
9	过时效	短，最大15s	长，15~180s	短，最大15s	长，15~180s
10	冷却速度	有限度，20~40℃/s	较灵活，5~110℃/s	有限度，20~40℃/s	较灵活，5~110℃/s
11	生产品种	只可生产CQ、DQ	CQ~EDDQ均可	只可生产CQ、DQ	CQ~EDDQ均可
12	保护气体	高 H_2，10%~25%	低 H_2，最大5%	高 H_2，10%~25%	低 H_2，最大5%
13	爆炸危险	较大	较小	较大	较小
14	炉子密封	炉辊多，密封性差	炉辊少，密封性好	炉辊多，密封性好	炉辊少，密封性好
15	燃气要求	对燃气质量要求高	对燃气质量要求高	可使用较低热值燃气	可使用较低热值燃气

续表 1-29

序号	项 目	改良森吉米尔法（NOF 炉）		美钢联法（全辐射炉）	
		卧式炉	立式炉	卧式炉	立式炉
16	燃气消耗	表面积大，温度高，水冷能耗高（116%）	炉温高，废气温度高，能耗高（103%）	炉壁面积大，能耗较高（105%）	能耗最低（100%）
17	炉辊温度	直接加热炉辊，温度高	辊子不受热，温度低	炉辊受热，温度高	炉辊不受热，温度低
18	炉辊结瘤	有，产品有压痕	少	无	无
19	炉压控制	不易，波动大	不易，波动大	容易，稳定性好	容易，稳定性好
20	炉子净化	吹 N_2 多，不易净化	吹 N_2 多，不易净化	吹 N_2 少，易净化	吹 N_2 少，易净化
21	炉辊寿命	炉温高，易弯寿命短	不易弯曲，寿命长	炉辊温度高，寿命短	寿命长
22	带钢对中	对中不好	对中好	对中不好	对中好
23	炉中断带	易发生	易发生	不易	不易
24	全硬板	不能生产，易出现软边	不能生产，易出现软边	可以生产全硬板	可以生产全硬板
25	炉中氧化	带钢表面有微氧化层	带钢表面有微氧化层	无	无
26	停车拉料	需要，废品多	需要，废品多	不需要，废品少	不需要，废品少
27	停车废品	停机时炉中料全废	停机时炉中料全废	不废	不废
28	燃烧控制	难度大，易氧化带钢	难度大，易氧化带钢	容易，不氧化带钢	容易，不氧化带钢
29	锌锅污染	铁皮和铁粒污染锌锅	有部分污染	无	无
30	镀后板形	不好	通过炉子可改善板形	不好	炉子内可改善板形
31	来料板形	允许瓢曲，不允许浪边	允许浪边，不允许瓢曲	允许瓢曲，不允许浪边	允许浪边不允许瓢曲
32	锌层黏附	燃烧气氛影响，不良	燃烧气氛影响，不良	良好	良好
33	可操作性	调整灵活，但不稳定	调整灵活，但不稳定	调整较慢，但状态稳定	调整较慢，但状态稳定
34	生产能力	没有发展余地	有发展余地	没有发展余地	有发展余地

1.6.2.4 几种热镀锌生产工艺及其典型的力学性能

几种热镀锌生产工艺及其典型的力学性能，见表 1-30。

表 1-30　几种热镀锌生产工艺及其典型的力学性能

钢　种		CQ	DQ		DDQ					EDDQ	HSS		
											析出强化	固溶强化	烘烤硬化
热轧卷取温度及钢种		LC 低	LC-AI 高	IF 低	LC-AI 高	LC-AI 高	LC-AI 高	LC-AI 高	IF 低	IF 高	LC	IF	IF
热镀锌机组	再结晶退火	○	○	○	○	○	○	○	○	○	○	○	○
	冷　却	○	○	○	○	○	○	○	○	○	○	○	○
	前过时效	—	—	—	—	—	○	—	—	—	—	—	—
	热镀锌	○	○	○	○	○	○	○	○	○	○	○	○
	后过时效	—	—	—	—	—	—	○	—	—	—	—	—
线外前退火		—	—	—	—	○	—	—	—	—	—	—	—
线外后退火		—	—	—	○	—	—	—	—	—	—	—	—
典型力学性能	σ_s/MPa	270	220	195	176	179	196	—	175	160	320	305	215
	σ_b/MPa	350	340	295	314	327	323	—	295	290	450	445	350
	δ/%	41	42	47	45	43	43	—	48	48	34	34	41
	r	1	1.2	1.5	1.6	1.6	1.6	—	1.6	1.6	—	1.3	1.7
	时效/Pa	—	45	○	○	○	>39	—	○	○	—	○	—
	烘烤硬化/Pa	—	—	—	—	—	—	—	—	—	—	—	增 40

注：表中有○视为进行；—表示不进行。

1.6.2.5 单面热镀锌主要工艺方法

单面热镀锌主要工艺方法见表 1-31。

表 1-31 单面热镀锌主要工艺方法

方法	预处理	镀锌		镀后涂层刮除处理	冷却		后处理
	单面涂硅酸盐保护	溶剂法：空气中	还原法：氮气中	仅薄镀层单面	风冷	水冷	钝化或涂油
间接法：采用保护层	+	−	+	−	+	+	+
间接法：差厚镀锌	−	−	+	+	+	+	+
直接法	−	−	+	−	+	+	+

注：表中“+”表示进行；“−”表示不进行。

1.6.3 热镀锌层的耐腐蚀性

1.6.3.1 热镀锌层的耐大气耐腐蚀性

热镀锌层耐大气腐蚀状况见表 1-32、表 1-33。

表 1-32 热镀锌板的大气腐蚀状况

腐蚀环境气氛	腐蚀速度 /μm·a^{-1}	15 年的腐蚀损失（双面）		厚 50μm（350g/m^2）
		厚度/μm	重量/g·m^{-2}	腐蚀时间
距海岸 100m 的岛内，盐分浓度大	15	225	3150	3 年 4 个月
距海岸 17km 的岛内，盐分浓度较小	6	90	1260	8 年 4 个月
工业城市，空气污染严重	8	120	1680	6 年 3 个月
一般城市，空气较新鲜	3	45	630	16 年 8 个月
农村，空气新鲜	1	15	210	50 年

表 1-33 处于不同环境里锌与铁大气中腐蚀程度比较

序号	试验场所	环境	气候条件			锌的腐蚀 /g·(cm^2·a)$^{-1}$	铁和锌腐蚀比例
			年平均气温/℃	降雨量 /mm	相对湿度 /%		
1	英国南安普敦	海洋	11.6	660	84	0.35	20.1
2	英国特内尔	铁路隧道	—	—	—	8.4	1.0
3	英国拉努蒂德韦尔斯	田园有盐分降雨	8.3	1397	79	0.32	19.0
4	英国威尔威治	城市工业地区	10.0	584	81	3.9	26.4
5	英国谢菲尔德	城市重工业地区	8.9	762	84	1.77	7.5
6	瑞典阿比斯库	北极圈内	−1.1	280	74	0.057	9.8
7	阿尔及利亚阿帕帕	热带海洋	26.7	1829	79	0.109	23.9
8	伊拉克巴士拉	干燥海岛	23.9	178	64	0.114	14.3
9	南非阿扎尼亚德班	海洋	21.7	1102	76	0.415	20.4
10	新加坡马里	热带海洋	27.2	2413	80	0.092	16.8
11	美国桑迪胡克	海洋	—	—	—	0.272	30.6
12	美国宾夕法尼亚州州立学院	田园外	—	—	—	0.092	30.9
13	美国匹兹堡	城市重工业区	—	—	—	0.79	15.1

注：试样锌层厚度为 3.28g/cm^2。

1.6.3.2　各种因素对热镀锌层耐腐蚀性的影响

A　热镀锌层厚度对耐腐蚀性的影响

热镀锌层厚度对耐腐蚀性的影响，见表1-34、表1-35。

表1-34　热镀锌层厚度对耐腐蚀性的影响

双面镀层重量/g·m^{-2}		100	185	200	275	350	450	500	600	750	1000
镀层厚度/μm		7.0	13.0	14.0	19.3	24.5	31.5	35.0	42.0	52.5	70.0
寿命/a	乡村大气	4.5	9.6	10.5	15.5	20.8	28.3	32.2	40.2	52.7	61.3
	工业大气	2.6	5.3	5.8	8.4	11.1	14.9	16.9	20.9	27.1	37.9
	海洋大气	2.0	4.0	4.4	6.4	8.5	11.3	12.8	15.8	20.5	28.6

表1-35　热镀锌层不同厚度与出现红锈时间对应关系

出现红锈时间/a		5	10	15	20	25	30	35	40	45	50
双面镀层重量/g·m^{-2}	乡村大气	217	297	377	457	537	617	697	777	857	937
	工业大气	284	434	584	734	884	1034	—	—	—	—
	海洋大气	333	533	733	933	1133	—	—	—	—	—

B　稀土元素对耐腐蚀性的影响

稀土元素对热镀锌层耐腐蚀性的影响，见表1-36。

表1-36　稀土元素对热镀锌层耐腐蚀性的影响

镀层种类	镀层重量/g·m^{-2}	腐蚀失重/g·m^{-2}	比锌降低/%	镀层种类	镀层重量/g·m^{-2}	腐蚀失重/g·m^{-2}	比锌降低/%
Zn	301.1	42.3	—	Zn-Al-RE_{La}	232.8	33.1	21.7
Zn-Al-RE_{Ce}	236.7	37.8	10.6	Zn-Al-RE_{Y}	225.2	36.5	13.7

C　热镀锌层结构对耐腐蚀性的影响

热镀锌层结构对耐腐蚀性的影响，见表1-37。

表1-37　不同镀层结构和锌层损失关系（mg/dm^2）

序号	镀锌层结构	腐蚀时间/d			
		130	230	310	380
1	纯锌层	6.69	30.53	47.58	49.91
2	纯锌+1.78% Fe	7.20	32.08	46.50	53.63
3	纯锌+1.95% Pb	4.80	27.43	40.92	49.91
4	纯锌+0.98% Cd	5.37	34.10	45.88	55.80
5	纯锌+0.88% Sb	11.70	36.73	51.92	56.73

1.6.3.3　热镀锌层与铝锌镀层耐腐蚀性能的比较

热镀锌层与铝锌镀层耐腐蚀性能的比较，见表1-38、表1-39。

表1-38 热镀锌层与铝锌镀层盐雾加速试验耐腐蚀性的比较

序 号	喷雾时间/h	热镀层钢板种类		
		Zn-0.1% Al	Zn-5% Al	55% Al-Zn
1	500	黄 锈	白 锈	白 锈
2	1000	红 锈	白 锈	白 锈
3	4000	红 锈	白 锈	白 锈
4	5000	终止试验	红 锈	白 锈
5	6000	—	终止试验	白 锈
6	16000	—	—	白 锈
7	17000	—	—	红 锈

表1-39 热镀锌层与其他镀层盐雾加速试验耐腐蚀性的比较

序 号	镀 层 种 类	镀层重量/g·m^{-2}	初锈时间/d	红锈50%时间/d
1	Zn	125.4	6	>6
2	Zn-5% Al	24.3	3	6
3	Zn-5% Al-0.6% RE	32.7	3	6
4	Zn-5% Al-0.6% RE-0.05% Mg	42.7	4	6
5	Zn-5% Al-0.6% RE-0.1% Mg	17.2	3	>6
6	Zn-5% Al-0.6% RE-0.3% Mg	22.3	5	>6
7	Zn-5% Al-0.6% RE-0.5% Mg	9.4	6	>6

1.6.3.4 热镀锌层与其他材料耐腐蚀性能的比较

热镀锌层与其他材料耐腐蚀性能的比较，见表1-40、表1-41。

表1-40 热镀锌层与普碳钢耐腐蚀性的比较

大气种类	锌的腐蚀速度/g·(m^2·a)$^{-1}$	普碳钢的腐蚀速度/g·(m^2·a)$^{-1}$	腐蚀损失比例(锌/钢)
工业大气	82	1300	1∶15.7
城市大气	43	600	1∶14.0
乡村大气	15	430	1∶28.4

表1-41 锌与其他金属耐腐蚀性的比较

金 属	腐蚀速度/μm·a^{-1}			
	农 村	城 市	工业区	海 洋
锌	4~60	30~70	40~160	65~230
铁	1.0~3.4	1.0~6.0	3.8~19	2.4~15
铝	0.9~1.4	1.3~2.0	1.8~3.7	1.8
铜	1.9	1.5~2.9	3.2~4.0	3.8
镍	1.1	2.4	4~5.8	2.8

1.7 热镀锌板市场

1.7.1 热镀锌板用途

1.7.1.1 普通热镀锌板用途概述

普通热镀锌板国内外消费结构比较主要用途及应用特点，见表1-42~表1-44。

表 1-42　中国与欧美日发达国家热镀锌板消费结构的比较　（%）

国　家	汽　车	家　电	建　筑	其　他
美　国	42.0	25.0	31.0	2.0
欧　盟	42.0	25.0	31.0	2.0
日　本	33.0	16.5	36.0	14.5
中　国	10	20	50	20

表 1-43　热镀锌钢板的主要用途

序号	使用领域		适用厚度 /mm	性能级别	锌层重量表示记号	应用部位
1	汽　车		0.4～2.5	DDQ EDDQ SEDDQ	Z70～Z15	车身外壳、内面板、底盘、支柱、内部装饰结构、地板、翼子板、门、行李箱盖、导水槽；油箱、挡泥板、消声器、散热器、排气管、滤气管、输油管、制动管、发动机部件、车底和车内部件、供暖系统零件
2	家用电器		0.6～1.2	DQ	Z60～Z12	冰箱、洗衣机、空调、电脑机箱外壳，电力电缆、邮电通讯电缆、电缆地沟托架、电缆桥架
3	彩基板	屋面	0.2～0.5	CQ	Z60～Z12	屋顶、外侧墙板、门窗、檐沟、卷帘门窗（彩涂）；墙体结构件及龙骨架、通风管、落水管（不彩涂）
		结构	1.2～4.5	CQ	Z27～Z35	
4	农　牧		1.2～3.5	CQ	Z27	暖气片、冷弯型钢、脚踏板和架子
5	交通运输		0.8～2.5	CQ	Z27～Z35	火车、棚盖、内部框架型材、路标牌、车厢内壁；船舶、集装箱、通风道、冷弯框架；飞机库、标牌；高速公路护栏、隔声壁
6	土木水利		0.8～2.5	CQ	Z27～Z35	波纹管道、庭院护栏、水库闸门、水稻河槽
7	石油化工		0.8～2.5	CQ	Z27～Z35	汽油桶、化工储罐、保温管道外壳、包装桶
8	冶　金		0.8～2.5	CQ	Z12～Z22	焊管坯料、钢窗坯料、彩涂层板的基板

表 1-44　热镀锌钢板的应用特点

品　种		产品特点	加工性能	适用领域	用途举例
大锌花产品		传统美观光亮，不涂化	CQ 机械咬合级	民用建筑业	屋面板、管道、容器
锌铁合金产品	普通锌铁合金	耐蚀性好，色泽均一，耐热性好，易涂化	CQ，DQ 机械咬合级	建筑业、化工业、家电业	彩板基材、容器
	合金化光整	冲压性好，焊接性好	DQ，DDQ 深冲级	汽车业、家电业	高级彩板基材汽车内外板
	合金化光整+耐指纹	冲压性好，涂化性好，加工过程不留痕迹	DQ 冲压级	家电业	电脑机箱家电外板
无锌花产品	普通无锌花	色泽均一，表面平坦，耐蚀性好	CQ，DQ 机械咬合级	建筑业	彩板基材
	无锌花光整	冲压性好，焊接性好	DQ，DDQ 深冲级	汽车业、家电业	汽车内外板高级彩板基材
	无锌花光整+耐指纹	冲压性好，涂化性好，加工过程不留痕迹	DQ 冲压级	家电业	电脑机箱家电外板
无锌花差厚镀层产品		厚层一侧耐腐蚀薄层一侧易焊接	DDQ 深冲级	汽车业	汽车内外板

1.7.1.2 汽车用热镀锌钢板

汽车用热镀锌钢板，见表1-45～表1-52。

表1-45 汽车用热镀锌钢板

强化机制	σ_b（级别）/MPa	可生产的规格范围		可生产的镀层板	应用成形部件
		板厚/mm	板宽/mm		
固溶强化（低碳系）	340	0.4～3.2	500～2080	EG，Zn-Ni	外板、内板、框架、托架、支柱等
	370	0.4～3.3	500～1829	GI，GA	
	390	0.5～2.8	500～1829	Zn-Fe	
	440	0.4～2.6	500～1829	—	
	340BH	0.4～3.2	500～2080	—	
固溶强化（超低碳系）	340	0.4～2.3	600～1829	EG，GA	深冲加工外板
	370	0.5～2.3	600～1829	GI	内板
	390	0.4～2.3	600～1829	Zn-Ni	—
	440	0.4～2.3	600～1600	Zn-Fe	—
	490	—	—	—	—
	590	—	—	—	—
	340BH	0.4～2.3	600～1829	—	—
	390BH	0.4～2.3	600～1500	—	—
析出强化	390	0.6～2.0	610～1550	EG，GI	内板
	440	0.5～2.6	610～1550	GA	
	490	0.6～2.0	610～1550	Zn-Ni	
	540	0.6～2.0	610～1325	Zn-Fe	
	590	0.6～2.0	610～1250	—	—
固溶+析出强化	490	0.8～2.3	600～1524	GA	加强部件
	540	0.6～2.3	600～1524	Zn-Ni	支柱
	590	0.8～2.0	600～1650	Zn-Fe	—
组织强化（马氏体系，M+B系）	390	0.6～1.6	≤1250	Zn-Ni	轻加工的内板
	440	0.4～2.3	600～1580	Zn-Fe	结构部件
	490	0.4～2.3	600～1580	EG	加强部件
	540	0.4～2.3	600～1580	—	—
	590	0.4～2.3	600～1580	—	—
	780	0.4～2.3	600～1580	—	—
	980	0.5～2.3	600～1500	—	—
	1180	0.6～2.3	600～1250	—	—
	1370	0.7～2.3	750～1300	—	—
	1470	1.0～1.6	≤1250	—	—
	390BH	0.4～2.3	600～1500	—	—
	440BH	0.4～2.3	600～1500	—	—
	490BH	0.4～2.3	600～1500	—	—
	540BH	0.4～2.3	600～1500	—	—
	590BH	0.4～2.3	600～1500	—	—

表 1-46 汽车用冷轧高强度钢板的强化机制及钢板特性

强化机制	主要添加元素	强度级别 σ_b/MPa	冲压成形特性	
			一般特性	具体特性
固溶强化（低碳系）	P-Mn、Si-Mn、P	340～440	一般冲压用 一般加工用	拉延成形性良好，有 BH 性
固溶强化（超低碳系）	P-Mn、P-Si、Mn-P-Ti、Ti、Nb	340～590	深冲用	深冲性优良，有 BH 性
析出强化	Mn、Nb、Si-Mn-Nb	390～590	一般加工用	焊接性良好
固溶＋析出强化	Mn-Ti、Si-Mn-P-Nb、Cu、Ti	490～590	一般加工用	适于弯曲加工，高 r 值型
相变强化（马氏体系，M＋B）	Mn-Si、Mn-Si-P、Mn、Si-Mn-Nb	390～1470	低屈服比型	适于高拉延加工，有 BH 性
相变强化（贝氏体系）	Mn-Cr	390～1470	高扩孔率型高延伸型	适于拉伸成形
相变强化（残余奥氏体系）	Si-Mn	590～980	高残余奥氏体钢板（TRIP 钢）	TRIP 效果产生的高延伸高强度钢板
析出＋相变强化	Mn-Si-Ti、Mn-Si-Ti-Mo	780～1470	超高强度钢板	高强度、加工性良好

表 1-47 部分汽车冲压板牌号

钢 种	中 国	国 际	日 本	德 国	英 国	前苏联
沸腾钢	08F	CR1	SPCC	St12	CR1	BГ
铝镇静钢	08Al-Z	CR1	SPCC	St12	CR1	BГ
	08Al-F	CR2	SPCD	St13	CR2	CB
	08Al-HF	CR3	SPCE	St14	CR3	OCB
	08Al-ZF	CR4	—	St15	CR4	—
高强度钢	P1，P2，P3	—	SANC390-590	PHZ 等	—	—
	BPD-35	—	SAFC490D-1180D	—	—	—
	—	—	SAFC340R-440R	—	—	—
	—	—	SAFC340E-440E	—	—	—
	—	—	SAFC340RB	—	—	—
无间隙原子钢	BIF1	—	KTUX1，KTUX2	MST	—	—
	BIF2	—	SPDX，SSPDX	St16	—	—
	BIF3，WIF	—	—	St17	—	—

表 1-48 国外几个主要汽车厂家轿车用镀层钢板

国 别	厂 家	外 板	内板及底部零件	镀层板/车身板/%
日 本	日 产	两面有机复合镀层板，每面三层 有机膜厚 1μm 铬酸盐处理层 75g/m² Zn-Ni 合金层 20 g/m²	同外板	45
日 本	丰 田	两面电镀双层 Zn-Fe20/20①	合金化镀锌 GA45/45	45
日 本	三 菱	单面合金化热镀锌 GA0/45	两面合金化镀 GA45/45	30

续表 1-48

国别	厂家	外板	内板及底部零件	镀层板/车身板/%
日本	马自达	两面电镀 Zn-Ni30/30	同外板	45
德国	奥迪	两面电镀锌 53/53	两面热镀锌 70/70	
美国	通用	两面电镀锌 70/70	两面热镀锌 65/65	

①镀层重量，单位为 g/m^2。

表 1-49 中国引进主要轿车生产线用镀层板品种

单面热镀锌/$g\cdot m^{-2}$	双面热镀锌/$g\cdot m^{-2}$	单面电镀锌/$g\cdot m^{-2}$	双面电镀锌/$g\cdot m^{-2}$	镀铝板(总量)/$g\cdot m^{-2}$
45，50，70，100，150，200	45/45，60/60，90/90 或双面总量 90，100，140，150，200，225，275，350，450	20，40，70～90，90～100	20/20，50/50，70/70，90/90 或双面总量 140～160	40，60，80，100，120，160，200

表 1-50 用于汽车制造中的涂镀层钢板品种

种类	涂镀材料	制造法	名称
镀锌板	Zn	热镀	热镀锌钢板
		电镀	电镀锌钢板
	Zn-Al	热镀	热镀锌铝合金钢板
	Zn-Fe	热镀	合金化热镀锌钢板
		电镀	合金电镀锌钢板
		电镀锌+退火	合金化电镀锌板
	Zn-Ni	电镀	合金电镀钢板
	Zn-其他		
镀铝钢板	Al	热镀	镀铝钢板
镀铅钢板	Pb-Sn	热镀、电镀	镀铅钢板
镀锡钢板	Sn	电镀	镀锡板
镀铬钢板	Cr、CrO_x	电镀	TFS（镀铬板）
涂层钢板	有机树脂	涂层+烘烤	彩涂板
	树脂+（导电剂）	涂层+烘烤	可焊接涂层板

表 1-51 国外轿车车身用钢的微观组织和特征

钢种	微观组织	特征
软钢	铁素体	低碳钢（LC）：无合金化铝镇静低碳钢、超深冲级 无间隙原子钢（IF）：微合金化超深冲级
高强钢	铁素体	烘烤硬化钢（BH）：在油漆烘烤处理中通过控制碳的析出增加钢的强度 高强无间隙原子钢（IF-HS）：添加 Mn 和 P 合金元素提高钢强度 含 P 钢（P）：P 合金化高强度钢 各向同性钢（IS）：各向同性中等屈服强度，用 Ti 或 Nb 微合金化 碳锰钢（CMn）：增加 C、Mn 和 Si 含量固溶强化高强度钢 低合金高强度钢：通过 Nb 或 Ti 微合金强化

续表 1-51

钢　种	微观组织	特　征
先进高强度钢	铁素体 + 马氏体 铁素体 + 贝氏体 + 残余奥氏体 马氏体 + 铁素体 铁素体 + 贝氏体 + 马氏体	双相钢（DP）：铁素体和 5% ~ 30%（体积分数）马氏体 相变诱发塑性钢（TRIP）：具有铁素体、贝氏体和残余奥氏体 马氏体钢（PM）：部分或全部马氏体钢 复相钢（CP）：铁素体、贝氏体和马氏体复合强化钢
高锰钢	奥氏体或高比例奥氏体	高锰-相变诱发塑性钢（HMS-TRIP）：合金化原理是发生应变诱发 $\gamma \rightarrow \varepsilon \rightarrow \alpha'$ 转变 高锰-孪晶诱发塑性钢（HMS-TWIP）：合金化原理是在应变中出现机械孪晶化

表 1-52　汽车工业涂层技术应用举例

序　号	应用方面	涂 层 处 理
1	保险杠等	电镀层
2	冷成形前表面润滑处理	磷化层
3	高强度螺栓表面处理	磷化层→镀锌钝化
4	密封紧固件	磷化及涂胶处理
5	车　身	前处理→磷化层→电泳层→车身涂胶→中涂及面涂→漆膜固化
6	底　盘	电镀层
7	刹车管	内外镀锌层
8	曲轴、凸轮轴	离子渗氮层
9	发动机缸体、缸套	激光表面淬火层
10	汽车零部件加工中模具	化学镀镍、刷镀及电镀合金层 复合镀（电镀镍钨磷合金、镍铁磷合金、钴钨磷合金、电镀硬铬） 离子镀 TiN 涂层
11	加工变速箱齿轮（材料 200CrMnTi，硬度 156 ~ 220HB）剃齿滚刀、加工轴类的花键滚刀	离子镀 TiN 涂层
12	轿车变速箱从动齿轮	火焰喷钼涂层，表面硬度可达 HV700 ~ 1025

1.7.2　热镀锌彩涂板的主要用途

热镀锌彩涂板的主要用途，见表 1-53。

表 1-53　热镀锌彩涂板的主要用途

彩涂板种类		适用厚度/mm	热镀锌原板	
用　途	记号		锌层重量表示记号	性能级别
屋顶板	R	0.35 ~ 1.0	Z25	咬合级（FH、CQ）
		1.00 ~ 1.6	Z27	
墙　板	A	0.27 ~ 0.50	Z18、Z27	
		0.50 ~ 1.0	Z22 、Z27	
		1.00 ~ 1.6	Z27	

续表 1-53

彩涂板种类		适用厚度/mm	热镀锌原板	
用 途	记号		锌层重量表示记号	性能级别
建筑瓦垄板	W	0.27~0.50	Z18、Z27	半退火（FH）
		0.50~1.0	Z22 、Z27	
建筑用材	C	0.27~0.50	Z18、Z27	咬合级（FH、CQ）
		0.50~1.0	Z22、Z27	
		1.00~1.6	Z27	
家用电器	D	0.40~0.50	Z80	冲压级（CQ、DQ）
		0.50~1.0	Z12	
房屋结构件	S	0.40~0.50	Z18	结构级（JG）
		0.50~1.0	Z22、Z27	
		1.0~1.6	Z27	
波纹瓦垄板	H	0.19~0.27	Z12	半退火（FH）

1.7.3 热镀锌板对各种连接方法的适应性

热镀锌板对各种连接方法的适应性，见表 1-54。

表 1-54 热镀锌板对各种连接方法的适应性

连接方法	适应板厚	气密性	连接强度	对镀锌板适应性
卷边咬合	薄	△	△	□
铆接	薄、中、厚	×	○	□
锡焊	薄	○	×	□
银焊	中	○	○	△
电弧焊	中、厚	○	○	△
电铆焊	中、厚	×	○	△
直缝焊	薄、中	○	○	○
点焊	薄、中、厚	×	○	□
氧乙炔焊	中、厚	○	○	△
气体保护焊	中、厚	○	○	△
合成树脂黏接	薄	○	×	○
橡胶系列黏接	薄	○	×	○

注：薄<1.0mm，中 1.0~1.6mm，厚>1.6mm；□最优，○良，△可，×不可。

普通镀锌板点焊技术条件，见表 1-55。

表 1-55 普通镀锌板点焊技术条件（板厚 0.8mm）

镀锌层	表面处理	单面附着量 /g·m^{-2}	时间/s	焊接压力/N	电流/kA	焊缝抗拉强度 /N
电镀锌	铬酸钝化	10	7~9	1500~3000	8.5~11.0	>4000
电镀锌	铬酸钝化	20	7~9	2000~3000	9.0~11.0	>3800
电镀锌	磷 化	3	7~9	2000~3000	7.0~9.0	>3600
电镀锌	磷 化	20	7~9	2000~3000	8.0~10.0	>3900

续表 1-55

镀锌层	表面处理	单面附着量/$g \cdot m^{-2}$	时间/s	焊接压力/N	电流/kA	焊缝抗拉强度/N
热镀锌	铬酸钝化	60	7~9	1500~2500	9.0~11.0	>4300
热镀锌	磷 化	60	7~9	2000~3000	9.0~10.0	>4300
热镀锌	铬酸钝化	150	7~9	1500~2000	10.0~11.5	>4400
热镀锌	合金化	60	7~9	1500~2500	8.5~10.0	>4500
薄钢板	涂 油	—	8	250	8.0	>4300

汽车用热镀锌板点焊技术条件，见表 1-56。

表 1-56 汽车用热镀锌板点焊技术条件（板厚 0.7~1.2mm）

厚度/mm	电极压力/kN	焊接电流/kA	通电时间/ms	保持时间/ms	电极尺寸 ϕ/mm
0.7	2.0	10.0	160	200	6
1.0	2.6	10.0	160	200	6
1.2	2.6	10.6	180	200	6

镀锌板缝焊技术条件，见表 1-57。

表 1-57 镀锌板缝焊技术条件（板厚 0.8mm）

镀锌层	表面处理	单面附着量/$g \cdot m^{-2}$	时间/s	焊接压力/N	电流/kA	焊接速度/$m \cdot min^{-1}$
电镀锌	铬酸钝化	10	3~9	2000~3000	14~20	2.0
电镀锌	铬酸钝化	20	3~9	2000~4000	14~20	1.5~1.8
电镀锌	磷 化	3	3~9	3000~5000	14~18	1.5~1.8
电镀锌	磷 化	20	3~9	3000~5000	14~20	1.5~1.8
热镀锌	铬酸钝化	60	3~12	2000~3000	15~20	1.5~1.8
热镀锌	磷 化	60	3~12	3000~4500	14~20	1.5~1.8
热镀锌	铬酸钝化	150	3~12	2000~3000	14~20	1.5~1.8
薄钢板	涂 油	—	12	3500	14.5	1.8

1.7.4 热镀锌板的进出口状况

中国热镀锌板进出口状况，见表 1-58。

表 1-58 中国热镀锌板进出口状况

序 号	年 份	国内产量/万吨	进口量/万吨	出口量/万吨	需求量/万吨	自给率/%
1	1988	22.5	30.9	—	53.4	42.1
2	1989	24.6	38.0	—	62.60	39.3
3	1990	23.5	17.0	—	40.5	58.0
4	1991	26.1	20.2	—	46.10	56.6
5	1992	39.7	72.0	—	111.70	35.5
6	1993	50.0	51.5	1.30	100.50	49.8
7	1994	45.6	32.0	3.78	73.82	61.8

续表 1-58

序号	年份	国内产量/万吨	进口量/万吨	出口量/万吨	需求量/万吨	自给率/%
8	1995	72.7	81.0	11.30	142.40	51.1
9	1996	77.6	79.6	7.40	149.80	51.8
10	1997	86.7	87.8	10.20	164.30	52.8
11	1998	114.2	101.3	5.00	210.50	54.3
12	1999	144.8	151.1	4.00	291.90	49.6
13	2000	170	216.1	9.4	376.7	45.1
14	2001	207	218.4	9.6	415.8	49.6
15	2002	282	334.2	11.5	604.7	46.6
16	2003	336.6	538.5	6.1	869.0	38.7
17	2004	592.3	435.9	52.2	1400	76
18	2005	1140	393.5	76.1	1164.7	72.8
19	2008	2000	—	200	1800	100
20	2010	2500	—	300	2200	100

1.8 批量热镀锌

1.8.1 批量热镀锌的主要市场

批量热镀锌的主要市场，见表 1-59。

表 1-59 批量热镀锌的主要市场

序号	国家或地区	主要市场	增长市场
1	欧盟	电力设施、建筑、交通、农业、城市建设	建设施工
2	北美	电力通讯、交通桥梁、城市建设	工业设备
3	印度	电力通讯、高速公路、城市建设	电杆、灯杆
4	澳大利亚	采矿、建筑、电力通讯	自然资源开发
5	日本	建筑、电力通讯、桥梁、停车场	城市建设
6	东南亚	电力通讯、高速公路、建筑	基础设施
7	非洲	采矿、建筑	基础设施
8	中国	电力通讯、高速公路、建筑、城市建设	建筑、城市建设
9	南美洲	电力通讯、高速公路、建筑、城市建设	电力通讯
10	中东	电力通讯、石化、建筑、基础设施	建筑、基础设施

1.8.2 批量热镀锌的生产成本

中国批量热镀锌的生产成本与国际比较，见表 1-60。

表 1-60 中国与北美企业镀锌分项成本比较

项目	类型	中国分项成本比例/%	北美分项成本比例/%
投资回收及利息	回收期内固定成本	8.8	24.3
行政	固定成本	1.2	3.5
销售	可变成本	1.4	5.2
维护	基本固定	1.1	3.4
能源	可变成本	7.5	7.1

续表 1-60

项 目	类 型	中国分项成本比例/%	北美分项成本比例/%
锌 耗	可变成本	72	27.1
化学原材料	可变成本	3	2.1
人 工	可变成本	5	27.3
合 计	—	100	100

1.8.3 批量热镀锌的市场应用比例

批量热镀锌各市场的应用比例，见表 1-61。

表 1-61 批量热镀锌各市场的应用比例（%）

<table>
<tr><th>国 家</th><th>电力</th><th>通讯</th><th>路桥、高速公路</th><th>城市建筑设施</th><th>农业</th><th>工业设施</th><th>交通</th><th>工业建筑建造</th><th>紧固件</th><th>石化</th><th>休闲设施</th><th>设备</th><th>船舶</th><th>其他</th></tr>
<tr><td>欧 盟</td><td>—</td><td>—</td><td>—</td><td>18</td><td>8.5</td><td>8</td><td>7</td><td>43</td><td>3</td><td>—</td><td>—</td><td>7.5</td><td>—</td><td>5</td></tr>
<tr><td>北 美</td><td>21</td><td>—</td><td>19</td><td>—</td><td>6</td><td>14</td><td>4</td><td>13</td><td>—</td><td>7</td><td>7</td><td>2</td><td>—</td><td>6</td></tr>
<tr><td>南 非</td><td colspan="2">4</td><td>2</td><td>1</td><td>7</td><td>3</td><td>16</td><td>57</td><td>—</td><td>—</td><td>—</td><td>—</td><td>—</td><td>10</td></tr>
<tr><td>哥伦比亚</td><td>20</td><td>15</td><td>—</td><td>—</td><td>—</td><td>10</td><td>—</td><td>40</td><td>—</td><td>10</td><td>—</td><td>—</td><td>—</td><td>5</td></tr>
<tr><td>委内瑞拉</td><td>15</td><td>10</td><td>—</td><td>—</td><td>—</td><td>—</td><td>—</td><td>10</td><td>—</td><td>60</td><td>—</td><td>—</td><td>—</td><td>5</td></tr>
<tr><td>日 本</td><td colspan="2">10</td><td colspan="2">16</td><td>—</td><td>—</td><td>1</td><td>53</td><td>3</td><td>—</td><td>—</td><td>—</td><td>4.5</td><td>12.5</td></tr>
<tr><td>印 度</td><td>46.4</td><td>12</td><td>—</td><td>—</td><td>—</td><td>11</td><td>2.4</td><td>—</td><td>—</td><td>—</td><td>—</td><td>—</td><td>—</td><td>28.3</td></tr>
<tr><td>中 国</td><td colspan="2">40</td><td>10</td><td>—</td><td>4</td><td>—</td><td>3</td><td>20</td><td>—</td><td>—</td><td>—</td><td>—</td><td>—</td><td>26</td></tr>
</table>

2 热镀锌理论

2.1 热镀锌镀层的结构

热镀锌层的结构，见表2-1。

表2-1 Fe-Zn系各相结晶结构参数

相层符号		γ	δ_1	ζ	η
名称		黏附层	栅状层	漂走层	纯锌层
Fe含量	摩尔分数/%	23.2~31.3	8.1~13.2	7.2~7.4	—
	质量分数/%	20.5~28.0	7.0~11.5	6.0~6.2	0.003
分子式		Fe_5Zn_{21}	$FeZn_7$	$FeZn_{13}$	Zn
晶格结构		体心立方	六方	单斜	密排六方
每一晶胞下的原子数量		52	550±8	28	2
晶胞常数/nm		0.89560~8.9997	$a=1.286$ $c=5.760$	$c=0.0506$ $a=1.365$ $b=0.761$ $\beta=128°44'$	$a=0.2660$ $c=0.49379$ $c/a=1.8563$
HD（负荷20g时的显微硬度）		>515	454	270	37
密度/$g\cdot cm^{-3}$		7.5	7.25±0.05	7.80	7.14
熔点/℃		782	640	530	419.4
性质		脆性的	塑性的	脆性的	塑性的

2.2 热扩散

热镀锌层形成的基本原理是热扩散，锌在各种铁-锌合金层中的活化能及热扩散率，见表2-2。

表2-2 锌在各铁-锌合金层中的活化能及热扩散率

Fe-Zn合金相	活化能Q /$kJ\cdot mol^{-1}$	热扩散率$a/cm^2\cdot s^{-1}$	
		室温（20℃）	430℃
ζ(平衡)	−74.8	4.25×10^{-3}	1.15×10^{-8}
ζ(非平衡)	−104.5	3.20×10^{-1}	5.35×10^{-9}
δ_1(8.5%Fe)	−64.4	2.97×10^{-3}	4.81×10^{-8}
δ_1(10%Fe)	−79.4	5.53×10^{-3}	6.80×10^{-9}
δ_1(13%Fe)	−78.2	8.21×10^{-3}	1.25×10^{-8}
γ	−80.3	2.04×10^{-4}	2.17×10^{-10}
γ	−92.0	1.05×10^{-3}	1.51×10^{-10}

当钢铁镀件浸在锌液中发生热扩散时，浸镀时间、镀件温度、铝含量对铁溶解量的影响，见表2-3。

表2-3 浸镀时间、镀件温度、铝含量对铁溶解量的影响

工艺参数	锌液中铝含量/%	函数	常数	试验条件
浸镀时间 t/s	$y=0.01\sim0.14$	$f_L(t)=0.299+0.048t$	—	$\theta=500$
	$y=0.15\sim0.30$	$F_H(t)=0.194-0.026t$	—	
铝含量 y/%	$y=0.10\sim0.14$	$g_L(y)=1.580+8.50y$	$C_L=g_L(0.12)=0.558$	$\theta=500$
	$y=0.15\sim0.30$	$g_H(y)=0.899-2.742y$	$C_H=g_H(0.18)=0.405$	$t=30$
镀件温度 θ/℃	$y=0.10\sim0.12$	$h_L(\theta)=0.207+0.00137\theta$	$d_L=g_L(500)=0.89$	$\theta=460\sim600$
	$y=0.13\sim0.30$	$h_H(\theta)=1.438-0.00189\theta$	$d_H=h_H(500)=0.49$	$t=30$

锌液460℃时不同含铝量下铁锌平衡反应，见表2-4。

表2-4 锌液460℃时不同含铝量下铁锌平衡反应

锌液含铝量/%	反应生成物	相对密度	化学成分/%		
			Al	Fe	Zn
<0.10	$FeZn_{13}$	7.6	2	6	92
0.10~0.16	$FeZn_7$	7.1	3	7	90
>0.16	$Fe_2Al_5Zn_x$	4.2	45	36	19

2.3 各相层生长速度

热镀锌层各相层生长速度的时间指数 n 值，见表2-5。

表2-5 热镀锌层各相层生长速度的时间指数 n 值

镀锌时间	γ相层	δ相层	ζ相层	总镀锌层
>1h	0.25	0.65	0.35	0.55
>1h	0.23	0.49	0.36	0.43
<300s	0.24	0.51	0.32	0.35

2.4 合金层中铁含量的函数与常数

合金层中铁含量的函数与常数，见表2-6。

表2-6 合金层中铁含量的函数与常数

工艺参数	锌液中铝含量/%	函数	常数	试验条件
浸镀时间 t/s	$y=0.01\sim0.14$	$f_L(t)=0.132+0.075t$	—	$\theta=500$
	$y=0.15\sim0.30$	$f_L(t)=0.245-0.026t$	—	
铝含量 y/%	$y=0.10\sim0.12$	$g_L=24.554-325.20y+1102y^2$	$C_L=g_L(0.12)=1.405$	$\theta=500$
	$y=0.10\sim0.30$	$g_H(y)=0.817-1.313y$	$C_H=g_H(0.18)=0.58$	$t=30$
镀件温度 θ/℃	$y=0.13\sim0.14$	$h_L(\theta)=0.022+0.00169\theta$	$d_L=h_L(500)=0.82$	$\theta=460\sim600$
	$y=0.15\sim0.30$	$h_H(\theta)=0.869-0.0021\theta$	$d_H=h_H(500)=0.76$	$t=30$

2.5 热镀锌时加铝的作用

2.5.1 减少镀件的铁损量

在锌液中加入一定量的铝后，可以明显降低镀件的铁损量，见表2-7。

表2-7 在加铝的锌锅中，不同浸锌时间的铁损量（g/dm^2）

浸锌时间/min	铝含量/%				
	0.025	0.03	0.1	0.15	0.20
1	—	0.16	0.16	0.15	0.06
2	0.26	0.20	0.22	0.22	0.16
4	0.20	0.26	0.34	0.37	0.21
8	0.39	0.34	0.35	0.62	0.47
15	0.46	0.50	0.50	0.98	0.96
30	0.67	0.67	0.75	1.18	1.48
60	0.92	0.93	1.21	1.57	1.66

表2-7的试验条件，见表2-8。

表2-8 表2-7的试验条件

试 样	铝含量/%	带钢厚度/mm	带钢速度/$m\cdot min^{-1}$
A	0.10~0.11	0.75	120
B	0.10~0.11	1.50	70
F	0.15~0.16	0.75	120
G	0.15~0.16	1.50	70

2.5.2 增加镀锌层的附着力

现代热镀锌已经证实，当钢铁镀件浸入到锌液之后，由于铝对铁的热力学亲和力大于锌对铁的热力学亲和力，所以首先是在镀件表面形成一层完整的Fe_2Al_5中间黏附层，这才使热镀锌层具备了良好的附着力，见表2-9。

表2-9 中间层Fe_2Al_5的重量和镀层附着力的关系

试样序号	中间层总重量/$\mu g\cdot cm^{-2}$	Fe_2Al_5重量/$\mu g\cdot cm^{-2}$	X射线显微组织分析Fe_2Al_5重量	中间层中铁、铝、锌的比Fe：Al：Zn	镀层的黏附性评价
1	43	20	少许	3.9：3.0：1	好
2	49	18	许多	3.4：2.6：1	好
3	41	18	许多	3.6：3.1：1	好
4	44	17	几乎全是	2.3：2.8：1	好
5	47	26	许多	2.3：2.8：1	好
6	44	29	几乎全是	2.4：3.1：1	好
7	124	77	几乎全是	2.1：2.6：1	好
8	130	49	几乎全是	2.3：2.7：1	好
9	21	9	许多	1.9：2.5：1	好

续表 2-9

试样序号	中间层总重量 /μg · cm^{-2}	Fe_2Al_5 重量 /μg · cm^{-2}	X 射线显微组织分析 Fe_2Al_5 重量	中间层中铁、铝、锌的比 Fe : Al : Zn	镀层的黏附性评价
10	20	8	许多	1.9 : 2.4 : 1	好
11	19	6	许多	1.8 : 2.2 : 1	好
12	23	8	许多	1.7 : 2.0 : 1	好
13	19	5	少许	0.9 : 1.1 : 1	坏
14	16	5	少许	1.3 : 1.7 : 1	坏
15	17	5	少许	1.0 : 1.2 : 1	坏
16	19	4	少许	0.9 : 1.1 : 1	坏
17	78	30	少许	1.8 : 1.2 : 1	坏
18	12	2	少许	1.0 : 1.2 : 1	坏
19	25	6	许多	1.1 : 1.4 : 1	坏
20	20	3	痕迹	1.3 : 1.6 : 1	坏

利用现代化检测手段电子探针分析法，已经检测到锌液中铝含量与 Fe_2Al_5 中间黏附层厚度以及锌层附着力之间的关系，见表 2-10。

表 2-10 电子探针分析结果和中间层厚度计算

带钢入锅温度 /℃	锌层附着力 (R + P)	铝含量/%		中间层厚度/nm			
		在锌液	在中间层	从横断面计算		从表面中间层重量计算	
				未退火	退火	未退火	退火
550	4	0.11	53	33	46	21	43
550	4	0.10	53	32	39	20	42
550	3	0.14	50	23	31	43	31
525	3	0.16	55	49	69	25	—
515	4	0.11	53	19	41	9	26
482	4	0.10	53	21	32	—	34
440	6	0.11	54	18	13	27	—
434	7	0.16	49	15	32	26	27
406	6	0.10	50	19	31	—	—
390	4	0.11	52	17	33	21	46
387	7	0.16	52	13	19	25	46
384	3	0.15	49	16	27	20	46

2.5.3 可挽回因镀锌层附着力差而致废的产品

对于因为锌液中铝含量不足、带钢入锅温度太低、浸锌时间太短等三个因素而造成的镀层附着力不良的产品卷，放入罩式炉中经 280℃、24h 回火，可以使产品镀层恢复良好的附着力，见表 2-11。

表 2-11 回火前后中间层结构变化

带钢入锌锅温度/℃		镀层中总铝含量/%	中间层各组分重量/μg·cm^{-2}			中间层锌含量/%
			Zn	Al	Fe_2Al_5+Zn	
回火前	384	0.12	4.2	3.0	9.7	55
	550	0.21	5.8	7.3	19.2	30
	434	0.13	3.3	4.6	11.7	39
	387	0.12	2.4	4.6	10.8	43
	384	0.11	3.8	5.5	13.9	40
回火后	384	0.12	1.8	9.3	18.8	10
	550	0.21	1.5	6.1	12.7	12
	434	0.13	1.9	7.2	15.1	13
	387	0.12	1.1	7.2	14.3	8
	384	0.11	1.7	8.2	16.8	10

2.5.4 镀层附着力的评级标准

镀层附着力的评级标准，见表 2-12。

表 2-12 R 和 P 的评级标准

项目	R					P			
级别	一级	二级	三级	四级	五级	一级	二级	三级	四级
状态	无裂纹	较微裂纹	裂纹	较重裂纹	严重裂纹	良好	剥离	损坏	无附着力
判断	合格	合格	合格	合格	不合格	合格	不合格	不合格	不合格

2.6 锌液中其他元素对热镀锌的影响

2.6.1 铅的影响

铅可增加热镀锌时锌液的浸润性，使浸润 Δh 值增高，见表 2-13。

表 2-13 锌液中铅含量对于 Δh 的影响

铅含量/%	0.005	0.26	0.54	1.22	1.35
Δh/mm	2.79	3.67	3.89	3.89	4.10

热镀锌层形成后，铅元素富集在晶界处，见表 2-12。这种状况会引起热镀锌层的晶界腐蚀，减少热镀锌层的使用寿命，见表 2-14。

表 2-14 热镀锌镀层化学成分分析（摩尔分数,%）

序号	区域	Zn	Al	Pb	Cr	O	C
1	光亮区	74.543	0.225	—	—	5.425	9.807
2	灰暗区	87.950	0.533	5.366	—	6.181	—
3	晶界处	22.903	0.373	33.656	6.684	27.427	8.960

2.6.2 铁的影响

铁的影响见表 2-15。

表 2-15 锌液中铁含量对于 Δh 的影响

铁含量/%	0.002	0.005	0.010	0.025	0.050
Δh/mm	5.0	3.0	2.75	2.40	2.85

2.6.3 镉的影响

镉的影响见表 2-16。

表 2-16 不同带钢温度和含镉量时的铁损量（g/m^2）

带钢温度/℃	锌液中含镉量/%							
	1	5	12.5	25	50	60	83	100
420	50	68	311	134	23	—	—	—
450	70	465	266	200	32	16	10	—
500	250	156	119	79	39	2	—	—

2.6.4 稀土的影响

稀土对锌液流动性的影响见表 2-17。

表 2-17 锌及锌铝合金中添加稀土的流动性比较（mm）

镀层种类	Zn	Zn-RE	Zn-Al	Zn-Al-RE	Zn-Al-RE-Mg
460℃	120	146	115	136	138
480℃	133	188	122	138	162

稀土对锌润湿角的影响见表 2-18。

表 2-18 稀土对锌及锌铝合金浸润角的影响（°）

温度/℃	410	420	440	460	480	500	520
Zn		24.0	23.0	20.5	17.0	10.5	10.0
Zn-Al		33.0	28.0	24.5	20.0	14.0	7.5
Zn-Al-RE	15	14.5	14.0	12.0	10.0	5.5	4.5

稀土对锌液表面张力的影响见表 2-19。

表 2-19 稀土加入量对锌铝合金表面张力的影响（480℃）

稀土含量/%	0.00	0.02	0.03	0.04	0.06	0.08	0.09
表面张力/$N \cdot m^{-1}$	0.818	0.730	0.725	0.721	0.715	0.713	0.710

稀土对锌层厚度均匀性的影响见表 2-20。

表 2-20 稀土对锌层厚度均匀性的影响

镀层种类	浸入 $CuSO_4$ 次数	测量点镀层厚度/μm					厚薄点相差		不均匀度/%
		各测量点				平均值	厚度差/μm	百分比/%	
Zn	9	98	89	81	83	81.2	37	37.8	46.7
	9	105	83	55	80		47	46.1	
	8	105	92	46	81		59	56.2	

续表 2-20

镀层种类	浸入 $CuSO_4$ 次数	测量点镀层厚度/μm 各测量点			平均值		厚薄点相差 厚度差/μm	百分比/%	不均匀度/%
Zn-Al	10	91	77	54	74	73.5	37	40.7	34.5
	9	93	68	55	72		38	40.9	
	9	82	96	64	74		18	22.0	
Zn-Al-RE	10	59	59	55	58	55	4	6.8	8.2
	9	58	57	53	56		5	8.6	
	9	55	54	50	53		5	9.1	

2.6.5 碳的影响

碳的影响见表 2-21。

表 2-21 碳的不同存在状态对热镀锌的影响（试样含碳 0.78%）

碳的存在状态	热处理方法	布氏硬度 HB/MPa	铁损失量/g·$(m^2·h)^{-1}$ 在 180g/L 的 H_2SO_4 中	在 450℃ 的熔融锌中
粒状珠光体	730℃球化退火 4h	520	87	680
层状珠光体	690℃退火 10h，缓冷	590	87	740
索氏体	加热到 780℃，保温 15min，空冷	850	5.8	130
屈氏体	加热到 760℃，保温 15min，油冷	1180	8.2	86
马氏体	加热到 740℃，保温 15min，水冷	2700	49.0	118
回火索氏体	加热到 740℃，保温 15min，水冷 再到 450℃保温 30min，空冷	1270	19.2	110

2.6.6 硅的影响

硅的影响见表 2-22、表 2-23。

表 2-22 镀锌温度 460℃、浸锌时间 8min 时含硅量对镀锌层的影响

镀锌层增量①/g·cm^{-2}	钢基中平均含硅量/%	镀锌后钢板表面状态	镀层厚度/μm
6.33	<0.005	光 亮	96
7.49	0.016	光 亮	101
22.36	0.034	灰 色	372
32.04	0.042	暗灰色	500
20.99	0.070	深暗灰色	337
25.64	0.073	深暗灰色	425
19.37	0.083	深暗灰色	275
22.16	0.085	深暗灰色	346
25.16	0.093	深暗灰色	422
20.37	0.100	暗灰色	330
7.49	0.120	半光亮	277
11.15	0.160	光 亮	138
10.7	0.270	光 亮	142

①镀后重量减去镀前重量为镀锌重量，因钢板的铁损未计算在内，故低于镀层重量。

表 2-23　浸锌 2h 含硅量对合金层厚度的影响（mm）

序　号	硅含量/%	450℃	475℃	500℃	525℃	550℃
1	0.60	0.09	0.11	0.92	0.17	0.27
2	0.90	5.5	6.2	6.7	—	—
3	0.15	5.0	6.1	6.2	5.05	—
4	4.70	0.07	0.21	0.25	0.85	0.94

注：表中显示数据正好与圣德林效应相吻合。

2.6.7　批量热镀锌时锌液中镍的影响

镍对结构件热镀锌的影响见表 2-24 ~ 表 2-26。

表 2-24　镍对结构件热镀锌镀层结构的影响

锌液中化学成分	相层厚度/μm		
	ζ 相	δ 相	ζ 相 + δ 相
0.05% Ni-0.01% V，其余为锌	90	10	99
0.05% Ni-0.03% V，其余为锌	64	13	77
0.05% Ni-0.05% V，其余为锌	19	17	37
0.05% Ni-0.08% V，其余为锌	17	24	41

表 2-25　镍对锌渣成分的影响

镍加入量/%	分析部位	元素成分/%			锌渣相
		Fe	Ni	Zn	
0.01	1	5.95	0.98	93.07	Z
	2	5.89	0.92	93.19	Z
0.13	1	5.79	1.08	92.13	Z
	2	5.28	3.01	91.70	γ
0.17	1	5.60	1.24	93.16	Z
	2	4.83	3.51	91.66	γ
0.19	1	4.63	3.83	91.54	γ

表 2-26　Zn-Ni 合金及镍粉在热浸镀锌中的使用特性

w(Ni)/%	熔点/℃	合金相组成	在锌液中的溶解时间	在锌液中 Ni 的可溶出量/%	备　注
0.24	418	Zn + 2.5% δ	短	100	
0.5	450	Zn + 5.0% δ	较短	100	
2.0	580	Zn + γ + δ	可接受	95	可能形成 Γ_2-FeZnNi 相
100（粉末）	1453	Ni	过长	85	会形成 Γ_2-FeZnNi 相

2.7　热镀锌镀层的晶粒与锌花

热镀锌镀层的晶粒与锌花技术参数见表 2-27 ~ 表 2-29。

表 2-27 不同的晶粒度、镀层厚度、化学成分的镀层上的锌花变化

锌液编号	晶粒尺寸/mm	平均镀层厚度/mm	锌花	元素浓度/%						
				Pb	Si	Bi	Cd	Sn	Al	Mg
1	1.2	35	无	—	—	—	1.0	0.50	—	—
2	10.2	37	有	0.25	—	—	1.0	0.50	—	—
3	10.2	38	有	0.50	—	—	—	0.20	—	—
4	10.7	36	有	0.50	—	—	—	0.60	—	—
5	14.7	43	有	—	0.25	0.25	—	—	—	—
6	11.2	44	有	0.50	—	—	0.6	0.60	—	—
7	11.2	42	有	0.40	2.00	—	—	—	—	—
8	10.5	24	有	2.00	—	—	—	—	0.27	—
9	14.1	26	有	—	0.25	0.25	—	—	0.15	—
10	9.5	40	有	0.20	—	—	—	—	—	—
11	13.0	34	有	—	—	0.25	—	—	—	—
12	1.3	33	无	—	—	—	0.25	—	—	—
13	12.5	38	有	—	0.20	—	—	—	—	—
14	1.2	33	无	—	—	—	—	0.20	—	—
15	2.0	40	无	—	—	—	—	—	—	0.20

表 2-28 锌花基面与钢板表面之间的角度

试样编号	锌液化学成分/%	锌花表面视觉		测出的 θ 角度/(°)
1	纯 锌	灰 白		49
2	Zn + 0.20 Sn	光 亮		22
3	Zn + 0.59 Pb + 0.37Sn	A	光 亮	40
		B	灰 白	22
		C	光 亮	22
4	Zn + 0.59Pb + 0.37Sn	光 亮		40
5	Zn + 2Pb + 0.2Sn	A	光 亮	58
		B	灰 白	80
6	Zn + 0.45Pb + 0.25Sn	A	灰 白	70
		B	灰 白	70
		C	灰 白	48
7	Zn + 0.25Bi + 0.25Sn	A	灰 白	17
		B	光 亮	21

表 2-29 锌液化学成分及镀层重量与锌花尺寸的关系

试样编号	锌花尺寸及锌层外观	锌液成分/%				单面镀层重量 $/g \cdot m^{-2}$	镀层厚度/μm
		Al	Pb	Fe	Sn		
S_1	大尺寸锌花（15mm）灰暗外观	0.1438	0.544	0.0300		111.94	7.91
S_2	大尺寸锌花（15mm）光亮外观	0.1435	0.536	0.0316	0.0258	208.12	14.71

续表 2-29

试样编号	锌花尺寸及锌层外观	锌液成分/%				单面镀层重量 /g · m^{-2}	镀层厚度 /μm
		Al	Pb	Fe	Sn		
S_3	中等尺寸锌花（12mm）光亮外观	0. 1539	0. 525	0. 0272	0. 0351	145. 16	10. 26
S_4		0. 1575	0. 4327	0. 0220	0. 015	98. 0	6. 93
S_5	小尺寸锌花（7mm）光亮外观	0. 1528	0. 1691	0. 0261	0. 0048	135. 25	9. 21

2.8　热镀锌原板前处理加热临界温度符号及理论说明

热镀锌原板前处理加热临界温度符号及理论说明见表 2-30。

表 2-30　热处理常用的临界温度符号及理论说明

序　号	符　号	说　明
1	A_0	渗碳体的磁性转变点
2	A_1	在平衡状态下，奥氏体、铁素体、渗碳体或碳化物共存的温度
3	A_3	亚共析钢在平衡状态下，奥氏体和铁素体共存的最高温度
4	A_{cm}	过共析钢的平衡状态下，奥氏体和渗碳体或碳化物共存的最高温度
5	A_4	在平衡状态下 δ 相和奥氏体共存的最低温度
6	A_{c1}	钢加热时，珠光体转变为奥氏体的温度
7	A_{c3}	亚共析钢加热时，铁素体全部转变为奥氏体的温度
8	A_{ccm}	过共析加热时，渗碳体和碳化物全部融入奥氏体的温度
9	A_{c4}	低碳亚共析钢加热时，奥氏体开始转变为 δ 相的温度
10	A_{r1}	钢高温奥氏体化后冷却时，奥氏体分解为铁素体和珠光体的温度
11	A_{r3}	亚共析钢高温奥氏体化后冷却时，铁素体开始析出的温度
12	A_{rcm}	过共析钢高温奥氏体化后冷却时，渗碳体或碳化物开始析出的温度
13	A_{r4}	钢在高温形成的 δ 相冷却时，完全转变为奥氏体的温度
14	B_s	钢奥氏体化后冷却时，奥氏体开始分解为贝氏体的温度
15	M_s	钢奥氏体化后冷却时，其中奥氏体开始转变为马氏体的温度
16	M_f	奥氏体转变为马氏体的终了温度

2.9　Fe-Fe$_3$C 合金相图中各种组织组成物及其特性

Fe-Fe$_3$C 合金相图中各种组织组成物及其特性见表 2-31。

表 2-31　Fe-Fe$_3$C 合金相图中各种组织组成物及其特性

序号	组成物	代号	组织分类	w(C)/%	晶格结构	性　能	说　明
1	铁素体	α(F)	单相	0 ~ 0. 021	体心立方	强度低、硬度低、塑性好	碳在 α-Fe 中的间隙固溶体
2	奥氏体	γ(A)	单相	0 ~ 2. 11	面心立方	强度低、硬度低、塑性好，无磁性	碳在 γ-Fe 中的间隙固溶体

续表 2-31

序号	组成物	代号	组织分类	$w(\mathrm{C})/\%$	晶格结构	性 能	说 明
3	δ-铁素体	δ	单相	0 ~ 0.09	体心立方	—	碳在 δ-Fe 中的间隙固溶体
4	渗碳体	Fe_3C	单相	6.7 ± 0.2	正交晶系复杂结构	极硬、脆性大、形状对影响很大	碳和铁的金属化合物，形状有片状、条状、粒状、网状
5	珠光体	P	两相	—	—	强度、硬度与片层的粗细有关	由铁素体和渗碳体组成的机械混合物
6	莱氏体	Ld	两相	—	—	—	奥氏体与渗碳体机械混合物
7	石墨	G	—	—	密排六方	—	游离的碳晶体
8	液相	L	—	—	—	—	铁碳合金液相

2.10 热镀锌层耐腐蚀性技术参数

镀层耐腐蚀性技术参数见表 2-32 ~ 表 2-34。

表 2-32 金属在 25℃时标准电极电位（$Me \to Me^+ + ne$ 的电极反应）

序号	电极过程	标准电位/V	序号	电极过程	标准电位/V
1	$Li \rightleftharpoons Li^+ + e$	−3.045	30	$V \rightleftharpoons V^{3+} + 3e$	−0.876
2	$Rb \rightleftharpoons Rb^+ + e$	−2.925	31	$Zn \rightleftharpoons Zn^{2+} + 2e$	−0.762
3	$K \rightleftharpoons K^+ + e$	−2.925	32	$Cr \rightleftharpoons Cr^{3+} + 3e$	−0.74
4	$Cs \rightleftharpoons Cs^+ + e$	−2.923	33	$Ga \rightleftharpoons Ga^{3+} + 3e$	−0.53
5	$Ra \rightleftharpoons Ra^{2+} + 2e$	−2.92	34	$Fe \rightleftharpoons Fe^{2+} + 2e$	−0.44
6	$Ba \rightleftharpoons Ba^{2+} + 2e$	−2.90	35	$Cd \rightleftharpoons Cd^{2+} + 2e$	−0.402
7	$Sr \rightleftharpoons Sr^{2+} + 2e$	−2.89	36	$In \rightleftharpoons In^{3+} + 3e$	−0.342
8	$Ca \rightleftharpoons Ca^{2+} + 2e$	−2.87	37	$Tl \rightleftharpoons Tl^+ + 2e$	−0.336
9	$Na \rightleftharpoons Na^+ + e$	−2.714	38	$Mn \rightleftharpoons Mn^{3+} + 3e$	−0.283
10	$La \rightleftharpoons La^{3+} + 3e$	−2.52	39	$Co \rightleftharpoons Co^{2+} + 2e$	−0.277
11	$Mg \rightleftharpoons Mg^{2+} + 2e$	−2.37	40	$Ni \rightleftharpoons Ni^{2+} + 2e$	−0.250
12	$Am \rightleftharpoons Am^{3+} + 3e$	−2.32	41	$Mo \rightleftharpoons Mo^{3+} + 3e$	−0.2
13	$Pu \rightleftharpoons Pu^{3+} + 3e$	−2.07	42	$Ge \rightleftharpoons Ge^{4+} + 4e$	−0.15
14	$Th \rightleftharpoons Th^{4+} + 4e$	−1.90	43	$Sn \rightleftharpoons Sn^{2+} + 2e$	−0.136
15	$Np \rightleftharpoons Np^{3+} + 3e$	−1.86	44	$Pb \rightleftharpoons Pb^{2+} + 2e$	−0.126
16	$Be \rightleftharpoons Be^{2+} + 2e$	−1.85	45	$Fe \rightleftharpoons Fe^{3+} + 3e$	−0.036
17	$U \rightleftharpoons U^{3+} + 3e$	−1.80	46	$D_2 \rightleftharpoons 2D^+ + 2e$	−0.0034
18	$Hf \rightleftharpoons Hf^{4+} + 4e$	−1.70	47	$H_2 \rightleftharpoons 2H^+ + 2e$	0.000
19	$Al \rightleftharpoons Al^{3+} + 3e$	−1.66	48	$Cu \rightleftharpoons Cu^{2+} + 2e$	+0.337
20	$Ti \rightleftharpoons Ti^{2+} + 2e$	−1.63	49	$Cu \rightleftharpoons Cu^+ + e$	+0.521
21	$Zr \rightleftharpoons Zr^{4+} + 4e$	−1.53	50	$Hg \rightleftharpoons Hg^{2+} + 2e$	+0.789
22	$U \rightleftharpoons U^{4+} + 4e$	−1.50	51	$Ag \rightleftharpoons Ag^+ + e$	+0.799
23	$Np \rightleftharpoons Np^{4+} + 4e$	−1.354	52	$Rh \rightleftharpoons Rh^{3+} + 3e$	+0.80
24	$Pu \rightleftharpoons Pu^{4+} + 4e$	−1.28	53	$Hg \rightleftharpoons Hg^{2+} + 2e$	+0.854
25	$Ti \rightleftharpoons Ti^{3+} + 3e$	−1.21	54	$Pd \rightleftharpoons Pd^{2+} + 2e$	+0.987
26	$V \rightleftharpoons V^{2+} + 2e$	−1.18	55	$Ir \rightleftharpoons Ir^{3+} + 3e$	+1.000
27	$Mn \rightleftharpoons Mn^{2+} + 2e$	−1.18	56	$Pt \rightleftharpoons Pt^{2+} + 2e$	+1.19
28	$Nb \rightleftharpoons Nb^{3+} + 3e$	−1.1	57	$Au \rightleftharpoons Au^{3+} + 3e$	+1.50
29	$Cr \rightleftharpoons Cr^{2+} + 2e$	−0.913	58	$Au \rightleftharpoons Au^+ + e$	+1.68

表 2-33　氧化剂的氧化-还原电位

序　号	还原反应式	电位/V	氧化反应式	电位/V
1	$H_2O_2 + 2H^+ + 2e \rightarrow 2H_2O$	1.70	$Zn - 2e \rightarrow Zn^{2+}$	0.763
2	$ClO_3^- + 6H^+ + 5e \rightarrow \frac{1}{2}Cl_2 + 3H_2O$	1.47	$Fe - 2e \rightarrow Fe^{2+}$	0.440
3	$ClO_3^- + 6H^+ + 6e \rightarrow Cl^- + 3H_2O$	1.45	$Fe^{2+} - e \rightarrow Fe^{3+}$	-0.771
4	$BrO_3^- + 6H^+ + 6e \rightarrow Br^- + 3H_2O$	1.44	—	—
5	$O_2 + 4H^+ + 4e \rightarrow 2H_2O$	1.23	—	—
6	$HNO_2 + H^+ + e \rightarrow NO + H_2O$	1.00	—	—
7	$NO_3^- + 4H^+ + 3e \rightarrow NO + 2H_2O$	0.96	—	—
8	$NO_3^- + 3H^+ + 2e \rightarrow HNO_2 + H_2O$	0.94	—	—
9	$NO_3^- + 10H^+ + 9e \rightarrow NH_4^+ + 3H_2O$	0.87	—	—
10	$NO_3^- + 2H^+ + e \rightarrow NO_2 + H_2O$	0.80	—	—

表 2-34　各种金属发生腐蚀的临界 pH 值

金属名称	锌	铝	锡	黄铜	钢铁
pH	10	10	11	11.5	13

③ 热镀锌原材料

3.1 热镀锌原板

3.1.1 热轧工艺

3.1.1.1 热轧高强度热镀锌用钢

热轧高强度热镀锌用钢见表3-1。

表3-1 热轧高强度热镀锌板用钢

序号	强化机制	强度级别/MPa	可生产的规格范围		可生产的镀层板	应用成形部件
			板厚/mm	板宽/mm		
1	固溶强化	370	1.2~6.35	600~1800	EG，GI	一般结构件
		400	1.2~6.53	600~1524	GA	—
		440	1.4~6.35	600~1800	Zn—Ni	—
		490	1.6~6.0	600~1850	—	支撑部件
		540	1.6~6.0	600~1800	—	—
		590	1.6~6.0	600~1850	—	—
2	析出强化	440	1.6~6.0	800~1320	GA，GI	一般结构件
		490	1.6~6.2	600~1850	EG	
		540	1.6~6.2	600~1850	Zn-Ni	—
		590	1.6~6.0	600~1850	—	支撑部件
		690	1.6~6.0	600~1800	—	轮辋、托架等
		780	1.6~6.0	600~1800	—	—
3	组织强化（马氏体系）	540	1.6~6.0	600~1550	GA	支撑部件
		590	1.6~6.0	600~1600	—	轮辐、轮辋
		690	1.6~6.0	600~1350	—	—
		780	1.6~6.0	600~1450	—	—
		980	2.0~4.5	800~1400	—	—
4	组织强化（贝氏体系）	440	1.4~6.3	600~1850	GA，GI	难成形车内
		490	1.6~6.2	600~1850	EG，Zn-Ni	支撑部件
		540	1.6~6.2	600~1850	—	—
		690	1.6~5.3	600~1600	—	—
		780	1.6~5.0	600~1600	—	—
5	组织强化（残余奥氏体系）	590	1.4~6.0	600~1600	GA	缓冲件
		690	1.4~6.0	600~1400	Zn-Ni	支撑部件
		780	1.4~6.0	600~1400	—	强度部件
		980	2.0~4.5	800~1400	—	车轮辐、轮辋

续表 3-1

序 号	强化机制	强度级别/MPa	可生产的规格范围		可生产的镀层板	应用成形部件
			板厚/mm	板宽/mm		
6	耐蚀性	370	1.6~6.3	600~1524	GA，GI	支撑部件
		400	1.6~6.0	800~1800	EG	—
		440	1.6~6.3	600~1800	Zn-Ni	—
		490	1.6~6.3	600~1524	—	—
		540	1.6~6.2	600~1800	—	—
		590	1.6~6.0	600~1600	—	—
		690	2.0~5.0	600~1350	—	—
		780	2.0~5.0	800~1400	—	—

3.1.1.2 热轧普通热镀锌用钢

普通热镀锌原板的热轧轧制工艺见表 3-2。

表 3-2 热轧终轧温度及卷取温度的控制

序 号	钢 种	厚度/mm	终轧温度/℃	卷取温度/℃
1	沸腾钢	—	840~910	580±15
2	铝镇静钢	<1.40	850~910	540±30
		≥1.40	850~910	580±15
3	结构钢	≤1.90	850~910	540±30
		>1.90	850~910	580±15

3.1.2 连续酸洗工艺

3.1.2.1 热轧带钢表面氧化物的生成

铁的氧化反应速度常数见表 3-3。

表 3-3 铁的氧化反应速度常数

序 号	反 应	温度/℃	反应速度常数/$g^2 \cdot (cm^4 \cdot s)^{-1}$	
			实验值	计算值
1	$Fe + 1/2O_2 \rightarrow FeO$	983	6.7×10^{-7}	5.9×10^{-7}
2	$3FeO + 1/2O_2 \rightarrow Fe_3O_4$	1000	8.3×10^{-9}	4.5×10^{-9}
3	$2Fe_3O_4 + O_2 \rightarrow 3Fe_2O_3$	1000	2.3×10^{-9}	5.8×10^{-14}

3.1.2.2 热轧带钢表面氧化铁的性质

各种氧化铁在盐酸及硫酸溶液中的溶解度见表 3-4 ~ 表 3-12。

表 3-4 一氧化铁与三氧化二铁在盐酸溶液中的溶解度

序 号	浓度/%	1h 内溶解的数量/%	
		三氧化二铁	一氧化铁
1	1	0.112	0.48
2	3	0.36	0.76
3	14	21.1	41.1
4	21	43.8	90.0

表 3-5 一氧化铁与三氧化二铁在硫酸溶液中的溶解度

浓度/%	温度/℃	溶解的数量/%	
		三氧化二铁	一氧化铁
10	40	0.9	1.4

表 3-6 一氧化铁在盐酸中的溶解速度

序 号	盐酸的浓度/%	100g 的物质在 1h 中的溶解量/g		
		Fe	Fe_2O_3	FeO
1	1	20.8	0.112	0.48
2	3	31.6	0.36	0.76
3	14	109.6	21.1	41.1
4	21	356.0	43.8	90.0

表 3-7 金属铁及氧化铁的相对溶解速度

酸的浓度	Fe	Fe_2O_3	FeO
1% HCl	200	1	5
21% HCl	8	1	2

表 3-8 四氧化三铁在 7.5%盐酸溶液中溶解速度

序 号	四氧化三铁及金属铁的数量/g		3h 中溶解的四氧化三铁的数量/g
	四氧化三铁	金属铁	
1	0.5	0.0	0.1814
2	0.5	0.1	0.3124
3	0.5	0.2	0.3300

表 3-9 带有氧化铁鳞的薄板在酸洗中的相对溶解速度（温度 18℃）

序 号	酸洗时间/min	5% H_2SO_4	5% HCl
1	15	1.4 ~ 1.7	1.4 ~ 1.5
2	30	2.0 ~ 3.8	1.3
3	45	2.0 ~ 3.8	1.0
4	60	1.5 ~ 3.1	—
5	75	1.0 ~ 1.7	—
6	90	1.1 ~ 1.4	—
7	105	1.0 ~ 1.8	—

表 3-10 不同氧化程度的铁鳞的酸洗时间

序 号	铁氧化时的温度/℃	在硫酸中的酸洗时间/min（浓度 30g/L，55℃）
1	900	40
2	750	35
3	620	71
4	520	105

表 3-11 氧化铁皮在 20℃的硫酸溶液中的溶解度（g/(100g · 3h)）

序 号	浓度/%	轧制时生成的氧化铁皮	退火时生成的氧化铁皮
1	3	3.8	2.6
2	5	4.6	3.0
3	10	6.2	3.8

表 3-12　纯铁及其氧化物在硫酸及盐酸溶液中的溶解度

酸浓度/%	纯铁的溶解度/%		一氧化铁的溶解度/%		四氧化三铁的溶解度/%		三氧化二铁的溶解度/%		酸洗时间/min	
	盐酸	硫酸	盐酸	硫酸	盐酸	硫酸	盐酸	硫酸	盐酸	硫酸
5	40.7	15.0	0.83	0.56	3.5	3.5	0.71	4.8	55	135
10	72.0	35.0	7.5	0.98	29.0	3.87	10.6	6.4	18	120
15	—	—	—	—	150①	5.62	—	—	15	95

①150% 是计算得到的数据，实际在 15% 的盐酸溶液中，只需 40min 即可使四氧化三铁全部溶解。

3.1.2.3　各种因素对酸洗的影响

A　酸洗工艺参数对酸洗的影响

酸洗工艺参数对酸洗的影响见表 3-13 ~ 表 3-28。

表 3-13　酸洗方法对酸洗的影响

序 号	技术指标	各种酸洗方法①/%		
		传统的深槽酸洗	现代化浅槽酸洗	最新式浅槽加紊流酸洗
1	酸洗时间	100	80	65
2	能　耗	100	70	70
3	酸　耗	100	60	60
4	热传导性	100	200	700

①把传统的深槽酸洗各项指标作为 100%。

表 3-14　酸洗时间对氢脆的影响

序　号	盐酸的浓度/$g \cdot L^{-1}$	酸洗时间/min	酸洗失重/g	非化学溶解作用除去的铁鳞/g	全部酸洗时间内发生的氢气量/mL
1	10	90	0.4442	0.1251	11.5
2	10	30	0.5011	0.0336	6.6
3	140	8	0.4816	0.0097	3.3

表 3-15　钢种对酸洗线运行速度的影响

序 号	钢　种	带钢厚度/mm	酸洗线运行速度/$m \cdot s^{-1}$
1	低碳钢	2.0 ~ 2.5	1.2 ~ 1.4
2	低碳钢	3.0 ~ 4.0	1.0 ~ 1.2
3	中碳钢	2.0 ~ 2.5	1.0 ~ 1.2
4	中碳钢	3.0 ~ 4.0	0.8 ~ 1.0
5	高碳钢	2.0 ~ 2.5	0.8 ~ 1.0
6	高碳钢	3.0 ~ 4.0	0.7 ~ 0.9
7	合金钢	2.5 ~ 4.0	0.6 ~ 0.7
8	硅　钢	2.0	0.3 ~ 0.5

表 3-16　带钢表面各部位氧化铁皮状况对酸洗的影响

部　位	带钢头部酸洗时间/min			带钢中部酸洗时间/min			带钢尾部酸洗时间/min		
结　构	Fe_2O_3 或 Fe_3O_4	FeO	总计	Fe_2O_3 或 Fe_3O_4	FeO	总计	Fe_2O_3 或 Fe_3O_4	FeO	总计
边　部	2.1	0.45	2.55	3.2	0.54	3.74	1.8	0.51	2.31
中　部	3.6	1.0	4.6	2.3	1.8	4.1	2.4	0.53	2.93

表 3-17 在93℃时酸、铁离子以及破鳞作用对热轧低碳钢酸洗时间的影响

序 号	浓度用/g·(100mL)$^{-1}$		酸洗时间/s	
	H_2SO_4	$FeSO_4$	已拉伸破鳞	未拉伸破鳞
1	10	0	25	50
		5	25	51
		10	28	55
		15	33	65
		20	33	65
2	15	0	22	43
		5	22	44
		10	24	48
		15	20	55
		20	28	55
3	20	0	18	35
		5	19	37
		10	20	40
		15	23	45
		20	23	45

表 3-18 拉伸破鳞对酸洗的影响

序 号	带 钢	氧化铁皮结构	酸洗时间/s	
			未破鳞	已破鳞
1	片 状	通常的氧化铁皮结构	302	185
2	低温卷取	大部分通常的氧化铁皮结构	375	210
3	高温卷取	内外层为 Fe_3O_4，中间夹 FeO	360	341

表 3-19 铁皮破碎机工作辊直径及辊数对带钢酸洗时间的影响

组 别	辊数及其直径/mm	总变形/%	酸洗时间/s
1	100-100-100-100	10.0	12
2	100-100-100	7.5	13
3	150-150-150-150	6.64	14
4	200-200-200-200	5.0	15
5	100-100	5.0	18
6	150-150-150	4.98	18
7	100-150	4.16	28
8	200-200-200	3.75	22
9	100-200	3.75	30

注：表中所列的总变形，并非带钢实际伸长程度，而是表示工作程度或带钢表面层的运动程度。

表 3-20 溶液温度及破鳞作用对热轧低碳钢酸洗时间的影响

序号	H_2SO_4 浓度/g·(100mL)$^{-1}$	$FeSO_4$ 浓度/g·(100mL)$^{-1}$	温度/℃	清除铁皮时间/s
1	10	10	180	90~100
2	20	10	180	50~60
3	30	10	180	45
4	10	10	200	65
5	20	10	200	45
6	30	10	200	35
7	10	10	200	35
8	20	10	200	20
9	30	10	200	20
10	10	10	216	35~40
11	20	10	220	15~20
12	30	10	220	15~20

表 3-21 不同的食盐加入量对酸洗的影响

食盐加入量/%	酸洗温度/℃	酸洗时间/s								
		1次	2次	3次	4次	5次	6次	7次	8次	平均
3	84	121	96	95	117	96	—	—	—	104
4	85	101	81	98	113	89	—	—	—	96
5	86	60	57	67	96	67	58	—	—	64
6	82	66	74	80	69	85	67	—	—	71
7	83	56	53	63	70	66	—	58	62	64
9	84	56	55	53	53	49	—	—	—	53

表 3-22 NaCl 的加入对氧化铁皮溶解度的影响

序号	附加物数量/g·L^{-1}	从1g氧化铁皮溶解下的数量/g	
		在7%的 H_2SO_4 中	在10%的 HCl 中
1	0	0.009	0.011
2	60	0.015	0.012
3	120	0.021	0.034
4	200	0.052	0.037

表 3-23 在不同浓度及温度的盐酸溶液中氯化亚铁含量的变化(%)

序号	盐酸溶液温度/℃	盐酸溶液浓度/%							
		0	2	4	7	8	10	12	15
1	10	14.6	13.9	12.5	11.8	10.5	8.2	6.5	4.2
2	20	18.2	16.4	13.5	12.0	10.7	8.0	6.5	4.7
3	30	22.2	16.1	15.8	14.7	13.3	12.1	9.2	7.6
4	40	23.9	20.7	19.4	17.8	16.8	14.9	14.8	8.0
5	55	25.0	22.4	21.4	19.9	18.6	16.0	11.8	8.4
6	60	29.8	25.1	23.0	22.5	20.2	17.9	12.8	9.8

表 3-24 钢板化学成分对酸洗后钢板上发生沉淀物的影响

元 素	C	Si	Mn	P	S	Cu	Ni	As	Fe
钢板的化学成分/%	0.035	0.0	0.32	0.026	0.012	0.18	0.08	0.043	余量
在硫酸中酸洗后沉淀物的质量分数/%	4.7	0.0	0.27	0.88	1.08	20.40	2.36	3.81	49.56
在盐酸中酸洗后沉淀的质量分数/%	5.0	0.0	0.28	1.44	0.18	20.16	7.23	6.73	41.1

表 3-25 在温度为 18℃、108g/L 的 H_2SO_4 中 NaCl 的加入对氢气析出的影响

NaCl 含量/$g \cdot L^{-1}$	0	10	50
析出的氢气量/cm^3	8.99	4.0	2.09

表 3-26 酸洗延续时间对氢扩散的影响

序 号	酸洗延续时间/min	扩散的氢气量/cm^3		
		H_2SO_4	H_2SO_4 +1% NaCl	H_2SO_4 +5% NaCl
1	30	4.08	—	—
2	50	8.99	—	—
3	60	—	4.0	2.09
4	75	—	6.88	4.21
5	90	—	10.32	6.49
6	95	—	—	11.58

表 3-27 不同的酸洗方法对金属重量损失的影响

序 号	钢	轧制方法	复合酸洗 酸洗时的重量损失/%		酸法酸洗 酸洗时的重量损失/%	
			12% H_2SO_4	18% HCl	10% H_2SO_4 +2.5% NaCl +2.5% $NaNO_3$	18% HCl
1	1X18H9T	热轧	0.50	1.02	—	—
2	1X18H9T	冷轧	0.51	—	5.36	2.71
3	18-8 类	热轧	0.63	0.50	—	—
4	18-8 类	冷轧	0.29	0.40	—	1.46
5	X20H80T	热轧	0.27	0.27	—	—
6	X20H80T	冷轧	0.26	0.35	2.00	0.94
7	X28T	热轧	0.79	0.78	—	0.99

表 3-28 热轧卷取温度对酸洗的影响

卷取温度/℃	酸洗时间/min			酸洗总时间/min		
	头 部	中 部	尾 部	头部	中部	尾部
580	0.9/2.0 (0.3/0)	1.0/1.8 (1.25/1.8)	2.05/1.75 (0.6/0.6)	1.6	2.6	2.5
620	1.35/2.2 (0.4/0.5)	2.7/1.4 (0.3/1.7)	1.4/1.9 (0.5/0.6)	2.1	3.06	2.2
660	2.6/4.0 (0.55/0.8)	4.1/2.8 (0.4/1.4)	2.1/3.05 (0.5/0.4)	3.7	4.4	3.0
700	2.8/4.6 (0.5/2.2)	4.2/3.0 (0/1.0)	1.5/2.0 (0.5/1.0)	4.5	4.1	2.5

注：1. 表中分子表示带钢边部酸洗时间，分母表示带钢中部酸洗时间；

2. 括号内表示 FeO 层的酸洗时间，其余为 Fe_2O_3 或 Fe_3O_4 的酸洗时间。

B 缓蚀剂对酸洗的影响

缓蚀剂对酸洗的影响，见表 3-29 ~ 表 3-31。

表 3-29 缓蚀剂对酸洗带钢重量损失的影响（厚 3mm）

酸溶液	缓蚀剂加入量 /mL · L^{-1}	酸洗温度 /℃	酸洗时间 /s	酸洗后试片重量损失/%	酸洗后表面情况
25% H_2SO_4	0	88 ~ 92	300	2.007	乌黑色占铁皮表面全部
	10	87 ~ 92	300	0.785	灰白色
重量损失差	—	—	—	1.222	—
25% H_2SO_4	0	88 ~ 93	180	1.1038	乌黑色，个别轧入铁皮未掉
	10	88 ~ 93	180	0.7238	灰白色，个别轧入铁皮未掉
重量损失差	—	—	—	0.3827	—

表 3-30 "氯化柴油废酸水"对酸洗缓蚀性能和防氢脆性能的影响（25% H_2SO_4）

缓蚀剂加入量 /mL · L^{-1}	(80 ± 1)℃酸洗 20min		(90 ± 1)℃酸洗 15min		105 ~ 108℃（沸腾）酸洗 15min	
	缓蚀效率 Z/%	钢丝折断所弯曲的次数	缓蚀效率 Z/%	钢丝折断所弯曲的次数①	缓蚀效率 Z/%	钢丝折断所弯曲的次数
1	59.0	5.3	55.8	4.6	—	5.0
2	60.3	6.75	61.2	5.7	54.3	4.9
3	—	—	—	—	—	6.0
4	—	—	—	—	—	8.9
5	81.7	9.2	74.2	10.1	74.2	9.0
10	99.22	10.1	97.4	9.5	92.9	10.5
20	99.77	11.1	99.36	12.4	95.6	12.2
40	—	—	—	—	96.1	—
0	0	3.7	0	3.3	0	3.7

①钢丝折断所弯曲次数越少，说明氢脆越严重，原钢丝折断弯曲次数为 12.7 次。

表 3-31 高效率缓蚀剂对低碳钢酸洗的影响

序号	HCl 浓度 /g · (100mL)$^{-1}$	缓蚀剂浓度 /mL · (100mL)$^{-1}$	1h 后金属损耗 /mg · cm^{-2}	酸洗时间 /s
1	2	0	68	45
2	2	0.0017	51	ND
3	2	0.0034	19	45
4	2	0.0067	15	45
5	4	0	143	30
6	4	0.0034	28	ND
7	4	0.0067	20	30
8	4	0.0134	17	30
9	4	0.0268	13	30
10	4	0.0536	9	35
11	8	0	224	40
12	8	0.0067	34	20
13	8	0.0134	24	ND
14	8	0.0268	19	20

注：1. 溶液中的 $FeCl_2$ 为 22.7g/100mL；
2. 未经拉伸破鳞。

3.1.2.4 酸洗线中关键设备的技术参数调节

A 三辊直头机

三辊直头机的参数调节，见表3-32、表3-33。

表3-32 三辊直头机辊缝设定值①

序号	屈服强度/MPa		200		300		400		500	
	项目		1号	2号	1号	2号	1号	2号	1号	2号
1	厚度/mm	1.5	5.6	3.2	9.6	5.5	13.0	7.7	17.3	10.4
2		2.25	3.9	1.6	6.9	3.6	10.0	5.5	13.0	7.5
3		2.75	2.2	0.5	4.7	2.0	7.2	3.6	9.7	5.2
4		3.25	1.0	-0.5	3.0	0.8	5.2	2.1	7.3	3.5
5		3.75	0	-1.4	1.7	-0.2	3.5	1.0	5.4	2.1
6		4.5	-1.5	-2.5	0	-1.5	1.6	-0.6	3.0	0.4
7		5.0	-2.2	-3.2	-0.8	-2.3	0.5	-1.5	1.9	-0.6
8		5.5	-2.2	-3.6	-1.2	-2.8	0	-2	1.4	-1
9		6.0	-3.2	-4	-1.8	-3.2	-0.5	-2.5	1	-1.5

①只在带钢头部使用。

表3-33 三辊直头机辊缝设定值（尾部使用）

序号	屈服强度/MPa		200		300		400		500	
	项目		1号	2号	1号	2号	1号	2号	1号	2号
1	厚度/mm	1.5	6.1	3.5	11	6	15	8.5	19	11.5
2		2.25	4.1	1.8	7.5	4	11	6	14.3	8.3
3		2.75	2.4	0.55	5.1	2.2	8	4	10.6	5.7
4		3.25	1.1	0	3.3	0.9	5.8	2.3	8	3.9
5		3.75	0.5	-1.3	1.9	-0.2	3.9	1.1	6	2.3
6		4.5	-1.3	-2.3	0.5	-1.3	1.8	-0.5	3.3	0.5
7		5	2	-2.9	-0.7	-2	0.6	-1.3	2.1	-0.5
8		5.5	-2.5	-3.2	-1	-2.5	0.3	-1.8	1.5	-0.9
9		6.0	-2.8	-3.6	-1.6	-2.9	0	-2.2	1.1	-1.4

B 拉伸破鳞机

拉伸破鳞机组技术参数设定值见表3-34。

表3-34 弯曲辊压下值设定

序号	屈服强度/MPa	厚度/mm	伸长率/%	1号压下量/mm	2号压下量/mm	3号压下量/mm
1	≤200	1.2~2	0.9	25	18	15
		2~3	0.8	24	17	14
		3~4	0.7	22	15	13
		4~5	0.6	21	14	12
		5~6	0.5	20	13	11
2	200~300	1.2~2	0.8	24	17	14
		2~3	0.7	22	15	13
		3~4	0.6	21	14	12
		4~5	0.5	20	13	11
		5~6	0.4	19	12	12

续表 3-34

序 号	屈服强度/MPa	厚度/mm	伸长率/%	1 号压下量/mm	2 号压下量/mm	3 号压下量/mm
3	300 ~ 400	1.2 ~ 2	0.7	22	15	13
		2 ~ 3	0.6	21	14	12
		3 ~ 4	0.5	20	13	11
		4 ~ 5	0.4	19	12	10
		5 ~ 6	0.3	18	11	9

C 圆盘剪技术参数

圆盘剪技术参数调节见表 3-35。

表 3-35 圆盘剪剪刃间隙调节参数

≤200MPa	厚度/mm	1.5	2	2.5	3	4	5	6
	重叠间隙/mm	0.3	0.3	0.3	0.2	0.15	0.15	0.1
	侧间隙/mm	0.1	0.15	0.2	0.25	0.35	0.45	0.55
200 ~ 400MPa	厚度/mm	1.5	2	2.5	3	4	5	6
	重叠间隙/mm	0.3	0.3	0.3	0.2	0.15	0.15	0.1
	侧间隙/mm	0.15	0.2	0.25	0.3	0.4	0.5	0.6
400 ~ 500MPa	厚度/mm	1.5	2	2.5	3	4	5	6
	重叠间隙/mm	0.3	0.3	0.3	0.2	0.15	0.15	0.1
	侧间隙/mm	0.18	0.22	0.3	0.35	0.45	0.55	0.65

3.1.2.5 酸洗工艺制度

酸洗段工艺制度见表 3-36 ~ 表 3-44。

表 3-36 酸洗段工艺技术参数设定

酸类	酸洗速度 /m · min^{-1}	酸洗温度 /℃	酸液浓度/g · L^{-1}					亚铁浓度/g · L^{-1}				
			5 号槽	4 号槽	3 号槽	2 号槽	1 号槽	5 号槽	4 号槽	3 号槽	2 号槽	1 号槽
盐酸	240	70 ~ 90	130 ~ 110	110 ~ 90	90 ~ 70	70 ~ 50	50 ~ 30	50 ~ 70	80 ~ 100	110 ~ 130	140 ~ 160	160 ~ 180
硫酸	100	85 ~ 95	300 ~ 260	260 ~ 230	230 ~ 190	190 ~ 150	150 ~ 120	70 ~ 100	100 ~ 120	130 ~ 150	160 ~ 180	180 ~ 220

表 3-37 酸洗段工艺受控技术参数

序 号	进行酸洗的带钢所处的位置	作业受控技术参数项目	经常使用的操作值
1	1 号酸槽	温度/℃	70 ~ 85
2	1 号酸槽	Fe^{2+} 浓度/g · L^{-1}	≤140
3	1 号酸槽	HCl 浓度/g · L^{-1}	≥30
4	2 号酸槽	温度/℃	70 ~ 85
5	3 号酸槽	温度/℃	70 ~ 85
6	4 号酸槽	温度/℃	70 ~ 85
7	4 号酸槽	Fe^{2+} 浓度/g · L^{-1}	≤20
8	4 号酸槽	HCl 浓度/g · L^{-1}	≥160
9	1 号清洗槽探头	电导率/μS · cm^{-1}	5 ~ 60
10	4 号清洗槽探头	电导率/μS · cm^{-1}	5 ~ 80
11	烘干机气体	温度/℃	115 ~ 125

表 3-38 在硫酸与盐酸中酸洗时间的确定（s）

序号	钢种	90℃硫酸		70℃盐酸		85℃盐酸	
		无拉伸	拉伸	无拉伸	拉伸	无拉伸	拉伸
1	低碳钢	35	10	25	15	15	10
2	低碳钢，含磷量0.13%	30	15	15	15	10	10
3	低碳钢，卷取温度655℃	35	15	20	15	15	15
4	低碳钢，卷取温度577℃	35	10	15	15	10	10
5	低碳钢，含铜0.03%	50	30	40	40	30	20
6	低合金钢，含磷、硅、铜	15	15	20	20	15	15
7	低合金高强度锰钢、铜钢	55	30	25	20	20	15
8	低合金高强度锰钢	40	20	25	20	20	20

盐酸是易挥发的酸，在不同的酸洗条件下，酸液面上HCl气体的浓度，见表3-39。

表 3-39 在不同的酸洗条件下酸液面上 HCl 气体的浓度控制

新配酸液（无亚铁）				旧酸液（亚铁含量为227g/L）			
酸洗时间 /s	酸液浓度 /$g \cdot L^{-1}$	酸液温度 /℃	HCl气体浓度 /$g \cdot m^{-3}$	酸洗时间 /s	酸液浓度 /$g \cdot L^{-1}$	酸液温度 /℃	HCl气体浓度 /$g \cdot m^{-3}$
10	250	80	564	10	235	93	32200
10	140	93	13.8	20	235	65	4950
20	220	65	56.4	20	140	80	247
20	100	80	0.9	20	75	93	38.8
20	54	93	0.4	30	130	65	56.4
30	126	65	1.0	30	75	80	15.6
30	57	80	0.15	30	45	93	11.0
30	30	93	0.13	30	86	65	8.9
40	84	65	0.17	40	48	80	4.95
40	39	80	0.07	40	29	93	5.3
40	20	93	0.08	40	25	90	6.0

表 3-40 在不同酸洗时间条件下 HCl 气体的含量控制

酸液中 $FeCl_2$ 含量227g/L				酸液中无 $FeCl_2$			
酸洗时间 /s	酸液浓度 /$g \cdot L^{-1}$	酸液温度 /℃	液面上HCl气体含量/$g \cdot m^{-3}$	酸洗时间 /s	酸液浓度 /$g \cdot L^{-1}$	酸液温度 /℃	液面HCl含量 /$g \cdot m^{-3}$
10	235	93	32200	10	250	80	564
20	235	65	4950	10	140	93	13.8
20	140	80	247	20	220	65	66.4
20	75	93	38.8	20	100	80	0.9
30	130	65	56.4	20	54	93	0.4
30	75	80	15.6	30	126	65	1.0
30	45	93	11.0	30	57	80	0.15
40	86	65	8.9	30	30	93	0.13
40	48	80	4.95	40	84	65	0.17
40	29	93	5.3	40	39	80	0.07
40	20	93	5.3	40	20	93	0.08

表 3-41　在硫酸和盐酸中经平整热轧带钢酸洗时间的确定（s）

序号	钢　种	93℃硫酸		79℃盐酸		93℃盐酸	
		无平整	平整	无平整	平整	无平整	平整
1	低碳沸腾钢	35	10	25	15	15	10
2	含磷 0.13% 的低碳钢	30	15	15	15	10	10
3	卷取温度 655℃的低碳沸腾钢	35	15	20	15	15	15
4	卷取温度 577℃的低碳沸腾钢	35	10	15	15	10	10
5	含铜 0.3% 的低碳钢	50	30	40	40	30	20
6	含磷、硅、铜、镍、铬的低合金钢	15	15	20	20	16	15
7	低合金高强度锰钢、铜钢	55	30	25	20	20	15
8	低合金高强度锰钢	40	20	25	20	20	20

表 3-42　在不同温度时硫酸亚铁在硫酸溶液中的溶解度控制（%）

序号	温度/℃	硫酸浓度/%							
		0	2	4	7	10	15	20	25
1	-5	—	—	—	9.4	8.4	5.1	3.8	3.0
2	0	13.6	12.9	12.0	10.8	9.5	7.2	5.5	3.4
3	3	14.6	13.8	12.9	11.5	10.2	7.7	6.1	4.2
4	5	15.2	14.4	13.5	12.0	10.7	8.0	6.5	4.7
5	7	16.0	15.1	14.2	12.7	11.2	9.1	7.2	5.5
6	10	17.2	16.1	15.2	13.7	12.3	10.1	8.2	6.6
7	20	20.9	19.1	18.4	16.8	15.7	13.3	11.2	9.5
8	25	23.0	21.4	20.4	18.6	17.3	15.0	12.8	11.4
9	30	24.8	23.1	22.0	20.5	19.2	16.9	14.8	13.4
10	35	26.6	26.0	24.0	22.0	20.3	18.6	16.2	—
11	40	28.7	26.3	25.0	23.0	21.5	20.0	—	—
12	45	30.6	29.0	27.4	25.0	24.0	—	—	—

表 3-43　温度为 12℃时在不同盐酸浓度中 $FeCl_2$ 饱和度的控制

序　号	盐酸浓度/%	溶剂盐酸重量/g	$FeCl_2$ 最大溶解量/g	$FeCl_2$ 饱和度/%
1	水	100	84.5	84.5
2	8	100	53	53
3	10	100	48	48
4	14	100	43	43
5	16	100	40.3	40.3
6	21	100	16.7	16.7
7	28	100	7.4	7.4
8	31	100	5.5	5.5

表 3-44　各种带钢连续酸洗系统的比较

项　目		深槽酸洗	浅槽酸洗	浅槽加紊流酸洗
1	酸洗时间/%	100	80	65
2	抽风量/%	100	60	60
3	能源消耗/%	100	70	70

续表 3-44

项目		深槽酸洗	浅槽酸洗	浅槽加紊流酸洗
4	酸槽盖	通常	专门浸入式槽盖	专门浸入式槽盖
5	提升装置	必要	不必要	不必要
6	槽段带钢张力控制	张力调节与钢带断面成比例	张力调节与钢带断面成比例	采用大张力，任何断面都可行
7	张力调节系统效果	生产厂没有满意的调控系统	断面大时在槽内没问题；断面小时，槽段短有问题	张力越高，槽段内带钢运行越好
8	检查酸槽中带钢位置	不可能准确找到	准确无误	准确无误
9	掌握槽内带钢的情况	特别困难	很快可能确定	很快可能确定
10	焊接带钢头和尾	因酸在槽内，处理很困难，而且费时	很简单，快速排酸，液压开盖	很简单，快速排酸，液压开盖

3.1.2.6 酸洗缓蚀剂工艺技术参数

为了防止过酸洗，常常向酸洗溶液中加入适量的缓蚀剂，其类别与性能见表3-45～表3-48。

表 3-45 缓蚀剂的类别与性能

名称	主要成分	适用浓度/%	缓蚀剂用量/%	缓蚀效率/%	使用温度/℃
若丁	二邻甲基硫脲，淀粉，平平加，氯化钠	HCl：18	0.2～0.5	>95	<60
		H_2SO_4：20			
		$H_3PO_4$①			
乌洛托品	$C_6H_{12}N_4$	HCl：10	0.3～0.5	70	40
		H_2SO_4：10		89	
硫脲	CH_4N_2S	H_2SO_4：20	0.1～0.3	—	60
		$H_3PO_4$①		74	
		HCl		93	
FH-酸洗缓蚀剂	石油副产品含氯化物	$H_2SO_4$①	1.0～1.5	98	60～100
		$H_3PO_4$①			
		HCl，HF①			

①对浓度无要求。

表 3-46 在含有 $FeSO_4$ 的 H_2SO_4 溶液中加或不加缓蚀剂的缓蚀效果比较

酸溶液种类	酸洗温度/℃	酸洗时间/min	试样			缓蚀率/%
			酸洗前重量/g	酸洗后重量/g	重量损失/g	
264g/L H_2SO_4 +83.3g/L $FeSO_4$ 加缓蚀剂	95～96	40	9.9954	9.9341	0.0613	94.3
264g/L H_2SO_4 +83.3g/L $FeSO_4$ 未加缓蚀剂	95～96	40	10.0342	8.7781	1.2561	
264g/L H_2SO_4 +120g/L $FeSO_4$ 加缓蚀剂	90	70	11.0366	10.9400	0.0966	88.11
264g/L H_2SO_4 +120g/L $FeSO_4$ 未加缓蚀剂	90	70	11.0616	10.7388	0.3228	

表 3-47 若丁加入量与钢铁腐蚀速率的关系①

序 号	若丁加入量/g · L^{-1}	金属腐蚀速率/%	序 号	若丁加入量/g · L^{-1}	金属腐蚀速率/%
1	—	2.27	4	1.25	0.77
2	0.15	1.04	5	2.5	0.83
3	0.17	1.07	6	5	0.72

①试样在硫酸浓度为16%，温度为70℃的溶液中浸渍15min。

表 3-48 FH 缓蚀剂加入量与缓蚀效率的关系①

序 号	加入量/%	缓蚀速率/g · (m^2 · h)$^{-1}$	缓蚀效率/%
1	0	127.5	0
2	0.3	1.2	99
3	0.4	1.21	99.05

①硫酸浓度为7.1%，温度为25℃。

3.1.2.7 酸洗段带钢张力设定

酸洗段带钢张力设定，见表3-49。

表 3-49 酸洗段带钢张力系数的设定值（MPa）

厚度/mm	开卷	入口活套	拉矫	垂度	出口活套	圆盘剪	1 号转向塔	联机活套
1.5	0.9	2.6	3	1.4	2.6	1	1.5	2.8
1.6	0.85	2.5	3	1.4	2.5	1	1.5	2.7
1.7	0.8	2.4	3	1.4	2.4	1	1.5	2.6
1.8	0.75	2.3	2.8	1.4	2.3	1	1.5	2.4
1.9	0.7	2.2	2.8	1.4	2.2	1	1.5	2.2
2	0.65	2	2.8	1.4	2	1	1.5	2.1
2.1	0.6	1.9	2.8	1.4	1.9	1	1.5	2.1
2.2	0.6	1.8	2.8	1.4	1.8	1	1.5	2
2.3	0.55	1.7	2.6	1.4	1.7	1	1.5	2
2.4	0.55	1.6	2.6	1.4	1.6	1	1.5	1.9
2.5	0.55	1.5	2.6	1.4	1.5	1	1.5	1.8
2.6	0.45	1.5	2.6	1.4	1.5	1	1.5	1.7
2.7	0.45	1.4	2.6	1.4	1.4	1	1.5	1.6
2.8	0.45	1.4	2.4	1.4	1.4	1	1.5	1.4
2.9	0.45	1.3	2.4	1.4	1.3	1	1.5	1.4
3	0.45	1.3	2.4	1.4	1.3	1	1.5	1.4
3.1	0.4	1.3	2.4	1.4	1.3	1	1.5	1.4
3.2	0.4	1.2	2.4	1.4	1.2	1	1.5	1.3
3.3	0.4	1.2	2.2	1.4	1.2	1	1.5	1.2
3.4	0.4	1.2	2.2	1.4	1.2	1	1.5	1.2
3.5	0.4	1.1	2.2	1.4	1.1	1	1.5	1.2
3.6	0.4	1.1	2.2	1.4	1.1	1	1.5	1.1
3.7	0.4	1.1	2	1.4	1.1	1	1.5	1.1
3.8	0.35	1	2	1.4	1	1	1.5	1.1

续表 3-49

厚度/mm	开卷	入口活套	拉矫	垂度	出口活套	圆盘剪	1号转向塔	联机活套
3.9	0.35	1	2	1.4	1	1	1.5	1.1
4	0.35	1	2	1.4	1	1	1.3	1
4.1	0.35	1	2	1.4	1	1	1.3	1
4.2	0.35	1	2	1.4	1	1	1.3	1
4.3	0.3	0.9	2	1.4	0.9	1	1.3	1
4.4	0.3	0.9	2	1.4	0.9	1	1.3	0.9
4.5	0.3	0.9	2	1.4	0.9	1	1.3	0.9
4.6	0.3	0.9	2	1.4	0.9	1	1.3	0.9
4.7	0.3	0.9	2	1.4	0.85	1	1.3	0.9
4.8	0.3	0.9	2	1.4	0.85	1	1.3	0.9
4.9	0.25	0.9	2	1.4	0.85	1	1.3	0.9
5	0.25	0.9	2	1.4	0.85	1	1.3	0.8
5.1	0.25	0.9	2	1.4	0.85	1	1.3	0.8
5.2	0.25	0.8	2	1.4	0.8	1	1.3	0.8
5.3	0.25	0.8	2	1.4	0.8	1	1.3	0.8
5.4	0.25	0.8	2	1.4	0.75	1	1.3	0.8
5.5	0.25	0.8	2	1.4	0.75	1	1.3	0.8
5.6	0.25	0.8	2	1.4	0.75	1	1.3	0.8
5.7	0.2	0.8	2	1.4	0.75	1	1.3	0.7
5.8	0.2	0.7	2	1.4	0.7	1	1.3	0.7
5.9	0.2	0.7	2	1.4	0.7	1	1.3	0.7
6	0.2	0.7	2	1.4	0.7	1	1.3	0.7

3.1.2.8 酸洗工序的质量检查

酸洗工序质量的判别见表 3-50。

表 3-50 酸洗质量的判别标准

缺陷名称	公称厚度/mm	内控标准			
		尺寸/mm	缺陷描述	允许程度	备注
划伤	≤6.0	≤1.0	低于轧制面的沟状或线状缺陷	横向不允许2条	—
辊印	≤6.0	≤1.0	孤立凸凹面积≤$(4\times4)mm^2$	每周期不超过2处	视觉明显手感重
结疤	1.5~6.0	不确定	山峰状、木纹状、舌端状	钢板不允许	—
压痕	≤6.0	≤0.10	孤立凹状面积≤$(8\times8)mm^2$	每件不超过2处	—
氧化铁皮	1.5~6.0	薄层	线状，木纹状、散沙状、纺锤状	不影响表面检查	不允许压入铁皮
裂纹		不确定	纵、横向，形如发丝，轻微纵裂	允许不多于3处	—
起皮			轻微边部如鱼鳞状翘起		
夹杂			表面黑色或深褐色、破皮轻微夹杂		
孔洞	1.5~6.0	洞穿	—	不允许	
油污	1.5~6.0	表层	板面被侵蚀，变深色	不超过板面的5%	清理干净
麻点(点状氧化铁皮)	≤6.0	0	点状氧化铁皮脱落或冷却水杂质造成的大面积小凹坑	不允许有麻点	—
刮伤	1.5~6.0	0	较深，≥3.0mm 较粗的长条状机械损伤	不允许	应切除

3.1.2.9　其他酸洗工艺

A　推拉式半连续酸洗工艺

推拉式半连续酸洗工艺制度见表 3-51。

表 3-51　推拉式半连续酸洗工艺制度

酸洗时间/s	酸液温度/℃		酸液浓度/g·L⁻¹		亚铁浓度/g·L⁻¹		机组速度/m·min⁻¹
	1号槽	2号槽	1号槽	2号槽	1号槽	2号槽	
89	60	82	5	162	20	37	27
77	66	82	5	175	20	37	31
65	71	82	5	162	20	37	37
56	77	82	5	162	20	37	43
52	82	82	5	162	20	37	46
49	88	88	5	162	20	46	49
25	90	93	5	153	20	46	85
24	93	93	5	162	20	46	99

B　连续式喷射酸洗工艺

采取喷射式酸洗可以提高酸洗效率、节约用酸量，其工艺技术参数见表 3-52、表 3-53。

表 3-52　喷射式酸洗工艺技术参数

喷射角/(°)	温度/℃	压力/MPa	供酸量/L·min⁻¹	酸液浓度/%	密度/g·cm⁻³	酸洗时间/s	消耗酸量/kg·m⁻²
15	60	2.0	13.0	18.6	1.091	30	2.42
				15.1	1.077	40	2.49
				11.7	1.056	50	2.46
	70	2.0	13.0	10.1	1.056	30	1.27
				7.37	1.035	40	1.28
				6.63	1.033	50	1.36
	80	2.0	13.0	15.1	1.071	25	1.61
				8.93	1.045	35	1.30
				5.48	1.028	47	1.06
垂直	70	2.0	13.0	10.3	1.052	30	1.30
				7.84	1.037	40	1.26
				5.74	1.020	50	1.18
水平	70	2.0	13.0	15.8	1.046	35	2.37
				8.21	1.041	47	1.60
				6.21	1.072	63	1.61
15	70	1.0	1.0	15.9	1.076	30	3.72
				9.45	1.043	40	2.86
				6.72	1.033	50	2.52

表 3-53 喷射酸洗时清除氧化铁皮所需的盐酸量

带钢位置	温度/℃	压力/MPa	供酸量/L·min^{-1}	酸液浓度/%	密度/g·cm^{-3}	酸洗时间/s	需要酸量/kg·m^{-2}
15°	60	20	13.0	18.6	1.091	30	2.42
				15.1	1.077	40	2.49
				11.7	1.056	50	2.46
	70	20	13.0	10.1	1.056	30	1.27
				7.37	1.035	40	1.28
				6.63	1.033	50	1.36
	80	20	13.0	15.1	1.071	26	1.61
				8.93	1.045	35	1.30
				5.48	1.028	47	1.06
垂直	70	20	13.0	10.3	1.052	30	1.30
				7.84	1.037	40	1.26
				5.74	1.029	50	1.18
水平	70	20	13.0	15.8	1.076	35	2.37
				8.21	1.041	47	1.60
				6.21	1.032	63	1.61
15°	70	10	8.2	16.9	1.076	30	3.72
				9.45	1.043	40	2.86
				6.72	1.033	50	2.52

3.1.2.10 酸洗环境保护治理

A 酸雾处理

酸雾处理时，酸槽单侧抽气罩的排酸雾量要求见表 3-54。

表 3-54 酸槽单侧抽气罩的排雾量要求

序号	酸槽	吸入速度/m·s^{-1}	1m^2 酸液面的排风量/m^3·h^{-1}				
			B/L①				
			0.2	0.4	0.6	0.8	1.0
1	酸洗槽	0.5	2600	3000	3250	3450	3600
2	酸洗槽（冷溶液）	0.3	1550	1800	1950	2050	2150
3	清洗槽（90~100℃）	0.4	2000	2400	2600	2750	2900
4	清洗槽（50~89℃）	0.2	1000	1200	1300	1400	1450
5	脱脂槽	0.25	1300	1500	1600	1700	1800

①B 为排风口宽度；L 为排风口长度

酸雾净化装置见表 3-55、表 3-56。

表 3-55 几种酸雾净化法特征

序号	酸雾类别	净化方法	净化机制
1	盐酸酸雾（气态与气溶胶状态）	水洗涤（湿式）	利用酸雾的水溶性
		碱液洗涤（湿式）	酸碱中和
		静电抑制（干式）	高压静电造成荷电酸雾返回液面
		覆盖法（干式）	酸液表面覆盖材料抑制挥发

续表 3-55

序 号	酸雾类别	净化方法	净化机制
2	硫酸酸雾（气溶胶状态）	丝网过滤法（干式）	拦截、碰撞、吸附、凝聚、静电
		碱液洗涤（湿式）	酸碱中和
		水洗涤（湿式）	利用酸雾的水溶性
3	铬酸酸雾（气溶胶状态）	网格式过滤（干式）	拦截、碰撞、吸附、凝聚、静电

表 3-56 洗涤塔装置所需面积的近似值

序 号	排出的空气量/$m^3 \cdot h^{-1}$	洗涤塔直径/m	需要的面积(包括通风机和泵)/m^2
1	约 3000	0.8	13
2	约 5000	1.0	16
3	约 7000	1.25	22
4	约 12000	1.60	28
5	约 18000	2.0	34
6	约 27000	2.5	40

B 废酸处理

废酸处理有酸再生法和酸碱中和法两种。采用酸再生法时，硫酸再生设备的生产指标见表 3-57。

表 3-57 硫酸再生设备的主要生产指标

设备指标	生产工艺制度		
	A 型	B 型	C 型
初始溶液的 H_2SO_4 含量/%	20.0	20.0	15.0
废溶液中的 H_2SO_4 含量/%	10.0	5.0	5.0
母液中的 H_2SO_4 含量/%	23.8	25.7	18.0
废溶液中的 $FeSO_4$ 含量/%	18.7	24.7	20.8
母液中的 $FeSO_4$ 含量/%	6.9	6.3	8.8
结晶器前的废溶液温度/℃	63	—	—
冷却后的溶液温度/℃	10	10	10
每消耗 1000kg 硫酸（76%的单水化合物）的废溶液重量/kg	8720	5800	8440

废酸中和处理方法见表 3-58、表 3-59。

表 3-58 1kg 废酸所需中和剂（g）

中和剂 / 酸和盐	CaO	$Ca(OH)_2$	NaOH	Na_2CO_3	$CaCO_3$
HNO_3	0.445	0.59	0.635	0.84	0.795
HCl	0.77	1.01	1.10	1.45	1.37
H_2SO_4	0.56	0.755	0.866	1.08	1.20
CH_3COOH	—	0.616	0.666	0.88	—
$FeSO_4$	0.37	0.49	—	—	—

表 3-59 中和 1kg 纯酸或铁盐所需的中和剂数量（kg）

序 号	酸或铁盐种类	药品名称				
		生石灰 CaO	熟石灰 $Ca(OH)_2$	石灰石 $CaCO_3$	苛性钠 NaOH	碳酸钠 Na_2CO_3
1	硫酸（H_2SO_4）	0.57	0.755	1.02	0.816	1.08
2	盐酸（HCl）	0.77	1.01	1.37	1.10	1.45
3	硝酸（HNO_3）	0.445	0.59	0.795	0.635	0.84
4	硫酸亚铁（$FeSO_4$）	0.37	0.49	0.658	0.53	0.7

C 酸洗废水处理

酸洗废水处理方法见表 3-60。

表 3-60 酸洗废水处理的各种方法

序 号	处理项目	处 理 方 法
1	pH	酸碱中和处理
2	BOD	好氧生物处理、厌氧消化、混凝沉淀
3	COD	好氧生物处理、厌氧消化、吸附、混凝沉淀、化学氧化
4	SS	自然沉淀、混凝沉淀、浮选、过滤、离心分离
5	油	分离、混凝沉淀、浮选
6	铬（六价）	还原、离子交换、电解、蒸发浓缩、化学沉淀
7	锌	调整 pH 值生成氢氧化物沉淀并过滤，投加硫化物，生成硫化物沉淀并过滤，隔膜电解，反渗透
8	铁	混凝沉淀、离子交换、高梯度磁分离
9	氟	氟化钙沉淀
10	氰	化学氧化、电解氧化、离子交换、生物处理
11	有机磷	活性炭吸附、生物处理、化学氧化

3.1.3 冷轧工艺

3.1.3.1 五机架连轧轧制工艺

A 对酸洗板的质量要求

带钢厚度允许偏差，应符合表 3-61 的规定。

表 3-61 带钢厚度允许偏差

序 号	公称厚度/mm	在下列宽度时的厚度允许偏差/mm		
		600～1200mm	600～1200mm	600～1200mm
1	0.8～1.0	±0.10	0.8～1.0	±0.10
2	1.0～1.2	±0.11	1.0～1.2	±0.11
3	1.2～1.5	±0.12	1.2～1.5	±0.12
4	>1.5～2.0	±0.13	>1.5～2.0	±0.13
5	>2.0～2.5	±0.14	>2.0～2.5	±0.14
6	>2.5～3.0	±0.15	>2.5～3.0	±0.15
7	>3.0～4.0	±0.17	>3.0～4.0	±0.17
8	>4.0～5.0	±0.19	>4.0～5.0	±0.19
9	>5.0～6.0	±0.21	>5.0～6.0	±0.21

带钢的宽度允许偏差，应符合表3-62的规定。

表3-62　带钢的宽度允许偏差

序　号	宽度/mm	合格品允许偏差/mm	备　注
1	≤1500	0～+15	严格执行标准
2	>1500	0～+20	严格执行标准

带钢板形的凸度值应执行表3-63的规定。

表3-63　带钢板形的凸度值

序 号	带钢厚度/mm	高质量钢允许的凸度值/μm		其他合格品允许的凸度值/μm	
		宽度≤1500	宽度>1500	宽度≤1500	宽度>1500
1	≤2.5	20～65	20～70	20～65	20～70
2	2.5～6.0	20～75	20～80	20～75	20～80

带钢侧边塔形应符合表3-64的规定。

表3-64　带钢侧边塔形

序　号	带钢宽度/mm	塔形/mm	序　号	带钢宽度/mm	塔形/mm
1	≤1570	≤50	3	≤1270	≤30
2	≤1370	≤40	4	≤1170	≤20

带钢板形的控制，局部高点应符合表3-65的规定。

表3-65　带钢的板形控制

序　号	缺陷名称		标准要求
1	带钢表面局部高点（波峰与波谷之间的差值）	厚度≤2.5mm的低碳软钢	≤0.012mm
		厚度>2.5mm的低碳软钢	≤0.015mm
		厚度≤2.5mm的其他钢种	≤0.015mm
		厚度>2.5mm的其他钢种	≤0.017mm
2	带钢的楔形允许范围应控制在≤1/3凸度的范围之内		≤±25μm
3	破　边		头尾6m之内允许存在
4	镰刀弯		≤3mm/m
5	中间浪、边浪高度		不得超过20mm
6	普通带钢头尾10m以外平直度		≤200IU
7	溢出边折角		不允许存在≥90°折角

B　五机架冷连轧工艺制度

冷连轧工艺制度见表3-66～表3-75。

表3-66　开卷张力

序 号	热轧带钢厚度/mm	带钢宽度/mm	开卷绝对张力/kN	张力系数/MPa
1	≤6.0	≤2080	330	2.6
2	≤3.82	≤1346	232	4.5
3	≥1.5	≥830	124.5	10.0

表 3-67 轧制变形表（CQ、DQ）

序 号	轧制宽度/mm	热轧带钢厚度/mm	冷轧带钢厚度/mm
1	830～1230	1.5～2.0	0.3～0.5
2	830～1530	2.0～3.0	0.5～0.7
3	830～2080	3.0～4.0	0.7～0.9
4	830～2080	4.0～5.0	0.9～1.3
5	830～2080	5.0～6.0	1.3～2.0

表 3-68 轧制变形表（DDQ、EDDQ、SEDDQ）

序 号	轧制宽度/mm	热轧带钢厚度/mm	冷轧带钢厚度/mm
1	830～1530	2.5～4.0	0.5～0.7
2	830～2080	4.0～5.0	0.7～1.1
3	830～2080	5.0～6.0	1.1～1.5

表 3-69 轧制变形表（HSLA 钢、TRIP 钢）

序 号	轧制宽度/mm	热轧带钢厚度/mm	冷轧带钢厚度/mm
1	830～1530	2.0～2.5	0.6～0.8
2	830～1530	2.5～3.0	0.8～1.0
3	830～1530	3.0～3.5	1.0～1.3
4	830～1530	3.5～5.5	1.3～2.5

表 3-70 轧制压下量的分配

序 号	冷轧机架	压下分配量/%	序 号	冷轧机架	压下分配量/%
1	1 号机架	32	4	4 号机架	14
2	2 号机架	26	5	5 号机架	8
3	3 号机架	20			

表 3-71 轧辊的分配

机 架	1 号机架	2 号机架	3 号机架	4 号机架	5 号机架
辊径要求/mm	540～560	480～560	510～560	510～560	540～560

表 3-72 轧机工作辊表面粗糙度

项 目	1 号机架	2 号机架	3 号机架	4 号机架	5 号机架
粗糙度 R_a/μm	0.7	0.7	0.7	0.7	4.0
辊面状态	镀铬	镀铬	镀铬	不镀铬	不镀铬

表 3-73 轧制速度表

宽度/mm	带钢厚度/mm	各机架后的带钢厚度/mm					各机架轧制速度/m·min^{-1}				
		1 号机架	2 号机架	3 号机架	4 号机架	5 号机架	1 号机架	2 号机架	3 号机架	4 号机架	5 号机架
910～1100	1.75	1.12	0.75	0.54	0.415	0.40	457	683	948	1234	1280
910～1100	2.50	1.62	1.11	0.81	0.625	0.60	468	683	936	1213	1263
910～1100	3.50	2.22	1.55	1.109	0.83	0.80	384	550	769	1027	1066
910～1100	4.50	2.90	2.07	1.50	1.15	1.10	302	423	684	761	796
910～1100	5.50	3.92	2.89	2.23	1.73	1.65	221	299	388	500	524

续表 3-73

宽度/mm	带钢厚度/mm	各机架后的带钢厚度/mm					各机架轧制速度/m · min^{-1}				
		1 号机架	2 号机架	3 号机架	4 号机架	5 号机架	1 号机架	2 号机架	3 号机架	4 号机架	5 号机架
1360	2.50	1.96	1.11	0.81	0.625	0.60	468	683	936	1213	1263
1360	3.50	2.19	1.55	1.109	0.83	0.80	382	556	757	980	1042
1360	4.50	2.58	2.07	1.50	1.15	1.10	293	411	567	739	773
1360	5.50	3.06	2.89	2.23	1.73	1.65	214	290	379	485	508
1785	3.50	2.21	1.55	1.146	0.868	0.80	311	442	600	793	860
1785	4.30	2.91	2.11	1.60	1.238	1.10	273	377	498	644	725
1785	5.50	3.88	2.85	2.20	1.77	1.65	212	288	374	464	498
2080	2.50	1.57	1.06	0.76	0.564	0.50	350	519	724	976	1100
2080	4.0	2.47	1.644	1.162	0.848	0.70	212	319	452	619	750
2080	5.0	3.14	2.236	1.67	1.264	1.10	193	271	362	479	550
2080	6.00	4.08	3.113	2.497	2.072	1.95	239	313	391	471	500

表 3-74　各机架间的带钢张力

序号	张力位置	设计张力最大绝对值/kN	序号	张力位置	设计张力最大绝对值/kN
1	7 号 S 辊 ~ 1 号机架	330	4	3 号机架 ~ 4 号机架	800
2	1 号机架 ~ 2 号机架	1000	5	4 号机架 ~ 5 号机架	800
3	2 号机架 ~ 3 号机架	1000	6	5 号机架 ~ 卷取机	130

表 3-75　卷取张力系数的设定值（MPa）

序号	规格/mm	0.35	0.4	0.45	0.5	0.55	0.6	0.7	0.8	0.92	1.15	0.4	1.91	2.51	3.1
1	500	6.06	6.24	5.66	5.79	5.6	5.49	5.14	4.74	4.21	3.6	2.62	2.55	2.5	2.5
2	700	6.31	6.17	5.44	5.3	5.09	4.95	4.54	4.17	3.7	3.2	2.79	2.5	2.5	2.5
3	800	6.36	6.15	5.35	5.22	4.91	4.79	4.37	3.99	3.59	3.07	2.68	2.5	2.5	2.5
4	900	6.45	6.13	5.29	5.1	4.79	4.66	4.28	3.85	3.47	2.97	2.5	2.5	2.5	2.5
5	1000	6.49	6.12	5.26	5.03	4.69	4.56	4.11	3.74	3.38	2.9	2.5	2.5	2.5	2.5
6	1100	6.51	6.08	5.21	4.96	4.61	4.46	4.02	3.35	3.3	2.83	2.5	2.5	2.5	2.5
7	1200	6.54	6.08	5.2	4.91	4.54	4.4	3.93	3.58	3.24	2.78	2.5	2.5	2.5	2.5
8	1300	6.57	6.07	5.16	4.85	4.49	4.34	2.87	3.51	3.19	2.74	2.5	2.5	2.5	2.5
9	1400	6.59	6.06	5.14	4.18	4.43	4.29	3.82	3.46	3.15	2.7	2.5	2.5	2.5	2.4
10	1500	6.62	6.6	5.13	4.78	4.39	4.24	3.77	3.41	3.1	2.66	2.5	2.5	2.5	2.14
11	1570	6.64	6.6	5.1	4.74	4.35	4.2	3.73	3.37	3.07	2.63	2.5	2.5	2.5	2.1

C　冷连轧机换辊制度与配置要求

冷连轧机换辊制度与配置要求，见表 3-76 ~ 表 3-79。

表 3-76　工作辊换辊周期表

架　次	1 号	2 号	3 号	4 号	5 号
周期/h	24	16	16	16	8

表 3-77 各机架工作辊换辊表（t）

序 号	带钢厚度/mm	1 机架	2 机架	3 机架	4 机架	5 机架
1	$h \leqslant 0.6$	3000	2500	2000	2000	1000
2	$0.6 < h \leqslant 1.0$	4500	4000	3000	3000	1500
3	$1.0 < h \leqslant 1.5$	6000	5000	4000	4000	2000
4	$h > 1.5$	7000	6000	5000	5000	2500

表 3-78 各机架支撑辊换辊表（t）

材 质	1 机架	2 机架	3 机架	4 机架	5 机架
锻钢 1 号	80000 ~ 100000	70000 ~ 80000	70000 ~ 80000	50000 ~ 70000	50000 ~ 60000
锻钢 2 号	80000 ~ 100000	70000 ~ 80000	70000 ~ 80000	50000 ~ 70000	50000 ~ 60000

表 3-79 轧机轧辊配置表

项 目	机 架	1 机架	2 机架	3 机架	4 机架	5 机架
工作辊	辊径使用范围/mm	570 ~ 610	560 ~ 610	540 ~ 610	570 ~ 610	570 ~ 610
	配对辊径差/mm	≤3	≤7	≤7	≤7	≤7
	凸度/mm	0.07/EDC	0.07/EDC	0.07	0.07	0.07/CVC
	粗糙度/μm	0.75 ~ 1.0	0.75 ~ 1.0	0.75 ~ 1.0	0.75 ~ 1.0	3.5 ~ 4.5
	辊身硬度 HS	85 ~ 94	85 ~ 94	85 ~ 94	≥90	≥92
	辊面要求	不允许有网纹、磨烧、压痕、划伤锈蚀等缺陷并进行探伤检查				
	换 辊	带钢表面出现板面缺陷（如辊印、掉肉等）及换轧制计划时应及时换辊				
支撑辊	辊径使用范围/mm	1525 ~ 1400				
	凸度/mm	1 号、2 号、5 号 为 0.04 ~ 0.07mm，3 号、4 号为 0.05 ~ 0.07mm				
	粗糙度/μm	0.75 ~ 1.0				
	辊身硬度 HS	60 ~ 65				
	辊面要求	不允许有网纹、磨烧、压痕、划伤锈蚀等缺陷				
	换 辊	辊面损伤严重，应及时更换轧辊				

3.1.3.2 单机架可逆式轧机轧制工艺

单机架 HC 可逆式轧机轧辊配置见表 3-80。

表 3-80 轧辊配置表

项 目	工作辊	中间辊	支撑辊
硬度 HS	90 ~ 96	82 ~ 86	64 ~ 68
粗糙度/μm （μft）	0.5 ~ 0.75 （20 ~ 30）	0.75 ~ 1.0 （30 ~ 40）	1.0 ~ 1.5 （40 ~ 60）
凸 度	平 辊	VCL	VCL

单机架 HC 可逆式轧机轧换辊周期见表 3-81。

表 3-81 换辊周期表

轧辊类别	工作辊	中间辊	支撑辊
轧制量/t	240 ~ 300	720 ~ 900	2520 ~ 3150

3.1.4　对热镀锌原板质量要求

对原板质量要求见表3-82、表3-83。

表3-82　边裂缺陷的控制

级　别	边 沿 状 况	边裂控制		
		卷材	板材	纵切板
1	边沿全部平滑，轻微粗糙边无裂纹	①	①	①
2	只有几圈（约占卷厚的10%）有轻微裂边，边裂深度小于1mm	①	①	①
3	全部轻微裂边和锯齿边，边裂深度约1mm	①	①	①
4	较重的裂边和锯齿边	②	①	①
5	严重的边裂和锯齿边	②	②	②

①允许热镀锌；②不允许热镀锌。

表3-83　对热镀锌原板的粗糙度要求

序　号	钢 卷 号	规格/mm × mm	粗糙度 R_a/μm
1	51086522（CDC）	0.66 × 1006	1.094
2	51087209（CDC）	0.66 × 1006	1.162
3	51087210（CDC）	0.66 × 1007	1.163
4	51088010（HCM）	0.46 × 1006	0.516
5	51088005（HCM）	0.46 × 1006	0.521
6	51088017（HCM）	0.46 × 1006	0.518
7	51088008（HCM）	0.46 × 1006	0.534
8	51088020（HCM）	0.46 × 1006	0.522
9	51087738（CDC）	0.46 × 1006	0.725
10	51088015（HCM）	0.46 × 1006	0.665
11	51088021（HCM）	0.46 × 1006	0.497
12	51088023（CDC）	0.43 × 1006	0.731
13	510880251（CDC）	0.43 × 1006	0.697
14	51087864（HCM）	0.38 × 1006	0.801
15	51088284（CDC）	0.46 × 1006	0.343
16	51088284（CDC）	0.46 × 1006	0.343
17	510889731（CDC）	0.46 × 1006	0.373
18	510889732（CDC）	0.46 × 1006	0.501
19	51088975（CDC）	0.46 × 1006	0.436
20	51088977（CDC）	0.46 × 1006	0.371
21	51089338（CDC）	0.56 × 1257	0.378
22	210906862（DX54D）	0.56 × 1255	1.309
23	51090691（DX52D）	0.78 × 1255	1.243
24	51090693（DX52D）	0.78 × 1255	1.27
25	51090693（DX52D）	0.68 × 1255	1.287
26	51090693（DX52D）	0.68 × 1255	1.186
27	51090693（DX52D）	0.58 × 1255	1.251
28	51090693（DX54D）	0.68 × 1255	0.948
29	51090693（DX54D）	0.78 × 1255	0.955

3.1.5 热镀锌原板化学成分及性能

热镀锌原板钢种牌号、化学成分及性能见表3-84～表3-86。

表3-84 钢种牌号

序号	性能分类	钢种牌号					性能级别		用途
		欧洲	德国	日本	宝钢	武钢	代号	名称	
1	FH	—	—	—	—	—	PT	半退火 全硬级	建材
2	CQ	DC01	St12	SPCC	BLC	P3A2	JY	机械咬合级	建材
3	DQ	DC03	St13	SPCD	BLD	P3A1	SC	冲压级	家电
4	DDQ	DC04	St14	SPCE	BUSD	M4A2	CS	深冲级	轿车
5	EDDQ	DC05	St15	SPCEN	BUFD	M2A2	CS	特深冲级	轿车
6	SEDDQ	DC06	St16	SPCEN	BSUFD	M1A1	CS	超深冲级	轿车
7	JG	S520GD	St52-3G	SPFC540	S520GD	S520GD	JG	高强级	结构件

表3-85 钢种化学成分

序号	牌号	化学成分/%							
		项目	C	Si	Mn	P	S	Al	Ti	Nb
1	DC01 (FH)	标准值	≤0.100	≤0.030	≤0.500	≤0.035	≤0.030	≤0.080	—	—
		实际值	≤0.060	≤0.030	≤0.450	≤0.030	≤0.025	≤0.040	—	—
2	DC01 (CQ)	标准值	≤0.100	≤0.030	≤0.500	≤0.035	≤0.030	≤0.080	—	—
		实际值	≤0.060	≤0.030	≤0.450	≤0.030	≤0.025	≤0.040	—	—
3	DC03 (DQ)	标准值	≤0.080	≤0.030	≤0.450	≤0.030	≤0.025	≤0.040	—	—
		实际值	≤0.030	≤0.030	≤0.400	≤0.025	≤0.020	≤0.030	—	—
4	DC04 (DDQ)	标准值	≤0.040	≤0.030	≤0.400	≤0.025	≤0.020	≤0.020	≤0.080	—
		实际值	≤0.008	≤0.030	≤0.350	≤0.020	≤0.020	≤0.020	≤0.050	—
5	DC05 (EDDQ)	标准值	≤0.008	≤0.030	≤0.350	≤0.020	≤0.020	≤0.020	≤0.080	≤0.015
		实际值	≤0.003	≤0.030	≤0.300	≤0.010	≤0.010	≤0.015	≤0.050	≤0.015
6	DC06 (SEDDQ)	标准值	≤0.006	≤0.030	≤0.300	≤0.020	≤0.020	≤0.015	≤0.050	≤0.04
		实际值	≤0.003	≤0.030	≤0.200	≤0.010	≤0.010	≤0.010	≤0.030	≤0.04
7	结构钢 (JG)	标准值	≤0.200	≤0.030	≤1.600	≤0.035	≤0.030	≥0.020	—	—
		实际值	≤0.200	≤0.030	≤1.600	≤0.030	≤0.020	≥0.020	—	—

表3-86 钢种力学性能

序号	牌号	项目	屈服强度 R_{eL}/MPa	抗拉强度 R_m/MPa	伸长率/% ($L_0=80$mm)	冷弯 180°, $a=0$	硬度 HRB	r_{90}	n_{90}
1	DC01 (FH)	标准值	≥550	≥550	—	—	≥85	—	—
		实际值	≥560	≥580	<12	—	≥85	—	—
2	DC01 (CQ)	标准值	130～280	270～450	≥28(板厚≤0.7mm); ≥34(板厚≥1.6mm)	完好	≤70	≥1.0	—
		实际值	125～250	270～300	≥30(板厚≤0.7mm); ≥36(板厚≥1.6mm)	完好	≤60	≥1.0	—

续表 3-86

序号	牌号	项目	屈服强度 R_{eL}/MPa	抗拉强度 R_m/MPa	伸长率/% (L_0 = 80mm)	冷弯 180°，a = 0	硬度 HRB	r_{90}	n_{90}
3	DC03 (DQ)	标准值	120 ~ 240	270 ~ 370	32 ~ 36	完好	≤57	≥1. 2	—
		实际值	115 ~ 230	270 ~ 350	36 ~ 40	完好	≤50	≥1. 4	—
4	DC04 (DDQ)	标准值	120 ~ 210	270 ~ 350	36 ~ 40	完好	≤40	≥1. 5	≥0. 18
		实际值	110 ~ 200	270 ~ 330	40 ~ 42	完好	—	≥1. 8	≥0. 20
5	DC05 (EDDQ)	标准值	110 ~ 190	260 ~ 330	38 ~ 41	完好	—	≥1. 8	≥0. 20
		实际值	100 ~ 180	260 ~ 300	42 ~ 48	完好	—	≥2. 0	≥0. 22
6	DC06 (SEDDQ)	标准值	100 ~ 180	250 ~ 350	39 ~ 42	完好	—	≥2. 0	≥0. 22
		实际值	100 ~ 170	250 ~ 300	42 ~ 52	完好	—	≥2. 8	≥0. 26
7	结构钢 (JG)	标准值	≥325	510 ~ 680	≥16	完好 1a	—	—	—
		实际值	≥325	510 ~ 680	≥16	完好 1a	—	—	—

3. 1. 6 带钢连续热镀锌生产工艺参数控制

带钢连续热镀锌生产工艺参数控制见表 3-87 ~ 表 3-90。

表 3-87 生产工艺参数

序号	牌号	带钢在退火炉中温度/℃	锌液铝含量/%	锌层厚度（双面）/g · m^{-2}	表面状态	光整轧制力/t	防腐后处理
1	DC01 (FH)	530 ~ 550	0. 16 ~ 0. 18	100 ~ 450	大锌花	—	建材板 钝化涂油
2	DC01 (CQ)	750	0. 16 ~ 0. 18	彩板基材 60 ~ 120 其他 100 ~ 450	彩板基材无锌花 其他大锌花	大锌花不光整 08Al 钢无锌花时光整力 250 ~ 300	建材板 钝化 涂油
3	DC03 (DQ)	800	0. 18 ~ 0. 20	60 ~ 120	无锌花 光整粗糙度，R_a = 0. 40 ~ 1. 20μm	IF 钢 200 ~ 250 其他钢 250 ~ 300	家电板 耐指纹
4	DC04 (DDQ)	830	0. 20 ~ 0. 25	70 ~ 150	无锌花 光整粗糙度，R_a = 0. 60 ~ 1. 50μm	IF 钢 200 ~ 250	涂油 磷化
5	DC05 (EDDQ)	850	0. 20 ~ 0. 25	70 ~ 150	无锌花 光整粗糙度，R_a = 0. 60 ~ 1. 50μm	IF 钢 200 ~ 250	涂油 磷化
6	DC06 (SEDDQ)	860	0. 20 ~ 0. 25	70 ~ 150	无锌花 光整粗糙度，R_a = 0. 60 ~ 1. 50μm	IF 钢 200 ~ 250	涂油 磷化
7	结构钢 (JG) 高强钢 (HSS)	大锌花，750 无锌花 830	大锌花 0. 16 ~ 0. 18 无锌花 0. 20 ~ 0. 25	大锌花 275 ~ 450 无锌花 70 ~ 150	大锌花 无锌花	高强钢（HSS） 400 ~ 800	钝化 磷化

表 3-88 连续热镀锌机组 CQ 级工艺参数控制

带钢温度/℃	预热段板温/℃	还原段板温/℃	带钢入锌锅温度/℃	塔顶辊处带钢温度/℃
	670 ±20	750 ±20	490 ±30	≤320
锌液温度（462 ±2）℃时	锌液中 Al 含量/%	锌液中 Fe 含量/%	合金化温度/℃	合金层铁含量/%
	0.18 ~0.20	0.01 ~0.02	530 ±20	8 ~12
光整、拉矫工艺	光整伸长率/%	拉矫伸长率/%	光整轧制力/t	拉矫弯曲辊压深
	0.3 ~3.0	0.1 ~1.4	100 ~300	设计深度的 80%
后处理	根据用户要求选择后处理的类型			
质量控制要求	（1）保证带钢出清洗段后表面清洁，洗净率 >90%； （2）不得有明显气刀条痕、锌渣、光整纹、划伤等表面缺陷； （3）不得有明显钝化黄斑和耐指纹膜厚不均造成的色差； （4）收卷温度 <40℃			

注：生产合金化板时锌液中铝含量控制范围：0.13% ~0.14%。

表 3-89 宝钢 2 号热镀锌线主要工艺过程控制项目及指标

序 号	主要工艺	控制项目	控 制 指 标
1	带钢表面预清洗	清洗液温度、浓度	表面油污含量 <4g/m^2
2	退 火	退火温度、炉内压力、气氛	炉内无氧化气氛，按不同等级退火周期加热、均热和冷却
3	热浸镀	锌液温度	460℃
		锌液成分	Pb 含量≤0.007%（无铅镀锌）； Al：GI 0.18% ~0.20%、GA 0.12% ~0.14%
4	锌层合金化	加热温度	500 ~550℃
		均热温度	500 ~550℃，时间 >12s
5	镀后冷却	空气冷却段温度	顶辊处带钢温度≤300℃（GI） 顶辊处带钢温度≤330℃（GA）
		淬水槽温度	淬水后带钢温度≤40℃
6	光 整	伸长率、粗糙度	伸长率 <2%、粗糙度满足用户需要
7	拉伸矫直	伸长率	<2%
8	钝 化	钝化液温度	30 ~40℃
		钝化膜重量	10 ~30mg/m^2（单面）
9	涂 油	涂油量	0.2 ~2.0g/m^2（单面）

表 3-90 带钢连续热镀锌机组张力与速度控制

序 号	张力段	张力/kN		作业线速度/m·s^{-1}
1	T_1 输入	17.1	4.21①	2.8
2	T_2 第 2 号活套车	29.4	7.22①	2.6（外场减弱≥1.9）
3	T_3 清洗段	44.0	10.82①	2.3
4	T_4 炉子段	8.4②	2.07①	2.3（外场减弱≥1.8）
5	T_5 第 2 号活套车	29.4	7.22①	2.6（外场减弱≥1.9）
6	T_6 矫直段	70.6③	17.36①	2.3
7	T_7 张力卷取机	41.3	10.16①	2.3

① 最大断面 4064mm^2 所用；②最小极限；③最大极限。

3.2　锌

3.2.1　锌的性质

锌的物理化学参数见表3-91～表3-94。

表3-91　锌的物理化学参数

序　号	项　目		数　值
1	原子序数		30
2	相对原子质量		65.38
3	晶体结构		hcp
4	点阵参数		$a=0.2665$mm
			$c=0.4947$mm
			$c/a=1.856$
5	原子尺寸/mm	金属原子半径	0.1332
		离子半径（M^{2+}）	0.083
6	熔点/K(℃)		692.7（419.5）
7	沸点(101325Pa)/K(℃)		1180（907）
8	密度/$g \cdot cm^{-3}$	固态298K（25℃）	7.14
		固态692.5K（419.5℃）	6.83
		液态692.5K（419.5℃）	6.62
		液态1073K（800℃）	6.25
9	熔化热(692.5K)/$J \cdot mol^{-1}$		6.7×10^3(熔化温度:419.5℃)
10	汽化热(1180K)/$J \cdot mol^{-1}$		1.15×10^3(汽化温度:907℃)
11	摩尔定压热容/$J\cdot(K\cdot mol)^{-1}$	固态298～692.7K（25～419.5℃）	$C_{p,m}=21.98+1.13\times10^{-2}T$
		液态692.5K(419.5℃)	$C_{p,m}=32.78$
		气态1180K(907℃)	$C_{p,m}=20.8$
12	表面张力/$N \cdot m^{-1}$	液态783K（510℃）	0.785
		液态913K（640℃）	0.761
13	热导率/$W\cdot(m\cdot K)^{-1}$	固态291K（18℃）	113
		固态692.5K（419.5℃）	96
		液态692.5K（419.5℃）	61
		液态1023K（750℃）	57

表3-92　液态锌摩尔定压热容$C_{p,m}$与温度的关系

温度/K(℃)	$C_{p,m}/J\cdot(K\cdot mol)^{-1}$	温度/K(℃)	$C_{p,m}/J\cdot(K\cdot mol)^{-1}$
692.5(419.5)	32.78	973（700）	30.35
773(500)	32.11	1073（800）	29.43
873(600)	31.23	1173（900）	28.55

表3-93　固态锌在某些温度下的$C_{p,m}$值

温度/K(℃)	273（0）	273（0）	273（0）	673（400）
$C_{p,m}/J\cdot(K\cdot mol)^{-1}$	25.06	25.35	27.32	29.58
	—	25.38	27.13	29.13

表 3-94 液态锌的饱和蒸气压

序 号	温度/K(℃)	实测蒸气压/Pa	计算蒸气压/Pa
1	693 (420)	2.173×10	2.071×10
2	723 (450)	5.293×10	4.950×10
3	773 (500)	1.840×10^2	1.810×10^2
4	823 (550)	5.466×10^2	5.618×10^2
5	873 (600)	1.560×10^3	1.524×10^3
6	923 (650)	3.733×10^3	3.691×10^3
7	973 (700)	8.066×10^3	8.128×10^3
8	1023 (750)	1.627×10^4	1.650×10^4
9	1073 (800)	3.200×10^4	3.126×10^4
10	1123 (850)	5.693×10^4	5.574×10^4
11	1173 (900)	9.560×10^4	9.431×10^4
12	1223 (950)	1.527×10^5	1.524×10^5
13	1273 (1000)	—	2.366×10^5

3.2.2 锌的质量标准

热镀锌用锌锭化学成分见表 3-95、表 3-96。

表 3-95 热镀锌用锌锭化学成分

序号	牌号	化学成分/%									
		Zn 含量（不小于）	杂质含量（不大于）								
			Pb	Cd	Fe	Cu	Sn	Al	As	Sb	杂质总和
1	Zn99.995	99.995	0.001	0.001	0.001	0.001	0.001	—	—	—	0.0050
2	Zn99.99	99.99	0.005	0.002	0.001	0.001	0.001	—	—	—	0.010
3	Zn99.95	99.95	0.020	0.020	0.007	0.002	0.001	—	—	—	0.050
4	Zn99.50	99.50	0.300	0.070	0.040	0.002	0.002	0.030	0.025	0.031	0.500
5	Zn98.70	98.70	1.000	0.100	0.150	0.005	0.003	0.012	0.010	0.020	1.300

表 3-96 热镀锌用锌化学成分

锌 号	化学成分/%								
	Zn 含量（不小于）	杂质含量（不大于）							
		Pb	Fe	Cd	Cu	As	Sb	Sn	杂质总和
0 号	99.995	0.003	0.001	0.001	0.0001	—	—	—	0.005
1 号	99.99	0.005	0.003	0.002	0.0010	—	—	—	0.010
2 号	99.90	0.050	0.020	0.020	0.0020	—	—	—	0.100
3 号	99.50	0.300	0.030	0.070	0.0020	0.005	0.010	0.002	0.500
4 号	98.70	1.000	0.070	0.200	0.0050	0.010	0.020	0.007	1.300

3.2.3 Zn-5%Al-RE 合金的化学成分及物理性能

当前 Zn-5%Al-RE 合金只用于钢丝热镀锌，其化学成分及物理性能见表 3-97、表 3-98。

表 3-97　Zn-5%Al-RE 合金的化学成分

化学成分/%	Al	La-Ce	Fe	Si	Pb	Cd	Sn
Zn-5% Al-RE	4.7 ~ 6.2	0.03 ~ 0.1	≤0.075	≤0.015	≤0.005	≤0.005	≤0.002

表 3-98　Zn-5%Al-RE 合金的物理性能

熔点/℃	密度/g · cm^{-3}	硬度 HB	屈服强度/MPa	抗拉强度/MPa	伸长率/%	面缩率/%
380.66	6.566	59.9	116.2	177.0	2.79	2.12

3.3　钢铁材料

3.3.1　国内外钢铁材料牌号对照

国内外钢铁材料的牌号对照见表 3-99 ~ 表 3-102。

表 3-99　部分国家标准代号

序　号	标准代号	国　家	序　号	标准代号	国　家
1	ГОСТ	俄罗斯	8	KS	韩　国
2	ASTM	美　国	9	JS	印　度
3	UNS	美　国	10	JIS	日　本
4	BS	英　国	11	SIS	瑞　典
5	NF	法　国	12	SNV	瑞　士
6	DIN	德　国	13	CSA	加拿大
7	W-Nr	德　国	14	AS	澳大利亚

表 3-100　部分国家优质碳素结构钢牌号对照

序号	中国 GB/T 699—1999	日本 JIS G4051：2005 （JIS G3506：2004）	美国 ASTM A29/ A29M：2005	国际 ISO 683-18：1996	欧洲 EN10083-1： 1991 + AI：1996 （EN10084：1998）
1	08F U20080	SPHD （JIS G3131：2005）	1008	C10	（C10E） 1.1121
2	10F U20100	SPHE （JIS G3131：2005）	1010	C10	（C10E） 1.1121
3	15F U20150	—	1015	C15E4	（C15E） 1.1141
4	08 U20082	S10C	1008	C10	（C10E） 1.1121
5	10 U20102	S10C	1010	C10	（C10E） 1.1121
6	15 U20152	S15C	1015	C15E4	（C15E） 1.1141
7	20 U20202	S20C	1015	C20E4	C20E 1.1151
8	25 U20252	S25C	1025	C25E4	C25E 1.1158

续表 3-100

序号	中国 GB/T 699—1999	日本 JIS G4051：2005 (JIS G3506：2004)	美国 ASTM A29/ A29M：2005	国际 ISO 683-18：1996	欧洲 EN10083-1： 1991 + AI：1996 (EN10084：1998)
9	30 U20302	S30C	1030	C30E4	C30E 1.1178
10	35 U20352	S35C	1035	C35E4	C35E 1.1181
11	40 U20402	S40C	1040	C40E4	C40E 1.1186
12	45 U20402	S45C	1045	C45E4	C45E 1.1191
13	50 U20502	S50C	1050	C50E4	C50E 1.1206
14	50 U20502	S50C	1050	C50E4	C50E 1.1206
15	55 U20552	S55C	1055	C55E4	C55E 1.1203
16	60 U20602	S58C	1060	C60E4	C60E 1.1221
17	65 U20652	(SWRH67A)	1065	C60E4	C60E 1.1221
18	70 U20702	(SWRH72A)	1070	DC (ISO8458-3：1992)	C70D 1.0615 (EN 10016-2：1994)
19	75 U20752	(SWRH77A)	1075		C76D 1.0614 (EN10016-2：1994)
20	80 U20802	(SWRH82A)	1080		C80D 1.0622 (EN10016-2：1994)
21	85 U20852	(SWRH82B)	1084	—	C85D 1.0616 (EN10016-2：1994)
22	15Mn U21152	—	1019	CC15K (ISO4954：1993)	(C16E) 1.1148
23	20Mn U21202	—	1022	C20E4	C22E 1.1151
24	25Mn U21252	—	1026	C25E4	C25E 1.1158
25	30Mn U21302	—	1030	C30E4	C30E 1.1178
26	35Mn U21352	—	1037	C35E4	C35E 1.1181
27	40Mn U21402	(SWRH42B)	1043	C40E4	C40E 1.1186

表 3-101　部分国家合金结构钢牌号对照

序号	中国 GB/T 3077—1999	日本 JIS G4053：2003	美国 ASTM A29/ A29M：2005	国际 ISO 683-18：1996	欧洲 EN10083-1： 1991 + AI：1996
1	20Mn2 A00202	SMn420	1524	22Mn6	20Mn5 1.1133 (En 10250-2：1999)
2	30Mn2 A00302	SMn433	1330	28Mn6	28Mn6
3	35Mn2 A00352	SMn438	1335	38Mn6	—
4	40Mn2 A00402	SMn438	1340	42Mn6	—
5	45Mn2 A00452	SMn443	1345	42Mn6	—
6	20MnV A01202	—	—	19MnVS6 (ISO 11692：1994)	19MnVS6 1.3101 (EN 10267：1996)
7	40B A70402	—	50B44	—	38MnB5 1.5532 (EN10083-3：1992)
8	40MnB A71402	—	1541B	—	38MnB5 1.5532 (EN10083-3：1992)
9	15Cr A20152	SCr415	5115	20Cr4	17Cr3 1.7016 (EN10084：1998)
10	15CrA A20153	SCr415	5115	20Cr4	17Cr3 1.7016 (EN10084：1998)
11	20Cr A20202	SCr420	5120	20Cr4	17Cr13 1.7016 (EN10084：1998)
12	30Cr A20302	SCr430	5130	34Cr4	34Cr4 1.7033
13	35Cr A20352	SCr435	5135	37Cr4	37Cr4 1.7034
14	40Cr A20402	SCr440	5140	41Cr4	41Cr4 1.7035
15	45Cr A20452	SCr445	5145	41Cr4	41Cr4 1.7035
16	50Cr A20502	SCr445	5150	—	55Cr3 1.7176 (EN10089：2002)

续表 3-101

序号	中国 GB/T 3077—1999	日本 JIS G4053：2003	美国 ASTM A29/ A29M：2005	国际 ISO 683-18：1996	欧洲 EN10083-1： 1991 + AI：1996
17	12CrMo A30122	—	—	13CrMo4-5 (ISO9329-2：1997)	13CrMo4-5 1. 7355 (EN10216-2：1998)
18	15CrMo A30152	SCM415	—	13CrMo4-5 (ISO9329-2：1997)	13CrMo4-5 1. 7355 (EN10216-2：1998)
19	20CrMo A30202	SCM418	—	18CrMo4 (ISO683-11：1987)	18CrMo4 1. 7243 (EN10084-2：1998)
20	30CrMo A30302	SCM430	4130	25 CrMo4	25CrMo4 1. 7218
21	30CrMoA A30303	SCM430	4130	25 CrMo4	25CrMo4 1. 7218
22	35CrMo A30352	SCM435	4137	34 CrMo4	34CrMo4 1. 7220
23	42CrMo A30422	SCM440	4170	42 CrMo4	42CrMo4 1. 7225
24	38CrMoAl A33382	SACM645 (JISG4205：2005)	E7140 (ASTM A519： 2003)	41CrAlMo74 (ISO683-10： 1987)	41CrAMo73 1. 859 (EN10085：2001)
25	50CrVA A23503	SUP10 (JISG4801：2005)	6150	51CrV4	51CrV4 1. 87509 (EN10089：2002)
26	15CrMn A22152	SMnC420	5115	16MnCr5	16MnCr5 1. 7131 (EN10084：1998)
27	20CrMn A22202	SMnC420	5115	20MnCr5	20MnCr5 1. 7141 (EN10084：1998)
28	40CrMn A22402	SMnC443	5140	41Cr4	41Cr4 1. 7035
29	20CrMnMo A34202	SCM421	4121	25CrMo4	25CrMo4 1. 7218 (EN10263-4：2001)
30	40CrMnMo A34402	SCM440	4140	42CrMo4	42CrMo4 1. 7225
31	20CrNi A40202	SNC415	4720	20NiCrMo2	18NiCr5-4 1.5810(EN10084：1998)
32	40CrNi A40402	SNC236	8640	36CrNiMo4	36CrNiMo4 1. 6511
33	45CrNi A40452	SNC236	8645	—	—

表 3-102 部分国家耐热牌号对照

序号	中国 GB，YB	美国 ASTM	日本 JIS	德国 DIN（W-Nr）	英国 BS	法国 NF	俄罗斯 ГОСТ
1	1Cr13Si3	—	—	X10CrSi13（1.4722）	—	—	—
2	1Cr18Si2	442	—	X10CrSi18（1.4741）	—	—	—
3	1Cr13SiAl	—	—	X10CrSi13（1.4724）	—	—	10X13C1O（1X12C1O）
4	1Cr13	410	SUS410 SUS403	X10Cr13（1.4006） X15Cr13（1.4024）	410S21 403S17	Z12C13	12X13（1X13）
5	2Cr13	—	—	—	—	—	20X13（2X13）
6	1Cr5Mo	501	—	12CrMo195（1.7362）	—	Z12CD5	15X5M（X5M）
7	1Cr11MoV	—	—	—	—	—	15X11MΦ（1X11MΦ）
8	4Cr9Si2		SUH1	X45CrSi9（1.4718）	401S45	Z45CS9	40X9C2（4X9C2）
9	4Cr10Si2Mo		SUH3	X40CrSiMo102	—	Z40CSD10 Z45CSD10	40X10C2M（4X10C2M）
10	1Cr18Ni9Ti	—	—	X10CrNiTi18-9（1.4541）	321S20	Z10CNT18-11	12X18H10T（X18H10T） 12X18H9T（X18H9T）
11	1Cr18Ni12Ti	—	—	—	—	—	12X18H12T（X18H12T）
12	1Cr23Ni13	309	SUH309	—	309S24	Z15CN24-13	20X23H13（X23H13）
13	1Cr20Ni14Si2	—	—	X15CrNiSi20-12（1.4828）	—	—	20X20H14C2（X20H14C2）
14	1Cr25Ni20Si2	310	SUH310	X15CrNiSi25 20（1.4841）	—	Z12CN25-20	20X25H20C2（X25H20C2）
15	4Cr14Ni14W2Mo	—	—	—	331S42	—	45X14H14B2M（4X14H14B2M）
16	1Cr15Ni36W3Ti	—	—	—	—	—	XH35BT

3.3.2 钢铁材料化学成分及性能

钢铁材料的化学成分及性能见表 3-103～表 3-107。

表 3-103 优质碳素结构钢的化学成分（GB/T 699—1999）

序号	统一数字代码	牌号	化学成分(质量分数)/%					
			C	Si	Mn	Cr	Ni	Cu
						不大于		
1	U20082	08	0.05~0.11	0.17~0.37	0.35~0.65	0.10	0.30	0.25
2	U20102	10	0.07~0.13	0.17~0.37	0.35~0.65	0.15	0.30	0.25
3	U20152	15	0.12~0.18	0.17~0.37	0.35~0.65	0.25	0.30	0.25
4	U20202	20	0.17~0.23	0.17~0.37	0.35~0.65	0.25	0.30	0.25
5	U20252	25	0.22~0.29	0.17~0.37	0.50~0.80	0.25	0.30	0.25
6	U20302	30	0.27~0.34	0.17~0.37	0.50~0.80	0.25	0.30	0.25
7	U20352	35	0.32~0.39	0.17~0.37	0.50~0.80	0.25	0.30	0.25
8	U20402	40	0.37~0.44	0.17~0.37	0.50~0.80	0.25	0.30	0.25
9	U20452	45	0.42~0.50	0.17~0.37	0.50~0.80	0.25	0.30	0.25
10	U20502	50	0.47~0.55	0.17~0.37	0.50~0.80	0.25	0.30	0.25
11	U20552	55	0.52~0.60	0.17~0.37	0.50~0.80	0.25	0.30	0.25
12	U20602	60	0.57~0.65	0.17~0.37	0.50~0.80	0.25	0.30	0.25
13	U20652	65	0.62~0.70	0.17~0.37	0.50~0.80	0.25	0.30	0.25
14	U20702	70	0.67~0.75	0.17~0.37	0.50~0.80	0.25	0.30	0.25
15	U20752	75	0.72~0.80	0.17~0.37	0.50~0.80	0.25	0.30	0.25
16	U20802	80	0.77~0.85	0.17~0.37	0.50~0.80	0.25	0.30	0.25
17	U20852	85	0.82~0.90	0.17~0.37	0.50~0.80	0.25	0.30	0.25
18	U21152	15Mn	0.12~0.18	0.17~0.37	0.70~1.00	0.25	0.30	0.25
19	U21202	20Mn	0.17~0.23	0.17~0.37	0.70~1.00	0.25	0.30	0.25
20	U21252	25Mn	0.22~0.29	0.17~0.37	0.70~1.00	0.25	0.30	0.25
21	U21302	30Mn	0.27~0.34	0.17~0.37	0.70~1.00	0.25	0.30	0.25
22	U21352	35Mn	0.32~0.39	0.17~0.37	0.70~1.00	0.25	0.30	0.25
23	U21402	40Mn	0.37~0.44	0.17~0.37	0.70~1.00	0.25	0.30	0.25
24	U21452	45Mn	0.42~0.50	0.17~0.37	0.70~1.00	0.25	0.30	0.25
25	U21502	50Mn	0.48~0.56	0.17~0.37	0.70~1.00	0.25	0.30	0.25
26	U21602	60Mn	0.57~0.65	0.17~0.37	0.70~1.00	0.25	0.30	0.25
27	U21652	65Mn	0.62~0.70	0.17~0.37	0.90~1.20	0.25	0.30	0.25
28	U21702	70Mn	0.67~0.75	0.17~0.37	0.90~1.20	0.25	0.30	0.25

注：表中所列牌号为优质钢，如果是高级优质钢，在牌号后面加“A”（统一数字代号最后一位数字改为“3”）；如果是特级优质钢，在牌号后面加“E”（统一数字代号最后一位数字改为“6”）；对于沸腾钢，牌号后面为“F”（统一数字代号最后一位数字为“0”）；对于半镇静钢，牌号后面为“b”（统一数字代号最后一位数字为“1”）。

表 3-104　铁碳合金中各种组织的力学性能

组　织		硬度 HBW	R_m/MPa	A/%	a_K/kJ · m^{-2}	比体积/cm^3 · g^{-1}
铁素体		约 80	245 ~ 291	30 ~ 50	约 2942	0. 1271
渗碳体		约 800	—	—	约 0	0. 136 ± 0. 001
奥氏体		170 ~ 220	834 ~ 1030	20 ~ 25	—	0. 1212 + 0. 00033w(C)
珠光体	片　状	190 ~ 250	804 ~ 863	—	—	0. 1271 + 0. 0005w(C)
	球　状	160 ~ 190	618	—	—	0. 1271 + 0. 0005w(C)
索氏体		250 ~ 320	883 ~ 1079	10 ~ 20	—	0. 1271 + 0. 0005w(C)
托氏体		330 ~ 400	1128 ~ 1373	5 ~ 10	—	0. 1271 + 0. 0005w(C)
贝氏体	上贝氏体	42 ~ 48HRC	—	—	—	0. 1271 + 0. 0005w(C)
	下贝氏体	55 ~ 60HRC	—	—	—	0. 1271 + 0. 0005w(C)
马氏体	板条(高碳)	600 ~ 700HBW	1177 ~ 1569	—	≥588	0. 1271 + 0. 0005w(C)
	片状(低碳)			—	—	
莱氏体		> 700HBW	—	—	—	—

表 3-105　碳素钢的最高耐热温度和理论过烧温度

序　号	含碳量/%	最高耐热温度/℃	理论过烧温度/℃
1	0. 1	1350	1490
2	0. 2	1320	1470
3	0. 5	1250	1350
4	0. 7	1180	1280
5	0. 9	1120	1220
6	1. 1	1080	1180
7	1. 5	1050	1140

表 3-106　低合金钢的耐热温度

序　号	钢　种	耐热温度/℃	序　号	钢　种	耐热温度/℃
1	20Mn	1220 ~ 1250	7	20SiMnVB	1190 ~ 1220
2	30Mn	1180 ~ 1210	8	40MnSiNb	1170 ~ 1190
3	20Cr	1220 ~ 1250	9	40Mn2MoV	1160 ~ 1190
4	40Cr	1160 ~ 1190	10	30CrMnSiA	1170 ~ 1200
5	40SiMnCrMoV	1170 ~ 1200	11	12CrMo	1200 ~ 1240
6	35CrMn	1180 ~ 1210	12	12CrMoV	1200 ~ 1230

表 3-107　高合金钢的耐热温度

序　号	钢　种	耐热温度/℃	序　号	钢　种	耐热温度/℃
1	T1-T10，T8Mn	1130 ~ 1180	9	Cr5Mo，1Cr13	1180 ~ 1220
2	T11-T13	1130 ~ 1170	10	2 ~ 4Cr13，4Cr10Si2Mo	1180 ~ 1220
3	60Si2Mn	1170 ~ 1190	11	D 31，d 41	1000 ~ 1050
4	GCr15，GCr15Mn	1180 ~ 1220	12	70Si3Mn	1130 ~ 1180
5	0Cr15，GCr15Mn	—	13	7 ~ 8Cr2，4 ~ 6CrW2Si	1130 ~ 1180
6	0Cr13. 0 ~ 2Cr18Ni19	1180 ~ 1220	14	W9Cr4V	—
7	0 ~ 2Cr18Ni9Ti	—	15	W12Cr4V4Mo	1130 ~ 1180
8	4Cr9Si2，Cr11MoV	—		—	—

3.4 酸

3.4.1 盐酸

盐酸的技术指标见表3-108。

表3-108 盐酸的技术指标

序号	项目	密度(20℃) /g·cm^{-3}	含量/%				w(Cl)/%		
			HCl	Fe	SO_4^{2-}	As②	烧后残渣	游离	有机化合物
1	工业合成级A	1.174~1.188	35~38	0.003	0.005	0.0002	0.02	0.0005	—
2	工业合成级B	≥1.156	≥31.5	0.003	0.005	0.0001	0.02	0.05	—
3	工业合成级C	≥1.154	≥31.0	0.02	0.03	0.0002	0.15	0.01	—
4	工业盐酸级1	—	≥27.5	0.03	0.4①	0.1	—	—	—
5	工业盐酸级2	—	≥27.5	—	0.5①	—	—	—	—
6	再生盐酸级1	—	≥30.0	0.02	0.01	0.0002	0.1	0.005	0.008
7	再生盐酸级2	—	≥27.5	0.02	—	—	—	0.008	0.8

①折合成SO_3；②酸洗用盐酸要求砷含量不大于0.005%。

3.4.2 硫酸

硫酸的技术指标见表3-109、表3-110。

表3-109 硫酸的技术指标

序号	项目	稀硫酸		浓硫酸		发烟硫酸
		铅室法	塔式法	浓缩接触法	接触法	
1	硫酸(H_2SO_4)含量/%	≥65	≥65	≥92.5	≥98	—
2	游离三氧化硫(SO_3)含量/%	—	—	—	—	≥20
3	氮的氧化物(N_2O_3)含量/%	≤0.01	≤0.03	—	—	—
4	烧后残渣含量/%	—	—	≤0.1	≤0.1	≤0.1
5	铁(Fe)含量/%	—	—	—	—	≤0.03

表3-110 硫酸浓度与结晶温度

水合物化学式	含量/%			结晶温度/℃
	H_2SO_4	总SO_3	H_2O	
$H_2SO_4\cdot4H_2O(SO_3\cdot5H_2O)$	57.6	46.9	53.1	-24.4
$H_2SO_4\cdot2H_2O(SO_3\cdot3H_2O)$	73.2	59.8	40.2	-39.6
$H_2SO_4\cdot H_2O(SO_3\cdot2H_2O)$	84.5	69.0	31.0	+8.1
$H_2SO_4(SO_3\cdot H_2O)$	100.0	81.6	18.4	+10.45

3.4.3 酸洗缓蚀剂

国产钢铁酸洗缓蚀剂见表3-111。

表 3-111　国产钢铁酸洗缓蚀剂

序号	缓蚀剂名称	主要组成	使用酸种	适用金属
1	天津若丁（日）（五四若丁）	二邻甲苯硫脲、食盐、糊精、皂角粉	硫酸、盐酸	钢铁
2	天津若丁（新）	二邻甲苯硫脲、食盐、淀粉、平平加	硫酸、盐酸、氢氟酸、磷酸	钢铁
3	抚顺若丁	硫脲、食盐、平平加	硫酸、盐酸	钢铁
4	沈 1-D	苯胺与甲醛缩合物	盐酸	钢铁
5	SH-415	杂环酮胺类	盐酸	钢铁
6	7701	苄基季胺盐、平平加等	盐酸、氢氟酸	钢铁
7	02	硫脲、食盐、平平加	盐酸	钢铁
8	MBT（又名 M）	2-硫醇基苯并噻唑	盐酸	钢铁
9	JS-129	咪唑啉类	盐酸	钢铁
10	高温盐酸缓蚀剂	碘化钾	100℃以上盐酸	钢铁
11	乌洛托品	六次甲基四胺	盐酸、硫酸	钢铁

3.5　热镀锌炉常用耐火材料

3.5.1　耐火砖

热镀锌炉常用耐火砖的性能见表 3-112 ~ 表 3-116。

表 3-112　热处理炉使用耐火砖的性能

序号	名　称	密度 /g·cm^{-3}	耐火度 /℃	最高温度 /℃	0.2MPa 荷重软化温度/℃	常温抗压强度 /MPa	主要用途
1	黏土质耐火砖	1.8 ~ 2.2	1730	1300	1200 ~ 1300	12.5 ~ 20	重负荷炉衬
2	高氧化铝砖	3.6 ~ 3.9	2000	1900	1850	78.4	高温炉管
3	重质高铝砖	2.3 ~ 2.55	2000	1700	1450	39.2	高温炉炉衬
4	轻质黏土砖	0.4 ~ 0.8	1650	1250	1250	0.58 ~ 1.96	电阻炉炉衬
		1.0 ~ 1.3	1710	1300	1250 ~ 1300	2.94 ~ 4.41	
5	超轻质黏土砖	0.27 ~ 0.5	1730	1100	1130 ~ 1250	0.49 ~ 1.47	保湿层
6	一般刚玉砖	2.8	1800	1650	1670	50	高温炉炉衬
7	低硅刚玉砖	3.0	1900	1700	1750	50	
8	碳化硅砖	2.5	1800	1400	—	50	炉底板、炉衬
9	高铝泡沫砖	0.5 ~ 0.6	1750	1500	—	1	炉保温材料
10	氧化铝泡沫砖	0.5 ~ 0.6	1800	1600	—	1	高温电炉炉衬
11	氧化铝高强度砖	0.8 ~ 1.0	1800	1700	1650	6	
12	高强度铝轻质砖	0.8	1790	1450	—	5	高温炉炉衬
13	轻质抗渗碳砖	1.0 ~ 1.2	1790	1450	—	4.5	可控气氛炉衬
14	重质抗渗碳砖	2.0	1990	1450	—	30	
15	镁　砖	2.8	2000	1450	—	39 ~ 59	炉衬
16	镁铝砖	2.75	—	1650	1620	—	炉衬
17	硅　砖	1.9	1700	1650	—	16	炉衬

表 3-113 普通黏土砖的理化指标

序 号	指 标	牌号及数值		
		NZ-40	NZ-35	NZ-30
1	Al_2O_3 含量(不小于)/%	40	35	30
2	耐火度(不低于)/℃	1730	1670	1610
3	0.2MPa 荷重软化点/℃	1300	1260	—
4	显气孔率(不大于)/%	26	26	28
5	耐急冷急热性/水冷次数	5~25	5~25	5~25
6	常温耐压强度/MPa	16	15	12.5
7	重烧线收缩(不大于)/%	(1400℃)0.7	(1350℃)0.5	(1300℃)0.5
8	体积质量/$kg \cdot m^{-3}$	2100	2100	2100
9	最高使用温度/℃	1300~1400	1250~1300	1200~1250

表 3-114 普通高铝砖的理化指标

序 号	指 标	牌号及数值		
		LZ-65	LZ-55	LZ-48
1	Al_2O_3 含量/%	65~75	55~65	48~55
2	耐火度(不低于)/℃	1790	1770	1750
3	0.2MPa 荷重软化点/℃	1500	1470	1420
4	显气孔率(不大于)/%	23	23	23
5	耐急冷急热性/水冷次数	>25	>25	>25
6	常温耐压强度/MPa	40	40	40
7	重烧线收缩/%	(1500℃) 0.7	(1500℃) 0.7	(1450℃) 0.7
8	体积质量/$kg \cdot m^{-3}$	2500	2300	2190
9	最高使用温度/℃	1150~1500	1400~1450	1300~1400

表 3-115 热镀锌工频感应炉砌筑常用耐火材料

序 号	分 类	材料名称	性 能 特 点	用 途
1	耐火砖	黏土砖	硅酸铝质弱酸性耐火材料，耐酸性渣腐蚀，耐急冷急热性能好，成本低	用途广泛，凡无特别要求均可使用
		高铝砖	硅酸铝质中性耐火材料，耐火度高，耐急冷急热性能好，使用寿命长	用途广泛，凡无特别要求均可使用
2	混凝土	黏土质混凝土	原料多为熟料，多以黏结剂冠名，其性能和耐火度与铝含量有关	用途广泛，凡无特别要求均可使用
		水玻璃混凝土	以水玻璃为黏结剂，用氟硅酸钠作促凝剂热稳定性好，耐磨性好，耐高温，耐酸性介质腐蚀，但怕水及水蒸气	用捣打或浇注成形

续表 3-115

序 号	分 类	材料名称	性 能 特 点	用 途
3	可塑料	黏土质可塑料	不稳定型材料，可塑性好，施工中要防水，干燥时要防开裂，对形状适应性能好	用捣打形状复杂部位或作炉衬
		高铝质可塑料	不稳定型材料，可塑性好，施工中要防水，干燥时要防开裂，对形状适应性能好	用捣打形状复杂部位或作炉衬
4	耐火纤维	有氧化铝、氧化锆、高硅氧玻璃等纤维	密度小，热性好，施工方便，节约能源	用于炉内保温
5	耐火泥	黏土质耐火泥	黏结性好，耐热性相当于耐火砖，致密性好	用水调成泥浆，用于砌筑黏土砖
		高铝质耐火泥	黏结性好，耐热性相当于耐火砖，致密性好	用水调成泥浆，用于砌筑高铝砖

表 3-116 各种耐火砖对环境气氛的适应性

序号	砖的名称	碱性熔剂	酸性熔剂	氧化气氛	还原气氛
1	黏土砖	有作用，其损坏速度根据化学成分、颗粒度、气孔率而定	作用微弱	不损坏	1400℃以下较好，因砖中 Fe_2O_3 的影响，CO 在 400 ~ 500℃时损坏耐火砖
2	高铝砖	抵抗较好	抵抗尚好	不损坏	1400℃以下较好
3	硅 砖	作用激烈	抵抗较好，与氟化物作用激烈	不损坏	1050℃以下良好，温度到 900℃时与 H_2SiO_2 作用
4	碳化硅砖	与 FeO 作用激烈，1300℃开始反应。与 MgO 于 1360℃开始反应，与 CaO 于 1000℃开始反应	1200℃开始反应，抵抗液态和气态酸类效果良好	损坏	抵抗高温较好

3.5.2 耐火泥

热镀锌炉常用耐火砖泥的牌号及理化指标见表 3-117 ~ 表 3-121。

表 3-117 几种耐火泥的牌号和性能

序 号	名 称	牌 号	耐火度/℃	灼烧减量/%	用 途
1	黏土质耐火泥（GB/T 14982—2008）	NN—30	≥1630	—	适于砌筑黏土质耐火制品，砌筑高炉炉腹、炉腰时应采用细粒火泥
		NN—38	≥1690	—	
		NN—42	≥1710	—	
		NN—45A	≥1730	—	
		NN—45B	≥1730	—	
2	高铝质耐火水泥（GB/T 2994—2008）	LF75	≥1790	≤5	适于砌筑高铝质耐火制品，砌筑高炉炉腹、炉腰时应采用细粒火泥
		LF70	≥1770	≤5	
		LF60	≥1770	≤5	
		LF50	≥1750	≤5	
3	抗渗碳耐火泥	—	≥1700	—	适用砌筑无马弗的渗碳炉

表 3-118 高铝质耐火泥浆理化指标（GB/T 2994—2008）

项目		LN-55A	LN-55B	LN-65A	LN-65B	LN-75A	LN-75B	LN-85B
耐火度/℃		≥1770	≥1770	≥1790	≥1790	≥1790	≥1790	≥1790
$w(Al_2O_3)$/%		≥55	≥55	≥65	≥65	≥75	≥75	≥85
冷态抗折、黏结强度/MPa	110℃干燥后	≥1.0	≥2.0	≥1.0	≥2.0	≥1.0	≥2.0	≥2.0
	1400℃×3h 烧后	≥4.0	≥6.0	≥4.0	≥6.0	≥4.0	≥6.0	—
	1500℃×3h 烧后	—						≥6.0
0.2MPa 荷重软化温度/℃		—	≥1300	—	≥1400	—	≥1400	—
线变化率/%	1400℃×3h 烧后	-5~1						
	1500℃×3h 烧后	—						-5~1
黏结时间/min		1~3						
粒度/%	-1.0mm	100						
	+0.5mm	≤2						
	-0.074mm	≤50						

表 3-119 高铝质耐火泥理化指标

序号	指标	牌号及数值		
		LF-70	LF-60	LF-50
1	Al_2O_3 含量/%	>70	60~70	50~60
2	耐火度(不小于)/℃	1770	1770	1750
3	灼烧减量(不大于)/%	5	5	5

表 3-120 砌砖用耐火泥浆

序号	砖体	泥浆名称	泥浆组成	泥浆量/kg·块$^{-1}$	泥浆干料用水量/L·m^{-3}	1m^3 砖砌体用砖数
1	黏土耐火砖 轻质黏土砖	黏土质泥浆	黏土质耐火泥	0.2	500	550
2	高铝砖	高铝质泥浆	高铝质耐火泥	0.27	500	550
3	刚玉砖	刚玉泥浆	刚玉粉 0.175mm（80 目）70%，刚玉粉（3.5μm）30%，磷酸（外加）1%	—	适量	—
4	抗渗碳砖	抗渗碳泥浆	集合黏土粒度 0.122mm（120 目）30%，熟料黏土粒度 0.175mm（80 目）70%	—	适量	—
5	镁砖	镁质耐火泥	镁质耐火泥 100%，卤水适量	0.29		550
6	硅藻土砖	硅藻土黏土浆	硅藻土粉 60%~70%，结合黏土 30%~40%	0.061 0.072	400	550
		水泥硅藻土浆	水泥（425 号）：硅藻土粉 =1 ：5（质量比）	水泥：0.1 硅藻土：0.09		
7	膨胀蛭石砖	蛭石粉泥浆	膨胀蛭石（粒度 <3mm）40%，425 号硅酸盐水泥 30%，黏土质耐火泥 30%	—	适量	—

表 3-121　黏土质耐火泥理化指标

指　标	牌号及数值			
	NF-40	NF-38	NF-34	NF-28
耐火度(不小于)/℃	1730	1690	1650	1580
水分含量(不大于)/%	6	6	6	6

3.5.3　耐火混凝土

耐火混凝土的理化指标见表 3-122 ~ 表 3-126。

表 3-122　几种耐火混凝土理化指标及配方

骨料及粉料				黏结剂	促凝剂	耐火温度/℃	最高温度/℃
种　类	材　料	骨料质量分数/%		品质	品质		
		5 ~ 15mm	< 5mm				
磷酸耐火混凝土	黏土熟料	30 ~ 40	30 ~ 40	磷酸浓度 40% ~ 50%	矾　土	1770	1650
	矾土熟料					1730	1650
	废高铝砖					1710	1450
低钙铝酸盐耐火混凝土	矾土熟料	30 ~ 40	30 ~ 40	低钙铝酸盐	水	1730	1600
矾土耐火混凝土	矾土熟料	30 ~ 40	30 ~ 40	矾　土	水	1690	1400
	废高铝砖					1650	1350
	废黏土砖					1610	1300
硫酸铝铝质耐火混凝土	矾土熟料	40	30	硫酸铝溶液密度 1.32kg/L	矾　土	1770	1450
硅酸盐质耐火混凝土	黏土熟料	30 ~ 40	35 ~ 40	硅酸盐	水	—	900
—	废黏土砖	—	—	—	—	—	1200
矿渣硅酸盐质耐火混凝土	黏土熟料	35 ~ 40	35 ~ 40	矿渣硅酸盐	水	—	900
	废黏土砖	—					1200

表 3-123　几种水玻璃耐火混凝土理化指标及配方

种　类	骨料及粉料				黏结剂	促凝剂	氧化物含量/%	耐火温度/℃
	材料	骨料质量比/%		粉料质量比/%	品质	品质		
		5 ~ 15mm	< 5mm	< 0.088mm				
水玻璃耐火混凝土	矾土黏土或废黏土砖	30 ~ 40	30 ~ 40	25 ~ 30	水玻璃	氟硅酸钠	Al_2O_3 ≥40	1650
水玻璃硅质耐火混凝土	硅石或废渣砖	—	70	30	水玻璃	铁鳞	SiO_2 < 85	1690
水玻璃铬质耐火混凝土	铬　渣	30	40	25 ~ 30	水玻璃	氟硅酸钠	Cr_2O_3 > 80	1770
水玻璃镁质耐火混凝土	镁砂或废镁砂	30	40	25 ~ 30	水玻璃	氟硅酸钠	MgO > 87	1770

表 3-124 氧化铝空心球刚玉质浇注料

技术指标	轻质浇注料		氧化铝空心球浇注料	刚玉质浇注料
	QNJ-1.0	QNJ-1.5	LKJ-94	GJ-94
$w(Al_2O_3)$/%	≥30	≥45	≥94	≥94
$w(Fe_2O_3)$/%	—	—	≤0.2	≤0.2
最高使用温度/℃	≥1000	≥1350	≥1700	≥1750
体积密度(110℃×24h)/g·cm^{-3}	≤1.1	≤1.3	≤1.7	≤2.8
常温抗压强度(110℃×24h)/MPa	≥1.0	≥5.0	≥10	≥50
热导率(平均温度350℃)/W·(m·K)$^{-1}$	≤0.25	≤0.4	≤0.75	≤0.5~1.8
加热后线变化率(1300℃×3h)/%	±0.3	±0.3	±0.3 (1500℃×3h)	0.3
用途	用于加热炉及各种高温炉窑的保温隔热衬里		用于高温炉窑衬及保温衬里	用于高温炉窑衬里

表 3-125 几种耐火混凝土的性能

材料	耐火度/℃	荷重软化开始温度/℃	气孔率/%	体积密度/g·cm^{-3}	耐压强度/MPa	耐急冷急热性/次数
铝酸盐耐火混凝土	1690~1710	1250~1280	18~21	2.16	20~35	>50
水玻璃耐火混凝土	1610~1690	1030~1090	17	2.19	30~40	>50
磷酸盐耐火混凝土	1710~1750	1200~1280	17~19	2.26~2.3	18~25	>50

表 3-126 耐火混凝土的性能指标

序号	项目	指标	备注
1	水灰比(水/水泥+掺和料)	0.35~0.45	按操作规程
2	湿体积质量/kg·m^{-3}	2500~2800	—
3	荷重软化开始点/℃	1300	—
4	耐火度/℃	1710	—
5	热导率/kJ·(m·h·℃)$^{-1}$	3.34~5.85	—
6	耐急冷急热性(850℃水冷)/次数	>25	—
7	混凝土标号	100~500	—

3.5.4 耐火可塑料

耐火可塑料的成分配比见表 3-127、表 3-128。

表 3-127 高铝质黏土质可塑料成分

可塑料代号	骨料				粉料						结合剂	
	高铝熟料		黏土熟料		高铝熟料粉		生黏土粉		锂辉石粉		磷酸浓度4%	硫酸铝溶液密度 /g · m^{-3}
	含量/%	粒度/mm	含量/%	粒度/mm	含量/%	粒度/mm	含量/%	粒度/mm	含量/%	粒度/mm		
Nl-1	—	—	65	0 ~ 8	21	<0. 088	12	<0. 088	2	<0. 088	2	10
Al-1	65	0 ~ 6	—	—	21	<0. 088	10	<0. 088	4	<0. 088	2	11

表 3-128 黏土质可塑料配比

编 号	焦宝石/%	CF 矾土粉/%	苏州瓷土/%	焦化软黏土/%	樟树黏土/%	磷酸/40%	硫酸铝		搪瓷/%
							相对密度	含量/%	
黏-3	60	26	7	7	—	5	1. 23	6	1. 0
黏-4	60	26	—	7	7	5	1. 23	6. 5	—
黏-5	60	26	—	7	7	—	1. 30	13 ~ 14	—

3. 5. 5 耐火纤维

耐火纤维的种类及理化指标，见表 3-129 ~ 表 3-134。

表 3-129 常用耐火纤维的种类及理化指标

耐火纤维名称	主要成分含量/%				密度 /kg · m^{-3}	热导率 /kJ · (m · h · ℃)$^{-1}$	纤维直径 /μm	耐火度 /℃	温度 /℃
	Al_2O_3	SiO_2	B_2O_3	ZrO_3					
高硅氧玻璃纤维	—	≥96	<0. 4	—	70 ± 10	0. 13 ~ 0. 14	6 ± 1	—	1000
硅酸铝纤维	47 ~ 53	43 ~ 54	—	—	约 128	—	2. 8	>1790	1250
氧化铝纤维	95	—	—	—	—	—	—	—	1400
氧化锆纤维	—	—	—	91	—	—	—	—	1500

表 3-130 国内某些厂生产的耐火纤维的主要化学成分

序 号	厂 家		江苏东台	浙江桐庐	浙江莫干	北京耐火	上海耐火
1	体积质量/g · cm^{-3}		0. 12 ~ 0. 15	0. 1 ~ 0. 2	1. 14	0. 18 ~ 0. 2	0. 1 ~ 0. 12
2	渣球含量/%		3 ~ 3. 5	≤5	≤5	≤0. 5	—
3	纤维直径/μm		2 ~ 2. 8	3 ~ 5	3 ~ 4	—	2. 8
4	加热收缩率/%		2. 5 ~ 3	≤4 ~ 2. 5	4	3 ~ 4	—
5	使用温度/℃		1260 (4h)	1050 ~ 1150 (6h)	1150 (4h)	1260 (4h)	—
6	热导率 /kJ · (m · h · ℃)$^{-1}$		0. 10 ~ 0. 21	1000℃时 0. 33	—	—	—
7	化学成分/%	SiO_2	43 ~ 48	49 ~ 50	45 ~ 48	49 ~ 51	45 ~ 50
		Al_2O_3	49 ~ 55	>45	45 ~ 52	49 ~ 51	45 ~ 50
		Fe_2O_3	0. 8 ~ 1. 00	<1. 2	≤1. 5	<0. 3	<0. 4
		TiO_2	0. 71 ~ 0. 93	—	—	—	—
		Cr_2O_3	4. 96 ~ 6. 10	3 ~ 5	—	—	—

表 3-131 国外常见耐火纤维的主要化学成分和性能

序号	种类		低温型	标准型	高温型
1	纤维直径/μm		2~5	2.3~3.0	2~3
2	纤维长度/mm		40~150	40~150	30~100
3	最高使用温度/℃		870~1100	1260~1300	1400~1500
4	熔融温度/℃		<1760	1790~1800	1825~1930
5	化学成分/%	SiO_2	48~64	45~50	35~39
		Al_2O_3	36~49	45~53	60~64
		Fe_2O_3	约1.0	0.1~0.15	约0.2
		TiO_2	约0.9	约0.15	约0.2
		CaO	约4.5	约0.20	约0.1
		MgO	约3.6	约0.1	约0.1
		Na_2O (K_2O)	0.2~0.9	0.1~0.3	约0.4
		ZrO_2	—	约0.2	—
		Cr_2O_3	—	约5.0	3~6

表 3-132 各国高铝耐火纤维的理化性能对比

序号	国家及公司		美国 Fiber-frax	日本伊索莱特巴布柯克	日本东芝奈诺弗拉斯	英国麦开尼	中国某耐火材料所	
							粉1号	团1号
1	最高温度/℃		1430	1400	1430	1450	1400	1400
2	直径/μm		2~8	2.9	2~3	1~8	1~3	<3
3	长度/mm		<250	75	4~100	>5	>15	>15
4	真密度/$g \cdot cm^{-3}$		2.56	3.10	3.73	3.10	2.1	2.7
5	加热收缩率/%	成分	1430℃	1430℃×8h	—	1450℃×4h	1450℃×6h	1400℃×4h
		Al_2O_3	62.3	60.20	62.20	61.50	60.60	60.90
		SiO_2	37.20	38.70	37.20	38.00	38.60	38.60
		Fe_2O_3	痕迹	0.20	0.05	0.05	0.13	0.10
		CaO	痕迹	0.40	0.01	0.10	0.23	0.20
		MgO	—	0.10	0.01	0.10	0.03	0.02
		TiO_2	—	0.10	0.01	0.05	0.06	0.06
		Na_2O	其他杂质	0.10	0.20	0.20	0.25	0.24
		B_2O_3	—	0.40	0.15	—	—	—
		Cr_2O_3	—	—	—	—	—	—

表 3-133　硅酸铝棉的物理性能（GB/T 16400—2003）

序号	性能	1号 低温型	2号 标准型	3号 高纯型	4号 高铝型	5号 含锆型
1	分类温度/℃	1000	1200	1250	1350	1400
2	推荐使用温度/℃	≤800	≤1000	≤1100	≤1200	≤1300
3	渣球含量（粒径大于 0.21mm）（体积分数）/%	≤20.0	≤20.0	≤20.0	≤20.0	≤20.0
4	热导率[平均温度(500±10)℃] /W·(m·K)$^{-1}$	≤0.153	≤0.153	≤0.153	≤0.153	≤0.153
5	测试热导率时试样的体积密度 /kg·m^{-3}	160	160	160	160	160

表 3-134　硅酸铝毯的物理性能（GB/T 1600—2003）

序号	性能	1	2	3	4
1	体积密度/kg·m^{-3}	65	100	130	160
2	热导率［平均温度（500±10)℃］/W·(m·K)$^{-1}$	≤0.178	≤0.161	≤0.156	≤0.153
3	渣球含量（粒径大于 0.21mm)/%	≤20.0			
4	加热永久线变化率/%	≤5.0			
5	抗拉强度/kPa	≥10	≥14	≥21	≥35

3.5.6　保温材料

热镀锌炉常用保温材料的技术性能见表 3-135～表 3-140。

表 3-135　保温材料的技术性能

序号	名称	体积质量 /kg·m^{-3}	最高使用温度/℃	热导率/kJ·(m·h·℃)$^{-1}$
1	硅藻土粉	680	900	$0.38+0.24\times10^{-3}t_{均}$
2	硅藻土砖	500	900	$0.40+0.125\times10^{-3}t_{均}$
3	硅藻土砖	600	900	$0.52+0.27\times10^{-3}t_{均}$
4	硅藻土砖	700	950	$0.71+0.23\times10^{-3}t_{均}$
5	膨胀蛭石	250	1100	$0.26+0.22\times10^{-3}t_{均}$
6	膨胀蛭石	200	1100	<0.25
7	矿渣棉	200	700	$0.22+0.135\times10^{-3}t_{均}$
8	矿渣棉	300	700	$0.25+0.135\times10^{-3}t_{均}$
9	石棉板	900	500	$0.59+0.15\times10^{-3}t_{均}$
10	硅酸铝耐火纤维	105	1300	0.46（1200℃），0.31（900℃），0.29（600℃）
		168	1300	0.64（1200℃），0.43（900℃），0.33（700℃），0.24（500℃）
		210	1300	0.86（1200℃），0.53（900℃），0.38（700℃），0.29（500℃）

表 3-136 几种保温、耐火材料的导热系数与温度的关系

序号	材料	材料最高允许温度/℃	密度 ρ/kg · m^{-3}	热导率/W · (m · ℃)$^{-1}$
1	黏土砖	1350 ~ 1450	1800 ~ 2040	(0.7 ~ 0.84) + 0.00058t
2	轻质黏土砖	1250 ~ 1300	800 ~ 1300	(0.29 ~ 0.41) + 0.00026t
3	超轻质黏土砖	1150 ~ 1300	540 ~ 610	0.093 + 0.00016t
4	超轻质黏土砖	1100	270 ~ 330	0.058 + 0.00017t
5	硅砖	1700	1900 ~ 1950	0.93 + 0.0007t
6	镁砖	1600 ~ 1700	2300 ~ 2600	2.1 + 0.00019t
7	铬砖	1600 ~ 1700	2600 ~ 2800	4.7 + 0.00017t
8	粉煤灰泡沫砖	300	500	0.099 + 0.0002t
9	水泥泡沫砖	250	450	0.1 + 0.0002t

表 3-137 几种绝热材料的主要性能

序号	材料名称	体积密度/g · cm^{-3}	允许工作温度/℃	热导率/kJ · (m · h · ℃)$^{-1}$
1	硅藻土砖	0.55	900	$0.33 + 0.21 \times 10^{-3}t$
2	硅藻土砖	0.7	900	$0.71 + 0.23 \times 10^{-3}t$
3	硅藻土粉	0.55	900	$0.33 + 0.21 \times 10^{-3}t$
4	硅藻土石棉灰	0.32	800	0.29
5	石棉绒	0.34	500	$0.31 + 0.2 \times 10^{-3}t$
6	石棉水泥板	0.3 ~ 0.4	500	$0.25 + 0.15 \times 10^{-3}t$
7	石棉板	0.9 ~ 1.0	500	$0.58 + 0.15 \times 10^{-3}t$
8	石棉绳	0.8	300	$0.26 + 0.27 \times 10^{-3}t$
9	蛭石	0.25	1100	$0.26 + 0.22 \times 10^{-3}t$
10	矿渣棉	0.3	750	$0.26 + 0.135 \times 10^{-3}t$
11	珍珠岩	0.6	1000	$0.19 + 0.25 \times 10^{-4}t$

表 3-138 常用隔热材料的主要性能

序号	材料名称	密度/kg · m^{-3}	允许工作温度/℃	质量热容/kJ · (kg · K)$^{-1}$	耐压强度/MPa	热导率/W · (m · K)$^{-1}$
1	硅藻土砖	500 ± 50	900	—	—	$0.105 + 0.233 \times 10^{-3}t$①
2	硅藻土砖	550 ± 50	900	—	—	$0.131 + 0.233 \times 10^{-3}t$
3	硅藻土砖	650 ± 50	900	—	—	$0.159 + 0.314 \times 10^{-3}t$
4	泡沫硅藻土砖	500	900	—	—	$0.111 + 0.2331 \times 10^{-3}t$
5	优质石棉绒	340	500	—	—	$0.087 + 0.233 \times 10^{-3}t$
6	矿渣棉	200	700	0.754	—	$0.07 + 0.157 \times 10^{-3}t$
7	玻璃绒	250	600	0.657	—	$0.037 + 0.256 \times 10^{-3}t$
8	膨胀蛭石	100 ~ 300	1000	0.816	—	$0.072 + 0.256 \times 10^{-3}t$
9	石棉板	900 ~ 1000	500	—	—	$0.163 + 0.174 \times 10^{-3}t$
10	石棉绳	800	300	—	—	$0.073 + 0.314 \times 10^{-3}t$
11	硅酸钙板	200 ~ 230	1050	—	—	$< 0.056 + 0.11 \times 10^{-3}t$
12	硅藻土粉	550	900	—	—	$0.072 + 0.198 \times 10^{-3}t$

续表 3-138

序　号	材料名称	密度/$kg \cdot m^{-3}$	允许工作温度/℃	质量热容/$kJ \cdot (kg \cdot K)^{-1}$	耐压强度/MPa	热导率/$W \cdot (m \cdot K)^{-1}$
13	硅藻土石棉粉	450	800	—	—	0.0698
14	碳酸钙石棉灰	310	700	—	—	0.085
15	浮　石	900	700	—	10～20	0.2535
16	超细玻璃棉	20	350～400	—	—	0.0326+0.0002
17	超细无碱玻璃棉	60	600～650	—	—	0.0326+0.0002
18	膨胀珍珠岩	31～135	200～1000	—	—	0.035～0.047
19	磷酸盐珍珠岩	220	1000	—	—	$0.052+0.029\times10^{-3}t$
20	磷酸镁石棉灰	140	450	—	—	0.047

①热导率公式中的 t 为制品的平均温度（℃）。

表 3-139　轻质保温耐火浇注料的组成和性能

项　目				配方编号 1	配方编号 2	配方编号 3	配方编号 4
组成/%	结合剂	硅酸盐水泥		29.5	15～20	—	—
		水玻璃（加促凝剂）		—	—	—	—
		矾土水泥		—	—	27～28	40
	掺和料	陶粒粉		29.5	—	—	—
		耐火黏土熟料粉		—	15～20	—	—
		轻质高铝砖粉		—	—	8～9	25
	骨　料	膨胀蛭石	粒度 1～5mm	13.5	—	—	—
			粒度 5～10mm	27.5			
		陶　粒		—	60～65	—	—
		轻质黏土砖碎块		—	—	37～38	
		轻质高铝砖碎块	粒度 1～5mm	—	—	—	10
			粒度 5～10mm	—	—	—	25
		水灰比［水：（水泥+掺和料）］		0.82～0.84	0.45～0.55	0.7～0.8	0.5～0.57
性　能	最高使用温度/℃			900	900	1300	1300
	常温抗压强度/MPa			—	11.7～14.7	15.69	—
	加热后抗压强度/MPa	110℃		3.04	11.7～14.7	9.8～14.7	5.69
		300℃		—	12.7～17.7	—	—
		500℃		2.16	6.87～8.8	6.67	8.63
		700℃		—	3.92～4.9	—	—
		900℃		1.28	3.92～4.9	7.65	4.32
		1300℃		—	—	12.06	11.47
	加热后线变化率/%	300℃		—	−0.05	—	—
		500℃		−0.26	−0.048	−0.11	−0.07
		700℃		—	−0.11	—	—
		900℃		−0.85	−0.2～0.25	−0.15	−0.31
		1300℃		—	—	−0.45	−0.71

续表 3-139

项目			配方编号			
			1	2	3	4
性能	热导率/W·(m·K)$^{-1}$		0.256 (24~34℃)	—	0.61 (30~35℃)	0.76 (30~35℃)
	荷重软化温度/℃	变形点4%	890	1000~1050	1190	1140
			1150	1050~1090	1280	1260
	烘干后密度/kg·m^{-3}		890	1230	1465	1380

表 3-140 常用的隔层材料

隔层材料	黏结材料	隔离层表面处理	备注
2层石油沥青油毡	沥青胶泥	热沥青表面压粗砂	最常用
1层再生橡胶沥青油毡	沥青胶泥	热沥青表面压粗砂	耐腐蚀性比油毡好
1层或2层0.15~0.2mm玻璃布	环氧树脂	涂面料表面压粗砂	耐酸性好，价格贵
1层1~2mm软聚氯乙烯板	沥青胶泥、过氯乙烯胶泥	软聚氯乙烯板毛面	耐酸性好，价格贵

3.5.7 结合层材料

热镀锌炉常用结合层材料的性能及配比，见表3-141~表3-143。

表 3-141 常用的结合层和勾缝材料

材料	用途	优点	缺点
水玻璃胶泥	黏结耐酸陶瓷板、耐酸块石	耐浓酸、氧化酸、酸性盐，耐较高温度、价格低	抗渗性差、施工周期长
沥青胶泥	黏结沥青浸渍砖、耐酸陶瓷板、耐酸块石	耐稀酸、含氟酸、价格低	耐温性不好，高温软化，低温脆裂
酚醛胶泥	常用于勾缝，少用于结合层	耐盐酸、耐水性好	耐强氧化酸差，价格贵
环氧胶泥	常用于勾缝，少用于结合层	耐中等浓度的酸，黏结力较强	耐强氧化酸差，价格贵
呋喃胶泥	常用于勾缝，少用于结合层	耐中等浓度的酸，耐热性较好	不耐强氧化酸，黏结力差

表 3-142 接缝用环氧胶泥配比

材料名称	用量/g	所起作用	材料名称	用量/g	所起作用
6101号环氧树脂	100	黏结剂	辉绿岩粉	200~300	填料
乙二胺	6~8	固化剂	石英粉	200~300	填料
邻苯二甲酸二丁酯	20~30	增塑剂	瓷粉	200~300	填料
丙酮或甲苯	10~20	稀释剂			

表 3-143 几种常用伯胺类固化剂性能及使用条件

化学名称	缩写	外观	用量(每100g树脂)/g	固化条件	特性
乙二胺	EDA	无色至浅黄色液体	6~8	25℃/天	有刺激气味
二乙烯三胺	DETA	无色至浅黄色液体	10~11	25℃/天	有刺激气味
三乙烯四胺	TETA	无色至浅黄色液体	11~12	25℃/天	有刺激气味
四乙烯胺	TEPA	无色至浅黄色液体	13~15	25℃/天	有刺激气味
多乙烯多胺	PEPA	棕色液体	14~15	25℃/天	价廉

3.6　耐腐蚀材料

常用耐腐蚀材料的性能见表3-144～表3-149。

表3-144　常用的耐腐蚀材料的耐酸性①

序号	材料名称	硫　酸	盐　酸	氢氟酸	铬　酸	氢氧化钠	碳酸钠	氯化氨
1	花岗岩石板	耐	耐	不耐	耐	耐(≤30%)	耐	耐
2	耐酸瓷砖	耐	耐	不耐	耐	耐	耐	耐
3	密实混凝土	不耐	不耐	不耐	不耐	耐(≤20%)	尚耐	不耐
4	聚合物浸渍混凝土	不耐	耐(≤30%)	耐(≤10%)	耐(≤5%)	耐(≤30%)	耐	耐
5	沥青类材料	耐(≤50%)	耐(≤20%)	耐(≤5%)	不耐	耐(≤25%)	耐	耐
6	水玻璃类材料	耐	耐	不耐	耐	不耐	不耐	尚耐
7	环氧类材料	耐(≤60%)	耐	不耐	耐(≤10%)	耐	耐	耐
8	环氧呋喃类材料	耐(≤70%)	耐	耐(≤5%)	耐(≤10%)	耐	耐	耐
9	硬聚氯乙烯	耐(≤90%)	耐	耐(≤40%)	耐(≤50%)	耐(≤40%)	耐	耐
10	低压聚乙烯	耐(≤60%)	耐	耐(≤70%)	—	耐(≤50%)	耐	耐
11	聚乙烯	耐(≤98%)	耐	耐(≤55%)	耐(≤80%)	耐(≤50%)	耐	耐
12	碳素钢、铸铁	耐(≤70%)	不耐	耐(≤60%)	不耐	耐	耐	不耐
13	铬镍不锈钢18-8型	耐(≤5%)	不耐	—	不耐	耐	耐	尚耐

①表中的百分比数值是指腐蚀介质的质量分数。

表3-145　常用建筑防腐涂料的耐蚀性

序号	涂料品种	耐酸性	耐碱性	耐水性	与水泥附着力	与钢铁附着力	耐候性
1	过氯乙烯漆	好	好	好	中	中	好
2	沥青漆	好	中	好	好	好	中
3	生　漆	好	差	好	好	好	差
4	氯化橡胶漆	好	好	好	好	好	好
5	环氧漆	好	好	中	好	好	中
6	环氧沥青漆	好	好	好	好	好	中
7	聚氨基甲酸酯漆	好	好	好	好	好	好
8	氯磺化聚乙烯漆	好	好	好	中	好	中
9	氯乙烯醋酸乙烯共聚树脂漆	好	好	好	好	好	好
10	醇酸耐酸漆	中	差	差	中	好	好
11	酚酸耐酸漆	中	差	中	差	中	中
12	酯胶漆	中	差	差	差	中	中

表 3-146　环氧漆及环氧胶施工配合比

序　号	名　称	底　漆	磁　漆	清　漆	胶　浆
1	环氧树脂/g	1000	1000	1000	1000
2	苯-酒精/mL	500	250～300	250～300	150～250
3	二丁酯/mL	100	100	100	100
4	二乙胺/mL	70	70	70	70
5	石英粉/g	150	250	—	—

表 3-147　各种有机树脂膜的氧和水的渗透系数

序号	树脂种类	氧渗透系数 $/cm^3(STP)\cdot cm\cdot[cm^2\cdot s\cdot cm(Hg)]^{-1}$	水渗透系数 $/g\cdot cm\cdot(cm^2\cdot s)^{-1}$
1	胺改性环氧树脂	8.20×10^{-12}	6.64×10^{-9}
2	环氧树脂	10.5×10^{-12}	5.72×10^{-9}
3	乙烯树脂	140×10^{-12}	11.6×10^{-9}
4	丙烯树脂	190×10^{-12}	19.6×10^{-9}
5	聚氨酯树脂	70.0×10^{-12}	26.1×10^{-9}

表 3-148　常用国产酚醛树脂牌号及性能

类　型	品种及牌号	外　观	固体含量/%	游离酚/%	黏度/cP①
热固型	213 号（钡催化）	棕红色透明液体	—	<21	500～1000
	213 号（铵催化）	棕红色透明液体	50±2	—	—
	213 号（钠催化）	棕红色透明液体	60±5	—	150～350
水溶性	2124 号	棕红色透明液体	50±1	<14	15～30
	2126 号	棕红色透明液体	40±1	<10	12～20
	2127 号	棕红色透明液体	>80	<21	120～250
	203 号(尼龙改性)	深奶黄至微黄色固体	<45	<2.5	—
	2123 号	深棕色透明液体	<45	<2.5	—
	216 号	红褐色黏性液体	35±2	<3	—

①1cP = 1mPa·s。

表 3-149　几种耐腐蚀材料在硝酸中应用的温度与浓度

序 号	树脂种类	在一定温度下的浓度	
		室温 20℃时的浓度	高温时的浓度
1	环氧树脂	60%	温度 66℃时的浓度为 10%
2	聚乙烯树脂	60%	温度 38℃时的浓度为 25%
3	硬聚氯乙烯树脂	50%	温度 38℃时的浓度为 40%
4	聚偏二氯乙烯树脂	10%	温度 38℃时的浓度为 5%
5	氯化聚醚树脂	70%	温度 105℃时的浓度为 30%

3.7　有机溶剂

常用有机溶剂的物理化学特性见表 3-150～表 3-152。

表 3-150　常用溶剂性质

序号	分类	名称	相对密度	沸点/℃	比蒸发速度（乙酸丁酯为 100）	闪点/℃
1	醇类	甲　醇	0.792	64.5	370	-11
		乙　醇	0.791	78.2	203	22
2	酯类	乙酸甲酯	0.935	57.2	1040	-10
		乙酸乙酯	0.902	77.1	525	-4
3	酮类	丙　酮	0.791	56.1	720	-18
4	芳香烃	苯	0.879	79.6	500	-14
		甲　苯	0.866	110.6	195	4.4
		二甲苯	0.870	139 ~ 144	68	23
5	脂肪烃	正乙烷	0.678	65 ~ 69	—	-25
		环乙烷	0.778	80.8	—	-20

表 3-151　常用有机溶剂的物理化学特性

序号	名称	分子式	相对分子质量	密度 /g · cm^{-3}	沸点 /℃	蒸气比重①	燃烧性	爆炸性	毒性
1	汽　油	—	85.14	0.69	—	—	—	—	—
2	酒　精	C_2H_5OH	46.00	0.789	78.5	—	—	—	—
3	苯	C_6H_6	78.11	0.895	80	2.695	易	易	有
4	甲　苯	$C_6H_5CH_3$	92.13	0.866	110.63	3.18	易	易	有
5	二甲苯	$C_6H_4(CH_3)_2$	106.2	0.897	136.14	3.66	易	易	有
6	丙　酮	C_3H_6O	58.08	0.79	56	1.93	不	易	无
7	二氯甲烷	CH_2Cl_2	84.94	1.316	39.8	2.93	不	易	有
8	四氯化碳	CCl_4	153.8	1.585	76.7	5.3	不	不	有
9	三氯乙烷	$C_2H_3Cl_3$	133.42	1.322	74.1	4.55	不	不	无
10	三氯乙烯	C_2HCl_3	131.4	1.456	86.9	4.54	不	不	有
11	全氯乙烯	C_2Cl_4	165.85	1.613	121	5.83	不	不	无

①蒸气比重指物质的蒸气与同温、同压、同体积空气相比的比值。

表 3-152　氯化铵水溶液浓度和相对密度浓度的关系

序号	质量分数/%	相对密度	质量浓度/g · L^{-1}	序号	质量分数/%	相对密度	质量浓度/g · L^{-1}
1	1	1.0013	10.013	8	14	1.0401	145.614
2	2	1.0045	20.090	9	16	1.0457	167.312
3	4	1.0107	40.428	10	18	1.0512	189.216
4	6	1.0168	61.008	11	20	1.0567	211.340
5	8	1.0227	81.816	12	22	1.0621	233.662
6	10	1.0286	102.860	13	24	1.0736	278.876
7	12	1.0344	124.128	14	26	1.0846	298.948

3.8　120 种工程技术常用化学材料

120 种工程技术常用化学材料名称及性质见表 3-153。

表 3-153 120种工程技术常用化学材料名称及性质

序 号	工业名称	学 名	化 学 式	性 质
1	丙 酮	丙 酮	$(CH_3)_2 \cdot CO$	易挥发、易燃
2	乙 炔	乙 炔	C_2H_2	易发生爆炸
3	明矾（钾矾）	硫酸铝钾	$KAl(SO_4)_2 \cdot 12H_2O$	易发生爆炸
4	聚乙烯	聚乙烯	$(C_2H_4)_n$	无色无味无毒
5	酒 精	乙 醇	C_2H_5OH	易挥发、易燃
6	石 棉	硅酸镁	$Mg_6[Si_4O_{11}(OH)_6] \cdot H_2O$	耐酸耐碱耐热
7	乙 烷	乙 烷	C_2H_6	易发生爆炸
8	乙 烯	乙 烯	C_2H_4	易发生爆炸
9	乙 醚	乙 醚	$(C_2H_5)_2O$	易挥发、易燃
10	苛性钾	氢氧化钾	KOH	溶水时强烈放热
11	苛性钠	氢氧化钠	NaOH	强碱，强烈腐蚀
12	铝土矿（铝矾土）	三氧化二铝	$Al_2O_3 \cdot 2H_2O$	用于炼铝
13	苯	苯	C_6H_6	易挥发、易燃
14	氢氰酸	氰化氢	HCN	有剧毒
15	方铅矿	硫化铅	PbS	用于炼铅
16	密陀僧（正方铅矿）	一氧化铅（黄丹）	PbO	有毒
17	铅白（白铅矿）	碱式碳酸铅	$2PbCO_3 \cdot Pb(OH)_2$	用于炼铅
18	黄血盐	氰亚铁酸钾	$K_4Fe(CN)_6 \cdot 3H_2O$	用于制氰化钾
19	赤血盐	氰铁酸钾	$K_3Fe(CN)_6$	用于印染电镀
20	硼 砂	四硼酸钠	$NaB_4O_7 \cdot H_2O$	用于制玻璃
21	软锰矿（褐石）	二氧化锰	MnO_7	用于炼制锰铁
22	异戊二烯	异戊二烯	C_5H_8	用于合成橡胶
23	正丁烷	丁 烷	C_4H_{10}	易发生爆炸
24	丁 烯	丁 烯	C_4H_8	易发生爆炸
25	智利硝（钠硝石）	硝酸钠	$NaNO_3$	用于制硝酸炸药
26	漂白粉	漂白粉	$CaCl(OCl)CaO \cdot 2H_2O$	消毒、杀菌、漂白
27	铬 酐	三氧化铬	CrO_3	有剧毒
28	糊 精	多 糖	$(C_6H_{10}O_5)_n$	良好胶黏剂
29	白云石	碳酸镁钙	$CaMg(CO_3)_3$	用于耐火材料
30	白铁矿	二硫化铁	FeS_2	用于制硫酸
31	小苏打	碳酸氢钠	$NaHCO_3$	制药、灭火剂
32	赤血盐钠	铁氰化钠	$Na_3Fe(CN)_6 \cdot H_2O$	有毒
33	三氯化铁	三氯化铁	$FeCl_3 \cdot 6H_2O$	氧化剂、制药
34	铁 锈	三氧化二铁-氢氧化铁	$Fe_2O_3 \cdot Fe(OH)_3$	用于制氧化剂
35	绿 矾	硫酸亚铁	$FeSO_4 \cdot 7H_2O$	用于制铁蓝、墨水
36	食 醋	醋酸（乙酸）	CH_3COOH	可食用
37	硅酸盐	铝硅酸钙	$Ca(Si_2Al_2O_8)$	用于制玻璃

续表 3-153

序号	工业名称	学名	化学式	性质
38	长石	带二价金属氧化物的 F_2O_3	MF_2O_4	用于制玻璃
39	氧化铁钡	铁-钡氧化物	$BaFe_{12}O_{19}$	化工原料
40	定影盐	硫代硫酸钠	$Na_2S_2O_3 \cdot 5H_2O$	用于定影
41	氢氟酸	氟化氢	$HF + H_2O$	强烈腐蚀性
42	甲醛	甲醛	CH_2O	易着火、爆炸
43	福尔马林水	35%的甲醛液	CH_2O	防腐剂
44	一氟化三氯甲烷	一氟化三氯甲烷	$CFCl_3$	化工原料
45	二氟化二氯甲烷	二氟化二氯甲烷	CF_2Cl_2	化工原料
46	二氟化一氯甲烷	二氟化一氯甲烷	CHF_2Cl	化工原料
47	菱锌矿	碳酸锌	$ZnCO_3$	用于炼锌
48	石膏	硫酸钙（2水）	$CaSO_4 \cdot 2H_2O$	用于制水泥
49	芒硝（元明粉）	硫酸钠（10水）	$Na_2SO_4 \cdot 10H_2O$	用于制纯碱
50	甘油	丙三醇	$C_3H_5(OH)_3$	制各种树脂
51	石墨	石墨	$C(CH_3COO)_7$	制电极、干电池
52	铜绿	碱式醋酸铜	$Cu(C_2H_3O_2)_2$	用于制烟火
53	氢氧化铜	氢氧化铜	$Cu(OH)_3 \cdot 5H_2O$	用于制染料
54	尿素（脲）	尿素（脲）	$CO(NH_2)_2$	化肥
55	硬金属（金属碳化物）	碳化物粉末	WC，CoC，TlC，TaC	冶金原料
56	正庚烷	庚烷	C_7H_{16}	易着火、爆炸
57	己烷	己烷	C_6H_{14}	易着火、爆炸
58	棒状硝酸银	硝酸银	$AgNO_3$	用于镀银、药物
59	聚乙烯	聚乙烯	$(C_2H_4)_n$	制塑料制品
60	苛性钾溶液	氢氧化钾溶液	$KOH + H_2O$	有腐蚀性
61	火硝（钾硝）	硝酸钾	KNO_3	制炸药
62	生石灰	氧化钙	CaO	用于建筑
63	熟石灰	氢氧化钙	$Ca(OH)_2$	酸碱中和剂
64	石灰石	碳酸钙	$CaCO_3$	用于建筑
65	电石（乙炔钙）	碳化钙	CaC_2	易着火、爆炸
66	石炭酸	苯酚	C_6H_5OH	制染料、塑料
67	苛性钠	氢氧化钠	$NaOH$	强烈腐蚀性
68	硅酸酐	二氧化硅	SiO_2	用于制玻璃
69	四草酸钾	四草酸钾	$KH_3(C_2O_4)_2 \cdot 2H_2O$	化工原料
70	草酸	乙二酸	$(CO_2H)_2 \cdot 2H_2O$	还原剂、漂白剂
71	食盐	氯化钠	$NaCl$	可食用
72	一氧化碳	一氧化碳	CO	有毒气体
73	碳酸气	二氧化碳	CO_2	用于制碱、制糖
74	矾土	三氧化二铝	Al_2O_3	耐火材料

续表3-153

序　号	工业名称	学　名	化 学 式	性　质
75	铁铝氧石	铝土矿	$AlO_3 \cdot 2H_2O$	用于炼铝
76	银　朱	硫化汞	HgS	有剧毒
77	黄铜矿	二硫铁铜	$CuFeS_2$	用于炼铜
78	氯化铜	氯化铜	$CuCl_2 \cdot 2H_2O$	用于染料
79	蓝　矾	硫酸铜	$CuSO_4 \cdot 5H_2O$	染料、杀虫、杀菌
80	硫铁矿	黄铁矿	FeS_2	用于炼铁
81	氯化锌	氯化锌	$ZnCl$	热镀锌溶剂
82	硇　砂	氯化铵	NH_4Cl	热镀锌溶剂
83	磁铁矿	四氧化三铁	Fe_3O_4	用于炼铁
84	闪锌矿	硫化锌	ZnS	用于炼锌
85	红　丹	四氧化三铅	Pb_3O_4	有剧毒
86	甲　烷	甲　烷	CH_4	易着火、爆炸
87	木　精	甲　醇	CH_3OH	萃取剂
88	蚁　酸	甲　酸	$HCOOH$	用于制蚁酸盐
89	二甲醚	甲　醚	CH_3OCH_3	用作溶剂、冷冻剂
90	硫　铵	硫酸铵	$(NH_4)_2SO_4$	化　肥
91	硫酸锰	硫酸亚锰	$MnSO_4 \cdot 4H_2O$	用于制电解锰
92	硝酸钠	硝酸钠	$NaNO_3$	用于制硝酸、炸药
93	皓　矾	硫酸锌	$ZnSO_4 \cdot 7H_2O$	媒染剂、木材防腐
94	硫化碱	硫化钠	$Na_2S \cdot 9H_2O$	染料、制革、药品
95	铁铵矾	硫酸铁铵	$NH_4Fe(SO_4)_2 \cdot 12H_2O$	媒染剂、制药
96	辉铜矿	硫化亚铜	Cu_2S	用于炼铜
97	辉铋矿	三硫化二铋	Bi_2S_3	用于炼铋
98	辉锑矿	三硫化二锑	Sb_2S_3	用于炼锑
99	辉锰矿	四氧化三锰	Mn_3O_4	用于炼锰
100	辉钼矿	二硫化钼	MoS_2	用于炼钼
101	辉银矿	硫化银	Ag_2S	用于炼银
102	锌酸钠	锌酸钠	Na_2ZnO_2	用于镀锌锡合金
103	锌　黄	锌铬黄	$4ZnO \cdot CrO_3 \cdot 3H_2O$	用于油漆、油墨
104	铁　黄	氧化铁黄	Fe_2O_3	用于油漆、橡胶
105	铁　红	三氧化二铁	Fe_2O_3	用于油漆、橡胶
106	铁　黑	四氧化三铁	Fe_3O_4	用于制漆
107	锌　白	氧化锌	ZnO	制氧化锌软膏
108	苦　土	氧化镁	MgO	抗酸药、泻肚药
109	重　土	氧化钡	BaO	用于陶瓷
110	硼　酐	氧化硼	$B_2O_3 \cdot xH_2O$	用于制硼
111	笑　气	一氧化二氮	N_2O	用作麻醉剂

续表 3-153

序　号	工业名称	学　名	化 学 式	性　质
112	硅　石	二氧化硅	SiO_2	用于制玻璃
113	月桂酸	十二烷酸	$CH_3(CH_2)_{10}COOH$	用于制醇酸树脂
114	月桂醇	十二醇	$CH_3(CH_2)_{10}CH_2OH$	用于制洗涤剂
115	月桂醛	十二醛	$CH_3(CH_2)_{10}CHO$	用于制香精
116	水玻璃	硅酸钠	$x Na_2O \cdot y SiO_2$	填充剂、黏结剂
117	甘　油	丙三醇	$CH_2OH \cdot CHOH \cdot CH_2OH$	用于制树脂
118	锑　白	三氧化二锑	Sb_2O_3	制搪瓷、颜料
119	白矾（白砒、砒霜）	三氧化二砷	As_2O_3	有剧毒
120	红　矾	三氧化铬	CrO_3	有毒、致癌

4 溶剂法批量热镀锌

4.1 溶剂法批量热镀锌概述

4.1.1 前处理

4.1.1.1 工件表面的污染物

热镀锌工件表面的主要污染物，见表4-1。

表4-1 热镀锌工件表面的主要污染物

序号	类型		来源	主要组成	对镀层影响
1	油污	润滑油、切削油、拉深油、压延油、研磨油（膏）	机加工过程、热处理过程、储运过程	矿物或动植物油脂、石蜡、树脂，各种有机添加剂和无机填充材料	可能产生漏镀
2	氧化物	氧化皮、黄锈	加工过程和储运过程	四氧化三铁、三氧化二铁和氧化铁等	可能漏镀、锌渣多
3	固体附着物	金属屑、焊渣、焊剂、尘土	加工过程、焊接过程和储运过程	金属屑、焊渣、尘土	可能产生漏镀
		碱及碱性盐、中性盐、酸及酸性盐	热处理过程、焊接过程和储运过程	各种盐类	可能产生漏镀
4	旧涂层	旧漆、旧塑料	标记、临时防锈涂料及返修件	天然油脂、树脂、纤维，合成树脂、纤维，各种颜料、填充材料	可能产生漏镀

4.1.1.2 工件除油

A 工件除油方法与工艺制度

工件除油方法与除油工艺制度，见表4-2 ~ 表4-9。

表4-2 钢铁工件脱脂的基本方法

序号	脱脂方法	使用方式	特点	适用范围
1	有机溶剂脱脂	浸泡、喷射等方式	皂化油脂和非皂化油脂均能溶解，一般不腐蚀工件。脱脂快，但不彻底，需用化学或电化学方法补充脱脂。有机溶剂易燃、有毒、成本较高	可对形状复杂的小工件，油污严重的工件及易被碱溶液腐蚀的工件作初步脱脂
2	化学脱脂	浸泡、喷射或滚筒等方式	方法简单、设备简单、成本低，但脱脂时间较长	一般工件脱脂
3	电化学脱脂	阴极电解脱脂、阳极电解脱脂	脱脂效率高，能除去工件表面的浮灰、浸蚀残渣等机械杂质，但阴极电解脱脂工件易渗氢，深孔内油污去除较慢，且需直流电源设备	一般工件的脱脂或阳极去除浸蚀残渣

续表 4-2

序号	脱脂方法		使用方式	特　点	适用范围
4	机械脱脂	擦拭法	用毛刷或抹布粘脱脂剂擦拭	操作灵活方便，不受工件限制，但劳动强度大，效率低	不宜采用其他方法脱脂的工件
		燃烧法	制件加热到 300～400℃	油脂可以完全烧除，但工件表面可能留有残炭	
		喷丸法	喷砂（干喷或湿喷）、喷丸	脱脂除锈可一次完成，但不适用于断面厚度较小的工件	

表 4-3　热镀锌工件传统除油方法

序号	除油方法	特　点	适用范围
1	有机溶剂除油	速度快，能溶解两类油脂，一般不腐蚀工件，但除油不彻底，需用化学或电化学方法进行补充除油，多数溶剂易燃或有毒，成本较高	用于油污严重的工件，或易被碱液腐蚀的金属工件的初步除油
2	化学除油	设备简单，成本低，但除油时间较长	一般工件的除油
3	电化学除油	除油快、彻底并能除去工件表面的浮灰、浸蚀残渣等机械杂质，但需要直流电源，阴极除油时，工件容易渗氢，去除深孔内的油污较慢	适用于大面积扁平工件
4	擦拭除油	设备简单，但劳动强度大，效率低	工件较大或采用其他方法不易处理的工件
5	滚筒除油	功效高，质量好	精度不太高的小工件

表 4-4　碱液脱除工件旧漆的配方

序号	组分（质量分数或份）		使用方法
1	1	磷酸二氢钠 8 份	将药品逐个加入水中溶解，搅匀，加热到 90～95℃，将工件放入，煮 1～1.5h，用 40～50℃水洗净。应注意经常除去溶液表面的浮油
	2	碳酸钠 3 份	
	3	磷酸三钠 6 份	
	4	硅酸钠 3 份	
	5	水 100 份	
2	1	氢氧化钠 77%	将药品混合后取 6～15 份，加入 85～94 份水。再将此水溶液加热到 90～95℃，即可将工件浸入脱漆
	2	碳酸钠 10%	
	3	表面活性剂 3%	
	4	山梨醇或甘露醇 5%	
	5	甲酚钠 5%	
3	1	氢氧化钠 16 份	将氢氧化钠溶于水中，再加入生石灰、全损耗系统用油、碳酸钙，搅拌成糊状，涂在物件的旧漆表面 2～3 层，约 2～3h 后，漆层将破坏，用刀铲除
	2	生石灰 18 份	
	3	全损耗系统用油 10 份	
	4	碳酸钙 22 份	
	5	水 34 份	
4	1	碳酸钙 6～10 份	将药品混合，搅拌成糊状，涂于旧漆表面 2～3 层，约 2～3h 后，漆层破坏，用刀铲除
	2	碳酸钠 4～7 份	
	3	生石灰 12～15 份	
	4	水 80 份	

表 4-5 几种常用的脱漆剂配方

序号	组分（质量或份）		使用方法及适用范围
1	1	苯 8 份	将工件浸泡 1h，即可脱除旧漆层，适用于金属表面的旧漆层
	2	杂醇油 3 份	
	3	乙醇 6 份	
2	1	二氯甲烷 65 ~ 85g	适用于氨基、丙烯酸、酚醛、环氧、聚酯、有机硅、聚氨酯的旧漆层，脱漆效率高。脱漆时，只要将它涂刷在旧漆层表面，数十分钟后即可用铲刀连同旧漆层一同铲去。操作时皮肤不要直接与脱漆剂接触
	2	甲酸 1 ~ 6g	
	3	苯酚 2 ~ 8g	
	4	乙醇 2 ~ 8g	
	5	乙烯树脂 0.5 ~ 2g	
	6	石蜡 0.5 ~ 2g	
	7	平平加 1 ~ 4g	
3	1	甲组分：二甲苯 139 份 矿物油 55.5 份 油酸 22.1 份	适用于一般清漆旧漆层的脱除。使用时，将乙组分微微加热，加入甲组分后剧烈搅拌，均匀混合后即可使用
	2	乙组分：烧碱 2.1 份 水 80 份 三乙醇胺 4.9 份	

表 4-6 钢丝电解脱脂液的成分和工艺技术参数

序号	溶液成分及工艺参数	配方种类			
		1	2	3	4
1	氢氧化钠浓度/$g \cdot L^{-1}$	30 ~ 40	16 ~ 20	2.5 ~ 15	约 50
2	碳酸钠浓度/$g \cdot L^{-1}$	30 ~ 40	20 ~ 30	30 ~ 45	约 30
3	磷酸钠浓度/$g \cdot L^{-1}$	15 ~ 25	10 ~ 55	15 ~ 30	约 30
4	温度/℃	70 ~ 90	70 ~ 80	90	约 85
5	电流密度/$A \cdot dm^{-2}$	5 ~ 10	5 ~ 10	约 10	约 6
6	时间/min	约 2	约 2	1 ~ 2	约 2

表 4-7 钢铁工件脱脂清洗用配方举例（%）

序号	碱剂	配方编号								
		1	2	3	4	5	6	7	8	9
1	磷酸钠	32	—	—	32	32	55	35	50	—
2	焦磷酸钠	—	—	4	20	—	—	5	—	—
3	三聚磷酸钠	—	—	—	—	15	—	—	—	—
4	偏硅酸钠	—	—	40	—	—	—	50	30	—
5	正硅酸钠	—	85	—	—	—	—	—	—	—
6	碳酸钠	46	10	—	26	31	35	—	13	60
7	氢氧化钠	16	—	50	16	16	10	8	—	30
8	表面活性剂	6	5	6	6	6	—	2	7	10

表 4-8 实用脱脂清洗液举例

序号	项目	冷轧板 1	冷轧板 2	序号	项目	冷轧板 1	冷轧板 2
1	清洗剂/%	1.25	1	5	活性剂/%	1	2
2	碳酸钠/%	1	1	6	消泡剂/%	0.1	0.3
3	三聚磷酸钠/%	3	—	7	处理温度/℃	70 ~ 75	70 ~ 75
4	氢氧化钠/%	—	1	8	处理时间/s	10 ~ 15	4

表 4-9 钢丝碱性除油脱脂液配方实例

序 号	成分及工艺参数	配方种类							
		1	2	3	4	5	6	7	8
1	氢氧化钠/g·L^{-1}	30~40	30	20~30	20~40	20~30	50	62.5	10~30
2	碳酸钠/g·L^{-1}	30~40	50	30~50	—	10~20	50	—	—
3	磷酸三钠/g·L^{-1}	30~40	70	50~70	约 10	—	37.5	—	—
4	硅酸钠/g·L^{-1}	5	—	—	5~15	30~50	5~10	—	30~50
5	活性剂/g·L^{-1}	1~2	3~5	—	1~3	1~2	—	—	—
6	温度/℃	90~100	70~100	80~100	60~80	约 70	80~100	约 70	70~100

B 各种因素对工件除油的影响

各种因素对工件除油的影响，见表 4-10、表 4-11。

表 4-10 清洗剂在乙二胺四乙酸钠(EDTA)的存在下,在不同温度及不同硬度水中对去污能力的影响

序 号	组 成	去污力/%			
		20℃		50℃	
		蒸馏水	硬水（0.02% $CaCO_3$）	蒸馏水	硬水（0.02% $CaCO_3$）
1	脂肪酸酰胺缩合物	29.9	9.8	26.8	8.5
2	脂肪酸酰胺缩合物 + EDTA	46.2	12.9	49.0	9.8
3	环氧乙烷缩合物	35.4	35.1	46.2	30.5
4	环氧乙烷缩合物 + EDTA	54.0	35.1	55.5	34.2
5	烷基芳基磺酸盐	21.8	8.8	15.6	7.4
6	烷基芳基磺酸盐 + EDTA	35.0	8.8	33.6	8.7
7	脂肪醇硫酸盐	26.2	12.0	12.6	21.8
8	脂肪醇硫酸盐 + EDTA	29.9	16.2	28.5	26.8

表 4-11 助洗剂对硬水中非离子清洗剂去污能力的影响

序 号	助 洗 剂	助洗剂质量分数/%	水的硬度（$CaCO_3$ 浓度）/mg·L^{-1}	去污力/%
1	磷酸三钠	0.02	200	54.0
2	焦磷酸钠	0.02	200	89.0
3	三聚磷酸钠	0.02	200	100
4	玻璃状磷酸钠	0.02	200	74.8

4.1.1.3 工件除锈

A 酸洗除锈

a 酸洗除锈工艺制度

酸洗除锈工艺制度，见表 4-12~表 4-16。

表 4-12 酸洗除锈工艺制度

序号	钢 号	形状/mm(×mm)	前处理	槽中 H_2SO_4 浓度/%	温度/℃	酸洗延续时间/min
1	30XΓCA, 20X, 40X, 38XA, 45Γ2	方 130×140	退火	18~14	60~85	90~180
2	55C2, 60C2	方 130	未退火	18~14	60~85	90~120

续表 4-12

序号	钢 号	形状/mm(×mm)	前处理	槽中 H_2SO_4 浓度/%	温度/℃	酸洗延续时间/min
3	30ХГСА，40Х，65Г，15Х，20Х，45Г2，38Х，45С，9ХС，ШХ6，ШХ15	方 130×140	未退火	18~14	60~85	60~105
4	10~45，阿姆柯纯铁	方 130	未退火	18~14	60~85	60~90
5	30ХГСА，60С2，55С2，40Х，15Х，45Г2，45，38Х，40，阿姆柯纯铁，ШХ6，ШХ15	方 100×80	未退火	18~8	60~85	50~80
6	30ХГСА，55С2—60С2，ШХ6，9ХС，15Х	方 48×70	未退火	18~8	60~85	40~60
7	成品型材	圆 ϕ52~65	未退火	10~3	60~85	30~45
		圆 ϕ10~50	未退火	10~3	60~85	30~45
		圆 ϕ10~65	退火	14~8	60~85	45~90

表 4-13 碳素钢及合金钢线材的酸洗制度

序 号	工件特征	制度Ⅰ			制度Ⅱ		
		H_2SO_4 浓度/%	溶液温度/℃	酸洗时间/min	H_2SO_4 浓度/%	溶液温度/℃	酸洗时间/min
1	热轧钢线	13~11	50~60	25~30	10~7	60~70	30~35
	阿姆柯铁	13~11	50~60	45~60	11~8	60~70	60~75
2	退火盘条	15~12	50~60	30~45	11~8	60~70	45~60
3	退火盘条	15~12	50~60	40~60	11~8	60~70	40~60
4	氧化性退火钢材	13~11	50~60	30~45	10~8	60~70	45~60
5	淬火后的钢丝	13~11	50~60	15~25	10~7	60~70	15~25
6	光亮退火钢丝	13~11	50~60	5~15	10~7	60~70	5~15

注：1. 在密度不大于 1.22kg/L 的溶液中酸洗；
2. 仅在新槽中按制度Ⅰ及Ⅱ酸洗。

表 4-14 钢丝退火处理后的酸洗技术条件（盐酸）

序 号	钢丝直径/mm	盐酸溶液浓度/%	盐酸溶液温度/℃	盐酸洗涤时间/min	盐酸耗量/kg·t^{-1}
1	4~5	8~10	20~30	6~10	6~10
2	2~3.5	8~10	20~30	8~12	10~15
3	2.0 以下	10~12	20~30	10~15	12~18

表 4-15 全连续式钢丝热镀锌线的酸洗技术参数

钢丝直径/mm	镀锌速度/m·min^{-1}	根 数	酸池长度/m	宽度/m	深度/m	酸液温度/℃	浓度/g·L^{-1}	铁含量/g·L^{-1}
4.0~5.0	6~8	20~26	7~8	1.2~1.5	0.4~0.5	30~40	80~120	130
2.0~3.5	10~18	20~30	6~7	1.0~1.3	0.3~0.4	30~40	100~140	130
2.0 以下	20~30	30~40	6~7	0.8~1.0	0.2~0.3	30~35	120~300	130

注：在连续式钢丝热镀锌中酸池的长度本应保持不变以稳定生产，但表内所示的酸池长度随钢丝直径有不同的变化，这主要是供给设计新车间时作参考。

表 4-16　焊接钢管在盐酸中的酸洗工艺条件

序号	钢管公称口径/mm	酸液浓度/g·L^{-1}	铁盐浓度/g·L^{-1}	酸液温度/℃	酸洗时间/min	管子振动次数/次
1	15	150~220	300	20~30	30	2
2	20	150~220	300	20~30	30	2
3	25	150~220	300	20~30	30	1
4	32	150~220	300	20~30	30	1
5	40	150~220	300	20~30	30	1
6	50	150~220	300	20~30	30	1
7	65	150~220	300	20~30	30	1

b　各种因素对工件酸洗除锈的影响

各种因素对工件酸洗除锈的影响，见表 4-17~表 4-24。

表 4-17　不同酸的酸洗时间与浓度对钢铁制品酸洗除锈能力的影响

序　号	盐酸浓度/%	酸洗时间/min	序　号	硫酸浓度/%	酸洗时间/min
1	2	90	1	2	135
2	5	55	2	5	135
3	10	18	3	10	120
4	15	15	4	15	95
5	20	10	5	20	80
6	25	9	6	25	65
7	30	8	7	30	75
8	40	8	8	40	95

表 4-18　盐酸及硫酸溶液温度对酸洗延续时间的影响

盐酸浓度/%	酸洗延续时间/min			硫酸浓度/%	酸洗延续时间/min		
	温度/℃				温度/℃		
	18	40	60		18	40	60
5	55	15	5	5	135	45	13
10	19	6	2	10	120	32	8

表 4-19　酸溶液中铁盐含量对酸洗时间的影响

盐酸溶液浓度/%	酸洗时间/min			硫酸溶液浓度/%	酸洗时间/min		
	铁盐含量/g·L^{-1}				铁盐含量/g·L^{-1}		
	50	150	250		50	150	250
8	5	15	55	8	13	45	135
15	2	6	18	15	8	32	120

表 4-20　在不同温度下加入氯化钠数量对批量硫酸酸洗时间的影响（min）

序　号	硫酸溶液温度/℃	氯化钠含量/g·L^{-1}				
		0	2	7	20	25
1	20	15	13	13	11	10
2	40	12	10	9	8	7
3	50	11	9	8	7	6
4	60	10	8	7	6	5
5	70	9	7	6	5	3
6	80	8	6	5	4	3

表 4-21 硫酸与盐酸酸洗后的清洗方法对板面上残余铁盐量的影响

序号	清洗方法	酸洗后板面上的残余铁盐/g·m^{-2}	
		在硫酸中酸洗	在盐酸中酸洗
1	浸入冷水中	0.90	0.13
2	在流动冷水中清洗 1min	0.09	0.01
3	在沸水中清洗 10min	0.01	0.02
4	用刷子清洗	0.03	—

表 4-22 硫酸酸洗槽中的含铁量对铁盐在酸洗板面上沉淀的影响

序号	酸洗槽中的含铁量/%	最后用水清洗掉的、以 $FeSO_4$ 盐形式存在的铁量/g·m^{-2}
1	0	0.03
2	1	0.04
3	2.5	0.06
4	5	0.09
5	10	0.13
6	15	0.15

表 4-23 盐酸酸洗槽中的含铁量对铁盐在酸洗板面上沉淀的影响

序号	酸洗槽中的含铁量/%	最后用沸水清洗掉的、以 $FeCl_2$ 盐形式存在的铁量/g·m^{-2}
1	0	0.02
2	5	0.01
3	15	0.02

表 4-24 硫酸与盐酸酸洗对铁鳞溶解数量的影响①

酸的种类	加入物质/g·L^{-1}		溶解数量/g	
	NaCl	$Na_2SO_4 \cdot 7H_2O$	Fe	Fe_2O_3
7% HCl	0	—	0.250	0.009
	60	—	0.267	0.015
	120	—	0.297	0.021
	200	—	0.344	0.052
	—	0	0.247	0.015
	—	120	0.250	0.018
	—	240	0.253	0.017
	—	480	0.258	0.012
10% H_2SO_4	0	—	0.258	0.011
	60	—	0.261	0.012
	120	—	0.294	0.034
	200	—	0.324	0.037

①温度为 23℃，酸洗时间为 2.5h，1g 氧化铁皮。

B 喷丸除锈

喷丸除锈的质量等级标准及工艺技术参数，见表 4-25 ~ 表 4-32。

表 4-25 钢材表面除锈质量等级标准（GB/T 8923—1988）

等级符号	除锈方式	除锈质量
Sa1	轻度的喷射或抛射除锈	钢材表面应无可见的油脂和污垢，并且没有附着不牢的氧化皮、铁锈和涂料涂层等附着物
Sa2	彻底喷射或抛射除锈	钢材表面应无可见的油脂和污垢，并且氧化皮、铁锈和涂料涂层等附着物已基本消除，其残留物应是牢固附着的

续表 4-25

等级符号	除锈方式	除锈质量
Sa2. 5	非常彻底的喷射或抛射除锈	钢材表面应无可见的油脂、氧化皮、铁锈和涂料涂层等附着物，任何残留的痕迹应仅是点状或条纹状的轻微色斑
Sa3	使钢材表观洁净的喷射或抛射除锈	钢材表面应无可见的油脂、污垢、铁锈、氧化皮和涂料涂层等附着物，该表面应显示出均匀的银灰色金属外观
St2	彻底的手工和动力工具除锈	钢材表面应无可见的油脂和污垢，并且没有附着不牢的氧化皮、铁锈和涂料涂层等附着物
St3	非常彻底的手工和动力工具除锈	钢材表面应无可见的油脂和污垢，并且没有附着不牢的氧化皮、铁锈和涂料涂层等附着物。除锈应比 St2 更彻底，工件显露部分的表面应具有较亮的金属色泽
F1	火焰除锈	钢材表面应无可见氧化皮、铁锈和涂料涂层等附着物，任何残留的痕迹应仅为表面变色（即不同颜色的暗影）

表 4-26 除锈等级与对应的彩色照片等级符号

序 号	除锈等级	对应的彩色照片	序 号	除锈等级	对应的彩色照片
1	Sa1	BSa2、CSa2、DSa2	5	Sa3	ASa3、BSa3、CSa3、DSa3
2	Sa2	BSa2、CSa2、DSa2	6	St2	BSt2、CSt2、DSt2
3	Sa2. 5	ASa2. 5、BSa2. 5、CSa2. 5、DSa2. 5	7	St3	BSt3、CSt3、DSt3
4	F1	AF1、BF1、CF1、DF1			

表 4-27 常用喷丸磨料的特性

种 类	序号	磨 料	名称及类别	颗粒形状	莫氏硬度	体积质量 /kg · m^{-3}	粉尘	粒径/μm
天然磨料	1	硅 砂	二氧化硅	丸粒状 砂粒状	5 ~ 6	1600	高	533 ~ 350
	2	矿 砂	氧化物	砂粒状	7	2052	中	160 ~ 260
	3	金刚砂	氧化物	砂粒状	7 ~ 8	2085 ~ 2350	中	48 ~ 2360
	4	燧 石	二氧化硅	砂粒状	6. 5 ~ 7	1187 ~ 1443	中	48 ~ 3350
副产品磨料	1	煤炉渣	渣 类	砂粒状	7	1283 ~ 1443	中	150 ~ 1700
	2	铜、镍渣	渣 类	砂粒状	7 ~ 7. 5	1347 ~ 1523	中	180 ~ 2360
	3	核桃壳粒	植物性	砂粒状	3 ~ 3. 5	674 ~ 754	低	150 ~ 3350
人造磨料	1	玉米棒粒	植物性	砂粒状	4. 5	449 ~ 513	低	380 ~ 1700
	2	氧化铝	氧化物	砂粒状	8	1924	—	23 ~ 3350
	3	氧化硅	碳化物	砂粒状	9	1603 ~ 1764	低	23 ~ 3350
	4	玻璃珠	二氧化硅	丸粒状	5 ~ 6	1603	低	45 ~ 830
	5	塑料磨料	聚氨酯	砂粒状	3 ~ 4	930 ~ 962	低	180 ~ 1400
	6	铁或钢砂	金 属	砂粒状	40 ~ 68HRC	4009	很低	75 ~ 880
	7	铁或钢丸	金 属	丸粒状	40 ~ 68HRC	4009	很低	75 ~ 2800

表 4-28 喷射不同磨料所得的表面粗糙度

序号	磨 料	最大粒径/μm	最大表面粗糙度/μm	序号	磨 料	最大粒径/μm	最大表面粗糙度/μm
1	河砂极细	180	38. 1	4	河砂粗	1600	71. 12
2	河砂细	450	48. 26	5	钢砂 G-80	2000	33. 02 ~ 76. 2
3	河砂中	1000	63. 5	6	铁砂 G-50	750	83. 82

续表4-28

序号	磨料	最大粒径/μm	最大表面粗糙度/μm	序号	磨料	最大粒径/μm	最大表面粗糙度/μm
7	铁砂 G-40	1000	91.44	11	铁丸 S-230	1000	76.2
8	铁砂 G-25	1250	101.6	12	铁丸 S-330	1250	83.82
9	铁砂 G-16	1600	121.92	13	铁丸 S-390	1800	91.44
10	钢丸 S-170	900	45.72~71.12				

表4-29 不同工件适用的砂粒尺寸及空气压力

序号	制件种类	空气压力/kPa	砂粒尺寸/mm
1	钢锻件、大型铸件、厚3mm以上的钢板冲压件	200~400	2.5~3.5
2	厚度在3mm以下的板材	100~200	1.0~2.0
3	厚3mm以下的板材	30~50	0.05~0.15
4	薄的和小的制件	50~100	0.5~1.0
5	有色金属铸件	100~150	0.5~1.0

表4-30 结构件钢板厚度与适用的铁丸尺寸

序号	结构件钢板厚度/mm	铁丸直径/mm	序号	结构件钢板厚度/mm	铁丸直径/mm
1	2~2.5	0.5	3	4~6	1.0
2	3~4	0.8	4	7~12	1.5

表4-31 喷铁丸的喷枪嘴直径、铁丸粒度与工件尺寸的适应关系

序号	喷嘴直径/mm	铁丸直径/mm	适用的工件厚度/mm	序号	喷嘴直径/mm	铁丸直径/mm	适用工件厚度/mm
1	7~8	0.3~0.5	2~2.5	4	12	1.5	6~12
2	8~9	0.8	3~3.4	5	14	2	铸件
3	10	1	4~6				

表4-32 铁丸喷枪嘴直径与压缩空气消耗量的关系

序号	喷枪嘴直径/mm	压缩空气压力(表压)/kPa				
		200	300	400	500	600
		压缩空气消耗量/$m^3 \cdot min^{-1}$				
1	4	0.44	0.59	0.75	0.90	1.05
2	5	0.69	0.94	1.16	1.42	1.62
3	6	0.99	1.33	1.68	2.04	2.32
4	7	1.35	1.81	2.28	2.77	3.16
5	8	1.75	2.36	2.87	3.63	4.12
6	9	2.23	2.99	3.75	4.58	5.22
7	10	2.75	3.69	4.63	5.65	6.44
8	11	3.33	4.47	5.67	6.84	7.99
9	12	3.96	5.31	6.67	8.14	9.27
10	13	4.65	6.24	7.83	9.55	10.90
11	14	5.39	7.24	9.03	11.80	12.62
12	15	6.18	8.30	10.55	12.72	14.49

4.1.1.4　工件浸涂助镀剂

A　溶剂所用物质及配方

批量热镀锌传统溶剂所用物质及配方，见表 4-33 ~ 表 4-38。

表 4-33　镀锌助镀剂所用物质

无机盐	酸　类	盐酸、氢氟酸、磷酸、硼酸
	盐　类	氯化铵、氯化锌、氯化镁、氯化钙、氯化钾、氯化铝、硼砂、氟化钠、氟化钾、氟化铝、氟铝酸钠
有机盐	酸　类	油酸、硬脂酸、软脂酸
	胺　类	苯胺、乙酸铵、乙二胺
	其　他	松香、萘

表 4-34　传统热镀锌溶剂配方

项　目		配方 1	配方 2	配方 3	配方 4
1	$ZnCl_2$ 浓度/g · L^{-1}	—	400 ~ 500	150 ~ 160	700 ~ 800
2	NH_4Cl 浓度/g · L^{-1}	390 ~ 400	150 ~ 200	100 ~ 120	70 ~ 80
3	浸润剂浓度/g · L^{-1}	5 ~ 10	—	0.5 ~ 1.0	—
4	密度/t · m^{-3}	1.12	1.4 ~ 1.52	1.13 ~ 1.15	1.75 ~ 1.85
5	pH 值	4 ~ 6	3 ~ 5	6 ~ 7	7 ~ 7.5
6	温度/℃	80 ~ 85	40 ~ 70	20(室温) ~ 80	—

表 4-35　普通热镀锌溶剂的化学成分（%）

序　号	成　分	良好溶剂	中等溶剂	劣等溶剂	备　注
1	Zn	43.0	43.2	50.0	控制铁、pH 值
2	NH_3	7.0	5.9	2.0	—
3	Cl	40.0	50.6	45.8	—
4	Fe	0.18	0.30	0.48	—
5	酸中不溶物	0.27	0.57	1.76	—

表 4-36　助镀剂组成和处理工艺参数举例

序号	组成/g · L^{-1}	温度/℃	处理时间/min	铁含量/g · L^{-1}
1	氯化锌 600 ~ 800、氯化铵 80 ~ 120、乳化剂 1 ~ 2	50 ~ 60	1 ~ 2	<2
2	氯化锌 614、氯化铵 76、乳化剂 OP-7 1 ~ 20	65 ± 5	1	5.68，pH = 5
3	氯化锌 500 ~ 650、氯化铵 100 ~ 120、乳化剂 OP-7 或 OP-10 1 ~ 4	50 ~ 60	1	< 1.2
4	氯化锌 550 ~ 650、氯化铵 68 ~ 89、丙三醇乳化剂 1 ~ 2	45 ~ 55	3 ~ 5	< 1.0
5	氯化锌 100 ~ 1000、氯化铵 60 ~ 200	40 ~ 80	1	< 30（氯化亚铁）

表 4-37　熔融助镀剂的成分（%）

成　分	Zn	NH_3	Cl	Fe
好　的	43.0	7.0	20.0	0.23
中等的	48.2	6.0	50.6	0.30
失效的	50.0	2.0	45.8	0.48

表 4-38 溶剂质量控制（%）

序号	溶 剂	Zn	Cl	NH_3	酸中不溶物	溶于酸的 Al_2O_3 及 Fe_2O_3	O_2
1	良好溶剂	37.18	39.6	5.23	0.67	0.28	0.17
2	劣质溶剂	50.81	31.9	6.51	5.26	0.60	5.25

B 各种因素对溶剂质量的影响

各种因素对溶剂质量的影响，见表 4-39 ~ 表 4-45。

表 4-39 加热对于溶剂成分变化的影响

序号	在锌液面上 420℃加热时间	Zn 含量/%	NH_3 含量/%	Cl 含量/%	Fe 含量/%	不溶残渣
1	开始	39.9	6.74	47.8	0.22	1.1
2	15min	41.4	5.09	47.8	0.07	1.0
3	30min	42.1	4.33	48.0	0.02	1.0
4	45min	44.1	3.65	48.1	—	1.2
5	60min	43.0	3.22	47.2	—	1.3
6	90min	45.3	3.53	47.1	—	1.4

表 4-40 加入甘油后对于溶剂成分变化的影响

在锌液面上 420℃的加热时间	Zn 含量/%	NH_3 含量/%	Cl 含量/%	Fe 含量/%	不溶残渣
开 始	40.4	10.9	46.0	0.8	1.2
15min	38.2	8.9	45.6	0.28	1.6
30min	38.2	8.7	45.6	0.18	1.75
45min	39.5	7.7	45.2	0.19	2.0
75min	39.4	7.5	44.8	0.11	2.1
105min	39.2	6.2	44.0	0.10	2.1

表 4-41 加热温度对溶剂中铁含量的影响①

序 号	原来溶剂中 $FeCl_3$ 的摩尔分数/%	加 热 后	
		溶剂中 $FeCl_3$ 的摩尔分数/%	锌中 Fe 的摩尔分数/%
1	4.8	1.06	1.13
2	3.9	0.42	1.16
3	1.1	0.69	1.18
4	0.58	0.46	0.06

①加热反应温度 475℃。

表 4-42 水分存在时对溶剂中铁含量的影响

序 号	$ZnCl_2$ 质量/g	Fe 质量/g	H_2O 质量/g	溶剂中 Fe 质量/g
1	5.0	1.847	0.0	0.0112
2	5.0	1.362	1.0	0.2249

表 4-43 熔融溶剂对在 475℃镀锌时低碳钢溶解度的影响

序 号	溶 剂	反应时间/min	钢的重量损失/$g \cdot m^{-2}$	比例 $\frac{L}{\sqrt{t}}$
1	$ZnCl_2$	5	26.4	7
2	$ZnCl_2 + 5\% NH_4Cl$	15	114	29
		30	177	—
		45	186	—

续表 4-43

序　号	溶　剂	反应时间/min	钢的重量损失/g · m^{-2}	比例 $\frac{L}{\sqrt{t}}$
3	$ZnCl_2$ + 10% NH_4Cl	15	591	150
		30	670	—
		45	641	—
4	$ZnCl_2$ + 16.6% NH_4Cl	$7\frac{1}{2}$	1126	375
		15	1365	—

表 4-44　各种溶剂对镀件烘干温度的影响①

序　号	溶　剂	烘干温度/℃	
		镀锌锅中无 Al	镀锌锅中加 Al
1	$ZnCl_2$ 的饱和溶液	300	—
2	NH_4Cl	460	280
3	$AlCl_3 \cdot NH_4Cl$	300	125
4	$ZnCl_2 \cdot NH_4Cl$	405	295

①烘干时间为 2min。

表 4-45　$ZnCl_2$ 溶剂的烘干温度和烘干时间对转入锌液中铁量的影响

序 号	溶剂烘干条件		转入锌中铁量/g · m^{-2}	备　注
	温度/℃	保持时间/min		
1	300	2	1.07	在含铁量 5%、浓度 4% 的沸腾硫酸中酸洗 2min
2	300	4	1.46	
3	150	15	0.96	
4	150	30	2.03	
5	300	2	0.69	在含铁量 15%、浓度 20%、温度 60 ~ 70℃ 的盐酸中酸洗 15min
6	150	30	1.95	

C　助镀剂添加剂（ZT601）对热镀锌工艺的影响

助镀剂添加剂对钢结构件热镀锌工艺的影响，见表 4-46 ~ 表 4-48。

表 4-46　助镀剂添加剂对钢结构件热镀锌工艺的影响

序号	镀件重量/g			镀件表面助镀剂干膜重量/g	镀件表面锌层重量/g	镀层外观	备　注
	原始	加干膜助镀剂后	镀锌后				
1	29.6685	29.6866	31.3902	0.0181	1.7217	良好	不加添加剂
2	30.1585	30.1814	31.7023	0.0229	1.5438	漏镀	
3	15.0544	15.0689	16.8614	0.0145	1.8070	漏镀	
4	14.8478	14.8690	16.6331	0.0212	1.7853	良好	
5	15.0226	15.0428	16.7217	0.0202	1.6991	良好	
6	15.5916	15.6036	17.3047	0.0120	1.7131	良好	
7	15.2719	15.2894	16.8567	0.0175	1.5848	良好	
8	15.9531	15.9681	17.4686	0.0150	1.5155	漏镀	
9	15.8442	15.8636	17.5877	0.0194	1.7435	良好	
10	—	—	—	0.01787	1.6793	—	平均值

续表 4-46

序号	镀件重量/g			镀件表面助镀剂干膜重量/g	镀件表面锌层重量/g	镀层外观	备 注
	原 始	加干膜助镀剂后	镀锌后				
11	14.8475	14.8565	16.5154	0.0090	1.6679	良好	加入添加剂
12	15.4556	15.4623	17.1113	0.0067	1.6557	良好	
13	15.2963	15.3059	17.0332	0.0096	1.7369	良好	
14	15.5972	15.6072	17.1545	0.0100	1.5573	良好	
15	15.7180	15.7270	17.3848	0.0090	1.6668	良好	
16	15.4546	15.4657	16.9334	0.0111	1.4788	良好	
17	15.7042	15.7144	17.0490	0.0102	1.3448	良好	
18	15.4994	15.5083	17.1033	0.0089	1.6039	良好	
19	29.6741	29.6860	31.1365	0.0119	1.4624	良好	
20	—	—	—	0.00964	1.5749	—	平均值

表 4-47 助镀剂添加剂对钢丝热镀锌工艺的影响

序号	不加添加剂			加入添加剂			节约助镀剂/%
	原始镀件重量/g	加干膜助镀剂后镀件重量/g	镀件表面助镀剂干膜重量/g	原始镀件重量/g	加干膜助镀剂后镀件重量/g	镀件表面助镀剂干膜重量/g	
1	23.0164	23.0859	0.0695	23.1936	23.2186	0.0250	62.0
2	23.4184	23.4887	0.0703	23.2705	23.3029	0.0324	54.0
3	22.4406	22.5361	0.0955	22.9586	22.9975	0.0389	59.0
4	13.5826	13.6361	0.0535	13.0244	13.0624	0.0380	29.0
5	11.0342	11.0576	0.0234	11.5352	11.5406	0.0054	77.0
6	6.2790	6.2992	0.0202	6.2458	6.2560	0.0102	50.0
7	2.9640	2.9718	0.0078	2.9851	2.9888	0.0037	53.0

表 4-48 助镀剂添加剂对钢管热镀锌工艺的影响

序号	不加添加剂			加入添加剂			节约助镀剂/%
	原始镀件重量/g	加干膜助镀剂后镀件重量/g	镀件表面助镀剂干膜重量/g	原始镀件重量/g	加干膜助镀剂后镀件重量/g	镀件表面助镀剂干膜重量/g	
1	59.2366	59.3006	0.0664	59.5440	59.5922	0.0482	27.0
2	59.0950	59.1601	0.0651	60.2328	60.2724	0.0396	39.0
3	63.1388	63.2048	0.0660	58.6424	58.6810	0.0386	42.0
4	58.8885	58.9566	0.0681	59.4895	59.5228	0.0333	51.0
5	59.5295	59.5628	0.0533	59.0202	59.0698	0.0496	47.0
6	58.4867	58.5474	0.0607	59.0241	59.0639	0.0398	34.0
7	58.9028	58.9702	0.0673	40.6841	40.7215	0.0374	44.0
8	40.9911	41.0511	0.0601	39.3356	39.3803	0.0447	26.0

4.1.2 各种因素对热镀锌镀层厚度的影响

4.1.2.1 锌液中加镍的影响

锌液中加镍对镀层厚度的影响，见表 4-49。

表 4-49 锌液中加镍对镀层厚度的影响

序 号	项 目	在纯锌液中锌耗	在加 0.05% 镍的锌液中锌耗
1	焊接钢丝网/%	10.4	6.7
2	2mm 钢板焊接钢丝/%	16.7	7.6
3	5mm 厚焊接网纹钢板/%	8.0	5.8
4	1/4 ~ 3/8in 圆钢加工件/%	9.4	7.4
5	线材加工件/%	12.4	7.6
6	壁厚 2 ~ 5mm 管材加工件/%	8.05	5.4
7	围栏杆/%	6.5	4.0
8	锌渣占锌耗比例/%	11.3	16.7①
9	1t 镀件产生锌渣/kg	11.8	14.4①
10	锌灰占锌耗比例/%	22.0	19.2①
11	1t 镀件产生锌灰/kg	22.9	16.5①
12	平均锌耗/%	10.4	8.6②
13	1t 镀件的锌耗/kg	104	86②

①加镍后增加了锌渣，减少了锌灰；

②加镍后明显降低了锌耗。

4.1.2.2 时间与温度的影响

镀件钢种、浸锌时间、镀锌温度对镀锌层总厚度的影响，见表 4-50、表 4-51。

表 4-50 镀件的钢种、浸锌时间对镀锌层厚度的影响

在 450℃时的浸锌时间 /s	镀锌层总厚度/μm（钢种 Q235）	在 450℃时的浸锌时间 /s	镀锌层总厚度/μm（钢种 Q345）
84	78	84	91

表 4-51 镀锌温度对镀锌层厚度的影响

序 号	在浸锌时间 90s 时的镀锌温度/℃	镀锌层总厚度/μm	备 注
1	435	95	锌液中铝量 0.04%
2	460	125	锌液中铝量 0.04%
3	480	147	锌液中铝量 0.04%

4.1.2.3 未经离心处理与经离心处理的影响

未经离心处理与经离心处理的影响，见表 4-52、表 4-53。

表 4-52 未经离心处理的镀层厚度最小值（GB/T 13912—2002，ISO 1461：1999）

序 号	镀件材料及其厚度/mm	镀层局部厚度/μm	镀层平均厚度/μm
1	钢厚度≥6	70	85
2	3≤钢厚度 <6	55	70
3	1.5≤钢厚度 <3	45	55
4	钢厚度 <1.5	35	45
5	铸铁厚度≥6	70	80
6	铸铁厚度 <6	60	70

注：本表所列为一般的要求，具体产品可根据材料厚度等级、产品分类等，在和本标准不冲突的情况下增加镀层厚度及其他的要求。

表 4-53 经离心处理的镀层厚度最小值（GB/T 13912—2002，ISO 1461：1999）

序 号	制件及其厚度/mm		镀层局部厚度/μm	镀层平均厚度/μm
1	螺纹件	直径≥20	45	55
		6≤直径<20	35	45
		直径<6	20	25
2	其他工件（包括铸铁件）	厚度≥3	45	55
		厚度<3	35	45

注：本表为一般的要求，紧固件和具体产品可以有不同的镀层厚度要求。

4.1.2.4 镀件规格的影响

各种镀件规格对镀层厚度的影响，见表 4-54、表 4-55。

表 4-54 不同厚度的各类钢制品的最小镀层平均厚度（μm）

钢材类别	钢材厚度/mm				
	<1.6	1.6~3.2	3.2~4.8	4.8~6.4	≥6.4
结构型钢及钢板	45	65	75	85	100
带钢及棒材	45	65	75	85	100
钢 管	45	45	75	75	75
线 材	35	50	65	65	80

表 4-55 钢铁五金件热浸镀锌层的最小平均厚度（ASTM A153）

序 号	材料的等级	所有试样最小镀层平均厚度/g·m^{-2}	单个试样最小镀层平均厚度/g·m^{-2}
1	A 级：钢铁铸件、可锻铸铁件	610	550
2	B 级：轧制、锻压工件(包括在等级 C、D 中的除外)	610	550
3	B1：厚度 4.76mm 及以上而长度 381mm 以上	610	550
4	B2：厚度 4.76mm 以下而长度 381mm 以上	458	381
5	B3：厚度任意而长度 381mm 以下	397	336
6	C 级：直径 ϕ9.52mm 以上的紧固件及小件，垫片厚度 4.76mm 及 6.35mm	381	305
7	D 级：直径 ϕ9.52mm 以下的紧固件、铆钉、钉子及小件，垫片厚度 4.76mm 以下	305	259

4.1.3 溶剂法批量热镀锌加热炉

4.1.3.1 加热炉主要技术参数

热镀锌加热炉主要技术参数，见表 4-56 ~ 表 4-65。

表 4-56 中小型溶剂法批量热镀锌炉型技术指标

序号	炉膛内部尺寸 长×宽×高 /mm×mm×mm	标准燃料消耗 /kg(煤)·h^{-1}		单位标准燃料消耗量 /kg(煤)·t^{-1}(钢)	炉子最大生产率 /kg·h^{-1}	炉底强度 /kg·(m·h)$^{-1}$	有效利用系数/%
		装料时	空炉				
1	600×460×450	17.5	13	130	135	—	21
2	900×900×600	—	31	155	320	—	18
3	1200×1350×750	90	51	147	600	370	19

续表 4-56

序号	炉膛内部尺寸 长×宽×高 /mm×mm×mm	标准燃料消耗 /kg(煤)·h^{-1}		单位标准燃料消耗量 /kg(煤)·t^{-1}(钢)	炉子最大生产率 /kg·h^{-1}	炉底强度 /kg·(m·h)$^{-1}$	有效利用 系数/%
		装料时	空炉				
4	1500×120×750	100	56	155	610	355	18.5
5	1500×1500×750	126	71	152	820	365	19
6	1100×1000×750	40	23	120	330	300	23
7	2500×1600×100	120	83	100	1200	300	26

表 4-57　铁锌锅侧面加热炉技术参数

序　号	项　目	参 数 值	备　注
1	加热炉总功率/kW	720	三组供电
2	加热方式	电热丝直接辐射	—
3	镀锌锅尺寸/mm×mm×mm	9000×1500×1800	—
4	锌锅壁厚/mm	40	每年检查
5	锌锅容锌量/t	160	—
6	锌锅材质	05F 或 08F	低　硅
7	加热炉炉膛尺寸/mm×mm×mm	9280×1860×1800	—
8	加热炉尺寸/mm×mm×mm	1100×3500×2800	—
9	加热元件材质	Cr25Al15 电热合金丝	—
10	加热体直径 φ/mm	5.5	—
11	设计平均小时产量/t	7	—

表 4-58　陶瓷锌锅反射炉上表面加热技术参数

工件名称		普通可锻铸铁小件热浸镀锌						钢丝热镀锌		
		1	2	3	4	5	6	7	8	9
		螺钉	连接件	螺钉	压板	散热器	可锻铁	1~5mm	2~4mm	1~3mm
所用燃料		轻油	混合煤气	甲烷	轻油	焦炉煤气	轻油	轻油	轻油	焦炉煤气
发热值（标态）	MJ/kg	41.8	—	—	41.8	—	41.8	41.8	41.8	—
	MJ/m^3	—	8.36	36.78	—	16.72	—	—	—	16.72
加热形式		再循环	再循环	再循环	再循环	再循环	再循环	再循环	再循环	再循环
锌锅尺寸	长/mm	650	2500	650	1250	7000	650	3000	3000	2500
	宽/mm	625	650	625	600	750	900	700	700	825
	高/mm	625	750	625	900	850	625	500	500	500
加热面积/m^2		0.95	2.75	0.95	1.00	6.30	1.12	1.9	3.00	1.56
自由表面/m^2		0.406	2.06	0.406	0.98	7.70	0.61	2.10	1.95	2.00
生产率/kg·h^{-1}		320	800	320	280	1800	400	560	850	450
热输入/MJ·h^{-1}		221.5	67.7	224.9	305.1	1504.8	296.8	438.9	718.9	359.5
热消耗/kJ·h^{-1}		691.8	845.5	704.3	953.0	836.0	744.0	746.1	844.3	798.4

注：1. 锅体由重质高铝砖砌筑，厚度 500mm，砖缝不大于 1mm；

2. 炉膛燃烧气氛为煤气过剩的无氧化加热。

表4-59　具有辐射墙的锌锅加热炉生产指标

序　号	项　别	单　位	指　标
1	燃　料	—	焦炉煤气
2	加热方法	—	辐射墙式
3	镀锌锅尺寸	mm(× mm × mm)	长 × 宽 × 深:8390 × 1510 × 1800,壁厚:40
4	容锌量	t	118
5	受热面积	m^2	28.5
6	底面积	m^2	12.6
7	产　量	t/h	15.5/22
8	锌锅表面积小时产量	$t/(m^2 \cdot h)$	1.23/1.745
9	热量输入	kJ/h	7.15/9.41
10	单位热耗	kJ/kg	464/426
11	锌锅受热面积热量输入	$kJ/(m^2 \cdot h)$	150062/198968

表4-60　具有废气再循环的锌锅加热炉指标

序　号	项　别	单　位	指　标
1	燃　料	—	焦炉煤气
2	加热方法	—	辐射墙式
3	镀锌锅尺寸	mm(× mm × mm)	长 × 宽 × 深:8390 × 1510 × 1800;壁厚:40
4	容锌量	t	118
5	受热面积	m^2	28.5
6	底面积	m^2	12.6
7	产　量	t/h	7.5/13①
8	锌锅表面积小时产量	$t/(m^2 \cdot h)$	0.595/1.03①
9	热量输入	kJ/h	5.18/7.1①
10	单位热耗	kJ/kg	690/548①
11	锌锅受热面积小时热量输入	$kJ/(m^2 \cdot h)$	88825/135850①

①平均/最大。

表4-61　钢丝热镀锌锌锅加热技术参数

序　号	项　目	单　位	技术性能		
1	炉子形式	—	铁锌锅侧加热	铁锌锅侧加热	陶瓷锅表面加热
2	锌锅尺寸(长 × 宽)	m × m	3.06 × 1.7	2.056 × 1.7	4.64 × 1.48
3	钢丝根数	根	36	32	32
4	钢丝规格 ϕ	mm	1.2 ~ 3.2	0.5 ~ 1.1	1.6 ~ 4
5	锌液温度	℃	450 ~ 460	450 ~ 460	465
6	生产能力	kg/h	1770	340	2700
7	燃料种类		净发生炉煤气	净发生炉煤气	天然气
8	燃料发热量(标态)	kJ/m^3	5434	5434	40671
9	最大燃料消耗量(标态)	m^3/h	360	230	98
10	烧嘴形式	—	高压喷射式	高压喷射式	半喷射式

表 4-62　钢丝热镀锌铅浴铅锅加热技术参数

项　目	单 位	技 术 性 能			
铅锅尺寸(长×宽)	m×m	6.478×2.046	5.112×1.7	5.032×1.61	9.06×1.8
所配马弗炉尺寸(长×宽)	m×m	18×1.8	15.3×1.624	14.6×1.508 及 11.6×1.39	2.2
钢丝根数	根	24	24	24	24
钢丝规格 ϕ	mm	1.8～6.5	≤6.5	1.4～6.5	2.5～8.0
最大产量	kg/h	1510	1000	1000	1670
铅液温度	℃	460～550	460～550	460～550	460～550
燃料种类	—	净发生炉煤气	烟煤	净发生炉煤气	电
燃料发热量(标态)	kJ/m³	5434	25080	4890	—
最大燃料消耗量(标态)	m³/h	387	75	258	220
烧嘴形式	—	高压喷射式	—	低压涡流式	电热管
铅泵台数	台	1	2	1	2
铅泵流量	m³/h	2	3	3	2×12
铅泵功率	kW	5	5	5	2×5.5

表 4-63　钢管热锌锌锅容量与小时产量的关系

序号	公称口径 /mm	产量 /t·h⁻¹	容量与产量比	生产情况	序号	公称口径 /mm	产量 /t·h⁻¹	容量与产量比	生产情况
1	15	4	40	连续生产	6	40	12	13	10%时间待温
2	20	5	32	连续生产	7	50	13	12	20%时间待温
3	25	9	18	连续生产	8	65	15	10	30%时间待温
4	32	10	16	连续生产	9	75	16	8	40%时间待温
5	38	11	14	连续生产	10	80	—	—	—

表 4-64　不同锅体及加热方式的热效率

序 号	锅体加热方式	各部分的热损失/%					热效率/%
		外壳锅底	锅 边	锅盖、罩	锅表面	废气损失	
1	铁锅外侧加热	4.3	16.7	—	26.3	21.9	29.8
2	陶瓷锅上加热	3.1	—	4.6	26.3	26	40
3	陶瓷锅射氮加热	3.1	—	10.7	26.3	9.1	50.8

表 4-65　不同情况下锌锅的单位热损耗

序　号	锌 液 表 面		热损失/kJ·(m²·h)⁻¹
1	清洁的(465℃)		75240
2	局部的灰覆盖层		62700
3	用熔融溶剂的覆盖层(370℃)		37620～41800
4	锌灰覆盖层		33440
5	用保温盖盖上		12540～16720
6	在温度 t(℃)时锌锅壁表面的热损失/℃	75①	3344
		100	4180
		160	8360

①炉墙外层的温度，按技术规程混凝土不应超过 45～55℃。

4.1.3.2 各种因素对锌锅使用寿命的影响

A 钢材化学成分的影响

钢材化学成分对锌锅使用寿命的影响，见表4-66。

表4-66 钢材化学成分对锌锅使用寿命的影响

序号	钢号	钢材化学成分/%	壁厚/mm	锌液温度/℃	使用寿命/a
1	Q235	碳(C):0.14~0.22 硅(Si):0.15~0.30 锰(Mn):0.35~0.65	50	≤480	0.53
2	20G	碳(C):0.16~0.24 硅(Si):0.15~0.30 锰(Mn):0.35~0.65	50	≤480	0.53
3	05F	碳(C):≤0.05 硅(Si):≤0.03 锰(Mn):≤0.40	50	≤480	1.10

B 锌液温度对锌锅使用寿命的影响

锌液温度对锌锅使用寿命的影响，见表4-67。

表4-67 锌液温度对锌锅使用寿命的影响

钢号	钢材化学成分/%	壁厚/mm	加热方式	锌液温度/℃	使用寿命/a
05F	碳(C):≤0.05 硅(Si):≤0.03 锰(Mn):≤0.40	50	电阻加热	650	0.2~0.4
				600	0.3~0.5
				550	0.4~0.6
				480	0.5~0.8
				460	1~2
				438~440	4~6

C 锌液中铝含量对锌锅使用寿命的影响

锌液中铝含量对锌锅使用寿命的影响，见表4-68。

表4-68 锌液中铝含量对锌锅使用寿命的影响

钢号	钢材化学成分/%	壁厚/mm	加热方式	锌液中铝含量/%	使用寿命/a
05F	碳(C): ≤0.05 硅(Si): ≤0.03 锰(Mn): ≤0.40	50	电阻加热 锌液温度: 440℃	0.19~0.25	0.2~0.4
				0.16~0.18	0.3~0.6
				0.13~0.15	0.5~1
				0.08~0.12	1~2
				0.02~0.04	4~6

D 加热传热速度对锌锅使用寿命的影响

加热传热速度对锌锅使用寿命的影响，见表4-69。

表4-69 加热传热速度对锌锅使用寿命的影响

序号	加热传热速度/MJ·$(m^2·h)^{-1}$	温度梯度/℃	腐蚀速度/mm·a^{-1}	使用寿命/a
1	226.83	74.7	100	0.22
2	204.12	68.6	66.75	0.34
3	187.11	62.9	44.51	0.51
4	170.11	57.2	33.38	0.68

续表 4-69

序 号	加热传热速度/MJ·$(m^2 \cdot h)^{-1}$	温度梯度/℃	腐蚀速度/mm·a^{-1}	使用寿命/a
5	158.84	53.4	24.48	0.82
6	147.42	49.6	20.00	1.03
7	124.74	41.9	13.80	1.64
8	113.40	38.1	11.13	2.03
9	102.06	34.3	7.79	2.74

注：试验条件：铁锅厚度 50mm，材质 05F，锌液温度 450℃，锌液中铝含量 0.02% ~0.04%。

E 锌锅外表壁界面温度对锌锅使用寿命的影响

锌锅外表壁界面温度对锌锅使用寿命的影响见表 4-70。

表 4-70 锌锅外表壁界面温度对锌锅使用寿命的影响

序 号	锌锅外表壁界面温度/℃	合金层生长规律	使用寿命/a
1	500	直线，$m=bt$，锌锅非快速侵蚀	6
2	600		4.3
3	700		2.9
4	800	抛物线，$m=at^{1/2}$，锌锅快速侵蚀	0.50
5	900		0.40

4.1.4 能源消耗

能源消耗数据见表 4-71。

表 4-71 某热镀锌厂能源消耗数据

序号	项 目	天 然 气		电 能			合计
1	类 别	锌锅加热	脱脂及镀池加热	行车	工艺设备及照明	其他附属设备	
2	能耗平均值/MJ·t^{-1}（镀件）	1785	797	6	95	5	2688
3	消耗百分比/%	66.4	29.6	0.3	3.5	0.2	100
4	能源消耗/MJ·t^{-1}（镀件）	1150 ~2740	460 ~1200	4 ~9	56 ~120	3 ~12	—

4.2 铁塔构件热镀锌

4.2.1 热镀锌工艺

大型铁塔构件热镀锌工艺见表 4-72。

表 4-72 大型铁塔构件热镀锌工艺

序 号	浸镀温度/℃	浸镀时间/min	镀层厚度/μm	法兰板处是否积锌	表面质量
1	440	3	128	大量积锌	光亮、光滑、附着力好
2	440	5	167	少量积锌	光亮、光滑、附着力好
3	440	7	189	无积锌	光亮、光滑、附着力好
4	440	10	211	无积锌	光亮、光滑、附着力好
5	450	3	131	少量积锌	光亮、光滑、附着力好

续表4-72

序 号	浸镀温度/℃	浸镀时间/min	镀层厚度/μm	法兰板处是否积锌	表面质量
6	450	5	173	无积锌	光亮、光滑、附着力好
7	450	7	199	无积锌	光亮、光滑、附着力好
8	450	10	225	无积锌	局部发灰、附着力好
9	460	3	135	少量积锌	光亮、光滑、附着力好
10	460	5	179	无积锌	光亮、光滑、附着力好
11	460	7	208	无积锌	光亮、光滑、附着力好
12	460	10	237	无积锌	局部发灰、附着力好

4.2.2　锌层厚度控制

对铁塔构件热镀锌锌层厚度要求，见表4-73～表4-77。

表4-73　板材、圆钢铁塔材锌层厚度的控制

板材				圆钢			
序号	规格/mm	表面积/$m^2 \cdot t^{-1}$	锌层厚度/$kg \cdot t^{-1}$	序号	规格 φ/mm	表面积/$m^2 \cdot t^{-1}$	锌层厚度/$kg \cdot t^{-1}$
1	4	63.69	29.3～41.0	1	11	46.12	29.8～44.1
2	5	51.00	31.1～43.5	2	12	42.89	27.3～40.2
3	6	42.40	26.0～36.4	3	13	39.98	25.8～37.8
4	8	32.00	20.0～28.0	4	14	36.81	23.4～34.1
5	10	26.00	16.0～22.4	5	15	33.74	21.5～30.6
6	12	21.20	13.0～18.2	6	16	31.85	19.4～27.2
7	14	18.20	11.1～15.4	7	18	28.31	17.3～24.2
8	16	16.00	9.7～13.6	8	20	25.48	15.5～21.8
9	18	14.20	8.7～12.1	9	22	23.16	14.1～19.8
10	20	13.00	7.9～11.1	10	25	20.38	12.4～17.4
11	22	11.58	7.1～9.9	11	27	18.87	11.5～16.1
12	25	10.19	6.2～8.7	12	30	17.00	10.4～14.5
13	30	8.49	5.2～7.3	13	32	15.92	9.7～13.6
14	32	7.96	4.9～6.8	14	34	14.88	8.4～12.3
15	36	7.08	4.3～6.1	15	36	13.89	7.6～11.6
16	40	6.37	3.9～5.5	16	38	12.91	6.7～10.8
17	42	6.07	3.7～5.2	17	40	11.98	5.9～9.6

表4-74　角钢铁塔材锌层厚度的控制

序号	规格		表面积	锌层厚度	序号	规格		表面积	锌层厚度
	B①	D②	/$m^2 \cdot t^{-1}$	/$kg \cdot t^{-1}$		B①	D②	/$m^2 \cdot t^{-1}$	/$kg \cdot t^{-1}$
1	40	3	84.77	39.0～54.6	3	50	3	69.56	32.0～44.8
		4	64.82	29.8～41.7			4	64.07	29.5～41.3
		5	52.42	32.0～37.1			5	51.99	31.7～44.4
							6	43.9	26.8～37.5
2	45	3	84.77	39.0～54.6	4	56	3	84.22	38.7～54.2
		4	64.69	29.8～41.7			4	63.84	29.4～41.1
		5	52.24	31.9～44.6			5	51.57	31.5～44.0
		6	44.73	27.3～38.2			6	33.34	20.3～28.5

续表 4-74

序号	规　格		表面积 /m² · t⁻¹	锌层厚度 /kg · t⁻¹	序号	规格		表面积 /m² · t⁻¹	锌层厚度 /kg · t⁻¹
	B①	D②				B①	D②		
5	63	4	68.76	31.6～44.3	10	100	12	21.85	13.3～18.7
		5	51.43	31.4～43.9			14	18.97	11.6～16.2
		6	43.17	26.3～36.9			16	16.77	10.2～14.3
		8	33	20.1～28.2	11	110	7	36.30	22.1～31.0
		10	26.88	16.4～23.0			8	32.0	19.5～27.3
6	70	4	62.9	28.9～40.5			10	25.88	15.8～22.1
		5	46.06	28.1～39.3			12	21.79	13.3～18.6
		6	42.92	26.2～36.7			14	18.9	11.5～16.1
		7	36.17	22.7～31.7	12	125	8	31.73	19.4～27.1
		8	32.7	20.0～28.0			10	25.66	15.7～21.9
7	75	5	50.7	30.9～43.3			12	21.63	13.2～18.5
		6	42.58	26.0～36.4			14	18.71	11.4～16.0
		7	36.86	22.5～31.5	13	140	10	25.60	15.6～21.9
		8	32.5	19.9～27.8			12	21.59	13.2～18.4
		10	26.42	16.1～22.6			14	18.65	11.4～15.9
8	80	5	50.72	30.9～43.3			16	16.44	10.0～14.0
		6	42.57	26.0～36.4	14	160	10	25.48	15.5～21.8
		7	36.83	16.5～37.1			12	21.44	13.1～18.3
		8	32.51	19.8～27.8			14	18.51	11.3～15.8
		10	26.36	15.1～22.5			16	16.33	10.1～13.9
9	90	6	42.4	25.9～36.2	15	180	12	21.41	13.1～18.3
		7	36.66	22.3～31.3			14	18.47	11.3～15.8
		8	32.25	19.7～27.5			16	16.28	9.9～13.9
		10	26.19	20.2～28.0			18	14.56	8.9～12.4
		12	22.08	13.5～18.9	16	200	14	18.37	11.2～15.7
10	100	6	41.96	25.6～35.8			16	16.19	9.9～13.8
		7	36.29	22.1～31.0			18	14.47	8.8～12.4
		8	32.01	19.5～27.3			20	13.1	8.0～11.2
		10	25.93	15.8～22.2			24	11.30	6.7～9.4

① *B* 为角钢肢宽；② *D* 为角钢厚度。

表 4-75　对其他钢构件热镀锌锌层厚度要求（GB/T 18226—2000）

序 号	钢构件类型			双面平均锌层厚度/g · m⁻²	
				Ⅰ组	Ⅱ组
1	钢板厚度/mm	1	3≤厚度<6	600	
		2	1.5≤厚度<3	500	
		3	厚度<1.5	395	
2	紧固件、连接件			350	

续表 4-75

序号	钢构件类型			双面平均锌层厚度/g·m^{-2}	
				Ⅰ组	Ⅱ组
3	钢丝直径/mm	1	>1.8~2.2	105	230
		2	>2.2~2.5	110	240
		3	>2.5~3.0	120	250
		4	>3.0~3.2	125	260
		5	>3.2~4.0	135	270
		6	>4.0~7.5	135	290
		7	>7.5~10.0	135	300

表 4-76 对普通钢构件最低锌层厚度的要求（BS 729—1971）

钢构件厚度/mm	1≤厚度<2	2≤厚度<5	厚度≥5
锌层重量/g·m^{-2}	335	460	610

表 4-77 对混凝土钢筋热镀锌最低锌层厚度的要求（ASTM A767）

镀层等级	镀层重量/g·m^{-2}	镀层等级	镀层重量/g·m^{-2}
1 级	1070	2 级	610

4.2.3 锌层厚度与镀件品种的关系

锌层厚度与镀件品种的关系，见表 4-78。

表 4-78 锌层厚度与镀件品种关系（JIS H8641：1999）

种类		标记	附着量/g·m^{-2}	硫酸铜试验次数	使用举例
1 类	A	HDZ A	—	4	厚度<5mm 的钢材、钢制品、钢管，直径>12mm 的螺栓、螺母，厚度>2.3mm 垫圈
	B	HDZ B	—	5	厚度>5mm 的钢材、钢制品、钢管类及铸锻件
2 类	35	HDZ35	350 以上	—	1mm<厚度<2mm 的钢材、钢制品，直径>12mm 的螺栓、螺母，厚度>2.3mm 垫圈
	40	HDZ40	400 以上	—	厚度 2~3mm 的钢材、钢制品及铸锻件
	45	HDZ45	450 以上	—	厚度 3~5mm 的钢材、钢制品及铸锻件
	50	HDZ50	500 以上	—	厚度>5mm 的钢材、钢制品及铸锻件
	55	HDZ55	550 以上	—	在腐蚀性严重的环境下使用的钢材、钢制品及铸锻件

4.2.4 锌层厚度测量要求

基本测量面的数量与主要表面面积的关系，见表 4-79。

表 4-79 基本测量面的数量与主要表面面积的关系

序号	主要表面面积	基本测量面的数量
1	>2m^2	≥3
2	100cm^2~2m^2	≥1
3	10~100cm^2	1
4	<10cm^2	由足够数量的镀件共同提供至少 10cm^2 的面积

4.2.5　锌层表面质量检查

4.2.5.1　检查批量的规定

检查批量的规定见表4-80。

表4-80　按检查批量大小确定样本大小

序号	检查批的工件数量	样本所需制件的最小数量	序号	检查批的工件数量	样本所需制件的最小数量
1	1～3	全　部	4	8	8
2	4～500	3	5	13	13
3	501～1200	5	6	20	20

4.2.5.2　镀件表面缺陷及控制

镀件表面缺陷及控制见表4-81。

表4-81　铁塔镀件表面缺陷及控制

缺　陷	序号	缺 陷 原 因	控 制 方 法
漏　镀	1	镀件表面有油、旧油漆等脏物	脱脂处理，用脱漆剂或砂轮打磨
	2	欠酸洗有锈蚀点	加强酸洗效果检查
	3	表面有非金属杂质	用清水清理表面杂质
	4	没有及时烘干	加强烘干效果，工件不能重叠堆放
	5	形成二次氧化锌灰不能排出	晃动工件，把灰排出锌液表面
	6	溶剂失效老化	控制pH值在规定范围内
	7	锌液中表面含铝量超标	排除过量的铝；用净化剂净化排铝
	8	锌液温度过低	提高浸锌温度
	9	浸锌时间过短	延长浸锌时间，延长空冷时间
条状花纹	1	锌液表面氧化物多	净化锌液
	2	锌液表面铝含量低	适量添加锌铝镁合金
	3	溶剂老化，杂质多	调整溶剂成分，过滤再生
	4	含铅、锡量过高	捞出一部分锌液，停止加入铅、锡
灰暗泪痕状	1	钢材含硅量在圣德林效应区内	适量添加锌锡合金
	2	锌液温度偏高	降低锌液温度
	3	锌液中含铁量高	降温、捞渣并净化降低铁含量
	4	冷空气吹得太急	减少空冷时间
有颗粒状粗糙表面	1	锌液含铁量高	降温、捞渣、降低铁离子含量
	2	锌液中含铝量高	净化锌液，减少铝量
	3	溶剂脏，表面有铁盐未清除	过滤溶剂，调整pH值及时烘干制件
	4	锌液温度高，浸渍时间长	降低锌液温度，减少浸锌时间
	5	锌液温度不均衡，波动大	锌液温度波动尽可能小
	6	工件出锌液面时除锌灰不充分	工件入出锌液时，打净锌灰
龟裂纹	1	钢基元素偏析，表面不光滑	选优质钢材，不加锡铅混合物
	2	锌液中加入锡、铅元素量过多	正确选用多元合金
晶体状纹	1	轧制过程中出现晶体状凹坑纹	降低锌镀温度5～10℃；酸洗后进行适当锈蚀处理
凸起木纹	1	钢材在轧制过程中出现裂纹	降低镀锌温度10～15℃

续表 4-81

缺陷	序号	缺陷原因	控制方法
镀层超厚附着力差	1	锌液中铁含量高	降低锌液中铁含量
	2	浸锌时间长	减少镀锌时间
	3	钢材含 Si、P、S 量超标	选用优质 Q235B 型钢
	4	加入了不合格的合金	不加或少加多元合金
	5	提升速度过快	慢速提升镀件
	6	溶剂中铁含量过高	降低溶剂中亚铁离子
白锈	1	未进行钝化处理	应进行钝化处理
	2	给定钝化液工艺参数不正确	调整钝化液成分及钝化工艺参数
	3	镀件表面有水分	控净工件表面水珠或用热风吹干
	4	存放或运输途中遭水	通风存放，避免结露，运输途中防雨

4.2.6 缺陷镀层的修补

对缺陷镀层的修补要求、修补方法的特性比较及成本比较，见表 4-82 ~ 表 4-84。

表 4-82 对缺陷镀层修补的要求

序号	标准	允许修复的面积	修复层厚度的要求
1	GB/T 13912—02	占总面积的比例为 0.5%，单个面积不超过 $10cm^2$	需方另有要求，例如镀锌后还要涂装，修补层厚度可与原镀层厚度相同；一般应比规定镀层厚度大 30μm
2	ISO 1461：1999 E		
3	ASTM A123/A 123M-01	不超过总面积的 0.5% 或每吨不超过 $232cm^2$，单个最宽处尺寸不超过 2.54cm	须与该标准规定的镀层厚度相同；用富锌漆修补时，要比该标准规定的镀层厚度大 50%，但不超过 102μm
4	BS 729：1971	一般不超过 $40mm^2$，大型构件允许修复的面积可大一些	不小于原来的锌层厚度

表 4-83 三种修补镀层方法的特性比较

序号	主要特性	热喷涂锌	富锌漆	锌基焊料
1	耐腐蚀性	很好	好	较好
2	阴极保护性	极好	较差	较好
3	外观	很好	很好	好
4	黏附性	很好	较差	很好
5	耐磨性	较好	较差	较差
6	耐热性	好	好	很好

表 4-84 三种修补镀层方法的成本比较

序号	成本及要求	热喷涂锌	富锌漆	锌基焊料
1	设备及材料成本	高	低	高
2	在厂内修补成本	低	低	低
3	在厂外修补成本	高	低	高
4	修补面积小的成本	中等	低	中等
5	修补面积大的成本	中等	低	高
6	预处理要求	中等	中等	低
7	操作技能要求	高	中等	高

4.2.7　铁塔镀材的锌耗

铁塔镀材的锌耗，见表4-85～表4-90。

表4-85　工程中铁塔材有效锌耗

序　号	工程名称	电压等级/kV	塔材重量/t	有效锌耗量/kg
1	A	220	154	4192～5689
2	B	220	330	7188～10063
3	C	110	12.8	269～377
4	理想镀层厚度单位重量综合锌耗量：$\sum_{i=1}^{3}$ 各有效锌耗量/$\sum_{i=1}^{3}$ 各工程塔材重量 = (11649 - 1639)/496.8 = 23.45 - 32.8(kg/t)			

表4-86　不同厚度各种型钢的锌耗

序号	型钢厚度/mm	锌层厚度/μm	有效锌耗/kg·t^{-1}	总锌耗/kg·t^{-1}			锌液温度/℃
			产生的锌渣量控制在30%时	锌渣量20%时	锌渣量30%时	锌渣量40%时	
1	10	86	15.8	20.2	22.6	26.3	445
2	5	86	31.3	38.6	44.7	52.1	445
3	3	86	39.5	47.1	56.4	65.8	445

表4-87　同厚度各种型钢的有效锌耗

序号	品种	型钢型号	型钢厚度/mm	理论重量/kg·m^{-1}	外表面积/m^2·m^{-1}	锌层厚度/μm	有效锌耗/kg·t^{-1}
1	角钢	16	9～11	24.729	0.630	86	15.6
2	槽钢	20	9～11	25.777	～0.69	86	16.3
3	工字钢	20b	9～11	31.069	～0.79	86	15.5

表4-88　不同规格角钢的有效锌耗

序号	角钢型号	等边角钢尺寸/mm		理论重量/kg·m^{-1}	外表面积/m^2·m^{-1}	锌层厚度/μm	有效锌耗/kg·t^{-1}
		角钢边长	角钢厚度				
1	2	20	3	0.889	0.078	65	40.5
2	3.0	30	3	1.373	0.117	65	39.3
3	4	40	3	1.852	0.157	65	39.1
4	4.5	45	5	3.369	0.176	86	31.9
5	5	50	3	2.332	0.197	65	39.0
6	5	50	5	3.770	0.196	86	31.7
7	6.3	63	5	4.822	0.248	86	31.4
8	7	70	5	5.397	0.275	86	31.1
9	7.5	75	5	5.818	0.295	86	31.0
10	8	80	10	11.874	0.313	86	16.1
11	9	90	10	13.476	0.353	86	16.8
12	10	100	10	15.120	0.392	86	15.8

表 4-89 不同边长同厚度角钢的有效锌耗

序号	角钢型号	等边角钢尺寸/mm		理论重量/kg·m^{-1}	外表面积/m^{2}·m^{-1}	锌层厚度/μm	有效锌耗/kg·t^{-1}
		角钢边长	角钢厚度				
1	8	80	10	11.874	0.313	86	16.1
2	9	90	10	13.476	0.353	86	16.0
3	10	100	10	15.120	0.392	86	15.8
4	11	110	10	16.690	0.432	86	15.8
5	12.5	125	10	19.133	0.491	86	15.7
6	14	140	10	21.488	0.551	86	15.7
7	16	160	10	24.729	0.630	86	15.6

表 4-90 同边长不同厚度角钢的有效锌耗

序号	角钢型号	等边角钢尺寸/mm		理论重量/kg·m^{-1}	外表面积/m^{2}·m^{-1}	锌层厚度/μm	有效锌耗/kg·t^{-1}
		角钢边长	角钢厚度				
1	10	100	6	9.366	0.393	86	25.6
2		100	7	10.830	0.393	86	22.2
3		100	8	12.276	0.393	86	19.5
4		100	10	15.120	0.392	86	15.8
5		100	12	17.898	0.391	86	13.3
6		100	14	20.611	0.391	86	11.6
7		100	16	23.257	0.390	86	10.2

4.3 钢管热镀锌

4.3.1 钢管热镀锌车间的布置

钢管热镀锌车间的布置见表 4-91。

表 4-91 镀管车间厂房尺寸

序 号	跨 别	厂 房 尺 寸		吊 车	
		长×宽/m×m	起重能力/t	台 数	轨面标高/m
1	原料跨	50×28	5	2	7.5
2	酸洗跨	(43×2)×16	5	4	7.5
3	镀锌跨	250×28	5	3	7.5
4	成品跨	180×28	5	3	7.5

4.3.2 钢管热镀锌工艺

4.3.2.1 钢管热镀锌工艺技术参数

钢管热镀锌工艺技术参数，见表 4-92。

表 4-92　不同规格钢管镀锌工艺技术参数实例

序号	钢管外径		浸锌时间/s	浸锌温度/℃	序号	钢管外径		浸锌时间/s	浸锌温度/℃
	in	mm				in	mm		
1	$\frac{1}{2}$	12.70	30	470	5	$1\frac{1}{2}$	38.10	25	480
2	$\frac{3}{4}$	19.05	30	470	6	2	50.80	30	480
3	1	25.4	27	475	7	$2\frac{1}{2}$	63.50	30	480
4	$1\frac{1}{4}$	31.75	27	475					

4.3.2.2　钢管热镀锌镀层控制技术参数

钢管热镀锌镀层控制风环气刀技术参数等内容见表 4-93 ~ 表 4-97。

表 4-93　镀层控制风环气刀尺寸实例（mm）

序号	钢管直径/mm	D1	D2	D3	D4	D5	圆周孔数	
							D4	D5
1	21.3	40	120	140	45	55	20	20
2	26.8	47	127	147	53	63	24	24
3	33.5	53	133	153	60	70	27	27
4	42.3	63	143	163	70	80	35	31
5	48	69	149	160	75	85	34	34
6	60	80	160	180	86	96	39	39
7	75.5	96	176	196	103	113	46	46

表 4-94　钢管外吹风压举例

序　号	钢管公称直径/mm	气体压力/MPa	备　注
1	21.3 ~ 26.8	0.1 ~ 0.15	热压缩空气
2	33.5 ~ 42.3	0.15 ~ 0.2	热压缩空气
3	48 ~ 60	0.2 ~ 0.3	热压缩空气
4	75	0.3 ~ 0.35	热压缩空气

表 4-95　热镀锌钢管外表面喷吹用压缩空气的压力

序　号	热镀锌钢管直径/in	压缩空气压力/MPa	备　注
1	$\frac{1}{2} \sim \frac{3}{4}$	0.3	热压缩空气
2	$1\frac{1}{2} \sim 1\frac{1}{4}$	0.4	热压缩空气
3	$1\frac{1}{2} \sim 2$	0.5	热压缩空气
4	$2\frac{1}{2} \sim 3$	0.5 ~ 0.6	热压缩空气

注：1in = 2.54cm。

表 4-96　钢管内吹气体压力

序　号	钢管公称直径/mm	过热蒸气压力/MPa	备　注
1	21.3 ~ 26.8	0.4 ~ 0.5	过热蒸气
2	33.5 ~ 42.3	0.4 ~ 0.45	过热蒸气
3	48 ~ 60	0.45 ~ 0.5	过热蒸气
4	75	0.5	过热蒸气

表 4-97 热镀锌钢管内表面喷吹压力

序 号	镀锌钢管直径/in	过热蒸汽压力/MPa	备 注
1	$\frac{1}{2}$ ~ $\frac{1}{4}$	0.7 ~0.8	过热蒸汽
2	$1\frac{1}{2}$ ~2	0.8 ~0.9	过热蒸汽
3	$2\frac{1}{2}$ ~3	0.8 ~1.0	过热蒸汽

注：1in =2.54cm。

4.3.3 钢管热镀锌质量检查

热镀锌钢管缺陷产生原因和防止方法，见表 4-98。

表 4-98 热镀锌钢管缺陷产生原因和防止方法

缺 陷	序号	产生缺陷的原因	防止的方法
局部漏锌	1	脂和油的残余	分析脱脂溶液，遵守操作规程
	2	锈层和氧化铁皮的残余	分析含酸量保持酸洗温度和酸洗时间
	3	助镀剂分解的产物	助镀剂分析，确定 pH 值、浓度
	4	钢管在酸洗过程中互相接触	酸洗过程中使钢管间相互错动几次
	5	镀锌剂失效	检查助镀剂的技术条件，进行调整
助剂夹杂	1	助镀剂成分变化	进行分析和调整成分
	2	助镀剂在干燥过程烧损	调整成分降低干燥温度到不大于 180℃
	3	助剂在钢管浸渍时烧焦	调整或更换助镀剂覆盖层
	4	钢管抽出时带上了助镀剂	助镀剂与锌液反应完全清理锌液表面
锌 皮	1	钢管从锌液中抽出时带上了锌皮	抽出时应从纯净的锌液表面离开
镀层粗糙	1	过酸洗	缩短酸洗时间，在酸液中添加缓蚀剂
	2	酸洗钢管表面被铁盐弄脏	采用两级清洗
	3	锌液温度过高	调整锌液温度，小管下限大管上限
	4	在锌液中浸渍时间过长	钢管浸渍到与锌液温度平衡即可
锌渣颗粒	1	镀锌锅深度不够	采用适当深度的镀锌锅
	2	镀锌锅底部积聚的锌渣多	定期清除锌渣
	3	搅动锌渣	要静止一段时间使锌渣沉降下来再镀
镀层较厚	1	钢管从锌液中抽出速度太快	降低钢管从锌液中抽出的速度
	2	钢管从锌液中抽出的角度低	抬高钢管从锌液中抽出的角度
	3	锌液温度控制太低	提高锌液温度到 450℃
镀 瘤	1	在钢管表面有油和脂类	分析脱脂溶液，遵守工艺规程
	2	在钢管表面有氧化铁皮	保持酸洗溶液的浓度、温度和酸洗时间
气 泡	1	锌液凝固时排出被钢管吸附的氢	不允许过酸洗，在酸液中添加缓蚀剂
镀层剥落	1	镀锌后延长了钢管冷却时间	80℃水冷，不允许在热状态下储运钢管
	2	镀锌温度过低或过高	采用 450℃的热镀锌温度
	3	铁锌合金层过分或不均增长	检验钢管的成分和镀锌工艺
	4	钢管表面预处理不彻底	分析各种预处理溶液，遵守工艺规程
白 锈	1	存放或运输途中遭水	通风存放，避免结露，运输途中防雨

4.3.4　热镀锌钢管的耐腐蚀性

热镀锌钢管的耐腐蚀性见表 4-99、表 4-100。

表 4-99　热镀锌钢管的耐腐蚀性

序号	镀层厚度/$g \cdot m^{-2}$	腐蚀介质	使用寿命/d	腐蚀速度	无镀层时腐蚀速度
1	100 ~ 150	周期性海水	1120	0.01 ~ 0.012mg/a	—
2	100 ~ 120	潮湿空气	1095	0.002g/($m^2 \cdot h$)	0.420g/($m^2 \cdot h$)
3	100 ~ 120	含 13mg/L 硫化氢的水	21	0.03 ~ 0.08g/($m^2 \cdot h$)	4.22 ~ 6.20g/($m^2 \cdot h$)
4	100 ~ 120	含 400mg/L 硫化氢的充气层状水	166	无腐蚀	—
5	80 ~ 100	含溴化碘的矿泉水	365	无腐蚀	—
6	50 ~ 80	普通矿泉水	—	0.002 ~ 0.004mg/a	1.05mg/a

表 4-100　热镀锌钢管耐碱试验取样规格

钢管直径/in	$\frac{3}{8}$	$\frac{1}{2}$	$\frac{3}{4}$	1	$1\frac{1}{4}$	$1\frac{1}{2}$	2	$2\frac{1}{2}$	3
管样长度/mm	30	30	30	30	30	30	30	30	30
断面形状	全圆	全圆	全圆	半圆	半圆	半圆	1/4 圆	1/4 圆	1/8 圆
镀锌面积/cm^2	29	36	47	29	37	43	27	34	27
钢管直径/in	$3\frac{1}{2}$	4	5	6	7	8	9	10	12
管样长度/mm	30	30	30	30	30	30	30	30	30
断面形状	1/6 圆	1/6 圆	1/8 圆	1/8 圆	1/8 圆	1/8 圆	1/8 圆	1/8 圆	1/8 圆
镀锌面积/cm^2	31	35	33	38	44	50	56	62	74

注：1in = 2.54cm。

4.4　钢丝热镀锌

4.4.1　前处理

4.4.1.1　钢丝拉拔技术参数

钢丝拉拔技术参数，见表 4-101、表 4-102。

表 4-101　实用拔丝粉的配比及质量指标

序　号	项　目	组　成	数　值
1	成分配比	中碳合成脂肪酸/%	63.9
		冰醋酸/%	12.9
		水分/%	<2
		氢氧化钠/%	21.1
		亚硝酸钠/%	0.16
		磷酸钠/%	2.5
2	质量指标	目测外观	白黄 ~ 浅棕色
		脂肪酸含量不低于总量/%	75
		游离碱/%	0.5
		熔点（不低于）/℃	250
		水分（不大于）/%	2
		粒度（不大于）/mm	0.8

表 4-102 国内自配拔丝粉成分（kg）

序 号	成 分	A	B	C
1	石灰粉	15	100	100
2	动物油脂	17	30	20
3	石 蜡	—	3	—
4	肥 皂	—	7	10
5	冰醋酸	6～7.5	—	—
6	磷酸钠	1.3	—	—
7	水	15～17	100	200

4.4.1.2 冷拔钢丝退火制度

冷拔钢丝的退火制度，见表4-103。

表 4-103 冷拔钢丝在卧式退火炉中退火时的温度与时间控制

序 号	钢丝直径/mm	退火炉温度/℃	钢丝在炉中停留时间/s
1	4～5	880～950	80～60
2	3～3.5	880～920	70～50
3	2.0～2.5	850～900	60～40
4	2.0 以下	700～800	40～30

注：1. 上表内的钢丝退火温度与时间系按国产 2、3 号钢为标准；
2. 钢丝退火后的物理性能适用于一般镀锌钢丝的要求。

4.4.1.3 钢丝热镀锌盐浴、铅浴加热制度

钢丝热镀锌盐浴、铅浴加热制度，见表4-104～表4-107。

表 4-104 钢丝在盐槽内的加热制度

序号	钢丝直径/mm	钢中碳含量/%			钢丝在槽内最短时间/min	钢丝通过盐槽的最大速度/m·min^{-1}
		0.55～0.60	0.65～0.70	0.75～0.80		
		熔盐温度/℃				
1	1.0～1.2	860～870	850～860	840～850	5	52
2	1.3～1.4	—	—	—	6.5	38
3	1.5～1.7	—	—	—	7.5	34
4	1.8～2.0	—	—	—	9	28
5	2.4～2.6	870～880	860～870	850～860	10	26
6	3.0～3.2	—	—	—	14	19
7	3.5	—	—	—	18	14
8	4.0	—	—	—	21	12
9	4.5	880～900	870～890	860～880	24	10
10	5.0	—	—	—	28	9
11	5.6	—	—	—	33	7

表 4-105　钢丝铅淬火温度制度

序号	钢丝直径/mm	含碳量/%					
		≤0.55	0.57～0.75	≥0.77	0.6～0.63	0.68～0.71	0.72～0.75
		钢丝加热温度/℃					
1	7.0～9.0	940	930	920	460	470	475
2	5.6～6.5	930	920	910	465	475	480
3	4.5～5.5	930	920	910	470	480	485
4	4.0～4.4	930	920	910	475	485	490
5	3.5～3.8	920	910～920	900	490～500	510～520	520～530
6	2.8～3.4	920	910～920	900	500～510	520～530	530～540
7	2.0～2.7	910	900～910	890	500～510	520～530	530～540
8	1.5～1.8	900	890～900	880	505～515	525～535	535～545
9	1.2～1.4	890	880～890	870	510～520	525～535	535～545

表 4-106　钢丝铅浴等温淬火工艺参数

序　号	钢丝直径/mm	钢丝出炉温度/℃	铅浴温度/℃
1	≥7	900～930	440～540
2	7～4	890～920	460～560
3	<4	880～910	460～560

表 4-107　焙炖时冷却槽的最佳铅液温度

序　号	半成品钢丝直径/mm	钢的含碳量/%			备　注
		0.55～0.60	0.60～0.65	0.65～0.70	
		铅液温度/℃			自动控温
1	1.0	508～511	511～514	514～517	—
2	1.2	505～508	508～511	511～514	—
3	1.3	503～506	506～509	509～512	—
4	1.4	502～505	505～508	508～511	—
5	1.5	500～503	503～506	506～509	—
6	1.7	498～501	501～504	504～507	—
7	1.8	496～499	499～502	502～505	—
8	2.0	493～496	496～499	499～502	—
9	2.4	487～490	490～493	493～496	—
10	2.6	484～487	487～490	490～493	—
11	3.0	478～481	481～484	484～487	—
12	3.2	475～478	478～481	481～484	—
13	3.5	471～474	474～477	477～480	—
14	4.0	461～464	464～467	467～470	—
15	4.5	456～459	459～462	462～465	—
16	5.0	448～451	451～454	454～457	—
17	5.6	440～443	443～446	446～449	—

4.4.2　钢丝热镀锌工艺

钢丝热镀锌工艺技术参数见表 4-108～表 4-113。

表 4-108　全连续式热镀锌钢丝生产工艺技术参数

钢丝直径 /mm	退火温度 /℃	酸洗技术参数			溶剂技术参数		锌液温度 /℃	热镀锌速度 /m · min^{-1}	卷线直径 /mm
		温度/℃	浓度/%	含铁量/%	浓度/%	温度/℃			
0.9	880	20 ~ 30	12 ~ 20	5 ~ 13	18 ~ 25	25 ~ 90	445	20 ~ 32	400
1.0	880	20 ~ 30	12 ~ 20	5 ~ 13	18 ~ 25	25 ~ 90	445		
1.2	880	20 ~ 30	12 ~ 20	5 ~ 13	18 ~ 25	25 ~ 90	445		
1.4	880	20 ~ 30	12 ~ 20	5 ~ 13	18 ~ 25	25 ~ 90	445	15 ~ 25	600
1.6	880	20 ~ 30	12 ~ 20	5 ~ 13	18 ~ 25	25 ~ 90	445		
1.8	880	20 ~ 30	12 ~ 20	5 ~ 13	18 ~ 25	25 ~ 90	445		
2.0	880	25 ~ 40	12 ~ 18	5 ~ 13	18 ~ 25	25 ~ 90	445	12 ~ 18	
2.2	880	25 ~ 40	12 ~ 18	5 ~ 13	18 ~ 25	25 ~ 90	445		
2.4	880	25 ~ 40	12 ~ 18	5 ~ 13	18 ~ 25	25 ~ 90	445		
2.6	880	25 ~ 40	12 ~ 18	5 ~ 13	18 ~ 25	25 ~ 90	445	9 ~ 12	
2.8	880	25 ~ 40	12 ~ 18	5 ~ 13	18 ~ 25	25 ~ 90	445		
3.0	910	30 ~ 45	8 ~ 12	5 ~ 13	18 ~ 25	25 ~ 90	445	8 ~ 10	
3.5	910	30 ~ 45	8 ~ 12	5 ~ 13	18 ~ 25	25 ~ 90	445		
4.0	910	30 ~ 45	8 ~ 12	5 ~ 13	18 ~ 25	25 ~ 90	445	6 ~ 8	
4.5	910	30 ~ 45	8 ~ 12	5 ~ 13	18 ~ 25	25 ~ 90	445		

注：1. 溶剂槽内的溶液为氯化铵一种；

2. 退火温度并非指钢丝退火的真正温度，而是根据热电偶安放在退火炉尾端的测温孔内所测温度，比钢丝的实际温度约高 220℃。

表 4-109　间断式热镀锌钢丝生产工艺技术参数

序号	钢丝直径 /mm	酸池酸液浓度 /%	酸池酸液温度 /℃	氯化铵溶液 /%	溶剂池温度 /℃	锌液温度 /℃	镀锌速度 /m · min^{-1}
1	0.9	15 ~ 20	20 ~ 30	20 ~ 25	75 ~ 85	440 ~ 450	30 ~ 40
2	1.0	15 ~ 20	20 ~ 30	20 ~ 25	75 ~ 85	440 ~ 450	
3	1.2	15 ~ 20	20 ~ 30	20 ~ 25	75 ~ 85	440 ~ 450	
4	1.4	15 ~ 20	20 ~ 30	20 ~ 25	75 ~ 85	440 ~ 450	20 ~ 30
5	1.6	15 ~ 20	20 ~ 30	20 ~ 25	75 ~ 85	440 ~ 450	
6	1.8	15 ~ 20	20 ~ 30	20 ~ 25	75 ~ 85	440 ~ 450	
7	2.0	10 ~ 15	20 ~ 30	20 ~ 25	75 ~ 85	440 ~ 450	16 ~ 22
8	2.2	10 ~ 15	20 ~ 30	20 ~ 25	75 ~ 85	440 ~ 450	
9	2.4	10 ~ 15	20 ~ 30	20 ~ 25	75 ~ 85	440 ~ 450	
10	2.6	10 ~ 15	20 ~ 30	20 ~ 25	75 ~ 85	440 ~ 450	12 ~ 15
11	2.8	10 ~ 15	20 ~ 30	20 ~ 25	75 ~ 85	440 ~ 450	
12	3.0	8 ~ 10	20 ~ 30	20 ~ 25	75 ~ 85	440 ~ 450	10 ~ 12
13	3.5	8 ~ 10	20 ~ 30	20 ~ 25	75 ~ 85	440 ~ 450	
14	4.0	8 ~ 10	20 ~ 30	20 ~ 25	75 ~ 85	440 ~ 450	8 ~ 10
15	4.5	8 ~ 10	20 ~ 30	20 ~ 25	75 ~ 85	440 ~ 450	

表 4-110 较细规格热镀锌钢丝生产工艺技术参数

公称直径/mm	车速		退火炉温度/℃				酸池		助镀剂池	
	r/min	m/min	预热	加热	均热	保温	酸液浓度/%	酸液温度/℃	温度/℃	浸渍时间/s
2.2	8	14.07	800	860	800	760	9.58	35	87	4.2
2.2	9.5	16.71	800	860	800	760	9.58	35	92	3.6
2.2	11	19.35	800	860	800	760	9.58	35	90	3.1
2.2	11	19.35	800	860	800	760	9.58	35	85	3.1
1.6	15	26.39	800	860	800	760	9.58	35	89	2.3
1.2	16	28.15	800	860	800		9.58	35	50	2.1

表 4-111 森吉米尔法钢丝热镀锌工艺技术参数

厂别	钢丝直径/mm	工艺参数						镀锌速度/m·min^{-1}
		氧化炉加热		氢气还原		热镀锌		
		温度/℃	时间/s	温度/℃	时间/s	温度/℃	时间/s	
1	1.2	450	18	700 ~ 800	36	450 ~ 460	3.6	33.4
2	1.2	450	13.8	800 ~ 900	18	440 ~ 450	1.5	26.7
3	2.1	450	31.6	700 ~ 750	63	450 ~ 460	6.3	19
4	2.1	600 ~ 650	15	800 ~ 850	30	440 ~ 450	1.3	8

表 4-112 采用铁锌锅生产热镀锌钢丝时工艺技术参数

序号	钢丝直径/mm	铁锌锅含碳量/%	镀锌时间/s	锌液温度/℃
1	6.0	0.66 ~ 0.70	42 ~ 34	460 ~ 480
		0.71 ~ 0.75	42 ~ 34	470 ~ 480
2	5.8	0.66 ~ 0.70	42 ~ 34	460 ~ 480
		0.71 ~ 0.75	42 ~ 34	470 ~ 480
3	5.6	0.66 ~ 0.70	39 ~ 30	460 ~ 480
		0.71 ~ 0.75	39 ~ 30	470 ~ 480
4	5.0	0.66 ~ 0.70	39 ~ 30	460 ~ 480
		0.71 ~ 0.75	39 ~ 30	470 ~ 480
5	4.0	0.66 ~ 0.70	36 ~ 25	460 ~ 480
		0.71 ~ 0.75	36 ~ 25	470 ~ 480
6	3.5	0.66 ~ 0.70	23 ~ 20	460 ~ 470
		0.71 ~ 0.75	23 ~ 20	470 ~ 480
7	3.0	0.66 ~ 0.70	23 ~ 20	460 ~ 470
		0.71 ~ 0.75	23 ~ 20	470 ~ 480
8	2.5	0.66 ~ 0.70	23 ~ 20	460 ~ 470
		0.71 ~ 0.75	23 ~ 20	470 ~ 480

表 4-113 全连续式与间断式热镀锌钢丝生产时主要原材料消耗比例比较

序号	项目	全连续式热镀锌钢丝生产	间断式热镀锌钢丝生产
1	盘条的消耗/%	100	110 ~ 130
2	煤的消耗/%	100	140 ~ 170
3	盐酸的消耗/%	100	130 ~ 160
4	溶剂的消耗/%	100	105 ~ 110

续表 4-113

序　号	项　目	全连续式热镀锌钢丝生产	间断式热镀锌钢丝生产
5	锌的消耗/%	100	105 ~ 110
6	铅的消耗/%	100	100 ~ 105
7	人工费用/%	100	120 ~ 150

注：此数据是按生产 4mm 直径的热镀锌钢丝时进行比较的。

4.4.3 各种因素对钢丝热镀锌的影响

各种因素对钢丝热镀锌的影响，见表 4-114 ~ 表 4-124。

表 4-114　24 线机组热镀锌钢丝直径对运行速度的影响

序　号	成品或半成品钢丝直径/mm	钢丝运行速度/$m \cdot min^{-1}$	产　量	
			t/h	$t/(24h)^{-1}$
1	6.0 ~ 5.8	7	2.1 ~ 2.2	46 ~ 48
2	5.6 ~ 5.0	10	2.7 ~ 2.2	46 ~ 57
3	4.7 ~ 4.3	12	2.3 ~ 2.0	41 ~ 49
4	4.3	15	2.44	51
5	4.0 ~ 3.8	16	—	—
6	3.5	18	1.93	40.5
7	3.3 ~ 3.0	20	1.76 ~ 1.59	33 ~ 37
8	2.8	23	1.59	33
9	2.6 ~ 2.4	23	—	—
10	2.2 ~ 2.0	25	1.06 ~ 0.88	19 ~ 22
11	1.8	25	0.71	15

表 4-115　热镀锌钢丝直径对工艺参数的影响

序号	钢丝直径 /mm	盐　酸　槽			氯化铵温度 /℃	锌液温度 /℃	收线机收线速度 /$m \cdot min^{-1}$
		HCl 浓度/$g \cdot L^{-1}$	$FeCl_2$ 浓度/$g \cdot L^{-1}$	酸洗时间/s			
1	2.2	162.5	82.0	78	70	452	10.4
2	2.0	158.6	130.0	66	72	455	11.2
3	1.8	183.0	110.0	66	65	450	11.2
4	1.6	166.4	116.0	61	62	450	12.1

表 4-116　热镀锌钢丝根数对生产能力的影响

序　号	钢丝线径/mm	速度/$m \cdot min^{-1}$	根　数	机组产量/$kg \cdot h^{-1}$
1	2.0	14.37 ~ 15.33	40	851 ~ 907
2	2.5	12.46 ~ 13.41	40	1151 ~ 1240
3	3.0	11.90 ~ 12.46	40	1630 ~ 1659
4	4.0	9.10 ~ 10.06	40	2150 ~ 2380
5	5.0	6.70 ~ 7.67	20	1239 ~ 1420
6	6.0	4.29 ~ 6.75	12	765 ~ 918

表 4-117　热镀锌钢丝镀层厚度对生产能力的影响

序　号	钢丝线径/mm	速度/m · min^{-1}	根　数	机组产量/kg · h^{-1}	镀层厚度/g · m^{-2}
1	1.6	43.7	30	1239	400
2	1.8	38.8	30	1395	430
3	2.0	35.0	30	1551	430
4	2.8	30.4	30	1782	460
5	2.6	26.9	30	2010	400
6	2.8	25.0	30	2173	400
7	3.0	23.3	28	2170	460
8	3.6	19.4	23	2139	520
9	4.0	17.5	21	2173	520

表 4-118　热镀锌钢丝锌液温度对锌层厚度的影响

锌液的温度/℃	钢丝保持在锌液中的时间/s	钢丝直径/mm		锌层厚度/μm	锌层重量/g · m^{-2}	浸入 1∶5 硫酸铜溶液中的次数	
		镀锌前	镀锌后			30s	60s
430	8	1.78	1.95	85	605	7	5
440	8	1.78	1.94	80	570	8	5
450	8	1.78	1.91	65	463	7	4
460	8	1.78	1.86	40	285	—	5
470	8	1.78	1.854	37	263	8 ~ 9	6
480	8	1.78	1.85	35	249	10	7
490	8	1.78	1.85	35	249	—	—

表 4-119　热镀锌钢丝直径对锌消耗的影响

序　号	钢丝直径/mm	锌的消耗定额/kg · t^{-1}	序　号	钢丝直径/mm	锌的消耗定额/kg · t^{-1}
1	0.2	160	14	1.8	55
2	0.25	130	15	2.0	50
3	0.3	110	16	2.2	50
4	0.4	110	17	2.4	50
5	0.5	90	18	2.6	45
6	0.6	75	19	2.8	45
7	0.7	65	20	3.0	45
8	0.8	55	21	3.5	35
9	0.9	50	22	4.0	30
10	1.0	65	23	4.5	30
11	1.2	55	24	5.0	25
12	1.4	55	25	6.0	25
13	1.6	60	26	—	—

表 4-120　钢丝中碳的存在状态对锌液中铁损失的影响

序　号	碳的存在状态	热处理工艺	铁损/g · (m^2 · h)$^{-1}$
1	粒状珠光体	炉内退火，730℃4h	680
2	层状珠光体	690℃，炉内保温 10h	740
3	索氏体	780℃加热 15min 后空冷	130
4	屈氏体	加热至 760℃，油冷	86
5	马氏体	加热至 740℃，水冷	118
6	回火索氏体	加热至 740℃，水冷，450℃回火 30min	110

表 4-121 热镀锌方法对钢丝热镀锌产品物理性能的影响

序 号	镀锌方法	最大拉力/MPa	伸长率/%	生产条件
1	连续式	441～539	15～20	直径4mm 热镀锌钢丝
2	间断式	372～490	20～28	—

表 4-122 不同的加热方式对钢丝热镀锌锌耗与能耗的影响

加热方式	锌耗/kg·t^{-1}	锌利用率/%	能耗/kJ·t^{-1}	热能有效利用率/%
电阻丝上加热	77	78	1332000	约25
电阻丝石英管加热	69	84.6	756000	约40

表 4-123 各种因素对钢丝热镀锌成品质量的影响

序 号	项 目		合金层的影响	纯锌层的影响	镀锌层外表的影响
1	原 料				
	1	磷	加 厚	减 薄	光彩较差
	2	硅	加 厚	减 薄	使不光滑
	3	碳	加 厚	减 薄	使不光滑
	4	锈及氧化物	破 裂	镀不上锌	使不光滑
	5	钢丝表面不光滑	破裂，不均匀	锌层增厚，不均匀	光彩较差
2	锌 液 温 度				
	1	表面温度过高	加 厚	减 薄	不光滑，色彩不好
	2	温度过低	减 薄	加 厚	不光滑，色彩不好
3	锌液中其他元素				
	1	含铝0.04%	略微减薄	减 薄	增加光亮
	2	含铝0.08%	大为减薄	减 薄	过多时色不好
	3	锡、锑、镉等	少有影响	使锌液变脆	产生结晶花纹
4	其 他 方 面				
	1	镀锌速度	速度快则减薄	能控制厚薄	能影响光滑
	2	抹制的方法	影响甚微	能控制厚薄	能影响光滑及色彩
	3	冷却速度	速度慢则加	速度慢则减薄	能增加色彩
	4	镀锌后热处理	加 厚	减 薄	改变色彩

表 4-124 镀锌钢丝的直径对允许公差的影响

序号	镀锌钢丝直径/mm	允许公差/mm	序号	镀锌钢丝直径/mm	允许公差/mm
1	6	±0.08	10	1.1	±0.04
2	5				
3	4		11	1.0	
4	3	±0.06	12	0.9	±0.03
5	2.5				
6	2		13	0.8	
7	1.5	±0.05	14	0.7	±0.02
8	1.4				
9	1.2		15	0.6	

4.4.4 钢丝热镀锌的锌层厚度控制

钢丝热镀锌的锌层厚度及上锌量控制，见表4-125、表4-126。

表4-125 调节垂直法钢丝热镀锌合金层厚度的方法

目 标	采取措施	处理效果
在纯锌层厚度不变的情况下增加合金层厚度	不改变原有镀锌速度，增加钢丝浸入长度，即延长镀锌时间	上锌量增加，合金层增厚，纯锌层厚度与合金层厚度的比减小，锌层的韧性下降，耐硫酸铜浸蚀的次数增加
在纯锌层厚度不变的情况下，减薄合金层厚度使纯锌层厚度层增加而合金层厚度不变	不改变原有镀锌速度，缩短钢丝浸入长度，即缩短浸锌时间，加快镀锌速度，成比例地延长钢丝浸入长度，使浸入长度与镀锌速度的比不变	上锌量减少，合金层减薄，纯锌层与合金层厚度的比增大，锌层的韧性改善，耐硫酸铜浸蚀次数减少。上锌量增加，合金层厚度不变，纯锌层厚度增加，纯锌层厚度与合金层厚度的比增加，锌层的韧性略有上升，耐硫酸铜浸蚀次数增加
纯锌层厚度增加，使合金层增厚	同时加快镀锌速度和延长浸锌时间。方法：增加钢丝浸入长度和加快镀锌速度，但浸入长度的增加幅度应高于镀锌速度加快的幅度，使 L/V 的比值升高	锌层中的纯锌层和合金层均增厚，上锌量增加，锌层的脆弱性会有所增加，但由于塑性好的纯锌层也相应增厚，故难以预料是否能经受缠绕试验。如果镀层均匀性没有变化，硫酸铜浸蚀次数增加锌层耐蚀性有所改变
纯锌层厚度增加，使合金层减薄	增加镀锌速度，减少浸锌时间。方法：(1) 在不改变浸入长度时，加快镀锌速度；(2) 缩短钢丝浸入长度，加快镀锌速度	纯锌层增厚，合金层减薄，上锌量的增减取决于两者的消长情况。纯锌层与合金层厚度的比增加，锌层的韧性改善
纯锌层厚度减薄，使合金层厚度不变	镀锌时间不变，降低镀锌速度。方法：缩短浸入长度，降低镀锌速度，使两者的比不变	合金层厚度不变，纯锌层厚度减薄，上锌量减少，纯锌层厚度与合金层厚度的比减小。锌层的韧性下降，硫酸铜浸蚀次数减少
纯锌层厚度减薄，使合金层厚度增厚	延长浸锌时间，降低镀锌速度。方法：(1) 钢丝浸入长度不变，降低镀锌速度；(2) 缩短钢丝浸入长度，降低镀锌速度	合金层厚度不变，纯锌层减薄，上锌量的增减取决于两者的消长情况。纯锌层与合金层厚度的比减小，锌层的韧性下降
纯锌层厚度减薄，使合金层减薄	缩短浸锌时间，降低镀锌速度。方法：缩短钢丝浸入长度，降低镀锌速度，使 L/V 值减小	合金层减薄，纯锌层减薄，上锌量减少，硫酸铜浸蚀次数减少，锌层韧性有所增强

表4-126 热镀锌钢丝上锌量控制 (g/m^2)

钢丝直径	锌层厚度/μm										
/mm	5	10	15	20	30	40	50	70	100	120	150
0.2	12.7	25.4	38.1	50.9	76.3	101.8	127.2	178.1	254.4	305.3	381.6
0.4	6.4	12.7	19.1	25.4	38.2	50.9	63.6	89.1	127.2	152.6	190.8
0.5	5.1	10.2	15.3	20.4	30.5	40.7	50.9	71.2	101.8	122.1	152.6
0.8	3.2	6.4	9.5	12.7	19.1	25.4	31.8	44.5	63.6	76.3	95.4

续表 4-126

钢丝直径/mm	锌层厚度/μm										
	5	10	15	20	30	40	50	70	100	120	150
1.0	2.5	5.1	7.6	10.2	15.3	20.3	25.4	35.6	50.9	61.1	76.3
1.1	2.1	4.6	6.9	9.2	13.9	18.5	23.1	32.4	46.2	55.5	69.4
1.2	1.9	4.2	6.4	8.5	12.7	16.9	21.2	29.6	42.4	50.9	62.6
1.3	1.8	3.9	5.8	7.8	11.7	15.6	19.5	27.4	39.1	46.9	58.7
1.4	1.7	3.4	5.4	7.3	11.1	14.5	18.2	25.4	36.3	43.6	54.5
1.5	1.6	3.2	5.1	6.8	10.2	13.5	16.9	23.7	33.9	40.7	50.9
1.6	1.5	2.9	4.7	6.3	9.5	12.7	15.9	22.2	31.8	38.2	47.7
1.7	1.4	2.83	4.49	5.99	8.98	11.97	14.97	20.95	29.93	35.92	44.9
1.8	1.3	2.68	4.24	5.65	8.48	11.31	14.13	19.79	28.27	33.92	42.4
1.9	1.3	2.54	4.02	5.09	8.03	10.71	13.39	18.75	26.78	32.14	40.17
2.0	1.1	2.42	3.82	4.85	7.63	10.18	12.72	17.81	25.44	30.53	38.16
2.1	1.2	2.31	3.63	4.63	7.27	9.69	12.12	16.96	24.23	29.08	36.35
2.2	1.1	2.21	3.47	4.42	6.94	9.25	11.56	16.19	23.13	29.75	34.69
2.3	1.1	2.12	3.32	4.24	6.64	8.85	11.06	15.49	22.13	26.55	33.18
2.4	1.1	2.12	3.18	4.24	6.36	8.48	10.60	14.84	21.20	25.44	31.8
2.5	1.0	2.04	3.05	4.07	6.11	8.14	10.31	14.25	20.35	24.42	30.53
2.6	0.9	1.96	2.94	3.91	5.87	7.38	9.79	13.70	19.57	23.48	29.36
2.7	0.9	1.88	2.83	3.77	5.56	7.54	9.42	13.19	18.85	22.61	28.27
2.8	0.9	1.82	2.73	3.63	5.45	7.27	9.09	12.72	18.17	21.81	27.26
2.9	0.8	1.75	2.63	3.51	5.26	7.02	8.77	12.28	17.55	21.06	26.32
3.0	0.8	1.7	2.54	3.39	5.09	6.78	8.48	11.87	16.96	20.35	25.44
3.1	0.8	1.64	2.46	3.28	4.92	6.57	8.21	11.49	16.41	19.70	24.62
3.2	0.8	1.59	2.39	3.18	4.77	6.36	7.95	11.13	15.90	19.08	23.85
3.3	0.7	1.54	2.31	3.08	4.63	6.17	7.71	10.79	15.42	18.50	23.13
3.4	0.75	1.5	2.24	2.99	4.49	5.99	7.48	10.48	14.97	17.96	22.45
3.5	0.73	1.45	2.18	2.91	4.36	5.82	7.27	10.18	14.54	17.45	21.81
3.6	0.71	1.41	2.12	2.83	4.24	5.65	7.07	9.80	14.13	16.96	21.2
3.7	0.69	1.38	2.06	2.75	4.13	5.50	6.88	9.63	13.75	16.50	20.63
3.8	0.67	1.34	2.01	2.68	4.02	5.36	6.70	9.37	13.39	16.07	20.09
3.9	0.65	1.3	1.96	2.61	3.91	5.22	6.52	9.13	13.05	15.66	19.57
4.0	0.64	1.27	1.91	2.54	3.82	5.09	6.36	8.90	12.72	15.26	19.08
4.2	0.61	1.21	1.82	2.42	3.63	4.85	6.06	8.48	12.12	14.54	18.17
4.5	0.57	1.13	1.7	2.26	3.39	4.52	5.65	7.92	11.31	13.57	16.96
4.8	0.53	1.06	1.59	2.12	3.18	4.24	5.30	7.42	10.60	12.72	15.9
5.0	0.51	1.02	1.53	2.04	3.05	4.07	5.09	7.12	10.18	12.21	15.26
5.5	0.46	0.93	1.39	1.85	2.78	3.70	4.63	6.48	9.25	11.10	13.88
6.0	0.42	0.85	1.27	1.7	2.54	3.39	4.24	5.94	8.48	10.18	12.72

4.4.5 热镀锌钢丝质量检查

热镀锌钢丝各种缺陷的产生及应对措施，见表 4-127。

表 4-127 热镀锌钢丝各种缺陷的产生及应对措施

工 序	产生质量问题的因素	产生的质量缺陷	应 对 措 施
进厂盘条质量	盘条偏析严重，局部区含硫量过高、多见低碳沸腾钢	由于硫的偏析，易造成黑点与露钢缺陷	对进厂盘条进行检验，不合格盘条不使用
	盘条折叠开裂飞刺，拉拔时润滑剂嵌入，难以除去	镀锌后出现黑点，呈条状或断续点状	对进厂盘条进行检验，不合格盘条不使用
	盘条和钢丝表面有锈蚀	能导致黑点、露钢	强化酸洗，再拉拔一次
退 火	退火时间过长，退火温度过高	使钢丝氧化，铁皮增厚，产生黑点、露钢	严格控制退火炉温度，调整煤气与空气的混合比，成还原气氛
磷 化	中、高碳钢丝常用磷化-硼砂涂层作润滑层，但难以除净	残存的磷化层处易形成黑点缺陷	石灰涂层最好，采用轻度磷化时，以电解碱洗清除磷化残膜
润 滑	润滑剂难除净，在盐酸池中分解成油脂，油脂被钢丝带入锌液被烧焦	有残留润滑剂则会形成黑点、露钢缺陷	选择使用润滑剂，不宜使用钙皂类润滑剂，应使用电解清洗
脱 脂	退火炉温度低，清洗脱脂能力不足	会造成镀锌钢丝成批出现黑点、露钢	提高退火炉脱脂温度，改用铅浴脱脂或电解脱脂，加强脱脂能力
酸 洗	因酸浓度降低，酸液中铁盐含量过多或温度过低造成酸洗能力不足	导致镀锌层出现黑点、露钢缺陷	定期化验酸洗液的成分，及时调节酸洗液的成分或进行更换
助镀剂	助镀剂中 NH_4Cl 的浓度降低，$FeCl_2$ 及各种脏物随钢丝带入助镀剂池	导致镀锌层出现黑点、露钢缺陷	建立化验制度，及时调成分或更换，长期使用后应进行彻底清洗
浸锌温度偏高	温度偏高，使锌液温度偏离所要控制的范围	纯锌层减薄，合金层增厚，易开裂，严重时表面呈灰色	调整，降低锌液温度，测试锌液温度的热电偶应放在锌锅压线辊处，其插入深度与辊深相同
镀锌温度偏低	温度偏低，使锌液温度偏离所要控制的范围	纯锌层增厚，表现为上锌量过高，锌层结合力不强	检查温度控制系统，调整锌温度有专人维护，定期校对，提高锌液温度
浸锌时间控制	合金层是随浸锌时间的延长而变厚的，合金层过厚，则耐硫酸铜浸蚀的次数增加，却难以经受缠绕试验	浸硫酸铜次数受影响	根据线径准确控制浸锌时间，调整机组运行速度
锌液表面维护	锌液表面的锌灰、助镀剂渣以及锌液底部的锌渣维护处理	锌渣的积累可能导致锌层开裂，表面粗糙，无光泽等缺陷	锌液表面的锌灰、助镀剂渣以及锌液底部的锌渣等应当定期清理干净
钢丝振动	钢丝的垂直引出，钢丝的振动	钢丝振动或镀锌层不光滑、不均匀	各种传动辊平稳灵活，在引出架上设置稳定辊，保证机械强度
挂 铅	钢丝镀锌前进行铅淬火，钢丝有挂铅的现象，黏附在钢丝表面的铅，在进入锌锅后会熔化而脱落	钢丝表面出现镀不上锌的“黑点”	控制好钢丝加热温度，控制好铅液温度，在铅锅的出入口处用木炭覆盖，勿用磷化膜代替润滑层
镀层冷却	钢丝出锌锅后，至锌层凝固前铁锌反应仍在进行，合金层继续增长	冷却不佳会出现锌层开裂和粗糙不光亮	钢丝出锅后迅速强制冷却，必须抑制合金层的生长
锌液覆盖层	油木炭层起防止锌液表面氧化，抹拭钢丝表面锌液的作用，应保持疏松并防止结块硬化	导致上锌量减少和纯锌层减薄	防止油木炭焚烧，及时添加油木炭并及时清除结块的油木炭

4.4.6 热镀锌钢丝的硫酸铜检验

热镀锌钢丝的硫酸铜检验次数，见表4-128。

表4-128 热镀锌钢丝硫酸铜溶液的检验次数

试样直径/mm	试样浸置次数(不大于)	每次浸置时间/s	试样直径/mm	试样浸置次数(不大于)	每次浸置时间/s
≤0.3	200	30	>2.5~3.0	40	60
>0.3~1.0	80	30	>3.0~6.0	20	60
>1.0~2.5	80	60	—	—	—

注：本表适应于一般用途热镀锌低碳钢丝、架空通讯用镀锌钢丝和制绳用镀锌钢丝。其他用途的钢丝，溶液使用的根次表需按双方协议或在相应的技术条件中规定。

4.5 环境保护治理

4.5.1 粉尘处理

热镀锌厂排放的烟尘成分分析见表4-129。

表4-129 热镀锌厂排放的烟尘成分分析

序号	组成	成分(质量分数)/%
1	氯化铵(NH_4Cl)	68.0
2	氧化锌(ZnO)	15.8
3	氯化锌($ZnCl_2$)	3.6
4	锌粉尘(Zn)	4.9
5	氨气(NH_3)	1.0
6	炭微粒	1.4
7	水蒸气	2.5

除尘设备分类及性能，见表4-130。

表4-130 除尘设备分类及性能

类别	除尘设备形式	阻力/Pa	除尘效率/%	设备费用	运行费用
机械式除尘器	重力除尘器	50~150	40~60	少	少
	惯性除尘器	100~150	50~70	少	少
	旋风除尘器	400~1300	70~92	少	中
	多管旋风除尘器	800~1500	80~95	中	中
洗涤式除尘器	喷淋除尘器	100~300	75~95	中	中
	文丘里除尘器	500~10000	90~99.9	少	高
	自激式除尘器	800~2000	85~99	中	较高
	水膜除尘器	500~1500	85~99	中	较高
过滤式除尘器	袋滤式除尘器	400~1500	80~99.9	较高	较高
	颗粒层除尘器	800~2000	85~99	较高	较高
静电式除尘器	干式静电除尘器	100~200	80~99.9	高	少
	湿式静电除尘器	100~200	80~99.9	高	少

三种收集粉尘方式的比较，见表4-131。

表4-131　三种收集方式的比较

序　号	项　目	侧面抽风系统	移动罩收集系统	固定罩收集系统
1	收集效率/%	75	95	>95
2	风量/$m^3 \cdot h^{-1}$	160000	80000	80000
3	风机功率/kW	147	73.5	73.5
4	布袋面积/m^2	2200	1000	1000
5	锌锅上方杂质质量浓度/$g \cdot L^{-1}$	<0.005	<0.0012	<0.0012
6	维护费用	中等	低	低

热镀锌厂废气粉尘排放要求，见表4-132。

表4-132　热镀锌厂废气粉尘排放要求(BAT)

测定物	来　源	要　求	监测方式	监测频率
粉尘粒子	锌　浴	15mg/m^3	按BS ISO 12141：2002或BS EN 13284：Part 1所做人工吸收检测	对于采用低烟助镀操作的至少1年检测1次
粉尘粒子	未采用低烟助镀但有吸尘装置的锌浴	15mg/m^3	检测指示仪表显示	连　续
粉尘粒子	采用无烟助剂有吸尘装置的锌浴	无稳定可见挥发物	人工观察	每　天
粉尘粒子	经常变更处理方法的锌浴	无稳定可见挥发物	人工观察	每　天
HCl酸雾	盐酸酸洗区域（封闭区域有吸收装置）	30mg/m^3	EN 1911	每　年

$ZnO \cdot NH_4Cl$ 熔融物中加铝后的成分，见表4-133。

表4-133　$ZnO \cdot NH_4Cl$ 熔融物中加铝后的成分

粉尘粒子化学成分		Zn	Al	Cl	NH_3
白色烟雾	%	0.3	14.45	52.1	22.3
	mol	—	0.539	1.44	1.31
容器边上的沉积物	%	7.1	14.65	61.2	14.95
	mol	0.108	0.54	1.721	0.88

4.5.2　锌渣的产生与回收处理

锌渣的产生与回收处理，见表4-134～表4-136。

表4-134　锌渣的生成情况比较(kg/t)

序　号	镀　件	以 $ZnCl_2 \cdot 3NH_4Cl$ 清洗	不加清洗
1	钢管、弯头等	13.6～18.1	67.9～77.0
2	钢　管	5.4～7.7	13.6～18.1

表 4-135 各种热镀锌锌渣量对比

序号	镀件类别	1t 镀锌产品的生成量/lb			使用每 100lb 的锌生成量/lb	
		锌	锌渣	锌灰，氯化铵渣	锌渣	锌灰，氯化铵渣
1	薄板	169	16	14	9	8
2	钢管	177	25	46	15	27
3	钢丝	82	15	13	19	16
4	钢丝网	476	61	42	13	9
5	建筑钢材	129	25	31	20	24
6	薄板制器皿	405	29	53	7	13
7	电线杆	161	42	46	26	28
8	其他镀件	205	71	39	35	19
9	杂品	204	43	31	21	15
10	未分类者	141	32	40	23	29
11	平均重量	158	20	22	13	14

注：1lb = 0.45kg。

表 4-136 热镀锌锌渣回收处理方法

序号	锌渣回收处理方法	回收锌技术指标/%	回收率/%	锌渣处理量/t·(台·a)$^{-1}$
1	真空精馏法	含锌量 99.99	80	800
2	常压精馏法	含锌量 99.99	80	5000
3	生产氧化锌粉化工原料	工业纯	90	根据需求
4	生产硫酸锌化工原料	工业纯	90	根据需求

4.5.3 废酸处理

废酸再生处理的技术参数，见表 4-137 ~ 表 4-140。

表 4-137 采用中和法处理盐酸时的消耗指标

原料	消耗指标	主要设备	数量	回收物
NH_3 中和	420kg/h	氧化中和塔	1	Fe_2O_3 3900kg/h
氧化	26kg/h	NH_3 氧化器	1	—
合计	445kg/h	沉淀池	2	—
回收	350kg/h	真空过滤器	2	—
净耗	96kg/h	风机	8	—
压缩空气	850m^3/h	泵	18	—
水	48m^3/h	干燥炉	1	—
		气体洗涤塔	1	—
石灰	0.75t/h	各种储槽	14	—

表 4-138 流化床法盐酸再生系统主要设备及说明

设备名称	数量	尺寸	技术说明
流化床反应炉	1 座	ϕ2.3m × 4.29m，风箱高 200mm	内衬厚 352mm 耐酸耐火砖，外设保温层，中间为不锈钢壳体。炉内设有酸枪(ϕ8mm)，喷酸量 1.8m^3/h，喷压 1 × 10^{5}Pa。流化床装料高度 0.5m，流化高度 1.0m，炉内温度 800 ~ 950℃
旋风分离器	1 台	ϕ2.2m × 6.0m	内衬耐酸耐火砖，入口尺寸 1.8m × 1.0m，除尘效率 80%

续表 4-138

设备名称	数量	尺　寸	技 术 说 明
文氏管预浓缩器	1 个	—	文氏管喉口以上为钢结构，内衬耐酸耐火砖，下部为 Keram 管。文氏管喉口直径 450mm，气体流速 40m/s，废酸流量 $20m^3/h$
吸收塔	1 座	—	有 7 层塔板，层高 550mm，下层装有填料，填料高度 2.0m
鼓风机	2 台	—	每台风量 $6600m^3/h$，功率 90kW
煤气加压机	2 台	—	每台风量 $1200m^3/h$，功率 22kW
排风机	2 台	—	每台风量 $21000m^3/h$，功率 250kW
废酸泵	4 台	—	每台功率 7.5kW
新酸泵	4 台	—	每台功率 5kW

表 4-139　废酸再生处理主要装备的技术参数

设备名称	数　量	尺寸及设计参数	架构形式
废酸储槽	1 个	ϕ8m×7.37m，$V=260m^3$	钢制衬胶
漂洗水储槽	1 个	ϕ8m×7.37m，$V=260m^3$	钢制衬胶
再生酸储槽	1 个	ϕ8m×7.37m，$V=260m^3$	钢制衬胶
废酸泵	2 台	$Q=40m^3/h$，$H=25m$	耐　酸
漂洗水泵	2 台	$Q=40m^3/h$，$H=25m$	耐　酸
再生酸泵	1 台	$Q=40m^3/h$，$H=25m$	耐　酸
卸酸泵	1 台	$Q=40m^3/h$，$H=25m$	耐　酸
喷雾焙烧炉	1 座	ϕ8.25m×17.5m	钢壳内衬耐火砖
双旋风分离器	1 个	ϕ2.2m×7.5m	钢制壳外保温
预浓缩器	1 个	ϕ2.45m×6.0m	钢制防腐
吸收塔	1 个	ϕ2.7m×12m	钢制防腐
排气风机	1 台	$Q=45000m^3/h$，$p=7.35Pa$	—
空气压缩机	1 台	$Q=150m^3/h$，$p=1MPa$	—
压缩空气泵	3 台	—	—
氧化铁储仓	1 个	$V=185m^3$	—
氧化铁包装机	1 台	25kg/袋，$1m^3$/桶	—
氧化铁造球机	1 台	4～5t/h	—
起重设备	2 台	起重量 5t	—

表 4-140　废酸处理主要技术经济指标

项　目	指　标	备　注	项　目	指　标	备　注
废酸处理能力/$m^3 \cdot h^{-1}$	4	焙烧法	煤气耗量/m^3(煤气)·m^{-3}(废酸)	200～500	煤气热值 16.74MJ/m^3
总装机容量/kW	472	—	工业水耗量/m^3(水)·m^{-3}(废酸)	3	—
电耗/kW·h·m^{-3}(废酸)	90～140	—	氧化铁产量/kg·m^{-3}(废酸)	120	—

4.5.4　废水处理

废水处理技术参数，见表 4-141～表 4-147。

表 4-141　采用先进操作技术(BAT)热镀锌废水排放标准

序　号	测 定 物	浓度/$mg \cdot L^{-1}$	备　注
1	总的碳水化合物油类	5	最低值
2	总的悬浮颗粒	20	最低值
3	锌	2	最低值

表 4-142　化学还原法各种药剂处理含铬废水工艺参数

药剂名称	投药比(质量比)		pH 值		反应时间/min		沉淀时间/h	出水质量	
	理论值	使用值	酸化	碱化	还原反应	碱化反应		Cr^{6+} 含量/$mg \cdot L^{-1}$	Cr^{3+} 含量/$mg \cdot L^{-1}$
$NaHSO_3$	$w(Cr^{6+}):w(NaHSO_3)=1:3.6$	1:(4～8)	2～3	8～9	10～15	5～15	1～1.5	<0.5	<1.0
$FeSO_4 \cdot 7H_2O$	$w(Cr^{6+}):w(FeSO_4 \cdot 7H_2O)=1:16$	1:(25～32)	<3	8～9	15～30	5～15	1～1.5	<0.5	<1.0
$N_2H_4 \cdot H_2O$	$w(Cr^{6+}):w(N_2H_4 \cdot H_2O)=1:0.72$	1:1.5	2～3	8～9	10～15	5～15	1～1.5	<0.5	<0.1
SO_2	$w(Cr^{6+}):w(SO_2)=1:1.85$	1:2	2	8～9	15～30	15～30	1～1.5	<0.5	<140
		1:(2.6～3)	3～4						
		1:6	6						

表 4-143　废水中 Cr^{6+} 浓度与电解时间及电流密度的关系

工厂编号	食盐投放量/$g \cdot L^{-1}$	废水中 Cr^{6+} 浓度/$mg \cdot L^{-1}$	极间距离/mm	电解时间/min	采用的阳极电流密度/$A \cdot dm^{-2}$
1	0	35	20	18	0.16～0.17
2	0	100	10	13	0.1
3	0	60～80	10	18	0.15～0.16
4	0	50	5	8～10	0.1～0.2
5	0	50	5	5	0.1～0.17
6	0.5～1	48	10	4.5	0.35
7	0.25～0.5	10～50	铁屑电极	3～6	0.14～0.58

表 4-144　含铬废水电解法除铬的单位电耗

废水中 Cr^{6+} 浓度/$mg \cdot L^{-1}$	极距/mm	食盐投放量/$g \cdot L^{-1}$	单位电耗/$kW \cdot h \cdot m^{-3}$	废水中 Cr^{6+} 浓度/$mg \cdot L^{-1}$	极距/mm	食盐投放量/$g \cdot L^{-1}$	单位电耗/$kW \cdot h \cdot m^{-3}$
16～20	20	0	0.4～0.5	100	10	0	2.1
35	20	0	0.9	200	10	0	4.5
50	10	0	1.0				

表 4-145　几种钝化处理工艺举例

序号	钝化液组成	处理温度/℃	处理时间/s	pH 值
1	重铬酸钠 100～200g/L、硫酸 10～20g/L	25～35	5～10	1.2～1.5
2	重铬酸钾 0.07%(质量分数)	65	30	—
3	重铬酸钾 10g/L、硫酸 1%(体积分数)	40	30	—
4	铬酐 180～185g/L、十水硫酸钠 80～90g/L	20～25	20～25	0.3～0.5
5	铬酐 18～22g/L、无水硫酸钠 6～10g/L、浓硝酸($\rho=1.4g/mL$)2.5～4g/L	15～25	1～3	—

表 4-146　含铬废水电解处理技术参数

极距/mm	食盐投放量/g · L^{-1}	水温/℃	电流密度/A · dm^{-2}
10	0.5	10 ~ 15	10.5
15	0.5	10 ~ 15	12.5
20	0.5	10 ~ 15	15.7
20	0.5	15	13

表 4-147　用硫酸亚铁（氯矾）处理含铬废水的效果

序号	处理废水量 /m^3 · d^{-1}	废水中 Cr^{6+} 浓度 /mg · L^{-1}	pH 值		投放比	处理后 Cr^{6+} 含量 /mg · L^{-1}
			原废水	处理后	$w(Cr^{6+}):w(FeSO_4)\cdot 7H_2O$	
1	1 ~ 3	18 ~ 49	6	8 ~ 9	1 : 36	<0.1
2	1.5 ~ 2	40 ~ 75	—	8	1 : 32	<0.5
3	1.0	53 ~ 150	—	8 ~ 9	1 : 32	<0.1
4	4	150	6	8 ~ 9	1 : 32	<0.1
5	5	50	—	8 ~ 9	1 : 32	<0.1
6	7	30 ~ 35	6	8 ~ 9	1 : 32	<0.1
7	16	25	—	8 ~ 9	1 : 40	<0.1
8	20	300	3	8	1 : 32	<0.1
9	30 ~ 60	1 ~ 15	—	8 ~ 9	1 : 32	<0.1
10	20 ~ 30	10 ~ 40	6	8 ~ 9	1 : 44	<0.1
11	120	25 ~ 50	—	8 ~ 9	1 : 32	<0.1
12	7 ~ 10	75	—	8 ~ 9	1 : 32	<0.1
13	1 ~ 3	125 ~ 350	6	8 ~ 9	1 : 32	<0.1
14	1	53 ~ 150	—	8 ~ 9	1 : 32	<0.1

5 还原法带钢热镀锌

5.1 对热镀锌原板的质量要求

带钢连续热镀锌工艺，对原板质量要求，见表5-1～表5-4。

表5-1 对原板表面质量要求

序号	质量要求	备注
1	边裂深度应不大于5mm	切月牙弯
2	钢卷端面无撞伤	—
3	无锯齿边及毛刺边	—
4	钢卷表面不允许有遭水浸蚀的红锈	改去向
5	钢卷浪边及瓢曲高度（注：每米长度）不大于5mm	—
6	钢卷表面无孔洞、无压印、无划伤、无表面夹杂、无折皱、无污染物	—
7	钢卷塔形及溢出边高度小于30mm	—
8	钢卷内径椭圆度小于25mm	—
9	钢卷表面不允许有轧制液残留暗斑	—
10	钢卷表面残油及残铁总量小于800mg/m^2(双面)	定期抽查

表5-2 原板的厚度允许偏差

公称厚度/mm		厚度允许偏差/mm			
		较高精度		普通精度	
		公称宽度 ≤1500mm	公称宽度 >1500～2000mm	公称宽度 ≤1500mm	公称宽度 >1500～2000mm
1	0.20～0.50	±0.04	—	±0.05	—
2	>0.50～0.65	±0.05	—	±0.06	—
3	>0.65～0.90	±0.06	—	±0.07	—
4	>0.90～1.10	±0.07	±0.07	±0.09	±0.11
5	>1.10～1.20	±0.09	±0.09	±0.10	±0.12
6	>1.20～1.4	±0.10	±0.12	±0.11	±0.14
7	>1.4～1.5	±0.11	±0.13	±0.12	±0.15
8	>1.5～1.8	±0.12	±0.14	±0.14	±0.16

续表 5-2

公称厚度/mm		厚度允许偏差/mm			
		较高精度		普通精度	
		公称宽度 ≤1500mm	公称宽度 >1500~2000mm	公称宽度 ≤1500mm	公称宽度 >1500~2000mm
9	>1.8~2.0	±0.13	±0.15	±0.15	±0.17
10	>2.0~2.5	±0.14	±0.17	±0.16	±0.18
11	>2.5~3.0	±0.16	±0.19	±0.18	±0.20
12	>3.0~3.5	±0.18	±0.20	±0.20	±0.21
13	>3.5~4.0	±0.19	±0.21	±0.22	±0.24
14	>4.0~5.0	±0.20	±0.22	±0.23	±0.25

注：1. 带钢焊缝处 20m 范围内厚度允许偏差：当厚度小于 1.5mm 时，比上表规定值增加 100%，当厚度大于 1.5mm 时，比上表规定值增加 60%；
2. 带钢两端长度 30m 内厚度允许偏差增加 50%；
3. 厚度大于 3mm 为热轧酸洗板。

表 5-3 原板的镰刀弯允许偏差（mm）

序 号	名 称	镰刀弯最大值	测 量 长 度
1	钢 板	0.3% ×L	实际长度（L）
2	带 钢	5	2500

表 5-4 原板的不平度允许偏差

序 号	性能级别代号	公称厚度/mm	不平度允许偏差/mm		
			公称宽度/mm		
			<1200	1200≤公称宽度<1500	≥1500
1	01~06	<0.7	5	6	8
2	220	0.7≤公称厚度<1.2	4	5	7
3	250	≥1.2	3	4	6
4	280	<0.7	10	12	15
5	320	0.7≤公称厚度<1.2	8	10	13
6	350	≥1.2	6	8	11

注：400 级、450 级、550 级没有不平度偏差要求。

5.2 热镀锌线入口段带钢张力控制

热镀锌机组各段张力系数的选择，见表 5-5。

表 5-5 热镀锌机组各段张力系数的选择

序 号	作业区段名称	区 间	张力系数/MPa
1	入口段	开卷机～1号张紧辊	5～10
2	脱脂段	1号张紧辊～2号张紧辊	8～12
3	入口活套	2号张紧辊～3号张紧辊	10～14
4	退火炉	3号张紧辊～4号张紧辊	4～8
5	冷却塔	4号张紧辊～5号张紧辊	10～16
6	光整段	5号张紧辊～6号张紧辊	60～80
7	拉矫段	6号张紧辊～7号张紧辊	80～90
8	耐指纹段	7号张紧辊～8号张紧辊	10～12
9	出口活套	8号张紧辊～9号张紧辊	10～14
10	出口段	9号张紧辊～卷取机	15～25

带钢规格为(0.15～0.8)mm×1250mm 时，入口段带钢张力的控制见表 5-6。

表 5-6 入口段带钢张力

序 号	规格/mm×mm	开卷张力/kN	脱脂段张力/kN	入口活套张力/kN
1	0.15×1250	1	2	3
2	0.2×1250	2	3	4
3	0.3×1250	3	4	8
4	0.4×1250	4	5	10
5	0.5×1250	5	6	12
6	0.6×1250	6	7	13
7	0.7×1250	7	8	14
8	0.8×1250	8	10	15

带钢规格为(0.18～1.2)mm×1250mm 时，入口段带钢张力的控制见表 5-7。

表 5-7 入口段带钢张力表

序 号	规格/mm×mm	开卷张力/kN	脱脂段张力/kN	入口活套张力/kN
1	0.18×1250	1.2	2	3.5
2	0.3×1250	1.8	3	5
3	0.4×1250	2.4	4	8
4	0.5×1250	3	5	10
5	0.6×1250	3.6	6	11.5
6	0.7×1250	4.2	7	13

续表 5-7

序　号	规格/mm × mm	开卷张力/kN	脱脂段张力/kN	入口活套张力/kN
7	0. 8 × 1250	4. 8	8	14
8	0. 9 × 1250	5. 4	9	15
9	1. 0 × 1250	6	10	16
10	1. 1 × 1250	6. 6	11	17
11	1. 2 × 1250	8	12	19

带钢规格为(0. 20 ~ 1. 5) mm × 1350mm 时，入口段带钢张力的控制见表 5-8。

表 5-8　入口段张力表

序　号	规格/mm × mm	开卷张力/kN	脱脂段张力/kN	入口活套张力/kN
1	0. 2 × 1350	1. 2	2. 0	2. 4
2	0. 3 × 1350	1. 8	3. 0	3. 6
3	0. 4 × 1350	2. 4	4. 0	4. 8
4	0. 5 × 1350	3. 0	5. 0	6. 5
5	0. 6 × 1350	3. 6	6. 0	7. 8
6	0. 7 × 1350	4. 2	7. 0	9. 4
7	0. 8 × 1350	5. 8	8. 0	10. 6
8	0. 9 × 1350	6. 4	9. 0	12
9	1. 0 × 1350	7. 0	10. 0	14
10	1. 1 × 1350	7. 6	11. 0	16
11	1. 2 × 1350	8. 2	12. 0	17
12	1. 3 × 1350	9. 0	13. 5	18
13	1. 4 × 1350	9. 6	14. 5	19
14	1. 5 × 1350	10. 5	16. 0	20. 0

带钢规格为(0. 30 ~ 2. 0) mm × 1570mm 时，入口段带钢张力的控制见表 5-9。

表 5-9　入口段张力表

序　号	规格/mm × mm	开卷张力/kN	脱脂段张力/kN	入口活套张力/kN
1	0. 3 × 1570	4. 0	3. 0	6. 0
2	0. 5 × 1570	5. 0	7. 0	9. 0
3	0. 6 × 1570	7. 9	10	12
4	0. 8 × 1570	11. 0	15	18
5	1. 0 × 1570	12. 1	18	22
6	1. 2 × 1570	15. 7	21	26

续表 5-9

序 号	规格/mm×mm	开卷张力/kN	脱脂段张力/kN	入口活套张力/kN
7	1.4×1570	18.4	23	30
8	1.5×1570	20.2	27	34
9	1.8×1570	23.0	30	36
10	2.0×1570	25.4	32	38

带钢规格为(0.25～2.5)mm×1530mm 时，入口段带钢张力的控制见表 5-10。

表 5-10 入口段张力表

序 号	规格/mm×mm	开卷张力/kN	脱脂段张力/kN	入口活套张力/kN
1	0.25×1530	3.0	4.0	5.0
2	0.5×1530	4.0	6.0	8.0
3	0.6×1530	6.9	10	13
4	0.8×1530	8.5	12	15
5	1.0×1530	11	16	20
6	1.2×1530	13.7	20	25
7	1.4×1530	18	23	30
8	1.5×1530	20	26	33
9	1.8×1530	22	28	35
10	2.5×1530	25	37	42

带钢规格为(0.80～3.0)mm×1000mm 时，入口段带钢张力的控制见表 5-11。

表 5-11 入口段张力表

序 号	规格/mm×mm	开卷张力/kN	脱脂段张力/kN	入口活套张力/kN
1	0.8×1000	5	7	8
2	1.0×1000	7	8	10
3	1.5×1000	9	13	15
4	2.0×1000	16	18	20
5	2.5×1000	20	22	25
6	3.0×1000	26	28	30

带钢规格为(0.80～4.0)mm×1350mm 时，入口段带钢张力的控制见表 5-12。

表 5-12 入口段张力表

序 号	规格/mm×mm	开卷张力/kN	脱脂段张力/kN	入口活套张力/kN
1	0.8×1350	6	8	9
2	1.0×1350	7	10	14
3	1.5×1350	10	16	20
4	2.0×1350	18	22	25
5	2.5×1350	24	26	30
6	4.0×1350	28	32	38

带钢规格为(0.80～5.0)mm×1000mm 时，入口段带钢张力的控制见表 5-13。

表 5-13　入口段张力表

序　号	规格/mm × mm	开卷张力/kN	入口活套张力/kN
1	0.8 × 1000	6	8
2	1.0 × 1000	10	10
3	1.5 × 1000	12	15
4	2.0 × 1000	16	20
5	2.5 × 1000	20	25
6	3.0 × 1000	28	30
7	3.5 × 1000	30	35
8	4.0 × 1000	36	40
9	4.5 × 1000	38	45
10	5.0 × 1000	40	50

注：纯热轧板热镀锌机组，无配置脱脂段。

5.3　切头

5.3.1　切头设备

切头剪技术参数见表 5-14 ~ 表 5-16。

表 5-14　刀片尺寸与剪切力的关系

序　号	剪切力/kN	H/mm	B/mm	h/mm	K/mm
1	20 ~ 60	60	16	15	1.5
2	60 ~ 160	70	20	17.5	2
3	160 ~ 250	80	25	20	2.5
4	250 ~ 600	100	30	25	3
5	600 ~ 1000	120	35	30	3.5
6	1000 ~ 1600	150	40	35	3.5
7	1600 ~ 2500	180	50	45	5
8	2500 ~ 4000	200	60	50	6

表 5-15　斜刀片剪切机主要技术性能

序 号	形 式	剪切力/kN	被剪带钢		刀刃侧向间隙/mm	刀刃倾斜角度	刀片尺寸/mm × mm × mm
			厚度/mm	强度/MPa			
1	上切式	100	0.2 ~ 3.0	65	10% 带厚	上刃 2°	25 × 90 × 1630
2	上切式	30	0.28 ~ 0.5	—	0.03 ~ 0.05	上刃 0°53′43″	25 × 80 × 1250
3	下切式	—	0.28 ~ 0.5	—	0.03 ~ 0.05	下刃 1°8′45″	25 × 90 × 1630
4	下切式	—	3 ~ 5	90 ~ 160	—	下刃 2°18′	30 × 90 × 1500
5	下切式	250	0.2 ~ 3.0	42	10% 带厚	下刃 2°	30 × 90 × 1700
6	下切式	200	0.4 ~ 3.0	42	10% 带厚	下刃 2°	30 × 90 × 1700
7	下切式	—	1.28 ~ 8.6	65	—	下刃 2°17′26″	40 × 150 × 1830
8	下切式	90	1.28 ~ 8.6	65	—	下刃 1°54′33″	25 × 90 × 1800
9	下切式	—	1.2 ~ 6.35	45	约 0.5	下刃 1°8′45″	30 × 100 × 1900
10	下切式	150	1.8 ~ 2.5	—	10% 带厚	下刃 1°47′24″	30 × 80 × 1400

续表 5-15

序号	形式	剪切力/kN	被剪带钢		刀刃侧向间隙/mm	刀刃倾斜角度	刀片尺寸/mm×mm×mm
			厚度/mm	强度/MPa			
11	下切式	—	0.28~0.85	—	0.03~0.09	—	25×80×1400
12	下切式	—	3~5	90~160	—	下刃 1°43′	30×90×1500
13	双层	—	0.25~2.5	45	0.15~0.2	1°13′31″	—
14	双层	30	0.15~0.55	45	—	0°36′	—
15	双层	120	0.28~0.85	—	0.03~0.09	0°53′43″	25×80×1400

表 5-16 斜刀片剪切机刀片材料

剪切条件	刀片推荐钢种	刀刃硬度 HRC
冷剪一般金属	5CrNiMo、65CrSi、8Cr3、Cr12MoV	52~58
冷剪较硬金属	9Mn2V、8Cr3	54~60

5.3.2 对剪切钢板的厚度公差要求

对被剪切钢板的厚度公差要求，见表 5-17、表 5-18。

表 5-17 一般钢种和结构钢的厚度公差

序号	热镀锌厚度/mm	厚度公差/mm		
		带钢宽度≤1200mm	1200mm<带宽≤1500mm	带钢宽度>1500mm
1	0.40	±0.07	—	—
2	0.50	±0.08	±0.07	—
3	0.60	±0.08	±0.07	—
4	0.70	±0.09	±0.08	±0.08
5	0.80	±0.09	±0.08	±0.09
6	0.90	±0.10	±0.09	±0.09
7	1.00	±0.10	±0.09	±0.10
8	1.20	±0.11	±0.10	±0.11
9	1.50	±0.13	±0.12	±0.12
10	2.00	±0.15	±0.14	±0.14
11	2.50	±0.17	±0.16	±0.16
12	3.00	±0.19	±0.18	±0.18

表 5-18 其余钢种的厚度公差

序号	热镀锌板厚度/mm	厚度公差/mm		
		带钢宽度≤1200mm	1200mm<带宽≤1500mm	带钢宽度>1500mm
1	0.40	±0.05	—	—
2	0.50	±0.06	±0.07	—
3	0.60	±0.06	±0.07	—
4	0.70	±0.07	±0.08	±0.08
5	0.80	±0.07	±0.08	±0.09
6	0.90	±0.08	±0.09	±0.09
7	1.00	±0.08	±0.09	±0.10

续表 5-18

序　号	热镀锌板厚度/mm	厚度公差/mm		
		带钢宽度≤1200mm	1200mm<带宽≤1500mm	带钢宽度>1500mm
8	1. 20	±0. 09	±0. 10	±0. 11
9	1. 50	±0. 11	±0. 12	±0. 12
10	2. 00	±0. 13	±0. 14	±0. 14
11	2. 50	±0. 15	±0. 16	±0. 16
12	3. 00	±0. 17	±0. 18	±0. 18

5. 3. 3　对剪切钢板的厚度及宽度要求

对被剪切钢板切头厚度要求见表 5-19。

表 5-19　钢板切头厚度要求

冷轧带钢厚度/mm	热镀锌板厚度/mm	切头厚度/mm		
		带钢宽度≤1200mm	1200mm<带宽≤1500mm	带钢宽度>1500mm
0. 36	0. 40	0. 41	—	—
0. 46	0. 50	0. 60	0. 52	—
0. 56	0. 60	0. 62	0. 63	—
0. 66	0. 70	0. 63	0. 74	0. 76
0. 76	0. 80	0. 83	0. 84	0. 85
0. 86	0. 90	0. 94	0. 95	0. 95
0. 96	1. 00	1. 04	1. 05	1. 06
1. 16	1. 20	1. 25	1. 26	1. 27
1. 46	1. 50	1. 57	1. 58	1. 58
1. 96	2. 00	2. 09	2. 10	2. 10
2. 46	2. 50	2. 55	2. 55	2. 55
2. 96	3. 00	3. 13	3. 14	3. 14

原板宽度放宽量见表 5-20。

表 5-20　原板宽度放宽量

成品厚度范围/mm	0. 15 ~0. 30	0. 35 ~0. 60	0. 90 ~2. 0
原板厚度放宽量/mm	3	2	1

5. 4　焊接

5. 4. 1　焊接工艺

普通低碳钢滚焊机焊接工艺技术参数见表 5-21。

表 5-21　普通低碳钢滚焊机焊接工艺技术参数

序 号	厚度/mm	焊轮宽度/mm	焊轮压力/MPa	焊接时间/s	间隔时间/s	焊接速度/m · min^{-1}	焊接电流/A
1	0. 3 +0. 3	3. 0 ~3. 5	0. 18 ~0. 22	0. 02	0. 02 ~0. 06	1. 0 ~2. 0	4500 ~5500
2	0. 3 +0. 5	3. 0 ~3. 5	0. 20 ~0. 25	0. 02	0. 02 ~0. 06	1. 0 ~2. 0	5500 ~6500
3	0. 5 +0. 5	3. 5 ~4. 0	0. 28 ~0. 32	0. 02 ~0. 04	0. 04 ~0. 06	1. 0 ~1. 8	7000 ~8000
4	0. 5 +0. 8	3. 5 ~4. 0	0. 30 ~0. 38	0. 02 ~0. 06	0. 04 ~0. 06	0. 8 ~1. 5	8000 ~9000

续表 5-21

序 号	厚度/mm	焊轮宽度/mm	焊轮压力/MPa	焊接时间/s	间隔时间/s	焊接速度/m·min^{-1}	焊接电流/A
5	0.5+1.0	4.0~5.0	0.35~0.42	0.04~0.06	0.04~0.06	0.8~1.5	9000~10000
6	0.8+0.8	5.0~6.0	0.38~0.45	0.04~0.06	0.06~0.08	0.8~1.5	9000~10000
7	0.8+1.0	5.0~6.0	0.40~0.50	0.06~0.08	0.06~0.08	0.7~1.2	9500~10500
8	0.8+1.5	5.5~7.0	0.45~0.55	0.06~0.10	0.08~0.10	0.6~1.2	11000~12500
9	1.0+1.0	6.0~7.0	0.50~0.60	0.06~0.08	0.08~0.10	0.6~1.2	11000~12500
10	1.0+1.5	6.0~8.0	0.55~0.65	0.08~0.10	0.08~0.10	0.5~1.0	11500~13000
11	1.5+1.5	8.0~9.0	0.75~0.85	0.08~0.10	0.10~0.14	0.5~0.8	14000~15000
12	1.5+2.0	8.0~9.0	0.80~0.90	0.10~0.14	0.12~0.16	0.5~0.8	15000~16500
13	2.0+2.0	9.0~10.0	1.0~1.1	0.12~0.16	0.14~0.18	0.5~0.8	15500~17000
14	2.0+2.5	9.0~10.0	1.0~1.1	0.12~0.16	0.14~0.18	0.4~0.8	16000~18000
15	2.5+2.5	10.0~11.0	1.15~1.25	0.16~0.20	0.16~0.22	0.4~0.8	16000~18000
16	2.5+3.0	10.5~12.0	1.2~1.3	0.16~0.24	0.20~0.40	0.3~0.6	16500~18500
17	3.0+3.0	11.0~12.5	1.3~1.4	0.20~0.30	0.30~0.50	0.3~0.5	16500~18500

预搭接挤压焊机焊接工艺技术参数见表 5-22。

表 5-22 预搭接挤压焊机焊接工艺技术参数

带钢厚度/mm	0.25	0.25	0.75	1.00	1.25	1.50	1.75	2.00	2.25	2.50
搭接量/mm	1.40	1.40	1.4	1.40	1.50	1.70	1.90	2.10	2.30	2.50
后拉/mm	—	—	0.7	0.70	1.0	1	1.1	1.3	1.5	1.98
补偿/mm	—	—	0.4	0.40	0.44	0.44	0.44	0.42	0.42	0.42
低压/MPa	—	—	0.16	0.2	0.20	0.22	0.22	0.22	0.22	0.22
高压/MPa	—	—	0.3	0.38	0.38	0.38	0.38	0.38	0.38	0.38
焊压/MPa	0.14	0.17	0.17	0.28	0.28	0.28	0.28	0.28	0.28	0.28
型压速度/m·min^{-1}	9	9	9	9	9	9	9	9	9	9
焊接速度/m·min^{-1}	9	9	9	9	9	9	9	9	9	9
焊接变压器挡位	S_6	S_6	p_2	p_3	p_4	p_5	p_5	p_6	p_6	p_6
焊轮旋转风压/MPa	0.4	0.4	0.4	0.4	0.4	0.4	0.4	0.4	0.4	0.4
型压轮上升极限/格	0.25	0.25	0.25	0	0	0	0	0.25	0.25	0.25
一次电流/A	440	430	650	880	950	1000	1120	1000	1000	1000

采用全自动窄搭接滚焊机时焊接工艺技术参数见表 5-23。

表 5-23 全自动窄搭接滚焊机工艺技术参数

序 号	带钢厚度/mm	焊接电流/kA	焊接速度/m·min^{-1}	焊接压力/MPa	型压压力/MPa	搭接量/mm
1	0.25	9.60	15.0	0.6	1.0	1.4~2.5
2	0.26~0.33	10.6	15.0	0.6	1.0	1.4~2.5
3	0.34	11.6	15.0	0.6	1.0	1.4~2.5
4	0.35~0.46	12.6	15.0	0.7	1.0	1.4~2.5
5	0.47	16.8	16.0	0.85	1.5	1.2~2.40
6	0.48~0.56	17.2	15.5	0.88	1.6	1.2~2.50
7	0.57	17.5	15.0	0.90	1.8	1.3~2.60
8	0.58~0.71	18.2	15.0	1.0	1.9	1.3~2.60

续表 5-23

序 号	带钢厚度/mm	焊接电流/kA	焊接速度/m · min^{-1}	焊接压力/MPa	型压压力/MPa	搭接量/mm
9	0.72	18.5	15.0	1.1	2.0	1.3 ~ 2.70
10	0.73 ~ 0.86	19.0	14.5	1.15	2.1	1.4 ~ 2.75
11	0.87	19.5	14.5	1.2	2.4	1.4 ~ 2.80
12	0.88 ~ 0.96	20.0	14.0	1.25	2.5	1.4 ~ 2.80
13	0.97	21.5	14.0	1.26	2.6	1.4 ~ 2.85
14	0.98 ~ 1.16	22.5	14.0	1.28	2.7	1.5 ~ 2.85
15	1.17	23.5	13.5	1.3	2.8	1.5 ~ 2.90
16	1.18 ~ 1.46	24.5	13.0	1.4	3.2	1.5 ~ 3.00
17	1.47	25.5	13.0	1.5	3.6	1.5 ~ 3.20
18	1.48 ~ 1.98	26.0	12.0	1.6	3.7	1.5 ~ 3.40
19	1.68 ~ 1.98	26.5	11.5	1.7	3.9	1.7 ~ 3.40
20	1.99 ~ 2.48	27.0	11.0	1.8	4.0	1.7 ~ 3.50
21	2.49 ~ 2.98	28.5	10.5	2.0	4.2	1.75 ~ 3.5
22	2.99 ~ 3.00	30.0	10.0	2.2	4.6	1.8 ~ 3.60

常用液压窄搭接滚焊机焊接工艺技术参数，见表 5-24。

表 5-24 常用液压窄搭接滚焊机焊接工艺技术参数

序 号	焊机型号		FN1-50	FN1-150-1	FN1-150-Z
		新型号	FN1-50	FN1-150-1	FN1-150-Z
		旧型号	QA-50-1	QA-150 横	QA-150-1 纵
1	额定容量/kV · A		50	160	
2	初级电压/V		380	380	
3	次级电压调节范围/V		2.04 ~ 4.08	3.88 ~ 7.76	
4	次级电压调节级数		8	8	
5	额定暂载率/%		50	50	
6	电极最大压力/kg		500	800	
7	上滚盘工作行程/mm		30	50	
8	上滚轮最大行程/mm		55	130	
9	焊接钢板时电极最大臂伸/mm		500	800	
10	焊圆筒形焊件电极有效最大伸出长度/mm	内径最小为 130mm	—	—	520
		内径最小为 300mm	—	100	585
		内径最小为 400mm	—	400	650
11	可焊钢板最大厚度/mm		2 + 2	2 + 2	
12	焊接速度/m · min^{-1}		0.5 ~ 4.0	1.2 ~ 4.3	0.89 ~ 3.1
13	冷却水消耗量/L · h^{-1}		600	1000	750
14	压缩空气压力/MPa		0.45	0.5	
15	压缩空气消耗量/m^3 · h^{-1}		0.2 ~ 0.3	1.5 ~ 2.5	
16	电动机功率/kW		0.25	1	
17	外形尺寸：长 × 宽 × 高/mm × mm × mm		1470 × 785 × 1620	2200 × 1000 × 2250	
18	重量/kg		580	2000	

注：FN1-50 型滚焊机内已装有控制箱，焊接时间与休止时间的调节范围均为 0.08 ~ 0.56s。

直流冲击波点焊机焊接工艺技术参数，见表 5-25。

表 5-25 直流冲击波点焊机焊接工艺技术参数

序号	焊机型号		DJ-300-1	DJ-600	DJ-1000
		新型号	DJ-300-1	DJ-600	DJ-1000
		旧型号	NJ-300	NJ-600	NJ-1000
1	额定容量/kV · A		300	600	1000
2	初级电压/V		380	380	380
3	次级电压/V		2.32 ~ 6.35	2.95 ~ 8.05	2.54 ~ 6.90
4	次级电压调节级数		20	20	20
5	暂载率/%		8	7	7
6	额定级脉冲时间的调节范围/s		0.02 ~ 1.98	0.02 ~ 1.98	0.02 ~ 1.98
7	电极压力		—	—	—
8	最大压力/MPa		27	50	1400
9	焊接压力/MPa		20 ~ 100	30 ~ 150	70 ~ 1000
10	电极工作行程/mm		10 ~ 50	10 ~ 35	
11	电极臂间距离/mm		270 ~ 470	370 ~ 470	655
12	焊接板料有效臂伸长度/mm		1200	1200	1500
13	焊接直径 600mm 以上圆筒时有效臂伸长度/mm		650	650	800
14	焊接直径 1300mm 以上圆筒时有效臂伸长度/mm		1200	1200	1500
15	焊接铝合金厚度/mm		(0.8 + 0.8) ~ (2 + 2)	(1.5 + 1.5) ~ (4 + 4)	(3 + 3) ~ (7 + 7)
16	生产率/点 · min^{-1}		15 ~ 30	12 ~ 25	10 ~ 25
17	冷却水消耗量/L · h^{-1}		1000	1000	—
18	压缩空气压力/MPa		0.45	0.45	0.50
19	压缩空气消耗量/m^3 · h^{-1}		25	50	100
20	外形尺寸：长/mm		3460	3650	5300
21	宽/mm		1240	1660	1700
22	高/mm		2900	2640	3800
23	重量/kg		7000	12000	30000
24	配用控制箱型号		KD5-100	KD5-100	—

交流滚焊机控制箱主要技术参数，见表 5-26。

表 5-26 交流滚焊机控制箱主要技术参数

控制箱型号					
控制箱型号	新型号	KF-75	KF-100	KF2-75	KF2-100
	旧型号	XQ-600	XQ-1200	—	—
引燃管型号		Y1-75/0.6	Y1-100/0.6	Y1-75/0.6	Y1-100/0.6
暂载率/%		50	50	50	50
最大控制电流/A		330	620	330	620
焊接电流稳定性：网络电压变化 ±10% 额定值/%		±5	±5	±3	±3
时间调节范围	焊接/s	0.02 ~ 0.38	0.02 ~ 0.38	0.02 ~ 0.4	0.02 ~ 0.4
	休止/s	0.02 ~ 0.38	0.02 ~ 0.38	0.02 ~ 0.4	0.02 ~ 0.4
冷却水消耗量/L · min^{-1}		3	4	3	4
外形尺寸：长 × 宽 × 高/mm × mm × mm		180 × 430 × 1495	780 × 430 × 1495	510 × 325 × 1150	510 × 325 × 1150
重量/kg		160	160	—	—

采用手工焊时的焊接参数，见表5-27。

表5-27　手工焊接技术参数

序　号	厚板钢种	焊接电流/A	焊条直径/mm	焊接时间/min	备　注
1	一般钢种	125	3.25	3～4	机组减速运行
2	拉伸钢种	125	3.25	3～4	机组减速运行
3	深冲钢种	120	3.25	3～4	机组减速运行
4	结构钢种	130	3.25	3～4	机组减速运行

5.4.2　常用焊接材料及焊轮技术参数

常用焊接材料在 $t=20℃$ 时的电阻率和热导率，见表5-28 。

表5-28　常用焊接材料在 $t=20℃$ 时的电阻率和热导率

序 号	被焊接材料	LY12C	LY12M	LF21Y2	LF2	低碳钢10	30CrMnSiA	1Cr18Ni9Ti	GH30
1	电阻率/μΩ · cm	5.8	3.5	4.2	4.4	15	20	70	98
2	热导率/W · (cm · ℃)$^{-1}$	0.28	0.41	0.38	0.37	0.12	0.09	0.036	0.04

常用焊轮材料的化学成分及力学性能，见表5-29 。

表5-29　常用焊轮材料的化学成分及力学性能

序　号	材料名称		牌　号	化 学 成 分	强度极限/MPa
1	紫　铜	软　铜	T2	不小于99.9% Cu	板材 200 棒材 200
		冷轧铜	T2	不小于99.9% Cu	板材 300 棒材 270
2	镉青铜		QCd1.0	0.9%～1.2% Cd； 其余为 Cu	板材 400 棒材 380
3	铬青铜		QCr 0.5-0.2-0.1	0.4%～1.0% Cr； 0.1%～0.25% Al； 0.1%～0.25% Mg；其余为 Cu	—

5.5　脱脂

5.5.1　脱脂的发展

脱脂的发展史见表5-30 。

表5-30　脱脂前处理技术发展

时间（20世纪）	发展内容及特点
40年代以前	简单水洗，手工打磨，揩擦
40年代	传统水溶剂及有机溶剂大量应用
50年代	出现超声波清洗
60年代	出现高压喷射枪。喷射压力约5MPa
70～80年代	（1）提出“以水代油”的口号，水基清洗剂大发展，各种金属清洗剂大量出现
	（2）大量清洗设备向系列化、标准化、自动化方向发展
	（3）高清洁度、高生产率的自动前处理线出现

续表 5-30

时间（20 世纪）	发展内容及特点
90 年代以后	（1）化学、电化学除锈大量工业化应用
	（2）高效磷化液，多种“二合一”、“三合一”、“四合一”处理液出现，将“除油、除锈、磷化”结合起来高效处理
	（3）大型高压自动化环保型干、湿喷砂机出现。实现除锈、粗化一次完成
	（4）高压、超高压喷射枪出现，压力可达 240MPa 以上
	（5）在带钢连续热镀锌线中，出现了更加完善的包括化学脱脂、喷碱辊刷洗、电解脱脂、喷水辊刷洗、三级水漂洗、挤干、烘干在内的联合脱脂设备

5.5.2 脱脂段组成

5.5.2.1 脱脂设备及工艺

脱脂设备及工艺技术参数见表 5-31 。

表 5-31 带钢表面脱脂设备及工艺技术参数

序 号	设备名称	清洗方式	介 质		
			溶 液	浓度/%	温度/℃
1	喷淋清洗机	喷淋碱溶液	碱液（P3）	0.5～3.5	60～80
2	1 号刷洗机	喷碱液 + 刷洗	碱液（P3）	0.5～3.5	60～80
3	电解清洗槽	浸渍碱液、电解	碱液（P3）	1.2～4.0	60～80
4	2 号刷洗机	水喷淋 + 刷洗	脱盐水	—	60～80
5	三级水漂洗槽	热水喷淋	脱盐水	—	60～80
6	挤干辊	把水挤干	—	—	—
7	热风干燥机	把水分烘干	热 空 气		

5.5.2.2 化学脱脂

化学脱脂液配方及技术参数，见表 5-32～表 5-35。

表 5-32 脱脂剂中碱组分及其性质

碱组分	pH 值	脱脂力	润湿渗透力	分散力	乳化力	洗涤性	耐硬水性（Mg）	耐硬水性（Ca）	活性碱度	杀菌力	腐蚀性
NaOH	13.3	良	中	中	中	差	差	差	良	良	良
Na_2CO_3	11.50	中	差	差	中	中	差	差	中	中	中
$NaHCO_3$	8.50	差	差	差	差	良	差	差	差	差	差
Na_2CO_3 $NaHCO_3$	9.80	中	差	差	差	良	差	差	差	差	差
Na_2SiO_3	12.40	良	优	良	良	良	中	中	中	中	中
Na_4SiO_3	12.80	中	良	中	中	中	中	良	良	良	良
Na_3PO_4	11.95	良	中	良	中	中	良	良	中	中	中
$Na_3P_2O_7$	10.20	良	良	差	—	中	良	中	中	中	中
$Na_3P_3O_{10}$	9.60	中	中	中	—	中	良	良	中	—	中

表 5-33　传统脱脂剂配方

序　号	溶液组分及操作条件	化学除油	电化学除油
1	氢氧化钠（NaOH）含量/g · L^{-1}	30 ~ 50	10 ~ 15
2	碳酸钠（Na_2CO_3）含量/g · L^{-1}	20 ~ 30	20 ~ 30
3	磷酸三钠（$Na_3PO_4 \cdot 12H_2O$）含量/g · L^{-1}	50 ~ 70	50 ~ 70
4	水玻璃（Na_2SiO_3）含量/g · L^{-1}	10 ~ 15	5 ~ 10
5	温度/℃	80 ~ 100	70 ~ 90
6	时间（除净为止）/min	20 ~ 40	20 ~ 40
7	电流密度/A · dm^{-2}	—	10 ~ 15

表 5-34　含不同表面活性剂的溶液中平均油滴直径

序　号	表面活性剂	油浓度/mL · L^{-1}	r_∞/μm	r_a/μm
1	聚氧乙烯壬基苯基醚 + 天然高级脂肪醇硫酸钠（A）	1	4	—
		10	—	13
		100	—	25
2	天然高级脂肪醇硫酸钠（B）	1	2.0 ~ 1.6	1.7
		3	—	1.2
		5	—	5.2
		10	—	7.4
		100	—	12
3	聚氧乙烯壬基苯基醚（C）	0.1	0.02	0.024
		5	10	10
		10	—	13
		100	—	20
4	聚氧乙烯烷基醚硫酸钠（D）	1	0.4 ~ 0.6	0.5
		10	—	0.6
		100	—	2.0

表 5-35　表面活性剂的分子结构

种　类	表面活性剂的分子结构	
	亲 油 基	亲 水 基
非离子型	$R[CH_3CH_2—CH_2]_n—$	$—O(CH_2CH_2O)_nH$
阳离子型	$R[CH_3CH_2—CH_2]_n—$	CH_3 | $—N^+—$ | CH_3
阴离子型	$R[CH_3CH_2—CH_2]_n—$	$—COO^-$
两性离子型	$R[CH_3CH_2—CH_2]_n—$	CH_3 | $—N^+—CH_2COO^-$ | CH_3^-

5.5.2.3　电解脱脂

电解脱脂液配方及技术参数，见表 5-36 ~ 表 5-42。

表 5-36 各种电化学除油方法的特点及应用范围

序 号	除油方法	特 点	应 用 范 围
1	阴极除油	阴极析出的氢气是阳极析出氧气体积的两倍，故阴极除油速度快，效果比阳极除油好，基体不受腐蚀，但容易渗氢。溶液中的金属杂质会沉积在工件表面，影响镀层结合力	适用于有色金属，如铝、锌、锡、铅、铜及其合金的除油
2	阳极除油	基体金属不发生氢脆，能除掉工件表面的浸渍残渣和某些金属薄膜，如锌、锡、铅、铬等。但效率较阴极除油低，基体表面会被腐蚀并产生氧化膜，对有色金属腐蚀强度大	轧硬碳钢、弹性材料工件，如弹性薄片等，一般采用阳极除油，但铝、锌及其合金等化学性能较活泼的材料不适用
3	阴-阳极联合除油	阴极电解和阳极电解交替进行，能发挥两者优点，是最有效的电解除油方法。根据工件材料的性质，选择先阴极除油后再短时间阳极除油；或先阳极除油后再短时间阴极除油	用于无特殊要求的钢铁工件除油

表 5-37 钢铁工件电化学除油剂配方及工艺条件

序 号	配方成分及工艺条件	1	2	3
1	氢氧化钠(NaOH)/g·L^{-1}	40~60	30~50	10~20
2	碳酸钠(Na_2CO_3)/g·L^{-1}	20~30	20~30	20~30
3	磷酸三钠($Na_3PO_4 \cdot 12H_2O$)/g·L^{-1}	30~40	50~70	20~30
4	硅酸钠(Na_2SiO_3)/g·L^{-1}	10~15	5~10	—
5	温度/℃	70~80	70~80	70~80
6	电流密度/A·dm^{-2}	2~5	3~7	5~10
7	槽电压/V	8~12	8~12	8~12
8	阴极除油时间/min	—	—	5~10
9	阳极除油时间/min	5~10	5~10	0.2~0.5
10	适用范围	用于普通钢及高强钢工件		用于异形低弹性钢工件

表 5-38 普通电化学除油剂配方及工艺条件

序 号	配方成分及工艺条件	1	2	3
1	氢氧化钠(NaOH)/g·L^{-1}	10~15	10~15	10~20
2	碳酸钠(Na_2CO_3)/g·L^{-1}	20~30	30~40	20~30
3	磷酸三钠($Na_3PO_4 \cdot 12H_2O$)/g·L^{-1}	30~40	40~50	40~50
4	硅酸钠(Na_2SiO_3)/g·L^{-1}	5~10	10~15	5~10
5	温度/℃	70~80	70~80	50~80
6	电流密度/A·dm^{-2}	2~3	2~3	6~12
7	槽电压/V	8~12	8~12	8~12
8	阴极除油时间/min	3~5	3~5	0.5

表 5-39 锌及锌合金电化学除油剂配方及工艺

序 号	配方成分及工艺条件	1	2	3
1	碳酸钠(Na_2CO_3)/g·L^{-1}	25~40	20~30	5~10
2	磷酸三钠($Na_3PO_4 \cdot 12H_2O$)/g·L^{-1}	25~40	20~30	15~20
3	硅酸钠(Na_2SiO_3)/g·L^{-1}	—	3~5	15~20

续表 5-39

序　号	配方成分及工艺条件	1	2	3
4	温度/℃	70～80	70～80	40～50
5	电流密度/A·dm^{-2}	2～3	2～3	5～7
6	槽电压/V	8～12	8～12	8～12
7	阴极除油时间/min	1～3	1～3	0.5

表 5-40　电导率和游离碱点的对应值

序　号	JR-L228 高效液态脱脂剂		
1	质量分数/%	电导率/S·m^{-1}	游离碱点/点
2	0.50	9.00	3
3	1.00	16.90	6
4	1.50	23.80	9
5	2.00	29.90	12
6	2.50	36.00	15
7	3.00	41.70	18
8	4.00	49.20	24
9	6.00	66.60	36
10	8.00	76.20	48
11	10.00	82.30	60
12	12.00	90.20	73

表 5-41　低浓度电解液清洗的技术参数①

序　号	清洗方式	卷　号	碱浓度/%			整流器		刷辊		清除的污物百分比/%	
			浸渍	电解	洗涤	数量	电流/A	数量	负荷/A	铁	碳
1	浸渍/电解	a	5	7	—	2	6000	—	—	45	84
		a	5	7	—	2	3000	—	—	41	82
		a	5	7	—	1	3000	—	—	33	80
		a	5	7	—	1	6000	—	—	56	78
2	浸渍/洗涤	b	5	—	5	—	—	4	5	82	79
		b	5	—	5	—	—	2	5	75	82
		c	5	—	5	—	—	2	10	82	85
		c	5	—	5	—	—	4	10	86	86
3	浸渍/洗涤/电解	c	5	—	5	2	6000	4	10	88	89
		d	5	—	—	—	—	—	—	46	76

① 电解脱脂溶液温度为85℃。

表 5-42　高电流密度电解脱脂（HCD）法工艺与普通电解清洗工艺比较

项　目	普通电解法	高电流密度电解脱脂（HCD）法
电解槽长度/m	20～25	5
电流密度/A·dm^{-2}	5～15	70～150
处理时间/s	5～30	1～3
后刷洗	刷辊刷洗	无
电极距离/mm	75～100	30～40（美钢联 20～25）
效率/%	45～55	95
投资比较	1	1/3

5.5.2.4 脱脂设备

A 刷辊压下量的控制

刷辊压下量的控制见表5-43。

表5-43 刷辊压下量的控制

示意图	F压下力；A；B；A−B=压下量；钢带	
项 目	控制方式	
	恒压下力	恒压下量
压下力 F	恒 定	变 化
压下量 $A-B$	变 化	恒 定
优缺点	随使用天数增多，压下量变大，寿命变短	随使用天数增多，压力变小，清洗性变差
左右的压下平衡	不容易	容 易
控制的难易	用电机电流控制，较容易	必须测定刷辊直径，较难控制

B 立式和卧式电解设备的比较

立式和卧式电解设备的比较见表5-44。

表5-44 立式和卧式电解碱洗装置的比较

序 号	比 较 项 目	立式电解装置	卧式电解装置
1	装置长度	短	长
2	装置高度	高	矮
3	电极对数	2对	2~8对
4	操作维护	较复杂	较方便

5.5.3 超声波脱脂

采用超声波脱脂的技术参数见表5-45。

表5-45 超声波脱脂的技术参数

序 号	发振器功率/kW	脱脂槽尺寸/mm×mm×mm	脱脂温度/℃	脱脂时间/s
1	0.2	270×200×170	70~80	10~30
2	1.0	500×500×250	70~80	10~30
3	50	3000×1500×750	70~80	10~30
4	1000	6000×1500×750	70~80	10~30

5.5.4 清洗后带钢表面清洁度的测试方法

清洗后带钢表面清洁度的测试方法及判定，见表5-46~表5-49。

表 5-46　清洗后带钢表面清洁度的判定方法

判定方法	方 法 要 点	检查对象	备　注
目测法	用肉眼或 5 倍放大镜目测	油、脂、锈、氧化皮	微量物不易判断
擦拭法	用白绸布、绒布、滤纸擦拭，检查布上沾的污物	油脂及锈迹	对微量物不易判断
水膜破裂法	清洗后表面用水润湿，水膜应完整	油　脂	对亲水性污物活性剂氧化膜判断不准
染料法	清洗后表面用染料水溶液润湿水膜连续即为洁净	油　脂	对亲水性污物活性剂氧化膜判断不准
荧光法	清洗前涂荧光染料，脱脂后用紫外线照射，判断有油脂的荧光区	油　脂	对大型材料有困难，多用于实验
硫酸铜法	将洗净板面浸入 5% 硫酸铜、2% 硫酸水溶液中 30s ~ 1min，评定铜膜是否均匀牢固及光亮	油　脂	直观、快速、简易
重量法	将试样涂定量油污，清洗后称重，求出去油量	油　脂	受仪器精度影响
同位素法	涂上含有 C_{14}、S_{35} 的油脂，清洗后用计数器管测定	油　脂	灵敏度可达 2×10^{-7}g/cm^2
电镀法	用清洗后试片进行电镀评定镀层光泽好坏	油　脂	试验试片用
比色法	将染色的油脂涂于表面。清洁后用等量有机溶剂清洗表面并进行比色	油　脂	与空白试样进行比较
接触角法	将水滴在表面从接触角判断为 0 时，视为洁净	油　脂	应同时测 4 ~ 5 个点
喷射图案法	将清洁后表面喷水成膜，用污染格板检查清洁度	油　脂	试验检测用

表 5-47　擦拭法分级表

级　别	脱 脂 程 度	滤纸表面黑度	形 态 特 征
一　级	完全脱脂	无　色	滤纸表面没有任何污迹
二　级	基本脱脂	浅　灰	滤纸表面有浅灰色污迹，颜色较浅
三　级	脱脂不良	深　灰	滤纸表面有黑色的污物痕迹
四　级	严重脱脂不良	深　黑	滤纸表面有深的黑色的污物痕迹

表 5-48　仪器法测量精度对比表

序　号	试 验 方 法	污染物残留量/mg · m^{-2}	相对精度（以荧光法为 1）
1	荧光染料法	230 ~ 0.57	1
2	红外光度法	42 ~ 1.8	2
3	镀铜法	640 ~ 20	4
4	水沾法	24 ~ 4.4	11
5	示踪法	17 ~ 0	110

表 5-49 几种清洗评定方法的灵敏度

污物种类	油脂	脂肪酸		脂肪酸脂		中性油			石蜡油	
		硬脂酸、油酸		三硬脂酸甘油酯、精油		三棕榈酸甘油酯	SAE60马达油	SAE50油、润滑油和切削油	矿物质油和SAE10油	
表面状态		抛光	粗糙	抛光	粗糙	抛光	抛光	粗糙	抛光	粗糙
评定方法	水膜破裂法	2×10^{-7}	1.5×10^{-7}	3×10^{-7}	5×10^{-7}	—	1.5×10^{-6}	1.5×10^{-7}	1.5×10^{-6}	9×10^{-6}
	喷雾法	—	2×10^{-6}	3×10^{-6}	6×10^{-7}	3×10^{-7}	—	1×10^{-7}	1×10^{-7}	4×10^{-7}
	荧光颜料法	—	—	—	3×10^{-2}	—	1×10^{-5}	4×10^{-5}		4×10^{-6}
	示踪原子法	—	—	—	—	—	1×10^{-7}	—	—	—
	铁氰化钾法	—	—	—	3×10^{-6}	—	—	—	—	—
	硫酸铜法	—	—	—	3×10^{-6}	—	4×10^{-6}	—	—	—

注：表中数值单位为 g/cm^2。

5.5.5 脱脂段张力设定

脱脂段张力设定见表 5-50。

表 5-50 脱脂段张力设定（kN）

序号	厚度/mm	宽度/mm							
		600	700	800	900	1000	1100	1200	1250
1	0.2	120	140	160	180	200	220	240	250
2	0.3	180	210	240	270	300	330	360	375
3	0.4	240	280	320	360	400	440	480	500
4	0.5	300	350	400	450	500	550	600	625
5	0.6	360	420	480	540	600	660	720	750
6	0.7	420	490	560	630	700	770	840	875
7	0.8	480	560	640	720	800	880	960	1000
8	0.9	540	630	720	810	900	990	1080	1125
9	1.0	600	700	800	900	1000	1100	1200	1250
10	1.1	660	770	880	990	1100	1210	1320	1400
11	1.2	720	840	960	1080	1200	1320	1440	1500

5.6 连续退火

5.6.1 退火炉炉内发生的基本化学反应

5.6.1.1 NOF 法在明火加热炉内发生化学反应的平衡常数

采用 NOF 法时，在明火加热炉内所发生的单相化学反应的平衡常数，见表 5-51。

表 5-51　NOF 法在明火加热炉内化学反应的平衡常数（单相反应）

NOF 炉温 /℃	单相水气反应		单相生成甲烷反应		
	$K_w=\frac{p_{CO}\cdot p_{H_2O}}{p_{CO_2}\cdot p_{H_2}}$	$K'_w=\frac{p_{CO_2}\cdot p_{H_2}}{p_{CO}\cdot p_{H_2O}}$	$K_p=\frac{p_{CH_4}\cdot p_{H_2O}}{p_{CO}\cdot p_{H_2}^3}$	$K_p=\frac{p_{CH_4}\cdot p_{H_2O}^2}{p_{CO_2}\cdot p_{H_2}^4}$	$K_p=\frac{p_{CH_4}\cdot p_{CO_2}}{p_{H_2}^2\cdot p_{CO}^2}$
350	0.048186	20.753	3.95430×10^5	1.9054×10^4	8.2064×10^6
400	0.084947	11.772	1.7188×10^4	1.4601×10^3	2.0232×10^4
450	0.13664	7.3185	1.113×10^3	1.5208×10^2	8.1471×10^3
500	0.20462	4.8871	1.0236×10^2	2.0945×10	5.0025×10^2
550	0.28958	3.45381	1.2460×10	3.6082	4.3029×10
600	0.39172	2.55284	1.9172	7.5101×10^{-1}	4.8944
650	0.51057	1.95895	3.5930×10^{-1}	1.8345×10^{-1}	7.0373×10^{-1}
700	0.64548	1.54923	7.9655×10^{-2}	5.142×10^{-2}	1.2340×10^{-1}
750	0.79542	1.25719	2.0395×10^{-2}	1.6222×10^{-2}	2.5641×10^{-2}
800	0.95954	1.04217	5.9176×10^{-3}	5.6782×10^{-3}	6.1671×10^{-3}
850	1.13623	0.88010	1.9325×10^{-3}	2.1958×10^{-3}	1.7008×10^{-3}
900	1.32400	0.75529	6.8041×10^{-4}	9.0086×10^{-4}	5.1391×10^{-4}
950	1.52112	0.65741	2.6303×10^{-4}	4.0010×10^{-4}	1.7292×10^{-4}
1000	1.72624	0.57929	1.0949×10^{-4}	1.890×10^{-4}	6.3429×10^{-5}
1050	1.93724	0.51620	4.8680×10^{-5}	9.4305×10^{-5}	2.5128×10^{-5}
1100	2.15199	0.46469	2.2948×10^{-5}	4.9384×10^{-5}	1.0664×10^{-5}
1150	2.36862	0.42219	1.1402×10^{-5}	2.7007×10^{-5}	4.8137×10^{-6}
1200	2.58422	0.38696	5.9366×10^{-6}	1.53415×10^{-5}	2.2972×10^{-6}
1250	2.79657	0.35758	3.2247×10^{-6}	9.0181×10^{-6}	1.1531×10^{-6}
1300	3.00440	0.33285	1.8203×10^{-6}	5.4689×10^{-6}	6.0587×10^{-7}
1350	3.20351	0.31216	1.0637×10^{-6}	3.4076×10^{-6}	3.3205×10^{-7}
1400	3.39248	0.29477	6.4137×10^{-7}	2.1758×10^{-6}	1.8905×10^{-7}
1450	3.56898	0.28019	3.9796×10^{-7}	1.4203×10^{-6}	1.1150×10^{-7}
1500	3.73127	0.26801	2.5345×10^{-7}	9.457×10^{-7}	6.7925×10^{-8}

采用 NOF 法时，在明火加热炉内所发生的多相化学反应的平衡常数，见表 5-52。

表 5-52　NOF 法在明火加热炉内化学反应的平衡常数（多相反应）

NOF 炉温 /℃	无氧化反应		多相水气反应		生成甲烷反应
	$K_{p_B}=\frac{p_{CO}^2}{p_{CO_2}}$	$K'_{p_B}=\frac{p_{CO_2}}{p_{CO}^2}$	$K_{p_w}=\frac{p_{CO}\,p_{H_2}}{p_{H_2O}}$	$K'_{p_w}=\frac{p_{H_2O}}{p_{CO}\,p_{H_2}}$	$K_{p_M}=\frac{p_{CH_4}}{p_{H_2}^2}$
350	6.7644×10^{-6}	1.47833×10^5	1.4038×10^{-4}	7.1235×10^3	55.511
400	8.1025×10^{-5}	1.2342×10^4	9.5380×10^{-4}	1.0484×10^3	16.393
450	6.8667×10^{-4}	1.4563×10^3	5.0255×10^{-3}	1.9899×10^2	5.5944
500	4.4016×10^{-3}	2.2719×10^2	2.1512×10^{-2}	4.6487×10	2.2019
550	2.2448×10^{-2}	4.4547×10	7.7520×10^{-2}	1.2900×10	0.96592
600	0.9347×10^{-1}	1.0558×10	0.24179	4.1358	0.46357
650	0.3409×10^0	2.9332	0.66776	1.4976	0.23992
700	1.07266	0.93226	1.6618	0.60176	0.13237

续表 5-52

NOF 炉温/℃	无氧化反应		多相水气反应		生成甲烷反应
	$K_{p_B}=\frac{p_{CO}^2}{p_{CO_2}}$	$K'_{p_B}=\frac{p_{CO_2}}{p_{CO}^2}$	$K_{p_w}=\frac{p_{CO}\,p_{H_2}}{p_{H_2O}}$	$K'_{p_w}=\frac{p_{H_2O}}{p_{CO}\,p_{H_2}}$	$K_{p_M}=\frac{p_{CH_4}}{p_{H_2}^2}$
750	3.00907	0.33233	3.7830	0.26434	0.077154
800	7.64633	0.13078	7.9688	0.12549	4.7156×10^{-2}
850	1.78366×10	5.6064×10^{-2}	1.5698×10	6.3702×10^{-2}	3.0336×10^{-2}
900	3.86164×10	2.5896×10^{-2}	2.9166×10	3.4286×10^{-2}	1.9845×10^{-2}
950	7.83033×10	1.2771×10^{-2}	5.1477×10	1.9426×10^{-2}	1.3540×10^{-2}
1000	1.49886×10^{2}	6.6717×10^{-3}	8.6826×10	1.1517×10^{-2}	9.5072×10^{-3}
1050	2.27262×10^{2}	3.6681×10^{-3}	1.4073×10^{2}	7.1060×10^{-3}	6.8505×10^{-3}
1100	4.7383×10^{2}	2.1105×10^{-3}	2.2018×10^{2}	4.5412×10^{-3}	5.0527×10^{-3}
1150	7.9078×10^{2}	1.2646×10^{-3}	3.3386×10^{2}	2.9953×10^{-3}	3.8065×10^{-3}
1200	1.2727×10^{3}	7.8573×10^{-4}	4.9250×10^{2}	2.0305×10^{-3}	2.9237×10^{-3}
1300	2.9987×10^{3}	3.3348×10^{-4}	9.9814×10^{2}	1.0019×10^{-3}	1.8168×10^{-3}
1400	6.3463×10^{3}	1.5757×10^{-4}	1.8707×10^{3}	5.3456×10^{-4}	1.1998×10^{-3}
1500	1.2299×10^{3}	8.1307×10^{-5}	3.2962×10^{3}	3.0338×10^{-4}	8.3542×10^{-4}

5.6.1.2 全辐射法炉内发生的基本化学反应及化学反应平衡常数

退火炉内各种气体与铁及铁的氧化物、铁的碳化物所发生的基本化学反应，见表5-53、表5-54。

表 5-53 退火炉内所发生的基本化学反应

序号	成分	退火炉内所发生的化学反应	高温反应性质
1	O_2	$2Fe+O_2\rightarrow 2FO$；$Fe_3C+O_2\rightarrow 3Fe+CO_2$	强氧化性，强脱碳性
2	N_2	—	中　性
3	CO_2	$Fe+CO_2\rightleftharpoons FeO+CO$；$Fe_3C+CO_2\rightleftharpoons 3Fe+2CO$	强氧化性，强脱碳性
4	H_2O	$Fe+H_2O\rightleftharpoons FeO+H_2$；$Fe_3C+H_2O\rightleftharpoons 3Fe+H_2+CO$	氧化性，强脱碳性
5	H_2	$FeO+H_2\rightleftharpoons Fe+H_2O$；$Fe_3C+2H_2\rightleftharpoons 3Fe+CH_4$	强还原性，弱脱碳性
6	CO	$Fe+2CO\rightleftharpoons FeC+CO_2$；$FeO+CO\rightleftharpoons Fe+CO_2$	弱渗碳性，强还原性
7	CH_4	$Fe+CH_4\rightleftharpoons FeC+2H_2$；$FeO+CH_4\rightleftharpoons Fe+CO+2H_2$	强渗碳性，强还原性

表 5-54 四氧化三铁和二氧化硅还原反应平衡常数（K_p）比较

还原炉炉膛温度/℃	500	550	600	650	700
$Fe_3O_4+4H_2\rightleftharpoons 3Fe+4H_2O$ $K_p=p_{H_2O}/p_{H_2}$	2.37×10^{-1}	3.07×10^{-1}	3.65×10^{-1}	4.08×10^{-1}	4.49×10^{-1}
$SiO_2+2H_2\rightleftharpoons Si+2H_2O$ $K_p=p_{H_2O}/p_{H_2}$	7.39×10^{-13}	5.23×10^{-12}	2.94×10^{-11}	1.36×10^{-10}	5.36×10^{-10}
还原炉炉膛温度/℃	750	800	850	900	950
$Fe_3O_4+4H_2\rightleftharpoons 3Fe+4H_2O$ $K_p=p_{H_2O}/p_{H_2}$	4.93×10^{-1}	5.40×10^{-1}	5.87×10^{-1}	6.36×10^{-1}	6.83×10^{-1}
$SiO_2+2H_2\rightleftharpoons Si+2H_2O$ $K_p=p_{H_2O}/p_{H_2}$	1.84×10^{-9}	5.6×10^{-9}	1.54×10^{-8}	3.89×10^{-8}	9.07×10^{-8}

5.6.2　退火炉长度与其他技术参数的关系

退火炉长度与生产线长度的关系，见表5-55～表5-57。

表5-55　退火炉长度与生产线长度的关系

序号	公司名称	厂址	炉型	年产量/万吨	生产线长度/m	炉子长度/m
1	新日铁	名古屋	立式	30	199	58
		八幡	卧式	30	322	134
		君津	立式	51	227	41.4
2	日本钢管	京滨	立式	30	236	42
		福山	卧式	27	343	120
3	住友	鹿岛	卧式	36	313	208
4	川崎制铁	玉岛	卧式	26	315	151
		千叶	卧式	24	300	165
5	神户制钢	加古川	卧式	27.6	345	185
6	日新制钢	市川1号	立式	30	192	12
		市川2号	卧式	28.8	420	196
7	大同制钢	—	卧式	21	252	134
8	大洋钢板	—	卧式	21.6	245	125
9	宝钢2号	上海	立式	37.2	315.5	54.6
10	济钢1号	济南	立式	25	207	29

表5-56　NOF法卧式退火炉长度与机组生产率的关系

作业线	平均生产率/$t\cdot h^{-1}$	退火炉各段长度/m			退火炉总长/m	总容积/m^3
		NOF炉	还原段+均热段	冷却段+均衡段		
A	26	9	66	72	147	250
B	43	16	50	93	162	500
C	25	10	37	45	91	160
D	28	10	43	85	138	220
E	35	19	62	60	146	500
F	35	20	37	68	125	350
G	45	30	58	22	110	400

表5-57　全辐射法卧式退火炉长度和机组生产率的关系

作业线	平均生产率/$t\cdot h^{-1}$	退火炉各段长度/m		退火炉总长/m	总容积/m^3
		还原段+均热段	冷却段+均衡段		
H	18	58	22	80	250
I	24	76	24	100	280
J	28	84	26	110	300
K	35	92	28	120	350
L	40	108	32	140	400
M	45	126	34	160	450
N	50	144	36	180	500

5.6.3 退火炉各种炉型的比较

退火炉各种炉型的比较，见表5-58～表5-62。

表5-58 冷轧板连续退火炉与热镀锌连续退火炉的比较

序号	组 成	冷轧板连续退火炉	序号	组 成	热镀锌连续退火炉
1	预热段	用加热段废气预热带钢，使带温达180℃左右	1	预热段	用加热段废气预热带钢，使带温达250℃
2	加热段	采用带有空气预热器的辐射管加热带钢，炉内充有保护气体，带温达730℃，时间约1min（DDQ为830℃）	2	加热段	采用带有空气预热器的辐射管加热，炉内充有保护气体，带温达730℃，时间约1min（DDQ为830℃）
3	均热段	带钢在退火温度保温，时间约1min。加热系统与炉子结构同加热段	3	均热段	带钢保温约20s，采用电阻加热元件加热，大生产时需要的功率低
4	喷气冷却、高氢淬火快冷	用保护气体喷射冷却，使带钢快速冷却至560℃，高强钢冷却速度180℃/s	4	冷却段	采用保护气循环喷射冷却方式使带钢冷却到460～520℃
5	再加热段	用煤气辐射管加热，使带钢加热到450℃	5	无	无

表5-59 立式炉与卧式炉的比较

序 号	项 目		立 式 炉	卧 式 炉
1	质 量	表面质量	两面质量相同	下表面差一些
		炉底辊印	辊印少（炉辊转速与带钢速度同步）	辊印多（炉辊转速与带钢速度不同步）
		炉子对带钢平坦度的效应（镀层均匀性）	高	低
2	能 量	电能消耗	高	低
		燃料消耗	低	高
3	设 备	投资成本	高	低
		占地面积	占地少（炉内带钢较长）	占地多
4	保护气体	氢气消耗	少	多
5	设备维护	检修、更换备件	费 力	省 时
6	断 带	年平均炉内断带次数	1～2	10～12
7	操 作	穿 带	10h	2h
8	产 品	使用领域	高附加值，如汽车、家电	低附加值，如建材、民用

表 5-60 NOF 法与全辐射间接加热法的比较

项　目		清洗 + NOF 法	清洗 + 全辐射法
产品用途		不设清洗段，可经济地生产建筑业、容器业和家电行业用板； 设清洗段，其产品也可用作汽车板	其产品可用作汽车板，更可以用作建筑业、容器业和家电行业
钢带规格		炉内温度高达 1300℃，易烧断带钢，因而钢带厚度应在 0.4mm 以上	可处理薄的钢带，由于热瓢曲问题，厚度限制在 0.18mm 以上
钢带表面质量	氧　化	燃烧产物直接与钢带接触，易氧化	燃烧物不与钢带接触，不易氧化
	麻　点	炉内温度高，内衬为重质砖，长期使用易剥落，砖颗粒散落钢带表面，易产生麻点	炉内温度低于 950℃，内衬为陶瓷纤维用不锈钢敷面，内衬寿命长，不会剥落而使钢带产生麻点
	烧　穿	炉内温度高，操作不当会烧穿钢带而断带	没有烧穿断带的危险
	热瓢曲	加热速度达 40℃/s，可将钢带迅速加热到 500 ~ 600℃，炉辊少，产生热瓢曲可能性小	加热速度小于 10℃/s，炉辊多，易产生热瓢曲，但可通过预热钢带或采用炉辊热凸度加以控制

表 5-61 连续退火炉与罩式退火炉的比较

退火工艺	钢种等级	退火情况	力学性能				相当的级别	备　注
			σ_s/MPa	σ_b/MPa	δ/%	r		
连续退火	带帽钢	普通退火	21.3	32.8	46.3	1.5	CQ、DQ	锭
	Si 半镇静钢	普通退火	22.8	33.7	45.1	1.4	CQ、DQ	连铸
	Al 镇静钢	高温退火	18.9	32.1	47.6	1.8	DQ、DDQ	锭、连铸
罩式退火	带帽钢	罩式退火	21.7	32.0	47.1	1.3	CQ、DQ	锭、连铸
	Si 半镇静钢	罩式退火	22.5	32.5	46.1	1.3	CQ、DQ	连铸
	Al 镇静钢	罩式退火	18.2	31.2	46.6	1.7	DQ、DDQ	锭、连铸

表 5-62 退火炉炉型与炉内钢带长度的比较

序　号	炉　型	炉内带钢长度/m
1	卧式炉	<120
2	卧式炉或立卧混合型炉	120 ~ 180
3	卧式炉或立卧混合型炉	150 ~ 180
4	立式炉	>220

5.6.4 退火炉的组成

NOF 炉工艺技术参数见表 5-63 ~ 表 5-69。

表 5-63 NOF 炉工艺技术参数

项 目	作业线				
	A	B	C	D	E
炉长/mm	8800	16000	10000	10000	24000
炉宽/mm	1500	1980	1800	1500	1880
炉高/mm	1500	2500	1260	1300	2565
调节段/个	3	3	2	2	3
炉顶形式	耐火纤维平顶	耐火砖拱顶	耐火纤维平顶	耐火纤维平顶	耐火纤维平顶
炉底烧嘴/个	31	—	—	60	—
炉顶烧嘴/个	32	—	34	60	—
炉侧烧嘴/个	—	40	16	—	22
天然气②通入量(标态)/$m^3 \cdot h^{-1}$	760	2000	360	1200	2900①
燃烧空气通入量(标态)/$m^3 \cdot h^{-1}$	6400	17000	2800	9600	11600
燃气消耗(标态)/$m^3 \cdot t^{-1}$	25.3	28	15	28.5	55①
炉床利用率/%	62	56	60	60	60
炉床效率/$kg \cdot (m^2 \cdot h)^{-1}$	1900	1320	1315	1500	1000
炉膛温度/℃	1100	1200	1020	1200	1150
废气温度/℃	950	1000	750	900	950
出炉带钢温度/℃	550 ~ 580	520 ~ 600	520	500	550 ~ 600
平均生产率/$t \cdot h^{-1}$	26	43	25	28	38
空气过剩系数（λ 值）	0.95	0.95	0.96	0.95	0.97
热耗量/$kJ \cdot kg^{-1}$	836	936	480	919	919
占总热负荷量/%	60	63	46	50	67

① 高炉-焦炉混合煤气热值（标态）7.5MJ/m^3；

② 天然气热值（标态）33.5MJ/m^3。

表 5-64 作业线 B 出 NOF 炉的带钢温度和生产率的关系表

钢种（表 3-84 钢种序号）	出 NOF 炉带钢温度（不小于）/℃	最大生产率/$t \cdot h^{-1}$
1、2、5	550	55
2、3、5	600	40
7	650	35

表 5-65 NOF 炉内反应式的平衡常数 K 及 CO_2、H_2O 的平衡含量与温度的关系

温度/℃		600	700	800	900	1000	1100	1200	1300
当 $p = 1 \times 10^5$ Pa 时的平衡		0.408	0.646	0.935	1.276	1.656	2.506	2.065	2.965
含量/%	CO_2	23.0	20.40	17.85	15.88	14.25	13.05	12.10	11.18
	H_2O	13.34	15.39	17.13	18.66	20.00	22.13	2.506	2.965

表 5-66 NOF 炉不同生产率燃气通入量和带钢温度的关系①

序 号	生产率/$t \cdot h^{-1}$	带钢规格/mm × mm	带钢速度/$m \cdot min^{-1}$
1	28.4	1000 × 0.71	80
2	33.4	1000 × 0.71	100
3	45.2	1000 × 0.96	100

① 天然气热值（标态）33.5MJ/m^3。

表 5-67 NOF 炉在不同生产率时热量消耗和带钢温度的关系①

序 号	生产率/$t \cdot h^{-1}$	带钢规格/mm×mm	带钢速度/$m \cdot min^{-1}$
1	26.8	1000×0.71	80
2	33.4	1000×0.71	100
3	45.2	1000×0.96	100

① 天然气热值（标态）33.5MJ/m^3。

表 5-68 NOF 炉空气过剩系数（λ 值）的控制

序 号	NOF 炉区段	λ 值	备 注
1	1	0.98	新开机时适当降低
2	2	0.96	新开机时适当降低
3	3	0.95	新开机时适当降低

表 5-69 炉底辊间距与穿带速度比较表

序 号	作 业 线	炉底辊间距/mm	穿针长度/mm	穿带速度/$m \cdot min^{-1}$
1	B	1500	8000	8
2	C	1800	5600	15
3	E	2500	7700	28

5.6.5 还原炉

卧式还原炉工艺技术参数，见表 5-70～表 5-72。

表 5-70 卧式还原炉工艺技术参数

序 号	项 目	作 业 线				
		A	B	C	D	E
1	炉长/mm	66000	49000	37000	43000	62000
2	炉宽/mm	1350	1980	1800	1727	1880
3	炉高/mm	1300	1500	920	1300	1600
4	调节区/个	8	7	7	7	9
炉底辊/个		44	28	20	28	26
天然气①通入量（标态）/$m^3 \cdot h^{-1}$		490	1275	480	850	2800②
空气最大通入量（标态）/$m^3 \cdot h^{-1}$		4900	13200	5000	10000	6000
辐射管类型		直套管	直单管和直套管	直单管二次进风	直单管	直套管
辐射管直径/mm		140	200	141	178	180
辐射管数目/个		215	142	126	190	150
辐射管天然气耗量（标态）/$m^3 \cdot h^{-1}$		2.28	9.0	3.81	4.46	18②
辐射管允许温度/℃		1050	1050	1000	1100	1000
天然气耗量（标态）/$m^3 \cdot h^{-1}$		16.3	25.5	20.9	20.2	62②
炉床效率/$kg \cdot (m^2 \cdot h)^{-1}$		255	427	375	300	300
最高炉温/℃		850	950	900	900	950
出还原炉带钢温度/℃		720	750	730	720	750

续表 5-70

序 号	项 目	作业线				
		A	B	C	D	E
辐射管空气过剩系数（λ 值）		1.3	1.2	1.05	1.3	1.3
平均生产率/$t \cdot h^{-1}$		26	43	25	28	35
热耗量/$kJ \cdot kg^{-1}$		543	836	669	669	468
占总热负荷量/%		40	37	54	60	33

① 天然气热值（标态）33.5MJ/m^3；
② 高焦混合煤气热值（标态）为 7.5MJ/m^3。

表 5-71 带钢的再结晶温度与钢种的关系

序 号	钢种（表 3-84 钢种序号）	最大生产率/$t \cdot h^{-1}$	均热段尾部带钢温度/℃
1	1	55	600
2	2	40	750
3	3	35	800
4	4、5、6	35	850
5	7	35	750（或 850）

表 5-72 还原炉各区炉温的调整

还原炉区	炉温/℃	
	钢种 1、2、3、4、5、6（见表 3-84）	钢种 7（见表 3-84）
1	950	960
2	940	950
3	930	940
4	910	920
5	870	880
6	850	870
7	820	850

5.6.6 辐射管

辐射管技术参数见表 5-73 ~ 表 5-78。

表 5-73 各种类型辐射管技术参数

技术参数	直管型	套管型	U 型	W 型	P 型
烧嘴形式	长火焰烧嘴	长火焰烧嘴	长火焰烧嘴	长火焰烧嘴	长火焰烧嘴
外径/mm	161	178	178	194	178
壁厚/mm	10	8	8	8	3
材 质	X12CrNi18-36①	G-X50NiCrW48-28①	G-X50NiCrW48-28①	Ni48Cr28W5	Ni48Cr28
辐射能/$kJ \cdot (cm^2 \cdot h)^{-1}$	18.8	14.6	13.2	14.8	14.6
燃气用量/$m^3 \cdot h^{-1}$	1.5 ~ 8	0.8 ~ 6	1.0 ~ 10	4.0 ~ 20	1.0 ~ 12
天然气热值（标态）/$MJ \cdot m^{-3}$	33.4	33.4	33.4	33.4	33.4

续表 5-73

技术参数	直管型	套管型	U 型	W 型	P 型
空气过剩系数 λ 值	1.3	1.2	1.09	1.08	1.08
废气温度/℃	950	700	680	650	550
废气带走热量/%	67	35	30	25	20
热效率/%	33	65	70	75	80
废气中氧含量/%	3.5～4.3	3.5～4.3	1.8～2.0	1.8～2.0	1.8～2.0
废气排出方式	排车间内	排车间内	集中回收	集中回收	集中回收
管壁温度/℃	980～1000	内 1100，外 1000	980～1000	980～1000	980～1000
管壁温差/℃	100～250	30～50	50～150	50～100	30～50
管内压力/Pa	100～200	100～200	100～200	100～200	100～200
使用寿命/a	3	内管 2，外管 5	5	5	5

① 德国钢号。

表 5-74 U 型辐射管技术参数

项 目	还原区							
	1	2	3	4	5	6	7	8
辐射管/个	48	48	46	19	19	19	8	8
天然气通入量/$m^3 \cdot h^{-1}$	112	100	89	35	35.8	25.8	12.8	17.1
燃烧空气通入量/$m^3 \cdot h^{-1}$	1140	1070	890	340	350	260	128	165
给定温度/℃	860	860	850	870	850	800	780	770
实际温度/℃	855	840	870	870	855	800	780	780
空气过剩系数 λ 值	1.3	1.3	1.2	1.2	1.2	1.2	1.2	1.2
计算空气过剩系数 λ 值	1.21	1.27	1.19	1.15	1.22	1.16	1.19	1.23
测得废气中氧含量/%	1.16	1.24	1.19	1.18	1.21	1.18	1.3	1.27
计算废气中氧含量/%	4.1	4.8	3.8	3.15	4.1	3.3	3.8	4.3
天然气用量/$m^3 \cdot h^{-1}$	2.33	2.08	1.94	1.84	1.88	1.34	1.6	2.14

表 5-75 作业线 E 的辐射管布置与技术参数

区 段	最大燃气量（标态）①/$m^3 \cdot h^{-1}$	最大空气量（标态）/$m^3 \cdot h^{-1}$	辐射管数目/个	
			带钢上部	带钢下部
1	430	920	11	9
2	430	920	12	8
3	390	840	12	8
4	390	840	11	9
5	390	840	12	8
6	264	565	8	8
7	264	565	8	8
8	108	230	4	4
9	135	290	5	5
合 计	2801	6010	150	

① 高炉-焦炉混合煤气。

表 5-76 辐射管种类及技术参数

形式	辐射管构造	辐射管尺寸	煤气量 /$m^3 \cdot h^{-1}$	热效率/%	沿壁管的最大温差/℃	内外壁管温差/℃	使用温度/℃	管子的更换
直管型	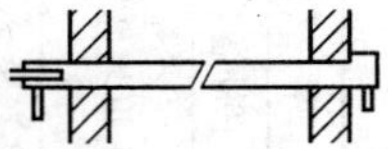	直径 2 ~4in 长 2 ~3m	1.5 ~8	33 ~39 45(带凹坑)	100 ~250 100 ~150 (带凹坑)	—	500 ~1000	困难
U 型	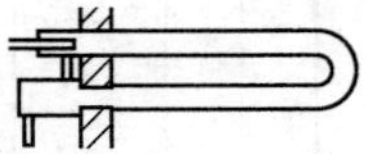	直径 2 ~5in 长 1 ~2m	1.0 ~10	45 75(带换热器)	50 ~150 50 ~100 (带换热器)	—	300 ~1000	稍困难
套管型	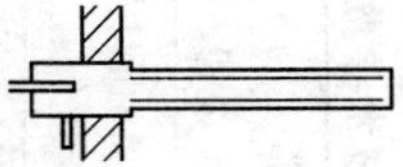	直径 3 ~4in 长 1 ~1.5m	0.8 ~6	75 ~78 (带换热器)	30 ~50 10 ~20 (带换热器)	70 ~100	300 ~900	简单
O 型	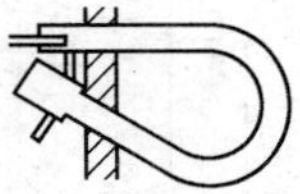	直径 3 ~4in 长 500mm	1.0 ~10	56 65 ~70 (带换热器)	150 100 ~150 (带换热器)	—	300 ~1000	困难
SP 型	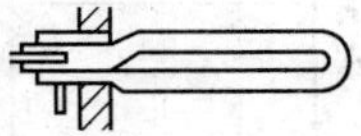	直径≥3in 长 1 ~1.5m	1.0 ~10	68 ~75	—	—	300 ~1000	简单
LP 型	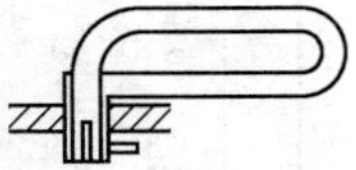	直径≥3in 长 1 ~1.5m	1.0 ~12	68 ~75	—	—	300 ~1000	稍困难
W 型	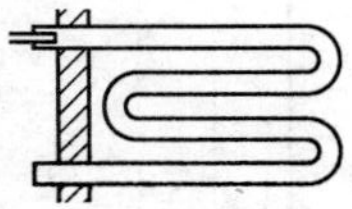	直径 4 ~6in 长 1 ~2m	4.0 ~20.0	50 ~60	100	—	300 ~1000	困难

注：1in =2.54cm。

表 5-77　辐射管的温度分布

序号	名称	形状	温度分布/℃	特点和用途
1	直管型	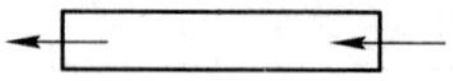	 1000 900 800 700	形状简单可用于各种炉型
2	套管型	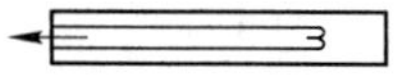	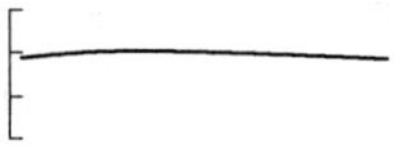 1000 900 800 700	长度在 2.5m 以下，两个同心套管可用于各种炉型
3	U 型	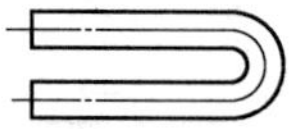	 1000 900 800 700	形状比较简单用于各种炉型
4	W 型	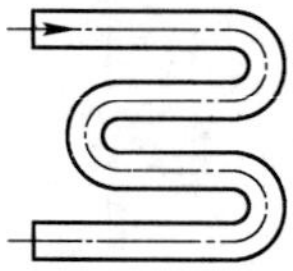	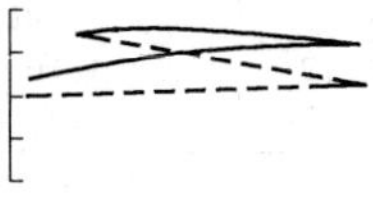 1000 900 800 700 600	因使用一个烧嘴，可以有较大的传热面积，多用于立式炉
5	O 型	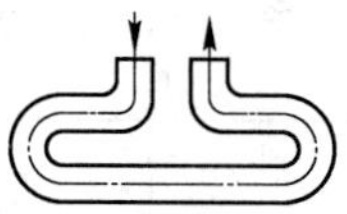	 1000 900 800 700	与 W 型同样，可用于立式炉以及罩式炉
6	P 型	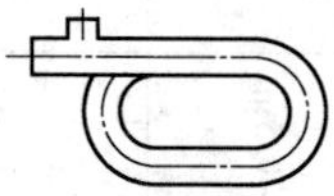	 1000 900 800 700	以燃烧气体再循环的基本形式而著称，欧美较多，日本使用得较少
7	三叉型	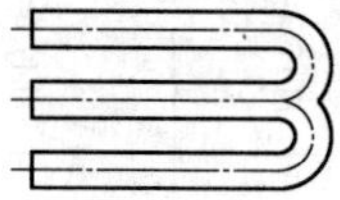	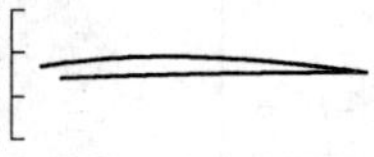 1000 900 800 700	由两根 U 型管组合起来，因一根有两个烧嘴，因此要考虑两个烧嘴的均衡操作

表 5-78　P 管与 W 管技术参数比较

序　号	项　目	双 P 管	W　管
1	制造厂家	美国 SELAS 公司	中外各厂家
2	业　绩	德国蒂森 8 号线、奥地利林茨线、中国天铁等 30 余家	全世界数百家
3	制造方式	镍铬钢板卷筒氩气保护焊结	分段离心铸造
4	生产厂自制可能	工艺、设备制造简单有可能	工艺、设备制造复杂不可能
5	烧嘴选择	脉冲式	脉冲式
6	管子壁厚/mm	3	8
7	管子材质	Ni48Cr28	Ni48Cr28W5
8	管子单重/kg	101	550

续表 5-78

序号	项目	双P管	W管
9	使用寿命/a	5	5
10	断裂性	钢板轧制有弹性，不易断裂	铸造有脆性易断裂
11	火焰类型	短火焰	长火焰
12	废气循环	30%废气参与燃烧循环	无
13	废气排放量比/%	70	100
14	废气温度/℃	500	650
15	废气 NO_x 排放量/%	$1m^3$ 废气（标态）<0.01	$1m^3$ 废气（标态）<0.02
16	热惰性	热惰性小炉子，升温及降温快	热惰性大炉子，升温及降温慢
17	温度分布	管子各部温度差小于30℃	管子各部温度差小于100℃
18	管壁与炉温温差/℃	50	100
19	能耗比/%	70	100
20	炉体结构总重比/%	90	100
21	单根价格比/%	95	100
22	维护	管子轻方便	管子重不方便

5.6.7 冷却段

冷却段技术参数，见表 5-79 ~ 表 5-82。

表 5-79 冷却段技术参数

项目	作业线				
	A	B	C	D	E
冷却段长/mm	72000	92000	43000	85000	60000
冷却段宽/mm	1500	1980	1800	1500	1880
冷却段高/mm	1200	1300	920	1200	1470
调节区/个	8	10	5	8	6
炉底辊/个	45	51	25	50	24
空气冷却辐射管/个	110	162	133	140	98
快速冷却器/个	8	12	8	8	10
冷却空气量（标态）/$m^3 \cdot h^{-1}$	36000	90000	30400	66400	100000
冷却段末尾温度/℃	320	320	450	360	330
冷却段末尾带温/℃	460 ~ 490	470 ~ 530	460 ~ 500	470 ~ 500	440 ~ 460
炉床效率/$kg \cdot (m^2 \cdot h)^{-1}$	320	300	450	310	310
平均生产率/$t \cdot h^{-1}$	26	43	24	27.8	35
电阻补偿加热功率/kW	600	950	398	700	720
炉鼻密封罩断面尺寸/mm × mm	1500 × 300	1980 × 300	1844 × 294	1500 × 300	1880 × 300
炉鼻密封插入锌液深度/mm	300	150	215	150	300
炉鼻插入锌液钢板厚度/mm	100	100	100	100	100
炉鼻密封罩倾斜角度/(°)	28 ~ 32	20	23	20	35
点火器数目/个	12	20	16	10	8

表 5-80 热镀锌连续炉与其他炉型冷却参数比较

序 号	加热和冷却参数	全氢罩式炉（BA）	冷轧板连续炉（CA）	热镀锌连续炉（CGL）
1	加热速度/℃ · s^{-1}	约 10^{-2}	约 10^{1}	约 10^{1}
2	再结晶温度范围/℃	560 ~ 620	650 ~ 800	650 ~ 800
3	退火温度/℃	650 ~ 730	700 ~ 880	700 ~ 880
4	退火周期	24h	2 ~ 4min	1 ~ 2min
5	冷却速度/℃ · s^{-1}	约 10^{-3}	约 10^{1} ~ 10^{3}	约 10^{1} ~ 10^{2}

表 5-81 热镀锌连续退火炉各种冷却方式的技术参数

冷却方式	冷却速度 /℃ · s^{-1}	冷却开始 /终了温度	适用品种	板形	表面质量	力学性能	生产成本	技术拥有的公司
常规喷气冷却 GJC	约 15	任意温度	镀锡板	优	优	差	低	新日铁等
高速喷气冷却 HGJC	约 50	约 675℃ /任意温度	镀锡冷轧板	优	优	良	较高	新日铁、JFE
辊冷 RC	约 160（接触部分）	600 ~ 650℃ /≥300℃	冷轧板	良	差	优	较低	日本钢管
气-水双相冷却 AGC	50 ~ 200	675℃/≥250℃	冷轧板	良	良	优	高	新日铁
冷水淬 WQ	1000 ~ 2000	约 500℃/<100℃	冷轧板	中	中	优	低	日本钢管
热水冷却 HOWAC	约 90	任意温度	冷轧板	中	良	良	中	比利时
喷气 + 辊冷 GJC + RC	约 50	任意温度	冷轧板	良	良	良	中	JFE

表 5-82 热镀锌连续退火炉冷却方式与冷却速度的关系

序 号	冷却方式	冷却速度 /℃ · s^{-1}	冷却开始温度 /℃	冷却终了温度 /℃	板 形	表面质量	力学性能	生产成本
1	常规喷气冷却	15 左右	任意	任意	优	优	差	低
2	高速喷气冷却	50 左右	675 左右	任意	优	优	良	较 高
3	辊 冷	100 ~ 300	600 ~ 650	≥300	良	差	优	较低
4	气-水双相冷却	50 ~ 200	675 左右	≥250	良	良	优	高
5	冷水淬	1000 ~ 2000	500 左右	≤100	中	中	优	低

5.6.8 加热工艺制度

加热工艺制度见表 5-83 ~ 表 5-87。

表 5-83 卧式 NOF 炉温度控制

<table>
<tr><th colspan="3">炉子区段</th><th>温度/℃</th><th>空气过剩系数</th><th>备注</th></tr>
<tr><td rowspan="8">炉温</td><td colspan="2">无烧嘴段</td><td>800~1000</td><td>—</td><td>可进行二次燃烧</td></tr>
<tr><td rowspan="5">NOF 段</td><td>1</td><td>1050</td><td>空气过剩系数 0.98</td><td>—</td></tr>
<tr><td>2</td><td>1100</td><td>空气过剩系数 0.96</td><td>—</td></tr>
<tr><td>3</td><td>1150</td><td>空气过剩系数 0.95</td><td>—</td></tr>
<tr><td>4</td><td>1150</td><td>空气过剩系数 0.95</td><td>—</td></tr>
<tr><td>5</td><td>1150</td><td>空气过剩系数 0.95</td><td>—</td></tr>
<tr><td colspan="2">还原炉加热段</td><td>不低于 820</td><td>—</td><td>—</td></tr>
<tr><td colspan="2">还原炉均热段</td><td>不低于 820</td><td>—</td><td>—</td></tr>
<tr><td rowspan="2">带温</td><td colspan="2">均热段出口</td><td>≥730</td><td>—</td><td>—</td></tr>
<tr><td colspan="2">入锌锅</td><td>470~520</td><td>—</td><td>—</td></tr>
</table>

表 5-84 板厚 0.15~0.60 mm CQ 级卧式还原炉温度控制

<table>
<tr><th colspan="3" rowspan="3">区段</th><th colspan="4">温度/℃</th></tr>
<tr><th colspan="2">带厚 0.15~0.35mm</th><th colspan="2">带厚 0.40~0.60mm</th></tr>
<tr><th>FH</th><th>CQ</th><th>HSLA</th><th>CQ</th></tr>
<tr><td rowspan="6">炉温</td><td rowspan="4">加热段</td><td>1</td><td>750</td><td>820</td><td>840</td><td>830</td></tr>
<tr><td>2</td><td>730</td><td>820</td><td>830</td><td>820</td></tr>
<tr><td>3</td><td>680</td><td>800</td><td>820</td><td>810</td></tr>
<tr><td>4</td><td>650</td><td>780</td><td>810</td><td>800</td></tr>
<tr><td rowspan="2">均热段</td><td>1</td><td>650</td><td>770</td><td>790</td><td>780</td></tr>
<tr><td>2</td><td>650</td><td>770</td><td>790</td><td>780</td></tr>
<tr><td rowspan="2">带温</td><td colspan="2">均热段出口</td><td>≥550</td><td>≥730</td><td>≥730</td><td>≥730</td></tr>
<tr><td colspan="2">入锌锅</td><td colspan="2">480~520</td><td colspan="2">480~520</td></tr>
</table>

表 5-85 板厚 0.15~0.80mm CQ 级卧式还原炉温度控制

<table>
<tr><th colspan="3" rowspan="3">区段</th><th colspan="4">温度/℃</th></tr>
<tr><th colspan="2">带厚 0.15~0.35mm</th><th colspan="2">带厚 0.40~0.80mm</th></tr>
<tr><th>FH</th><th>CQ</th><th>HSLA</th><th>CQ</th></tr>
<tr><td rowspan="6">炉温</td><td rowspan="4">加热段</td><td>1</td><td>750</td><td>830</td><td>860</td><td>850</td></tr>
<tr><td>2</td><td>730</td><td>830</td><td>860</td><td>850</td></tr>
<tr><td>3</td><td>680</td><td>800</td><td>850</td><td>840</td></tr>
<tr><td>4</td><td>650</td><td>780</td><td>830</td><td>820</td></tr>
<tr><td rowspan="2">均热段</td><td>1</td><td>650</td><td>780</td><td>810</td><td>800</td></tr>
<tr><td>2</td><td>650</td><td>780</td><td>810</td><td>800</td></tr>
<tr><td rowspan="2">带温</td><td colspan="2">均热段出口</td><td>≥550</td><td>≥730</td><td>≥730</td><td>≥730</td></tr>
<tr><td colspan="2">入锌锅</td><td colspan="2">480~520</td><td colspan="2">480~520</td></tr>
</table>

表 5-86 板厚 0.20～1.20mm CQ、DQ 级卧式还原炉温度控制

区段			温度/℃					
			带厚 0.20～0.40mm			带厚 0.50～1.20mm		
			FH	CQ	DQ	HSLA	CQ	DQ
炉温	加热段	1	750	830	860	850	850	880
		2	730	830	850	840	850	880
		3	680	820	830	830	840	860
		4	650	800	820	820	820	850
	均热段	1	650	780	800	820	800	850
		2	650	780	800	820	800	850
带温	均热段出口		≥550	≥730	≥780	≥730	≥730	≥780
	入锌锅		480～520			480～520		

表 5-87 板厚 0.25～2.00mm CQ、DQ、DDQ 级立式还原炉温度控制

区段			温度/℃						
			带厚 0.25～0.50mm				带厚 0.60～2.00mm		
			FH	CQ	DQ	DDQ	CQ	DQ	DDQ
炉温	加热段	1	600	780	820	880	780	830	900
		2	620	780	820	880	780	830	900
		3	620	770	820	880	780	830	900
		4	610	750	810	850	760	810	870
	均热段	1	600	740	790	840	750	800	850
		2	600	740	790	840	750	800	850
	均衡段	1	500	500	500	500	480	480	480
带温	均热段出口		≥560	≥730	≥780	≥830	≥730	≥780	≥830
	均衡段出口(入锌锅)		470～520				470～520		

5.6.9 保护气体

5.6.9.1 保护气体的种类

保护气体的种类与工艺技术参数，见表 5-88。

表 5-88 保护气体的种类与工艺技术参数

种类	生产方法	成分(体积分数)/%				露点温度/℃
		H_2	CO	CO_2	N_2	
DX	放热燃烧+冷却	1～14	1～11	11～5	87～70	5（超过冷）
DX	放热燃烧+冷却+干燥	1～14	1～11	11～5	87～70	-30
NX	放热燃烧+冷却+ CO_2 的排除+干燥	0.5～14	0.5～11	<0.001～<0.02	99～75	-70～-50
HNX	放热燃烧+冷却+单级的 CO 转化和 CO_2 排除+干燥	1～22	0.1～3	<0.001～<0.02	99～75	-70～-50
HNX	放热燃烧+冷却+二级 CO 转化和 CO_2 排除+干燥	1～25	<0.1	<0.02	99～75	-50
RX	吸热燃烧+冷却	28～38	20～24	0.5～0	52～38	+5～-10
AX	氨的裂解+冷却+干燥	75	—	—	25	-70①

① 不用干燥，氨裂解氧的露点按氨气中的水分含量而定。

5.6.9.2 保护气体制造

保护气体制造技术参数，见表5-89～表5-91。

表5-89 国内外碳分子筛的性能

序号	生产厂家	主要材料	产氮量/L·(kg·h)$^{-1}$	氮气纯度/%	回收率/%
1	德国 Carbotech 公司	天然煤质	>185	99.5	>35.2
2	日本武田株式会社	天然椰壳	>190	99.5	>38.3
3	日本钟纺株式会社	合成树脂	>185	99.5	>32
4	浙江海华化工厂	合成树脂	180～200	99.5	>32.0
5	浙江中泰分子筛有限公司	合成树脂	180～200	99.5	>36.0
6	浙江科博分子筛有限公司	合成树脂	180～200	99.5	>36.0

表5-90 氨分解时气体混合物成分

序号	温度/℃	气体混合物的成分(体积分数)/%		
		NH_3	N_2	H_2
1	270	98.51	0.37	1.12
2	325	8.72	22.82	68.46
3	625	0.21	24.95	74.84
4	925	0.024	约25.0	约75.0
5	1000	0.012	约25.0	约75.0

表5-91 催化剂（A6型）还原升温表

还原阶段状态	时间/h	累计热点温度/℃		升温速率/℃·h^{-1}	系统压力/MPa	氢含量/%	出水率/kg·h^{-1}
升温	12～14	12～14	常温～350	30～40	3.0～3.5	68	
还原初期	30～40	42～54	350～450	<10	3.0～3.5	75	<1.5
	—	—	450～480	<2～3	3.0～3.5	—	—
还原后期	70～80	112～134	480～520	视出水情况升温	5.0～7.0	80	<2

5.6.9.3 保护气体的性质

各种保护气体的性质及技术参数，见表5-92～表5-94。

表5-92 保护气氛的性质

序号	气氛类型	气氛与空气的密度比值	气氛与空气导热性的比值	发热量/MJ·m^{-3}
1	A. 氢	0.069	7.01	12.08
2	B. 氮	0.972	0.999	0
3	C. 二氧化碳	1.527	0.590	0
4	D. 氩	1.379	0.745	0

续表 5-92

序 号	气 氛 类 型			气氛与空气的密度比值	气氛与空气导热性的比值	发热量 /MJ · m^{-3}
5	E. 氨			0.137	6.217	0
6	F. 分解氨	(1) 不燃烧		0.295	5.507	9.07
7		(2)燃烧	1) 浓混合比	0.755	2.442	2.91
8			2) 淡混合比	0.963	1.059	0.11
9	G. 放热式气氛	(1)未经清洁	1) 浓混合比	0.858	1.878	3.57
10			2) 淡混合比	1.03	0.994	0.19
11		(2)经过清洁	1) 浓混合比	0.825	1.929	3.55
12			2) 半浓混合比	0.954	1.118	0.52
13			3) 淡混合比	0.966	1.041	0.19
14	H. 吸热式气氛	(1) 干燥的		0.622	3.228	7.06
15		(2) 潮湿的		0.798	2.663	5.25
16	I. 一氧化碳			0.968	0.959	11.95
17	J. 甲烷			0.554	1.127	37.70
18	K. 空气			1.000	1.000	0

表 5-93 氨的饱和温度和饱和压力

饱和温度/℃	-70	-60	-50	-40	-30	-25	-20
饱和压力/Pa	1.114	2.233	4.168	7.318	12.19	15.46	19.40
饱和温度/℃	-15	-10	-5	0	5	10	15
饱和压力/Pa	24.10	29.66	36.19	43.79	52.59	62.71	74.27
饱和温度/℃	20	25	30	35	40	45	50
饱和压力/Pa	87.41	102.25	118.95	137.65	158.50	181.65	207.27

表 5-94 保护气体露点和水分含量关系表

露点温度/℃	水蒸气分压/Pa	标准大气压下(1×10^5Pa)水分含量/%	22℃时相对湿度/%	水分含量（标态）/mg · m^{-3}	在22℃时密度 /μg · L^{-1}
-110	0.0001	0.00432×10^{-4}	0.0000053	0.00082	0.000977
-108	0.0002	0.00237×10^{-4}	0.0000096	0.0015	0.00176
-106	0.0003	0.00368×10^{-4}	0.000015	0.0023	0.00273
-104	0.0005	0.00566×10^{-4}	0.000023	0.0035	0.00420
-102	0.0008	0.00855×10^{-4}	0.000035	0.0053	0.00635
-100	0.0013	0.0130×10^{-4}	0.000053	0.0081	0.00967
-98	0.0019	0.0197×10^{-4}	0.000080	0.012	0.01465
-96	0.0029	0.0289×10^{-4}	0.00012	0.018	0.215
-94	0.0043	0.0434×10^{-4}	0.00018	0.027	0.0322
-92	0.0063	0.0632×10^{-4}	0.00026	0.039	0.0469
-90	0.0093	0.0921×10^{-4}	0.00037	0.057	0.0684
-88	0.0133	0.132×10^{-4}	0.00054	0.082	0.0977
-86	0.0186	0.184×10^{-4}	0.00075	0.11	0.137
-84	0.0266	0.263×10^{-4}	0.00107	0.16	0.195

续表 5-94

露点温度/℃	水蒸气分压/Pa	标准大气压下(1×10^5Pa)水分含量/%	22℃时相对湿度/%	水分含量(标态)/mg·m^{-3}	在22℃时密度/μg·L^{-1}
-82	0.0386	0.382×10^{-4}	0.00155	0.24	0.283
-80	0.0533	0.526×10^{-4}	0.00214	0.33	0.391
-78	0.0746	0.737×10^{-4}	0.00300	0.46	0.547
-76	0.1026	1.01×10^{-4}	0.00410	0.63	0.752
-74	0.1399	1.38×10^{-4}	0.00559	0.86	1.025
-72	0.1906	1.88×10^{-4}	0.00762	1.17	1.39
-70	0.2586	2.55×10^{-4}	0.0104	1.58	1.89
-68	0.3479	3.43×10^{-4}	0.0140	2.13	2.55
-66	0.4652	4.59×10^{-4}	0.0187	2.84	3.41
-64	0.6185	6.11×10^{-4}	0.0248	3.79	4.53
-62	0.8184	8.08×10^{-4}	0.0328	5.01	6.00
-60	1.0770	10.6×10^{-4}	0.0430	6.59	7.89
-58	1.4129	13.9×10^{-4}	0.0565	8.63	10.35
-56	1.8395	18.2×10^{-4}	0.0735	11.3	13.5
-54	2.3727	23.4×10^{-4}	0.0948	14.5	17.4
-52	3.0659	30.3×10^{-4}	0.123	18.8	22.5
-50	3.9323	38.8×10^{-4}	0.157	24.1	28.8
-48	5.0387	49.7×10^{-4}	0.202	30.9	36.9
-46	6.4117	63.3×10^{-4}	0.257	39.3	47.0
-44	8.1179	80.0×10^{-4}	0.325	49.7	59.5
-42	10.2374	101×10^{-4}	0.410	62.7	78.1
-40	12.8767	127×10^{-4}	0.516	78.9	94.3
-38	16.1159	159×10^{-4}	0.644	98.6	118.0
-36	20.0883	198×10^{-4}	0.804	122.9	147
-34	24.9670	246×10^{-4}	1.00	152	183
-32	30.8989	305×10^{-4}	1.24	189	228
-30	38.1104	376×10^{-4}	1.52	234	279
-28	46.7883	462×10^{-4}	1.88	287	343
-26	57.3190	566×10^{-4}	2.30	351	420
-24	70.1158	692×10^{-4}	2.81	430	514
-22	85.3120	842×10^{-4}	3.41	523	625
-20	103.4408	1020×10^{-4}	4.13	633	758
-18	125.1687	1240×10^{-4}	5.00	770	917
-16	150.8956	1490×10^{-4}	6.03	925	990
-14	181.4213	1790×10^{-4}	7.25	1110	1330
-12	216.2126	2150×10^{-4}	8.69	1335	1590
-10	259.9350	2570×10^{-4}	10.4	1596	1905
-8	310.0558	3060×10^{-4}	12.4	1900	2270
-6	368.5745	3640×10^{-4}	14.7	2260	2710
-4	437.2240	4320×10^{-4}	17.5	2680	3210

续表 5-94

露点温度/℃	水蒸气分压/Pa	标准大气压下(1×10^5Pa)水分含量/%	22℃时相对湿度/%	水分含量（标态）/mg·m^{-3}	在22℃时密度/μg·L^{-1}
-2	517.2040	5100×10^{-4}	20.7	3170	3790
0	610.3807	6020×10^{-4}	24.4	3640	4470
+2	705.6902	6970×10^{-4}	28.2	4330	5170
+4	813.2633	8030×10^{-4}	32.5	4990	5960
+6	934.8329	9230×10^{-4}	37.4	5730	6850
+8	1072.3985	10590×10^{-4}	42.9	6580	7850
+10	1227.5597	12120×10^{-4}	49.1	7530	8990
+12	1402.3160	13840×10^{-4}	56.1	8600	10280
+14	1598.2670	15780×10^{-4}	63.9	9800	11700
+16	1816.8790	17930×10^{-4}	72.6	11140	13320
+18	2063.4840	20370×10^{-4}	82.5	12650	15120
+20	2338.0820	23080×10^{-4}	93.5	14330	17120

5.6.9.4　保护气体在炉内各部位的露点温度

保护气体在炉内各部位的露点温度，见表 5-95。

表 5-95　热镀锌连续退火炉各部位露点温度测试（℃）

序　号	作业线名称	保护气体入口	冷 却 段	加热均热段	预 热 段
1	A	< -35	< -20	< -10	< +10
2	B	< -35	< -20	< -10	< +10
3	C	< -35	< -20	< +10	< +20
4	D	< -35	< -20	< -10	< +10
5	E	< -35	< -20	< -10	< +10
6	F	< -40	< -30	< -20	< +10
7	G	< -60	< -30	< -20	< -10
8	H	< -70	< -50	< -40	< -10

5.6.9.5　保护气体在炉内各部位的氢气含量变化

保护气体在炉内各部位的氢气含量变化，见表 5-96。

表 5-96　退火炉中氢气含量的变化（平均值）

作 业 线	入炉前 H_2 含量/%	还原炉一区 H_2 含量/%	NOF 炉中部 H_2 含量/%
A	17	5	1.0
B	15	8	1.5
C	37	28	0
D	15	7	1.0
E	15	9	1.8

5.6.9.6　生产时保护气体的用量

生产时保护气体的用量，见表 5-97。

表 5-97 保护气体用量比较表

作业线	月产量/t	最大生产率/$t \cdot h^{-1}$	炉子容积/m^3	保护气体总量/$m^3 \cdot h^{-1}$	氢气总量/$m^3 \cdot h^{-1}$	氢含量/%
A	18000	35	250	305	46	15
B	30000	55	500	500	75	15
C	18000	33	160	40	15	37.5
D	20000	38	400	330	50	15
E	25000	45	500	400	60	15
F	25000	55	350	280	60	21
G	24000	45	200	150	38	25

5.6.9.7 开炉与停炉时吹刷气体的用量

开炉与停炉时吹刷炉体保护气体的用量及炉内残氧变化，见表5-98。

表 5-98 炉体容积与吹刷气体流量和吹刷时间的关系

序号	炉体容积/m^3	吹刷量/$m^3 \cdot h^{-1}$，吹刷时间/h								
1	350	350①	370	390	400	420	440	460	480	500
		3.05②	2.88	2.73	2.66	2.54	2.42	2.3	2.22	2.13
2	300	300	320	340	350	370	390	410	430	450
		3.05	2.85	2.69	2.61	2.47	2.34	2.2	2.12	2.03
3	250	250	270	290	300	320	340	360	380	400
		3.05	2.82	2.63	2.54	2.38	2.24	2.1	2.00	1.9
4	200	200	220	240	250	270	290	310	330	350
		3.05	2.77	2.54	2.44	2.26	2.10	2	1.85	1.74
5	150	150	170	250	300	400	500	300	400	500
		3.04	2.69	1.85	1.52	1.14	0.91	1.52	1.14	0.99

① 表中上排为吹刷量；

② 表中下排为吹刷时间。

5.6.9.8 开炉与停炉时吹刷气体过程中炉内残氧含量的变化

开炉与停炉时吹刷气体过程中炉内残氧含量的变化，见表5-99。

表 5-99 开炉与停炉时吹刷气体过程中炉内残氧含量的变化

序号	开炉与停炉时吹刷气体过程中炉内残氧含量的变化/%									
1	$\frac{Q}{VT}$	0.1	0.2	0.3	0.4	0.5	0.6	0.7	0.8	0.9
2	氧/%	90.5	81.8	74.1	67.0	60.6	54.8	49.6	44.9	40.6
3	$\frac{Q}{VT}$	1.4	1.5	1.6	1.7	1.8	1.9	2.0	2.1	2.2
4	氧/%	24.6	22.31	20.2	18.3	16.5	14.9	13.5	12.2	11.1
5	$\frac{Q}{VT}$	2.7	2.8	2.9	3.0	3.1	3.2	3.3	3.4	3.5
6	氧/%	6.7	6.1	5.5	4.9	4.5	4.1	3.7	3.3	3.0

续表 5-99

序号	开炉与停炉时吹刷气体过程中炉内残氧含量的变化/%									
7	$\frac{Q}{VT}$	4	4.1	4.2	4.3	4.3	4.5	4.6	4.7	4.8
8	氧/%	1.8	1.6	1.5	1.3	1.2	1.1	1.0	0.9	0.8
9	$\frac{Q}{VT}$	5.3	5.4	5.5	5.6	5.7	5.8	5.9	6	6.5
10	氧/%	0.5	0.4	0.41	0.4	0.3	0.3	0.2	0.25	0.1

注：Q 为吹刷气体流量，m^3/h；V 为炉子容积，m^3；T 为吹刷时间，h。

5.6.10　退火炉作业区的安全

几种常用气体在退火炉区允许的最高浓度，见表 5-100。

表 5-100　几种常用气体在退火炉区允许的最高浓度

序　号	材 料 名 称	化 学 式	在退火炉区允许的最高浓度	
			%	mg/m^3
1	乙　醛	$CH_3—CHO$	200×10^{-4}	360
2	丙　酮	$CH_3—CO—CH_3$	10000×10^{-4}	2400
3	乙　醚	$C_2H_5—O—C_2H_5$	400×10^{-4}	1200
4	甲　醚	$CH_3—CH_3—O$	50×10^{-4}	90
5	氨	NH_3	50×10^{-4}	35
6	苯	C_6H_6	25×10^{-4}	80
7	溴	Br_2	0.1×10^{-4}	0.7
8	丁二烯	$CH_2=CH—CH=CH_2$	1000×10^{-4}	2200
9	正丁烷	C_4H_{10}	1000×10^{-4}	2350
10	氯	Cl_2	0.5×10^{-4}	2
11	三氯化碳	CCl_3	50×10^{-4}	240
12	碘甲烷	CH_3I	300×10^{-4}	1050
13	硼化氢	B_2H_2	0.1×10^{-4}	0.1
14	氟	F_2	0.1×10^{-4}	0.2
15	正庚烷	C_7H_{16}	500×10^{-4}	2000
16	正己烷	C_6H_{14}	500×10^{-4}	1800
17	碘	I_2	0.1×10^{-4}	1
18	二氧化碳	CO_2	5000×10^{-4}	9000
19	一氧化碳	CO	50×10^{-4}	55
20	丙　炔	$CH_3C\equiv CH$	1000×10^{-4}	1650
21	正辛烷	C_8H_{18}	500×10^{-4}	2350
22	臭　氧	O_3	0.1×10^{-4}	0.2
23	正戊烷	C_5H_{12}	1000×10^{-4}	2950
24	光　气	$COCl_2$	0.1×10^{-4}	0.4
25	丙　烷	C_3H_8	1000×10^{-4}	1800
26	汞	Hg	0.1×10^{-4}	0.1
27	硝　酸	HNO_3	10×10^{-4}	25

续表 5-100

序号	材料名称	化学式	在退火炉区允许的最高浓度	
			%	mg/m^3
28	二氧化硫	SO_2	5×10^{-4}	13
29	六氟化硫	SF_6	1000×10^{-4}	6000
30	二硫化碳	CS_2	20×10^{-4}	60
31	硫化氢	H_2S	10×10^{-4}	15
32	四氯乙烯	$CCl_2=CCl_2$	100×10^{-4}	670
33	四氯化碳	CCl_4	10×10^{-4}	650
34	甲　苯	$C_6H_5—CH_3$	200×10^{-4}	750
35	三氯乙烯	$CCl_2=CH—Cl$	10×10^{-4}	45
36	氯乙烯	$CH_2=CHCl$	500×10^{-4}	1300

保护气体中氢气及相关气体的可爆炸极限，见表 5-101。

表 5-101 保护气体中氢气及相关气体的可爆炸极限

序号	名称	符号	带有空气体积分数/%		带有氧体积分数/%	
			下限	上限	下限	上限
1	氢　气	H_2	4.00	74.2	4.65	93.9
2	乙　炔	C_2H_2	2.50	80.00	2.5	约 98.1
3	乙　烷	C_2H_6	3.00	12.50	4.10	50.5
4	乙　烯	C_2H_4	2.75	28.60	2.90	79.9
5	正丁烷	C_4H_{10}	1.86	8.41	1.80	49.0
6	异丁烷	C_4H_{10}	1.80	8.44	1.80	48.0
7	丁　烯	C_4H_8	1.75	9.70	—	—
8	一氧化碳	CO	12.50	74.20	15.50	93.9
9	甲　烷	CH_4	5.00	15.00	5.40	59.2
10	丙　烷	C_3H_8	2.12	9.35	2.30	55.0
11	丙　烯	C_3H_6	2.00	11.10	2.10	52.8

一些物质与空气混合时爆炸浓度极限范围，见表 5-102。

表 5-102 一些物质与空气混合时爆炸浓度极限范围

序号	物质名称	可燃范围下限/%	可燃范围上限/%	序号	物质名称	可燃范围下限/%	可燃范围上限/%
1	氮	0.15	0.28	10	丙　烷	0.022	0.095
2	联　氨	0.047	1.00	11	丁　烷	0.019	0.085
3	氢	0.04	0.75	12	己　烷	0.012	0.075
4	氰化氢	0.06	0.41	13	庚　烷	0.012	0.067
5	硫化氢	0.043	0.45	14	焦炉煤气	0.044	0.34
6	一氧化氮	0.125	0.74	15	高炉煤气	0.35	0.74
7	氰	0.06	0.32	16	发生炉煤气	0.17	0.70
8	甲　烷	0.053	0.14	17	油煤气	0.047	0.33
9	乙　烷	0.030	0.125	18	甲　醇	0.073	0.36

续表 5-102

序号	物质名称	可燃范围下限/%	可燃范围上限/%	序号	物质名称	可燃范围下限/%	可燃范围上限/%
19	乙　醇	0.043	0.19	34	加碳水煤气	0.055	0.36
20	正丙醇	0.021	0.135	35	天然气	0.038	0.17
21	正丁醇	0.014	0.112	36	汽　油	0.014	0.076
22	甲　醚	0.034	0.18	37	石脑油	0.008	0.05
23	乙　醚	0.019	0.48	38	煤　油	0.007	0.05
24	己　醛	0.041	0.55	39	丁　酮	0.018	0.1
25	丙　醛	0.03	0.11	40	环己酮	0.011	
26	乙　烯	0.031	0.32	41	甲　氨	0.049	0.207
27	乙　炔	0.025	0.81	42	乙　氨	0.035	0.140
28	苯	0.014	0.071	43	甲基氯	0.107	0.174
29	甲　苯	0.014	0.067	44	甲基溴	0.135	0.145
30	萘	0.009	0.059	45	聚乙烯	0.040	0.220
31	环丙烷	0.024	0.104	46	二氯乙烯	0.097	0.128
32	环己烷	0.013	0.080	47	二甲基硫	0.022	0.197
33	水煤气	0.070	0.72	48	乙基硫醇	0.028	0.180

在操作点附近和大气中部分有害物质的极限浓度，见表 5-103。

表 5-103　在操作点附近和大气中部分有害物质的极限浓度

序　号	有害物质	最大浓度/$mg \cdot m^{-3}$				
		在操作点附近		测量的时间（最大）/min	在大气中	
		8h 内	暂时的		在 24h 内	15min 内
1	铅	0.2	0.5	60	0.0007	—
2	氯	1	3	15	0.03	0.1
3	氯化氢	10	10	15	0.015	0.05
4	二氧化硫	10	30	15	0.015	0.5
5	硫　酸	1	2	15	0.1	0.3
6	硫化氢	15	30	15	0.008	0.008
7	灰　尘	—	—	—	0.15	0.5
8	氨	25	50	30	—	—
9	四氯乙烯	500	1500	30	—	—
10	四氯化碳	50	100	30	—	—
11	氧化锌	10	15	30	—	—

5.6.11　炉内带钢张力控制

炉内带钢张力控制，见表 5-104～表 5-106。

表 5-104 张力系数的选择

序 号	炉内温度/℃	张力系数/MPa
1	750	0.68
2	820	0.58
3	930	0.50

表 5-105 炉内带钢张力系数控制值

序 号	带钢厚度/mm	带钢宽度/mm			
		600～900	900～1100	1100～1300	1300～1850
		张力系数控制值/MPa			
1	0.25	8～10	6～8	5～7	5～7
2	0.35	8～12	6～7	5～6	5～6
3	0.45	12～13	9～11	6～8	6～7
4	0.55	12～14	10～11	9～10	6～8
5	0.7	9～10	7～9	6～8	4～5
6	1.0	7～9	6～8	5～7	4～6
7	1.5	9	8	7	5

表 5-106 在炉内带钢张力作用下带钢宽度变化值

序 号	带钢厚度/mm	宽度变窄值/mm
1	0.40～0.56	4
2	0.57～0.74	3
3	0.75～1.50	2
4	>1.50	1

带钢规格为(0.15～0.80)mm×(800～1250)mm 时，炉内带钢张力的控制，见表 5-107。

表 5-107 炉内带钢张力控制（kN）

规格/mm	0.15	0.18	0.23	0.28	0.33	0.38	0.43	0.48	0.58	0.68	0.73	0.78	0.80
800	0.81	1.05	1.22	1.41	1.58	1.91	2.13	2.54	2.83	3.34	3.62	3.8	4.0
850	1.00	1.05	1.25	1.50	1.70	2.00	2.30	2.50	3.00	3.40	3.80	4.0	4.3
900	1.05	1.10	1.30	1.60	1.80	2.10	2.40	2.80	3.10	3.70	4.00	4.3	4.6
950	1.10	1.15	1.40	1.60	1.90	2.20	2.50	2.90	3.30	3.90	4.30	3.5	4.8
1000	1.15	1.20	1.45	1.70	2.00	2.30	2.50	2.90	3.45	4.10	4.40	4.7	5.0
1050	1.20	1.25	1.50	1.80	2.00	2.40	2.80	3.30	3.65	4.00	4.60	5.0	5.3
1100	1.25	1.30	1.60	1.90	2.20	2.50	2.90	3.40	3.80	4.30	4.90	5.2	5.5
1150	1.30	1.35	1.65	2.00	2.40	2.70	3.00	3.40	4.00	4.50	5.10	5.5	5.8
1200	1.35	1.40	1.70	2.10	2.50	2.80	3.10	3.50	4.20	4.70	5.30	5.7	6.0
1250	1.45	1.50	1.80	2.10	2.50	2.90	3.30	3.60	4.40	5.10	5.50	6.0	6.3

带钢规格为(0.18～1.20)mm×(800～1250)mm 时，炉内带钢张力的控制，见表 5-108。

表 5-108 炉内带钢张力控制（kN）

规格/mm	0.18	0.28	0.33	0.38	0.43	0.48	0.58	0.68	0.78	0.83	0.88	0.98	1.20
800	1.00	1.4	1.58	1.9	2.1	2.5	2.80	3.3	3.8	4.0	4.3	4.8	5.8
850	1.05	1.5	1.70	2.0	2.3	2.5	3.00	3.4	4.0	4.3	4.6	5.0	6.1
900	1.10	1.6	1.80	2.1	2.4	2.8	3.10	3.7	4.3	4.6	4.9	5.3	6.5
950	1.15	1.6	1.90	2.2	2.5	2.9	3.30	3.9	3.5	4.8	5.1	5.6	6.9
1000	1.20	1.7	2.00	2.3	2.5	2.9	3.45	4.1	4.7	5.0	5.3	6.0	7.3
1050	1.25	1.8	2.00	2.4	2.8	3.3	3.65	4.0	5.0	5.3	5.80	6.2	7.6
1100	1.30	1.9	2.20	2.5	2.9	3.4	3.80	4.3	5.2	5.5	6.0	6.5	7.9
1150	1.35	2.0	2.40	2.7	3.0	3.4	4.00	4.5	5.5	5.8	6.3	6.8	8.3
1200	1.40	2.1	2.50	2.8	3.1	3.5	4.20	4.7	5.7	6.0	6.4	7.1	8.6
1250	1.50	21	2.50	2.9	3.3	3.6	4.40	5.1	6.0	6.3	6.6	7.5	9.0

带钢规格为(0.23～1.48)mm×(800～1350)mm时，炉内带钢张力的控制，见表5-109。

表 5-109 炉内带钢张力表（kN）

规格/mm	0.23	0.28	0.33	0.48	0.58	0.68	0.73	0.78	0.83	0.88	0.98	1.18	1.28	1.38	1.48
800	1.20	1.42	1.58	2.53	2.85	3.35	3.63	3.8	4.0	4.3	4.8	5.8	6.14	6.63	7.1
850	1.25	1.50	1.70	2.50	3.00	3.40	3.80	4.0	43	4.6	5.0	6.1	6.50	7.00	7.5
900	1.30	1.60	1.80	2.80	3.10	3.70	4.00	4.3	4.6	4.9	5.3	6.5	7.00	7.50	8.0
950	1.40	1.60	1.90	2.90	3.30	3.90	4.30	3.5	4.8	5.1	5.6	6.9	7.30	7.80	8.5
1000	1.45	1.70	2.00	2.90	3.45	4.10	4.40	4.7	5.0	5.3	6.0	7.3	7.70	8.30	8.8
1050	1.50	1.80	2.00	3.30	3.65	4.00	4.60	5.0	5.3	5.8	6.2	7.6	8.00	8.70	9.3
1100	1.60	1.90	2.20	3.40	3.80	4.30	4.90	5.2	5.5	6.0	6.5	7.9	8.50	9.10	9.8
1150	1.65	2.00	2.40	3.40	4.00	4.50	5.10	5.5	5.8	6.3	6.8	8.3	8.80	9.50	10.2
1200	1.70	2.10	2.50	3.50	4.20	4.70	5.30	5.7	6.0	6.4	7.1	8.6	9.20	9.80	10.7
1250	1.80	2.10	2.50	3.60	4.40	5.10	5.50	6.0	6.3	6.6	7.5	9.0	10.50	11.15	12.0
1350	1.86	2.20	2.68	3.90	4.70	5.50	5.90	6.5	6.8	7.0	8.0	9.5	10.50	11.15	12.0

带钢规格为(0.25～2.0)mm×(800～1350)mm时，炉内带钢张力的控制，见表5-110。

表 5-110 炉内带钢张力表（kN）

规格/mm	0.25	0.38	0.43	0.48	0.58	0.68	0.78	0.88	0.98	1.18	1.28	1.38	1.48	1.58	1.78	2.0
800	1.20	1.50	1.70	2.00	2.20	2.40	3.00	3.30	3.80	4.80	5.10	5.20	5.70	6.30	9.40	9.60
850	1.23	1.55	1.80	2.10	2.30	2.60	3.20	3.60	4.00	5.10	5.30	5.60	6.00	6.40	10.0	10.2
900	1.30	1.60	1.90	2.30	2.50	2.70	3.30	3.90	4.30	5.50	5.40	5.80	6.10	6.60	10.3	11.4
950	1.33	1.70	2.00	2.40	2.70	2.90	3.50	4.10	4.60	5.90	5.50	6.10	6.50	7.20	10.5	12.0
1000	1.36	1.80	2.10	2.50	2.80	3.10	3.70	4.30	4.80	6.30	5.70	6.30	6.80	7.50	11.0	13.0
1050	1.40	1.90	2.80	2.60	2.90	3.20	4.00	4.80	5.20	6.40	6.00	6.70	7.30	8.00	11.2	13.8
1100	1.45	2.00	2.30	2.65	3.00	3.30	4.20	5.00	5.50	6.50	6.50	7.10	7.80	8.80	11.7	14.0
1150	1.50	2.10	2.40	2.70	3.10	3.50	4.50	5.30	5.80	6.60	7.00	7.50	8.20	9.60	12.2	14.6
1200	1.60	2.20	2.50	2.80	3.30	3.70	4.70	5.40	6.10	6.90	7.20	8.00	8.70	9.80	12.8	14.8

续表 5-110

规格/mm	0.25	0.38	0.43	0.48	0.58	0.68	0.78	0.88	0.98	1.18	1.28	1.38	1.48	1.58	1.78	2.0
1250	1.70	2.30	2.60	2.90	3.40	4.00	4.80	5.60	6.50	7.00	7.50	9.00	9.60	10.5	13.3	15.0
1300	1.95	2.50	3.35	4.00	4.50	5.30	6.10	6.80	7.60	9.20	10.0	10.7	11.5	12.3	13.8	15.6
1350	2.05	3.10	3.40	4.60	5.00	5.60	6.30	7.10	7.90	10.0	10.3	11.5	12.2	13.0	14.0	16.0

带钢规格为(0.30～2.5)mm×(900～1660)mm时，炉内带钢张力的控制，见表5-111。

表 5-111 炉内带钢张力表（kN）

规格/mm	0.30	0.38	0.43	0.48	0.58	0.68	0.78	0.88	0.98	1.28	1.38	1.48	1.58	1.78	1.98	2.5
900	1.50	1.53	1.70	2.00	2.20	2.40	3.00	3.30	3.80	4.50	5.00	6.00	7.50	8.00	9.00	11.00
1000	1.55	1.55	1.80	2.10	2.30	2.60	3.20	3.60	4.00	5.00	5.50	7.00	8.00	8.50	9.50	12.00
1100	1.60	1.70	1.90	2.30	2.50	3.00	3.50	4.00	4.50	5.50	6.00	6.50	8.20	9.00	10.0	13.00
1200	1.70	1.80	2.00	2.40	2.70	3.20	3.80	4.50	5.00	5.80	6.50	7.50	8.50	9.50	10.5	14.00
1250	1.80	1.90	2.10	2.50	2.80	3.40	4.00	5.00	5.50	6.00	7.00	8.00	9.0	10.00	11.0	15.00
1300	1.90	2.00	2.20	2.60	3.00	3.50	4.50	5.50	6.00	6.50	7.50	8.50	9.50	10.50	11.5	16.00
1350	2.00	2.10	2.30	3.00	3.50	4.00	5.00	6.00	6.50	7.50	8.00	9.00	10.0	11.00	12.0	16.50
1400	2.10	2.20	2.40	3.00	4.00	4.50	5.50	7.00	7.50	8.00	9.00	10.0	11.0	12.00	13.0	17.00
1450	2.20	2.30	2.50	3.50	4.50	5.50	6.00	7.50	8.00	9.00	10.0	11.0	12.0	13.00	14.0	18.00
1500	2.30	2.50	3.00	4.00	5.00	6.00	7.00	8.00	9.00	10.0	11.0	12.0	13.0	14.00	15.0	19.00
1550	2.40	3.00	3.50	4.50	5.50	7.00	8.00	9.00	10.0	11.0	12.0	13.0	14.0	15.00	16.0	20.00
1660	2.50	3.50	4.50	5.50	6.50	8.00	9.00	10.0	11.0	12.0	13.0	14.0	15.0	16.0	17.0	21.00

带钢规格为(0.8～3.0)mm×(1000～1550)mm时，炉内带钢张力的控制，见表5-112。

表 5-112 炉内带钢张力表（kN）

规格/mm	0.8	1.0	1.2	1.4	1.5	1.8	2.0	2.5	3.0
1000	5.20	6.40	7.80	9.80	10.00	11.00	13.00	16.00	20.00
1100	6.00	7.50	8.50	10.00	11.00	12.50	15.00	19.00	23.00
1200	6.70	8.00	10.00	11.00	12.00	14.00	16.50	21.00	25.00
1300	7.30	9.00	11.00	12.00	13.50	15.50	18.00	23.00	27.00
1400	8.50	11.10	12.60	14.00	15.50	17.50	19.50	25.50	29.50
1550	11.50	12.50	13.50	15.50	16.50	18.50	20.50	26.50	31.50

带钢规格为(0.8～4.0)mm×(1000～1350)mm时，炉内带钢张力的控制，见表5-113。

表 5-113　炉内带钢张力表（kN）

规格/mm	0.8	1.0	1.2	1.4	1.5	1.8	2.0	2.5	3.0	4.0
1000	5.20	6.40	7.80	9.80	10.00	11.00	13.00	16.00	20.00	25.00
1100	6.00	7.50	9.00	10.00	11.00	12.50	15.00	19.00	23.00	26.00
1200	6.50	8.00	10.00	11.00	12.00	14.00	16.50	21.00	25.00	28.00
1300	7.00	9.00	11.00	12.00	13.50	15.50	18.00	23.00	27.00	30.00
1350	7.50	9.50	12.00	13.50	15.00	17.00	19.00	25.00	29.00	32.00

带钢规格为(0.8～5.0)mm×(800～1600)mm 时，炉内带钢张力的控制，见表 5-114。

表 5-114　炉内带钢张力表（kN）

规格/mm	0.8	1.0	1.2	1.4	1.5	1.8	2.0	2.5	3.0	3.5	4.0	5.0
800	4.50	5.50	6.80	7.40	8.00	9.50	11.00	14.00	17.00	20.00	22.00	28.00
1000	5.20	6.40	7.80	9.80	10.00	11.00	13.00	16.00	20.00	23.00	26.00	42.00
1100	6.00	7.50	9.00	10.00	11.00	12.50	15.00	19.00	23.00	27.00	30.00	38.00
1200	6.50	8.00	10.00	11.00	12.00	14.00	16.50	21.00	25.00	29.00	33.00	42.00
1300	7.00	9.00	11.00	1200	13.50	15.50	18.00	23.00	27.00	42.00	36.00	45.00
1400	7.50	9.50	12.00	13.50	15.00	17.00	19.00	25.00	29.00	34.00	39.00	49.00
1500	8.00	10.00	13.00	14.30	15.50	18.00	20.00	26.00	31.00	36.00	42.00	52.00
1600	9.00	12.00	13.50	14.80	16.00	19.00	22.00	28.00	34.00	39.00	45.00	56.00

5.7　锌锅

5.7.1　铁制锌锅

铁锌锅的化学成分见表 5-115。

表 5-115　铁锌锅的化学成分

钢　种		化学成分/%								
		C	Si	Mn	P	S	Cu	Al	Cr	Ni
工业纯铁	1	0.02	痕迹	0.08	0.02	0.015	—	—	—	—
	2	0.03	0.02	0.12	0.01	0.018	0.18	0.005	—	—
	3	0.03	0.02	0.15	0.03	0.030	—	0.01	—	—
低碳钢	4	0.05	痕迹	0.34	0.01	0.030	0.15	—	痕迹	痕迹
	5	0.08	痕迹	0.40	0.02	0.025	0.15	—	—	—
	6	0.15	痕迹	0.50	0.04	0.040	0.02	—	痕迹	痕迹
	7	0.04	痕迹	0.49	0.03	0.072	0.05	—	0.02	0.05
	8	0.05	痕迹	0.29	0.17	0.021	0.21	—	0.03	0.05

5.7.2　陶瓷锌锅

5.7.2.1　无芯锌锅

无芯锌锅的部件组成及其作用，见表 5-116。

表 5-116 无芯锌锅的主要组成部件及其作用

主要组成部件	作 用
感应线圈	感应线圈的设计不仅要考虑其承载电流的能力，还须考虑线圈的冷却、机械强度。更加复杂的是线圈缠绕圈数和外形的优化设计。为了满足大功率密度电流输送的要求，水冷线圈必须具有高的截面模量，使线圈能够抵抗耐火材料和熔融金属热膨胀产生的应力以及锅壳支撑的压力
线圈支撑材料	在感应线圈中通过填充非金属支撑材料来固定线圈，防止线圈的热胀冷缩和弯曲变形，线圈周向有12个可调整的支撑连杆来调整线圈轴向热膨胀变形
磁 轭	24个磁轭由硅钢片层叠而成，周向布置在线圈的外表面。不仅可以支撑线圈和耐火材料增加锌锅的刚性，还可引导磁通在磁轭和锌液区域流动
外 壳	外壳用厚钢板焊成，提高锌锅的刚度延长寿命。外壳上有56个磁轭调整螺栓将磁轭和线圈压紧消减噪声。另外，少部分逃逸的磁通被锌锅的外壳所屏蔽
不锈钢冷却水管	位于锌锅顶部和底部的不锈钢冷却水管用来均衡耐火材料的温度梯度，延长耐火材料的寿命

5.7.2.2 无芯锌锅与有芯锌锅的比较

无芯锌锅与有芯锌锅的比较见表5-117。

表 5-117 无芯锌锅与有芯锌锅的比较

特 点	无 芯 锌 锅	有 芯 锌 锅
形 状	横截面为圆形，为容纳沉没辊等设备，横截面必须大，这样意味着更多的热辐射损失，综合效率低	横截面为方形，更易放入沉没辊等设备，所以横截面不大，可减少热辐射损失，锌液的熔化发生在感应加热器的通道内，综合效率高，能耗低，可在感应加热器工作时捞渣，但四个角易形成冷区而引起温度不均
加 热	水冷感应线圈，沿着圆锅周向缠绕，包在性能优良的绝缘材料中。发生故障，就必须敲坏所有的耐火材料	数个感应加热器，以一定的角度安装在锌锅的侧墙上，单独控制，风冷或水冷。若其中一个发生故障，仍然可以维持生产。感应加热器容易更换，但感应加热器的通道内易沉积锌渣，造成感应加热器损坏
搅 拌	搅拌效果好，温度和锌液的化学成分更加均匀，温控精确，搅拌强烈，但将锅底的沉渣带起，可能沾到带钢上，造成质量缺陷	感应加热器搅拌效果小，因为锌液熔化发生在感应加热器的通道内
电 源	采用新型电源，使用能量吸收技术抵抗电能冲击，断电时圆锅所需的柴油发电机功率更小，仅需向感应线圈冷却水供电即可，能够在断电的情况下保温12h以上锌液不凝结。极端情况下，允许立即切断和重新启动电源	对电源的要求很高：锌锅工作时，必须始终保持电源供应，否则感应加热器的通道会因锌液凝结而损坏。必须采用大功率柴油发电机，在断电情况下，向锌锅的感应加热器供电
投 资	适应范围广，几乎可用于所有合金的熔炼，一次性投资较大，但维修费用少	非常适合于镀纯锌和低铝锌（Galfan），感应加热器须成对更换

5.7.2.3　无芯锌锅的工艺参数控制

无芯锌锅的工艺参数控制见表5-118～表5-121。

表5-118　不同入锌锅温度时带钢带入锌锅热量

带钢入锌锅温度/℃	带入锌锅热量 $Q_{入}$①/kJ · h⁻¹	带钢入锌锅温度/℃	带入锌锅热量 $Q_{入}$①/kJ · h⁻¹
460	0	500	627000
465	78375	505	705375
470	156750	510	783750
475	235125	515	862125
480	313500	520	940500
485	391875	525	1018875
490	470250	529	1081575
495	548625	530	1097250

① 设锌液工作温度为460℃；机组生产率为30t/h。

表5-119　感应加热在不同功率时供给锌锅的热量

功率/kW	供热量/kJ · h^{-1}	功率/kW	供热量/kJ · h^{-1}	功率/kW	供热量/kJ · h^{-1}
30	108345	130	469497	230	830649
40	144460	140	505612	240	866764
50	180576	150	541728	250	902880
60	216691	160	577843	260	938995
70	252806	170	613958	270	975110
80	288921	180	650073	280	1011225
90	325037	190	686188	290	1047340
100	361152	200	722304	300	1083456
110	397267	210	758419	310	1119572
120	433382	220	794344	320	1155688

表5-120　不同的带钢入锌锅温度所要求的感应加热功率

序　号	带　钢		感 应 加 热	
	入锌锅温度/℃	带入锌锅热量 $Q_{入}$①/kJ · h^{-1}	感应加热供给热量/kJ · h^{-1}	功率/kW
1	460	0	1079435	300
2	465	78375	1001060	278
3	470	156750	922685	256
4	475	235125	844310	234
5	480	313500	765935	212
6	485	391875	687560	190
7	490	470250	609185	170
8	495	548625	530810	148
9	500	627000	452435	126

续表 5-120

序号	带钢		感应加热	
	入锌锅温度/℃	带入锌锅热量 $Q_{入}^{①}$/kJ·h⁻¹	感应加热供给热量/kJ·h⁻¹	功率/kW
10	505	705375	374060	104
11	510	783750	295685	82
12	515	862125	217310	60
13	520	940500	138935	38
14	525	1018875	60560	16
15	529	1081575	0	0

① 设锌液工作温度为460℃；机组生产率为30t/h。

表 5-121 各种规格带钢对锌液加热时锌液的升温

带钢规格/mm×mm	带钢速度/m·min⁻¹	生产带钢面积（单面）/m²·min⁻¹	生产总面积（单面）/m²	锌液温度/℃	锌液升高温度/℃
1200×0.75	100	120	6600	440~460	20
1000×1.00	80	88	3326	432~447	15
1250×1.25	63	75	1575	437~445	8
1054×1.50	65	68	1501	450~458	8
1085×2.00	45	48	1070	445~452	7

5.7.2.4 无芯锌锅的大修

无芯锌锅大修更换感应器进度表，见表 5-122。

表 5-122 无芯锌锅大修更换感应器进度表

项目 \ 日程	第1天		第2天		第3天		第4~6天	第7天	
	上午	下午	上午	下午	上午	下午		上午	下午
从锌锅抽锌	⟶								
旧感应器分离		⟶							
旧感应器运走			⟶						
新感应器运来				⟶					
新感应器就位					⟶				
自然干燥						20h ⟶			
感应器加热							72h ⟶		
回抽锌								⟶	
调加热功率									⟶

5.7.3 锌锅技术参数控制

5.7.3.1 带钢入锌锅温度

带钢入锌锅温度控制见表 5-123、表 5-124。

表 5-123　带钢入锌锅温度和锌液中铝含量与锌层中铝含量关系

带钢规格 /mm × mm	带钢入锌锅温度 /℃	锌液中 Al 含量 /%	锌层中 Al 含量		双面锌层重量 /g · m⁻²
			%	mg/cm²	
0. 75 × 1200	480	0. 11	0. 155	0. 056	340
	452	0. 11	0. 128	0. 033	297
	395	0. 11	0. 115	0. 037	290
	486	0. 11	0. 112	0. 036	310
	475	0. 14	0. 211	0. 066	312
	521	0. 16	0. 175	0. 056	320
	480	0. 15	0. 117	0. 039	334
1. 30 × 1219	465	0. 12	0. 202	0. 061	304
	490	0. 14	0. 189	0. 055	292
	480	0. 13	0. 154	0. 045	294
	472	0. 16	0. 125	0. 041	306
1. 50 × 1090	475	0. 10	0. 167	0. 053	316
	462	0. 10	0. 159	0. 051	320
	464	0. 10	0. 118	0. 041	346
1. 50 × 1000	495	0. 15	0. 254	0. 079	317
	455	0. 16	0. 231	0. 074	310
	455	0. 15	0. 208	0. 066	310
	455	0. 15	0. 186	0. 064	330

表 5-124　不同规格带钢入锅温度控制

带钢规格/mm × mm	带钢速度/m · min⁻¹	锌液温度/℃	锌液升高的温度/℃
1200 × 0. 20	140	465 ~ 470	520
1000 × 0. 70	110	460 ~ 465	500
1250 × 1. 05	83	458 ~ 462	480
1054 × 1. 48	65	455 ~ 460	470
1085 × 2. 50	35	450 ~ 455	465

5. 7. 3. 2　锌锭中化学成分

锌层厚度控制在 200 ~ 300g/m² （双面）的范围时，锌锭中铝含量的确定，见表 5-125。

表 5-125　锌锭化学成分①

主体成分/%			杂质成分/%			
Zn	Al	Sb	Fe	Ca	Cu	Pb
其　余	0. 40 ~ 0. 46	0. 06 ~ 0. 09	<0. 006	<0. 001	<0. 001	<0. 005

① 要求带钢表面无锌花时，Sb 含量小于 0. 01%。

锌层厚度控制在 100～200g/m^2（双面）的范围时，锌锭中铝含量的确定见表 5-126。

表 5-126 锌锭化学成分①

主体成分/%			杂质成分/%			
Zn	Al	Sb	Fe	Ca	Cu	Pb
其 余	0.58～0.62	0.06～0.09	<0.006	<0.001	<0.001	<0.005

① 要求带钢表面无锌花时，Sb 含量小于 0.01%。

锌层厚度控制在 60～100g/m^2（双面）的范围时，锌锭中铝含量的确定见表 5-127。

表 5-127 锌锭化学成分①

主体成分/%			杂质成分/%			
Zn	Al	Sb	Fe	Ca	Cu	Pb
其 余	0.88～0.92	0.06～0.09	<0.006	<0.001	<0.001	<0.005

① 要求带钢表面无锌花时，Sb 含量小于 0.01%。

锌层厚度控制在 30～60g/m^2（双面）的范围时，锌锭中铝含量的确定见表 5-128。

表 5-128 锌锭化学成分①

主体成分/%			杂质成分/%			
Zn	Al	Sb	Fe	Ca	Cu	Pb
其 余	1.0～1.3	0.06～0.09	<0.006	<0.001	<0.001	<0.005

① 要求带钢表面无锌花时，Sb 含量小于 0.01%。

5.7.3.3 锌锅中锌液化学成分

锌锅中锌液化学成分见表 5-129。

表 5-129 锌锅中锌液化学成分①

要求成分/%			杂质成分/%			
Zn	Al	Sb	Fe	Pb	Ca	Cu
其 余	0.18～0.22	0.07	≤0.03	≤0.005	≤0.001	≤0.001

① 要求带钢表面无锌花时，Sb 含量小于 0.01%。

5.7.3.4 向锌锅中加铝的方法

向锌锅中加铝的方法见表 5-130、表 5-131。

表 5-130 各种不同铝含量锌锭加入锌锅时控制铝含量方法的研究

控制项目	本研究前的控制状态	本研究的控制状态	备 注
锌锭种类和加入组合	纯锌锭 + 若干 0.50% Al 锌锭，根据锌锅铝含量调整比例	0.32% Al 锌锭 + 0.45% Al 锌锭 + 0.55% Al 锌锭 + 0.78% Al 锌锭 + 1.20% Al 锌锭，根据不同镀层厚度计算得到不同的锌锭加入组合，取消纯锌锭的使用	（1）尽可能减少锌锭内铝含量的差异过大造成锌锅内铝含量波动；（2）通过间歇式、逐步加入锌锭，减少锌锅内因为加入锌锭造成的温度波动过大
加锌方式	一次加入一整块锌锭（约 2t）	一次加入部分锌锭，通过锌锅液位控制逐步加入锌锭	必须保证锌液面高度稳定

表 5-131　向锌锅中加入含铝锌锭控制标准

序　号	锌层重量（双面）/g·m^{-2}	向锌锅中加锌方式								
		有效铝 0.17% ~0.19%			有效铝 0.19% ~0.20%			锌锅有效铝 >0.20%		
		A	D	E	B	D	E	C	D	E
1	20/20	—	—	●	—	—	●	—	—	●
2	30/30	—	●	—	—	—	●	—	—	●
3	40/40	—	●	—	—	●	—	—	—	●
4	50/50	—	●	—	—	●	—	—	●	—
5	75/75	●	—	—	●	—	—	●	—	—
6	100/100	●	—	—	●	—	—	●	—	—
7	140/140	●	—	—	●	—	—	●	—	—

注：A 为含铝 0.36% 锌锭；B 为含铝 0.45% 锌锭；C 为含铝 0.55% 锌锭；D 为含铝 0.78% 锌锭；E 为含铝 1.10% 锌锭。

5.7.3.5　锌锅中锌液铝的分布

锌锅中锌液铝的分布，见表 5-132。

表 5-132　实测作业线 A 锌锅中各部位铝的分布

锌锅中取样位置代号	锌液深度/mm	锌液成分/%			锌液温度/℃
		Al	Fe	Sb	
1：右前侧	1000	0.10	0.04	0.07	452
2：左前侧	1000	0.11	0.03	0.07	449
3：左后侧	1000	0.10	0.03	0.07	448
4：右后侧	1000	0.10	0.03	0.07	450
5：中右前	100	0.12	0.03	0.07	449
6：中左前	100	0.10	0.03	0.07	450
7：中右后	200	0.10	0.03	0.07	452
8：中后中	200	0.10	0.04	0.07	451
9：中左后	200	0.10	0.05	0.07	451

5.7.3.6　锌液中铝含量和锌渣生成量的关系

锌液中铝含量和锌渣生成量的关系见表 5-133。

表 5-133　铁锌锅锌液中铝含量和锌渣生成量的关系

锌锅中锌液铝含量/%	表渣生成量/kg·t^{-1}	铁锅底渣生成量/ kg·t^{-1}
0.14	1.21	1.90
0.18	1.72	1.46

5.7.3.7　锌渣化学成分

锌渣化学成分见表 5-134。

表 5-134 锌渣化学成分

作业线	表渣成分/%			底渣成分/%			锌液成分/%		
	Al	Fe	Sb	Al	Fe	Pb	Al	Fe	Sb
A	0.19	0.11	0.07	1.25	3.90	0.540	0.100	0.030	0.07
B	0.54	1.03	0.07	1.12	3.90	0.120	0.125	0.060	0.07
C	0.23	0.31	0.07	0.72	3.30	0.140	0.110	0.050	0.07
D	0.21	0.25	0.07	1.32	3.50	0.150	0.13	0.03	0.07
E	2.97	1.97	0.07	1.43	3.70	0.129	0.152	0.031	0.07
F	4.45	1.56	0.07	5.45	3.68	0.180	0.120	0.0	0.07

镀铝锌硅品种时，沉没辊表面结渣分析结果，见表 5-135。

表 5-135 镀铝锌硅品种沉没辊表面结渣分析

序 号	取样标记	化学成分/%				备 注
		Al	Si	Fe	Zn	
1	A	52.52	5.79	35.52	6.17	光谱检测
2	B	52.34	5.45	35.18	6.03	光谱检测
3	C	52.76	5.48	35.11	6.65	光谱检测
4	D	51.37	5.65	35.96	7.02	光谱检测

镀铝锌硅品种时，镀板表面结渣分析结果，见表 5-136。

表 5-136 锌渣粒电子探针试验成分表

化学成分	Si	Fe	S	Al	C	Cu	Zn
含量/%	12.4	10.1	0.9	3.6	2	2.4	余 量

5.7.4 锌锅沉没辊

沉没辊化学成分及技术参数，见表 5-137 ~ 表 5-141。

表 5-137 沉没辊化学成分

序号	材 质	化学成分/%							
		C	Si	Mn	P	S	Cr	Ni	Mo
1	X2CrNiMo17-12-2	≤0.2	≤0.03	≤0.45	≤0.03	≤0.02	16 ~ 18	10 ~ 14	2 ~ 3
2	SUS316L	≤0.08	≤0.03	≤0.45	≤0.03	≤0.02	16 ~ 18	10 ~ 14	2 ~ 3
3	1Cr13	≤0.2	≤0.03	≤0.45	≤0.03	≤0.02	16 ~ 18	—	—

表 5-138 沉没辊表面沟槽规格

序 号	沉没辊直径/mm	沟槽宽度/mm	沟槽深度/mm	沟槽间距/mm
1	500	1.5	1.5	20
2	600	2	2	35
3	650	2.5	2.5	40
4	800	3	3	45

表 5-139　沉没辊轴瓦技术性能对比

比 较 项 目	低性能沉没辊轴瓦	一般性能沉没辊轴瓦	高性能沉没辊轴瓦
锌锅辊系不转、转动不好或不同步的出现概率	大	大	小
锌锅辊系运转时的振动	强　烈	大	很　小
相对使用周期/d	2 ~ 3	5 ~ 10	18 ~ 25
相对磨损量/mm	全部磨尽	8 ~ 15	1 ~ 3
抗锌液中悬浮杂质能力	弱	一般	很　强
摩擦阻力半径	大	大或合理	合　理
适用锌板品质	低　端	低端或中端	高　端
适用机组产能/万吨 · a^{-1}	≤10	≤15	≤45
适用锌液成分	低铝锌合金	低铝锌合金	高、低铝锌合金
使用可靠性	低	中　等	高
维护更换	困　难	困　难	容　易

表 5-140　锌液成分对沉没辊辊面锌渣黏结的影响

序　号	Al 含量/%	Fe 含量/%	Pb 含量/%	辊面锌渣黏结
1	0. 19	0. 017	0. 083	一　般
2	0. 18	0. 013	0. 083	一　般
3	0. 21	0. 013	0. 084	较　多
4	0. 22	0. 013	0. 082	较　多
5	0. 16	0. 017	0. 080	较　少

表 5-141　未来几种沉没辊类型的技术性能比较

序　号	项　目	浮　子	交流磁场高频电磁场封流	CVGL（行波磁场）	直流磁场封流
1	原　理	质量守恒，动量守恒	电磁悬浮	电磁泵	电磁制动
2	封流稳定性	—	好	不　好	不　好
3	走带稳定性	不稳定	稳　定	不稳定	不稳定
4	带钢速度	一般	高	高	高
5	带钢宽度	较宽容易	较宽不容易	较宽不容易	较宽不容易
6	锌液阻力	大	小	小	小
7	锌液温度/℃	460	465	465	465
8	磁极吸力	—	无	有	有
9	电磁辐射	无	有	有	有
10	加热作用	无	有	有	有
11	锌锅容量	大	小	小	小

5.7.5　锌锅主控工操作方法

5.7.5.1　机组生产率及带卷重量速算法

机组生产率及带卷重量速算法见表 5-142 ~ 表 5-144。

表 5-142 机组生产率速算表①

机组速度 /m·min^{-1}	积数② ×100	机组速度 /m·min^{-1}	积数② ×100	机组速度 /m·min^{-1}	积数② ×100	机组速度 /m·min^{-1}	积数② ×100	机组速度 /m·min^{-1}	积数② ×100	机组速度 /m·min^{-1}	积数② ×100
10	47.1	42	197	74	348	106	496	138	645	170	796
11	51.8	43	202	75	353	107	500	139	650	171	800
12	56.5	44	207	76	357	108	503	140	655	172	805
13	61.2	45	211	77	362	109	508	141	659	173	809
14	65.9	46	216	78	367	110	512	142	664	174	814
15	70.6	47	221	79	372	111	517	143	669	175	819
16	75.7	48	226	80	376	112	524	144	674	176	824
17	80	49	230	81	381	113	529	145	678	177	828
18	84.7	50	235	82	386	114	530	146	683	178	833
19	89.4	51	240	83	390	115	535	147	688	179	838
20	94.2	52	244	84	395	116	540	148	692	180	842
21	98.9	53	249	85	400	117	545	149	697	181	847
22	103	54	254	86	402	118	550	150	702	182	852
23	108	55	259	87	407	119	555	151	706	183	856
24	113	56	263	88	414	120	560	152	711	184	861
25	117	57	267	89	419	121	564	153	716	185	866
26	122	58	272	90	423	122	569	154	720	186	870
27	127	59	277	91	428	123	573	155	725	187	875
28	131	60	282	92	433	124	577	156	730	188	880
29	136	61	287	93	438	125	582	157	735	189	885
30	141	62	292	94	442	126	588	158	739	190	889
31	146	63	296	95	447	127	593	159	744	191	894
32	150	64	301	96	449	128	598	160	749	192	899
33	155	65	306	97	456	129	603	161	753	193	903
34	160	66	310	98	461	130	608	162	758	194	908
35	164	67	315	99	466	131	613	163	763	195	913
36	169	68	320	100	471	132	617	164	768	196	917
37	174	69	324	101	475	133	621	165	772	197	922
38	178	70	329	102	480	134	626	166	777	198	927
39	183	71	334	103	485	135	631	167	781	199	931
40	188	72	339	104	489	136	636	168	786	200	936
41	193	73	349	105	494	137	640	169	791	201	941

① 小时生产率 = 积数 × 带钢厚度 × 带钢宽度；②积数 = 带钢密度 × 机组速度 ×60。

表 5-143　热镀锌板每米长度重量表（kg）

厚度/mm	宽度/mm								
	700	800	900	1000	1100	1200	1300	1400	1500
0.40	2.13	2.43	2.74	3.04	3.35	3.70	3.95	4.25	4.56
0.45	2.40	2.74	3.08	3.42	3.76	4.10	4.44	4.78	5.13
0.50	2.66	3.04	3.42	3.80	4.18	4.56	4.94	5.32	5.70
0.55	2.95	3.38	3.79	4.22	4.64	5.06	5.48	5.91	6.33
0.60	3.19	3.65	4.10	4.56	5.02	5.47	5.93	6.38	6.58
0.65	3.46	3.96	4.45	4.94	5.44	5.94	6.42	6.91	7.40
0.70	3.72	4.26	4.79	5.32	5.86	6.40	6.92	7.45	7.99
0.75	3.97	4.56	5.13	5.70	6.26	6.84	7.40	7.97	8.55
0.80	4.25	4.86	5.46	6.08	6.68	7.29	7.90	8.50	9.10
0.85	4.53	5.17	5.82	6.46	7.10	7.75	8.40	9.05	9.70
0.90	4.80	5.48	6.16	6.85	7.55	8.22	8.90	9.60	10.03
0.95	5.05	5.77	6.50	7.21	7.94	8.65	9.36	10.05	10.82
1.00	5.32	6.08	6.84	7.60	8.36	9.12	9.88	10.62	11.40
1.25	6.66	7.62	8.56	9.51	10.04	11.42	12.38	13.33	14.28
1.50	7.97	9.10	10.25	11.4	12.5	13.68	14.80	15.95	17.05
1.75	9.30	10.62	11.97	13.30	14.61	15.93	17.28	18.61	19.94

表 5-144　带卷 1mm 宽度的重量速算表（kg）

带卷厚度/mm	带卷内径/mm				带卷厚度/mm	带卷内径/mm			
	450	508	610	712		450	508	610	712
10	0.11	0.13	0.15	0.17	130	1.86	2.03	2.36	2.68
20	0.23	0.26	0.31	0.36	135	1.92	2.13	2.46	2.80
30	0.35	0.39	0.47	0.54	140	2.02	2.22	2.57	2.92
40	0.48	0.54	0.64	0.74	145	2.12	2.32	2.68	3.04
50	0.61	0.68	0.81	0.93	150	2.20	2.42	2.79	3.16
60	0.75	0.83	0.98	1.14	155	2.30	2.52	2.90	3.29
70	0.90	0.99	1.16	1.34	160	2.39	2.62	3.02	3.42
80	1.04	1.15	1.35	1.55	165	2.49	2.72	3.13	3.55
90	1.19	1.32	1.54	1.77	170	2.57	2.82	3.25	3.68
100	1.35	1.49	1.74	1.99	175	2.68	2.92	3.36	3.80
105	1.43	1.58	1.84	2.10	180	2.78	3.03	3.48	3.93
110	1.51	1.66	1.94	2.22	185	2.88	3.14	3.60	4.07
115	1.59	1.75	2.04	2.33	190	2.96	3.25	3.72	4.20
120	1.68	1.85	2.15	2.45	195	3.08	3.36	3.84	4.33
125	1.76	1.94	2.25	2.56	200	3.18	3.47	3.97	4.47

续表 5-144

带卷厚度/mm	带卷内径/mm				带卷厚度/mm	带卷内径/mm			
	450	508	610	712		450	508	610	712
205	3.29	3.58	4.09	4.61	400	8.34	8.90	9.90	10.90
210	3.39	3.69	4.22	4.74	405	8.51	9.06	10.07	11.08
215	3.50	3.81	4.34	4.88	410	8.64	9.22	10.25	11.27
220	3.62	3.92	4.47	5.02	415	8.81	9.38	10.42	11.46
225	3.73	4.04	4.60	5.16	420	8.95	9.55	10.60	11.65
230	3.84	4.16	4.73	5.31	425	9.13	9.71	10.78	11.84
235	3.94	4.28	4.86	5.45	430	9.25	9.88	10.96	12.03
240	4.05	4.40	5.00	5.60	435	9.43	10.05	11.14	12.22
245	4.17	4.52	5.14	5.74	440	9.60	10.22	11.32	12.42
250	4.29	4.64	5.27	5.89	445	9.75	10.39	11.50	12.61
255	4.40	4.76	5.41	6.04	450	9.92	10.56	11.69	12.81
260	4.52	4.89	5.54	6.19	455	10.11	10.73	11.87	13.01
265	4.65	5.02	5.68	6.34	460	10.22	10.91	12.06	13.21
270	4.76	5.15	5.82	6.50	465	10.42	11.08	12.25	13.41
275	4.89	5.28	5.96	6.65	470	10.60	11.26	12.44	13.61
280	5.02	5.41	6.10	6.80	475	10.78	11.44	12.63	13.81
285	5.14	5.54	6.24	6.96	480	10.92	11.62	12.82	14.02
290	5.25	5.67	6.39	7.12	485	11.09	11.80	12.99	14.22
295	5.39	5.80	6.54	7.28	490	11.28	11.98	13.21	14.43
300	5.52	5.94	6.69	7.44	495	11.46	12.16	13.40	14.64
305	5.65	6.07	6.84	7.60	500	11.66	12.35	13.60	14.85
310	5.77	6.21	6.99	7.76	505	11.82	12.53	13.80	15.06
315	5.90	6.35	7.14	7.92	510	12.00	12.72	14.00	15.27
320	6.05	6.49	7.29	8.09	515	12.19	12.91	14.20	15.48
325	6.19	6.63	7.44	8.26	520	12.38	13.10	14.40	15.70
330	6.30	6.78	7.60	8.43	525	12.55	13.29	14.60	15.91
335	6.44	6.92	7.75	8.59	530	12.73	13.48	14.80	16.13
340	6.58	7.06	7.91	8.76	535	12.92	13.67	15.01	16.35
345	6.72	7.21	8.08	8.93	540	13.10	13.87	15.22	16.57
350	6.80	7.36	8.23	9.11	545	13.30	14.06	15.42	16.79
355	7.01	7.51	8.39	9.28	550	13.50	14.26	15.63	17.01
360	7.15	7.66	8.55	9.46	555	13.66	14.45	15.84	17.23
365	7.30	7.81	8.71	9.63	560	13.82	14.65	16.05	17.45
370	7.40	7.96	8.88	9.81	565	14.02	14.85	16.26	17.67
375	7.60	8.11	9.05	9.99	570	14.28	15.06	16.48	17.90
380	7.71	8.27	9.22	10.17	575	14.45	15.26	16.68	18.13
385	7.90	8.42	9.38	10.35	580	14.63	15.46	16.91	18.36
390	8.04	8.58	9.55	10.53	585	14.82	15.66	17.13	18.59
395	8.17	8.74	9.72	10.71	590	15.00	15.87	17.35	18.82

续表 5-144

带卷厚度/mm	带卷内径/mm				带卷厚度/mm	带卷内径/mm			
	450	508	610	712		450	508	610	712
595	15.25	16.08	17.57	19.05	710	20.18	21.20	22.96	24.74
600	15.42	16.29	17.79	19.29	715	20.40	21.40	23.21	25.00
605	15.61	16.50	18.01	19.52	720	20.62	21.61	23.46	25.26
610	15.86	16.71	18.24	19.76	725	20.84	21.82	23.71	25.52
615	16.05	16.92	18.46	20.00	730	21.11	22.10	23.97	25.79
620	16.22	17.14	18.69	20.24	735	21.37	22.38	24.22	26.06
625	16.49	17.35	18.91	20.48	740	21.58	22.60	24.47	26.33
630	16.65	17.57	19.14	20.72	745	21.80	22.83	24.72	26.60
635	16.90	17.78	19.37	20.96	750	22.02	23.10	24.99	26.87
640	17.05	18.00	19.60	21.2	755	22.28	23.38	25.25	27.14
645	17.30	18.22	19.83	21.44	760	22.55	23.60	25.51	27.41
650	17.50	18.44	20.07	21.69	765	22.80	23.88	25.77	27.68
655	17.77	18.70	20.30	21.94	770	23.02	24.18	26.03	27.96
660	17.95	18.90	20.54	22.19	775	23.28	24.40	26.29	28.23
665	18.20	19.10	20.77	22.44	780	23.57	24.62	26.56	28.50
670	18.40	19.36	21.01	22.69	785	23.80	24.88	26.83	28.80
675	18.61	19.53	21.25	22.94	790	24.02	25.18	27.10	29.02
680	18.80	19.80	21.49	23.19	795	24.30	25.38	27.37	29.30
685	19.05	20.02	21.73	23.44	800	24.50	25.65	27.64	29.60
690	19.30	20.23	21.98	23.70	805	24.77	25.90	27.91	29.92
695	19.50	20.45	22.22	23.96	810	25.02	26.20	28.18	30.20
700	19.71	20.70	22.47	24.22	815	25.40	26.42	28.45	30.58
705	19.98	20.98	22.81	24.48	820	25.62	26.65	28.73	30.78

5.7.5.2 机组生产率的给定

炉子最大通过能力为18t/h、速度80m/min时机组生产率操作规范，见表5-145。

表 5-145 18t/h、速度80m/min生产率操作表

宽度/mm \ 厚度/mm	0.18	0.23	0.28	0.33	0.38	0.43	0.48	0.58	0.68	0.73	0.78	0.83	0.88	0.98	1.18
600	80	80	80	80	80	80	80	80	80	80	80	75	70	65	55
	4.5	5.1	6.3	7.5	8.6	10	11	12	14	16	17	18	18	18	18
650	80	80	80	80	80	80	80	80	80	80	75	70	65	60	50
	5.0	5.8	7.0	8.5	9.5	11	12	13	15	17	18	18	18	18	18
700	80	80	80	80	80	80	80	80	80	75	70	67	60	55	45
	5.5	6.4	7.6	9.0	10	12	13	14	16	18	18	18	18	18	18
750	80	80	80	80	80	80	80	80	80	70	65	60	56	50	43
	5.7	6.7	8.0	9.3	10.5	13	14	15	17	18	18	18	18	18	18
800	80	80	80	80	80	80	80	80	70	67	61	57	52	48	40
	6.0	7.0	8.5	10	11.5	14	15	16	18	18	18	18	18	18	18

续表 5-145

宽度/mm \ 厚度/mm	0.18	0.23	0.28	0.33	0.38	0.43	0.48	0.58	0.68	0.73	0.78	0.83	0.88	0.98	1.18
850	80	80	80	80	80	80	80	80	65	62	58	53	50	45	38
	6.4	7.3	9.0	11	12	14.5	16	17	18	18	18	18	18	18	18
900	80	80	80	80	80	80	80	75	70	60	54	50	48	43	37
	6.8	7.8	9.5	11.5	13	15	16.5	18	18	18	18	18	18	18	18
950	80	80	80	80	80	80	80	72	68	56	53	46	44	41	35
	7.2	8.2	10	11.8	14	15.5	17	18	18	18	18	18	18	18	18
1000	80	80	80	80	80	80	79	69	64	52	50	44	43	38	33
	8.0	9.0	10.5	12.4	14.5	16	18	18	18	18	18	18	18	18	18
1050	80	80	80	80	80	80	78	64	60	50	48	42	40	35	30
	9.0	10.0	11	13.0	15	17	18	18	18	18	18	18	18	18	18
1100	80	80	80	80	80	78	75	61	57	48	46	40	38	34	29
	10.0	11.0	12.0	14.6	15.7	18	18	18	18	18	18	18	18	18	18
1150	80	80	80	80	80	77	72	58	54	44	44	38	36	33	28
	11.0	12.0	13.0	15.0	17	18	18	18	18	18	18	18	18	18	18
1200	80	80	80	80	76	76	68	56	49	42	40	37	35	32	27
	12.0	13.0	14.0	16.0	18	18	18	18	18	18	18	18	18	18	18
1250	80	80	80	80	78	72	65	54	46	40	38	36	34	30	26
	13.0	15.0	16.0	17.0	18	18	18	18	18	18	18	18	18	18	18

注：栏中上排为速度，m/min；下排为产量，t/h。

炉子最大通过能力为18t/h、速度100m/min时机组生产率操作规范，见表5-146。

表 5-146 18t/h、速度 100m/min 生产率操作表

宽度/mm \ 厚度/mm	0.18	0.23	0.28	0.33	0.38	0.43	0.48	0.58	0.68	0.73	0.78	0.83
700	100	100	100	100	100	100	100	100	80	75	70	67
	6	7	8	9	10	12	14	16	18	18	18	18
750	100	100	100	100	100	100	100	100	80	70	65	60
	7	8	9	10	11	13	15	17	18	18	18	18
800	100	100	100	100	100	100	90	80	70	67	61	57
	8	9	10	11	12	14	16	18	18	18	18	18
850	100	100	100	100	100	100	100	80	65	62	58	53
	9	10	11	12	13	15	17	18	18	18	18	18
900	100	100	100	100	100	100	90	75	70	60	54	50
	10	11	12	13	14	16	18	18	18	18	18	18
950	100	100	100	100	100	100	80	72	68	56	53	46
	11	12	13	14	15	17	18	18	18	18	18	18
1000	100	100	100	100	100	90	79	69	64	52	50	44
	12	13	14	15	16	18	18	18	18	18	18	18
1050	100	100	100	100	100	80	78	64	60	50	48	42
	13	14	15	16	17	18	18	18	18	18	18	18
1100	100	100	100	100	95	78	75	61	57	48	46	40
	14	15	16	17	18	18	18	18	18	18	18	18

注：栏中上排为速度，m/min；下排为产量，t/h。

炉子最大通过能力为21t/h、速度120m/min时机组生产率操作规范，见表5-147。

表5-147　21t/h、速度120m/min生产率操作表

宽度/mm \ 厚度/mm	0.15	0.23	0.28	0.33	0.38	0.43	0.48	0.58	0.68	0.70
800	120	120	120	120	120	120	120	115	105	95
	9	10	11	13	15	17	19	21	21	21
850	120	120	120	120	120	120	120	110	100	90
	10	11	12	14	16	18	20	21	21	21
900	120	120	120	120	120	120	115	105	95	85
	11	12	13	15	17	19	21	21	21	21
950	120	120	120	120	120	120	110	100	90	80
	12	13	14	16	18	20	21	21	21	21
1000	120	120	120	120	120	115	105	95	85	75
	13	14	15	17	19	21	21	21	21	21
1050	120	120	120	120	120	110	100	90	80	70
	14	15	16	18	20	21	21	21	21	21
1100	120	120	120	120	115	105	95	85	75	65
	15	16	17	19	21	21	21	21	21	21
1150	120	120	120	120	110	100	90	80	70	60
	16	17	18	20	21	21	21	21	21	21
1200	120	120	120	115	105	95	85	75	65	55
	17	18	19	21	21	21	21	21	21	21
1250	120	120	120	110	100	90	80	70	60	50
	18	19	20	21	21	21	21	21	21	21

注：栏中上排为速度，m/min；下排为产量，t/h。

炉子最大通过能力为28t/h、速度120m/min时机组生产率操作规范，见表5-148。

表5-148　28t/h、速度120m/min生产率操作表

宽度/mm \ 厚度/mm	0.18	0.28	0.33	0.43	0.48	0.53	0.58	0.68	0.73	0.78	0.88	0.98	1.08	1.18
750	120	120	120	120	120	120	120	120	115	110	105	95	85	70
	8	11	15	17	20	22	25	27	28	28	28	28	28	28
800	120	120	120	120	120	120	120	115	110	105	95	85	75	65
	9	12	16	18	21	23	26	28	28	28	28	28	28	28
850	120	120	120	120	120	120	120	110	105	110	90	80	70	63
	10	13	17	19	22	25	27	28	28	28	28	28	28	28
900	120	120	120	120	120	120	115	105	100	95	85	75	65	60
	11	14	18	20	23	26	28	28	28	28	28	28	28	28
950	120	120	120	120	120	120	110	100	95	90	80	70	63	58
	12	15	19	21	25	27	28	28	28	28	28	28	28	28
1000	120	120	120	120	120	115	100	95	85	80	75	65	60	56
	13	16	21	22	26	28	28	28	28	28	28	28	28	28

续表 5-148

宽度/mm \ 厚度/mm		0.18	0.28	0.33	0.43	0.48	0.53	0.58	0.68	0.73	0.78	0.88	0.98	1.08	1.18
1050		120	120	120	120	120	110	95	85	80	75	70	60	58	55
		14	17	22	23	27	28	28	28	28	28	28	28	28	28
1100		120	120	120	120	115	105	90	80	75	70	65	58	55	50
		15	18	23	25	28	28	28	28	28	28	28	28	28	28
1150		120	120	120	120	110	100	88	78	70	65	60	50	48	45
		16	19	24	27	28	28	28	28	28	28	28	28	28	28
1200		120	120	120	115	105	95	85	76	65	58	55	48	45	43
		17	20	25	28	28	28	28	28	28	28	28	28	28	28
1250		120	120	120	110	100	90	80	75	70	60	53	50	45	40
		18	25	27	28	28	28	28	28	28	28	28	28	28	28

注：栏中上排为速度，m/min；下排为产量，t/h。

炉子最大通过能力为32t/h、速度150m/min时机组生产率操作规范，见表5-149。

表 5-149 32t/h、速度 150m/min 生产率操作表

宽度/mm \ 厚度/mm	0.35	0.43	0.48	0.53	0.58	0.68	0.73	0.78	0.88	0.98
800	150	150	150	150	150	130	120	110	100	90
	22	24	26	28	30	32	32	32	32	32
850	150	150	150	150	150	120	110	100	95	85
	23	25	27	29	31	32	32	32	32	32
900	150	150	150	150	130	110	105	95	90	80
	24	26	28	30	32	32	32	32	32	32
950	150	150	150	150	120	105	100	93	85	75
	25	27	29	31	32	32	32	32	32	32
1000	150	150	150	130	115	100	95	90	80	70
	26	28	30	32	32	32	32	32	32	32
1050	150	150	150	125	110	95	90	85	75	65
	27	29	31	32	32	32	32	32	32	32
1100	150	150	130	120	100	90	85	80	73	63
	28	30	32	32	32	32	32	32	32	32
1150	150	150	120	115	95	85	83	78	70	60
	29	31	32	32	32	32	32	32	32	32
1200	150	130	125	110	90	83	80	75	65	55
	30	32	32	32	32	32	32	32	32	32
1250	150	120	110	100	85	80	75	70	60	50
	31	32	32	32	32	32	32	32	32	32

注：栏中上排为速度，m/min；下排为产量，t/h。

炉子最大通过能力为52t/h、速度150m/min时机组生产率操作规范，见表5-150。

表5-150 52t/h、速度150m/min生产率操作表

宽度/mm \ 厚度/mm	0.25	0.30	0.40	0.50	0.60	0.70	0.80	0.90	1.00	1.20	1.30	1.40	1.50	1.60	1.80	2.00
800	150	150	150	150	150	150	150	150	142	120	100	95	90	82	77	70
	13	17	23	29	37	44	48	50	52	52	52	52	52	52	52	52
900	150	150	150	150	150	150	150	136	123	102	96	89	82	75	68	61
	15	19	25	31	38	46	50	52	52	52	52	52	52	52	52	52
1000	150	150	150	150	150	150	150	123	110	92	87	82	74	68	62	55
	17	21	28	35	42	49	51	52	52	52	52	52	52	52	52	52
1050	150	150	150	150	150	150	126	118	105	88	84	78	70	64	59	53
	18	22	30	36	44	50	52	52	52	52	52	52	52	52	52	52
1100	150	150	150	150	150	150	120	112	100	84	79	73	67	61	56	50
	19	23	31	38	46	51	52	52	52	52	52	52	52	52	52	52
1150	150	150	150	150	150	136	118	107	96	80	75	69	63	59	53	48
	22	25	32	40	48	52	52	52	52	52	52	52	52	52	52	52
1200	150	150	150	150	150	131	115	102	92	77	72	66	61	57	51	46
	25	28	34	42	51	52	52	52	52	52	52	52	52	52	52	52
1250	150	150	150	150	147	126	110	98	88	74	69	65	59	56	49	44
	27	30	36	44	52	52	52	52	52	52	52	52	52	52	52	52

注：栏中上排为速度，m/min；下排为产量，t/h。

炉子最大通过能力为53t/h、速度160m/min时，机组生产率操作规范，见表5-151。

表5-151 53t/h、速度160m/min生产率操作表

宽度/mm \ 厚度/mm	0.25	0.30	0.50	0.60	0.70	0.80	0.90	1.00	1.10	1.20	1.40	1.50	1.60	1.70	1.80	2.00
800	160	160	160	160	160	160	150	140	130	120	110	95	88	83	78	78
	15	20	31	38	45	48	53	53	53	53	53	53	53	53	53	53
1000	160	160	160	160	160	158	145	135	125	115	100	90	80	78	75	68
	20	25	36	43	42	53	53	53	53	53	53	53	53	53	53	53
1050	160	160	160	160	160	153	140	130	120	110	95	85	85	75	70	65
	22	26	40	45	52	53	53	53	53	53	53	53	53	53	53	53
1100	160	160	160	160	158	150	135	125	115	105	93	83	80	70	65	62
	23	27	42	50	53	53	53	53	53	53	53	53	53	53	53	53
1150	160	160	160	160	154	145	130	120	100	95	90	80	75	65	60	58
	24	28	43	52	53	53	53	53	53	53	53	53	53	53	53	53
1200	160	160	160	158	150	135	125	115	95	92	85	75	70	63	58	53
	25	29	45	53	53	53	53	53	53	53	53	53	53	53	53	53

续表 5-151

厚度/mm 宽度/mm	0.25	0.30	0.50	0.60	0.70	0.80	0.90	1.00	1.10	1.20	1.40	1.50	1.60	1.70	1.80	2.00
1250	160	160	160	152	140	125	120	110	90	88	75	65	62	60	55	50
	26	30	48	53	53	53	53	53	53	53	53	53	53	53	53	53
1300	160	160	158	145	133	115	112	100	83	80	65	60	58	55	50	46
	27	31	53	53	53	53	53	53	53	53	53	53	53	53	53	53
1350	160	160	157	140	125	105	110	85	78	70	63	56	53	50	47	42
	28	32	53	53	53	53	53	53	53	53	53	53	53	53	53	53

注：栏中上排为速度，m/min；下排为产量，t/h。

炉子最大通过能力为55t/h、速度110m/min时机组生产率操作规范，见表5-152。

表 5-152 55t/h、速度 110m/min 生产率操作表

厚度/mm 宽度/mm	0.8	1.0	1.2	1.5	1.8	2.0	2.3	2.5	2.8	3.0
1000	110	100	80	65	55	52	45	40	38	36
	41	42	43	44	45	46	47	48	49	50
1100	100	90	75	60	52	48	42	38	36	34
	42	43	44	45	46	47	48	49	50	51
1200	90	85	70	56	50	45	40	36	34	32
	43	44	45	46	47	48	49	50	51	52
1300	90	80	65	55	45	42	38	35	32	30
	44	45	46	47	48	49	50	51	52	53
1400	85	75	60	52	42	40	36	33	30	28
	45	46	47	48	49	50	51	52	53	54
1500	80	65	55	50	40	38	34	32	38	26
	46	47	48	49	50	51	52	53	54	55

注：栏中上排为速度，m/min；下排为产量，t/h。

炉子最大通过能力为67t/h、速度160m/min时机组生产率操作规范，见表5-153。

表 5-153 67t/h、速度 160m/min 生产率操作表

厚度/mm 宽度/mm	0.28	0.35	0.43	0.48	0.56	0.65	0.70	0.75	0.83	0.93	0.98	1.18	1.23	1.28	1.38	1.48	1.58	1.78	2.0	2.5
900	160	160	160	160	160	160	160	160	160	160	160	135	130	125	115	110	100	90	78	65
	20	23	29	35	38	42	46	50	54	58	65	67	67	67	67	67	67	67	67	67
1000	160	160	160	160	160	160	160	160	160	160	160	130	120	110	100	95	90	80	76	62
	22	25	32	36	42	45	48	54	58	62	66	67	67	67	67	67	67	67	67	67
1050	160	160	160	160	160	160	160	160	160	160	135	125	110	100	95	90	85	80	70	60
	23	26	33	38	44	48	51	60	63	65	67	67	67	67	67	67	67	67	67	67
1100	160	160	160	160	160	160	160	160	160	160	130	120	110	105	90	85	80	70	65	58
	24	28	35	40	45	50	55	62	64	66	67	67	67	67	67	67	67	67	67	67
1150	160	160	160	160	160	160	160	160	160	135	125	115	110	100	90	80	75	70	60	56
	25	30	35	42	46	52	60	60	65	67	67	67	67	67	67	67	67	67	67	67

续表 5-153

厚度/mm 宽度/mm	0. 28	0. 35	0. 43	0. 48	0. 56	0. 65	0. 70	0. 75	0. 83	0. 93	0. 98	1. 18	1. 23	1. 28	1. 38	1. 48	1. 58	1. 78	2. 0	2. 5
1200	160	160	160	160	160	160	160	160	160	130	120	110	100	90	80	75	70	60	56	53
	26	32	38	43	50	55	60	62	66	67	67	67	67	67	67	67	67	67	67	67
1250	160	160	160	160	160	160	160	160	135	125	110	105	90	85	80	75	70	62	54	52
	27	33	42	45	52	60	63	65	67	67	67	67	67	67	67	67	67	67	67	67
1300	160	160	160	160	160	160	160	160	130	125	105	100	90	86	78	70	65	58	53	51
	28	34	43	50	60	62	64	66	67	67	67	67	67	67	67	67	67	67	67	67
1350	160	160	160	160	160	160	160	135	120	110	100	95	86	84	76	68	60	55	52	50
	29	38	45	53	60	63	65	67	67	67	67	67	67	67	67	67	67	67	67	67
1450	160	160	160	160	160	160	160	130	115	105	95	90	83	82	75	65	58	54	51	48
	30	40	48	55	60	64	66	67	67	67	67	67	67	67	67	67	67	67	67	67
1550	160	160	160	160	160	160	135	120	110	100	90	85	78	75	70	60	53	52	50	40
	31	45	50	60	65	66	67	67	67	67	67	67	67	67	67	67	67	67	67	67

注：栏中上排为速度，m/min；下排为产量，t/h。

炉子最大通过能力为 69t/h、速度 170m/min 时机组生产率操作规范，见表 5-154。

表 5-154　69t/h、速度 170m/min 生产率操作表

厚度/mm 宽度/mm	0. 25	0. 30	0. 50	0. 60	0. 70	0. 80	0. 90	1. 00	1. 10	1. 20	1. 40	1. 50	1. 60	1. 70	1. 80	2. 00
800	170	170	170	170	170	170	170	170	160	150	128	120	115	109	103	90
	18	20	31	38	45	50	55	63	69	69	69	69	69	69	69	69
1000	170	170	170	170	170	170	170	150	140	135	120	110	100	92	80	78
	20	25	40	43	56	58	62	68	69	69	69	69	69	69	69	69
1050	170	170	170	170	170	170	170	148	130	125	112	105	95	85	78	75
	22	26	42	45	50	55	60	69	69	69	69	69	69	69	69	69
1100	170	170	170	170	170	170	170	140	125	115	104	100	88	84	74	68
	22	27	44	48	58	60	68	69	69	69	69	69	69	69	69	69
1150	170	170	170	170	170	170	150	130	115	100	96	90	85	80	71	64
	24	28	46	50	60	65	69	69	69	69	69	69	69	69	69	69
1200	170	170	170	170	170	170	140	123	110	98	88	83	78	73	68	60
	26	30	48	52	62	68	69	69	69	69	69	69	69	69	69	69
1250	170	170	170	170	170	160	130	119	105	95	85	80	75	70	66	57
	32	35	50	54	64	69	69	69	69	69	69	69	69	69	69	69
1300	170	170	170	170	170	150	120	115	100	92	80	75	70	67	64	54
	38	45	52	58	68	69	69	69	69	69	69	69	69	69	69	69
1350	170	170	170	170	160	140	115	110	95	88	78	73	68	64	61	49
	40	50	54	62	69	69	69	69	69	69	69	69	69	69	69	69
1400	170	170	170	170	150	135	110	105	90	85	75	70	65	62	58	47
	42	53	56	68	69	69	69	69	69	69	69	69	69	69	69	69

续表 5-154

宽度/mm \ 厚度/mm	0.25	0.30	0.50	0.60	0.70	0.80	0.90	1.00	1.10	1.20	1.40	1.50	1.60	1.70	1.80	2.00
1450	170	170	170	148	140	128	100	95	88	80	72	66	60	58	53	46
	43	55	58	69	69	69	69	69	69	69	69	69	69	69	69	69
1500	170	170	170	140	135	120	110	90	85	75	70	60	58	55	48	45
	50	60	65	69	69	69	69	69	69	69	69	69	69	69	69	69

注：栏中上排为速度，m/min；下排为产量，t/h。

炉子最大通过能力为75t/h、速度160m/min时机组生产率操作规范，见表5-155。

表5-155 75t/h、速度160m/min生产率操作表

宽度/mm \ 厚度/mm	0.28	0.33	0.35	0.43	0.48	0.56	0.65	0.70	0.75	0.83	0.93	0.98	1.18	1.23	1.28	1.38	1.48	1.58
900	160	160	160	160	160	160	160	160	160	160	160	160	150	142	135	128	122	115
	20	22	23	29	35	38	42	46	50	54	58	65	75	75	75	75	75	75
1000	160	160	160	160	160	160	160	160	160	160	160	160	145	138	128	120	112	106
	22	23	25	32	36	42	45	48	54	58	62	72	75	75	75	75	75	75
1050	160	160	160	160	160	160	160	160	160	160	160	150	140	130	124	110	105	100
	23	24	26	33	38	44	48	51	60	65	70	75	75	75	75	75	75	75
1100	160	160	160	160	160	160	160	160	160	160	160	150	140	130	120	108	102	95
	24	26	28	35	40	45	50	55	62	68	73	75	75	75	75	75	75	75
1150	160	160	160	160	160	160	160	160	160	160	150	140	130	122	112	105	100	90
	25	28	30	35	42	46	52	60	60	70	75	75	75	75	75	75	75	75
1200	160	160	160	160	160	160	160	160	160	160	150	140	125	116	105	95	92	85
	26	31	32	38	43	50	55	60	68	72	75	75	75	75	75	75	75	75
1250	160	160	160	160	160	160	160	160	160	150	140	130	120	105	100	90	85	80
	30	32	33	42	45	52	60	65	71	75	75	75	75	75	75	75	75	75
1300	160	160	160	160	160	160	160	160	160	150	140	125	115	100	96	88	80	75
	32	33	34	43	50	60	64	68	74	75	75	75	75	75	75	75	75	75
1350	160	160	160	160	160	160	160	160	150	146	130	120	110	96	94	86	78	70
	33	35	40	45	55	62	70	73	75	75	75	75	75	75	75	75	75	75
1450	160	160	160	160	160	160	160	160	150	140	125	115	105	93	92	85	75	68
	36	38	45	50	58	63	72	74	75	75	75	75	75	75	75	75	75	75
1550	160	160	160	160	160	160	160	150	140	130	120	110	100	92	90	85	73	65
	38	40	52	55	60	65	74	75	75	75	75	75	75	75	75	75	75	75
1650	160	160	160	160	160	160	150	140	130	120	110	100	95	90	80	74	68	60
	40	42	50	60	65	70	75	75	75	75	75	75	75	75	75	75	75	75

注：栏中上排为速度，m/min；下排为产量，t/h。

炉子最大通过能力为69t/h、速度170m/min时机组生产率操作规范，见表5-156。

表5-156 69t/h、速度170m/min生产率操作表

宽度/mm \ 厚度/mm	0.25	0.30	0.50	0.60	0.70	0.80	0.90	1.00	1.10	1.20	1.40	1.50	1.60	1.70	1.80	2.00
800	170	170	170	170	170	170	170	170	160	150	128	120	115	109	103	90
	18	20	31	38	45	50	55	63	69	69	69	69	69	69	69	69
1000	170	170	170	170	170	170	170	150	140	135	120	110	100	92	80	78
	20	25	40	43	56	58	62	68	69	69	69	69	69	69	69	69
1050	170	170	170	170	170	170	170	148	130	125	112	105	95	85	78	75
	22	26	42	45	50	55	60	69	69	69	69	69	69	69	69	69
1100	170	170	170	170	170	170	170	140	125	115	104	100	88	84	74	68
	25	27	44	48	58	60	68	69	69	69	69	69	69	69	69	69
1150	170	170	170	170	170	170	150	130	115	100	96	90	85	80	71	64
	30	40	46	50	60	65	69	69	69	69	69	69	69	69	69	69
1200	170	170	170	170	170	170	140	123	110	98	88	83	78	73	68	60
	35	45	48	52	62	65	69	69	69	69	69	69	69	69	69	69
1250	170	170	170	170	170	160	130	119	105	95	85	80	75	70	66	57
	40	48	50	54	64	69	69	69	69	69	69	69	69	69	69	69
1300	170	170	170	170	170	150	120	115	100	92	80	75	70	67	64	54
	42	50	52	58	60	69	69	69	69	69	69	69	69	69	69	69
1350	170	170	170	170	160	140	115	110	95	88	78	73	68	64	61	49
	45	52	54	62	69	69	69	69	69	69	69	69	69	69	69	69
1400	170	170	170	170	150	135	110	105	90	85	75	70	65	62	58	47
	48	53	56	66	69	69	69	69	69	69	69	69	69	69	69	69
1450	170	170	170	148	140	128	100	95	88	80	72	66	60	58	53	46
	50	55	60	69	69	69	69	69	69	69	69	69	69	69	69	69
1500	170	170	170	140	135	120	110	90	85	75	70	60	58	55	48	45
	55	60	65	69	69	69	69	69	69	69	69	69	69	69	69	69

注：栏中上排为速度，m/min；下排为产量，t/h。

炉子最大通过能力为110t/h、速度180m/min时机组生产率操作规范，见表5-157。

表5-157 110t/h、速度180m/min生产率操作表

宽度/mm \ 厚度/mm	0.30	0.50	0.60	0.70	0.80	0.90	1.00	1.10	1.20	1.40	1.50	1.60	1.70	1.80	2.00	2.50
900	180	180	180	180	180	180	180	180	180	170	165	160	155	145	125	105
	20	35	40	50	60	65	70	80	90	110	110	110	110	110	110	110
1000	180	180	180	180	180	180	180	180	170	155	145	140	135	130	115	95
	22	40	45	55	65	70	80	90	110	110	110	110	110	110	110	110
1100	180	180	180	180	180	180	180	180	165	145	135	130	125	120	105	85
	24	45	50	60	70	80	95	100	110	110	110	110	110	110	110	110

续表 5-157

宽度/mm \ 厚度/mm	0.30	0.50	0.60	0.70	0.80	0.90	1.00	1.10	1.20	1.40	1.50	1.60	1.70	1.80	2.00	2.50
1200	180	180	160	160	158	180	180	170	155	140	130	125	120	115	95	78
	26	50	60	70	80	90	100	110	110	110	110	110	110	110	110	110
1300	180	180	180	180	180	180	180	165	145	135	125	120	115	110	90	70
	30	55	70	80	85	95	105	110	110	110	110	110	110	110	110	110
1400	180	180	180	160	180	180	170	155	135	125	120	115	110	105	85	68
	34	58	75	85	90	100	110	110	110	110	110	110	110	110	110	110
1450	180	180	180	180	180	180	165	140	130	115	110	105	100	95	80	65
	35	60	80	90	95	105	110	110	110	110	110	110	110	110	110	110
1530	180	180	180	180	180	170	155	135	125	105	100	95	90	85	75	60
	38	65	85	95	100	110	110	110	110	110	110	110	110	110	110	110
1660	180	180	180	180	180	165	145	130	120	95	90	85	80	75	70	55
	40	70	90	100	105	110	110	110	110	110	110	110	110	110	110	110

注：栏中上排为速度，m/min；下排为产量，t/h。

炉子最大通过能力为112t/h、速度120m/min时机组生产率操作规范，见表5-158。

表 5-158 112t/h、速度 120m/min 生产率操作表

宽度/mm \ 厚度/mm	0.8	1.0	1.2	1.4	1.5	1.8	2.0	2.5	3.0	3.5	4.0	4.5	5.0
800	120	120	120	120	120	120	120	115	100	85	75	66	59
	36	45	54	63	67	81	91	112	112	112	112	112	112
1000	120	120	120	120	120	120	118	95	79	69	59	54	47
	40	56	67	78	85	101	112	112	112	112	112	112	112
1100	120	120	120	120	120	120	109	88	72	63	53	46	43
	45	62	74	86	93	111	112	112	112	112	112	112	112
1200	120	120	120	120	120	110	99	81	66	57	49	44	39
	50	68	80	95	101	112	112	112	112	112	112	112	112
1300	120	120	120	120	120	105	91	77	61	54	45	40	36
	55	73	85	102	110	112	112	112	112	112	112	112	112
1400	120	120	120	120	114	95	85	72	57	50	43	37	34
	60	85	90	110	112	112	112	112	112	112	112	112	112
1500	120	120	120	115	105	91	80	67	54	48	41	36	32
	70	90	100	112	112	112	112	112	112	112	112	112	112
1600	120	120	120	110	99	85	75	62	50	44	38	35	30
	80	95	105	112	112	112	112	112	112	112	112	112	112

注：栏中上排为速度，m/min；下排为产量，t/h。

5.7.5.3 家电板技术参数给定

家电板技术参数的给定见表5-159。

5.7.5.4 作业线综合参数的给定

作业线综合参数的给定，见表5-160、表5-161。

表 5-159 家电板技术参数的给定

钢 卷 号	51090691	51090693	51090688	51090690	510906941	510906862	51090684	51090683
钢 种	DX52D	DX52D	DX52D	DX52D	DX52D	DX54D	DX54D	DX54D
规格:厚×宽/mm×mm	0.78×1255	0.78×1255	0.68×1255	0.68×1255	0.58×1255	0.58×1255	0.68×1255	0.78×1255
原板粗糙度/μm	1.243	1.270	1.287	1.186	1.251	1.309	0.948	0.955
成品粗糙度/μm	0.975	0.814	0.804	0.643	0.725	0.820	0.749	0.651
出 NOF 炉板温/℃	737	732	730	728	730	750	780	800
出 RTF 炉板温/℃	801	805	807	804	808	868	875	869
入锌锅板温/℃	505	506	502	500	500	495	494	500
锌液温度/℃	466	468	464	466	464	465	466	463
气刀高度/稳辊距离/mm	160/32	160/29	210/29	210/29	210/29	210/21	210/21	170/16
气刀距离:前/后/mm	17/22	17.5/21	18/26	17.2/24.4	17.2/24.4	16.4/24.4	16.3/24.3	19.8/28.9
气刀压力 kPa/风机转速/$r \cdot min^{-1}$	16.5	15.2	17/870	19.5/936	19.5/936	15.3/819	15.3/822	10.6/689
机组速度/$m \cdot min^{-1}$	86	88	88	98	100	80	80	70
锌层重量:上/下/$g \cdot m^{-2}$	65/58	55/50	78/69	65/69	69/65	71/65	69/71	99/95
光整机轧制压力/kN	280	300	300	300	300	180	200	200
光整机入口张力/出口张力/kN	40/40	40/40	44/50	44/49	45/50	30/33	21/35	36/36
光整伸长率/拉矫伸长率/%	0.3/0.2	0.3/0.2	0.3/0.2	0.3/0.2	0.3/0.2	0.6/0.1	0.7/0.1	0.9/0.1
弯辊力/kN	50	50	50	50	50	50	55	21.3
防皱辊高度入口/出口/mm	92/75	91.6/75.5	94.9/77.5	97.4/78.8	97.4/78.8	97.4/78.8	95/77	91.8/75.1
硬度/HRB	56	52	61	60	61	41	40	36
光整工作辊粗糙度/μm	2.3							
屈服强度/MPa	355	310	325	340	335	181	185	171
抗拉强度/MPa	370	360	365	370	375	315	315	290
伸长率/%	37	38	39	36	39	43	41	46
n 值	0.2	0.21	0.21	0.21	0.21	0.23	0.23	0.23
r 值	1.45	1.642	1.516	1.414	1.441	2.025	2.285	2.152

表 5-160 热镀锌线 NOF 法工艺参数表

带钢规格 /mm×mm	钢种序号	炉温/℃										带钢温度/℃					锌层重量 /g·m^{-2}		气刀压力 /MPa		气刀角度 /(°)		气刀距离 /mm	气刀高度 /mm	带钢速度 /m·min^{-1}	带钢张力 /kN	镀锌板质量检验		
		NOF 炉			还原炉					均热炉		冷却段	锌锅	出 NOF 炉	出均热炉	入锌锅	上面	下面	上面	下面	上面	下面					锌层脱落级别 P	锌层裂纹级别 R	硬度 HRB
		1	2	3	1	2	3	4	5	1	2																		
902×0.88	5	1100	1200	1180	830	870	890	900	900	830	800	380	470	605	728	480	50	50	0.038	0.025	-5	-6	15	250	50	7	1	2	40
902×0.88	5	1150	1120	1100	840	880	890	880	890	830	800	380	470	605	745	480	50	50	0.038	0.027	-5	-6	15	250	50	7	1	1	39
875×1.00	2	1150	1120	1120	830	870	890	890	890	820	790	370	470	585	725	480	140	130	0.07	0.08	-5	-6	15	120	55	7	1	3	52
920×1.00	2	1150	1120	1120	810	860	880	880	890	820	800	370	470	585	725	480	90	90	0.016	0.012	-5	-6	15	120	60	7	1	1	56
920×1.00	2	1130	1120	1130	795	850	880	880	870	820	800	370	470	585	725	475	100	95	0.016	0.015	-5	-6	15	120	60	7	1	1	58
855×1.00	7	1130	1150	1150	800	855	880	890	880	815	790	360	470	585	715	480	140	120	0.09	0.011	-5	-6	15	120	65	7	1	3	66
855×1.00	7	1130	1150	1150	860	855	880	890	880	810	790	360	470	585	725	485	130	120	0.09	0.011	-5	-6	15	120	65	7	1	3	69
901×1.00	2	1150	1150	1150	800	850	880	890	880	810	790	360	470	585	715	465	100	90	0.012	0.015	-5	-6	15	120	55	7	1	2	58
951×1.20	1	1150	1150	1150	790	840	870	890	880	810	780	360	470	585	700	465	135	135	0.08	0.08	-5	-6	15	120	55	7	1	3	57
930×1.50	1	1160	1100	1100	790	840	860	890	890	810	790	340	470	580	710	480	100	90	0.09	0.08	-5	-6	15	80	39	9	1	3	52
940×2.00	3	1110	1150	1150	790	850	870	890	890	810	790	340	470	580	715	475	130	130	0.05	0.05	-5	-6	15	80	30	10	1	1	52
942×2.00	3	1150	1150	1150	790	840	870	890	890	810	790	360	470	585	715	475	120	120	0.06	0.06	-5	-6	15	80	30	12	1	1	56
975×2.00	1	1170	1150	1150	790	840	870	890	890	810	790	360	470	590	715	475	90	90	0.08	0.09	-5	-6	20	80	30	12	1	2	50
900×1.55	2	1200	1140	1150	790	840	870	870	870	800	770	350	470	590	705	460	145	135	0.08	0.06	-5	-6	20	80	38	12	1	3	55
942×2.00	3	1200	1150	1140	790	840	870	890	880	800	775	340	465	580	705	470	135	150	0.05	0.07	-5	-6	20	80	30	12	1	2	55
930×2.25	1	1230	1140	1150	790	840	870	890	880	800	780	350	470	580	720	465	130	140	0.05	0.07	-5	-6	20	80	30	12	1	3	48
930×2.25	1	1150	1150	1150	790	840	870	880	870	800	780	350	470	585	710	480	135	140	0.04	0.05	-5	-6	20	80	30	12	1	3	55
970×1.50	2	1100	1120	1140	780	830	860	860	860	790	780	340	455	570	700	470	101	101	0.06	0.06	-4	-5	18	78	30	11	1	3	61
970×2.00	1	1140	1140	1150	790	840	870	880	870	800	785	350	465	580	710	475	100	100	0.07	0.07	-5	-6	20	80	31	12	1	3	62

续表 5-160

带钢规格 /mm×mm	钢种序号	炉温/℃ NOF炉 1	NOF炉 2	NOF炉 3	还原炉 1	还原炉 2	还原炉 3	还原炉 4	还原炉 5	均热炉 1	均热炉 2	带钢温度/℃ 冷却段	锌锅	出NOF炉	出均热炉	入锌锅	锌层重量 /g·m^{-2} 上面	下面	气刀压力 /MPa 上面	下面	气刀角度 /(°) 上面	下面	气刀距离 /mm	气刀高度 /mm	带钢速度 /m·min^{-1}	带钢张力 /kN	镀锌板质量检验 锌层脱落级别 P	锌层裂纹级别 R	硬度 HRB
894×2.00	3	1140	1140	1150	790	840	870	880	870	800	780	350	470	580	710	480	140	140	0.04	0.05	-5	-6	20	80	30	12	1	3	62
894×2.00	3	1180	1120	1150	790	840	870	880	870	800	780	350	465	605	700	470	140	140	0.04	0.05	-5	-6	20	80	30	12	1	3	51
880×1.50	2	1170	1150	1150	790	840	870	880	870	810	780	320	460	580	720	490	140	140	0.07	0.05	-5	-6	20	80	34	10	1	3	60
760×2.00	1	1150	1180	1160	815	860	885	880	880	820	785	350	465	590	715	475	140	130	0.05	0.06	-5	-6	20	80	30	12	1	3	56
816×2.50	2	1150	1180	1180	815	860	885	880	870	810	770	350	465	585	700	475	140	130	0.03	0.06	-5	-6	20	80	28	11	1	3	57
987×2.4	2	1200	1160	1160	760	830	850	870	880	800	780	360	470	590	710	490	150	150	0.04	0.06	-5	-6	20	100	28	11	1	1	55
1055×2.0	1	1200	1160	1160	770	840	850	880	880	800	790	360	460	585	715	480	150	150	0.04	0.05	-5	-6	20	100	28	12	1	1	54
1030×2.0	3	1200	1160	1160	770	830	850	880	880	800	790	360	460	585	715	490	150	150	0.04	0.05	-5	-6	20	100	32	12	1	2	57
1040×1.9	1	1170	1130	1130	770	830	860	880	890	810	790	360	460	585	715	465	150	150	0.04	0.05	-5	-6	20	100	32	12	1	3	58
1019×1.8	3	1160	1140	1140	770	840	860	880	890	810	790	360	460	585	720	465	150	150	0.04	0.06	-5	-6	20	100	30	12	1	3	56
1040×1.5	1	1160	1140	1140	770	820	860	890	890	810	790	360	470	585	710	470	110	110	0.08	0.01	-5	-6	20	130	38	12	1	4	60
1030×1.4	2	1150	1140	1150	770	830	850	880	880	800	780	360	470	575	690	470	50	50	0.04	0.036	-5	-6	20	320	42	12	1	2	57
1030×1.4	2	1160	1140	1150	770	830	850	880	880	800	780	360	470	575	700	480	55	60	0.035	0.031	-5	-6	20	320	40	10	1	2	54
1023×1.4	2	1160	1140	1150	770	820	850	880	880	800	780	360	470	575	695	475	55	55	0.034	0.031	-5	-6	20	320	40	10	1	2	59
1023×1.4	2	1140	1150	1150	770	820	850	880	880	800	780	360	470	590	700	480	60	60	0.034	0.031	-5	-6	20	320	40	10	1	3	58
1023×1.4	2	1140	1150	1150	770	840	850	880	880	800	780	360	470	585	700	480	60	60	0.034	0.031	-5	-6	20	320	40	11	1	1	62
1015×1.4	1	1160	1140	1150	780	840	870	890	895	810	795	360	470	585	715	475	140	140	0.04	0.06	-5	-6	20	100	34	11	1	3	55
1015×1.5	1	1160	1140	1150	780	850	870	890	895	810	795	360	470	585	715	475	140	140	0.04	0.06	-5	-6	20	100	34	10	1	3	54
1005×1.48	2	1160	1140	1150	780	850	870	890	895	820	795	360	470	585	720	470	140	140	0.05	0.06	-5	-6	20	100	36	10	1	2	52
808×2.5	1	1200	1180	1180	810	850	880	880	870	810	780	350	470	585	700	475	135	130	0.03	0.08	-5	-6	20	80	28	10	1	3	58
673×2.5	2	1200	1180	1180	815	850	870	870	870	810	780	350	470	580	700	475	135	130	0.03	0.08	-5	-6	20	80	28	10	1	3	57

续表 5-160

带钢规格 /mm×mm	钢种序号	炉温/℃ NOF炉 1	炉温/℃ NOF炉 2	炉温/℃ NOF炉 3	炉温/℃ 还原炉 1	炉温/℃ 还原炉 2	炉温/℃ 还原炉 3	炉温/℃ 还原炉 4	炉温/℃ 还原炉 5	炉温/℃ 均热炉 1	炉温/℃ 均热炉 2	带钢温度/℃ 冷却段	带钢温度/℃ 锌锅	带钢温度/℃ 出NOF炉	带钢温度/℃ 出均热炉	带钢温度/℃ 入锌锅	锌层重量 /g·m⁻² 上面	锌层重量 /g·m⁻² 下面	气刀压力 /MPa 上面	气刀压力 /MPa 下面	气刀角度 /(°) 上面	气刀角度 /(°) 下面	气刀距离 /mm	气刀高度 /mm	带钢速度 /m·min⁻¹	带钢张力 /kN	镀锌板质量检验 锌层脱落级别 P	镀锌板质量检验 锌层裂纹级别 R	镀锌板质量检验 硬度 HRB
1168×0.85	1	1160	1230	1190	950	930	985	910	925	850	790	300	460	580	720	495	150	160	0.037	0.033	-8	-10	25	280	110	6	1	3	51
1168×0.85	1	1150	1120	1190	950	935	925	910	880	850	800	300	460	610	735	505	150	150	0.03	0.03	-8	-10	25	280	110	6	1	3	49
1168×0.85	1	1140	1200	1180	950	940	925	910	885	860	800	300	462	610	725	495	150	150	0.032	0.035	-8	-10	25	280	110	6	1	4	47
1160×0.60	2	1100	1220	1060	970	910	905	895	885	860	810	350	460	590	760	545	170	165	0.03	0.029	-8	-10	25	280	110	6	1	3	23
1160×0.60	2	1150	1210	1040	940	905	905	890	880	860	830	400	475	580	765	575	170	150	0.031	0.037	-8	-10	25	280	105	5	1	4	39
840×0.52	5	1150	1130	1040	950	905	910	895	885	865	825	400	480	580	760	570	60	60	0.024	0.032	-8	-10	25	280	60	4	1	2	36
1135×0.63	1	1040	1150	1120	960	920	915	900	880	850	820	410	470	560	740	520	140	150	0.026	0.032	-8	-10	25	280	45	6	1	2	57
1135×0.63	2	1060	1080	1150	950	940	915	910	870	860	820	360	485	570	765	500	140	150	0.03	0.033	-8	-10	25	280	105	6	1	2	51
1110×0.50	1	1020	1120	1080	960	940	915	910	885	860	820	360	485	560	760	500	150	150	0.027	0.032	-8	-10	25	280	110	6	1	2	48
1045×0.63	1	1050	1120	1100	960	930	915	910	870	850	820	390	480	530	730	540	140	130	0.028	0.03	-8	-10	25	280	110	6	1	3	55
1010×0.50	2	1050	1120	1080	960	940	910	910	870	860	825	390	470	590	760	540	160	150	0.025	0.033	-8	-10	25	280	110	7	1	3	49
1005×0.60	2	1060	1130	1100	950	920	915	910	885	860	820	390	480	570	750	540	140	150	0.03	0.03	-8	-10	25	280	110	7	1	2	53
1000×0.60	2	1060	1200	1100	950	935	910	900	880	860	810	400	475	550	745	545	145	150	0.02	0.029	-8	-10	25	280	110	7	1	2	51
1320×1.00	2	1000	1060	1170	950	920	915	910	870	860	810	340	470	600	735	535	100	100	0.026	0.035	-8	-10	22	230	78	9	1	2	57
1320×0.63	2	1040	1040	1080	970	940	910	910	870	855	820	380	480	550	770	540	100	100	0.24	0.027	-8	-10	22	230	80	6	1	2	58
1300×0.63	1	980	1150	1080	960	940	925	910	870	855	820	420	480	530	750	570	160	140	0.017	0.028	-8	-10	22	230	100	6	1	3	54
1305×1.00	2	1060	1170	1140	960	930	920	905	880	855	805	380	480	580	735	520	145	145	0.014	0.023	-8	-10	22	230	64	6	1	3	54
1350×1.00	6	1080	1080	1150	950	945	915	915	890	865	825	360	485	610	760	530	180	180	0.012	0.02	-8	-10	22	230	64	7	1	3	50
1280×0.82	6	1000	1080	1100	960	925	915	905	890	850	830	360	470	570	760	535	180	180	0.012	0.02	-8	-10	22	230	75	7	1	4	60
1000×1.00	2	1100	1210	1170	970	945	915	910	870	850	825	300	464	580	730	485	150	150	0.012	0.022	-8	-10	22	230	65	5	1	3	58
1350×1.00	2	1140	1220	1180	950	930	920	900	875	870	810	300	465	600	750	490	190	180	0.013	0.016	-8	-10	22	230	65	7	1	3	60
1350×1.00	6	1100	1170	1160	960	925	920	900	880	865	810	300	451	610	750	505	190	170	0.012	0.018	-8	-10	22	230	65	7	1	3	55

续表 5-160

带钢规格 /mm×mm	钢种序号	炉温/℃										带钢温度/℃					锌层重量 /g·m^{-2}		气刀压力 /MPa		气刀角度 /(°)		气刀距离 /mm	气刀高度 /mm	带钢速度 /m·min^{-1}	带钢张力 /kN	镀锌板质量检验		
		NOF 炉			还原炉					均热炉		冷却段	锌锅	出NOF炉	出均热炉	入锌锅	上面	下面	上面	下面	上面	下面					锌层脱落级别 P	锌层裂纹级别 R	硬度 HRB
		1	2	3	1	2	3	4	5	1	2																		
1350×1.00	6	1080	1160	1160	960	935	925	900	885	865	810	320	467	610	755	515	180	175	0.011	0.015	-8	-10	22	230	65	7	1	3	52
1356×1.24	1	1100	1170	1150	950	935	920	900	890	870	820	320	470	575	760	505	60	150	0.046	0.09	-8	-10	20	280	55	12	1	3	53
1356×1.24	1	1100	1170	1150	950	935	920	900	899	870	820	320	470	575	755	507	60	150	0.046	0.09	-8	-10	20	280	55	12	1	3	53
1356×1.24	1	1100	1170	1150	950	935	920	900	890	870	820	320	470	575	755	507	60	150	0.046	0.09	-6	-8	20	280	55	11	1	3	53
1356×1.24	1	1100	1160	1150	950	935	920	900	890	870	820	320	460	575	755	508	60	150	0.046	0.09	-6	-8	20	280	55	11	1	3	53
1356×1.24	1	1100	1160	1150	950	935	920	900	890	870	820	320	460	575	755	508	60	150	0.046	0.09	-6	-8	20	280	55	11	1	3	53
1245×1.10	5	1050	1120	1150	960	940	920	900	890	870	820	320	460	580	760	500	60	150	0.07	0.012	-6	-8	20	280	57	11	1	4	58
1245×1.10	5	1100	1170	1160	950	935	920	900	890	880	820	320	460	610	765	515	60	140	0.07	0.012	-6	-8	20	280	57	11	1	4	58
1245×1.10	5	1100	1180	1160	950	940	920	900	890	870	830	320	465	615	770	515	60	140	0.07	0.012	-6	-8	20	280	57	11	1	4	37
1245×1.10	5	1110	1190	1170	950	940	920	900	890	880	830	320	460	615	775	520	60	140	0.047	0.012	-6	-8	20	280	57	11	1	4	56
1245×1.10	5	1120	1190	1170	950	940	920	900	890	880	835	320	470	610	770	520	60	140	0.047	0.012	-6	-8	20	280	57	11	1	4	57
1245×1.10	5	1120	1190	1170	965	935	920	900	890	880	835	320	470	620	770	515	60	140	0.047	0.012	-6	-8	20	280	57	11	1	4	58
1245×1.10	5	1110	1190	1170	950	940	920	900	890	880	835	320	462	615	755	510	60	140	0.047	0.012	-6	-8	20	280	57	11	1	4	58
1245×1.10	5	1110	1190	1170	950	940	920	900	890	880	835	320	465	615	765	515	60	140	0.047	0.012	-6	-8	20	280	57	11	1	4	58
1245×1.10	5	1130	1200	1180	960	940	920	900	890	865	835	320	465	630	770	495	60	140	0.047	0.012	-6	-8	20	280	57	11	1	3	57
1245×1.10	5	1120	1195	1170	950	940	920	900	890	870	815	320	465	620	765	495	60	140	0.047	0.012	-6	-8	20	280	57	11	1	3	57
1245×1.10	5	1130	1200	1180	960	940	920	900	890	870	820	320	463	630	760	505	55	130	0.048	0.014	-6	-8	20	280	57	11	1	3	57
1245×1.10	5	1125	1200	1170	950	940	920	900	890	870	820	320	465	620	760	510	60	135	0.048	0.013	-6	-8	20	280	57	11	1	3	57
1100×1.35	2	1140	1200	1180	950	930	920	900	870	840	790	320	484	570	700	485	140	150	0.018	0.017	-6	-8	22	210	70	12	1	4	60
1100×1.50	2	1150	1210	1180	950	925	920	900	865	840	785	320	487	570	710	485	140	140	0.018	0.017	-8	-10	22	210	68	12	1	4	59
1100×1.50	2	1190	1240	1190	950	925	930	910	865	840	785	320	487	590	700	495	140	150	0.018	0.017	-8	-10	22	210	68	12	1	4	59
1100×1.50	2	1200	1250	1200	950	930	930	915	875	850	790	320	488	570	700	485	140	150	0.014	0.014	-9	-11	22	210	68	12	1	4	59

续表 5-160

带钢规格/mm×mm	钢种序号	炉温/℃										带钢温度/℃					锌层重量/g·m^{-2}		气刀压力/MPa		气刀角度/(°)		气刀距离/mm	气刀高度/mm	带钢速度/m·min^{-1}	带钢张力/kN	镀锌板质量检验		
		NOF炉			还原炉					均热炉		冷却段	锌锅	出NOF炉	出均热炉	入锌锅											锌层脱落级别P	锌层裂纹级别R	硬度HRB
		1	2	3	1	2	3	4	5	1	2						上面	下面	上面	下面	上面	下面							
1100×1.50	2	1200	1250	1200	950	935	930	910	875	850	790	320	488	580	700	485	140	150	0.014	0.014	−9	−11	22	210	68	12	1	4	59
1100×1.50	2	1210	1250	1200	960	935	930	910	875	850	790	320	488	570	705	475	140	150	0.014	0.014	−9	−11	22	210	68	13	1	4	60
1000×2.00	7	1180	1260	1200	960	940	935	930	920	900	755	300	476	660	800	520	140	150	0.018	0.09	−9	−11	32	180	35	13	1	5	80
1000×2.00	7	1200	1240	1200	960	940	930	930	920	900	850	290	467	675	800	520	180	185	0.014	0.06	−9	−11	32	180	35	13	1	5	80
1169×2.1	7	1160	1210	1180	960	935	930	930	915	890	850	300	467	650	800	510	185	190	0.014	0.09	−9	−11	33	180	33	12	1	5	80
1169×2.1	7	1140	1200	1180	950	940	930	925	915	895	850	300	458	610	785	510	190	185	0.014	0.011	−9	−11	34	180	32	12	1	5	80
1160×2.4	7	1140	1190	1150	960	940	930	925	910	890	840	300	455	585	785	515	190	195	0.012	0.01	−9	−11	34	150	30	12	1	5	80
1164×2.1	7	1140	1190	1150	960	945	935	935	920	900	845	300	455	610	800	505	190	190	0.01	0.01	−9	−11	34	150	32	12	1	5	80
1164×2.1	7	1140	1190	1160	950	945	935	930	925	900	850	300	460	620	800	510	200	185	0.012	0.01	−9	−11	34	150	32	12	1	5	80
1164×2.1	7	1140	1190	1150	965	940	930	925	920	900	850	300	467	630	800	515	190	190	0.012	0.09	−9	−11	34	150	32	12	1	5	80
1164×2.1	7	1150	1200	1170	965	945	935	930	920	900	850	300	465	615	790	510	180	190	0.014	0.011	−9	−11	34	150	32	12	1	5	80
1164×2.1	7	1150	1200	1160	960	940	935	930	910	900	850	300	468	615	785	510	190	190	0.012	0.011	−9	−11	34	150	32	12	1	5	82
1164×2.1	8	1160	1210	1160	960	940	930	930	910	890	840	300	468	615	780	510	190	190	0.016	0.012	−9	−11	34	150	32	12	1	5	86
1164×2.1	8	1200	1250	1200	960	940	930	930	910	900	840	300	468	615	780	500	190	190	0.016	0.012	−9	−11	34	150	33	11	1	5	81
691×1.83	3	1230	1270	1220	960	950	930	930	910	905	850	300	476	640	780	495	320	330	0.06	0.025	−9	−11	34	150	42	10	1	5	61
678×2.57	3	1220	1280	1220	950	940	930	910	900	860	810	300	467	640	755	490	350	350	0.04	0.04	−9	−11	34	150	32	18	1	5	62
810×4.0	1	1150	1200	1195	935	900	900	890	850	830	775	300	467	600	705	490	160	160	0.017	0.017	−9	−11	34	210	33	19	1	4	56
810×4.0	1	1130	1190	1170	935	900	900	890	840	830	785	300	458	600	710	487	170	170	0.013	0.016	−9	−11	34	210	33	18	1	3	56
810×4.0	1	1115	1190	1170	940	845	900	885	835	815	780	300	455	585	680	485	170	170	0.013	0.016	−9	−11	34	210	33	18	1	3	56
810×4.0	1	1150	1200	1170	950	900	900	890	840	815	780	300	455	600	690	470	150	150	0.01	0.014	−9	−11	34	180	33	18	1	3	56
810×4.0	1	1170	1220	1180	950	910	920	900	850	825	785	300	460	610	700	505	170	170	0.01	0.014	−9	−11	34	180	30	18	1	3	56
1081×2.0	1	1210	1250	1220	960	945	945	900	870	840	785	300	467	610	680	475	140	140	0.014	0.012	−8	−10	30	280	56	12	1	3	57

续表 5-160

带钢规格 /mm×mm	钢种序号	炉温/℃										带钢温度/℃					锌层重量 /g·m^{-2}		气刀压力 /MPa		气刀角度 /(°)		气刀距离 /mm	气刀高度 /mm	带钢速度 /m·min^{-1}	带钢张力 /kN	镀锌板质量检验		
		NOF 炉			还原炉					均热炉		冷却段	锌锅	出NOF炉	出均热炉	入锌锅	上面	下面	上面	下面	上面	下面					锌层脱落级别 P	锌层裂纹级别 R	硬度 HRB
		1	2	3	1	2	3	4	5	1	2																		
1081×2.0	1	1220	1260	1230	960	945	945	900	870	845	790	300	465	615	685	478	135	145	0.016	0.013	-8	-10	30	280	56	12	1	3	57
1081×2.0	1	1220	1260	1220	960	945	945	900	825	850	790	300	468	615	690	480	145	145	0.016	0.012	-8	-10	30	280	56	12	1	3	57
1081×2.0	1	1220	1260	1220	960	945	950	900	830	850	790	300	468	615	690	480	145	150	0.016	0.013	-8	-10	30	280	56	12	1	3	58
1000×0.90	2	1140	1240	1220	950	940	930	910	885	855	800	305	475	580	715	500	150	140	0.032	0.029	-8	-10	30	280	105	8	1	4	54
1000×0.90	2	1170	1260	1220	950	940	925	900	890	860	800	300	472	600	720	500	150	150	0.027	0.035	-8	-10	30	280	105	8	1	4	55
1000×1.00	2	1180	1260	1220	970	940	925	900	890	860	800	300	460	590	710	485	155	155	0.027	0.031	-8	-10	30	280	105	8	1	4	53
1000×1.00	2	1170	1260	1220	960	940	925	900	890	860	800	300	460	590	710	490	150	150	0.027	0.033	-8	-10	30	280	105	8	1	4	54
1000×1.00	1	1190	1260	1220	960	940	925	900	890	860	800	300	458	600	710	495	150	150	0.026	0.033	-8	-10	30	280	105	8	1	4	56
1000×1.00	1	1200	1260	1220	972	930	925	900	880	860	800	300	458	620	725	505	155	155	0.025	0.026	-8	-10	30	280	105	8	1	4	54
1000×1.25	2	1200	1260	1220	960	940	925	900	880	860	800	300	460	620	720	500	135	150	0.029	0.026	-8	-10	30	280	100	6	1	4	53
1000×1.5	2	1215	1280	1220	950	925	925	910	870	855	800	300	462	590	720	500	140	150	0.09	0.024	-8	-10	30	280	95	5	1	4	54
1000×1.5	2	1240	1290	1240	960	930	935	915	870	855	800	300	470	590	720	500	140	155	0.02	0.023	-8	-10	30	280	97	6	1	4	43
1000×1.50	2	1240	1290	1240	975	928	935	915	865	850	795	300	477	600	700	485	150	150	0.018	0.022	-8	-10	30	280	77	6	1	4	54
1000×1.50	1	1200	1270	1210	985	950	955	935	880	850	795	300	475	590	700	485	150	150	0.018	0.022	-8	-10	30	280	77	7	1	4	53
1000×1.50	2	1200	1260	1210	985	950	965	935	880	850	790	300	475	590	700	485	150	150	0.02	0.022	-8	-10	30	280	75	7	1	4	53
1000×1.50	2	1200	1260	1210	985	950	960	935	880	850	790	300	470	600	700	485	150	160	0.02	0.021	-8	-10	30	280	75	7	1	4	53
1000×1.50	2	1200	1260	1210	970	950	960	935	880	855	790	300	468	590	705	490	150	160	0.018	0.023	-8	-10	30	280	75	7	1	4	53
1000×1.50	2	1200	1270	1210	980	955	955	935	885	855	790	300	468	590	695	480	150	160	0.014	0.02	-8	-10	30	280	75	7	1	4	53
1000×1.50	2	1210	1270	1220	980	955	955	835	885	845	790	300	468	590	695	475	150	160	0.014	0.02	-8	-10	27	280	75	7	1	4	54
1000×1.50	2	1210	1270	1210	975	955	955	930	875	845	790	300	465	600	700	478	140	145	0.016	0.014	-8	-10	27	230	60	11	1	4	55
1000×2.00	2	1220	1270	1220	970	955	955	930	875	845	790	300	470	610	680	475	140	150	0.016	0.014	-8	-10	27	230	60	11	1	4	54
1000×2.00	2	1240	1270	1220	970	955	955	930	875	845	790	300	470	610	680	475	140	145	0.015	0.013	-8	-10	27	230	60	11	1	3	55

续表 5-160

带钢规格 /mm×mm	钢种序号	炉温/℃										带钢温度/℃					锌层重量 /g·m^{-2}		气刀压力 /MPa		气刀角度 /(°)		气刀距离 /mm	气刀高度 /mm	带钢速度 /m·min^{-1}	带钢张力 /kN	镀锌板质量检验		
		NOF 炉			还原炉					均热炉		冷却段	锌锅	出NOF炉	出均热炉	入锌锅	上面	下面	上面	下面	上面	下面					锌层脱落级别 P	锌层裂纹级别 R	硬度 HRB
		1	2	3	1	2	3	4	5	1	2																		
1000×2.00	2	1230	1260	1220	970	955	955	930	875	845	790	300	470	610	680	470	135	145	0.016	0.013	-8	-10	27	230	60	11	1	3	57
1000×2.00	1	1220	1260	1220	960	955	955	930	875	845	790	300	470	610	680	470	135	155	0.014	0.01	-8	-10	27	230	54	12	1	3	57
1018×2.00	1	1230	1250	1220	965	950	955	935	875	840	790	300	468	600	675	475	135	150	0.015	0.11	-8	-10	27	230	54	12	1	3	58
1018×2.00	1	1220	1250	1220	965	950	950	940	880	840	800	300	460	620	680	480	140	150	0.015	0.11	-8	-10	27	280	54	12	1	3	58
1250×0.90	2	1080	1170	1180	950	920	923	900	857	835	785	370	474	550	700	515	150	160	0.03	0.028	-6	-8	23	280	103	5	1	4	58
1250×0.90	2	1130	1210	1190	960	920	920	905	865	840	785	340	470	560	700	490	135	140	0.024	0.02	-6	-8	23	280	103	6	1	4	60
1250×0.88	2	1100	1190	1190	960	925	930	910	870	840	790	330	470	585	720	495	140	140	0.026	0.022	-6	-8	20	280	105	6	1	5	58
1250×0.50	1	1030	1100	1030	970	945	920	915	870	840	820	340	470	650	800	495	145	145	0.014	0.017	-6	-8	20	280	77	3	1	2	56
1200×0.75	2	1120	1200	1160	970	940	925	905	890	855	815	380	455	640	790	515	135	140	0.017	0.016	-6	-8	20	280	70	3	1	3	58
1000×0.75	2	1070	1140	1160	970	935	920	910	900	855	825	380	460	620	730	530	140	140	0.015	0.015	-6	-8	20	280	70	3	1	3	56
1200×0.75	2	1135	1200	1190	950	940	920	915	880	855	810	320	460	615	730	490	140	140	0.024	0.024	-6	-8	25	280	90	10	1	5	55
1035×1.25	2	1110	1200	1200	960	925	915	905	875	830	800	370	465	590	710	510	150	130	0.023	0.019	-6	-8	20	280	80	5	1	3	57
1136×1.25	1	1120	1170	1100	960	930	930	930	910	860	840	340	470	640	790	480	130	135	0.022	0.02	-6	-8	20	280	75	4	1	3	58
1136×1.25	1	1160	1200	1160	960	910	925	900	860	835	790	350	460	580	720	495	130	140	0.023	0.01	-6	-8	20	280	75	4	1	4	57
1076×2.00	1	1180	1250	1190	960	925	925	900	855	830	780	310	467	580	685	485	140	150	0.014	0.08	-6	-8	20	280	46	1	1	4	58
1018×2.50	1	1180	1240	1200	955	925	925	900	855	825	775	310	468	580	695	490	140	155	0.013	0.07	-6	-8	20	280	47	13	1	4	58
1018×2.50	1	1190	1250	1200	970	930	925	905	855	825	770	305	469	610	720	470	140	155	0.012	0.07	-6	-8	20	280	47	11	1	4	58
1219×2.50	1	1180	1240	1200	955	933	930	910	925	850	800	310	463	585	720	500	130	160	0.021	0.01	-8	-10	20	280	73	10	1	4	58
1219×1.60	1	1180	1230	1190	950	925	920	900	865	840	785	310	467	580	715	482	140	150	0.024	0.013	-8	-10	25	280	78	10	1	4	57
1219×1.00	1	1170	1230	1190	950	940	925	905	885	855	800	310	468	595	713	485	149	150	0.027	0.022	-8	-10	25	280	85	1	1	5	56
1219×0.80	1	1170	1230	1190	950	940	925	905	885	855	800	310	468	595	730	485	140	150	0.027	0.022	-8	-10	25	280	85	10	1	5	58
1219×0.80	1	1130	1190	1200	950	930	915	910	870	860	825	310	460	610	740	480	150	140	0.025	0.022	-8	-10	25	280	85	10	1	5	59

续表 5-160

带钢规格 /mm×mm	钢种序号	炉温/℃										带钢温度/℃					锌层重量 /g·m^{-2}		气刀压力 /MPa		气刀角度 /(°)		气刀距离 /mm	气刀高度 /mm	带钢速度 /m·min^{-1}	带钢张力 /kN	镀锌板质量检验		
		NOF 炉			还原炉					均热炉		冷却段	锌锅	出 NOF 炉	出均热炉	入锌锅	上面	下面	上面	下面	上面	下面					锌层脱落级别 P	锌层裂纹级别 R	硬度 HRB
		1	2	3	1	2	3	4	5	1	2																		
1219×0.80	1	1140	1200	1190	950	940	920	915	880	855	810	320	460	605	730	490	140	140	0.024	0.024	-8	-10	25	280	90	10	1	5	56
1300×1.50	2	1220	1260	1200	970	940	945	920	915	885	850	320	472	700	820	515	150	150	0.012	0.09	-8	-10	25	150	44	12	1	4	58
1374×1.75	2	1220	1240	1200	970	945	945	915	905	880	850	320	472	700	820	510	160	170	0.08	0.06	-8	-10	25	150	36	12	1	3	56
1500×1.50	2	1110	1160	1140	950	920	920	900	870	850	800	320	462	600	750	495	160	160	0.013	0.013	-8	-10	25	220	55	11	1	4	57
1500×1.25	2	1100	1170	1160	950	910	920	905	860	845	800	330	465	590	730	495	150	150	0.016	0.014	-8	-10	25	230	56	11	1	4	58
1500×1.25	2	1100	1160	1150	950	920	920	900	870	850	800	320	460	590	725	490	160	140	0.019	0.014	-8	-10	25	230	60	11	1	4	60
1400×1.25	2	1100	1160	1150	950	920	920	905	870	850	800	320	460	590	725	490	180	155	0.025	0.016	-8	-10	25	250	65	11	1	4	57
1524×0.95	2	1100	1140	1130	950	920	915	900	860	845	800	320	465	600	730	495	180	140	0.03	0.025	-8	-10	25	300	65	12	1	4	60
1524×0.97	2	1070	1120	1150	930	915	925	915	875	860	860	340	462	600	760	500	140	150	0.015	0.014	-8	-10	25	300	70	12	1	3	61
1500×1.00	2	1060	1110	1140	915	915	925	910	875	855	855	340	467	580	750	495	170	170	0.012	0.012	-8	-10	25	300	70	12	1	3	62
1500×1.00	2	1060	1120	1140	920	910	925	910	870	850	810	340	466	590	750	485	170	170	0.012	0.012	-8	-10	25	300	72	12	1	3	61
1500×1.00	2	1060	1120	1140	920	915	925	910	870	850	810	320	465	590	750	490	145	150	0.015	0.023	-8	-10	25	300	72	12	1	4	60
1524×0.80	2	1080	1140	1160	950	925	920	915	880	865	815	320	460	620	740	480	135	150	0.018	0.023	-8	-10	25	300	80	12	1	4	60
1524×0.66	2	1070	1130	1150	940	920	920	910	880	860	810	330	465	610	750	490	140	150	0.019	0.022	-8	-10	25	300	80	12	1	4	59
1524×0.66	2	1070	1130	1150	940	920	920	910	880	860	810	320	465	610	750	490	140	150	0.019	0.022	-8	-10	25	300	78	12	1	5	58
1270×1.00	5	1210	1240	1230	950	947	933	927	895	875	823	320	466	635	755	495	150	140	0.012	0.018	-7	-9	20	210	75	6	1	4	23
1270×1.00	5	1210	1240	1230	950	950	925	930	885	865	825	320	468	615	730	495	150	140	0.012	0.013	-7	-9	20	210	75	8	1	3	25
1270×1.00	5	1210	1240	1230	980	945	925	930	860	865	820	320	464	620	730	485	150	140	0.012	0.013	-7	-9	20	210	75	11	1	3	25
1500×0.88	5	1040	1110	1160	950	915	910	900	890	835	810	330	466	590	725	480	140	160	0.021	0.02	-7	-9	20	28	90	11	1	5	60
1356×1.14	1	1200	1240	1200	960	950	925	920	890	870	830	340	465	620	765	520	60	150	0.046	0.012	-7	-9	20	28	60	11	1	5	57
1356×1.14	1	1200	1240	1200	960	945	925	920	895	870	835	350	470	610	770	500	60	150	0.046	0.012	-7	-9	20	28	60	10	1	3	56
1356×1.14	1	1200	1240	1200	950	940	925	915	895	870	835	340	474	610	760	500	60	150	0.046	0.012	-7	-9	20	28	60	10	1	3	54

续表 5-160

带钢规格 /mm×mm	钢种序号	炉温/℃										带钢温度/℃					锌层重量 /g·m^{-2}		气刀压力 /MPa		气刀角度 /(°)		气刀距离 /mm	气刀高度 /mm	带钢速度 /m·min^{-1}	带钢张力 /kN	镀锌板质量检验		
		NOF 炉			还原炉					均热炉		冷却段	锌锅	出NOF炉	出均热炉	入锌锅	上面	下面	上面	下面	上面	下面					锌层脱落级别 P	锌层裂纹级别 R	硬度 HRB
		1	2	3	1	2	3	4	5	1	2																		
1356×1.14	1	1210	1250	1200	950	940	925	915	895	870	835	340	485	610	760	500	60	150	0.045	0.012	-7	-9	20	28	60	11	1	3	55
1356×1.14	1	1210	1250	1200	940	935	930	910	895	875	825	320	475	620	758	495	50	150	0.045	0.012	-7	-9	20	28	60	11	1	2	56
1356×1.14	1	1210	1250	1200	945	945	925	915	900	875	835	340	480	620	760	490	55	150	0.045	0.013	-7	-9	20	28	60	11	1	3	56
1356×1.14	1	1200	1240	1140	955	945	925	915	910	875	850	340	475	620	770	495	55	140	0.045	0.013	-7	-9	20	28	55	11	1	3	55
1356×1.14	1	1210	1240	1170	960	940	925	915	915	875	845	340	475	620	770	490	55	150	0.045	0.013	-7	-9	20	28	55	10	1	2	55
1245×1.20	1	1200	1240	1170	960	945	925	920	905	850	860	340	478	650	780	495	55	145	0.045	0.013	-7	-9	20	28	55	10	1	2	56
1245×1.10	5	1110	1150	1170	950	940	925	915	905	890	855	340	470	625	790	490	50	140	0.045	0.012	-7	-9	20	280	55	10	1	3	40
1245×1.10	5	1100	1150	1170	950	940	925	915	905	885	850	340	470	600	770	490	50	145	0.045	0.012	-7	-9	20	280	55	10	1	3	39
1250×1.00	2	1180	1240	1200	890	883	918	880	832	820	780	330	474	568	708	495	150	150	0.033	0.028	-8	-10	30	280	100	16	1	4	57
1250×1.00	2	1180	1240	1200	885	875	900	870	825	800	780	330	476	565	695	480	150	150	0.032	0.026	-8	-10	30	280	100	16	1	4	58
1250×1.00	2	1180	1240	1200	895	870	900	870	820	800	780	320	475	560	690	480	150	150	0.31	0.026	-8	-10	30	280	100	16	1	4	55
1250×1.00	2	1190	1240	1200	900	870	900	870	820	800	780	320	470	565	690	490	150	150	0.33	0.024	-8	-10	30	280	100	15.5	1	4	58
1250×1.00	2	1200	1240	1200	900	875	910	880	825	805	780	330	472	575	693	492	160	150	0.027	0.027	-8	-10	30	280	100	17	1	4	55
1250×1.00	2	1170	1240	1070	900	885	915	890	830	810	785	330	475	565	695	505	150	150	0.028	0.028	-8	-10	30	280	100	16	1	4	55
1515×1.08	5	1020	1070	1050	970	945	920	905	875	840	825	350	468	650	800	513	100	100	0.012	0.015	-8	-10	30	280	36	5	1	2	53
1515×1.08	5	1005	1100	1010	960	940	920	900	890	835	830	410	475	650	800	535	100	100	0.01	0.015	-8	-10	30	280	36	5	1	2	53
1480×0.82	5	980	1000	1170	950	920	910	890	860	825	825	390	472	545	705	525	50	50	0.045	0.045	-6	-8	30	280	65	4.5	1	2	57
1480×0.82	5	1060	1140	1180	970	935	920	895	865	845	825	360	472	595	750	515	60	60	0.045	0.045	-6	-8	30	280	65	5	1	2	57
1480×0.82	5	1080	1140	1190	960	940	920	895	870	850	825	350	470	600	750	510	50	50	0.045	0.045	-6	-8	30	280	65	5	1	2	57
1480×0.82	5	1090	1160	1170	950	940	925	895	885	855	825	350	470	610	760	505	50	50	0.045	0.045	-6	-8	30	280	65	5	1	2	57
1415×1.04	5	1060	1140	1200	950	950	935	900	875	810	835	350	470	615	770	525	50	50	0.45	0.045	-6	-8	30	280	60	5	1	2	57
1360×0.87	5	1100	1160	1200	975	955	930	900	880	815	840	350	470	615	760	510	50	50	0.45	0.045	-6	-8	30	280	64	5	1	2	57

续表 5-160

带钢规格 /mm×mm	钢种序号	炉温/℃										带钢温度/℃					锌层重量 /g·m^{-2}		气刀压力 /MPa		气刀角度 /(°)		气刀距离 /mm	气刀高度 /mm	带钢速度 /m·min^{-1}	带钢张力 /kN	镀锌板质量检验		
		NOF 炉			还原炉					均热炉		冷却段	锌锅	出NOF炉	出均热炉	入锌锅											锌层脱落级别P	锌层裂纹级别R	硬度HRB
		1	2	3	1	2	3	4	5	1	2						上面	下面	上面	下面	上面	下面							
1360×0.87	5	1100	1160	1200	970	950	930	900	870	810	835	350	470	610	760	510	50	50	0.045	0.045	-6	-8	30	280	60	5	1	2	57
1250×1.60	5	1200	1240	1180	960	924	925	900	855	840	745	340	458	600	720	510	150	150	0.02	0.011	-8	-10	30	200	61	12	1	4	59
1220×0.80	2	1080	1120	1180	988	955	920	905	890	875	810	340	454	575	760	508	150	150	0.022	0.016	-8	-10	30	200	80	8	1	4	62
1219×0.75	2	1120	1180	1180	980	930	935	905	880	860	810	350	446	590	755	518	150	150	0.03	0.02	-8	-10	30	200	90	9.5	1	4	55
1219×0.75	2	1120	1240	1220	960	935	925	900	885	855	810	400	462	590	750	555	150	150	0.028	0.022	-8	-10	30	200	95	7	1	4	55
914×0.81	2	1150	1150	1200	980	945	925	905	893	860	810	370	470	610	740	525	100	150	0.021	0.019	-8	-10	30	200	87	7	1	4	50
1250×1.00	2	1150	1180	1200	980	925	930	908	870	850	800	350	465	620	730	505	150	150	0.021	0.02	-8	-10	30	200	76	7.5	1	4	51
1250×1.00	2	1170	1180	1200	970	950	965	940	880	870	835	350	468	590	765	525	150	150	0.017	0.021	-8	-10	30	200	77	7	1	4	51
1250×1.00	2	1180	1230	1200	985	965	975	950	890	880	850	360	472	600	790	520	140	150	0.02	0.018	-8	-10	30	200	72	7	1	4	50
1250×1.00	2	1190	1210	1200	970	965	975	950	890	885	855	360	472	600	795	520	140	150	0.02	0.016	-8	-10	30	200	77	7	1	4	56
1250×1.00	2	1180	1220	1200	980	960	970	945	885	875	850	360	466	600	780	525	140	150	0.023	0.019	-8	-10	30	200	84	8	1	3	55
1250×1.00	2	1190	1240	1200	990	955	965	945	875	865	840	360	466	600	770	520	150	150	0.02	0.02	-8	-10	30	200	84	7.5	1	4	60
1250×1.00	2	1190	1240	1200	990	950	970	940	875	865	835	360	467	610	760	510	150	150	0.02	0.02	-8	-10	30	200	84	8	1	4	56
1250×1.00	2	1190	1240	1200	990	950	960	930	868	855	825	350	464	585	750	510	150	150	0.022	0.02	-8	-10	30	200	91	11	1	4	59
1250×1.00	2	1190	1240	1200	980	945	960	930	865	855	820	360	460	600	740	505	150	150	0.02	0.02	-8	-10	30	200	91	11	1	4	56
1250×1.00	2	1190	1240	1200	990	945	955	925	860	855	880	350	464	600	740	505	150	150	0.02	0.021	-8	-10	30	200	91	11	1	4	54
1250×1.00	2	1190	1240	1200	985	940	950	920	855	845	810	350	460	610	725	505	150	150	0.022	0.021	-8	-10	30	200	96	12	1	4	54
1250×1.00	2	1190	1240	1200	990	940	945	915	850	842	810	350	461	590	730	505	150	150	0.023	0.023	-8	-10	30	200	96	12	1	4	53
1250×1.00	2	1190	1240	1200	980	940	950	915	850	840	805	350	458	590	725	505	150	150	0.021	0.021	-8	-10	30	200	96	12	1	4	53
1250×1.00	2	1120	1200	1180	950	915	935	905	835	825	790	330	465	570	700	498	150	150	0.025	0.025	-8	-10	30	260	96	9.5	1	5	61
1250×1.00	2	1120	1180	1180	950	915	915	885	825	800	790	320	465	550	700	470	150	150	0.025	0.025	-8	-10	30	260	90	7	1	5	56
1250×1.00	2	1100	1180	1180	960	925	935	905	845	830	795	330	464	580	695	495	150	150	0.022	0.026	-8	-10	30	260	90	9	1	5	62

续表 5-160

带钢规格 /mm×mm	钢种序号	炉温/℃										带钢温度/℃					锌层重量 /g·m^{-2}		气刀压力 /MPa		气刀角度 /(°)		气刀距离 /mm	气刀高度 /mm	带钢速度 /m·min^{-1}	带钢张力 /kN	镀锌板质量检验		
		NOF 炉			还原炉					均热炉		冷却段	锌锅	出 NOF 炉	出均热炉	入锌锅	上面	下面	上面	下面	上面	下面					锌层脱落级别 P	锌层裂纹级别 R	硬度 HRB
		1	2	3	1	2	3	4	5	1	2																		
1250×1.00	2	1100	1180	1180	960	920	930	900	835	825	790	330	465	560	700	495	150	150	0.025	0.025	-8	-10	30	260	93	9	1	5	62
1250×1.00	2	1100	1160	1160	960	930	940	910	850	835	795	330	464	565	715	490	150	150	0.021	0.019	-8	-10	30	260	79	7	1	5	58
1250×1.00	6	1100	1160	1180	970	947	924	915	875	860	805	330	473	575	745	505	180	180	0.017	0.014	-8	-10	30	260	79	8	1	4	60
1230×0.75	6	980	1080	1120	950	930	920	905	875	855	805	350	462	540	745	510	180	180	0.018	0.019	-8	-10	30	260	89	6	1	2	57
1200×0.75	6	980	1080	1150	950	930	925	905	875	860	805	350	463	555	730	510	180	180	0.02	0.019	-8	-10	30	260	91	7	1	2	56
1195×1.00	2	980	1080	1150	940	930	925	900	870	855	800	350	460	540	715	500	80	80	0.036	0.028	-8	-10	20	260	77	7	1	2	56
1195×1.00	2	1140	1200	1190	950	937	920	905	885	865	805	360	464	585	740	510	80	80	0.032	0.024	-8	-10	20	260	77	5	1	3	56
1195×1.00	2	1140	1226	1200	950	930	920	900	880	860	805	330	467	590	740	485	80	80	0.032	0.024	-8	-10	20	260	77	6	1	3	56
1195×1.00	2	1140	1210	1200	950	935	925	905	880	860	800	320	458	580	730	480	80	80	0.028	0.024	-8	-10	20	260	77	5.5	1	2	53
1115×0.75	6	1140	1230	1200	950	940	935	905	870	865	810	330	456	590	740	500	200	200	0.013	0.012	-8	-10	20	260	100	7.5	1	4	53
1140×0.75	6	1150	1230	1200	950	927	925	900	885	860	810	330	456	590	735	500	180	180	0.017	0.02	-8	-10	20	260	109	11.5	1	4	53
1080×0.75	6	1150	1230	1200	950	935	923	900	878	860	805	330	450	590	725	500	170	170	0.015	0.023	-8	-10	20	260	109	8	1	3	56
1085×0.54	6	1150	1220	1200	950	938	923	900	878	858	810	330	450	630	750	505	150	150	0.28	0.034	-8	-10	20	260	120	12	1	2	55
1085×0.63	1	1150	1220	1180	950	915	923	900	880	850	798	360	460	645	755	525	150	150	0.032	0.026	-8	-10	30	260	109	6.5	1	2	51
1080×1.18	1	1130	1210	1210	960	918	923	900	865	860	798	340	455	580	700	485	140	140	0.026	0.016	-8	-10	30	260	81	8	1	2	54
1041×1.18	1	1120	1260	1200	950	935	920	900	878	865	800	330	461	595	720	500	160	150	0.02	0.019	-8	-10	30	260	80	8.2	1	3	52
1041×1.18	1	1130	1260	1200	950	930	923	900	882	864	800	330	464	600	730	495	150	150	0.02	0.019	-8	-10	30	260	78	8	1	3	51
1041×1.18	2	1180	1260	1200	950	930	923	900	882	865	800	330	464	600	730	495	150	150	0.018	0.018	-8	-10	30	260	78	8	1	3	50
1005×0.60	2	1190	1150	1200	960	945	925	900	870	865	810	320	460	610	755	490	150	150	0.02	0.025	-8	-10	30	260	100	6	1	2	49
1000×1.00	2	1190	1240	1200	960	930	920	900	880	865	805	330	457	600	740	515	150	150	0.02	0.018	-8	-10	30	260	80	7	1	4	62
1360×1.00	2	1100	1180	1180	970	940	963	937	870	835	825	320	474	600	760	500	140	150	0.023	0.018	-8	-10	30	260	76	13	1	3	61
1360×1.00	2	1160	1220	1180	970	935	950	930	870	865	820	330	485	630	780	510	140	150	0.023	0.018	-8	-10	30	260	76	13	1	3	58

续表 5-160

带钢规格 /mm × mm	钢种序号	炉温/℃										带钢温度/℃					锌层重量 /g · m^{-2}		气刀压力 /MPa		气刀角度 /(°)		气刀距离 /mm	气刀高度 /mm	带钢速度 /m·min^{-1}	带钢张力 /kN	镀锌板质量检验		
		NOF 炉			还原炉					均热炉		冷却段	锌锅	出 NOF 炉	出均热炉	入锌锅											锌层脱落级别 P	锌层裂纹级别 R	硬度 HRB
		1	2	3	1	2	3	4	5	1	2						上面	下面	上面	下面	上面	下面							
1360 × 0.90	2	1130	1220	1210	950	942	922	923	880	870	825	360	474	625	770	525	70	70	0.033	0.042	−8	−10	20	260	66	6	1	3	41
1360 × 0.90	2	1130	1220	1210	950	942	925	925	885	875	832	350	487	635	795	520	70	70	0.042	0.040	−8	−10	20	260	67	6	1	3	56
1350 × 0.80	2	1140	1220	1210	950	940	920	925	895	885	845	350	473	630	790	515	60	70	0042	0.039	−8	−10	20	260	67	6	1	3	45
1270 × 1.00	2	1160	1240	1220	940	938	922	923	880	870	820	350	473	620	760	510	140	150	0.015	0.015	−8	−10	20	260	67	6	1	2	40
1180 × 0.85	2	1150	1230	1220	950	940	932	925	885	880	830	360	475	640	800	520	150	150	0.016	0.013	−8	−10	20	260	67	6	1	2	39
1185 × 0.85	2	1140	1230	1210	945	940	932	920	880	870	820	360	470	630	790	510	140	150	0.015	0.014	−8	−10	20	260	77	6	1	3	40
1250 × 1.00	2	1130	1210	1190	945	905	930	905	860	855	817	330	462	584	755	495	140	150	0.023	0.020	−8	−10	20	260	86	9	1	3	57
1250 × 0.88	2	1120	1210	1180	935	910	940	915	870	873	820	350	467	510	780	525	140	150	0.026	0.021	−8	−10	30	160	77	6	1	3	56
1250 × 1.00	6	1140	1220	1190	935	900	932	910	860	860	818	340	470	590	760	495	130	140	0.023	0.020	−8	−10	30	160	86	8	1	3	60
1250 × 1.00	6	1150	1220	1200	955	914	945	920	869	815	830	330	470	595	770	500	140	150	0.026	0.022	−8	−10	30	160	99	7	1	4	61
1250 × 1.00	6	1100	1190	1190	920	910	920	895	830	820	775	320	451	565	690	475	150	150	0.030	0.026	−8	−10	30	260	100	9	1	5	61
1250 × 1.00	2	1130	1200	1180	900	900	910	890	820	810	760	320	457	550	680	480	150	150	0.027	0.027	−8	−10	30	260	101	11	1	5	62
1250 × 1.00	2	1130	1200	1180	920	910	922	900	830	820	778	320	468	550	680	475	150	150	0.025	0.025	−8	−10	30	260	101	13	1	5	62
1250 × 1.00	2	1120	1200	1180	910	905	912	893	822	810	763	320	463	545	670	478	150	150	0.028	0.027	−8	−10	30	260	101	16	1	5	62
1250 × 1.00	2	1120	1200	1180	940	905	915	893	820	810	760	320	460	550	670	490	150	150	0.025	0.026	−8	−10	30	260	95	15	1	5	59
1250 × 1.00	6	1140	1200	1180	950	915	931	903	840	825	780	330	461	550	685	495	150	150	0.024	0.024	−8	−10	30	260	96	15	1	5	58
1250 × 1.00	6	1180	1210	1180	960	920	935	900	845	830	780	330	469	565	705	500	150	150	0.024	0.024	−8	−10	30	260	92	16	1	5	60
1250 × 1.00	6	1180	1210	1180	910	935	950	927	837	845	800	330	472	600	725	495	140	140	0.022	0.024	−8	−10	30	260	92	15	1	4	57
1250 × 1.00	6	1100	1220	1180	980	920	957	935	864	850	805	320	474	590	730	500	140	140	0.021	0.022	−8	−10	30	260	86	15	1	4	58
1250 × 1.00	1	1080	1160	1180	970	935	945	920	855	845	800	320	472	585	720	480	140	150	0.022	0.021	−8	−10	30	260	76	13	1	4	57

表 5-161 热镀锌线全辐射法工艺参数表

带钢规格 /mm×mm	钢种序号	炉温/℃ 还原炉 1	还原炉 2	还原炉 3	还原炉 4	还原炉 5	还原炉 6	还原炉 7	均热炉 1	均热炉 2	冷却段	锌锅	带钢温度/℃ 出均热炉	入锌锅	锌层重量 /g·m^{-2}	速度 /m·min^{-1}	生产率 /t·h^{-1}	煤气①耗量 还原炉 /m^3·h^{-1}	单耗 /m^3·t^{-1}	还原炉热效率 /%	质量检验 裂纹级别 P	脱落级别 R	硬度 HRB
0.76×1254	3	820	840	880	930	940	930	930	900	900	330	450	820	465	300	70	31.4	2000	188	31.2	1	1	54
0.71×1255	3	840	845	850	850	930	940	940	900	890	310	455	825	455	280	70	29.5	1950	220	29.4	1	1	57
0.71×1255	3	810	835	875	920	940	930	900	900	900	330	455	810	470	275	70	29.5	1950	258	27.6	1	1	52
0.71×1255	3	835	875	920	940	930	930	900	900	900	330	455	815	470	267	70	29.5	1950	220	27.6	1	1	55
0.66×1275	3	820	850	880	870	890	890	870	900	900	330	452	820	450	253	70	28	1700	175	30.8	1	1	53
0.66×1275	3	840	890	910	950	945	900	925	900	900	325	452	830	455	273	70	28	1800	175	30.8	1	1	56
0.66×1275	3	830	870	890	945	940	940	935	900	900	330	452	820	465	290	70	28	1500	146	35.3	1	1	50
0.81×1224	5	820	840	870	920	940	940	930	900	900	310	453	820	455	266	60	28	1750	170	29.5	2	1	51
0.81×1224	5	820	840	830	930	940	930	900	900	900	310	453	820	465	290	60	28	1750	170	31	2	1	51
0.81×1224	5	850	870	925	940	930	900	900	900	900	310	454	810	458	300	60	28	1900	178	25.2	1	1	55
0.81×1224	5	850	880	950	940	930	920	920	900	900	315	455	800	457	300	65	31	1900	158	27.3	1	1	54
0.84×1540	2	870	880	920	795	885	865	870	865	860	330	460	815	475	254	45	27.5	1650	157	31.1	1	1	57
0.84×1540	2	800	830	880	870	900	900	915	870	850	350	450	800	475	253	50	30.5	1600	142	31.2	1	1	54
0.84×1504	2	810	815	850	870	890	920	875	865	865	340	450	815	453	227	40	24	1650	163	27.7	1	1	50
0.96×1025	1	830	860	880	880	865	880	885	885	880	300	460	790	480	270	50	23	1600	148	30	1	1	51
1.16×1254	1	810	825	820	840	855	820	820	795	780	380	454	800	475	275	35	24	2650	280	18.2	1	1	50
1.16×1254	1	820	850	870	920	910	830	930	920	900	315	450	900	470	300	40	28	2115	190	39.1	2	1	48
1.16×1240	1	810	830	860	830	860	870	920	880	860	300	450	800	440	260	40	27	1580	185	35.9	2	1	55
1.16×1240	1	810	830	850	830	860	870	920	870	860	320	450	820	445	273	45	29	2300	220	29.4	2	1	54
0.16×1254	1	800	830	850	870	900	920	920	880	870	310	453	820	465	253	45	30	2000	200	35	2	1	53
1.46×1253	1	820	850	870	920	940	940	930	900	900	295	454	820	460	270	33	28.5	2000	180	26.7	1	1	52
1.46×1253	1	810	840	880	920	930	940	930	890	890	310	450	818	462	280	33	28.5	2400	240	21	2	1	54

续表 5-161

带钢规格 /mm×mm	钢种序号	炉温/℃											带钢温度/℃		锌层重量 /g·m^{-2}	速度 /m·min^{-1}	生产率 /t·h^{-1}	煤气①耗量		还原炉热效率 /%	质量检验		
		还原炉							均热炉		冷却段	锌锅	出均热炉	入锌锅				还原炉 /m^3·h^{-1}	单耗 /m^3·t^{-1}		裂纹级别 P	脱落级别 R	硬度 HRB
		1	2	3	4	5	6	7	1	2													
1.96×1253	2	800	840	860	950	920	900	890	890	890	310	450	855	465	270	33	38	2400	187	40	2	1	53
1.96×1253	2	800	860	910	950	940	930	900	900	900	300	450	810	450	250	30	35	1520	170	45.6	1	1	56
1.96×1253	5	810	850	880	920	640	930	925	900	895	340	450	810	470	340	70	31.4	2000	184	32.9	1	1	48
0.76×1254	5	815	835	870	565	930	925	930	895	895	310	455	800	460	314	74	34	2000	176	30.4	1	1	47
0.76×1254	5	810	845	870	575	935	920	920	895	895	310	455	800	450	306	74	34	2150	180	26.4	2	1	48
0.76×1254	5	815	845	880	575	945	925	930	900	877	315	450	810	445	294	74	34	2050	180	30.3	1	1	46
0.76×1254	5	815	840	880	575	945	920	930	900	900	310	450	810	450	360	74	34	2100	180	28.3	1	1	49
0.76×1254	5	830	865	865	580	840	865	875	900	900	310	450	805	448	333	75	34	1500	180	38.8	2	1	38
0.76×1254	5	830	865	865	579	840	865	875	900	895	310	455	805	448	247	75	34	1500	180	45	2	1	46
0.76×1254	5	810	850	870	577	940	920	925	870	895	310	454	805	450	293	75	34	2000	180	33.7	2	1	44
0.76×1254	5	810	845	875	585	940	920	930	900	890	309	454	810	440	327	75	34	2050	188	33.6	2	1	44
0.76×1254	5	810	845	875	575	940	920	930	900	900	309	454	810	440	273	75	34	2050	164	30.4	2	1	46
1.16×1254	6	810	850	870	580	980	960	950	890	895	309	455	810	445	293	35	24	1870	240	23.4	2	1	46
1.16×1254	6	820	850	880	585	945	935	930	900	900	305	454	812	450	287	35	24	1800	210	22.5	2	1	55
1.16×1254	6	815	845	875	575	940	930	970	900	900	305	453	805	460	240	35	24	1950	246	20.6	2	1	55
1.16×1254	6	820	850	880	590	940	930	930	900	900	310	450	810	445	260	40	27	1950	220	24.3	2	1	55
1.16×1254	6	840	850	890	570	950	930	930	910	900	305	455	815	452	300	41	28	2000	210	25.5	2	1	54
1.16×1254	6	830	850	880	552	950	930	930	905	900	310	455	800	465	300	51	35	2000	196	34	2	1	53.5
1.16×1254	6	930	850	880	545	940	910	920	910	900	308	450	760	450	326	51	35	2200	188	27.5	2	1	56
1.16×1254	6	840	840	890	550	950	910	920	900	900	305	450	795	445	280	51	35	2200	188	29.4	2	1	57
1.16×1254	6	840	850	890	530	950	920	920	900	900	305	450	825	455	274	51	35	2100	185	30.5	2	1	55
1.16×1254	6	840	860	860	520	940	950	930	900	900	300	450	825	455	340	51	35	2000	210	30.6	2	1	55
1.16×1254	6	825	840	870	520	960	930	930	900	900	295	450	825	440	353	51	35	2000	215	33.4	2	1	55
1.46×1254	6	830	840	870	575	960	930	930	900	900	290	450	835	420	273	51	44	2000	166	42	2	1	55
1.16×1254	6	830	870	890	590	960	930	930	900	900	310	452	800	450	266	50	34	1700	185	32.7	2	1	56

续表 5-161

带钢规格 /mm×mm	钢种序号	炉温/℃											带钢温度/℃		锌层重量 /g·m^{-2}	速度 /m·min^{-1}	生产率 /t·h^{-1}	煤气①耗量		还原炉热效率 /%	质量检验		
		还原炉							均热炉		冷却段	锌锅	出均热炉	入锌锅				还原炉 /m^3·h^{-1}	单耗 /m^3·t^{-1}		裂纹级别 P	脱落级别 R	硬度 HRB
		1	2	3	4	5	6	7	1	2													
1.16×1254	6	810	820	850	530	870	910	920	870	860	300	454	795	445	267	50	34	1700	174	32.7	2	1	55
1.16×1254	6	810	880	860	565	880	910	920	900	860	310	455	860	440	274	50	34	1700	197	42	2	1	55
1.16×1254	5	810	850	870	555	820	925	920	900	880	290	450	860	450	287	50	34	2000	180	28.4	1	1	56
0.96×1529	4	810	840	860	910	910	920	930	930	900	310	454	850	445	273	50	34.6	2200	180	40.4	1	2	43
0.96×1529	4	820	860	850	900	910	920	920	916	900	310	454	830	445	280	50	34.6	2150	185	38.6	1	1	51
0.96×1529	4	840	860	875	910	915	920	930	916	900	310	454	820	455	327	50	34.6	2300	182	27	1	1	46
0.96×1529	4	840	860	870	910	930	920	940	916	870	310	455	810	440	253	50	34.6	2000	182	31.6	1	1	50
0.96×1529	4	830	860	870	910	910	920	910	880	870	310	455	810	430	254	50	34.6	2000	180	29.6	1	1	52
0.96×1454	4	830	860	890	920	925	915	930	910	885	320	450	820	450	274	50	33	2000	230	32.1	1	1	54
0.96×1454	4	820	840	860	900	935	925	945	910	860	320	450	820	440	273	50	33	2150	175	28.6	1	1	51
0.96×1424	2	820	830	850	890	930	910	930	905	880	315	450	815	450	253	50	33	2200	175	26.3	1	1	51
0.96×1424	2	800	830	840	880	920	910	925	905	875	315	455	810	440	380	50	32	2500	180	21.8	1	1	51
0.96×1424	2	830	860	870	910	945	925	940	915	885	320	455	820	450	247	55	35.4	2500	192	24.2	1	1	55
0.96×1424	2	830	850	865	900	925	925	940	915	880	320	455	825	440	266	50	32	2250	175	25.4	2	1	44
0.96×1424	2	830	850	870	905	940	920	940	920	880	320	450	815	448	260	54	35	2250	177	26	2	1	51
0.96×1424	2	830	850	865	910	940	925	940	925	890	320	450	805	435	274	54	35	2250	156	25.4	2	1	51
0.96×1424	2	820	850	870	910	945	930	940	920	880	315	455	815	445	267	54	35	2200	177	26.2	2	2	54
0.96×1424	2	820	850	870	910	945	930	940	920	880	315	455	814	445	260	50	32	1700	172	34.3	2	1	53
0.96×1424	2	820	880	870	915	950	930	945	915	875	320	450	815	455	274	54	35	2150	160	29.1	2	1	52
0.96×1424	2	875	870	870	915	940	930	950	915	875	320	450	815	435	259	50	32	2200	184	24.5	2	1	54
0.96×1424	2	820	850	870	910	940	940	930	910	880	320	450	815	455	307	50	32	2200	184	26.6	2	1	53
0.96×1424	2	820	850	875	910	945	940	930	915	880	320	452	820	450	287	50	32	2150	190	28.9	1	1	54
0.96×1374	5	820	840	880	910	940	930	935	915	880	320	452	820	450	287	53	34	2000	167	31	2	1	52
0.96×1374	5	820	845	880	910	940	930	930	915	870	320	452	830	445	280	53	34	2100	170	30.2	2	1	54
0.96×1374	2	820	850	880	910	940	930	930	915	870	320	450	825	450	284	53	34	2100	170	31.5	2	1	53

续表 5-161

带钢规格 /mm × mm	钢种序号	炉温/℃											带钢温度/℃		锌层重量 /g·m^{-2}	速度 /m·min^{-1}	生产率 /t·h^{-1}	煤气①耗量		还原炉热效率 /%	质量检验		
		还原炉							均热炉		冷却段	锌锅	出均热炉	入锌锅				还原炉 /m^3·h^{-1}	单耗 /m^3·t^{-1}		裂纹级别 P	脱落级别 R	硬度 HRB
		1	2	3	4	5	6	7	1	2													
1. 16 × 1124	2	820	841	885	910	940	930	930	915	870	310	450	815	460	306	53	33	2100	167	28. 1	2	1	55
0. 81 × 1124	2	825	860	890	920	950	930	945	920	880	295	450	825	430	286	70	31	1950	136	28. 4	1	1	41
0. 56 × 1074	3	830	860	880	910	945	930	940	920	890	295	452	835	435	326	91	26	1950	140	24. 4	1	1	44
0. 56 × 1074	3	830	840	870	910	930	925	940	910	880	280	455	790	422	260	90	25	1750	176	23. 1	1	1	51
0. 56 × 1074	3	815	840	850	900	930	920	935	910	880	290	452	790	427	267	90	25	1850	180	21. 9	1	1	49
0. 56 × 1074	3	815	870	870	910	920	910	920	910	890	290	455	792	410	280	80	23	1600	200	23. 7	1	1	54
0. 56 × 1074	3	835	850	880	900	915	910	910	910	880	300	452	790	455	300	80	23	1600	182	23. 4	1	1	55
0. 56 × 1074	3	930	850	880	910	915	910	910	910	880	300	452	771	470	300	80	23	1500	170	23. 8	1	1	45
0. 56 × 1074	3	820	860	870	910	915	910	910	900	880	300	453	810	500	306	80	23	1500	170	26. 8	1	1	51
0. 56 × 1074	3	820	850	880	910	910	910	910	910	880	310	453	800	455	320	80	23	1650	180	24. 1	1	1	55
0. 56 × 1074	3	830	840	870	910	910	920	920	910	880	260	453	795	460	313	80	23	1350	165	28. 5	1	1	53
0. 56 × 1074	3	810	840	870	910	920	920	920	910	880	240	454	820	455	293	80	23	1350	152	33. 1	1	1	45
0. 56 × 1074	3	830	850	880	910	910	920	920	910	880	250	455	810	455	293	80	23	1200	152	32. 8	1	1	50
0. 56 × 1074	3	820	840	870	910	910	910	910	910	880	310	455	790	470	293	80	23	1700	185	26. 9	1	1	46
0. 56 × 1074	3	820	850	870	910	910	880	910	900	870	310	450	790	450	300	90	25	1500	170	26. 6	1	1	49
0. 56 × 1074	3	810	840	870	910	910	910	920	910	880	310	450	800	455	286	85	24	1800	210	22. 8	1	1	49
0. 56 × 1074	3	820	850	870	920	915	910	910	910	880	310	450	790	460	293	80	27	1600	187	22. 9	1	1	52
0. 56 × 1074	3	810	825	850	885	910	910	920	910	875	310	450	800	460	273	80	23	1700	190	23. 1	1	1	51
0. 56 × 1074	3	810	825	850	870	910	910	920	910	875	310	450	790	450	286	80	23	1200	160	31. 3	1	1	51
0. 56 × 1074	3	810	830	870	900	950	900	900	900	870	310	450	790	460	300	80	23	1600	174	22. 9	1	1	49
0. 56 × 1074	3	830	830	850	900	900	900	900	890	870	310	450	790	460	400	80	23	1700	180	21. 6	1	1	39
0. 56 × 1074	3	830	830	870	900	925	920	920	900	880	310	450	800	460	320	80	23	2000	260	18. 6	1	1	55
0. 56 × 1074	3	820	820	850	910	920	915	920	900	900	310	452	805	455	280	50	14	2200	340	10. 8	1	1	51
0. 96 × 1374	2	830	829	850	910	910	910	910	900	890	310	452	800	455	266	55	34	2200	170	25. 2	2	1	57
0. 96 × 1374	2	810	810	870	910	930	900	915	900	880	310	450	790	448	266	55	34	2250	170	24. 1	2	1	55

续表 5-161

带钢规格 /mm×mm	钢种序号	炉温/℃											带钢温度/℃		锌层重量 /g·m⁻²	速度 /m·min⁻¹	生产率 /t·h⁻¹	煤气①耗量		还原炉热效率 /%	质量检验		
		还原炉							均热炉		冷却段	锌锅	出均热炉	入锌锅				还原炉 /$m^3·h^{-1}$	单耗 /$m^3·t^{-1}$		裂纹级别 P	脱落级别 R	硬度 HRB
		1	2	3	4	5	6	7	1	2													
0.96×1374	2	820	820	870	920	940	910	930	900	880	315	455	800	450	247	55	34	2300	174	25.3	2	1	44
0.96×1374	2	810	810	840	885	930	910	920	900	870	315	453	795	438	300	57	35.4	2300	210	25.4	2	1	52
0.96×1374	2	820	810	850	870	970	920	920	900	880	315	450	800	440	273	57	35.4	2000	170	30.3	2	1	55
0.96×1374	2	820	810	810	900	940	910	930	900	875	310	450	800	445	254	57	35.4	2200	160	26.3	2	1	55
0.96×1374	2	850	870	850	900	930	905	925	900	880	310	450	790	440	267	57	35.4	2400	190	23.5	2	1	54
0.96×1374	2	850	840	855	920	930	905	920	900	880	310	450	790	440	280	57	35.4	2100	170	26.9	2	1	55
0.96×1374	2	860	850	850	910	940	910	925	900	880	325	452	800	460	280	57	35.4	2050	174	28.9	2	1	55
0.96×1374	2	840	830	850	910	940	910	925	900	880	325	452	800	460	273	57	35.4	2350	188	25.4	2	1	53
0.96×1374	2	840	840	860	915	930	910	925	900	880	325	452	800	455	287	57	35.4	2350	188	24.4	1	1	52
0.96×1374	2	850	860	860	910	920	905	925	895	880	325	452	807	455	280	57	35.4	2230	175	27.4	2	1	54
0.96×1374	2	850	850	860	905	920	905	920	895	880	320	452	820	445	273	57	35.4	2200	175	30.0	1	1	51
0.96×1374	2	850	840	860	900	920	910	915	895	880	320	455	820	447	240	57	35.4	2200	175	30.0	1	1	53
0.96×1374	2	830	820	840	900	930	910	920	900	880	260	455	830	450	286	57	35.4	2150	167	34.6	1	1	51
0.96×1374	2	830	850	880	910	940	920	930	910	880	260	455	820	450	266	57	35.4	1900	164	39.1	1	1	56
0.96×1374	2	830	850	870	900	920	910	920	900	880	250	453	790	445	274	57	35.4	2150	173	32.0	1	1	52
0.96×1374	2	820	850	880	910	930	910	920	900	880	260	452	800	450	227	57	35.4	1900	178	31.2	1	1	52
0.96×1374	2	840	870	890	930	950	930	940	910	880	260	455	825	440	306	55	34	1900	174	32.7	1	1	49
0.96×1274	2	815	840	870	910	940	915	930	900	886	390	452	820	460	267	55	32	1900	210	31.4	1	1	49
0.96×1274	2	830	850	880	910	930	920	930	880	8790	310	452	825	450	300	55	32	1900	210	32.0	1	1	49
0.96×1274	2	820	840	870	910	930	920	910	890	870	320	452	822	445	276	55	32	2100	205	28.1	1	1	51
0.96×1274	2	820	850	870	910	930	900	890	910	880	350	452	822	450	266	55	32	2050	205	28.4	2	1	59
0.81×1224	5	810	850	875	920	940	920	930	900	900	315	450	825	470	273	60	28	1750	170	30.2	1	1	43
0.81×1224	5	825	860	870	920	945	920	930	900	900	310	450	850	452	270	60	28	1750	178	33.6	2	1	51
0.81×1224	5	825	850	880	920	950	920	940	900	900	315	455	800	450	300	65	31	1900	158	27.3	1	1	50

① 热值（标态）为7.5MJ/m^3的高炉-焦炉混合煤气。

5.8　气刀

5.8.1　气刀工艺技术参数

气刀工艺技术参数见表5-162～表5-171。

表5-162　均匀缝隙的喷嘴参数表

项　目	1	2	3	4
喷嘴缝隙/mm	3	5	6	9
喷嘴宽度/mm	1000	1500	1500	1500
喷嘴距离/mm	80	30	40	50
喷嘴高度/mm	150	250	400	600
气体温度/℃	50	30	60	40
气体流速/m·s^{-1}	189	214	230	236
气体流量（标态）/m^3·h^{-1}	4200	13300	14900	26800
气体压力/MPa	0.025	0.06	0.055	0.070
喷嘴角度/(°)	0	0	0	0
两边喷嘴的高度差/mm	8	8	8	8
带钢速度/m·min^{-1}	100	150	170	200
*K*值	3.1×10^{-5}	13.3×10^{-5}	8.1×10^{-5}	5.6×10^{-5}
带钢每毫米宽的气体流量（标态）/m^3·h^{-1}	4.2	8.9	9.9	17.9
双面锌层重量/g·m^{-2}	360	150	180	110

表5-163　缝隙不均等的喷嘴参数表

喷射角/(°)		距离/mm		高度/mm	压力/MPa	速度/m·min^{-1}	流量/m^3·h^{-1}	适应的带钢规格/mm			
前	后	前	后								
-4	-5	10	10	170	0.05	100	4200	1500①	1399	1249	1099
								0.9②	1.06	1.20	1.31
-3	-4	10	10	120	0.04	65	3700	1500	1449	1340	1199
								1.0	1.19	1.30	1.43
-2	-3	12	12	110	0.03	55	3350	1500	1500	1449	1299
								1.0	1.31	1.40	1.62
-1	-2	15	15	100	0.015	45	3000	1500	1500	1500	1349
								1.20	1.40	1.60	1.87
0	-1	30	30	80	0.01	≤30	2200	1500	1500	1500	1500
								1.30	1.60	1.80	2.12

①宽度；②厚度。

表 5-164 气刀技术参数调节表

序 号	钢带速度/m · min^{-1}	气刀压力/MPa	气刀距离/mm	气刀缝隙/mm	实际锌层量/g · m^{-2}
1	70	0.013	8.5	0.6	$y_1=89$
2	70	0.025	12	0.8	$y_2=57$
3	70	0.035	15	1.0	$y_3=47$
4	100	0.013	12	1.0	$y_4=148$
5	100	0.025	15	0.6	$y_5=150$
6	100	0.035	8.5	0.8	$y_6=39$
7	130	0.013	15	0.8	$y_7=200$
8	130	0.025	8.5	1.0	$y_8=63$
9	130	0.035	12	0.6	$y_9=92$

表 5-165 锌层量预测值和实际值之间的差异

序 号	速度 /m · min^{-1}	气刀压力 /MPa	气刀距离 /mm	气刀缝隙 /mm	实际值 /g · m^{-2}	预测值 /g · m^{-2}	偏差值 /g · m^{-2}
1	70	0.013	8.5	0.6	89	94	5
2	70	0.025	12	0.8	57	71	14
3	70	0.035	15	1.0	47	51	4
4	100	0.013	12	1.0	148	134	-14
5	100	0.025	15	0.6	150	140	-10
6	100	0.035	8.5	0.8	39	20	-19
7	130	0.013	15	0.8	200	203	3
8	130	0.025	8.5	1.0	63	75	12
9	130	0.035	12	0.6	92	95	3

表 5-166 多嘴气刀缝隙与带钢速度的关系

气刀类型		带钢速度 /m · min^{-1}	气刀缝隙宽度/mm		
			边	中	边
二 嘴	1	<30	2.5	1.5	2.5
	2	30 ~ 120	1.2	0.8	1.2
三 嘴	1	<30	2.5	1.5	2.5
	2	30 ~ 80	1.2	0.8	1.2
	3	80 ~ 150	1.1	0.7	1.1
四 嘴	1	<30	2.5	1.5	2.5
	2	30 ~ 80	1.2	0.8	1.2
	3	80 ~ 150	1.1	0.7	1.1
	4	140 ~ 200	1.0	0.6	1.0

表 5-167　单气刀缝隙调节参数

序　号	带钢速度/m · min^{-1}	气刀缝隙宽度/mm		
		边	中	边
1	120	1.2	0.8	1.2
2	80	1.4	0.9	1.4
3	60	1.5	1.0	1.5
4	40	2.0	1.2	2.0
5	<30	2.5	1.5	2.5

表 5-168　机组工艺段速度对气刀风机和马达功率的影响

序　号	机组工艺段速度/m · min^{-1}	风机排风量/m^3 · h^{-1}	马达功率/kW
1	80	4000	110
2	120	5000	130
3	150	6000	160
4	180	8000	180
5	200	10000	200

表 5-169　带钢速度对气刀喷嘴距锌液面高度的影响

序　号	带钢速度/m · min^{-1}	气刀高度/mm
1	30 ~ 60	50 ~ 100
2	60 ~ 100	100 ~ 200
3	100 ~ 150	200 ~ 350
4	150 ~ 200	350 ~ 700

表 5-170　各种因素对气刀工作参数的影响

影响因素	工作压力	气流密度	黏滞度	流体温度	表面张力
管道弯多	减　小	忽　略	变　坏	提　高	忽　略
气体流量大	增　加	降　低	增　大	忽　略	忽　略
喷射角度	先增加然后减小	忽　略	减　小	增　加	减　小
微粒尺寸	减　小	忽　略	增　大	减　小	增　大
运行速度大	增　加	降　低	降　低	增　加	忽　略
冲击力大	增　加	忽　略	减　小	增　加	忽　略
磨　损	增　加	忽　略	减　小	增　加	忽　略
锌液中铁含量	增　加	忽　略	增　大	忽　略	增　大
距离小	减　小	忽　略	减　小	忽　略	忽　略
高度大	增　加	增　加	增　加	忽　略	忽　略

表 5-171　锌层厚度测定值与用计算所得值的比较

序　号	出口气体压力/MPa	喷嘴距离/mm	机组速度/m·min⁻¹	测量镀层厚度（双面）/g·m⁻²	计算所得锌层厚度（双面）/g·m⁻²	误差（双面）/g·m⁻²
1	0.008	60	28	315	319	+4
2	0.016	40	60	241	247	+6
3	0.032	20	60	86	87	+1
4	0.032	40	85	199	198	-1
5	0.049	60	85	229	217	-12
6	0.049	80	49	204	198	-6

5.8.2　气刀喷射介质

气刀喷射介质见表 5-172。

表 5-172　各种喷射介质的工艺参数

序　号	工艺参数	喷射介质			
		燃烧废气	过热蒸汽	压缩空气	氮　气
1	喷射介质温度/℃	300~500	280~450	室　温	室　温
2	吹气压力/MPa	0.005~0.080	0.08~0.45	最高 0.07	0.01~0.05
3	喷嘴与带钢距离/mm	3~20	最大 50	最大 40	10~30
4	喷嘴角度/(°)	0~-5	0~-4	0~-8	0~-3
5	喷嘴缝隙/mm	0.5~3.0	0.3~0.9	0.6~3.0	0.6~3.0
6	喷嘴高度/mm	160~250	150~260	150~360	100~300
7	机组速度/m·min⁻¹	150	150	150	150
8	锌层重量/g·m⁻²	50~300	50~300	50~300	50~300

5.9　锌层厚度控制

5.9.1　影响锌层厚度的因素

影响锌层厚度的因素见表 5-173~表 5-175。

表 5-173　带钢速度与锌层厚度关系

序　号	带钢速度/m·min⁻¹	锌层厚度（双面）/g·m⁻²	
		风机：5000m³/h，马达：130kW	风机：10000m³/h，马达：200kW
1	50	60	50
2	80	70	60
3	100	90	70
4	120	100	80
5	150	120	100
6	180	—	120
7	200	—	150

表 5-174　锌液中铝含量与锌层厚度关系

序　号	机组速度 /m · min^{-1}	锌液中有效铝含量 /%	锌层厚度（双面） /g · m^{-2}	铁含量/%	备　注
1	120	0.16	80	0.03	风机：6000m^3 · h^{-1} 马达：160kW 风压：0.07MPa 气刀缝隙：中部 6mm 边部 10mm
2	120	0.26	70	0.026	
3	120	0.56	50	0.008	
4	120	0.96	40	<0.002	

表 5-175　带钢运行抖动对测量精度的影响

带钢运行抖动摆幅变化/mm	测量的镀层重量 /g · m^{-2}	镀层重量绝对误差 /g · m^{-2}	镀层中铁含量/%	铁含量的绝对误差/%
0.0	72.13	0	9.85	0
0.5	72.50	+0.37	9.82	-0.03
1.0	72.31	+0.18	9.93	+0.08
1.5	72.13	0	9.99	+0.14
2.0	72.19	+0.06	10.02	+0.17
2.5	72.06	-0.07	10.02	+0.17
3.0	71.81	-0.32	9.91	+0.06
3.5	71.44	-0.69	10.19	+0.94

5.9.2　锌层厚度控制范围

锌层厚度控制范围见表 5-176。

表 5-176　锌层厚度控制范围（双面）

序　号	级 别 代 号	控制范围/g · m^{-2}	3 点法最低值/g · m^{-2}
1	001	60～70	60
2	080	80～90	80
3	100	100～110	100
4	150	150～160	150
5	200	200～210	200
6	275	275～285	275
7	350	350～360	350

5.9.3　锌层厚度换算

锌层厚度换算见表 5-177、表 5-178。

表 5-177 锌层厚度-锌层重量换算表

锌层厚度 /μm	锌层重量 /g·m^{-2}	锌层厚度 /μm	锌层重量 /g·m^{-2}	锌层厚度 /μm	锌层重量 /g·m^{-2}	锌层厚度 /μm	锌层重量 /g·m^{-2}	锌层厚度 /μm	锌层重量 /g·m^{-2}	锌层厚度 /μm	锌层重量 /g·m^{-2}
5	35.6	21	149.7	37	263.8	53	377.9	69	491.9	85	606.1
6	42.8	22	156.9	38	270.9	54	385.3	70	499.2	86	613.2
7	49.9	23	164.5	39	278.1	55	392.2	71	506.2	87	620.2
8	57.1	24	171.1	40	285.2	56	399.3	72	513.4	88	627.4
9	64.1	25	178.3	41	292.3	57	406.4	73	520.5	89	634.6
10	71.3	26	185.4	42	299.5	58	413.5	74	527.6	90	641.7
11	78.4	27	192.5	43	306.6	59	420.7	75	534.8	91	648.8
12	85.6	28	199.6	44	313.7	60	427.8	76	541.9	92	656.1
13	92.7	29	206.8	45	320.9	61	434.9	77	549.4	93	663.1
14	99.8	30	213.9	46	327.9	62	442.2	78	556.1	94	670.2
15	106.9	31	221.4	47	335.1	63	449.2	79	563.3	95	677.4
16	114.1	32	228.2	48	342.2	64	456.3	80	570.4	96	684.5
17	121.2	33	235.3	49	349.4	65	463.5	81	577.5	97	691.6
18	128.3	34	242.4	50	356.5	66	470.6	82	584.7	98	698.7
19	135.5	35	249.6	51	363.6	67	477.8	83	590.8	99	705.9
20	142.6	36	256.7	52	370.8	68	484.8	84	598.9	100	713.2

表 5-178 热镀锌原板镀锌后重量增加表（%）

原板厚度 /mm	锌层重量（双面）/g·m^{-2}								
	200	250	300	350	400	450	500	550	600
0.40	6.94	8.68	10.40	12.16	13.90	15.60	17.40	19.05	20.80
0.45	6.16	7.72	9.25	10.80	12.40	13.9	15.40	17.00	18.50
0.50	5.56	6.95	8.33	9.74	11.10	12.5	13.90	15.30	16.70
0.55	5.04	6.32	7.57	8.85	10.01	11.4	12.60	13.90	15.20
0.60	4.62	5.78	6.95	8.10	9.26	10.4	11.60	12.70	13.90
0.65	4.27	5.34	6.40	7.48	8.55	9.62	10.70	11.75	12.80
0.70	3.96	4.96	5.95	6.95	7.95	8.95	9.94	10.80	11.90
0.75	3.70	4.63	5.55	6.48	7.40	8.35	9.27	10.30	11.10

续表 5-178

原板厚度 /mm	锌层重量（双面）/g · m^{-2}								
	200	250	300	350	400	450	500	550	600
0. 80	3. 48	4. 34	5. 20	6. 08	6. 95	7. 82	8. 69	9. 55	10. 40
0. 85	3. 27	4. 08	4. 90	5. 73	6. 55	7. 35	8. 18	9. 00	9. 80
0. 90	3. 08	3. 86	4. 62	5. 41	6. 17	6. 95	7. 73	8. 50	9. 27
0. 95	2. 92	3. 66	4. 38	5. 12	5. 84	6. 57	7. 32	8. 05	8. 78
1. 00	2. 78	3. 47	4. 16	4. 86	5. 55	6. 25	6. 95	7. 64	8. 34
1. 05	2. 64	3. 30	3. 96	4. 64	5. 28	5. 95	6. 62	7. 26	7. 95
1. 10	2. 52	3. 16	3. 78	4. 42	5. 05	5. 68	6. 33	6. 95	7. 58
1. 15	2. 41	3. 02	3. 62	4. 25	4. 83	5. 43	6. 05	6. 65	7. 25
1. 20	2. 32	2. 89	3. 47	4. 05	4. 64	5. 21	5. 80	6. 35	6. 95
1. 25	2. 22	2. 78	3. 33	3. 89	4. 45	5. 00	5. 56	6. 10	6. 67
1. 30	2. 14	2. 67	3. 20	3. 74	4. 28	4. 81	5. 35	5. 86	6. 40
1. 35	2. 06	2. 57	3. 08	3. 60	4. 11	4. 63	5. 15	5. 65	6. 18
1. 40	1. 98	2. 48	2. 97	3. 47	3. 96	4. 46	4. 96	5. 45	5. 95
1. 45	1. 92	2. 39	2. 87	3. 35	3. 83	4. 32	4. 80	5. 26	5. 75
1. 50	1. 84	2. 32	2. 60	3. 24	3. 70	4. 16	4. 64	5. 08	5. 55
1. 60	1. 74	2. 17	2. 77	3. 04	3. 47	3. 91	4. 35	4. 75	5. 20
1. 70	1. 64	2. 04	2. 45	3. 56	3. 26	3. 68	4. 08	4. 49	4. 90
1. 75	1. 58	1. 98	2. 38	2. 78	3. 17	3. 57	3. 96	4. 36	4. 76
1. 80	1. 54	1. 93	2. 31	2. 70	3. 08	3. 47	3. 86	4. 24	4. 64
1. 90	1. 46	1. 83	2. 19	2. 56	2. 92	3. 29	3. 66	4. 02	4. 39
2. 00	1. 38	1. 73	2. 08	2. 44	2. 78	3. 13	3. 47	3. 82	4. 17
2. 10	1. 32	1. 65	1. 98	2. 32	2. 64	2. 98	3. 31	3. 64	3. 97
2. 25	1. 24	1. 54	1. 85	2. 16	2. 47	2. 78	3. 09	3. 39	3. 71
2. 50	1. 12	1. 39	1. 66	1. 94	2. 22	2. 50	2. 78	3. 06	3. 34
2. 75	1. 00	1. 26	1. 52	1. 77	2. 02	2. 27	2. 53	2. 78	3. 04
3. 00	0. 92	1. 16	1. 39	1. 62	1. 85	2. 08	2. 32	2. 54	2. 78

5. 9. 4　各种标准锌层厚度的锌耗计算

各种标准锌层厚度的锌耗计算见表 5-179 ~ 表 5-185。

表 5-179 标准锌层 50g/m² 锌耗计算

序 号	板厚/mm	面积/m²	1t 镀锌板耗锌量/kg					锌耗 /kg·t⁻¹
			锌层 $S\times50g/m^2$	偏差 $S\times20g/m^2$	渣 损	合 金	总 计	
1	0.25	512.8	25.64	10.25	3	1.5	40.39	40.86
2	0.30	427.4	21.37	8.52	3	1.5	34.39	34.90
3	0.35	366.3	18.32	7.30	3	1.5	30.12	29.88
4	0.40	320.5	16.00	6.40	3	1.5	26.90	27.00
5	0.45	284.9	14.25	5.72	3	1.5	24.47	25.00
6	0.50	256.4	12.82	5.13	3	1.5	22.45	23.00
7	0.55	233.1	11.65	4.62	3	1.5	20.77	21.80
8	0.60	213.7	10.68	4.30	3	1.5	19.48	20.60
9	0.65	197.2	9.86	3.90	3	1.5	18.26	19.10
10	0.70	183.2	9.16	3.60	3	1.5	17.26	18.00
11	0.75	170.9	8.55	3.40	3	1.5	16.45	17.00
12	0.80	160.3	8.00	3.20	3	1.5	15.70	16.00
13	0.85	150.8	7.50	3.00	3	1.5	15.00	15.50
14	0.90	142.4	7.10	2.85	3	1.5	14.45	15.00
15	0.95	135.0	6.75	2.70	3	1.5	13.95	14.20
16	1.00	128.2	6.41	2.55	3	1.5	13.46	13.80
17	1.10	116.6	5.83	2.33	3	1.5	12.66	12.80
18	1.20	106.8	5.34	2.13	3	1.5	11.97	12.00
19	1.25	102.6	5.13	2.05	3	1.5	11.68	11.80
20	1.30	98.6	4.93	1.97	3	1.5	11.4	11.60
21	1.40	91.6	4.58	1.83	3	1.5	10.61	10.88
22	1.50	85.5	4.26	1.70	3	1.5	10.48	10.40
23	1.60	80.1	4.00	1.60	3	1.5	10.1	10.00
24	1.70	75.4	3.72	1.51	3	1.5	9.73	9.60
25	1.80	71.2	3.50	1.42	3	1.5	9.42	9.00
26	1.90	67.5	3.40	1.35	3	1.5	9.25	9.00
27	2.00	64.1	3.20	1.26	3	1.5	9.05	8.50
28	2.10	61.1	3.05	1.20	3	1.5	8.75	8.30
29	2.20	58.3	2.90	1.15	3	1.5	8.55	8.00
30	2.25	57.0	2.85	1.14	3	1.5	8.49	8.00
31	2.30	55.7	2.70	1.10	3	1.5	8.3	7.60
32	2.40	53.4	2.60	1.07	3	1.5	8.17	7.30
33	2.50	51.3	2.52	1.02	3	1.5	8.04	7.20
34	2.60	4.92	2.48	9.80	3	1.5	7.90	7.00

表 5-180 标准锌层 100g/m² 锌耗量计算表

序 号	板厚/mm	面积/m²	1t 镀锌板耗锌量/kg					锌耗 /kg·t⁻¹
			锌层 $S\times100g/m^2$	偏差 $S\times30g/m^2$	渣 损	合 金	总 计	
1	0.25	512.8	51.28	15.38	3	1.5	71.16	71.80
2	0.30	427.4	42.74	12.74	3	1.5	59.98	60.70
3	0.35	366.3	36.63	10.99	3	1.5	52.12	53.00
4	0.40	320.5	32.05	9.62	3	1.5	46.17	47.00
5	0.45	284.9	28.49	8.55	3	1.5	41.54	42.20
6	0.50	256.4	25.64	7.69	3	1.5	37.83	38.40
7	0.55	233.1	23.31	6.99	3	1.5	34.80	35.20
8	0.60	213.7	21.37	6.41	3	1.5	32.28	33.00
9	0.65	197.2	19.72	5.92	3	1.5	30.14	31.00
10	0.70	183.2	18.32	5.50	3	1.5	28.32	29.00
11	0.75	170.9	17.09	5.13	3	1.5	26.72	27.20
12	0.80	160.3	16.03	4.81	3	1.5	25.34	26.00
13	0.85	150.8	15.08	4.52	3	1.5	24.10	25.00
14	0.90	142.4	14.24	4.27	3	1.5	23.01	23.80
15	0.95	135.0	13.50	4.05	3	1.5	22.05	22.30
16	1.00	128.2	12.82	3.85	3	1.5	21.17	22.00
17	1.10	116.6	11.66	3.50	3	1.5	19.66	20.10
18	1.20	106.8	10.68	3.20	3	1.5	18.38	19.00
19	1.25	102.6	10.26	3.08	3	1.5	17.84	18.00
20	1.30	98.6	9.86	2.96	3	1.5	17.32	17.60
21	1.40	91.6	9.16	2.75	3	1.5	16.41	17.00
22	1.50	85.5	8.55	2.57	3	1.5	15.62	16.00
23	1.60	80.1	8.01	2.40	3	1.5	14.91	15.50
24	1.70	75.4	7.54	2.26	3	1.5	14.3	14.60
25	1.80	71.2	7.12	2.14	3	1.5	13.76	14.00
26	1.90	67.5	6.75	2.03	3	1.5	13.28	13.60
27	2.00	64.1	6.41	1.92	3	1.5	12.83	13.00
28	2.10	61.1	6.11	1.83	3	1.5	12.44	12.00
29	2.20	58.3	5.83	1.75	3	1.5	12.08	11.60
30	2.25	57.0	5.70	1.71	3	1.5	11.91	12.20
31	2.30	55.7	5.57	1.67	3	1.5	11.74	11.90
32	2.40	53.4	5.34	1.60	3	1.5	11.44	11.60
33	2.50	51.3	5.13	1.54	3	1.5	11.17	11.00
34	2.60	4.92	5.00	1.50	3	1.5	11.00	10.50

表 5-181 标准锌层 200g/m² 锌耗量计算表

序号	板厚/mm	面积/m²	1t 镀锌板耗锌量/kg					锌耗/kg·t⁻¹
			锌层 $S\times200g/m^2$	偏差 $S\times40g/m^2$	渣损	合金	总计	
1	0.25	512.8	102.56	20.51	3	1.5	127.57	130.00
2	0.30	427.4	85.48	17.10	3	1.5	107.08	109.00
3	0.35	366.3	73.26	14.65	3	1.5	92.41	93.40
4	0.40	320.5	64.1	12.82	3	1.5	81.42	83.00
5	0.45	284.9	56.98	11.40	3	1.5	72.88	73.60
6	0.50	256.4	51.28	10.26	3	1.5	66.04	67.21
7	0.55	233.1	46.62	9.32	3	1.5	60.44	61.50
8	0.60	213.7	42.74	8.55	3	1.5	55.79	56.80
9	0.65	197.2	39.44	7.89	3	1.5	51.83	52.60
10	0.70	183.2	36.64	7.33	3	1.5	48.47	49.45
11	0.75	170.9	34.18	6.94	3	1.5	45.52	46.50
12	0.80	160.3	32.06	6.41	3	1.5	42.97	43.70
13	0.85	150.8	30.16	6.03	3	1.5	40.69	41.35
14	0.90	142.4	28.48	5.70	3	1.5	38.68	39.40
15	0.95	135.0	27.00	5.40	3	1.5	36.90	35.40
16	1.00	128.2	25.64	5.13	3	1.5	35.27	36.90
17	1.10	116.6	23.32	4.66	3	1.5	32.48	33.00
18	1.20	106.8	21.66	4.27	3	1.5	30.13	30.80
19	1.25	102.6	20.52	4.10	3	1.5	29.12	29.90
20	1.30	98.6	19.72	3.94	3	1.5	28.16	28.60
21	1.40	91.6	18.32	3.66	3	1.5	26.48	26.90
22	1.50	85.5	17.10	3.42	3	1.5	25.02	25.70
23	1.60	80.1	16.02	3.20	3	1.5	23.72	24.00
24	1.70	75.4	15.08	3.02	3	1.5	22.61	23.00
25	1.80	71.2	14.24	2.85	3	1.5	21.59	22.00
26	1.90	67.5	13.50	2.70	3	1.5	20.70	21.00
27	2.00	64.1	12.82	2.56	3	1.5	19.88	20.40
28	2.10	61.1	12.22	2.44	3	1.5	19.16	19.80
29	2.20	58.3	11.66	2.33	3	1.5	18.49	19.00
30	2.25	57.0	11.40	2.28	3	1.5	18.18	18.82
31	2.30	55.7	11.14	2.23	3	1.5	17.87	18.24
32	2.40	53.4	10.68	2.14	3	1.5	17.32	17.80
33	2.50	51.3	10.26	2.05	3	1.5	16.81	17.00
34	2.60	49.20	10.00	2.00	3	1.5	16.20	16.60

表 5-182 标准锌层 275g/m² 锌耗量计算表

序 号	板厚/mm	面积/m²	1t 镀锌板耗锌量/kg					锌耗/kg · t⁻¹
			锌层 $S\times275g/m^2$	偏差 $S\times50g/m^2$	渣 损	合 金	总 计	
1	0.25	512.8	141.02	25.64	3	1.5	171.16	173.20
2	0.30	427.4	117.54	21.37	3	1.5	143.41	145.81
3	0.35	366.3	100.73	18.32	3	1.5	123.55	125.80
4	0.40	320.5	88.14	16.03	3	1.5	108.67	110.00
5	0.45	284.9	78.35	14.25	3	1.5	97.1	109.82
6	0.50	256.4	70.51	13.27	3	1.5	88.28	90.00
7	0.55	233.1	64.10	11.66	3	1.5	80.26	82.30
8	0.60	213.7	58.77	10.69	3	1.5	73.96	75.80
9	0.65	197.2	54.23	9.86	3	1.5	68.5	70.00
10	0.70	183.2	50.38	9.16	3	1.5	64.0	65.20
11	0.75	170.9	47.00	8.55	3	1.5	60.0	61.12
12	0.80	160.3	44.08	8.02	3	1.5	56.6	57.70
13	0.85	150.8	41.47	7.54	3	1.5	53.5	55.00
14	0.90	142.4	39.16	7.12	3	1.5	50.7	51.80
15	0.95	135.0	37.13	6.75	3	1.5	48.3	49.40
16	1.00	128.2	35.26	6.41	3	1.5	46.1	47.20
17	1.10	116.6	32.07	5.83	3	1.5	42.40	43.30
18	1.20	106.8	29.37	5.34	3	1.5	39.21	40.00
19	1.25	102.6	28.22	5.13	3	1.5	37.85	38.80
20	1.30	98.6	27.12	4.93	3	1.5	36.55	37.20
21	1.40	91.6	25.19	4.58	3	1.5	34.27	35.00
22	1.50	85.5	23.51	4.28	3	1.5	32.29	33.00
23	1.60	80.1	22.03	4.01	3	1.5	30.54	31.20
24	1.70	75.4	20.74	3.77	3	1.5	29.01	30.00
25	1.80	71.2	19.58	3.56	3	1.5	27.64	28.50
26	1.90	67.5	18.56	3.38	3	1.5	26.44	27.10
27	2.00	64.1	17.63	3.21	3	1.5	25.34	26.20
28	2.10	61.1	16.80	3.06	3	1.5	24.36	25.20
29	2.20	58.3	16.03	2.92	3	1.5	23.45	24.10
30	2.25	57.0	15.68	2.85	3	1.5	23.03	23.80
31	2.30	55.7	15.32	2.79	3	1.5	22.61	23.20
32	2.40	53.4	14.69	2.67	3	1.5	21.86	22.00
33	2.50	51.3	14.11	2.56	3	1.5	21.1	21.80
34	2.60	4.92	13.88	2.00	3	1.5	20.89	21.10

表 5-183　标准锌层 350g/m² 锌耗量计算表

序　号	板厚/mm	面积/m²	1t 镀锌板耗锌量/kg					锌耗 /kg · t⁻¹
			锌层 S×350g/m²	偏差 S×60g/m²	渣 损	合 金	总 计	
1	0.25	512.8	179.48	30.77	3	1.5	214.75	218.10
2	0.30	427.4	149.59	25.64	3	1.5	179.73	182.30
3	0.35	366.3	128.21	21.98	3	1.5	154.69	157.00
4	0.40	320.5	112.18	19.23	3	1.5	135.91	136.90
5	0.45	284.9	99.72	17.09	3	1.5	121.31	123.20
6	0.50	256.4	89.74	15.38	3	1.5	109.62	121.00
7	0.55	233.1	81.59	13.99	3	1.5	100.08	102.10
8	0.60	213.7	74.80	12.82	3	1.5	92.12	93.80
9	0.65	197.2	69.02	11.83	3	1.5	85.35	86.00
10	0.70	183.2	64.12	10.99	3	1.5	79.61	81.20
11	0.75	170.9	59.85	10.25	3	1.5	74.57	76.00
12	0.80	160.3	56.11	9.62	3	1.5	70.23	71.50
13	0.85	150.8	54.78	9.05	3	1.5	67.33	68.30
14	0.90	142.4	49.84	8.54	3	1.5	62.88	64.00
15	0.95	135.0	47.25	8.10	3	1.5	59.85	61.00
16	1.00	128.2	44.87	7.69	3	1.5	57.06	58.20
17	1.10	116.6	40.79	6.99	3	1.5	52.28	53.40
18	1.20	106.8	37.39	6.41	3	1.5	48.30	49.00
19	1.25	102.6	35.90	6.15	3	1.5	46.55	48.00
20	1.30	98.6	34.52	5.92	3	1.5	44.94	45.50
21	1.40	91.6	32.05	5.49	3	1.5	42.04	42.80
22	1.50	85.5	29.91	5.13	3	1.5	39.54	41.00
23	1.60	80.1	28.04	4.81	3	1.5	37.35	38.00
24	1.70	75.4	26.40	4.52	3	1.5	35.42	36.10
25	1.80	71.2	24.93	4.27	3	1.5	33.70	34.40
26	1.90	67.5	23.61	4.05	3	1.5	32.16	33.00
27	2.00	64.1	22.44	3.85	3	1.5	30.79	31.10
28	2.10	61.1	21.37	3.66	3	1.5	29.53	30.10
29	2.20	58.3	20.40	3.50	3	1.5	28.40	29.00
30	2.25	57.0	19.94	3.42	3	1.5	27.86	28.20
31	2.30	55.7	19.51	3.34	3	1.5	27.35	28.00
32	2.40	53.4	18.70	3.21	3	1.5	26.41	27.00
33	2.50	51.3	17.95	3.08	3	1.5	25.53	26.00
34	2.60	4.92	17.20	2.98	3	1.5	24.86	25.10

表 5-184　标准锌层 450g/m² 锌耗量计算表

序　号	板厚/mm	面积/m²	1t 镀锌板耗锌量/kg					锌耗 /kg · t⁻¹
			锌层 $S\times450g/m^2$	偏差 $S\times70g/m^2$	渣 损	合 金	总 计	
1	0.25	512.8	230.77	35.90	3	1.5	271.17	256.60
2	0.30	427.4	192.31	29.91	3	1.5	226.72	230.90
3	0.35	366.3	164.86	25.64	3	1.5	194.98	198.90
4	0.40	320.5	144.23	22.44	3	1.5	168.67	171.80
5	0.45	284.9	128.21	19.94	3	1.5	152.65	155.65
6	0.50	256.4	115.38	17.95	3	1.5	137.83	140.70
7	0.55	233.1	104.90	16.32	3	1.5	125.72	127.20
8	0.60	213.7	96.15	14.96	3	1.5	115.61	117.90
9	0.65	197.2	88.76	13.81	3	1.5	107.07	109.10
10	0.70	183.2	82.42	12.82	3	1.5	99.74	101.60
11	0.75	170.9	76.92	11.97	3	1.5	93.39	94.10
12	0.80	160.3	72.14	11.22	3	1.5	87.86	89.20
13	0.85	150.8	67.86	10.56	3	1.5	82.92	84.10
14	0.90	142.4	64.08	9.97	3	1.5	78.55	80.20
15	0.95	135.0	60.75	9.45	3	1.5	74.70	76.20
16	1.00	128.2	57.68	8.97	3	1.5	71.15	72.60
17	1.10	116.6	52.47	8.16	3	1.5	65.13	66.60
18	1.20	106.8	48.06	7.48	3	1.5	60.04	61.20
19	1.25	102.6	46.17	7.18	3	1.5	57.85	59.00
20	1.30	98.6	44.37	6.90	3	1.5	55.77	56.90
21	1.40	91.6	41.33	6.41	3	1.5	52.13	53.40
22	1.50	85.5	38.48	5.99	3	1.5	48.97	50.10
23	1.60	80.1	36.05	5.61	3	1.5	46.16	47.00
24	1.70	75.4	33.93	5.28	3	1.5	43.71	44.50
25	1.80	71.2	32.04	4.98	3	1.5	41.52	42.30
26	1.90	67.5	30.38	4.73	3	1.5	39.61	40.40
27	2.00	64.1	28.85	4.49	3	1.5	37.84	38.60
28	2.10	61.1	27.50	4.28	3	1.5	36.28	37.10
29	2.20	58.3	26.24	4.08	3	1.5	34.82	35.60
30	2.25	57.0	25.65	3.99	3	1.5	34.14	34.80
31	2.30	55.7	25.07	3.90	3	1.5	33.47	34.00
32	2.40	53.4	24.03	3.74	3	1.5	32.27	33.00
33	2.50	51.3	23.09	3.59	3	1.5	31.18	32.00
34	2.60	4.92	22.80	3.25	3	1.5	30.86	31.20

表 5-185 标准锌层 600g/m² 锌耗量计算表

序 号	板厚/mm	面积/m²	1t 镀锌板耗锌量/kg					锌耗/kg·t⁻¹
			锌层 $S\times600g/m^2$	偏差 $S\times80g/m^2$	渣 损	合 金	总 计	
1	0.25	512.8	307.68	41.02	3	1.5	353.20	360.00
2	0.30	427.4	256.44	34.19	3	1.5	295.13	301.10
3	0.35	366.3	219.78	29.30	3	1.5	253.58	258.30
4	0.40	320.5	192.30	25.64	3	1.5	222.44	227.00
5	0.45	284.9	170.94	22.79	3	1.5	198.23	200.60
6	0.50	256.4	153.84	20.51	3	1.5	178.85	182.40
7	0.55	233.1	139.86	18.65	3	1.5	163.01	166.10
8	0.60	213.7	128.22	17.10	3	1.5	149.82	152.10
9	0.65	197.2	118.32	15.78	3	1.5	138.60	140.80
10	0.70	183.2	109.92	14.66	3	1.5	129.08	131.60
11	0.75	170.9	102.54	13.67	3	1.5	120.71	123.00
12	0.80	160.3	96.18	12.82	3	1.5	113.50	115.60
13	0.85	150.8	90.48	12.06	3	1.5	107.04	109.10
14	0.90	142.4	85.44	11.39	3	1.5	101.33	103.40
15	0.95	135.0	81.00	10.80	3	1.5	96.30	98.00
16	1.00	128.2	76.92	10.26	3	1.5	91.68	93.50
17	1.10	116.6	69.96	9.33	3	1.5	83.79	85.00
18	1.20	106.8	64.08	8.54	3	1.5	77.12	78.60
19	1.25	102.6	61.56	8.21	3	1.5	74.27	75.70
20	1.30	98.6	59.16	7.89	3	1.5	71.55	73.00
21	1.40	91.6	54.96	7.33	3	1.5	66.79	68.00
22	1.50	85.5	51.30	6.84	3	1.5	62.64	63.80
23	1.60	80.1	48.06	6.41	3	1.5	58.97	60.20
24	1.70	75.4	45.24	6.03	3	1.5	55.77	57.00
25	1.80	71.2	42.72	5.70	3	1.5	52.92	54.10
26	1.90	67.5	40.50	5.40	3	1.5	50.40	51.50
27	2.00	64.1	38.46	5.13	3	1.5	48.09	49.50
28	2.10	61.1	36.66	4.89	3	1.5	46.05	47.00
29	2.20	58.3	34.98	4.66	3	1.5	44.14	45.00
30	2.25	57.0	34.20	4.56	3	1.5	43.26	44.00
31	2.30	55.7	33.42	4.46	3	1.5	42.38	43.00
32	2.40	53.4	32.04	4.27	3	1.5	40.81	41.60
33	2.50	51.3	30.78	4.10	3	1.5	39.38	40.10
34	2.60	4.92	28.80	4.00	3	1.5	38.20	39.00

5.10　热镀锌层合金化

5.10.1　合金化层的结构

合金化层的结构，见表 5-186 ~ 表 5-188。

表 5-186　不同合金化温度镀层中存在相层比较

温度/℃	钢　种	下列时间（s）合金化后镀层中存在的相							
		1	2.5	5	10	20	40	60	100
450	TiNb-IF	ζη	δζη	δζη	δζ[①]η	γδζ[①]η[①]	γδζ[②]η[②]	γδζ[②]η[②]	γδζ[②]η[②]
	高 PTiNb-IF	ζη	ζη	ζη	ζη	ζη	δζη	δζη	γδζη
500	TiNb-IF	ζη	δζη	δζη	δζη	γδζ[②]η[②]	—	γδζ[②]η[②]	—
	高 PTiNb-IF	ζη	ζη	δζη	δζη	δζ[②]η[②]	γδζη	γδζ[②]	—
550	TiNb-IF	δ[①]ζη	δζ[①]η[①]	γδζ[①]η[①]	—	γδζ[②]η[②]	—	γδζ[②]η[②]	—
	高 PTiNb-IF	ζη	δζη	δζη	δζη	δζη	—	γδζ[②]η[②]	—

① 仅存在于多相区；

② 仅在表面发现。

表 5-187　合金化层结构分析

试　样	镀层结构		镀层中铁含量/%		合金化度（*Z* 值）
	内　层	外　层	内　层	外　层	
1	δ_{P}	ζ	10.8	6.7	0.5
2	δ_{k}	$\delta_{P}+\zeta$	13.0	9.9	0.13
3	δ_{k}	δ_{k}	14.0	14.0	0
4	γ	γ	21.4	21.4	0

表 5-188　合金化层结构对粗糙度的影响

钢　板	合金化板相层					普通镀锌板
	ζ	$\zeta+\delta_{P}$	δ_{P}	δ_{k}	γ	
粗糙度/μm	6	4	2.5	1.6	2.1	1.0

5.10.2　各种因素对锌层合金化的影响

各种因素对锌层合金化的影响见表 5-189。

表 5-189　各种因素对锌层合金化的影响

因　素	影　响	因　素	影　响
一般因素	钢的种类	加热因素	功　率
	线速度		产　量
	线的稳定性		钢带温度
	线的数据		线的事故
	环　境	保温因素	保温温度
镀层因素	锌锅温度 锌液成分		钢带温度
			加热数据
		冷却因素	冷却速率

5.10.3 生产合金化镀层的设备

生产合金化镀层的设备见表5-190～表5-194。

表5-190 热镀锌和合金化处理条件对比

序　号	热镀锌	技术参数	序　号	合金化	技术参数
1	锌液中铝含量/%	0.13，0.17，0.20	1	锌液中铝含量/%	0.13
2	锌液温度/℃	460	2	合金化处理温度/℃	550
3	浸锌时间/s	3～5	3	合金化处理时间/s	1～3

表5-191 感应加热与燃气加热的比较

项　目		煤气加热型	感应加热型
功 能	合金化能力	有能力	有能力
	灵敏度	慢，因为炉子加热的惯性大加热速度只能达到50℃/s	很快，加热速度超过250℃/s
	精确度	重现性较低	能精确控制，达到±5%以内
	可操作性	操作复杂	操作简单
产品质量	均匀性	燃气火焰波动的影响；燃气气流的影响；钢带振动的影响；辐射率的影响；含铁波动值为1.5%	无燃气流及钢带振动的影响，合金层含铁均匀，波动值为1.0%
	未合金化的白点数量	白点出现率为3%～5%	白点出现率小于1%
装 备	尺　寸	装备尺寸庞大	体积小，紧凑
	初始成本	较高	比煤气加热低10%～20%

表5-192 线圈频率和热效率关系

线圈频率/kHz	线圈效率/%	系统效率/%	用　途
125～300	98	60	电镀锡板软熔
70	97	70	热镀锌板合金化
30	96	75	热镀锌板合金化
10	95	80	热镀锌板合金化

表5-193 合金化处理装置的特征

项　目	特　征	
加热线圈	单元数	6
	额定功率/kW	1000
	额定电压/V	1635
	工作区尺寸（$H \times W$）/mm×mm	190×2220
1号均热区	线圈长度/mm	915
	长度/m	5.8
	电阻带加热器功率/kW	120

项　目		特　征	
2号均热区		长度/m	7.2
		电阻带加热器功率/kW	120
均热和冷却区	均热区	长度/m	3.4
		电阻带加热器功率/kW	60
	冷却区	长度/m	3.4
		空气喷嘴冷却方式	
水淬区		流动脱盐水冷却	
		出淬水槽带温/℃	≤40

表 5-194　高频感应加热的集肤效应

序　号	带钢厚度/mm	加热频率/kHz	集中加热深度/mm	用　途
1	0.1 ~ 0.35	170	0.054	电镀锡板软熔
2	0.25 ~ 2.5	70	0.091	热镀锌板合金化
3	0.40 ~ 2.5	30	0.143	热镀锌板合金化
4	0.5 ~ 3.0	10	0.182	热镀锌板合金化

5.11　冷却塔

5.11.1　各种冷却方式的比较

各种冷却方式的比较见表 5-195。

表 5-195　气冷、水冷和水淬三种冷却方式的比较

项　目	气　冷	水　冷	水　淬
冷却技术	喷吹冷空气到涂层带钢表面	涂层带钢在水冷辊上运行	喷吹冷循环水到涂层带钢表面
使用条件	（1）涂层冷却前不能接触辊； （2）涂层不能水冷	（1）涂层在冷却前能接触辊； （2）气冷后的二次干冷	涂层能够用水冷却
冷却特性	缓　冷	相当于强冷	强　冷
可达到的温度	大约 100℃，在一个合理的冷却器长度范围内，同时依赖于周围条件	大约 50℃，依赖于所用冷却水的温度和所有的辊子数量	大约 35℃，依赖于所用的冷却水的温度
冷却时间	长	短	非常短
投资费用	中（如果不需要冷却器）	高（昂贵的辊子）	低（如果获得冷却水）
操作费用	低（如果不需要冷却器）	中	中

5.11.2　冷却标准

冷却标准见表 5-196。

表 5-196　带钢经过冷却后的温度标准

序　号	测量地点	测量温度/℃	测 量 条 件
1	到冷却塔第一转向辊	300	（1）带钢规格 1.0 mm × 1250mm； （2）带钢入锌锅温度 470℃； （3）锌液温度 465℃； （4）带钢速度 85m/min； （5）室温 25℃； （6）测温仪器为表面温度计
2	出水平冷却段	250	
3	出垂直风箱	200	
4	进入淬水槽	150	
5	进入光整机	≤40	
6	进入拉矫机	≤40	
7	经钝化处理烘干后	40	
8	卷取前	40	

5.11.3　各种因素对冷却速度的影响

各种因素对冷却速度的影响见表 5-197。

表 5-197 各种因素对冷却速度的影响

带钢厚度 /mm	带钢速度 /m·min^{-1}	带钢入锌锅温度/℃	出锌锅之后带钢温度/℃			
			25m 之后测量结果		65m 之后测量结果	
			冷却时间/s	测定温度/℃	冷却时间/s	测定温度/℃
0.75	115	430	13.1	295	33.9	105
1.00	100	460	15.0	320	39.0	175
1.30	64	565	23.4	341	61.0	180
1.50	65	508	23.1	320	60.0	190
2.00	45	508	33.4	327	86.5	230

5.12 光整

5.12.1 光整的作用

光整的作用见表 5-198。

表 5-198 光整的作用

序 号	光整的作用	用 途	备 注
1	消除屈服平台，使板面不产生滑移线（俗称抬头纹）	增加装饰性，可用来制造家电、汽车等高级表面	光整轧制力必须达到 250～300t
2	带有毛面的光整辊能给热镀锌板表面一定的粗糙度	用于再涂非金属层，增加黏附力	粗糙度的复印率只能达到光整辊的 40%～60%
3	有伸长率可改善带钢浪边、瓢曲等不良板形	便于以后深加工	光整轧制力大于 100t。最大伸长率为 3%
4	改善热镀锌带钢表面不平坦度，增加平整性	做彩板基材	板面必须是无锌花，光整轧制力控制在 80～120t
5	可使热镀锌带钢的屈服极限下降 20MPa	改善板材继续深加工的力学性能	光整轧制力 >300t

5.12.2 光整代号

光整表面代号见表 5-199。

表 5-199 光整表面代号

序 号	表面结构		代号 不光整	代号 光 整
1	大锌花		N	NS
2	小锌花		M	MS
3	无锌花		F	FS
4	锌铁合金		ZF	ZFS
5	表面精度	普通表面	FA	
		较高级表面	FB	
		高级表面	FC	

5.12.3 光整工艺

光整工艺技术参数见表 5-200 ~ 表 5-205。

表 5-200 光整工艺技术参数

项 目	某厂 1220mm 光整机	某厂 1220mm 光整机	某厂 1550mm 光整机	某厂 1700mm 光整机
带钢规格/mm × mm	(0.3 ~ 2.5) × (720 ~ 1120)	(0.3 ~ 2.5) × (720 ~ 1120)	(0.3 ~ 2.0) × (800 ~ 1350)	(0.5 ~ 2.5) × (700 ~ 1500)
产品品种	CQ、DQ	CQ、DQ、DDQ	CQ、DQ、DDQ、EDDQ、FH	CQ、DQ、DDQ、FH
光整机形式	四辊式	四辊式	四辊式	二辊式
压下方式	液压压上型	液压压上型	液压压上型	液压压上型
轧辊尺寸/mm × mm	工作辊: ϕ(390 ~ 440) × 1400; 支撑辊: ϕ(710 ~ 760) × 1380	工作辊: ϕ(430 ~ 480) × 1500; 支撑辊: ϕ(1000 ~ 1100) × 1450	工作辊: ϕ(390 ~ 440) × 2000、ϕ(570 ~ 620) × 2000; 支撑辊: ϕ(790 ~ 840) × 1900	工作辊尺寸: ϕ(650 ~ 750) × 1700
伸长率/%	3	2	3	2
轧制力/kN	6000	5000	7000	4000
弯辊力/kN	±500	±400	±500	—
光整方式	湿光整	湿光整	湿光整	干光整
辊子传动方式	上下支撑辊单独传动	上下支撑辊单独传动	下支撑辊传动	下辊传动；上辊加速时传动，常速生产时不传动
传动功率/kW	2 × 100	2 × 100	240	320
最大轧制速度/m · min^{-1}	120	180	200	150

表 5-201 镀锌板光整辊粗糙度级别

级 别	板面粗糙度		光整辊面粗糙度 R_a/μm
	R_a/μm	表面状况	
1	0.625 ± 0.25	光亮面	1 ~ 1.5
2	0.875 ± 0.25	灰暗面	1.5 ~ 2
3	1.125 ± 0.25	粗糙面	2 ~ 2.5
4	0.875 ~ 1.875	粗糙面	—

表 5-202 光整辊直径

序 号	工作辊直径 ϕ/mm	适应的钢种
1	620	IF 钢
2	400	08Al 钢、低合金高强度钢

表 5-203 光整机张力和轧制力

厚度/mm	宽度/mm	工艺段张力/N	光整机入口张力/N	光整机出口张力/N	轧制力/kN
0.2	914	8000	40000~50000	50000~60000	1400~2000
0.4	1250	8000	50000~60000	60000~70000	1500~1600
0.6	1250	10000	60000~70000	70000~80000	1600~1800
0.8	1250	15000	70000~80000	80000~90000	1600~1800
1.0	1250	19000	80000~90000	90000~100000	1600~1800
1.2	1250	22500	90000~100000	100000~110000	1700~1900
1.5	1250	28100	100000	110000	1800~2000

表 5-204 光整轧制力

序 号	钢 种	工作辊直径 ϕ/mm	轧制力/kN	伸长率/%
1	IF	620	500~1200	0.3
2	08Al	400	3000~5000	0.5~2.0

表 5-205 光整伸长率的选择（%）

序 号	厚度/mm	镀锌板的屈服点		
		≤175MPa	175~280MPa	280~350MPa
1	0.2~0.4	1.1~1.3	1.0~1.2	0.75~1.0
2	0.4~0.6	1.2~1.5	1.1~1.3	1.0~1.2
3	0.6~0.8	1.2~1.5	1.2~1.5	1.1~1.3
4	0.8~1.0	1.2~1.5	1.2~1.5	1.2~1.5
5	1.0~1.2	1.2~1.5	1.2~1.5	1.2~1.5
6	1.2~1.5	1.2~1.5	1.2~1.5	1.2~1.5

5.12.4 二辊与四辊光整机的比较

二辊和四辊光整机的比较见表 5-206、表 5-207。

表 5-206 二辊式和四辊式光整机特性比较

特 性	二辊式光整机	四辊式光整机
直 径	直径较大，圆周大，每个钢卷长度圈数少	直径小，圆周小，按卷长的轧辊经常重复转动次数多
轧制力	薄带钢和/或高碳带钢需要较大轧制力	薄带钢和/或高碳带钢需要低轧制力
辊缝挠性	只能通过必要的预先研磨、各种凸度调节	在轧制期间利用工作辊弯辊装置调节
工作辊原理	干刷易于清除灰层	清理需要湿式平整，小直径的工作辊干刷几乎是不可能的
伸长率	受轧辊压扁和轧制力的限制	约束小，低碳钢材用低轧制力控制
投产费用	低	高

表 5-207 二辊和四辊光整机工艺参数比较

序号	项目	二辊光整机	四辊光整机
1	工作辊直径 ϕ/mm	760~840	380~620
2	平直度	好	很 好
3	光整力/kN	2000~4000	3000~10000
4	工作辊凸度调整能力	较差，需配备较多的工作辊	较好，需配备的工作辊较少
5	传动方式	工作辊	支撑辊
6	换辊时间/s	1800	90
7	光整方式	干 式	湿 式
8	清辊方式	刷 辊	高压水

5.13 拉矫

拉矫的类型与作用见表 5-208。

表 5-208 拉矫的类型与作用

序号	项目		备注
1	拉矫的作用	有伸长率可改善带钢浪边、瓢曲等不良板形	最大伸长率为 3%
2	拉矫的类型	一弯一矫、二弯一矫、二弯二矫	使用时只用一弯一矫
3	拉矫机弯曲辊直径的选择	板厚0.3~3.0mm 时，弯曲辊直径可选 ϕ30mm（适应板厚 0.3~1.0mm）、ϕ60mm（适应板厚 1.1~3.0mm）两种	任何情况下两套弯曲辊都不需要同时使用
		板厚0.2~1.2mm 时，弯曲辊直径可选 ϕ30mm 一种，实现一用一备	任何情况下两套弯曲辊都不需要同时使用
4	拉矫的形式	干拉矫、湿拉矫	湿拉矫应用较少
5	伸长率的使用方法	在改善板形合格的情况下，伸长率给定越小越好，因为伸长率越大产生滑移线（俗称抬头纹）越明显，越是不受用户欢迎	一般伸长率控制在 0.3%~0.8% 即可
6	弯曲辊压下深度的使用方法	弯曲辊压下越深越好，通常必须达到设计压下深度的 60%~80%	因为弯曲辊压下越深，所产生的滑移线（俗称抬头纹）越轻微，越是受用户欢迎
7	干、湿拉矫的应用	湿拉矫与湿光整配套使用	湿拉矫实际应用较少
8	对各种焊缝的适应性	过焊缝不抬辊	热镀锌带钢表面黏附有较大凸起锌渣必须抬辊

5.14 化学后处理

5.14.1 化学后处理代号

化学后处理代号见表 5-209、表 5-210。

表 5-209 化学表面后处理代号

代号	化学表面后处理类别	代号	化学表面后处理类别
PT	耐指纹	O	涂油
P	磷化	L	漆封
C	钝化	U	不处理

表 5-210 化学表面后处理的分类及代号

序号	表面处理	符号
1	钝化	C
2	涂油	O
3	漆封	L
4	磷化	P
5	不处理	U

5.14.2 钝化工艺

5.14.2.1 有铬钝化工艺参数

有铬钝化工艺技术参数见表 5-211 ~ 表 5-222。

表 5-211 钝化处理方法分类及其特征

项目	铬酸盐	无六价铬的转化膜层			
钝化膜类型	三价铬的隔离作用 六价铬的自愈作用	钝化作用 （氧化还原反应）	螯合作用 （与锌螯合）	无机聚合物	有机复合涂膜
		钼酸盐处理	单宁酸	硅酸盐 磷酸盐	聚丙烯树脂 丙烯树脂 磷抑制剂
膜的特性	耐蚀性良好 导电性良好 点焊性良好	耐蚀性差	外观质量差	耐蚀性差	电阻大 点焊性差

表 5-212 钝化液的成分及其膜层的组成（一）

试样	钝化液成分/$g \cdot L^{-1}$				钝化膜组成/$mg \cdot m^{-2}$			
	CrO_3	SiO_2	H_3PO_4	树脂	Cr	Si	P	树脂
R0-M	60	180	90	0.0	23	77	23	0.0
R1-M	60	180	90	4.0	21	69	21	0.2
R2-M	60	180	90	8.0	25	76	23	0.4
R3-M	60	180	90	20.0	23	75	22	0.9

表 5-213　钝化液的成分及其膜层的组成（二）

试　样	钝化液成分/g·L^{-1}				钝化膜组成/mg·m^{-2}			
	CrO_3	SiO_2	H_3PO_4	树脂	Cr	Si	P	树脂
RS-0	18	0. 0	0	8	5. 2	0. 0	0	0. 3
RS-1	18	6. 8	0	8	5. 9	0. 4	0	0. 3
RS-2	18	16. 6	0	8	5. 3	4. 2	0	0. 3
RS-3	18	30. 2	0	8	5. 3	9. 1	0	0. 3
RS-4	18	65. 0	0	8	5. 3	21. 7	0	0. 3
RS-5	18	127. 4	0	8	5. 1	42. 7	0	0. 3
RP-0	25	0	0. 0	8	7. 9	0	0. 0	0. 3
RP-1	25	0	15. 0	8	7. 5	0	3. 3	0. 3
RP-2	25	0	29. 6	8	7. 1	0	6. 2	0. 3
RP-3	25	0	50. 5	8	7. 4	0	11. 1	0. 3
RP-4	25	0	92. 0	8	6. 9	0	18. 4	0. 3
RP-5	25	0	175. 6	8	7. 4	0	33. 5	0. 3
RM-0	13	40	0. 0	8	5. 1	14. 1	0. 0	0. 4
RM-2	13	40	26. 0	8	4. 0	15. 1	6. 4	0. 3
RM-3	13	40	89. 4	8	4. 8	16. 5	23. 7	0. 4
RM-4	13	40	134. 8	8	6. 4	16. 0	36. 2	0. 5
RM-5	13	40	270. 2	8	5. 3	16. 9	76. 7	0. 4

表 5-214　试验用钝化液成分及钝化膜组成

符　号	钝化液成分/g·L^{-1}			钝化膜组成/mg·m^{-2}		
	CrO_3	SiO_2	H_3PO_4	Cr	Si	P
M-0	13	40	0. 0	4. 4	17. 5	0. 0
M-1	13	40	17. 6	4. 1	16. 9	4. 5
M-2	13	40	26. 0	6. 8	16. 9	6. 7
M-3	13	40	89. 4	10. 9	17. 0	21. 9
M-4	13	40	134. 8	7. 9	17. 1	35. 8
M-5	13	40	270. 2	5. 3	13. 9	72. 8

表 5-215　各种钝化膜层的耐指纹性

试样钝化膜层	目 视 评 价	试样钝化膜层	目 视 评 价
纯铬酸盐	2	铬酸盐-二氧化硅	4
铬酸盐-磷酸盐	4	二氧化硅	1

注：目视评价栏中，1—清晰可见；2—可看出；3—稍看出；4—往往看不出；5—完全看不出。

表 5-216 钝化膜层结构中磷酸盐和二氧化硅的功能

功能	磷酸盐	二氧化硅	功能	磷酸盐	二氧化硅
在钝化膜整体结构中的功能	将六价铬还原三价铬	形成体积胀大的外层	在钝化膜表面结构中的功能	形成无极性的外层	形成极性的水层
外观	减少黄色的六价铬	隐蔽黄色六价铬	表面特性	排斥水、漆和指纹	吸引水、漆和指纹
耐蚀性	减少滤出的六价铬	隐蔽腐蚀产物	—	—	—

表 5-217 钝化液成分及钝化膜组成

试样	钝化液成分/g·L^{-1}			钝化膜组成/mg·m^{-2}		
	CrO_3	SiO_2	H_3PO_4	Cr	Si	P
铬酸盐-二氧化硅	60	180	0	33	70	0
铬酸盐-磷酸盐	60	0	90	34	0	40
铬酸盐-二氧化硅-磷酸盐	60	180	90	35	74	38

表 5-218 有铬钝化液的浓度、电导率、铬酸点关系

序号	浓度/%	电导率/mS·cm^{-1}	铬点
1	5	2.35	8.25
2	10	4.30	16.5
3	15	5.72	24.75
4	20	7.03	33
5	25	8.34	41.25
6	30	9.55	49.5

表 5-219 铬酸盐涂层的成分

序号	基体金属	铬酸盐处理液成分	涂层的成分	涂层的颜色
1	锌	重铬酸钠、硫酸	α-Cr_2O_3	黄绿色
		铬酸	α-CrOOH,4$ZnCrO_4$·K_2·3H_2O	黄色
2	镉	铬酸、重铬酸盐	α-CrOOH,γ-$Cd(OH)_2$	黄褐色
		重铬酸钠、硫酸	$CdCrO_4$,α-Cr_2O_3	绿黄色
3	铝	铬酸、氟化物、添加剂	α-AlOOH,CrO_2,α-CrOOH,$Cr(NH_3)_3NO_2CrO_4$	无色、黄色和红褐色
		铬酸、重铬酸盐	α-CrOOH,γ-AlOOH	褐-黄色

表 5-220 钝化液成分、钝化膜组成及导电性

试样	钝化液成分/g·L^{-1}				钝化膜组成/mg·m^{-2}				电阻/mΩ
	CrO_3	SiO_2	H_3PO_4	树脂	Cr	Si	P	树脂	
R0	60	0	0	0.0	31	0	0	0.0	0.10
R1	60	0	0	5.0	30	0	0	0.3	0.13
R2	60	0	0	10.0	30	0	0	0.6	0.10
R3	60	0	0	30.0	34	0	0	2.1	0.11
S1	60	30	0	0.0	31	14	0	0.0	0.15
S2	60	60	0	0.0	31	24	0	0.0	0.21
S3	60	180	0	0.0	33	70	0	0.0	0.84

续表 5-220

试样	钝化液成分/g·L^{-1}				钝化膜组成/mg·m^{-2}				导电性/mΩ
	CrO_3	SiO_2	H_3PO_4	树脂	Cr	Si	P	树脂	
P0	60	0	15	0.0	31	0	9	0.0	0.20
P2	60	0	45	0.0	31	0	20	0.0	0.75
P3	60	0	90	0.0	34	0	39	0.0	3.15

表 5-221 添加树脂对钝化膜耐蚀性的影响

项目		平板试样（白锈含量/%）		加工试样（用0~8级评价）	
		72h	144h	72h	144h
不加树脂（R0-M）		0.0	3.2	0.0	2.0
添加树脂	0.2 mg/m^2(R1-M)	0.1	7.1	0.0	6.5
	0.4 mg/m^2(R2-M)	0.0	1.3	1.0	4.5
	0.9 mg/m^2(R3-M)	0.1	33	0.0	8.0

注：0~8级评价，0为最好，8为最差。

表 5-222 无锌花光整热镀锌钢板各钝化膜层（60℃干燥）耐蚀性比较

膜层类别	膜层厚度/g·m^{-2}	铬损失（Volvo试验）	盐雾试验产生5%白锈的时间/h
普通铬酸盐膜层—18mg(Cr)/m^2	—	±10	55
酸性薄有机膜层—18mg(Cr)/m^2（BRUGAL GM4-10RF）	1.2	0.8	300
中性薄有机膜层—18mg(Cr)/m^2	1.2	3~5	190
酸性薄有机膜层—18mg(Cr)/m^2（BRUGAL N6-GRF）	1.2	1	175
中性无铬薄有机膜层（BRUGAL NTS）	1.2	0	25
酸性薄有机膜层—无铬添加剂（BRUGAL 661/4RF）	1.0	0	100
	1.4	0	160
	1.8	0	200

5.14.2.2 无铬钝化工艺技术参数

无铬钝化工艺技术参数见表5-223~表5-227。

表 5-223 无铬有机树脂膜层与铬酸盐膜层性能比较

产品		膜层厚度/μm	膜层附着性	涂装漆膜附着性				耐指纹性	电阻率/Ω·cm
				一次		二次			
镀层钢板	膜层类别			交叉划线	杯突试验	交叉划线	杯突试验		
电镀锌钢板	无铬有机膜层	0.7	1	1①	1	1	1	1	2.3
		1.0	1	1	1	1	1	1	3.3
		1.5	1	1	1	1	1	1	6.2
	铬酸盐膜层			1	1	1	3②	3	2.3
热镀锌钢板	无铬有机膜层	0.7	1	1	1	1	1	1	2.8
		1.0	1	1	1	1	1	1	3.8
		1.7	1	1	1	1	1	1	7.2
	铬酸盐膜层			1	1	1	3	3	3.4

①1为指纹看不见及漆膜无剥落；

②3为指纹轻微可见及漆膜剥落在1%~30%之间。

表 5-224 新开发无铬有机膜层镀锌钢板性能比较

产品		耐蚀性	耐指纹性	导电性	漆膜附着性	润滑性
新开发无铬有机膜层产品	GEO-FRONTIER 膜层	2	1	2	1	2
	GEO-FRONTIER 膜层 tape-L	2	1	2	2	1
普通铬酸盐膜层产品	双膜层：薄有机膜层/铬酸盐膜层	2	1	2	1	2
	涂布型铬酸盐膜层	2	2	2	2	2
	反应型铬酸盐膜层	3	3	2	2	2

注：1 为优于涂布型铬酸盐膜层；2 为与涂布型铬酸盐膜层相似；3 为比涂布型铬酸盐膜层差。

表 5-225 工艺参数对涂层重量的影响

序号	影响因素	对膜重影响	控制范围
1	涂辊速度（逆涂）	速度越快膜重越大	50% ~150%
2	取料辊速度（逆涂）	速度越快膜重越大	50% ~150%
3	辊间压力	压力越高膜重越小	0.05 ~0.3MPa
4	涂辊与带钢的啮合量	啮合量越大膜重越大	0 ~10mm
5	生产线速度	速度越快膜重越大	60 ~150m/min
6	取料辊表面粗糙度	表面越粗糙膜重越大	R_a：0.5 ~0.8μm

表 5-226 生产工艺对涂层均匀性影响

序号	影响因素	对涂层均匀性的影响
1	涂层辊的转向	逆涂优于顺涂
2	辊间压力	高压优于低压
3	钢板板形	板形好优于板形差
4	钢板表面水分	板面无水分优于带水分

表 5-227 钼酸盐的分子式、溶解度及其质量分数为 2%的溶液或饱和溶液的 pH 值

分子式	溶解度/g	pH	分子式	溶解度/g	pH
H_2MoO_4	0.26（24.6℃）	3.6	$Li_2MoO_4 \cdot nH_2O$	44.81（25℃）	9.6
$P_2O_5 \cdot 24MoO_3 \cdot nH_2O$	>10	1.6	$ZnMoO_4 \cdot nH_2O$	<0.1	6.4
$SiO_2 \cdot 12MoO_3 \cdot nH_2O$	≤0.1（30℃）	2.3	$Na_2MoO_4 \cdot 2H_2O$	39.82（30℃）	7.4

5.14.3 耐指纹

耐指纹液技术参数见表 5-228 ~表 5-233。

表 5-228 耐指纹液技术参数

技术参数 \ 品牌	国内品牌	国外品牌		
	武汉吉瑞 518	汉高 300	帕卡 020	凯密特 4601
组成	单组分	单组分	A、B 双组分	A、B 双组分
密度/$kg \cdot L^{-1}$	1.03 ±0.02	1.03 ~1.05	1.03 ±0.02	1.03 ±0.02
固体含量/%	30	29 ~31	40	25
配制	50%518 号，50%去离子水	50%300 号，50%去离子水	95%A，5%B	95%A，5%B
pH 值	5.8 ~6.8	6.4 ~7.0	1.5 ~2	7 ~9
铬点	—	—	—	8.3 ±0.2

续表 5-228

技术参数＼品牌	国内品牌	国外品牌		
	武汉吉瑞 518	汉高 300	帕卡 020	凯密特 4601
湿膜厚度/μm	1 ~ 5	1 ~ 5	1 ~ 5	0.8 ~ 5
干膜厚度/$g \cdot m^{-2}$	1 ~ 3	1 ~ 3	1 ~ 3	0.5 ~ 2.5
带钢烘干温度/℃	70 ~ 100	> 70	80 ~ 120	60 ~ 100
配液后保存期/周	可长期存放	可长期存放	4	6 ~ 8

表 5-229　耐指纹液中的 Cr 含量与黑变关系

配　方	Cr 含量/$g \cdot L^{-1}$	耐蚀性评级（24h 盐雾试验）	黑变形貌（存放 2 个月）
1	1.7	0	灰　白
2	6.5	7	较　黑
3	3.6	7	灰
4	12.4	9	黑

表 5-230　电子探针对耐指纹层不同粗糙度区域元素含量分析（%）

区　域	Al	Si	P	Zn
全　域	0.55	3.14	0.75	79.61
区域 1	0.54	2.84	0.69	80.29
区域 2	0.34	5.15	1.58	70.57
区域 3	0.65	未检出	未检出	96.02

表 5-231　试验样的表面粗糙度与耐指纹膜厚度关系

试样编号		耐指纹膜厚/$g \cdot m^{-2}$	粗糙度/μm		
			R_a	R_{max}	R_z
1 号	正　面	1.02	0.76	4.32	3.39
	反　面	1.15	0.82	4.37	3.78
2 号	正　面	1.28	1.81	9.70	8.8
	反　面	1.29	1.62	9.20	8.10

表 5-232　两种膜层耐指纹性与涂装附着性比较

镀层工艺			电镀锌		热镀锌	
处理方式			无铬有机膜层	铬酸盐膜层	无铬有机膜层	铬酸盐膜层
耐指纹性			1	3	1	2
涂装漆膜附着性	一　次	交叉划线	1	1	1	1
		杯突试验	1	1	1	1
	二　次	交叉划线	1	1	1	1
		杯突试验	1	2	1	2

注：1 为指纹看不见及漆膜无剥落；2 为指纹稍微可见及漆膜剥落在 1% ~10% 之间；3 为指纹轻微可见及漆膜剥落在 10% ~30% 之间；4 为指纹清晰及漆膜剥落大于 30%（表中未列此项）。

表 5-233 涂耐指纹层卧式化学辊涂机性能参考表

<table>
<tr><th>部件名称</th><th>性能参数</th><th>部件名称</th><th>性能参数</th></tr>
<tr><td>涂敷温度</td><td>常温</td><td>提升辊尺寸/mm×mm</td><td>ϕ300×1550，镀铬钢辊</td></tr>
<tr><td>涂敷膜厚/μm</td><td>1~3</td><td rowspan="2">下涂头升降液压缸尺寸/mm×mm</td><td rowspan="2">ϕ50/36×125</td></tr>
<tr><td>涂敷辊尺寸/mm×mm</td><td>ϕ240×1550，衬海帕伦橡胶</td></tr>
<tr><td>涂敷辊电机</td><td>P=7.7kW，
n=1500r/min，380V</td><td>提升辊升降液压缸尺寸/mm×mm</td><td>ϕ50/36×80</td></tr>
<tr><td>粘料辊尺寸/mm×mm</td><td>ϕ230×1550，
镀铬钢辊或陶瓷辊</td><td rowspan="2">供液系统气动泵</td><td rowspan="2">输送流体压力：0.7MPa
压缩空气压力：0.18~0.6 MPa
最大流量：61L/min</td></tr>
<tr><td>粘料辊电机</td><td>P=7.7kW，
n=1500r/min，380V</td></tr>
</table>

5.14.4 膜层的三种烘干方法

膜层的三种烘干方法见表 5-234。

表 5-234 中波气红外发射、中波电红外发射和短波电红外发射三种烘干方法的比较

项目	中波气红外发射	中波电红外发射	短波电红外发射
波长（平均）/μm	2.0~2.6	2.2~2.8	0.9~1.6
表面温度/℃	700~900	700~850	1500~2200
投资费用	高	中	高
操作费用	低 低耗能源 无易耗件	高 昂贵能源 加热线圈是易耗件	高 昂贵能源 加热线圈是易耗件
功率控制/%	调节小 100~50	容易控制 调节小到100	容易控制 调节小到100
功率范围/kW·m^{-2}	高 60~120	低 15~30	中 40~60
热交换效率/%	低 20~30	高 50~70	高 60~75
操作费用	燃烧产物在炉内	快速加热和关闭	快速加热和关闭

5.14.5 磷化工艺

磷化工艺技术参数见表 5-235~表 5-240。

表 5-235 预磷化 DQSK 合金化镀锌板的涂装后耐蚀性及再磷化性

试验方法	表面条件	磷化处理	磷化膜层重量（单面）/g · m^{-2}		刻划蔓延宽度/mm			漆膜损失
			预磷化	再磷化	平均	标准偏差	最大	
chrysler	未变形	未处理	—	—	0.73	0.06	3.0	0.1
chipping 腐蚀试验		磷酸盐 A	—	—	0.46	0.07	4.0	0.3
		磷酸盐 B	—	—	0.59	0.13	3.0	0.1
GM9511P 循环腐蚀试验		未处理	—	3.7	0.7	0.8	3.50	—
		磷酸盐 A	1.4	3.4	0.3	0.3	3.00	—
		磷酸盐 B	1.8	3.3	0.3	0.1	2.00	—
	变形（拉长）	未处理	—	6.6	0	0.1	1.00	—
		磷酸盐 A	1.5	6.3	0.1	0	1.00	—
		磷酸盐 B	1.9	5.9	0.1	0	1.50	—
	变形（DBS 试验）	未处理	—	4.1	1.8	0.4	4.75	—
		磷酸盐 A	1.7	2.1	1.7	0.2	5.00	—
		磷酸盐 B	1.7	2.3	1.7	0.2	5.00	—

表 5-236 磷化后冲洗液成分及工艺条件

冲洗液成分及工艺条件	1	2	3	冲洗液成分及工艺条件	1	2	3
重铬酸钾（$K_2Cr_2O_7$）/g · L^{-1}	60 ~ 80	50 ~ 80	—	温度/℃	80 ~ 85	70 ~ 80	70 ~ 95
铬酐（CrO_3）/g · L^{-1}	—	—	1 ~ 3	时间/min	5 ~ 10	8 ~ 12	3 ~ 5
碳酸钠（Na_2CO_3）/g · L^{-1}	4 ~ 6	—	—	—	—	—	—

表 5-237 磷酸盐处理液配方

药 剂	各配方中药剂含量/g · L^{-1}			药 剂	各配方中药剂含量/g · L^{-1}		
	1	2	3		1	2	3
磷酸锰铁盐	60 ~ 65	—	30	硝酸（HNO_3）	—	20 ~ 30	—
硝酸锌 [$Zn(NO_3)_2 \cdot 6H_2O$]	50	—	60	亚硝酸钠（$NaNO_2$）	—	1.5 ~ 2.0	2
氧化锌（ZnO）	10 ~ 15	20 ~ 25	—	氟化钠（NaF）	8	—	—
磷酸（H_3PO_4）	—	20 ~ 30	—	—	—	—	—

表 5-238 磷酸盐处理液化学成分及工艺条件

处理液成分及工艺条件	1	2	3	4
磷酸锰铁盐（马日夫盐）/g · L^{-1}	30 ~ 35	—	—	—
硝酸锌[$Zn(NO_3)_2 \cdot 6H_2O$]/g · L^{-1}	80 ~ 100	80 ~ 100	—	—
磷酸二氢锌[$Zn(H_2PO_4)_2 \cdot 2H_2O$]/g · L^{-1}	—	30 ~ 40	—	—

续表 5-238

处理液成分及工艺条件	1	2	3	4
HT 锌钙磷化浓缩液①/mL·L^{-1}	—	—	150~250	—
Y836 锌钙磷化浓缩液②/mL·L^{-1}	—	—	—	150~250
游离酸度/点	5~7	5~7.5	3~5	4~4.5
总酸度/点	50~80	60~80	40~60	50~55
温度/℃	50~70	60~70	50~70	65~70
时间/min	10~15	10~15	3~8	4~6

① HT 锌钙磷化浓缩液为太仓县合成化工厂产品。

② Y836 锌钙磷化浓缩液为上海仪表烘漆厂产品。

表 5-239 传统磷化液配方

原 料	各配方含量/g·L^{-1}		
	1	2	3
磷酸锰铁盐	60~65	—	30
硝酸锌[$Zn(NO_3)_2\cdot 6H_2O$]	50	—	60
氧化锌（ZnO）	10~15	20~25	—
硝酸（HNO_3）	—	20~30	—
亚硝酸钠（$NaNO_2$）	—	20~30	—
氟化钠（NaF）	—	1.5~2.0	2

表 5-240 实测磷酸盐膜层重量

	磷酸盐处理	磷酸盐层重量水平	膜层平均重量/g·m^{-2}	标准偏差
合金化镀锌板 DQSK	A（三阳离子）	中	1.5	0.0
	B（二阳离子）	重	2.8	0.9
IF 钢	A（三阳离子）	轻	0.8	0.3
		中	1.3	0.1
		重	2.0	0.2
	C（二阳离子）	轻	0.8	0.1
		中	1.5	0.1
		重	2.2	0.2

5.14.6 涂油工艺

辊涂防锈油工艺技术参数见表 5-241。

表 5-241　辊涂防锈油工艺技术参数

序　号	项　目		数　据
1	密度/$g \cdot mL^{-1}$		0.909
2	运动黏度/$mm^2 \cdot s^{-1}$	20℃	91.0
		50℃	21.1
3	闪点/℃		180
4	中和值（KOH）/$mg \cdot g^{-1}$		8.6
5	皂化值（KOH）/ $mg \cdot g^{-1}$		110
6	水分/%		<0.05
7	凝固点/℃		+14
8	表面张力/$N \cdot cm^{-1}$		0.0322

静电涂油工艺技术参数，见表 5-242。

表 5-242　静电涂防锈油技术参数

序　号	项　目	GF-6-1	GF-6-2	试验标准
1	外　观	红棕色至棕褐色液体		目　测
2	运动黏度（40℃）/$mm^2 \cdot s^{-1}$	8±1	12±1	GB/T 265
3	闪点(开口)(不低于)/℃	160	160	GB/T 3536
4	密度(20℃)(不低于)/$kg \cdot m^{-3}$	860	870	GB/T 1884—1885
5	酸值不大于(KOH)/$mg \cdot g^{-1}$	0.65	0.65	GB/T264
6	水分(不大于)/%	200×10^{-4}	200×10^{-4}	SH/T 0255—92
7	机械杂质(不大于)/%	0.02	0.02	GB/T 511
8	倾点(不高于)/℃	-20	-20	GB/T 3535
9	可洗性(不低于)/%	93	90	参考 ZB 43003
10	10 号钢片水置换性	合　格	合　格	SY 2754
11	10 号钢片人汗置换性	合　格	合　格	SH/T 0311
12	45 号钢片温热试验/d	24	25	GB/T 2361
13	45 号钢片盐雾试验/d	6	7	SH/T 0081
14	45 号钢片叠片试验/7d/级	0	0	SH/T 0367
15	45 号钢片腐蚀试验/7d/级	0	0	SH/T 0080
16	表面张力/$N \cdot cm^{-1}$	0.03±2	0.03±2	企　标
17	电导率/$\mu S \cdot cm^{-1}$	0.1~0.2	0.1~0.3	企　标
18	击穿电压不小于/$kV \cdot (2.5mm)^{-1}$	35	30	GB 507

5.14.7　化学后处理产品的耐腐蚀性

化学后处理产品的耐腐蚀性见表 5-243、表 5-244。

表 5-243 化学后处理产品耐中性盐雾试验时间要求

序号	产品名称	判断标准	耐腐蚀时间要求（不小于）/h
1	镀锌六价铬钝化板	出现5%面积白锈	72
2	镀锌三价铬钝化板	出现5%面积白锈	60
3	镀锌无铬钝化板	出现5%面积白锈	48
4	双面 120 mg/m^2 以下镀锌板	出现5%面积红锈	48
5	双面 180 mg/m^2 以上镀锌板	出现5%面积红锈	72
6	镀锌板耐指纹	出现5%面积白锈	96
7	聚酯彩涂板	出现5%面积白锈	480
8	镀铝锌硅六价铬钝化板	出现5%面积白锈	96

表 5-244 大锌花表面灰暗区和光亮区盐雾试验结果

序号	区域	盐雾出锈时间/h	120h 后腐蚀率/%
1	灰暗区	24	100
2	光亮区	48	10

5.15 出口段带钢张力控制

带钢规格为(0.15～0.8)mm×1250mm 时，出口段带钢张力的控制，见表 5-245。

表 5-245 出口段张力表

序号	厚×宽/mm×mm	出口活套张力/kN	卷取张力/kN
1	0.15×1250	3.00	5.00
2	0.2×1250	3.50	5.60
3	0.3×1250	5.00	8.40
4	0.4×1250	8.00	11.00
5	0.5×1250	10.00	12.00
6	0.6×1250	11.50	14.00
7	0.7×1250	13.00	16.00
8	0.8×1250	14.00	17.00

带钢规格为(0.2～1.2)mm×1250mm 时，出口段带钢张力的控制，见表 5-246。

表 5-246 出口段张力表

序号	厚×宽/mm×mm	出口活套张力/kN	卷取张力/kN
1	0.2×1250	3.50	5.60
2	0.3×1250	5.00	8.40
3	0.4×1250	8.00	11.00
4	0.5×1250	10.00	12.00

续表 5-246

序　号	厚×宽/mm×mm	出口活套张力/kN	卷取张力/kN
5	0.6×1250	11.50	14.00
6	0.7×1250	13.00	16.00
7	0.8×1250	14.00	17.00
8	0.9×1250	15.00	18.00
9	1.0×1250	16.00	20.00
10	1.1×1250	17.00	22.00
11	1.2×1250	18.00	24.00

带钢规格为(0.2～1.5)mm×1350mm 时，入口段带钢张力的控制，见表 5-247。

表 5-247　出口段张力表

序　号	厚×宽/mm×mm	出口活套张力/kN	卷取张力/kN
1	0.2×1350	2.40	5.60
2	0.3×1350	3.60	8.40
3	0.4×1350	4.80	11.00
4	0.5×1350	6.50	12.00
5	0.6×1350	7.80	14.00
6	0.7×1350	9.40	16.00
7	0.8×1350	10.60	17.00
8	0.9×1350	12.00	18.00
9	1.0×1350	14.00	20.00
10	1.1×1350	16.00	22.00
11	1.2×1350	18.00	24.00
12	1.3×1350	19.00	26.00
13	1.4×1350	20.00	28.00
14	1.5×1350	21.00	30.00

带钢规格为(0.8～3.0)mm×1530mm 时，入口段带钢张力的控制，见表 5-248。

表 5-248　出口段张力表

序　号	厚×宽/mm×mm	出口活套张力/kN	卷取张力/kN
1	0.8×1530	10.00	14.00
2	1.0×1530	14.00	18.00
3	1.5×1530	18.00	26.00

续表 5-248

序　号	厚×宽/mm×mm	出口活套张力/kN	卷取张力/kN
4	2.0×1530	26.00	38.00
5	2.5×1530	30.00	35.00
6	3.0×1530	35.00	38.00

带钢规格为(0.8～4.0)mm×1350mm时，入口段带钢张力的控制，见表5-249。

表 5-249　出口段张力表

序　号	厚×宽/mm×mm	出口活套张力/kN	卷取张力/kN
1	0.8×1350	9.00	13.00
2	1.0×1350	12.00	16.00
3	1.5×1350	16.00	24.00
4	2.0×1350	24.00	28.00
5	2.5×1350	28.00	34.00
6	3.0×1350	32.00	36.00
7	4.0×1350	38.00	42.00

带钢规格为(0.8～5.0)mm×1000mm时，入口段带钢张力的控制，见表5-250。

表 5-250　出口段张力表

序　号	厚×宽/mm×mm	出口活套张力/kN	卷取张力/kN
1	0.8×1000	8.00	11.00
2	1.0×1000	10.00	14.00
3	1.5×1000	15.00	21.00
4	2.0×1000	20.00	23.00
5	2.5×1000	25.00	35.00
6	3.0×1000	30.00	37.00
7	3.5×1000	35.00	49.00
8	4.0×1000	40.00	54.00
9	4.5×1000	45.00	60.00
10	5.0×1000	50.00	70.00

5.16 包装

薄钢板包装件纵、横向垫木数见表5-251、表5-252。

表 5-251　薄钢板包装件纵向垫木数

钢板厚度/mm	垫木根数		
	2 根	3 根	4 根
	钢板宽度/mm		
0.35 ~ 0.5	500 ~ 1000	1000 ~ 1500	1500 ~ 2000
0.5 ~ 1.0	500 ~ 1000	1000 ~ 1700	1700 ~ 2500
1.0 ~ 1.5	500 ~ 1250	1250 ~ 2000	2000
1.5 ~ 3.0	所有宽度		

注：长度大于 5000mm 或宽度小于 500mm 的钢板不用纵向垫木。

表 5-252　薄钢板包装件横向垫木数

钢板厚度/mm	垫木根数		
	2 根	3 ~ 4 根	5 ~ 6 根
	钢板宽度/mm		
0.35 ~ 0.5	< 1000	1000 ~ 2000	2000 ~ 3000
0.5 ~ 1.0	< 1000	1000 ~ 2500	2500 ~ 3800
1.0 ~ 1.5	< 1250	1250 ~ 3000	3000 ~ 4800
1.5 ~ 2.5	< 1800	1800 ~ 4000	4000 ~ 6500
2.5	< 2000	2000 ~ 5000	5000 ~ 8000

⑥ 热镀锌产品质量检查

6.1 表面质量检查

6.1.1 表面质量级别及特征

表面质量级别及特征见表6-1。

表6-1 表面质量级别及特征

序 号	表面质量级别代号	名 称	特 征
1	FA	普通级别表面	允许存在小腐蚀点、大小不均匀的锌化暗斑、轻微划伤、压痕、气刀条痕、小钝化斑、拉伸滑移线和锌波浪等
2	FB	较高级表面	不得有腐蚀点，但允许有轻微的不完美表面，例如拉伸滑移线、光整压痕、划痕、压印、锌花暗斑、锌波浪和轻微的小钝化斑等
3	FC	高级表面	其较优的一面不得对优质涂漆层的均匀一致外观产生不良影响；对其另一面的要求应不低于表面级别FB

6.1.2 热镀锌原板缺陷

热镀锌原板缺陷见表6-2。

表6-2 热镀锌原板缺陷

序号	缺陷名称	缺 陷 危 害	备 注
1	油铁污染物超标	带钢表面污染物要求 $<800\mathrm{mg/m^2}$（双面），如果过量就会污染炉子，污染锌锅，增加锌耗，降低质量	污染物 $>1500\mathrm{mg/m^2}$（双面），必须改去向，不可进入热镀锌线
2	孔洞缺陷	热镀锌后仍为废品	必须改去向，不可进入热镀锌线
3	锯齿边缺陷	易发生厚边、断带事故	深度 >1mm 的锯齿边缺陷应改去向，不可进入热镀锌线
4	裂边缺陷	易发生断带事故	裂边处重新焊接，轻微裂边切月牙弯
5	划伤缺陷	热镀锌后仍保持明显划伤缺陷，严重时可判为废品，轻微时也会引起降级	严重划伤缺陷必须改去向，不可进入热镀锌线
6	压痕缺陷	热镀锌后仍保持明显压痕缺陷，严重时可判为废品，轻微时也会引起降级	严重压痕缺陷必须改去向，不可进入热镀锌线
7	铁皮压入缺陷	热镀锌时会造成露钢缺陷	严重铁皮压入缺陷必须改去向，不可进入热镀锌线
8	折叠缺陷	易引起断带事故	有折叠缺陷的钢卷必须改去向，不可进入热镀锌线
9	塌卷缺陷	在热镀锌线入口无法上卷	有塌卷缺陷的钢卷必须改去向，不可进入热镀锌线

6.1.3 热镀锌板表面缺陷

表面缺陷的识别与分析见表6-3。

表 6-3 热镀锌板表面缺陷

序号	缺陷名称	特 征	产 生 原 因	消 除 办 法
1	露 钢	表面黑斑、缺少镀层	(1)原板欠酸洗;(2)炉内气氛不良:氢低氧高露点高;(3)炉鼻内积灰与带钢接触	(1)不合格原板改去向;(2)封闭炉子漏气点,卧式炉氢 > 15%,立式炉氢 > 5%;(3)炉鼻中连续除灰
2	锌 粒	镀层上有米粒状小颗粒	原板表面带铁多或锌液超温使铁含量超过 0.03%	加强脱脂工序,锌液温度保持 460℃
3	灰色镀层	表面灰色无光缺纯锌层	板厚,入锅温度高,冷却能力不够使纯锌全转化铁锌合金	入锅与锌液温度持平,加强出锅后冷却
4	锌层脱落	弯曲时锌层脱落	炉内气氛不良,铝低,入锅温度低,超速生产,缺 Fe_2Al_5 层	铝含量不低 0.16%,入锅温度高于锌液温度
5	热皱折	带钢中部拉抽鼓起	带钢薄宽,带温高,张力大,炉辊凸度大,原板有瓢曲	降低张力,减小凸度,选双浪边板形
6	厚 边	带钢两边部锌层较厚	气刀对吹,速度低边部散热快锌液黏稠,有边浪或锯齿边	气刀高度错开,低速时采用边沿挡板
7	气刀条痕	一条发白的凸起条痕	气刀缝隙处有异物或气刀唇有缺口	清除异物,修磨刀唇
8	镀层划伤	一条有沟槽的细条痕	在锌锅和卷取机之间,带钢和某一机械发生相对运动	调整发生划伤位置的设备
9	钢基划伤	一条凸起的细条痕	在开卷机和锌锅之间,带钢和某一机械发生相对运动	调整发生划伤位置的设备
10	浪 边	边部长中部短	(1)拉伸系数不足;(2)卷取有厚边缺陷的带钢;(3)沉没辊两端结疤;(4)原板有严重浪边;(5)采用单纠偏辊	(1)增大拉伸系数;(2)消除厚边缺陷;(3)刮沉没辊;(4)改善冷轧板形;(5)采用双纠偏辊
11	耐指纹斑点	块状凸起小斑痕	(1)胶辊有机械损伤;(2)溶液不均;(3)胶辊挤压力太小	(1)更换胶辊;(2)调整设备
12	合金化板亮边	边部未合金化发亮	(1)边部锌层厚;(2)带钢运行速度快	(1)降低速度;(2)在合金化炉入口用燃气烧带钢两边;(3)消除锌层厚边缺陷
13	压 印	小坑点	锌锅后各传递辊上粘有锌粒或其他脏物,都可产生压印	(1)刮除锌粒;(2)光整辊按时更换
14	锌花不均匀	锌花大小不一致	(1)锌花控制机喷嘴堵塞;(2)水的雾化不良	调整设备
15	带卷太松	易塌卷	4 号张紧辊与卷取机之间张力太低	适当增加张力
16	带 痕	有规则的印痕	(1)光整辊上自动磨辊器接触不良;(2)拉伸辊上的支持辊印痕传递到带钢上	(1)调整设备;(2)换辊
17	白 锈	带钢表面有白色粉状物	板面积存水分没有及时散失	(1)避免厂房及运输途中漏雨;(2)控制室温高于露点温度;(3)遭水后把镀板单张摆开

6.1.4 产品出厂前的缺陷

产品出厂前抽检时发现的缺陷见表6-4。

表6-4 产品出厂前抽检时发现的缺陷

序 号	缺陷名称	特 征	原因分析
1	分层缺陷	分层检验不合格	热镀锌原板有炼钢夹杂
2	镀层过薄	镀锌量小于规定标准	气刀参数调节不良
3	镀层不均	硫酸铜试验不合格	气刀参数调节不良或板形差
4	折叠性能不合格	折叠试验不合格锌层脱落	可能是停车料

6.1.5 产品运输与存储发生的缺陷

产品运输与存储发生的缺陷见表6-5。

表6-5 产品运输与存储发生的缺陷

序 号	缺陷名称	特 征	原因分析
1	划 伤	板卷划伤	吊运不良，包装破损
2	摩擦黑点	表面凸起处有黑点暗斑	运输途中发生颠簸，板与板之间发生摩擦
3	白 锈	表面有白色浮灰状污染物（ZnO）	在运输途中或储存中遭遇水的浸蚀
4	黑 锈	表面有黑色锈斑（Zn_2O）	在运输途中或储存中遭遇水的浸蚀

6.1.6 合金化镀锌板缺陷

合金化镀锌板黑斑缺陷、灰点缺陷横截面化学成分见表6-6。

表6-6 合金化镀锌板黑斑缺陷截面成分（w_B,%）

方 向	截面位置	Al	Si	Fe	Zn
基板 ↓ 表面	1	0.53	—	15.86	83.61
	2	—	—	13.13	86.87
	3	1.00	—	9.03	89.97
	4	—	—	9.84	90.16
	5	4.27	1.90	8.90	84.94

6.2 物理性能检查

6.2.1 检验方法与取样

检验方法与取样部位见表6-7～表6-9。

表6-7 热镀锌板检验方法

检验项目		取样方法	检验标准	试验标准	备 注
化学分析		每炉罐号1次	GB/T 222	GB/T 4336	—
钢基	抗拉强度 R_m	GB 2975	GB/T 2795	GB/T 228	去除锌层
	冷 弯	GB 2975	GB/T 2795	GB/T 232	去除锌层
	n 值	每炉罐号1次	GB/T 2795	GB/T 5027	去除锌层

续表 6-7

检验项目		取样方法	检验标准	试验标准	备　注
钢　基	r 值	每炉罐号 1 次	GB/T 228	GB/T 5028	去除锌层
	杯　突	每炉罐号 1 次	GB/T 6397	GB/T 4516	—
镀锌层	锌层重量	每炉罐号 1 次	GB/T 1836	GB/T 1839	面积 50cm^2
	锌层附着力	GB 2975	GB/T 2795	GB/T 232	折叠 + 球冲
钝化膜	膜　重	每炉罐号 1 次	供货商企标	供货商企标	采用比色测量

表 6-8　取样位置

试验项目		一般钢种	拉伸钢种					深冲钢种				结构钢种		
		尾部	头部	中　部			尾部	头部	中　部		尾部	头部	中　部	
		75%	25%	25%	50%	75%	75%	25%	50%	75%	50%	25%	50%	75%
钢基检验	拉伸试验	△	△	△	—	—	△	△	△	—	△	△	—	△
	杯突试验	△	△	△	—	—	△	△	△	—	△	△	—	△
	硬度试验	△	△	△	—	—	△	△	△	—	△	△	—	△
	分层试验	△	△	△	—	—	△	△	△	—	△	△	—	△
	金相试验	△	△	△	—	—	△	△	△	—	△	△	—	△
锌层重量试验		△	△	△	—	—	△	△	△	—	△	△	—	△
黏附性	折叠试验	△	△	△	—	—	△	△	△	—	△	△	—	△
	球冲试验	△	△	△	—	—	△	△	△	—	△	△	—	△
	弯曲试验	△	△	△	—	—	△	△	△	—	△	△	—	△
锌层腐蚀试验		×	×	×	—	—	×	×	×	—	×	×	—	×
钝化层试验		×	×	×	—	—	×	×	×	—	×	×	—	×
粗糙度测定		×	×	×	—	—	×	×	×	—	×	×	—	×
镀层金相检验		×	×	×	—	—	×	×	×	—	×	×	—	×
时效试验		×	×	×	—	—	×	×	×	—	×	×	—	×
硫酸铜试验		×	×	×	—	—	×	×	×	—	×	×	—	×
钢基化学分析		×	×	×	—	—	×	×	×	—	×	×	—	×
钢基气体分析		×	×	×	—	—	×	×	×	—	×	×	—	×

注：△为定期检验；×为不定期检验。

表 6-9　涂层膜性能常用检验标准号

检验项目	ASTM	JIS	中国(GB)
干膜厚度	D1400，D1186，D1005	K5004 3. 5	GB/T 13448—92
色　差	D1792，D2244-89	Z8730	—
光　泽	D523-89，D1471	Z8741	GB/T 13448—92
附着力	D3359	K5004 6. 15	GB/T 13448—92
楔体弯曲	D3281	—	—
T 形弯曲	D3794	—	GB/T 13448—92
冲　击	D2794	K5004 6. 13	GB/T 13448—92
铅笔硬度	D3363，D522-88	K5004 6. 14	GB/T 13448—92
压痕硬度	D1474	—	—
抗压痕	D3003	—	—
耐污染	D2248	—	—

续表6-9

检验项目	ASTM	JIS	中国(GB)
耐丝状腐蚀	D2803	—	—
户外耐久性	D1014	K5004 9.4	—
盐雾试验	B117，D287	Z2371	GB/T 13448—92
耐湿热试验	D2247-87	—	GB/T 1740—92
加速老化	D822，D3361	—	GB/T 13448—92
耐水浸	D870	K5004 9.3	—
耐热性	—	K5004 7.1	GB/T 1735—92
耐磨性	D968-81	—	GB/T 1768—92
耐大气腐蚀	D6154	—	GB/T 1765—92
检验项目	ASTM	JIS	中国(GB)

6.2.2 钢板尺寸偏差

钢板尺寸偏差见表6-10～表6-13。

表6-10 冷轧带钢和电镀锌带钢的厚度允许偏差

公称厚度/mm	厚度允许偏差/mm					
	高级精度			普通精度		
	<1200	1200～1500	≥1500	<1200	1200～1500	≥1500
0.30～0.35	±0.03	—	—	±0.04	—	—
0.35～0.40	±0.03	—	—	±0.04	—	—
0.40～0.50	±0.04	±0.05	—	±0.05	±0.06	—
0.50～0.60	±0.04	±0.05	—	±0.05	±0.06	—
0.60～0.70	±0.05	±0.06	±0.06	±0.06	±0.07	±0.07
0.70～0.80	±0.05	±0.06	±0.06	±0.06	±0.07	±0.08
0.80～0.90	±0.06	±0.07	±0.07	±0.07	±0.08	±0.08
0.90～1.00	±0.06	±0.07	±0.07	±0.07	±0.08	±0.09
1.00～1.20	±0.07	±0.08	±0.08	±0.08	±0.09	±0.10
1.20～1.50	±0.08	±0.09	±0.09	±0.10	±0.11	±0.11
1.50～2.00	±0.09	±0.10	±0.10	±0.12	±0.13	±0.13

注：对表列公称厚度的中间厚度，其允许偏差按相邻较大厚度的表列偏差。

表6-11 热镀锌带钢厚度允许偏差

公称厚度/mm	下列宽度下的厚度允许偏差/mm					
	机械咬口质量St02Z，冲压质量St03Z，深冲质量St04Z，特深冲质量St05Z					
	高级精度			普通精度		
	<1200	1200～1500	≥1500	<1200	1200～1500	≥1500
0.40	±0.04	—	—	±0.05	—	—
0.50	±0.05	±0.06	—	±0.06	±0.07	—
0.60	±0.05	±0.06	—	±0.06	±0.07	—
0.70	±0.06	±0.07	±0.07	±0.07	±0.08	±0.08
0.80	±0.06	±0.07	±0.07	±0.07	±0.08	±0.09

续表 6-11

公称厚度/mm	下列宽度下的厚度允许偏差/mm					
	机械咬口质量 St02Z，冲压质量 St03Z，深冲质量 St04Z，特深冲质量 St05Z					
	高 级 精 度			普 通 精 度		
	<1200	1200～1500	≥1500	<1200	1200～1500	≥1500
0.90	±0.07	±0.08	±0.08	±0.08	±0.09	±0.09
1.00	±0.07	±0.08	±0.08	±0.08	±0.09	±0.10
1.20	±0.08	±0.09	±0.09	±0.09	±0.10	±0.11
1.50	±0.09	±0.10	±0.10	±0.11	±0.12	±0.12
2.00	±0.10	±0.11	±0.11	±0.13	±0.14	±0.14

表 6-12　镰刀弯允许偏差(mm)

名　称	镰刀弯最大值	测量长度
钢　板	0.3% ×*L*	实际长度(*L*)
钢　带	5	2500

表 6-13　钢板不平度允许偏差(mm)

性能级别代号	公称厚度/mm	不平度允许偏差		
		公称宽度		
		<1200	1200～1500	≥1500
01～06	<0.7	5	6	8
220	0.7～1.2	4	5	7
250	≥1.2	3	4	6
280	<0.7	10	12	15
320	0.7～1.2	8	10	13
350	≥1.2	6	8	11

注：400 级、450 级、550 级没有不平度偏差要求。

6.2.3　钢基性能检验

6.2.3.1　钢基性能检验项目

钢基性能检验见表 6-14～表 6-19。

表 6-14　弯曲试验要求

锌层代号	弯曲直径与试样厚度的比			锌层代号	弯曲直径与试样厚度的比		
	镀锌板厚度/mm				镀锌板厚度/mm		
	≤1.0	1.0～2.0	>2.0		≤1.0	1.0～2.0	>2.0
Z1100	3	3	4	Z250	0	0	1
Z900	3	3	3	Z275	0	0	1
Z700	2	3	3	Z180	0	0	0
Z600	2	2	2	Z90	0	0	0
Z450	1	1	2	Z001	0	0	0

表 6-15 分层试验评级表

分层			表面夹杂		
级别	缺陷位置	判断	级别	缺陷位置	判断
1	从钢板中间分开	不允许	1	在钢板表面产生折裂	允许
2	从钢板中间分开	不允许	2	在钢板表面产生折裂	不能深冲涂层
3	从钢板中间分开	不允许	3	在钢板表面产生折裂	不允许
			4	在钢板表面产生折裂	不允许

表 6-16 杯突试验的设备要求

试样宽度/mm	试样厚度/mm	固定模内径/mm	球状冲头直径/mm
90~100	0.2~2.0	27	20
80~100	2.0~3.0	40	20

表 6-17 SC 和 CS 类镀锌钢板及钢带的杯突冲压深度

公称厚度/mm	加工性能		公称厚度/mm	加工性能		公称厚度/mm	加工性能	
	SC	CS		SC	CS		SC	CS
0.5	7.4	8.1	1.1	9.2	9.8	1.7	—	—
0.6	7.8	8.5	1.2	9.4	10.0	1.8	10.1	10.7
0.7	8.1	8.8	1.3	9.6	10.1	1.9	10.3	10.9
0.8	8.4	9.1	1.4	9.7	10.3	2.0	10.4	11.0
0.9	8.7	9.3	1.5	9.9	10.5	2.5	10.5	11.1
1.0	8.1	9.6	1.6	10.0	10.6			

表 6-18 杯突试验的技术参数

公称厚度(不小于)/mm	杯突试验冲压深度(不小于)/mm		公称厚度(不小于)/mm	杯突试验冲压深度(不小于)/mm	
	SC	CS		SC	CS
0.5	7.4	8.1	0.8	8.4	9.1
0.6	7.8	8.5	0.9	8.7	9.3
0.7	8.1	8.8	1.0	9.0	9.6
1.1	9.2	9.8	1.6	10.0	10.6
1.2	9.4	10.0	1.7	10.1	10.7
1.3	9.6	10.1	1.8	10.3	10.9
1.4	9.7	10.3	1.9	10.4	11.0
1.5	9.9	10.5	2.0	10.5	11.1

表 6-19 各种润滑脂对杯突值的影响

润滑剂	杯突值 IE/mm	润滑剂	杯突值 IE/mm
无	10.41	特种润滑油	11.77
45 号机油	10.51	石墨粉+45 号机油	12.86
白凡士林	10.71	石墨粉+45 号机油+特种润滑油	12.98
黄油	11.08		

6.2.3.2 热镀锌板的力学性能检验

热镀锌板的力学性能检验见表 6-20~表 6-22。

表 6-20　热镀锌板的力学性能

等　级	名 称	钢 种	力 学 性 能				主 要 用 途
			屈服强度 R_{eL}/MPa	抗拉强度 R_m/MPa	伸长率 (L_0 = 80mm)/%	r 值	
普通级	CQ	低碳铝镇静钢	270	350	41	1.0	发动机、顶板、车座部位
深冲级	DQ	低碳铝镇静钢	220	340	42	1.2	车顶、支柱内板、门外板、车架
特深冲级	DDQ	ULC-IF	175	295	48	1.6	四开门、门内板、保险杠
超深冲级	EDDQ	ULC-IF	160	290	48	1.6	前底板、防火板
超特深冲级	SEDDQ	ULC-IF	135	290	51	1.8	油盘、侧外板的一部分
超深冲烘烤硬化级	EDDQ-BH	ULC-IF	160	295	48	2.0	门、车顶、门外板、顶盖外板、后行李盖外板、挡泥板、后底板、门内板、侧梁
	BQ340	—	225	355	41	1.6	
深冲高强级	BQ370	ULC	235	380	37	1.3	
	BQ390	IF-HSS	265	400	35	1.3	
	BQ440	—	305	445	34	1.3	
高强低合金	HSLA	低碳低合金钢	320	450	34	—	

表 6-21　拉伸性能指标名称和符号新旧标准对照

新 标 准		旧 标 准	
性能名称	符　号	性能名称	符　号
断面收缩率	Z	断面收缩率	ψ
断后伸长率	A $A_{11.3}$	断后伸长率	δ_5 δ_{10}
断裂总伸长率	A_t		
最大力总伸长率	A_{gt}	最大力下的总伸长率	δ_{gt}
最大力非比例伸长率	A_{gt}	最大力下的非比例伸长率	δ_g
屈服点伸长率	A_e	屈服点伸长率	δ_s
屈服强度	—	屈服点	σ_s
上屈服强度	R_{eH}	上屈服点	σ_{sU}
下屈服强度	R_{eL}	下屈服点	σ_{sL}
规定非比例延伸强度	R_p 例如：$R_{p0.2}$	规定非比例伸长应力	σ_p 例如：$\sigma_{p0.2}$
规定总延伸强度	R_t 例如：$R_{10.2}$	规定总伸长应力	σ_t 例如：$\sigma_{10.5}$
规定残余延伸强度	R_t 例如：$R_{10.2}$	规定残余伸长应力	σ_t 例如：$\sigma_{10.2}$
抗拉强度	R_m	抗拉强度	σ_b

表 6-22 冲压性能

序号	公称厚度/mm	冲压深度(不大于)/mm			序号	公称厚度/mm	冲压深度(不大于)/mm		
		ZF	HF	F			ZF	HF	F
1	0.5	9.5	9.3	9.1	9	1.30	11.7	11.3	11.3
2	0.6	9.8	9.6	9.4	10	1.40	11.8	11.4	11.4
3	0.7	10.3	10.1	9.9	11	1.50	12.0	11.6	11.5
4	0.8	10.6	10.5	10.3	12	1.60	—	11.8	11.7
5	0.9	10.8	10.7	10.5	13	1.70	—	12.0	11.9
6	1.00	11.2	10.0	10.7	14	1.80	—	12.1	12.0
7	1.16	11.3	11.0	10.9	15	1.90	—	12.2	12.1
8	1.20	11.6	11.2	11.1	16	2.00	—	12.3	12.2

6.2.4 镀层测量

6.2.4.1 镀层厚度

镀层各种测厚方法的适用性见表 6-23。

表 6-23 国际上最通用的镀层测厚方法的适用性

项目	锌	锡	铅	铅锡合金	镍	铬	铜
钢	BCM	BCM	BCM	B③C③M	CM①	CM	CM②
不锈钢	BC	BC	BC	B③C③	CM①	C	CE④
铜及铜合金	C	BC	BC	B③C③	CM①	C	C⑤
锌及锌合金	—	B	B	B③	M①	—	C
铝及铝合金	BC	BC	BC	B③C③	BCM①	BC	BC
镍	C	BC	BC	B③C③	—	C	C
非金属	BC	BC	BC	B③C③	BCM①	BC	BCE④

注：B—X 与 β 射线法；C—库仑法；E—涡流法；M—磁性法。

①易受覆盖层磁导率的影响；②易受覆盖层中含磷量变化的影响；③易受合金成分变化的影响；④易受覆盖层中电导率变化的影响；⑤只用于黄铜和铍铜基体。

镀层厚度标准，见表 6-24。

表 6-24 镀层厚度标准

镀层种类	镀层代号	双面三点检测最小平均值/g·m^{-2}	单点检测最低值/g·m^{-2}	
			双面	单面
锌	Z60	60	51	24
	Z80	80	68	32
	Z100	100	85	40
	Z120	120	102	48
	Z150	150	128	60
	Z180	180	153	72
	Z200	200	170	80
	Z220	220	187	88
	Z250	250	213	100

续表 6-24

镀层种类	镀层代号	双面三点检测最小平均值/g · m^{-2}	单点检测最低值/g · m^{-2}	
			双　面	单　面
锌	Z275	270	234	110
	Z350	350	298	140
	Z450	450	383	180
	Z600	600	510	240
铁合金	ZF40	0	4	6
	ZF60	60	51	24
	ZF80	80	68	32
	ZF100	100	85	40
	ZF120	120	102	68
	ZF150	150	128	60
	ZF180	180	153	72

6.2.4.2　镀层黏附力试验

镀层黏附力试验见表 6-25 ~ 表 6-27。

表 6-25　锌层 180°冷弯试验

性能级别		弯心直径 *D*/mm							
		01 ~06	220		250		280		320，350
板厚 *a*/mm		各种厚度	<3.0	≥3.0	<3.0	≥3.0	<3.0	≥3.0	各种厚度
镀层	Z270	0	1a	2a	1a	2a	2a	3a	3a
	ZF180	—	—	—	—	—	—	—	—
	Z350	1a	—	—	—	—	—	—	—
	Z450	2a	2a	—	2a	—	—	—	—
	Z600	—	—	3a	—	3a	—	—	4a

表 6-26　球冲试验技术参数

试样厚度/mm	0.30	0.50	0.75	0.90	1.00	1.10	1.20	1.30	1.40	4.50
球冲次数/次	1	1	2	3	4	4	4	5	6	6
冲球直径/mm	12	12	12	12	12	24	24	24	24	24

表 6-27　判断球冲试验级别表

级　别	表面状态	判　断
1 级	无裂纹或轻微裂纹	合　格
2 级	裂　纹	合　格
3 级	开始产生锌层脱落	不合格
4 级	严重锌层脱落	不合格

6.2.5　耐指纹层测试

耐指纹层测试，见表 6-28。

表 6-28 耐指纹层测试

序 号	测试项目	性能指标		测试结果
1	表面电阻/mΩ	1		0.013～0.042
2	耐腐蚀性(白锈)/%	<5		0～5
3	耐热性	$\Delta E<3$		1.16～2.68
4	耐黑变性	$\Delta E<3$		2.54～2.94
5	耐碱脱脂性	中强碱	$\Delta E<3$	0.14～0.83
		强碱		0.65～2.36
6	耐溶剂性/级	>3		4～5
7	耐指纹性	$\Delta E<3$		0.18～0.91
8	涂装性	>3B		4～5

6.2.6 硬度试验

对镀锌钢板的硬度要求见表 6-29。

表 6-29 对热镀锌钢板的硬度要求

序 号	钢 板 种 类	硬度值 (HRB)
1	一般钢板	≤65
2	拉伸钢板	≤57
3	深冲钢板	≤50
4	超深冲钢板	≤50
5	钢 板	60～75

进行洛氏硬度试验时，初负荷和总负荷的允许误差应满足表 6-30。

表 6-30 允许误差表

负 荷	HRC	HRA	HRB	HRF
初负荷(P_0)/N	100±2	100±2	100±2	100±2
主负荷(P_1)/N	1400	50	90	50
总负荷(P)/N	1500±9	600±5	1000±6.5	600±5

试样厚度和总负荷的选择见表 6-31。

表 6-31 试样厚度和总负荷关系

试样厚度/mm	总负荷/N	试验方法	备 注
≥1.1	1000	HRB	总负荷为 300N
0.6～1.1	600	HRF	采用表面洛氏硬度
≤0.6	300	HRT	—

四种常见镀层的硬度对比见表 6-32。

表 6-32 四种常见镀层的硬度对比表

镀 层 种 类	镀 层 硬 度
热浸镀 6% 铝-镁合金(ZAM)	140～160HV
热浸镀 55% Al-Zn 合金(Galvalume)	100～110HV
热浸镀 Zn-5% Al 合金(Galfan)	80～100HV
热浸镀 Zn	55～65HV

6.2.7 耐腐蚀试验

热镀锌钢板的中性盐雾试验见表6-33～表6-38。

表6-33 中性盐雾试验评级标准

序号	腐蚀面积 A/%	评级
1	无腐蚀斑痕，$A=0$	10
2	$0<A\leqslant0.1$	9
3	$0.1<A\leqslant0.25$	8
4	$0.25<A\leqslant0.5$	7
5	$0.5<A\leqslant1.0$	6
6	$1.0<A\leqslant2.5$	5
7	$2.5<A\leqslant5.0$	4
8	$5.0<A\leqslant10$	3
9	$10<A\leqslant25$	2
10	$25<A\leqslant50$	1

表6-34 三种镀层盐雾腐蚀试验

样品	序号	原质量/g	除锈后质量/g	质量损失/g	原始表面积/m^2	腐蚀速率/$g\cdot(m^2\cdot h)^{-1}$	平均腐蚀率/%
Zn	1-1	10.345	7.351	2.994	0.004	13.056	13.47
	1-2	10.206	7.165	3.040	0.004	13.189	
	1-3	8.262	5.247	3.015	0.004	14.166	
Zn-Al-Mg	2-1	7.335	7.076	0.259	0.004	1.182	1.145
	2-2	7.459	7.201	0.258	0.004	1.187	
	2-3	7.188	6.955	0.233	0.004	1.065	
Zn-Al-Mg-RE	3-1	7.236	6.965	0.267	0.004	1.191	1.018
	3-2	8.335	8.144	0.191	0.004	0.885	
	3-3	8.130	7.917	0.213	0.004	0.978	

表6-35 镀锌系列产品耐中性盐雾试验时间要求

序号	产品名称	判断标准	时间要求(不小于)/h
1	镀锌六价铬钝化板	出现5%面积白锈	72
2	镀锌三价铬钝化板	出现5%面积白锈	60
3	镀锌无铬钝化板	出现5%面积白锈	48
4	双面120mg/m^2以下镀锌板	出现5%面积红锈	48
5	双面180mg/m^2以上镀锌板	出现5%面积红锈	72
6	镀锌耐指纹板	出现5%面积白锈	96
7	聚酯彩涂板	出现5%面积白锈	480
8	镀铝锌六价铬钝化板	出现5%面积白锈	96

表 6-36 潮湿或烟雾腐蚀等级评价参考

腐蚀等级	腐蚀程度
1级（良好）	1. 轻微失光(5%～30%)
	2. 轻微变色
	3. 涂层表面无显著变化，允许5%以下微泡
	4. 不允许生锈
	5. 轻微粉化
	6. 轻度裂纹：（1）肉眼看不见，但在4倍放大镜下明显可见 （2）较明显裂纹在10%以下 （3）几条稀疏的发状裂纹
	7. 小片脱落达2%，小片直径0.6～1mm
2级（合格）	1. 明显失光(21%～50%)
	2. 明显变色
	3. 涂层表面起微泡面积小于50%，局部小泡面积4%以下，中泡面积1%以下
	4. 锈点直径在0.5mm以下
	5. 显著粉化
	6. 中度裂纹：（1）较浅明显裂纹达11%～100%者 （2）较深裂纹在10%以下者
	7. 小片脱落达2%，小片直径0.6～1mm
3级（不合格）	1. 严重失光（51%以上）
	2. 严重变色
	3. 涂层表面明显起泡，小泡面积在5%以上，中泡在2%以上，并出现大泡
	4. 锈点面积达2%以上
	5. 较强粉化
	6. 较深裂纹
	7. 小片脱落在3%以上

表 6-37 盐雾设备及试验条件

设备及结构	试验条件	试样
（1）盐水喷雾箱 箱体、箱盖 雾化喷嘴 盐溶液贮存槽 空气饱和器 除油除尘空气供给系统 试样架	（1）箱内温度：(35±2)℃ （2）压缩空气温度：46～49℃ （3）相对湿度：大于95% （4）喷嘴压力：80～140kPa （5）雾粒直径：1～5μm （6）氯化钠溶液浓度：5%±1% （7）冷凝后pH值：6.5～7.2	（1）尺寸：75mm×50mm （2）数量：3块 （3）边部保护：用油漆或胶带 （4）测试伤部腐蚀时：小刀划痕长不小于50mm，划痕离边部不小于30mm
（2）电气控制箱	（8）烟雾收集喷淋洗涤后排放	—
（3）空气压缩机	(9)1.0～2.0mL/(h/80cm²)(以24h计)	—

表 6-38 锌合金涂层的腐蚀电位、腐蚀速度及腐蚀产物①

成分		Zn	Zn-10% Fe	Zn-4% Al-0.3% Mg	Zn-13% Ni	Zn-55% Al	Zn-18% Ni-1% Co	Zn-10% Co
涂覆方法		电镀	合金化	热镀	电镀	热镀	电镀	电镀
相对于饱和甘汞电极的腐蚀电位/V		-1.03	-0.89	-1.025	-0.86	-1.0	-0.75	-1.00
腐蚀速率/g·$(m^2 \cdot h)^{-1}$		1.0	0.7	0.45	0.37	0.05	0.32	0.40
腐蚀产物	$ZnCl_2 \cdot 4Zn(OH)_2$	强	强	强	强	强	强	强
	ZnO	强	强	无	无	无	无	无

①腐蚀产物是盐水喷雾试验48h后，进行X射线衍射分析，由衍射线的强度断定。

6.2.8 金相试验

金相试验技术参数见表 6-39 ~ 表 6-42。

表 6-39 检验镀锌层显微结构用的蚀显试剂

镀层种类	试剂成分			蚀显时间/s		备注
	苦味酸/g	酒精/cm^3	蒸馏水/cm^3	一次	全部	
无铝镀层	0.300	10	50	3	6	—
很薄的镀层	0.075	13	53	3	6	—
很厚的镀层	0.068	20	50	10	90	—
锌层合金化镀层	0.075	13	35 ~ 60	10	30	—
有铝一般镀层	0.075	18	60	3	6	先在戊醇中清洗，再在乙醇中清洗
	3 滴 HNO_3（密度：1.14g/mL）+ 50cm^3 戊醇			10	30	
	0.5g$K_4Fe(CN)_6$ + 10cm^3 乙醇 + 50cm^3 水 + 2cm^3 NH_4OH（密度：0.9g/mL）			15	30	

表 6-40 不同晶粒级别的晶粒尺寸

晶粒度级别	-1	0	1	2	3	4	5	6	7	8	9	10
晶粒直径/μm	637 ~ 451	451 ~ 319	319 ~ 226	226 ~ 160	160 ~ 113	113 ~ 80	80 ~ 56	56 ~ 39	39 ~ 28	28 ~ 20	20 ~ 14	14 ~ 10

表 6-41 晶粒度级别换算

其他放大倍数	晶粒度级别（100×）											
	-1	0	1	2	3	4	5	6	7	8	9	10
50×	1	2	3	4	5	6	7	8	—	—	—	—
200×	—	—	—	—	1	2	3	4	5	6	7	8
300×	—	—	—	—	—	1	2	3	4	5	6	7
400×	—	—	—	—	—	—	1	2	3	4	5	6

表 6-42 日本标准对铁素体晶粒度级别的规定

晶粒度级别 N	晶粒数 n	晶粒平均断面积/mm^2	100 倍时 1in^2 断面积上的平均晶粒数 n
0	8	0.125	0.5
1	16	0.0625	1
2	32	0.0312	2
3	64	0.0156	4
4	128	0.00781	8
5	256	0.00390	16
6	512	0.00195	32
7	1024	0.00098	64
8	2048	0.00049	128
9	4096	0.000244	256
10	8192	0.000122	512

注：1in = 2.54cm。

7 热镀锌热工数据

7.1 气体燃料

7.1.1 气体燃料的种类

气体燃料的种类见表 7-1、表 7-2。

表 7-1 工业炉燃料的一般分类

序 号	燃料的物态	来 源	
		天然燃料	人 造 燃 料
1	固体燃料	泥煤、褐煤、烟煤、无烟煤	焦炭、煤粉等
2	液体燃料	石 油	重油、柴油、煤油等
3	气体燃料	天然气	焦炉煤气、高炉煤气、城市煤气、发生炉煤气、地下煤气等

表 7-2 气体燃料的种类

燃料名称	燃料成分(体积分数)/%							发热值(标态)/$MJ \cdot m^{-3}$
	CO	H_2	CH_4	C_nH_m	O_2	N_2	CO_2	
天然气	—	0~2	44~98	0~47	—	0~4	1~11	33~38
焦炉煤气	5~16	53~60	17~25	2~3	0.5~1.2	4~13	1~3	15~18
高炉煤气	23~36	2~8	0.1~2.5	—	0~0.4	40~60	4~14	3~5
发生炉煤气	5~33	1~15	0~3	0~1	0.1~0.3	64~66	1~10	4~6
水煤气	35~40	47~52	0.3~0.6	—	0.1~0.2	2~6	5~7	10~11
城市煤气	14~22	54~58	16~20	0.5~1	0.2~0.3	2~6	2~4	13~16
液化石油气	C_3H_8 50~90	C_2H_6 0~6	C_4H_{10} 2~10	C_3H_6 1~22	C_2H_2 0~7	—	—	65~91

7.1.2 气体燃料的性质

常用煤气的性质及用途见表 7-3、表 7-4。

表 7-3 常用煤气的性质及用途

煤气名称		高炉煤气	焦炉煤气	天然气	发生炉煤气
煤气干成分/%	$CO^{干}$	23~31	4.0~8.0	—	24~30
	$H_2^{干}$	10~15	53~60	0~2.0	12~15
	$CH_2^{干}$	0.1~2.6	19~25	85~97	0.5~3.0
	$C_2H_4^{干}$	—	1.6~2.3	0.1~4.0	0.2~0.4
	$H_2S_{干}$	—	—	0~5.0	0.04~1
	$CO_2^{干}+SO_2^{干}$	8.0~18	2.0~3.0	0.1~2	5.0~7.0

续表 7-3

煤气名称		高炉煤气	焦炉煤气	天然气	发生炉煤气
煤气干成分/%	$O_2^{干}$	0～1.0	0.7～1.2	—	0.1～0.3
	$N_2^{干}$	48～60	7～13	0.2～4.0	46～55
用　途		供余压发电或高热值煤气混合用于工业炉加热	工业炉加热或民用	工业炉加热或民用	工业炉加热或煤化工
注意事项		其中一氧化碳易使人中毒	易爆炸	易操作	易中毒

表 7-4　焦炉煤气的性质

序　号	项　目		技术参数	序　号	项　目	技术参数
1	发热值(标态)/MJ·m^{-3}		16.4±0.6	4	湿度/%	100
2	化学成分/%	N_2	2.6～2.8	5	温度/℃	25～40
		O_2	4～6	6	压力/kPa	10～17
		H_2	0.4～0.8	7	H_2S 含量(标态)/mg·m^{-3}	≤15
		CO	58～60	8	NH_3 含量(标态)/mg·m^{-3}	≤100
		CH_4	7.4～7.6	9	HCN 含量(标态)/mg·m^{-3}	≤500
		CO_2	21～23	10	有机硫含量(标态)/mg·m^{-3}	≤200
		C_nH_m	2～2.4	11	萘含量(标态)/mg·m^{-3}	≤150
3	焦油含量(标态)/mg·m^{-3}		≤10	12	固体杂质含量(标态)/mg·m^{-3}	≤5

7.1.3　气体燃料使用性能的比较

气体燃料使用性能的比较见表 7-5。

表 7-5　各种燃料性能比较

热　源	优　点	缺　点
人工煤气	设备简单、安全可靠、资源充足、投资较低、生产费用低	劳动强度大、对环境污染大、加热不均匀、锅炉寿命短、温度难调控
天然气	加热适应性强、易于调控、环境好，可用于内加热	贮存不方便、资源受限制
重　油	运输贮存方便、损耗少、热值高、易于操作控制、温度波动小、燃烧部位易于设置和调控	耗费动力大、环境脏、废气不便于利用
电　热	容易控制温度、设备结构简单、环境好、易于采用陶瓷锌锅、可用于内加热	电力资源紧缺、价格贵

7.1.4　气体燃料的热值计算

气体燃料的热值计算见表 7-6～表 7-10。

表 7-6　甲烷①(CH_4)热值(标态,MJ/m^3)计算表

CH_4 含量/%	0	0.1	0.2	0.3	0.4	0.5	0.6	0.7	0.8	0.9
0	—	0.03②	0.06	0.10	0.14	0.18	0.21	0.25	0.28	0.32
	—	0.04	0.08	0.12	0.16	0.20	0.24	0.28	0.32	0.41
1	0.36	0.40	0.43	0.47	0.50	0.54	0.57	0.60	0.64	0.68
	0.40	0.44	0.48	0.52	0.56	0.60	0.64	0.68	0.72	0.76

续表 7-6

CH_4 含量/%	0	0.1	0.2	0.3	0.4	0.5	0.6	0.7	0.8	0.9
2	0.71	0.75	0.78	0.82	0.86	0.89	0.93	0.97	1.00	1.04
	0.80	0.84	0.88	0.92	0.96	1.00	1.04	1.08	1.12	1.16
3	1.07	1.11	1.15	1.18	1.22	1.25	1.29	1.32	1.35	1.39
	1.20	1.24	1.25	1.32	1.36	1.39	1.44	1.48	1.52	1.55
21	7.25	7.54	7.57	7.61	7.65	7.68	7.72	7.75	7.79	7.82
	8.38	8.42	8.46	8.50	8.54	8.58	8.62	8.66	8.70	8.74
22	7.86	7.90	7.93	7.97	8.00	8.04	8.07	8.11	8.14	8.18
	8.78	8.82	8.86	8.90	8.94	8.98	9.02	9.06	9.09	9.14
23	6.98	7.31	8.28	8.32	8.35	8.36	8.43	8.46	8.50	8.53
	9.18	9.22	9.26	9.30	9.31	9.31	9.42	9.46	9.50	9.54
24	8.57	8.61	8.52	8.68	8.72	8.76	8.79	8.83	8.86	8.88
	9.32	9.62	9.66	9.70	9.74	9.78	9.82	9.86	9.90	9.94
25	8.93	8.97	9.00	9.04	9.07	9.11	9.15	9.18	9.22	9.25
	9.98	10.01	10.05	10.09	10.14	10.17	10.22	10.25	10.29	10.33
26	9.29	9.32	9.36	9.40	9.43	9.47	9.50	9.54	9.57	9.65
	10.37	10.15	10.35	10.45	10.53	10.57	10.61	10.65	10.69	10.73

①甲烷温度：0℃；气压：760mmHg(1mmHg = 133.3Pa)；热值(标态)：最低35.74MJ/m^3；最高39.92MJ/m^3。
②上列数为最低热值，下列数为最高热值。

表 7-7 一氧化碳[①](CO)热值(标态,MJ/m^3)计算表

CO 含量/%	0	0.1	0.2	0.3	0.4	0.5	0.6	0.7	0.8	0.9
0	—	0.03	0.04	0.05	0.06	0.07	0.08	0.09	0.10	0.11
1	0.13	0.14	0.15	0.16	0.17	0.18	0.20	0.21	0.22	0.24
2	0.25	0.26	0.27	0.28	0.30	0.32	0.33	0.34	0.35	0.36
3	0.38	0.40	0.41	0.42	0.43	0.44	0.46	0.47	0.48	0.50
4	0.50	0.52	0.53	0.54	0.56	0.57	0.59	0.60	0.61	0.62
5	0.63	0.65	0.66	0.67	0.68	0.70	0.71	0.72	0.73	0.74
6	0.76	0.77	0.78	0.79	0.80	0.81	0.82	0.84	0.86	0.87
7	0.90	0.91	0.92	0.93	0.95	0.96	0.97	0.98	0.99	1.00
8	1.01	1.02	1.03	1.04	1.05	1.06	1.07	1.08	1.09	1.10
9	1.14	1.15	1.16	1.17	1.19	1.20	1.21	1.22	1.23	1.25
10	1.26	1.27	1.28	1.30	1.31	1.32	1.33	1.35	1.36	1.38
11	1.39	1.40	1.41	1.43	1.44	1.45	1.46	1.47	1.48	1.50
12	1.51	1.53	1.54	1.55	1.56	1.58	1.60	1.61	1.62	1.63
13	1.64	1.66	1.67	1.68	1.69	1.71	1.72	1.74	1.75	1.76
14	1.77	1.79	1.80	1.81	1.82	1.84	1.85	1.86	1.87	1.88
15	1.89	1.90	1.92	1.93	1.94	1.96	1.97	1.98	1.99	2.00
16	2.01	2.03	2.04	2.06	2.07	2.08	2.10	2.11	2.12	2.13
17	2.14	2.15	2.17	2.18	2.19	2.21	2.22	2.23	2.24	2.25
18	2.27	2.29	2.30	2.31	2.32	2.35	2.36	2.37	2.38	2.39
19	2.40	2.41	2.43	2.44	2.46	2.47	2.48	2.49	2.50	2.51

续表 7-7

CO 含量/%	0	0.1	0.2	0.3	0.4	0.5	0.6	0.7	0.8	0.9
20	2.52	2.54	2.56	2.57	2.58	2.60	2.61	2.62	2.63	2.64
21	2.65	2.67	2.68	2.69	2.71	2.72	2.73	2.74	2.75	2.76
22	2.77	2.79	2.80	2.82	2.83	2.84	2.86	2.87	2.88	2.89
23	2.92	2.93	2.94	2.95	2.96	2.97	2.99	3.00	3.01	3.02
24	3.03	3.05	3.06	3.07	3.08	3.09	3.11	3.12	3.13	3.14
25	3.15	3.16	3.18	3.20	3.21	3.22	3.24	3.25	3.26	3.27
26	3.28	3.30	3.31	3.32	3.33	3.34	3.35	3.37	3.38	3.39
27	3.41	3.42	3.43	3.44	3.46	3.47	3.48	3.50	3.51	3.52
28	3.54	3.55	3.56	3.57	3.58	3.60	3.61	3.62	3.64	3.65
29	3.66	3.67	3.68	3.69	3.71	3.73	3.74	3.75	3.76	3.77
30	3.78	3.80	3.81	3.82	3.83	3.85	3.86	3.87	3.89	3.90
31	3.91	3.92	3.94	3.95	3.96	3.97	3.98	4.00	4.01	4.02
32	4.04	4.06	4.07	4.08	4.09	4.10	4.11	4.13	4.14	4.15
33	4.17	4.18	4.20	4.21	4.22	4.23	4.24	4.25	4.27	4.28
34	4.29	4.30	4.32	4.33	4.35	4.36	4.37	4.38	4.40	4.41
35	4.42	4.43	4.45	4.46	4.47	4.49	4.50	4.51	4.52	4.53
36	4.54	4.56	4.57	4.58	4.59	4.61	4.62	4.64	4.65	4.66
37	4.67	4.68	4.71	4.72	4.73	4.74	4.75	4.76	4.77	4.78
38	4.80	4.81	4.82	4.83	4.85	4.86	4.87	4.88	4.90	4.91

①一氧化碳温度：0℃；气压：760mmHg；热值（标态）：12.62MJ/m^3。

表 7-8　氢气①（H_2）热值（标态，MJ/m^3）计算表

H_2 含量/%	0	0.1	0.2	0.3	0.4	0.5	0.6	0.7	0.8	0.9
0	—	0.001②	0.002	0.003	0.004	0.005	0.006	0.007	0.008	0.009
	—	0.013	0.014	0.015	0.016	0.017	0.018	0.019	0.020	0.021
1	0.10	0.11	0.12	0.13	0.14	0.15	0.16	0.17	0.18	0.19
	0.13	0.14	0.15	0.16	0.17	0.18	0.19	0.20	0.21	0.22
2	0.21	0.22	0.23	0.24	0.25	0.26	0.27	0.28	0.29	0.30
	0.25	0.26	0.27	0.28	0.29	0.30	0.31	0.32	0.33	0.34
3	0.32	0.33	0.34	0.35	0.36	0.37	0.38	0.39	0.40	0.41
	0.34	0.35	0.36	0.37	0.38	0.39	0.40	0.41	0.42	0.43
4	0.43	0.44	0.45	0.46	0.47	0.48	0.49	0.50	0.51	0.56
	0.51	0.52	0.53	0.54	0.55	0.56	0.57	0.58	0.59	0.60
5	0.54	0.55	0.56	0.57	0.58	0.59	0.60	0.61	0.62	0.63
	0.68	0.69	0.70	0.71	0.72	0.73	0.74	0.75	0.76	0.77
6	0.64	0.65	0.66	0.67	0.68	0.69	0.70	0.71	0.78	0.79
	0.76	0.77	0.78	0.79	0.80	0.81	0.82	0.83	0.84	0.85
7	0.75	0.76	0.77	0.88	0.89	0.90	0.91	0.92	0.93	0.94
	0.89	0.90	0.91	0.92	0.93	0.94	0.95	0.96	0.97	0.98
8	0.86	0.87	0.88	0.89	0.90	0.91	0.92	0.93	0.94	0.95
	1.02	1.03	1.04	1.05	1.06	1.07	1.08	1.09	1.10	1.11

续表 7-8

H_2 含量/%	0	0.1	0.2	0.3	0.4	0.5	0.6	0.7	0.8	0.9
9	0.97	0.98	0.99	1.00	1.01	1.02	1.03	1.04	1.05	1.06
	1.15	1.16	1.17	1.18	1.19	1.20	1.21	1.22	1.23	1.24
10	1.07	1.08	1.09	1.10	1.11	1.12	1.13	1.14	1.15	1.16
	1.27	1.28	1.29	1.30	1.31	1.32	1.33	1.34	1.35	1.36
11	1.18	1.19	1.20	1.21	1.22	1.23	1.24	1.25	1.26	1.27
	1.40	1.41	1.42	1.43	1.44	1.45	1.46	1.47	1.48	1.49
12	1.29	1.30	1.31	1.32	1.33	1.34	1.35	1.36	1.37	1.38
	1.53	1.54	1.55	1.56	1.57	1.58	1.59	1.60	1.61	1.62
13	1.39	1.40	1.41	1.42	1.43	1.45	1.46	1.47	1.48	1.49
	1.62	1.63	1.64	1.65	1.66	1.67	1.68	1.69	1.70	1.71
14	1.50	1.51	1.52	1.53	1.54	1.55	1.56	1.57	1.58	1.59
	1.78	1.79	1.80	1.81	1.82	1.83	1.84	1.85	1.86	1.87
15	1.61	1.62	1.63	1.64	1.65	1.66	1.67	1.67	1.69	1.70
	1.91	1.92	1.93	1.94	1.95	1.96	1.97	1.98	1.99	2.00
16	1.71	1.72	1.73	1.74	1.75	1.76	1.77	1.78	1.79	1.80
	2.03	2.04	2.05	2.06	2.08	2.10	2.11	2.12	2.13	2.14
17	1.83	1.84	1.85	1.86	1.87	1.88	1.89	1.90	1.91	1.92
	2.17	2.18	2.19	2.20	2.21	2.22	2.24	2.25	2.26	2.27
18	1.94	1.95	1.96	1.97	1.98	1.99	2.00	2.01	2.02	2.03
	2.29	2.30	2.31	2.32	2.34	2.36	2.37	2.38	2.39	2.40
19	2.04	2.05	2.06	2.07	2.08	2.09	2.10	2.11	2.12	2.13
	2.42	2.43	2.44	2.45	2.46	2.48	2.50	2.51	2.52	2.53
20	2.15	2.16	2.17	2.18	2.19	2.20	2.21	2.22	2.23	2.24
	2.55	2.56	2.57	2.58	2.59	2.61	2.63	2.64	2.65	2.66
21	2.25	2.26	2.27	2.28	2.29	2.30	2.31	2.32	2.33	2.34
	2.68	2.69	2.70	2.72	2.74	2.75	2.76	2.77	2.78	2.79
22	2.36	2.37	2.38	2.39	2.40	2.42	2.43	2.44	2.45	2.46
	2.80	2.81	2.82	2.83	2.85	2.87	2.88	2.89	2.90	2.91
23	2.47	2.48	2.49	2.50	2.51	2.53	2.54	2.55	2.66	2.67
	2.93	2.94	2.95	2.96	2.97	2.98	2.99	3.00	3.02	3.04
24	2.58	2.59	2.60	2.61	2.62	2.63	2.64	2.65	2.66	2.67
	3.06	3.07	3.08	3.09	3.11	3.12	3.13	3.14	3.15	3.16
25	2.68	2.69	2.70	2.71	2.73	2.74	2.75	2.76	2.77	2.78
	3.18	3.19	3.20	3.21	3.23	3.25	3.26	3.27	3.28	3.29
50	5.37	5.38	5.39	5.40	5.41	5.42	5.43	5.44	5.45	5.46
	6.37	6.38	6.39	6.40	6.42	6.44	6.45	6.46	6.47	6.48
51	5.48	5.49	5.50	5.51	5.52	5.53	5.54	5.55	5.56	5.57
	6.50	6.51	6.52	6.53	6.55	6.57	6.58	6.59	6.60	6.62
52	5.58	5.59	5.60	5.61	5.62	5.63	5.65	5.66	5.67	5.68
	6.63	6.64	6.65	6.66	6.67	6.69	6.70	6.71	6.73	6.74
53	5.69	5.70	5.71	5.72	5.73	5.75	5.76	5.77	5.79	5.80
	6.76	6.77	6.78	6.79	6.80	6.82	6.83	6.84	6.86	6.87

续表 7-8

H_2 含量/%	0	0.1	0.2	0.3	0.4	0.5	0.6	0.7	0.8	0.9
54	5.80	5.81	5.82	5.83	5.84	5.86	5.87	5.88	5.89	5.90
	6.88	6.89	6.90	6.91	6.93	6.94	6.95	6.96	6.97	6.98
55	5.91	5.92	5.93	5.94	5.95	5.96	5.97	5.98	5.99	6.00
	7.01	7.02	7.03	7.04	7.06	7.07	7.08	7.09	7.11	7.13
56	6.02	6.01	6.02	6.03	6.05	6.06	6.07	6.08	6.09	6.11
	7.13	7.14	7.15	7.16	7.18	7.19	7.20	7.21	7.23	7.25
57	6.12	6.13	6.14	6.15	6.16	6.17	6.18	6.19	6.20	6.21
	7.27	7.28	7.29	7.30	7.31	7.33	7.34	7.35	7.36	7.38
58	6.23	6.24	6.25	6.26	6.27	6.28	6.30	6.31	6.32	6.33
	7.39	7.40	7.43	7.45	7.46	7.47	7.48	7.49	7.50	7.51
59	6.33	6.34	6.35	6.36	6.37	6.38	6.39	6.40	6.41	6.42
	7.52	7.54	7.55	7.56	7.58	7.60	7.61	7.62	7.63	7.64
60	6.44	6.45	6.47	6.48	6.49	6.50	6.51	6.52	6.53	6.54
	7.65	7.66	7.67	7.68	7.70	7.71	7.72	7.74	7.75	7.76
61	6.59	6.60	6.61	6.62	6.63	6.64	6.65	6.66	6.67	6.68
	7.78	7.79	7.80	7.81	7.82	7.83	7.84	7.85	7.88	7.90

①氢气，温度：0℃；气压：760mmHg；热值（标态）：最低 10.74MJ/m^3，最高 12.75MJ/m^3；

②上列数为最低热值，下列数为最高热值。

表 7-9　乙烯①（C_2H_4）热值（标态，MJ/m^3）计算表

C_2H_4 含量/%	0	0.1	0.2	0.3	0.4	0.5	0.6	0.7	0.8	0.9
0	—	0.070②	0.10	0.23	0.31	0.39	0.46	0.47	0.58	0.70
	—	0.080	0.15	0.25	0.36	0.42	0.49	0.58	0.64	0.75
1	0.78	0.86	0.94	1.00	1.09	1.16	1.24	1.35	1.40	1.51
	0.84	0.96	1.00	1.10	1.17	1.26	1.34	1.43	1.50	1.62
2	1.56	1.64	1.72	1.80	1.87	1.94	2.03	2.10	2.18	2.21
	1.67	1.75	1.84	1.93	2.00	2.08	2.17	2.25	2.34	2.41
3	2.34	2.42	2.49	2.55	2,65	2.72	2.81	2.89	2.97	3.08
	2.50	2.59	2.65	2.75	2.85	2.93	2.98	3.09	3.17	3.26

①乙烯热值（标态）：最低 59.44MJ/m^3，最高 63.40MJ/m^3；

②上列数为最低热值，下列数为最高热值。

表 7-10　乙烷①（C_2H_6）热值（标态，MJ/m^3）计算表

C_2H_6 含量/%	0	0.1	0.2	0.3	0.4	0.5	0.6	0.7	0.8	0.9
0	—	0.06②	0.10	0.19	0.23	0.32	0.35	0.45	0.48	0.57
	—	0.07	0.17	0.21	0.29	0.35	0.39	0.46	0.55	0.63

①乙烷热值（标态）：最低 64.2MJ/m^3；最高 70.3MJ/m^3；

②上列数为最低热值，下列数为最高热值。

7.2 固体燃料

7.2.1 固体燃料的化学组成及性能

固体燃料的化学组成及性能见表7-11。

表7-11 固体燃料的化学组成及性能

序号	燃料种类	燃料成分(质量分数)/%							挥发分/%	点火温度/℃	发热值/MJ·kg^{-1}
		C	H	O	N	S	A	W			
1	泥 煤	37.4	4.2	2.2	1.2	0.4	4.8	30	70	280	13.9~16.9
2	褐 煤	48.1	3.4	11.7	1.2	1.0	15.6	19	41	400	18.1
3	烟 煤	70	4.4	8.3	1.0	2.0	8	6	35	500	27.2
4	无烟煤	84	3	2	1	1	4	5	7	700	31.4
5	焦 炭	81	—	—	—	1.7	10	7	—	700	27.2~28.0
6	重 油	88	10	0.6	0.7	<3	<0.3	<2	—	—	39.3~41.8

7.2.2 煤气发生炉用煤标准

常压固定床煤气发生炉用煤标准见表7-12、表7-13。

表7-12 常压固定床煤气发生炉用煤标准(GB 9143—88)

序 号	项 目	技 术 要 求	试 验 方 法
1	粒度/mm	25~50	GB 189
2	块煤限下率/%	25~50mm粒度级≤18	MT 1
3	含矸率/%	≤2.0	MT 1
4	灰分/%	18.0~20.0	GB 212
5	全硫/%	≤1.0	GB 214
6	灰软化温度/℃	≥1250	GB 219
7	热稳定性/%	>60.6	GB 1573
8	抗碎强度/%	>60.6	GB 7561
9	胶质层厚度/mm	<12	GB 479
10	发热量/MJ·m^{-3}	5.23~5.44	GB 213

注：1. 用无烟煤的关键问题，取决于胶质层厚度；
2. 煤样应按GB 475采取，煤样应按GB 474缩制。

表7-13 煤气发生炉实际用煤指标的控制

序 号	指 标 名 称	指 标 值	备 注
1	规格大小/mm	25~50	过筛处理
2	发热量/MJ·kg^{-1}	>29.26	抽查检验
3	灰分/%	<13	入厂检验合格
4	挥发分/%	<10	入厂检验合格

续表 7-13

序　号	指 标 名 称	指 标 值	备　注
5	含硫量/%	<0.25	入厂检验合格
6	灰熔点/℃	>1250	入厂检验合格
7	热稳定值/℃	≥65	入厂检验合格
8	固定碳含量/%	≥80	入厂检验合格
9	水分含量/%	≥2	入厂检验合格

7.2.3 固体燃料与其他燃料使用成本比较

固体燃料与其他燃料使用成本比较见表 7-14。

表 7-14 固体燃料与其他燃料成本比较

序号	燃料	温控/燃烧系统	能耗 /元·(t 镀件)$^{-1}$	单价/元·t^{-1}或元·m^{-3}(标态)	能源成本 /元·(t 镀件)$^{-1}$	优 缺 点
1	煤	人　工	100～1300	800	80～104	燃烧不完全；锌液温度难控制；锌锅寿命短；污染严重
2	水煤气	人　工	70～100	800	56～80	燃烧不完全；锌液温度难控制；锌锅寿命短；污染严重
3	重　油	人　工	30～40	3500	105～150	锌液温度难控制；锌锅寿命短；污染严重
4	柴　油	自动/平焰	20～25	5500	110～137	锌液温度易控制；锌锅寿命长
5	电	自动/固态继电器	110～130	0.7	77～91	锌液温度易控制；锌锅寿命长
6	天然气	自动/高速脉冲	20～25	2.5	50～62.5	锌液温度易控制；锌锅寿命长

7.3 燃烧理论

7.3.1 常用燃料的点火温度与点火性质

常用燃料的点火温度及点火性质见表 7-15～表 7-17。

表 7-15 常用燃料的点火温度

序　号	燃　料	点火温度/℃	序　号	燃　料	点火温度/℃
1	木　材	300	11	甲　烷	645
2	烟　煤	325	12	乙　烷	472
3	焦　炭	700	13	丙　烷	510
4	汽　油	280	14	丁　烷	431
5	苯	550	15	乙　烯	490
6	石　油	200	16	丙　烯	455
7	氢　气	571	17	丁　烯	445
8	一氧化碳	630	18	乙　炔	335
9	焦炉煤气	560	19	高炉煤气	600
10	天然气	650	20	发生炉煤气	700

表 7-16 常用气体的点火性质

序号	气体	气体体积分数/%		序号	气体	气体体积分数/%	
		点火下限	点火上限			点火下限	点火上限
1	高炉煤气	35	75	13	乙炔	2.3	82
2	发生炉煤气	15	75	14	丙烯	2.2	11.1
3	一氧化碳	12.5	75	15	丙烷	2.1	9.5
4	水煤气	6	70	16	丁烯	1.7	9.0
5	民用煤气	6	35	17	乙醚	1.7	48
6	焦炉煤气	5	30	18	丁烷	1.5	8.5
7	甲烷	5	15	19	汽油	1.4	8
8	氢气	4.1	75	20	苯	1.4	9.5
9	天然气	4	17	21	挥发油	1.3	7
10	酒精	3.5	20	22	煤油	1.3	7
11	乙烯	3	33.5	23	甲苯	1.3	7
12	乙烷	3	14	24	硫化碳	1.0	50

表 7-17 常用气体的点火温度与点火浓度极限的关系

序号	气体	点火温度/℃		点火浓度极限/%	
		最低	最高	下限	上限
1	氢气	550	609	4.0~9.5	65.0~75.0
2	一氧化碳	630	672	12.0~15.6	70.9~75.0
3	甲烷	800	850	4.9~6.3	11.9~15.4
4	乙烷	540	594	3.1	12.5
5	丙烷	525	588	2.4	9.5
6	丁烷	490	569	1.93	8.4
7	乙烯	540	550	3.2	28.6
8	乙炔	335	500	2.5	80.0
9	焦炉煤气	550	680	5.6~5.8	28.0~30.8
10	发生炉煤气	700	800	20.7	73.8
11	天然气	750	850	5.1~5.8	12.1~13.9
12	高炉煤气	700	800	35.0~40.0	65.0~73.5

7.3.2 燃烧化学反应

7.3.2.1 燃烧方式

燃烧方式见表 7-18。

表 7-18 燃烧方式

序号	名称	空气过剩系数	炉中气氛	废气成分	备注
1	理想完全燃烧	$\lambda=1$	中性	CO_2、H_2O、N_2	很难实现
2	缺氧不完全燃烧	$\lambda<1$	还原性	CO_2、H_2O、N_2、CO	钢板在炉中无氧化(保护气氛)
3	氧过剩完全燃烧	$\lambda>1$	氧化性	CO_2、H_2O、N_2、O_2	钢板被氧化
4	氧过剩不完全燃烧	$\lambda>1$	氧化性、还原性	CO_2、H_2O、N_2、O_2、CO	燃气和空气混合不均造成的

7.3.2.2 燃烧化学反应

常用物质的燃烧化学反应见表 7-19 ~ 表 7-22。

表 7-19 几种常用气体与空气燃烧的化学反应式

序号	名称	符号	燃烧化学反应式
1	乙炔	C_2H_2	$C_2H_2+2.5O_2+9.405N_2=2CO_2+H_2O+9.405N_2$
2	乙烷	C_2H_6	$C_2H_6+3.5O_2+13.167N_2=2CO_2+3H_2O+13.167N_2$
3	乙烯	C_2H_4	$C_2H_4+3O_2+11.286N_2=2CO_2+2H_2O+11.286N_2$
4	正丁烷	C_4H_{10}	$C_4H_{10}+6.5O_2+24.453N_2=4CO_2+5H_2O+24.453N_2$
5	丁烯	C_2H_4	$C_4H_8+6O_2+3.762N_2=4CO_2+4H_2O+3.762N_2$
6	一氧化碳	CO	$2CO+O_2+3.762N_2=2CO_2+3.762N_2$
7	甲烷	CH_4	$CH_4+2O_2+7.524N_2=CO_2+2H_2O+7.524N_2$
8	丙烷	C_3H_8	$C_3H_8+5O_2+18.810N_2=3CO_2+4H_2O+18.810N_2$
9	丙烯	C_3H_6	$C_3H_6+4.5O_2+16.929N_2=3CO_2+3H_2O+16.929N_2$
10	氢气	H_2	$2H_2+O_2+3.762N_2=2H_20+3.762N_2$

表 7-20 几种常用气体与氧气或水蒸气作用的化学反应式

序号	名称	符号	燃烧化学反应式	ΔH/kJ · mol^{-1}
1	乙炔	C_2H_2	$C_2H_2+2.5O_2=2CO_2+H_2O$	-1261.5
2	乙烷	C_2H_6	$C_2H_6+O_2=2CO+3H_2$	-130.8
			$C_2H_6+3.5O_2=2CO_2+3H_2O$	-1420.4
			$C_2H_6+2H_2O=2CO+5H_2$	+351.9
			$C_2H_6+4H_2O=2CO_2+7H_2$	+269.6
3	乙烯	C_2H_4	$C_2H_4+O_2=2CO+2H_2$	-271.7
			$C_2H_4+3O_2=2CO_2+2H_2O$	-1319.6
			$C_2H_4+2H_2O=2CO+4H_2$	+211.1
			$C_2H_4+4H_2O=2CO_2+6H_2$	+128.7
4	一氧化碳	CO	$CO+0.5O_2=CO_2$	-282.6
			$CO+H_2O=CO_2+H_2$	-40.9
5	甲烷	CH_4	$CH_4+0.5O_2=CO+2H_2$	-36.8
			$CH_4+2O_2=CO_2+2H_2O$	-802.1
			$CH_4+H_2O=CO+3H_2$	+204.8
			$CH_4+2H_2O=CO_2+4H_2$	+163.4

续表 7-20

序 号	名 称	符 号	燃烧化学反应式	ΔH/kJ · mol^{-1}
6	丙 烷	C_3H_8	$C_3H_8 + 1.5O_2 = 3CO + 4H_2$	-226.1
			$C_3H_8 + 5O_2 = 3CO_2 + 4H_2O$	-2039.4
			$C_3H_8 + 3H_2O = 3CO + 7H_2$	+498.3
			$C_3H_8 + 6H_2O = 3CO_2 + 10H_2$	+374，5
7	丙 烯	C_3H_6	$C_3H_6 + 1.5O_2 = 3CO + 3H_2$	-344.8
			$C_3H_6 + 4.5O_2 = 3CO_2 + 3H_2O$	-190.2
			$C_3H_6 + 3H_2O = 3CO + 6H_2$	+379.5
			$C_3H_6 + 6H_2O = 3CO_2 + 9H_2$	+255.8

表 7-21 几种常用气体燃烧化学反应的需氧量及燃烧产物

序 号	化合物名称	燃烧化学反应式	燃烧需氧量/m^3 · h^{-1}		燃烧产物量/m^3 · h^{-1}	
			需氧量	需空气量	纯氧燃烧时	空气燃烧时
1	CO	$CO + 0.5O_2 = CO_2$	0.5	2.39	1	2.89
2	H_2	$H_2 + 0.5O_2 = H_2O$	0.5	2.39	1	2.89
3	CH_4	$CH_4 + 2O_2 = CO_2 + 2H_2O$	2	9.57	3	10.57
4	C_2H_4	$C_2H_4 + 3O_2 = 2CO_2 + 2H_2O$	3	14.4	4	15.4
5	H_2S	$H_2S + 1.5O_2 = H_2O + SO_2$	1.5	7.2	2	7.7
6	CO_2	$CO_2 \rightarrow CO_2$	—	—	1	1
7	H_2O	$H_2O \rightarrow H_2O$	—	—	1	1
8	N_2	$N_2 \rightarrow N_2$	—	—	1	1
9	O_2	$O_2 \rightarrow$参加助燃	-1	-4.78		-3.78

表 7-22 几种常用物质燃烧化学反应及发热值

序号	物 质			高发热量(液态水)			低发热量(气态水)		
	名称	状态	燃烧化学反应式	热值 /MJ·(kg·mol)$^{-1}$	热值 /MJ·kg^{-1}	热值 /MJ·m^{-3}	热值 /MJ·(kg·mol)$^{-1}$	热值 /MJ·kg^{-1}	热值 /MJ·m^{-3}
1	碳	固	$C + O_2 = CO_2$	40.8	34.0	—	—	—	—
2	碳	固	$C + 0.5O_2 = CO$	12.4	10.4	—	—	—	—
3	硫	固	$S + O_2 = SO_2$	124.1	9.4	—	—	—	—
4	氢	气	$H_2 + 0.5O_2 = H_2O$	306.1	141.6	12.7	242	119.8	10.8
5	甲烷	气	$CH_4 + 2O_2 = CO_2 + 2H_2O$	889.5	55.4	39.7	802	50.0	35.8
6	乙烷	气	$C_2H_6 + 3.5O_2 = 2CO_2 + 3H_2O$	1453.8	51.8	67.0	1426	47.4	64.1
7	乙烯	气	$C_2H_4 + 3O_2 = 2CO_2 + 2H_2O$	1409.6	50.3	63.5	1322	47.1	59.4
8	乙炔	气	$C_2H_2 + 2.5O_2 = 2CO_2 + H_2O$	1298.4	49.9	58.4	1344	48.2	56.4
9	一氧化碳	气	$CO + 1.5O_2 = 2CO_2$	282.7	10.1	12.6	—	—	—
10	硫化氢	气	$H_2S + 1.5O_2 = SO_2 + H_2O$	562.2	16.5	25.4	518.2	15.2	23.4

7.3.2.3 燃烧技术参数

燃烧技术参数见表 7-23。

表 7-23 几种燃料燃烧时理论空气需要量、燃烧产物生成量和理论燃烧温度

序号	燃料种类	热值范围 /MJ·(kg或m^3)$^{-1}$	理论空气量 L_o/m^3·kg^{-1}或m^3·m^{-3}	理论烟气量 /m^3·kg^{-1}或m^3·m^{-3}	燃料和空气都不预热时					燃料不预热，仅空气预热时				
					热值 /MJ·kg^{-1}	空气过剩系数 λ	$t_理$/℃	空气过剩系数 λ	$t_理$/℃	$t_{温度}$/℃	空气过剩系数 λ	$t_理$/℃	空气过剩系数 λ	$t_理$/℃
1	褐　煤	11.7 ~ 17.6	3.32 ~ 4.74	4.14 ~ 5.39	11.7	1.20	1510	1.50	1320	100	1.2	1650	1.50	1375
					17.6	1.20	1660	1.50	1450	100	1.2	1760	1.50	1515
2	烟　煤	20.1 ~ 31.4	5.35 ~ 8.06	5.92 ~ 8.33	20.1	1.30	1640	1.50	1480	100	1.2	1675	1.50	1550
					31.4	1.30	1760	1.50	1660	100	1.2	1810	1.50	1620
3	重　油	40.5 ~ 41.8	10.25 ~ 10.50	10.7 ~ 11.0	40.5	1.10	1915	1.20	1710	100	1.1	1960	1.20	1760
					41.8	1.05	1920	1.20	1825	100	1.1	1970	1.20	1900
4	高炉煤气	3.3 ~ 5.3	0.10 ~ 0.70	1.58 ~ 1.92	3.3	1.05	1300	1.10	1275	200	1.05	1360	1.10	1350
					5.3	1.05	1610	1.10	1570	200	1.05	1680	1.10	1640
5	发生炉煤气	3.8 ~ 4.6	0.79 ~ 0.97	1.65 ~ 1.80	3.8	1.05	1375	1.10	1360	200	—	1430	1.10	1440
					4.6	1.05	1500	1.10	1490	200	1.05	1570	1.10	1560
6	混合煤气	5.0 ~ 11.3	1.0 ~ 1.40	1.87 ~ 2.16	5.0	1.05	1570	1.10	1550	200	—	1650	1.10	1620
					11.3	1.05	1760	1.10	1720	200	1.05	1810	1.10	1789
7	水煤气	6.7 ~ 10.0	2.10 ~ 2.36	2.74 ~ 2.96	6.7	1.05	1935	1.10	1910	200	—	2020	1.10	2000
					10.0	1.05	1010	1.10	1970	200	1.05	2060	1.10	2045
8	焦炉煤气	15.5 ~ 16.7	3.80 ~ 4.11	4.46 ~ 4.80	15.5	1.05	1875	1.10	1830	200	1.05	1965	1.10	1925
					16.7	1.05	1880	1.10	1840	200	—	1970	1.11	1940
9	半焦炉煤气	22.2 ~ 29.3	5.57 ~ 7.40	6.30 ~ 8.25	22.2	1.05	1700	1.10	1860	—	1.05	—	—	—
					29.3	1.05	1910	1.10	1865	—	1.1	—	—	—
10	天然气	33.4 ~ 38.5	8.45 ~ 9.97	9.35 ~ 10.6	33.4	1.05	1910	1.10	1865	—	1.1	—	—	—
					38.5	1.05	1950	1.10	1880	—	1.05	—	—	—

7.3.3 燃烧计算

7.3.3.1 燃烧计算公式

各种燃烧计算公式见表 7-24 ~ 表 7-27。

表 7-24 常用燃料的空气需要量和燃烧产物量的经验公式

序号	燃料名称	发热值 $Q_{低}$(标态) /MJ·(kg 或 m^3)$^{-1}$	空气过剩系数 λ	理论空气需要量 L_o(标态) /m^3·(kg 或 m^3)$^{-1}$	理论燃烧产物量 V_o(标态) /m^3·(kg 或 m^3)$^{-1}$
1	煤	18.1 ~ 31.4	1.3 ~ 1.7	$1.01\times10^{-3}Q_{低}+0.5$	$0.89\times10^{-3}Q_{低}+1.65$
2	重油	39.2 ~ 41.8	1.1 ~ 1.15	$0.85\times10^{-3}Q_{低}+2.0$	$1.11\times10^{-3}Q_{低}+1.65$
3	发生炉煤气	39.2 ~ 41.8	1.01 ~ 1.1	$0.875\times10^{-3}Q_{低}$	$0.725\times10^{-3}Q_{低}+1.0$
4	城市煤气	13.4 ~ 15.9	1.05 ~ 1.1	$1.09\times10^{-3}Q_{低}-0.25$	$1.11\times10^{-3}Q_{低}-0.25$
5	天然气	33.4 ~ 38.5	1.05 ~ 1.1	$1.105\times10^{-3}Q_{低}+0.02$	$1.18\times10^{-3}Q_{低}+0.4$
6	水煤气	10.3 ~ 10.5	1.05 ~ 1.1	$0.876\times10^{-3}Q_{低}$	$1.08\times10^{-3}Q_{低}$
7	高炉煤气	3.8 ~ 4.18	1.05 ~ 1.1	$0.800\times10^{-3}Q_{低}$	$0.310\times10^{-3}Q_{低}+1.30$
8	焦炉煤气	15.5 ~ 16.7	1.05 ~ 1.1	$1.05\times10^{-3}Q_{低}-0.11$	$1.0\times10^{-3}Q_{低}+0.83$

注：实际空气需要量 $L_n=\lambda L_o$；实际燃烧产物量 $V_n=V_o+(\lambda-1)L_o$。

表 7-25 火焰的黑度

序 号	燃料种类	燃烧方式	火焰黑度 ε
1	发生炉煤气	二级喷射式烧嘴	0.32
2	高炉焦炉混合煤气	部分混合的烧嘴(冷风)	0.16
3	高炉焦炉混合煤气	部分混合的烧嘴(热风)	0.213
4	天然气	内部混合烧嘴	0.2
5	天然气	外部混合烧嘴	0.6 ~ 0.7
6	重　油	喷　嘴	0.7 ~ 0.85
7	粉　煤	粉煤烧嘴	0.3 ~ 0.6
8	固体燃料	层状燃烧	0.35 ~ 0.4

表 7-26 燃料的燃烧计算

序号	元素	燃烧反应	燃烧 1kg 时				燃烧生成物量			
			需氧量		需空气量		纯氧燃烧时		空气燃烧时	
			kg	m^3	kg	m^3	kg	m^3	kg	m^3
1	碳	$C+O_2=CO_2$	2.66	1.86	11.55	8.92	3.66	1.86	12.55	8.92
2	氢	$H_2+0.5O_2=H_2O$	8.0	5.6	34.64	26.77	9.0	11.2	35.64	32.37
3	硫	$S+O_2=SO_2$	1.0	0.7	4.33	3.35	2.0	0.70	5.33	3.35
4	氧	$O_2\rightarrow2[O]$①	-1.0	-0.7	-4.33	-3.35	—	—	-3.33	-2.65
5	氮	$N_2\rightarrow N_2$②	—	—	—	—	1.0	0.08	1.0	0.08
6	水分	$H_2O\rightarrow H_2O$③	—	—	—	—	1.0	1.244	1.0	1.244

①参加助燃；

②进入燃烧产物；

③进入燃烧产物。

表 7-27 各种燃料燃烧的计算结果

序号	燃料名称	理论空气需要量 L_o(标态) /m^3·(kg或m^3)$^{-1}$	燃烧所生成的烟气量(标态)/m^3·(kg或m^3)$^{-1}$				理论燃烧温度/℃
			CO_2	H_2O	N_2	V_o①	
1	天然气	9.95	1.11	2.0	7.86	10.97	2016
2	焦炉煤气	4.64	0.46	2.0	3.76	5.45	2038
3	热发生炉煤气	1.11	0.31	1.23	1.42	1.92	1710
4	冷发生炉煤气	1.02	0.30	0.19	1.23	1.72	1610
5	高炉煤气	0.65	0.36	0.04	1.06	1.46	1427
6	水煤气	2.71	0.45	0.46	1.70	2.61	2260
7	城市干馏煤气	4.8	0.53	1.19	3.82	5.54	2060
8	丙烷	22.79	2.37	3.29	18.15	24.16	2018
9	烟煤	7.37	1.33	0.56	5.87	7.76	2182
10	褐煤(干)	5.97	1.15	0.49	4.04	5.68	2060
11	煤焦油	9.32	1.62	0.71	7.44	9.77	2230
12	重油	10.55	1.62	1.14	8.40	11.16	2104
13	石油焦	10.15	1.75	0.43	8.28	10.46	2110

①V_o 为理论燃烧产物量。

7.3.3.2 燃烧计算相关技术参数

燃烧计算相关技术参数，见表 7-28 ~ 表 7-50。

表 7-28 热平衡计算表

热收入项目	热量/kJ·h^{-1}	所占比例/%	热支出项目	热量/kJ·h^{-1}	所占比例/%
(1)燃料燃烧化学热	Q_1	70 ~ 100	(1)金属加热所需的热	Q_1'	10 ~ 50
(2)燃料带入物理热	Q_2	0 ~ 15	(2)出炉废气带走的热	Q_2'	30 ~ 80
(3)空气预热带入物理热	Q_3	0 ~ 25	(3)燃料化学不完全燃烧损失	Q_3'	0.5 ~ 3
(4)金属氧化放出热	Q_4	1 ~ 5	(5)燃料机械不完全燃烧损失	Q_4'	0.2 ~ 5
—	—	—	(5)经过炉子砌体的散热损失	Q_5'	2 ~ 10
—	—	—	(6)炉门及开孔的辐射热损失	Q_6'	0 ~ 4
—	—	—	(7)炉门及开孔溢气的热损失	Q_7'	0 ~ 5
—	—	—	(8)炉子水冷构件的吸热损失	Q_8'	0 ~ 15
—	—	—	(9)其他热损失	Q_9'	0 ~ 10
热收入总和	$\Sigma Q_{收入}$	100	热支出总和	$\Sigma Q_{支出}$	100

表 7-29 干空气的热物理性质（1×10^5Pa）

温度/℃	γ /kg·m^{-3}	c_p		λ		α /m^2·s^{-1}	μ /km·(m·s)$^{-1}$	ν /mm^2·s^{-1}	Pr
		kJ·(kg·℃)$^{-1}$	kJ·(kg·℃)$^{-1}$	W·(m·℃)$^{-1}$	kJ·(m·h·℃)$^{-1}$				
0	1.293	1.005	0.240	2.44×10^{-2}	8.72×10^{-2}	18.8×10^{-6}	17.2×10^{-6}	13.28×10^{-6}	0.707
20	1.205	1.005	0.240	2.59×10^{-2}	9.34×10^{-2}	21.4×10^{-6}	18.1×10^{-6}	15.06×10^{-6}	0.703
40	1.128	1.005	0.240	2.76×10^{-2}	9.91×10^{-2}	24.3×10^{-6}	19.1×10^{-6}	16.96×10^{-6}	0.699
60	1.060	1.005	0.240	2.90×10^{-2}	10.40×10^{-2}	27.2×10^{-6}	20.1×10^{-6}	18.97×10^{-6}	0.696
80	1.000	1.009	0.241	3.05×10^{-2}	10.99×10^{-2}	30.2×10^{-6}	21.1×10^{-6}	21.09×10^{-6}	0.692

续表 7-29

温度 /℃	γ /kg·m^{-3}	c_p kJ·(kg·℃)$^{-1}$	c_p kJ·(kg·℃)$^{-1}$	λ W·(m·℃)$^{-1}$	λ kJ·(m·h·℃)$^{-1}$	α /m^2·s^{-1}	μ /km·(m·s)$^{-1}$	ν /mm^2·s^{-1}	Pr
100	0.946	1.009	0.241	3.21×10^{-2}	11.53×10^{-2}	33.6×10^{-6}	21.9×10^{-6}	23.13×10^{-6}	0.688
120	0.898	1.009	0.241	3.34×10^{-2}	12.00×10^{-2}	36.8×10^{-6}	22.8×10^{-6}	25.45×10^{-6}	0.686
140	0.854	1.013	0.242	3.49×10^{-2}	12.54×10^{-2}	40.3×10^{-6}	23.7×10^{-6}	27.80×10^{-6}	0.684
160	0.815	1.017	0.243	3.64×10^{-2}	13.08×10^{-2}	43.9×10^{-6}	24.5×10^{-6}	30.09×10^{-6}	0.682
180	0.779	1.022	0.244	3.78×10^{-2}	13.59×10^{-2}	47.5×10^{-6}	25.3×10^{-6}	32.49×10^{-6}	0.681
200	0.746	1.026	0.245	3.93×10^{-2}	14.13×10^{-2}	51.4×10^{-6}	26.0×10^{-6}	34.85×10^{-6}	0.680
250	0.674	1.038	0.248	4.27×10^{-2}	15.34×10^{-2}	61.0×10^{-6}	27.4×10^{-6}	40.61×10^{-6}	0.677
300	0.615	1.047	0.250	4.60×10^{-2}	16.55×10^{-2}	71.6×10^{-6}	29.7×10^{-6}	48.33×10^{-6}	0.674
350	0.566	1.059	0.253	4.91×10^{-2}	17.64×10^{-2}	81.9×10^{-6}	31.4×10^{-6}	55.46×10^{-6}	0.676
400	0.524	1.068	0.255	5.21×10^{-2}	18.73×10^{-2}	93.1×10^{-6}	33.0×10^{-6}	63.09×10^{-6}	0.678
500	0.456	1.093	0.261	5.74×10^{-2}	20.65×10^{-2}	115.3×10^{-6}	36.2×10^{-6}	79.38×10^{-6}	0.687
600	0.404	1.114	0.266	6.22×10^{-2}	22.36×10^{-2}	138.3×10^{-6}	39.1×10^{-6}	96.89×10^{-6}	0.699
700	0.362	1.135	0.271	6.71×10^{-2}	24.12×10^{-2}	163.4×10^{-6}	41.8×10^{-6}	115.4×10^{-6}	0.706
800	0.329	1.156	0.276	7.18×10^{-2}	25.79×10^{-2}	188.8×10^{-6}	44.3×10^{-6}	134.8×10^{-6}	0.713
900	0.301	1.172	0.280	7.63×10^{-2}	27.42×10^{-2}	216.2×10^{-6}	46.7×10^{-6}	155.1×10^{-6}	0.717
1000	0.277	1.185	0.283	8.07×10^{-2}	29.01×10^{-2}	245.9×10^{-6}	49.0×10^{-6}	177.1×10^{-6}	0.719
1100	0.257	1.197	0.286	8.50×10^{-2}	30.56×10^{-2}	276.2×10^{-6}	51.2×10^{-6}	199.3×10^{-6}	0.722
1200	0.239	1.210	0.289	9.15×10^{-2}	32.90×10^{-2}	316.5×10^{-6}	53.5×10^{-6}	233.7×10^{-6}	0.724

表 7-30 几种可燃成分完全燃烧时的发热量

序 号	可燃物质名称	高发热量		低发热量	
		MJ/kg	MJ/m^3	MJ/kg	MJ/m^3
1	碳（C）	34.0	—	34.4	—
2	硫（S）	9.2	—	9.2	—
3	氢（H_2）	141.7	12.7	119.8	10.7
4	一氧化碳（CO）	10.1	12.6	10.1	12.6
5	甲烷（CH_4）	55.4	39.7	48.2	35.8
6	乙烯（C_2H_4）	50.2	63.5	47.1	59.5
7	硫化氢（H_2S）	16.5	25.4	15.2	23.4

表 7-31 各种氧化物形成时放出的热量

氧化物名称（分子式）	氧化亚铁（FeO）	四氧化三铁（Fe_3O_4）	三氧化二铁（Fe_2O_3）	三氧化二铝（Al_2O_3）	三氧化二铬（Cr_2O_3）	氧化锌（ZnO）
放出热量 /kcal·mol^{-1}	64.3	266.9	198.5	393.3	273	83.36

注：1cal = 4.1868J。

表 7-32 炉栅强度[$kg/(m^2 \cdot h)$]

序号	煤炭种类	强制鼓风		自然通风		半煤气化燃烧	
		人工加煤	机械加煤	人工加煤	机械加煤	人工加煤	机械加煤
1	无烟煤	60~100	100~200	30~75	60~100	80~195	130~260
2	烟煤	70~150	100~200	30~75	—	90~195	—
3	褐煤	150~200	200~300	100~150	100~175	260~390	260~450
4	焦炭	约150	约200	约75	—	约195	约260

表 7-33 层状燃烧的煤层厚度和鼓风压力

序号	煤炭种类	煤层厚度/mm		鼓风压力/mmH_2O	
		薄煤层	厚煤层	薄煤层	厚煤层
1	褐 煤	200~300	400~600	25~80	50~160
2	烟 煤	100~150	200~400	25~80	50~160
3	无烟煤	—	—	100~120	200~240

注：$1mmH_2O = 9.8Pa$。

表 7-34 几种常用燃料在不同空气过剩系数下的 L_n 及 V_n 值

序号	燃料名称	热值/$MJ \cdot m^{-3}$	项 目	空气过剩系数							
				1.0	1.1	1.2	1.3	1.4	1.5	1.6	1.8
1	高炉煤气	3.72	L_n①/$m^3 \cdot m^{-3}$	0.72	0.79	0.86	0.94	1.01	1.08	1.15	1.30
			V_n②/$m^3 \cdot m^{-3}$	1.57	1.64	1.71	1.79	1.86	1.93	2.00	2.15
2	高焦混合煤气	6.69	$L_n/m^3 \cdot m^{-3}$	1.45	1.60	1.74	1.88	2.03	2.18	2.32	2.61
			$V_n/m^3 \cdot m^{-3}$	2.27	2.42	2.56	2.70	2.85	3.00	3.14	3.43
3	焦炉煤气	17.1	$L_n/m^3 \cdot m^{-3}$	4.06	4.47	4.89	5.28	5.68	6.09	6.50	7.31
			$V_n/m^3 \cdot m^{-3}$	4.76	5.17	5.57	5.98	6.38	6.79	7.20	8.01
4	天然煤气	34.9	$L_n/m^3 \cdot m^{-3}$	9.25	10.18	11.1	12.0	12.9	13.9	14.8	16.6
			$V_n/m^3 \cdot m^{-3}$	10.3	11.18	12.1	13.0	13.9	14.8	15.8	17.6
5	发生炉煤气	5.81	$L_n/m^3 \cdot m^{-3}$	1.19	1.31	1.43	1.54	1.67	1.78	1.90	2.14
			$V_n/m^3 \cdot m^{-3}$	1.98	2.10	2.22	2.34	2.46	2.58	2.63	2.93
6	重油	39.6	$L_n/m^3 \cdot m^{-3}$	10.4	11.48	12.5	13.6	14.6	15.7	16.7	18.8
			$V_n/m^3 \cdot m^{-3}$	11.1	12.09	13.1	14.3	15.2	16.3	17.3	19.4
7	无烟煤	28.0	$L_n/m^3 \cdot m^{-3}$	7.28	8.01	8.74	9.46	10.2	10.9	11.6	13.1
			$V_n/m^3 \cdot m^{-3}$	7.45	8.18	8.91	9.63	10.4	11.1	11.8	13.3
8	气 煤	26.4	$L_n/m^3 \cdot m^{-3}$	6.77	7.45	8.12	8.80	9.48	10.1	10.8	12.2
			$V_n/m^3 \cdot m^{-3}$	7.14	7.82	8.49	9.17	9.85	10.5	11.2	12.6
9	褐 煤	11.8	$L_n/m^3 \cdot m^{-3}$	2.99	3.29	3.59	3.89	4.19	4.48	4.48	5.38
			$V_n/m^3 \cdot m^{-3}$	3.60	3.90	4.70	4.50	4.80	5.10	5.39	5.99

① L_n 燃烧 $1m^3$ 燃料(标态)所需求的空气量；

② V_n 燃烧 $1m^3$ 燃料(标态)所生成的废气量。

表 7-35 空气预热对理论燃烧温度的影响

序号	燃料	空气预热到下列温度（℃）时的理论燃烧温度/℃				
		0	200	400	600	800
1	重油	1815	1950	2080	2210	2335
2	发生炉煤气	1765	1875	1980	2080	2180
3	焦炉煤气	1915	2015	2120	2225	2330
4	天然气	1960	2065	2180	2295	2410
5	液化气	1970	2090	2210	2330	2450

表 7-36 常用热镀锌炉耐火材料的热导率（1000℃时）

序号	材料名称	热导率 λ_0/kJ·(m·h·℃)$^{-1}$	常数 b	序号	材料名称	热导率 λ_0/kJ·(m·h·℃)$^{-1}$	常数 b
1	黏土砖	3.00	0.0005	12	耐火纤维	0.38	—
2	高铝砖	5.50	-0.00016	13	珍珠岩	0.17	—
3	硅砖	3.34	0.0006	14	炉渣粒料	0.05	—
4	镁砖	15.5	-0.00044	15	矿渣棉	0.20	—
5	铬镁砖	7.11	0	16	玻璃棉	0.13	—
6	轻质黏土砖	1.05	0.00022	17	干土	0.50	—
7	红砖	1.67	0.00044	18	湿土	2.09	—
8	轻质硅砖	1.67	0.0004	19	干沙	1.17	—
9	硅藻土砖	0.26	0.00017	20	湿沙	4.05	—
10	蛭石砖	0.32	0.00031	21	混凝土	4.60	—
11	石棉绳	0.26	0.00027	22	钢筋混凝土	5.56	0.0025

表 7-37 硅酸铝耐火纤维与其他保温材料热导率的比较

序号	材料名称	体积质量/kg·m^{-3}	热导率 λ/kJ·(m·h·℃)$^{-1}$	
			300℃	600℃
1	硅酸铝耐火纤维	105	0.22	0.32
2	硅酸铝耐火纤维	168	0.29	0.33
3	硅酸铝耐火纤维	210	0.33	0.36
4	膨胀珍珠岩	218	0.42	0.50
5	硅藻土保温砖	550	0.50	0.59
6	轻质泡沫耐火砖	400	0.67	0.84
7	普通黏土耐火砖	2040	3.30	3.60

表 7-38 炉墙外表面对周围空气的综合传热系数[kJ/(m^2·h·℃)]

外表面温度/℃		40	60	80	100	120	150
钢板或其他灰色表面	0℃	40.1	44.3	48.5	51.8	55.6	61.9
	20℃	37.6	43.5	48.1	51.3	54.9	62.7
铝板或其他银白色表面	0℃	32.6	36.0	39.3	41.8	44.3	48.9
	20℃	29.7	34.5	38.0	41.4	44.3	48.9

表 7-39 对流传热系数的计算公式

序号	表面状态	传热系数 α/kJ·(m^2·h·℃)$^{-1}$	
		$\omega_{20}<5$m/s	$\omega_{20}>5$m/s
1	平滑表面	$20.0+3.4\omega_{20}$	$25.6\omega_{20}^{0.78}$
2	轧制表面	$20.9+3.4\omega_{20}$	$25.7\omega_{20}^{0.78}$
3	粗糙表面	$21.7+3.6\omega_{20}$	$27.0\omega_{20}^{0.78}$

表 7-40　常用材料在一定温度下的黑度

序　号	名　称	温度/℃	黑度 ε
1	表面磨光的铁	102～425	0.144～0.377
2	表面氧化的铁	100	0.736
3	氧化铁和铸铁	500～1200	0.85～0.95
4	表面磨光的钢件	770～1040	0.52～0.56
5	表面氧化的钢件	940～1100	0.8
6	表面粗糙的红砖	20	0.93
7	表面粗糙的硅砖	100	0.8
8	表面粗糙的黏土砖	高　温	0.8～0.9
9	表面附釉的黏土砖	高　温	0.75
10	表面粗糙的镁砖	高　温	0.8
11	表面附釉的白云石砖	高　温	0.8
12	表面粗糙的镁铝砖	高　温	0.8
13	表面粗糙的高铝砖	高　温	0.8
14	碳化硅	580～800	0.95～0.88
15	炭　黑	1000 以上	0.95
16	炉　料	850～1000	0.7～0.85
17	炉熔渣	1250	0.6～0.7
18	钢　水	大于 1600	0.65

表 7-41　几种常用材料在一定温度下的黑度 ε 和辐射系数 C

序　号	材　料	温度/℃	黑度 ε	辐射系数 C/kJ·(m^2·h·K^4)$^{-1}$
1	不氧化平滑纯铁	20～550	0.05～0.07	1.01～1.46
2	不氧化的轧制铁	20～1000	0.6～0.8	12.50～16.70
3	淬火磨光钢	20～350	0.2	4.18
4	粗糙铸铁	400	0.72	14.60
5	氧化的铜	200～600	0.56～0.86	11.7～18.0
6	平滑铜	20～600	0.03～0.04	0.63～0.84
7	平滑轧制铝	26	0.055	1.12
8	黏土砖	1100	0.75	15.47
9	硅　砖	1100	0.85	17.56
10	镁　砖	1377	0.89	8.15
11	红　砖	20	0.97	18.89
12	窗玻璃	20～90	0.94	19.31
13	屋面油纸	20	0.91	18.89
14	石灰涂料	20	0.9	18.64

表 7-42　各种物体在室温时的黑度

材料名称	黑度 ε	材料名称	黑度 ε
[金属]	—	光面玻璃	0.94
磨光的金属	0.04～0.06	硬橡皮	0.95
旧的白铁皮	0.28	抛光的木材	0.8～0.9

续表 7-42

材料名称	黑度 ε	材料名称	黑度 ε
钢　板	0.11	纸	0.8~0.9
无光镀镍钢板	0.24	耐火黏土砖	0.85
新压延的钢板	0.28	水、雪	0.96
镀锌钢板	0.69	湿的金属表面	0.98
[其他材料]	—	灯　烟	0.95
石棉水泥板	0.96	抹灰砖砌体	0.94
油毛毡	0.93	没抹灰的砖	0.88
石　膏	0.8~0.9	各种颜色的漆	0.8~0.9

表 7-43　几种常用耐火材料的耐温度及黑度

序　号	材料名称	温度/℃	黑度 ε
1	碳化硅 SiC	1010~1400	0.92~0.82
2	高铝砖	1010~1500	0.50~0.10
3	耐火黏土砖	1000~1500	0.61~0.45

表 7-44　各种物体在高温下的黑度

材 料 名 称		温度/℃	黑度 ε
[金属]	表面磨光的铝	300~600	0.04~0.057
	表面磨光的铁	400~1000	0.14~0.38
	氧化铁	500~1200	0.85~0.95
	氧化铁	100	0.75~0.80
	液体铸铁	1300	0.28
	氧化铜	800~1100	0.54~0.66
	氧化后的铅	200	0.63
	液体铜	1200	0.15
	钢	300	0.64
	精密磨光的金	600	0.035
	磨光的纯银	600	0.032
[其他材料]	耐火砖	800~1000	0.8~0.9
	石棉纸	400	0.95
	烟　灰	250	0.95

表 7-45　部分涂料的辐射系数

序　号	涂 料 名 称	原 料 来 源	试片制造方法	全辐射系数
1	三氧化二铁	市售化学试剂	冷涂法	0.72
2	三氧化二铬	市售化学试剂	冷涂法	0.65
3	三氧化二钴	市售化学试剂	冷涂法	0.80
4	二氧化钛	市售化学试剂	冷涂法	0.65
5	二氧化锰	市售化学试剂	冷涂法	0.78

续表 7-45

序　号	涂 料 名 称	原 料 来 源	试片制造方法	全辐射系数
6	三氧化二镍	市售化学试剂	冷涂法	0.82
7	氧化硼	市售化学试剂	冷涂法	0.81
8	碳化镍	市售化学试剂	冷涂法	0.65
9	碳化铬	市售化学试剂	冷涂法	0.70
10	氮化硼	市售化学试剂	冷涂法	0.80
11	二氧化钴	市售化学试剂	冷涂法	0.79
12	二氧化硅	市售化学试剂	冷涂法	0.72
13	锆英石	市售化学试剂	冷涂法	0.81
14	碳化硅	辽宁省葫芦岛产	冷涂法	0.84
15	碳化硅	辽宁省苏家屯产	冷涂法	0.82
16	锆-氧化铌	上海硅酸盐研究所	等离子喷涂	0.86
17	钴酸稀土	吉林省长春应用化学研究所	烧结法	0.76

表 7-46　几种常用耐火物质的表面辐射率

序　号	物 质 名 称	温度范围/℃	辐射率 ε
1	SiC 颗粒	1010 ~ 1400	0.92 ~ 0.82
2	Al_2O_3 颗粒	1010 ~ 1560	0.5 ~ 0.18 与颗粒有关
3	$Al_2O_3 \cdot SiO_2$ 颗粒	1010 ~ 1560	0.78 ~ 0.43
4	SiO_2 颗粒	1010 ~ 1560	0.62 ~ 0.33
5	硅　砖	1000	0.8
6	硅　砖	1000	0.38
7	硅　砖	600 ~ 1100	0.95 ~ 0.97

表 7-47　电热体有效辐射系数的近似值

序　号	电热元件的形式	有效辐射系数 ψ
1	放在砖槽中的螺旋管状电热体	0.16 ~ 0.24
2	放在隔板或套在管子上的螺旋管电热体	0.30 ~ 0.36
3	弓字形电阻丝	0.60 ~ 0.72
4	带状弓字形电热体	0.38 ~ 0.44
5	带状槽形电热体	0.56 ~ 0.70

表 7-48　气体在管道内流速范围

序　号	名　称	使用压力/mmH_2O	流速 W_o(标态)/$m \cdot s^{-1}$
1	高压净煤气管道	>500	8 ~ 12(不预热),6 ~ 8(预热)
2	低压净煤气管道	<500	5 ~ 8(不预热),3 ~ 5(预热)
3	助燃用空气管道	>500	9 ~ 12(不预热),5 ~ 7(预热)
4	助燃用空气管道	<500	6 ~ 8(不预热),3 ~ 5(预热)
5	热空气管道	压力较低	1 ~ 3
6	保护气体管道	压力较低	7 ~ 8

注：$1mmH_2O = 9.8Pa$。

表 7-49 各种工业炉的空气过剩系数

序 号	燃料种类	燃烧方式	空气过剩系数 λ 值
1	固体燃料	人工加煤	1.2~1.4
		机械加煤	1.2~1.3
		粉煤燃烧	1.15~1.25
2	液体燃料	低压烧嘴	1.1~1.15
		高压烧嘴	1.2~1.25
3	气体燃料	无焰燃烧	1.03~1.05
		有焰燃烧	1.05~1.20

表 7-50 几种耐火材料的最高工作温度（℃）

序 号	气 氛	0Cr13Al6Mo2	0Cr27Al7Mo2	Cr20Ni80	硅碳棒
1	空 气	1300	1400	1150	1500
2	氢 气	1300	1400	1150	1200
3	分解氨气	1150	1250	1150	1200
4	渗碳及碳氮	1150	1100	—	1400
5	含硫氧化性	1150	1100	—	1400
6	真 空	1000	1000	1150	—

7.3.3.3 气体燃烧烟气技术参数

气体燃烧烟气技术参数见表 7-51~表 7-59。

表 7-51 空气、煤气、烟气的经验流速

序 号	流体种类	特 点	允许流速(标态)/$m \cdot s^{-1}$	备 注
1	冷空气	压力>500mmH_2O	9~12	—
		压力<500mmH_2O	6~8	
2	热空气	压力>500mmH_2O	5~7	—
		压力<500mmH_2O	3~5	
		压力<150mmH_2O	1~3	
3	高压净煤气	不预热	8~12	—
		预 热	6~8	
4	低压净煤气	不预热	5~8	—
		预 热	3~5	
5	未清洗的发生炉煤气	—	1~3	—
6	粉煤与空气混合	水平管	25~30	—
		循环管	35~45	
		直吹管	>18	
7	烟 气	600~800℃	1.5~2.0	烟囱排烟
		300~400℃	2.0~3.0	烟囱排烟
		300~400℃	8.0~12	有排烟机

注：1. 1mmH_2O=9.8Pa；

2. 允许流速为实际温度下的流速。

表 7-52　烟道系统的温度和抽力

序　号	测 定 位 置	温度/℃	抽力/mmH_2O
1	炉尾竖烟道	780	0 ~ 0.8
2	调节烟闸	650	-4 ~ -6
3	余热锅炉前	320	-12
4	余热锅炉后	170	-29
5	烟囱底部	140	-12 ~ -18

注：$1mmH_2O = 9.8Pa$。

表 7-53　不同情况下烟气在烟道中的降温

序　号	温度/℃	1m 长度下降的温度/℃		
		地下砌砖烟道	地上通道	
			绝　热	不绝热
1	200 ~ 300	1.5	1.5	2.5
2	300 ~ 400	2.0	3.0	4.5
3	400 ~ 500	2.5	3.5	5.5
4	500 ~ 600	3.0	4.5	7.0
5	600 ~ 700	3.5	5.5	10.0
6	700 ~ 800	4.0	7.0	13.5
7	800 ~ 1000	4.6	8.5	17.5
8	1000 ~ 1200	5.2	10.0	21.5

表 7-54　气体燃料燃烧 $1m^3$（标态）所产生的烟气量（$V_烟$ 值，m^3）

燃料的发热值（标态）①/$MJ \cdot m^{-3}$		4.18	6.27	8.36	12.5	16.7	20.9	34.9	35.5	37.6	39.7	41.8
不同过剩空气系数 λ 值②下的 $V_烟$ 值	1.00	0.875	1.31	1.75	2.63	4.11	5.20	9.25	9.41	9.97	10.52	11.07
	1.02	1.743	2.12	2.49	3.23	4.89	6.05	10.45	10.61	11.19	11.75	12.32
	1.05	1.769	2.16	2.54	3.31	5.01	6.21	10.72	10.90	11.49	12.07	12.65
	1.10	1.813	2.22	2.63	3.44	5.22	6.47	11.18	11.37	11.98	12.59	13.21
	1.15	1.857	2.29	2.71	3.58	5.43	6.73	11.65	11.85	12.49	13.12	13.75
	1.20	1.90	2.35	2.80	3.71	5.63	6.99	12.11	12.32	12.99	13.65	14.32
	1.30	1.987	2.48	2.98	3.97	6.04	7.51	13.03	13.26	13.97	14.70	15.42

①气体燃料发热量（标态）：高炉煤气 3.8 ~ 4.18MJ/m^3；发生炉煤气 4.6 ~ 11.7MJ/m^3；混合煤气 6.7 ~ 7.5MJ/m^3；焦炉煤气 15.9 ~ 16.7MJ/m^3；

②气体燃料的燃烧过剩空气系数 λ 值为 1.02 ~ 1.20。

表 7-55　煤炭燃烧 1kg 所产生的烟气量（$V_烟$ 值，m^3）

发热值①/$MJ \cdot kg^{-1}$		4.18	8.36	12.5	16.7	18.8	20.9	23.0	25.1	27.1	29.3
不同过剩空气系数 λ 值②下的 $V_烟$（标态）/$m^3 \cdot kg^{-1}$	1.00	1.51	2.52	3.53	4.54	5.05	5.55	6.06	6.56	7.06	7.57
	1.20	2.84	3.93	5.08	6.12	6.66	7.21	7.77	8.31	8.85	9.40
	1.30	2.99	4.19	5.38	6.53	7.16	7.76	8.38	8.96	9.55	10.15
	1.40	3.14	4.44	5.75	7.02	7.66	8.32	8.97	9.61	10.25	10.90
	1.50	3.29	4.69	6.08	7.48	8.17	8.88	9.58	10.27	10.96	11.66
	1.60	3.45	4.94	6.44	7.93	8.67	9.43	10.18	10.93	11.67	12.42
	1.70	3.60	5.19	6.79	8.39	9.18	9.98	10.76	11.57	12.37	13.17
	1.80	3.75	5.44	7.14	8.84	9.69	10.54	11.39	12.23	13.08	13.93

①煤炭的发热值：工业统煤 23.0MJ/kg；大同煤 27.2MJ/kg；开滦三号煤 23.0MJ/kg；阳泉三号混合煤 27.6MJ/kg；

②固体燃料过剩空气系数 λ 值为 1.30 ~ 1.70；机械燃烧方式 λ 值应取小一些，而对于人工加煤的工业炉 λ 值应取大一些。

表 7-56 在大气压力 $B=760$mmHg 下烟气的物理参数

（烟气中组成气体 $P_{CO_2}=0.13\%$；$P_{H_2O}=0.11\%$；$P_{N_2}=0.76\%$）

t/℃	γ /kg·m^{-3}	c_p /kJ·(kg·℃)$^{-1}$	λ /kJ·(m·h·℃)$^{-1}$	α/m^2·h^{-1}	μ/kPa·s	ν/m^2·s^{-1}	Pr
0	1.295	1.04	8.19×10^{-2}	6.80×10^{-2}	1.609×10^{-6}	12.20×10^{-6}	0.72
100	0.950	1.07	11.24×10^{-2}	11.10×10^{-2}	2.079×10^{-6}	21.54×10^{-6}	0.69
200	0.748	1.10	14.42×10^{-2}	17.60×10^{-2}	2.497×10^{-6}	32.80×10^{-6}	0.67
300	0.617	1.12	17.39×10^{-2}	25.16×10^{-2}	2.878×10^{-6}	45.81×10^{-6}	0.65
400	0.525	1.15	20.48×10^{-2}	33.94×10^{-2}	3.230×10^{-6}	60.38×10^{-6}	0.64
500	0.457	1.18	23.58×10^{-2}	43.61×10^{-2}	3.553×10^{-6}	76.30×10^{-6}	0.63
600	0.405	1.21	26.67×10^{-2}	54.32×10^{-2}	3.860×10^{-6}	93.61×10^{-6}	0.62
700	0.363	1.24	29.72×10^{-2}	66.17×10^{-2}	4.148×10^{-6}	112.1×10^{-6}	0.61
800	0.330	1.26	32.90×10^{-2}	79.09×10^{-2}	4.422×10^{-6}	131.8×10^{-6}	0.60
900	0.301	1.29	35.99×10^{-2}	92.87×10^{-2}	4.680×10^{-6}	152.5×10^{-6}	0.59
1000	0.275	1.3	39.17×10^{-2}	109.21×10^{-2}	4.930×10^{-6}	174.3×10^{-6}	0.58
1100	0.257	1.32	42.22×10^{-2}	124.37×10^{-2}	5.169×10^{-6}	197.1×10^{-6}	0.57
1200	0.240	1.34	45.35×10^{-2}	141.27×10^{-2}	5.402×10^{-6}	221.0×10^{-6}	0.56

注：1mmHg＝133.32Pa。

表 7-57 液体燃料燃烧 1kg 所产生的烟气量[$V_{烟}$ 值(标态),m^3]

燃料的发热值①/MJ·kg^{-1}		29.26	33.44	37.62	39.71	41.80
不同过剩空气系数 λ 值②下的 $V_{烟}$ (标态)/m^3·kg^{-1}	1.00	7.95	8.8	9.65	10.07	10.5
	1.05	8.17	9.32	10.47	11.05	11.63
	1.10	8.57	9.76	10.95	11.56	12.15
	1.15	8.96	10.20	11.44	12.06	12.68
	1.20	9.36	10.64	11.91	12.56	13.20
	1.25	9.76	11.08	12.40	13.07	13.72
	1.30	10.15	11.52	12.88	13.57	14.25
	1.40	10.95	12.40	13.85	14.58	15.30

①液体燃料的发热值：重油 39.3～40.9MJ/kg；焦油 29.3～37.6MJ/kg；原油 40.1～47.8MJ/kg；

②液体燃料的过剩空气系数 λ 值约为 1.10～1.30。

表 7-58 烟气平均比热的近似值（$C_{烟}$ 值）

烟气 $t_{烟}$/℃	100	200	300	400	500	600	700	800	900
$C_{烟}$(标态)/kJ·(m^3·℃)$^{-1}$	1.38	1.40	1.42	1.44	1.46	1.47	1.50	1.52	1.54
烟气 $t_{烟}$/℃	1000	1100	1200	1300	1400	1500	1600	1700	1800
$C_{烟}$(标态)/kJ·(m^3·℃)$^{-1}$	1.55	1.57	1.58	1.60	1.61	1.63	1.64	1.65	1.66

表 7-59 烟气成分分析值

序 号	测定位置	烟气成分/%			烧嘴形式
		CO_2	O_2	CO	
1	均热段 2 号炉门距墙 500mm	8.8	5.0	0	F 型
2	均热段 2 号炉门距墙 1000mm	8.0	5.6	0	F 型
3	加热段 1 号烧嘴距墙 500mm	6.4	7.6	0.2	R 型

续表 7-59

序　号	测定位置	烟气成分/%			烧嘴形式
		CO_2	O_2	CO	
4	加热段 1 号炉门距墙 1000mm	7.0	8.2	0.4	R 型
5	竖烟道入口	9.0	2.6	0	无
6	烟道闸板处上层烟气	12.2	2.7	0	无
7	烟道闸板处中层烟气	10.6	2.7	0	无
8	烟道闸板处下层烟气	10.8	4.5	0	无

表 7-60　辐射管废气分析（%）

管　号	CO_2	O_2	CO	煤气量	管　号	CO_2	O_2	CO	煤气量
3-57	13.0	0.4	1.8	60	1-2	8.0	0.4	3.8	50
3-54	13.0	2.6	1.4	60	9-149	11.8	1.8	0.4	15
3-52	6.2	0.2	9.0	60	9-147	10.2	4.0	0.2	15
3-50	11.2	0.4	4.4	60	9-145	6.2	10.4	0.4	15
3-45	13.6	0.2	0.8	60	9-143	13.8	1.4	0	15
3-43	10.4	0.2	5.2	60	9-141	8.4	8.0	0.2	15
2-40	10.0	0.2	5.2	45	8-139	8.2	4.8	5.2	20
2-38	10.2	3.0	2.2	45	8-137	18.0	0	0.4	15
2-36	10.2	0.2	7.2	45	8-135	12.2	0.2	4.0	15
2-33	7.4	0.4	7.2	45	8-133	12.4	0	1.4	20
2-30	9.4	0.2	7.4	45	7-131	10.2	3.0	0.6	15
2-25	10.4	0.4	4.4	45	7-129	10.0	2.8	1.4	15
2-23	11.8	0.2	2.4	45	7-127	11.0	4.8	0.6	15
1-18	10.0	0.2	3.2	50	7-127	10.6	5.8	0	15
1-16	10.6	0.4	6.8	50	7-123	10.0	5.8	0.2	15
1-13	9.2	0.4	7.8	50	7-121	10.6	7.1	0	15
1-9	10.2	2.1	4.2	50	7-119	11.4	5.0	0.6	15
1-8	10.1	2.0	3.2	50	7-117	12.8	2.4	0.6	15
1-7	11.2	0	6.2	50	6-115	12.6	0.2	0.8	45
1-6	6.2	3.4	0.4	50	6-113	6.8	2.0	2.2	45
1-4	11.2	2.4	0.8	50	6-111	11.6	0.2	1.0	45

7.3.3.4　气体燃烧炉壁散热及相关参数

气体燃烧炉壁散热及相关技术参数，见表 7-61 ~ 表 7-64。

表 7-61 炉体向大气的散热损失

炉壳温度/℃	炉体外界大气温度（20℃）炉体向大气散热损失/MJ·（m^2·h）$^{-1}$							
	ε=0.8				ε=0.4			
	q_1	q_2	q_3	q_4	q_1	q_2	q_3	q_4
30	0.34	0.38	0.28	0.67	0.25	0.29	0.19	0.61
40	0.76	0.86	0.61	1.41	0.57	0.68	0.43	1.22
50	1.22	1.40	0.99	2.14	0.94	1.11	0.70	1.86
60	1.73	1.99	1.40	2.89	1.33	1.58	0.99	2.49
70	2.28	2.62	1.84	3.67	1.76	2.09	1.31	3.14
80	2.88	3.28	2.32	4.47	2.21	2.63	1.65	3.80
90	3.51	4.01	2.82	5.30	2.68	3.18	2.01	4.47
100	4.17	4.77	3.36	6.14	3.18	1.69	2.38	5.18
120	5.61	6.40	4.56	7.93	4.26	5.05	3.20	6.58
140	7.23	8.19	5.89	9.82	5.43	16.2	4.09	8.06
160	8.95	10.2	7.35	11.9	6.68	6.43	4.09	9.57
180	10.9	12.3	8.98	14.0	8.10	9.53	6.18	11.2
200	13.1	14.6	10.9	16.4	9.61	11.3	7.39	12.9
250	19.2	21.4	16.3	24.6	13.7	16.1	10.8	17.5

注：q 的下角：1—竖立面炉体；2—向上散热的水平炉体；3—向下散热的水平炉体；4—空气流速为 2m/s；ε—炉体外表面黑度。

表 7-62 炉膛温度的测定结果

序 号	测定方式	均热度/℃	加热段/℃	炉尾/℃
1	抽气热电偶	1300~1310	1150~1180	800
2	光学温度计	1240	1140~1220	780
3	炉顶热电偶	1300	1200	700

表 7-63 某厂带钢热镀锌退火炉外壁温度测定结果

测量部位 / 测量日期	还原加热炉段/℃									冷却段/℃					
	1	2	3	4	5	6	7	8	9	1	2	3	4	5	6
1979 年 5 月 20 日	35	41	42	43	36	37	41	41	40	43	41	33	32	32	36
1990 年 7 月 15 日	78	79	80	89	74	71	75	72	68	72	55	55	50	45	50
2004 年 8 月 22 日	70	76	60	58	63	68	67	59	51	48	43	40	38	38	44

表 7-64 在不同炉温与不同功率下电阻炉的炉墙厚度

序 号	炉子功率/kW	700~900℃		400~650℃	
		耐火层/mm	保温层/mm	耐火层/mm	保温层/mm
1	5~10	113	100~150	113	65~113
2	10~20	113	150~200	113	100~150
3	20~50	113	180~230	113	150~200
4	50~100	113	230~300	113	150~200
5	100 以上	113~178	230~300	113~178	150~200

7.4　加热设备

7.4.1　各种加热方式的比较

各种加热方式的比较见表 7-65。

表 7-65　各种加热方式的比较

项　目	辐射管加热方式	直火式	电阻加热方式	感应加热方式
热　源	煤气、油	煤气、油	电	电
加热温度范围/℃	1100 以下	1300～1400 或更高温度	1100 以下	1300～1400 或更高温度
热效率/% $\eta = \frac{物料吸热量}{供热量} \times 100\%$	30(32～35)	31(32～35)	58	46
温度分布	良　好	良　好	良　好	取决于被处理材料的形状
升温速率	1.0	0.85	0.9～1.2	0.65～0.8
炉内气氛	可以使用不损坏辐射管的任何保护气体	燃烧生成的气体	可以使用不损坏电热体的任何保护气体	可以使用不损坏线圈的任何保护气体
设备费用	2	1	2	3
运转费用（包括维修费）	2	1	3	4

注：1. （　）内的数字，表示采用换热器的热效率，其加热温度为 950℃；
2. 升温速率，是对于同样被处理的材料，刀到同一温度所需时间的比；
3. 设备费和运转费的数字，是按照最便宜的计算的。

7.4.2　加热设备种类及技术参数

各种加热设备的技术参数，见表 7-66～表 7-85。

表 7-66　各种油烧嘴的特性

项　目	油烧嘴的形式			
	低压空气雾化	高压压缩空气雾化	高压蒸汽雾化	转杯式机械雾化
雾化剂种类	空　气	压缩空气	蒸　汽	转速 3000～5000r/min
雾化剂压力/Pa	$(0.02 \sim 0.3) \times 10^5$	$(3 \sim 8) \times 10^5$	$(2 \sim 12) \times 10^5$	
雾化剂消耗量	75%～100%	0.6～1.0kg/kg 油	0.5～0.8kg/kg 油	
油压/MPa	0.03～0.08	外混式 0.04～0.1，内混式约 0.6		0.5～1
雾化剂速度/$m \cdot s^{-1}$	50～100	300～400	300～400	
重油黏度/°E	3～5，最大 8	4～6，最大 15	4～6，最大 15	2.5～5，最大 8
助燃空气供给方式	一般不另行供给	部分另行供给	全部另行供给	部分另行供给
空气消耗系数	1.1～1.15	1.2	1.25	—
空气最高预热温度/℃	200	800	800	—
调节比	1 : 5	1 : 6 ～ 1 : 10	1 : 6 ～ 1 : 10	1 : 4
雾化及燃烧性能	雾化好，火焰较短	火焰较长，形状易控制	火焰较长	火焰短而宽
燃油量/$kg \cdot h^{-1}$	2～300	10～1500	10～1500	10～1000
应用范围	加热炉、热处理炉	加热炉、均热炉	加热炉、均热炉	加热炉、热处理炉

表 7-67 石墨电热元件的主要性能

性 能	石墨电极	德国西格利石墨电极	CFC 碳纤维石墨电极(CC1501G)
密度/$g \cdot cm^{-3}$	2.2	1.53～1.6	1.4～1.45
空隙率/%	22～26	—	20～25
抗弯强度/MPa	8～13	11～13.5	210～250
抗压强度/MPa	17～22	—	—
抗拉强度/MPa	—	—	260～330
电阻率/$\mu\Omega \cdot m$	6～10	7.5～9	25～30
线膨胀系数/K^{-1}	3×10^{-6}～4×10^{-6}	0.8×10^{-6}～1.2×10^{-6}	4×10^{-6}～7.8×10^{-6}
质量热容/$kJ \cdot (kg \cdot K)^{-1}$	0.63	—	—
热导率/$W \cdot (m \cdot K)^{-1}$	34.88～104.65	140～170	(2.5～7)/(18～21)
饱和蒸气压/Pa	1.3×10^{-4}(2000℃)	—	—
允许的表面功率密度/$W \cdot cm^{-2}$	30～40	—	—

表 7-68 碳化硅管标准电阻及发热段表面积

序 号	发热段尺寸/mm		1400℃设计标准电阻/Ω			发热段表面积/cm^2
	外径/内径	长 度	单螺纹	双螺纹	无螺纹	
1	40/30	200	6	7.5	0.35	251
2	40/30	300	6.5	8	0.45	377
3	40/30	400	7	8.5	—	503
4	50/40	200	5.5	7	0.35	314
5	50/40	300	6	7.5	0.45	471
6	50/40	400	6.5	8	0.55	628
7	60/50	500	7	8.5	—	785
8	60/50	200	5	6.5	—	377
9	60/50	300	5.5	7	0.35	365
10	60/50	400	6	7.5	0.45	754
11	60/50	500	6.5	8	0.55	943
12	60/50	600	7	8.5	—	1130
13	70/60	300	5	6.5	0.35	659
14	70/60	400	5.5	7	0.45	879
15	70/60	500	6	7.5	0.55	1100
16	70/60	600	6.5	8	—	1320
17	70/60	700	7	8.5	—	1540
18	70/60	800	7.5	—	—	1758
19	70/60	900	8	—	—	1978
20	70/60	1000	8.5	—	—	2193
21	80/70	300	5	6	—	754
22	80/70	400	5.5	6.5	—	1005
23	80/70	500	6	7	—	1256
24	80/70	600	6.5	7.5	—	1510
25	80/70	700	7	8	—	1760
26	80/70	800	7.5	8.5	—	2010

续表 7-68

序 号	发热段尺寸/mm		1400℃设计标准电阻/Ω			发热段表面积/cm^2
	外径/内径	长 度	单螺纹	双螺纹	无螺纹	
27	80/70	900	8	—	—	2261
28	80/70	1000	8.5	—	—	2512
29	90/80	300	5	6	—	848
30	90/80	400	5.5	6.5	—	1130
31	90/80	500	6	7	—	1413
32	90/80	600	6.5	7.5	—	1695
33	90/80	700	7	8	—	1980
34	90/80	800	7.5	8.5	—	2260
35	90/80	900	8	—	—	2543
36	90/80	1000	8.5	—	—	2826
37	100/90	300	5	6	—	924
38	100/90	400	5.5	6.5	—	1256
39	100/90	500	6	7	—	1570
40	100/90	600	6.5	7.5	—	1885
41	100/90	700	7	8	—	2200
42	100/90	800	7.5	8.5	—	2510
43	100/90	900	8	—	—	2826
44	100/90	1000	8.5	—	—	3140

表 7-69 两种材质加热套管性能参数比较

套管材质	耐锌液腐蚀性	热导率 /W·(m·K)$^{-1}$		软化温度 /℃	最高使用温度 /℃		抗弯强度 /MPa		平均质量热容 /J·(kg·K)$^{-1}$	平均线膨胀系数 (20~1000℃)/℃$^{-1}$	单支管功率 /kW
		20℃	1000℃		长时	短时	常温	1300℃			
石英玻璃	优	1.5	2.7	1667~1700	1000	1300	70	—	1.0517×10^3 (0~900℃)	0.54×10^{-6}	2~4
碳化硅陶瓷	优	18.5	16.5	1700 (不软化)	1400	1550	70	93	1.1304×10^3 (21~1370℃)	4.1×10^{-6}	12~15

表 7-70 上加热与碳化硅管内加热两种方式的比较

加热方式	电耗/MJ·t^{-1}	锌耗/kg·t^{-1}	锅中锌容量/t	锌液表面积/m^2
电阻丝上加热	1152	69	50	20
SiC 管碳棒浸入式内加热	648	61	40	13

表 7-71 普通石墨电极高温性能

序 号	温度/℃	质量热容/J·(g·K)$^{-1}$	热导率/W·(m·K)$^{-1}$	黑度 ε
1	20	0.71	—	—
2	200	1.17	—	—
3	400	1.47	—	—
4	600	1.67	—	—
5	800	1.84	—	0.58(727℃)

续表 7-71

序　号	温度/℃	质量热容/J·(g·K)$^{-1}$	热导率/W·(m·K)$^{-1}$	黑度 ε
6	927	—	34.53(900℃)	0.62
7	1000	1.88	33.29	0.635
8	1127	—	32.02(1100℃)	0.65
9	1200	1.93	31.19	—
10	1327	—	30.47(1300℃)	0.68
11	1400	2.01	29.89	0.69(1427℃)
12	1500	—	29.5	0.7(1527℃)
13	1600	2.09	29	0.715(1670℃)
14	1700	2.14	—	—
15	1800	—	28.47	0.727
16	1900	2.18	28.34	0.734
17	2000	—	28.34	0.74
18	2100	—	28.26	0.745
19	2200	—	—	0.75
20	2300	—	—	0.755
21	2400	—	—	0.76
22	2500	—	—	0.76

表 7-72　轴向排列电阻丝加热式电热辐射管的性能

序　号	功率/kW	3~20	
1	工作电压/V	20~110	
2	额定工作温度/℃	1000	1200
3	电热体表面温度/℃	1200	1400
4	电热体直径/mm	8	8
5	电热体材料	Cr20Ni80 或 0Cr21Al6Nb	0Cr27Al7Mo2
6	保护套管材料	16Cr25Ni20Si2	Fe-Ni-Cr-Al-Re 合金
7	加热区长度/mm	600~1100	
8	管体外径/mm	89~159	
9	管壁厚度/mm	35	
10	辐射管总长度/mm	900~1500	

表 7-73　碳化硅的主要性能

序　号	最高工作温度/℃	1500
1	密度/g·cm^{-3}	3~3.2
2	热导率/W·(m·K)$^{-1}$	23.26
3	质量热容/J·(g·K)$^{-1}$	0.71
4	线膨胀系数(20~1500℃)/K^{-1}	51×10^{-6}
5	抗拉强度/MPa	39.2~49
6	抗弯强度/MPa	70~90

表 7-74 碳化硅的电阻率

序号										
序号	1	温度/℃	20	100	200	300	400	500	600	700
	2	电阻率/μΩ·m	3700	2400	1802	1600	1320	1200	1050	1020
序号	1	温度/℃	800	900	1000	1100	1200	1300	1400	1500
	2	电阻率/μΩ·m	1000	980	1000	1020	1050	1200	1320	1450

表 7-75 金属电热元件在各种气氛中的长期使用温度（℃）

电热元件材料	空气	真空	渗碳气氛	还原气氛氢或分解氨	$\varphi(H_2)$为 15% 的放热性气氛	一氧化碳吸热性气氛	含硫的氧化性或还原性气氛	含铝锌的还原性气氛
Cr20Ni80	<1150	<1150	不①	<1180	<1150	<1010	不	不
Cr15Ni60	<1010	<1010	不	<1010	<1010	<930	不	不
Cr23Al5Co1	<1150	—	不	<1150②	不	不	含硫氧化性气氛可用	不
0Cr25Al5A	1300(干空气) 1100(湿空气)	—	—	1300(氢) 1100(分解氨)	1100	1000	—	—
0Cr24Al6RE	1400(干空气) 1200(湿空气)	—	—	1400（氢） 1200(分解氨)	1150	1050	—	不
Mo	不③	<1650	不	<1650	不	不	不	不
W	不	2000	不	氢气中 <2480	不	不	不	不
碳化硅	<1450	不	不	<1200	<1370	<1390	<1390	<1370
石墨	不	2000	<2480	<2480	不	含硫气氛可用	含硫气氛可用	<2480

注：表内“不”字表示完全不能应用。

①表面经陶瓷材料镀层处理后可以应用；

②使用前需经过氧化处理；

③表面镀 MoS_2 后可以使用。

表 7-76 硅酸铝板、毡、管壳的物理性能(GB/T 16400—2003)

性 能	1	2	3	4
体积密度/kg · m^{-3}	60	90	120	≥160
热导率(平均温度(500±10)℃)/W · (m · K)$^{-1}$	≤0.178	≤0.163	≤0.156	≤0.153
渣球含量(粒径大于0.21mm)(体积分数)/%	≤20.0			
加热永久线变化率/%	≤5.0			

表 7-77 管状电热元件的型号及技术性能

序 号	型 号	最高工作温度/℃	电压/V	功率/kW	加热对象	备 注
1	GYXY1-3	550	380	2~7	硝 盐	管材为不锈钢
2	GYJ1-3	450	380	2~7	碱	管材为10钢
3	JGY1	≤300	220	2~5	水、油	—
4	JGY2		220	1~4	油	—
5	JGY3	≤100	220	5~8	循环油	—
6	JGS		220	3~5	水	—
7	GYQ	≤300	220, 380	0.5~3	空 气	—

表 7-78 电热辐射管的性能

电热体材料	0Cr25Al5	Cr20Ni80
电热体截面尺寸 φ/mm	4~8	4~8
辐射管功率/kW	8~12	8~12
工作电压/V	220/380	220/380
电热体表面功率/W · cm^{-2}	1.5~1.55	1.8~1.9
辐射管表面功率/W · cm^{-2}	1.5~2.0	1.5~2.0
辐射管体材质	06Cr18Ni13Si4、16Cr20Ni14Si2、16Cr25Ni20Si2、26Cr18Mn12Si2N	
管体外径/mm	100~150	
管壁厚度/mm	4~8	
辐射管有效长度/mm	1000~1700	

表 7-79 常用金属及其氧化物熔点

金属名称	熔点/℃	
	金 属	氧 化 物
纯 铁	1528	1300~1500
低碳钢	1500	1300~1500
高碳钢	1300~1400	1300~1500
灰口铸铁	1200	1300~1500
铜	1083	1230~1336
铝	658	2050
铬	1550	1990
镍	1450	1990
锌	419	1800
锰	1250	1560~1785

表 7-80　金属电热材料及其性能

电热材料	牌　号	性　能	用　途
镍铬合金	Cr15Ni60 Cr20Ni80 Cr20Ni80Ti_3 0Cr23Ni13 0Cr25Ni20	（1）电阻率较高，电阻温度系数较小，加热过程中功率稳定； （2）耐热性好，耐蚀能力强，高温时力学性能好； （3）高温下（>1000℃）在渗碳气氛中会渗碳，产生裂纹； （4）在 $\varphi(H_2)$ 为 15% 的气氛中，使用温度为 930～1150℃； （5）在含一氧化碳的气氛中，使用温度≤1000℃； （6）常温时易于加工和焊接	用于中低温电阻炉；也用于低真空炉或中低温真空炉
铁铬铝合金	Cr13Al5 Cr17Al5 0Cr25Al5 0Cr21Al6Nb2 0Cr24Al6RE 0Cr27Al7Mo2	（1）电阻率大，电阻温度系数小； （2）质脆，加热后合金晶粒长大，脆性增加； （3）高温时强度低，易变形倒塌； （4）可加工性较差，弯曲时需要预热，维修时比较困难； （5）可在含硫的氧化性气氛中使用； （6）渗碳气氛中使用时会表面渗碳	
钼	—	（1）电阻率低，电阻温度系数大；为使其功率稳定，必须安装调压器； （2）线胀系数小； （3）高温力学性能好，强度高，韧性好； （4）高温时，在空气中易氧化；但在真空中，在纯氢、氩、氦等惰性气体中很稳定，最高使用温度 2000℃；在其他气氛中不宜使用； （5）可加工性较差，加工较粗（厚）的型材时应预热	适用于真空炉中使用
钨	—	（1）电阻率小，电阻温度系数大，必须使用调压器稳定功率； （2）熔点比钼高，最高使用温度 3000℃； （3）硬度高，高温力学性能好； （4）常温下在空气中比较稳定，高温时易氧化、挥发； （5）可加工性较差，弯曲和铆接时要预热，焊接必须在真空中或在保护气氛中进行	适宜在惰性气体及真空环境中工作
钽	—	（1）电阻温度系数大，加热过程中必须使用调压器，电阻率比钼、钨高； （2）熔点为 2900℃，最高使用温度 2500℃； （3）在空气中易氧化，在氮气中变脆； （4）可加工性好，能加工成各种形状，焊接需在真空中或保护气氛中进行	适于在氩、氦惰性气体中工作；在真空（≤1.33×10^{-2} Pa）中及温度低于 2200℃环境中工作

表 7-81　金属电热材料的电阻率

材　料	下列温度（℃）时的电阻率/μΩ·m								
	20	100	200	300	400	500	600	700	800
Cr15Ni60	1.100	1.114	1.132	1.151	1.168	1.181	1.180	1.191	1.198
Cr20Ni80	1.110	1.117	1.128	1.137	1.144	1.149	1.139	1.131	1.129
Cr13Al5	1.260	1.265	1.276	1.294	1.312	1.336	1.373	1.404	1.419

续表 7-81

材料	下列温度(℃)时的电阻率/μΩ·m								
	20	100	200	300	400	500	600	700	800
0Cr13Al6Mo2	1.400	1.401	1.402	1.410	1.420	1.439	1.467	1.474	1.481
0Cr25Al5	1.400	1.403	1.410	1.418	1.431	1.450	1.478	1.488	1.494
0Cr27Al7Mo2	1.500	1.496	1.491	1.448	1.486	1.489	1.498	1.489	1.489
0Cr24Al6RE	1.45	1.45	1.45	1.45	1.45	1.465	1.479	1.479	1.494
0Cr21Al6Nb2	1.43	1.43	1.43	1.43	1.43	1.444	1.459	1.459	1.473
钼	0.054	0.074	0.100	0.126	0.152	0.179	0.205	0.232	0.258
钨	0.055	0.074	0.099	0.126	0.154	0.184	0.213	0.243	0.273
硅铝棒	0.25	0.35	0.50	0.65	0.83	1.02	1.24	1.46	1.70

表 7-82 翅片式换热器性能参数

项目	管外	管内	项目	管外	管内
传热量/W	2.09×10^5(75.25×10^4kJ/h)		压力降/Pa	392	5786
介质/%	N_2: 75~100 H_2: 0~25	净化循环水	工作压力/Pa	392	250000
			流速/$m\cdot s^{-1}$	9.38	0.96
流量	245m^3/min(230℃)	15m^3/h	流程	1	2
进口温度/℃	230	33	传热面积/m^2	24.1	
出口温度/℃	159	45	传热管	20 根双金属轧片管	
设计压力/MPa	—	0.25	重量/kg	270	
试验压力/MPa	—	0.375	—	—	

表 7-83 丝状螺旋形电热体的机构尺寸

项目	铁铬铝合金		铬镍合金		
	>1000℃	<1000℃	>950℃	950~750℃	<750℃
螺旋节径 D/mm	$(4\sim6)d$	$(6\sim8)d$	$(5\sim6)d$	$(6\sim8)d$	$(8\sim12)d$
螺旋节距 h/mm	$(2\sim4)d$	$(2\sim4)d$	$(2\sim4)d$	$(2\sim4)d$	$(2\sim4)d$
螺旋柱长度 L'/m	$\frac{Lh}{\pi D}$	$\frac{Lh}{\pi D}$	$\frac{Lh}{\pi D}$	$\frac{Lh}{\pi D}$	$\frac{Lh}{\pi D}$

表 7-84 丝状电热体的允许表面负荷

材料	在下列温度下(℃)W 实际值/$W\cdot cm^{-2}$							
	600	700	800	900	1000	1100	1200	1300
0Cr25Al5	—	3.0~3.7	2.6~3.2	2.1~2.6	1.6~2.0	1.2~	0.8~1.0	0.5~0.7
Cr20Ni80	3.0	2.5	2.0	1.5	1.1	1.5	—	—
Cr15Ni60	2.5	2.0	1.5	0.8	—	0.5	—	—

7.4.3 燃烧设备故障的排除

气体燃烧设备故障的排除见表 7-85。

表 7-85 气体燃烧设备的故障、发生原因及排除措施

故障项目	发生原因	故 障	排除措施
整个燃烧嘴错动	安装时工作粗糙	烧嘴的砖局部受热龟裂	安装后应检查
	炉壳铁板变形	供给炉内的热量不足	进行维修
	空气旋转器的尺寸不当	混合不良	确定安装基准
喷嘴偏心	燃料管道的支撑未固定好	空气旋转器烧损	固定好染料管道的支撑
	支撑管道尺寸过大	混合不良	使支撑导管尺寸标准化
砖和炉壳板间有间隙	在过高负荷下燃烧	炉壳铁板变形	烧嘴喉部的扩展标准化
	安装时工作粗糙	烧嘴装配架赤热变形而龟裂	使空气的旋转性标准化
	炉壳铁板变形	往炉内供热不足	更换炉壳铁板
		混合不良	如果间隙小，可插入密封材料
		不能供给燃料	
		生产性能降低	
喷嘴长度不适当	螺纹部分配合不当	混合不良	安装后应检查
	安装时工作粗糙	如过长，燃烧缓慢产生煤烟 如过短，会烧坏空气旋转器	确定好长度标准，进行维修

7.4.4 燃烧温度的测量设备

7.4.4.1 温度计及热电偶

常使用温度计及热电偶来测量燃烧温度，温度计及热电偶的种类与特性，见表 7-86 ~ 表 7-88。

表 7-86 标准电偶的种类

序 号	热电偶名称		应用温度范围/℃
	正	负	
1	铂 铑	铂	0 ~ 1450
2	镍 铬	镍	-200 ~ 1100
3	铁	镍	-200 ~ 700
4	铜	镍	-200 ~ 350

表 7-87 温度计的种类

序 号	种 类	测量温度范围/℃
1	膨胀温度计	-190 ~ 700
2	液体压强温度计	-50 ~ 550
3	热电偶温度计	-200 ~ 1800
4	电阻温度计	-50 ~ 600
5	红外线电偶堆全辐射测温计	300 ~ 1800
6	红外线单色、双色辐射测温计	400 ~ 4000

表 7-88 其他种类的温度计

名 称	型 号	测温物资	标志温度计的属性	测温原理	测温范围/℃
玻璃管液体温度计	WLS、WNG、WNY	汞、酒精等液体	体 积	利用液体热胀冷缩时体积或液柱高度变化的性质	-200~700，常用0~500
压力表式温度计	WTQ	惰性气体、液体、饱和汽	压 力	利用定容气体、液体热胀冷缩压力变化或饱和压力变化随温度变化的特性	-80~600
双金属温度计	RSG2	金 属	形 变	利用双金属片受热变形的性质	-80~600
半导体温度计	95 型 7151 型	热敏电阻	电阻	利用热敏电阻的电阻值随温度变化的性质	-80~300

7.4.4.2 热电偶的基本特性

热电偶的基本特性见表 7-89~表 7-92。

表 7-89 常用热电偶的基本特性

热电偶名称	型号	分度号	热电极材料			100℃时电动势/mV	使用温度/℃		特 性
			极性	化学成分（质量分数）/%	特点		长期	短期	
铂铑 10-铂	WRP	S	+	Pt90、Rh10	亮白、较硬	0.645	1300	1600	高温下抗氧化性好、宜在氧化或中性气氛中使用，不宜在还原气氛中使用
			-	Pt100	亮白、较软				
铂铑 13-铂	WRQ	R	+	Pt87、Rh13	较硬	0.647	1300	1600	高温下抗氧化性好、宜在氧化或中性气氛中使用，不宜在还原气氛中使用
			-	Pt100	柔软				
铂铑 30-铂铑 6	WRR	B	+	Pt70、Rh30	较硬	0.033	1600	1800	除上述外、冷端在40℃以下不用修正
			-	Pt94、Rh6	稍软				
镍铬-镍硅（镍铬-镍铝）	WRN	K	+	Cr9~10、Si0.4、Ni90	暗绿、不亲磁	1.095	1200	1300	宜在氧化、中性气氛及真空中使用
			-	Si2.5~3.0、Ni97、Co≤0.6	深灰、稍亲磁				
镍铬-康铜	WRE	E	+	Cr9~10、Si0.4、Ni90	暗绿	6.317	750	850	适用于-200~800℃的氧化或中性气氛、不适用于还原性气氛
			-	Cu40~60、合金余量	亮黄				
铁-康铜	WRF	J	+	Fe100	蓝黑、亲磁	5.268	600	750	适于在氧化、还原性气氛及真空中使用、但在氧化性气氛中不宜超过500℃
			-	Cu40~60、合金余量	亮黄、不亲磁				
铜-康铜	WRC	T	+	Cu100	褐红色	4.227	350	400	适于在氧化、还原性气氛及真空中使用，但在氧化性气氛中不宜超过300℃，在-200~0℃稳定性很好

表 7-90 不同套管材料的铠装热电偶及其使用温度

序号	金属套管材料	外径/mm							
		1.0	1.5	2.0	3.0	4.0	5.0	6.0	8.0
		使用温度/℃							
1	黄铜(H62)	200	250	300	300	350	350	400	400
2	不锈钢(1Cr18Ni9Ti)	500	500	550	600	600	700	700	800
3	高温合金(Cr25Ni20)	650	700	750	800	900	950	1000	1000
4	镍基高温合金(CH3030)	700	800	850	900	1000	1100	1100	1150
5	镍基高温合金(GH3039)	850	900	1000	1100	1100	1150	1200	1200

表 7-91 热电偶补偿导线的材料及性能

补偿导线型号	配用热电偶	补偿导线		
		极 性	导线材料	绝缘层颜色
SC	铂铑 10-铂	+	SPC(铜)	红
		-	SNC(铜镍)	绿
KC	镍铬-镍硅	+	KPC(铜)	红
		-	KNC(康铜)	蓝
KX	镍铬-镍硅	+	KPX(镍铬)	红
		-	KNX(镍硅)	黑
EX	镍铬-康铜	+	EPX(镍铬)	红
		-	ENX(铜镍)	棕
JX	铁-康铜	+	JPX(铁)	红
		-	JNX(铜镍)	紫
TX	铜-康铜	+	TPX(铜)	红
		-	TNX(镍铜)	白
RC	铂铑 13-铂	+	RPC(铜)	红
		-	RNC(铜镍)	绿

表 7-92 WBJ 系列冷端温度补偿器的主要技术参数

型 号	配用热电偶分度号	电桥平衡温度/℃	冷端温度补偿范围/℃	补偿误差	电源电压
WBJ-IE	E	0	0 ~ 50	环境温度为 (20 ±5)℃时，固定补偿误差为 ±1℃；环境每改变 10℃，补偿误差增加 0.5℃	AC220V/50Hz
WBJ-IK	K				
WBJ-IS	S				

7.5 燃料的消耗

7.5.1 NOF 法带钢连续退火炉的天然气耗量

NOF 法带钢连续退火炉的天然气耗量见表 7-93。

表 7-93 NOF 法带钢连续退火炉的天然气耗量

带钢规格 /mm×mm	钢种号	速度 /m·min⁻¹	生产率 /t·h⁻¹	天然气耗量（标态）①/m³·h⁻¹		镀板热耗 /m³·t⁻¹	NOF 炉炉膛温度 /℃	出口带钢温度 /℃		带钢张力 /kN	热效率/%	
				总耗量	NOF 炉			NOF 炉	均热		NOF 炉	还原炉
1240×0.75	6	105	46	1500	960	32.6	1100~1200	590	730	9	45	19
1240×0.75	6	110	48	1650	1120	34.4	1100~1200	600	735	8.5	40	20
1240×0.75	6	115	50.7	1730	1120	34.2	1100~1200	595	720	12	42	17
1125×0.75	6	115	45.5	1700	1120	37.4	1100~1300	600	730	12	38	17
1125×0.75	6	115	45.5	1650	1120	36.4	1100~1300	600	730	12	38	17
1125×0.75	6	115	45.5	1650	1120	36.4	1100~1300	595	740	12.5	38	17
1125×0.75	6	115	45.5	1650	1120	36.4	1100~1200	600	745	11	38	17
1219×1.01	2	80	46.3	1650	1120	35.7	1100~1300	610	760	11	40	21
1250×0.88	2	80	41.5	1650	1120	39.8	1100~1300	610	760	11	35	20
1250×0.88	2	88	45.5	1550	1120	34.3	1100~1300	610	760	11	39	25
1250×1.00	2	88	52	1550	1120	29.8	1100~1200	590	750	11	43	30
1250×1.00	2	90	53	1700	1120	32.1	1100~1200	580	720	11	43	20
1000×1.5	2	62	44	1700	1120	38.6	1100~1300	610	720	11	30	14
1000×1.5	2	55	39	1700	1120	43.6	1100~1300	610	720	11	33	13
1000×1.93	2	74	39	1550	1120	39.8	1200~1300	640	740	9	35	16
1400×1.25	2	58	47.5	1650	1120	34.8	1100~1200	620	750	9	41	15
1305×1.00	6	80	49	1500	1000	30.6	1100~1200	640	740	10	49	17
1305×1.00	6	80	51.3	1600	1000	31.2	1100~1200	630	730	10	51	15
1300×1.45	2	58	51.3	1600	1120	31	1100~1200	620	720	11.5	45	19
1300×2.00	2	42	46	1600	1120	34.8	1100~1200	620	720	12	37	17
1524×1.26	2	52	54.2	1320	730	24.7	1100~1200	635	764	6.5	80	21
1524×1.26	2	66	54.2	1500	730	27.6	1000~1100	575	740	6.5	67	21
1500×1.00	1	66	46.5	1350	730	29	1000~1200	600	740	6	60	22
1533×0.88	2	65	41.5	1350	730	32.6	1000~1200	580	770	6.5	52	22
1650×0.94	5	64	46.8	1350	730	28.8	1000~1200	565	760	6	57	26
1515×1.08	5	70	53.6	1450	1050	27.2	1100~1200	600	790	6	48	44
1515×1.08	5	70	53.6	1400	920	26.2	1100~1200	600	760	6.5	55	42
1515×1.08	5	70	53.6	1400	790	26.2	1100~1200	600	790	6.5	64	32
1450×1.00	5	60	43.5	1250	710	28.7	1000~1100	620	790	6.5	38	25
1085×0.54	6	112	31	1000	560	32.3	900~1100	550	760	8	48	26
1085×0.54	6	108	30	1000	560	33.4	900~1200	580	760	8	49	22
1022×1.00	2	82	39	1500	890	38.5	1000~1200	590	740	8	41	17
1015×1.00	3	82	39	1400	910	35.9	1100~1200	600	740	7	40	22
1000×0.50	2	125	29.5	900	530	30.5	1100~1200	580	740	8	51	21
1000×0.50	2	125	29.5	1000	530	33.8	900~1100	565	750	6	49	21
925×0.60	2	125	32.5	1150	760	35.4	1000~1200	565	750	8	38	26
920×0.80	2	66	23	1000	690	43.5	1000~1200	600	770	5.5	32	22
800×0.60	3	94	21.6	850	540	39.3	1000~1100	600	790	6	38	25
671×0.69	5	110	22.5	1100	840	43.7	1100~1300	670	700	9	28	12
1200×1.5	2	50	42.3	1300	810	30.8	1000~1200	585	740	15	48	23
1219×1.05	2	50	42	1350	880	32.2	1100~1200	590	750	16.5	44	25

续表 7-93

带钢规格 /mm×mm	钢种号	速度 /m·min^{-1}	生产率 /t·h^{-1}	天然气耗量 (标态)①/m^3·h^{-1}		镀板热耗 /m^3·t^{-1}	NOF 炉炉膛温度 /℃	出口带钢温度 /℃		带钢张力 /kN	热效率/%	
				总耗量	NOF 炉			NOF 炉	均热		NOF 炉	还原炉
1219×1.5	2	50	42	1450	880	34.6	1100~1250	590	740	17	44	19
1000×2.0	1	50	47.2	1650	1040	35	1100~1250	590	710	19	42	16
1020×2.0	1	50	48	1650	1040	34.4	1100~1250	580	710	14	42	17
1020×2.0	1	50	48	1650	1040	34.4	1100~1250	570	710	14	41	18
1000×2.5	1	44	52	1750	1120	33.7	1200~1300	565	700	16	41	18
1000×2.5	1	45	52	1750	1120	33.7	1200~1300	590	710	16	43	12
810×2.5	2	45	42	1600	1120	38.2	1200~1300	590	710	15	35	18
810×2.5	2	45	42	1600	1120	38.2	1200~1300	590	710	15	35	18
1010×2.5	1	44	52.3	1800	1120	34.5	1100~1250	575	705	16	38	18
1250×2.5	1	44	52.3	1700	1120	32.6	1100~1250	580	705	16	38	18
1250×2.5	1	44	52.3	1700	1120	32.6	1100~1250	580	705	16	46	18
1250×2.5	2	38	56	1700	1120	30.4	1100~1250	580	705	16	46	18
1100×1.5	2	57	44.4	1600	1120	36.1	1200~1250	610	740	13	38	19
1219×1.2	2	74	53	1600	1130	30.3	1180~1200	610	730	9.5	45	24
915×1.2	2	75	38.5	1250	950	32	1000~1160	580	730	9	37	23
1100×0.7	2	100	38.5	1050	540	27.5	1000~1100	560	730	9	63	25
1100×0.7	2	100	38.6	1000	670	27	1100~1200	560	730	7	51	35
1100×1.2	1	70	42.9	1400	960	32.6	1100~1160	560	725	7.5	39	32
1250×0.7	2	80	35.8	1050	640	29.3	1100~1180	560	750	8	49	32
1250×1.2	1	70	51.2	1550	1060	30.3	1100~1180	560	720	7.5	42	33
1250×1.5	2	63	55.1	1600	1140	29.4	1100~1190	560	710	7	41	33
1250×1.5	1	63	55.1	1600	1140	29.4	1200~1250	550	710	8	42	33
1250×2.0	1	50	58.5	1700	1190	29	1180~1200	550	710	10	42	29
1250×2.0	1	50	58.5	1800	1290	31	1200~1270	550	720	10.5	39	42
1028×2.0	1	50	48	1700	1290	35.4	1200~1280	570	720	10.5	33	31
1000×1.5	1	50	34.1	1700	1250	49.9	1200~1260	630	730	10	27	13
1000×1.5	1	62	44.1	1200	900	27.3	1200~1280	550	720	12	42	43
1000×2.5	1	42	49	1750	1310	35.7	1200~1280	590	720	13	35	25
1000×2.5	1	42	49	1750	1310	35.7	1060~1100	590	720	13	35	25
1350×0.7	6	123	58	1400	860	24.3	1100~1200	550	700	11	58	28
1350×0.7	6	123	58	1600	1090	27.7	1100~1200	560	690	11	47	25
1350×0.7	6	120	56.7	1600	1090	28.2	1160~1200	560	690	11	46	25
1350×0.7	6	120	56.7	1600	1090	28.2	1160~1200	570	700	11	46	25
1350×0.7	6	120	56.7	1600	1090	28.2	1170~1200	570	700	11	46	25
1350×0.7	6	120	56.7	1700	1230	28.2	1170~1200	570	710	11	41	28
1350×0.7	6	100	47.4	1600	1220	32.7	1170~1200	600	740	11	37	28
1560×0.8	5	67	42.5	1500	1110	26.1	1200~1250	665	765	6.50	40	13
1650×0.9	5	58	42.1	1200	720	28.5	1000~1100	590	790	11.5	54	31
1350×0.7	6	90	42.7	1250	720	29.5	1100~1150	570	760	10	53	28
1350×0.8	6	95	52.8	1450	970	27.6	1100~1200	570	720	10.5	49	27
1350×0.8	6	100	55.6	1850	1450	33.3	1100~1200	580	720	10.5	35	31
1350×0.8	6	100	55.6	1800	1450	32.4	1100~1200	595	720	10	36	30

续表 7-93

带钢规格 /mm×mm	钢种号	速度 /m·min⁻¹	生产率 /t·h⁻¹	天然气耗量(标态)①/m³·h⁻¹		镀板热耗 /m³·t⁻¹	NOF炉 炉膛温度 /℃	出口带钢温度 /℃		带钢张力 /kN	热效率/%	
				总耗量	NOF炉			NOF炉	均热		NOF炉	还原炉
1350×0.88	6	100	55.6	1800	1450	32.4	1100~1200	595	735	10	36	30
1250×1.00	2	100	58.5	1800	1090	30.5	1100~1200	560	708	16	46	23
1250×1.00	2	100	58.5	1700	890	29.2	1100~1200	565	695	16	58	13
1250×1.00	2	100	58.5	1700	890	29.2	1180~1200	560	690	16	58	13
1250×1.00	2	100	58.5	1800	1020	30.5	1190~1200	565	690	15.5	51	13
1250×1.00	2	100	58.5	1800	1000	30.5	1100~1200	575	690	17	51	14
1250×1.00	2	100	58.5	1800	930	30.5	1170~1200	565	695	16	48	15
1515×1.08	5	36	27.8	1000	610	35.8	1000~1100	650	800	5	27	19
1515×1.08	5	36	27.8	900	630	32.2	1000~1100	650	800	5	26	24
1480×0.82	5	65	37	1000	330	27	980~1100	595	705	4.5	96	14
1480×0.82	5	65	37	1400	750	38	1100~1170	595	750	5	46	15
1480×0.82	5	65	37	1400	750	38	1100~1180	600	750	5	47	13
1480×0.82	5	65	37	1400	750	38	1100~1200	610	760	5	48	13
1415×1.04	5	60	41.5	1400	750	33.8	1000~1200	615	770	5	54	18
1360×0.87	5	64	35.7	1400	750	29.3	1100~1200	565	760	5	42	23
1360×0.87	5	60	33.5	1400	750	42	1100~1200	610	760	5	43	14
1250×1.60	2	61	57.5	1400	1210	24.4	1200~1300	600	720	12	45	63
1220×0.80	2	80	36.8	1400	550	38	1100~1200	585	760	8	63	13
1219×0.75	2	90	38.7	1400	550	36.2	1100~1200	590	755	9.5	65	12
1219×0.75	2	95	40.8	1400	840	34.3	1100~1200	590	750	7	63	23
914×0.81	2	87	30.4	1400	840	46.1	1100~1200	610	740	7	35	11
1250×1.00	2	76	44.6	100	1060	31.4	1100~1200	620	730	7.5	41	23
1250×1.00	2	77	45.3	1600	1060	35.4	1200~1300	590	765	16	42	24
1250×1.00	2	77	45.3	1600	1060	35.4	1200~1300	600	790	15	40	31
1250×1.00	2	77	45.3	1600	1060	35.4	1100~1200	600	795	15	40	31
1250×1.00	2	84	49.5	1600	1060	32.4	1200~1300	600	780	16	44	31
1250×1.00	2	84	49.5	1600	1060	32.4	1100~1200	600	770	15.5	44	28
1250×1.00	2	84	49.5	1600	1060	32.4	1100~1200	610	760	15	45	25
1250×1.00	2	91	53.5	1600	1060	29.9	1100~1200	585	750	15	46	28
1250×1.00	2	91	53.5	1600	1060	29.9	1100~1200	600	740	15	48	25
1250×1.00	2	96	56.5	1600	1060	28.4	1100~1200	610	725	15	51	17
1250×1.00	2	96	56.5	1600	1060	28.4	1100~1200	590	730	15	49	26
1250×1.00	2	96	56.5	1600	1060	28.4	1100~1200	590	725	15	49	25
1250×1.00	2	96	56.5	1300	950	23	1100~1200	570	700	14	53	34
1250×1.00	2	90	53	1400	950	26.4	1100~1200	550	700	14	48	32
1250×1.00	2	90	53	1400	850	26.4	1100~1200	580	695	15	58	19
1250×1.00	2	93	55	1400	850	25.5	1100~1200	560	700	16	57	24
1250×1.00	2	79	46.5	1500	850	32.3	1100~1200	565	715	15	49	19
1250×1.00	6	79	46.5	1500	850	32.3	1100~1200	575	745	15	50	21

续表 7-93

带钢规格 /mm × mm	钢种号	速度 /m·min⁻¹	生产率 /t·h⁻¹	天然气耗量（标态）①/m³·h⁻¹		镀板热耗 /m³·t⁻¹	NOF 炉炉膛温度 /℃	出口带钢温度 /℃		带钢张力 /kN	热效率/%	
				总耗量	NOF 炉			NOF 炉	均热		NOF 炉	还原炉
1230 × 0.7	6	89	38.8	1500	580	38.7	1180 ~ 1200	540	740	15	57	13
1200 × 0.7	6	91	38.6	1500	580	38.9	1100 ~ 1200	565	730	15	58	12
1195 × 1.0	2	72	43.5	1500	580	34.5	1100 ~ 1200	540	715	15	64	13
1250 × 0.8	1	86	44.5	1500	1010	33.8	1100 ~ 1200	610	780	15	42	27
1250 × 1.0	2	72	45.3	1500	1010	33.1	1100 ~ 1200	590	760	15	41	27
1250 × 1.0	2	86	50.8	1500	1010	29.6	1100 ~ 1200	595	770	15	47	32
1250 × 1.0	2	99	58.2	1500	930	25.8	1100 ~ 1200	550	690	15	55	24
1250 × 1.0	2	100	59	1500	930	25.4	1100 ~ 1200	550	680	15	55	23
1250 × 1.0	2	101	59.5	1500	950	25.2	1100 ~ 1200	550	680	15	54	24
1250 × 1.0	2	101	59.5	1500	950	25.2	1100 ~ 1200	545	670	15	54	24
1250 × 1.0	2	101	59.5	1500	990	25.2	1100 ~ 1200	550	670	15	52	23
1250 × 1.0	2	95	56	1500	990	26.8	1100 ~ 1200	550	695	15	49	28
1250 × 1.0	2	96	56.5	1600	1130	28.3	1100 ~ 1200	565	705	15	45	29
1250 × 1.0	2	92	54.2	1600	1270	29.5	1100 ~ 1200	600	725	15	40	33
1250 × 1.0	2	92	54.2	1600	1270	29.5	1100 ~ 1200	590	730	15	40	37
1250 × 1.0	2	86	51	1600	750	31.4	1100 ~ 1200	585	720	15	63	14
1250 × 1.0	2	76	44.6	1600	750	35.9	1100 ~ 1200	585	728	15	50	14
1250 × 1.0	2	76	44.6	1600	880	35.9	1100 ~ 1200	600	760	15	48	18
1250 × 1.0	2	76	44.6	1700	880	38.1	1100 ~ 1200	630	780	15	50	16
1195 × 1.0	2	77	43.5	1300	580	30	1100 ~ 1250	585	740	12	69	17
1195 × 1.0	2	77	43.5	1300	580	30	1100 ~ 1300	590	740	12	69	17
1195 × 1.0	2	77	43.5	1300	580	30	1100 ~ 1300	580	730	12	69	17
1195 × 0.7	6	100	42.3	1300	1150	30.8	1100 ~ 1300	590	740	10	34	74
1140 × 0.7	6	109	44	1300	1150	29.6	1100 ~ 1250	590	735	8	36	74
1080 × 0.7	6	109	41.5	1300	1150	31.3	1100 ~ 1250	590	725	8	33	65
1085 × 0.5	6	120	33.2	1400	1150	42.5	1100 ~ 1250	630	750	8	29	28
1085 × 0.6	1	109	35.2	1400	1150	40.3	1100 ~ 1250	645	755	8	31	27
1085 × 1.2	1	81	49	1400	1150	28.6	1100 ~ 1250	570	700	9	38	44
1041 × 1.1	1	80	46.3	1400	1150	30.3	1100 ~ 1250	595	720	9	37	40
1041 × 1.2	1	78	45	1500	1150	33.4	1100 ~ 1250	600	730	9	37	20
1005 × 0.6	2	100	28.4	1600	1150	56.3	1200 ~ 1300	610	755	10	24	15
1000 × 1.0	2	80	37.6	1600	1150	42.5	1180 ~ 1300	600	740	8	31	21
1360 × 0.9	5	66	38	1600	880	42	1200 ~ 1250	625	770	8	43	13
1360 × 0.9	5	67	38.5	1600	880	41.5	1180 ~ 1300	635	795	9	44	15
1350 × 0.8	5	67	34	1600	1050	47	1180 ~ 1300	630	790	9	32	17
1270 × 1.0	5	67	40	1600	1050	40	1180 ~ 1300	620	760	7	37	17
1180 × 0.8	5	67	31.6	1600	1050	50.6	1180 ~ 1300	640	800	7	30	12
1185 × 0.8	6	67	31.6	1550	1050	49	1180 ~ 1300	630	790	8	30	13
1250 × 1.0	2	67	45.4	1500	1010	33.2	1100 ~ 1200	595	755	10	42	24
1041 × 1.2	1	78	45	1500	1150	33.4	1100 ~ 1200	600	730	10	37	23

①天然气的热值（标态）为 33.44MJ/m³。

7.5.2 全辐射法带钢连续退火炉的天然气耗量

全辐射法带钢连续退火炉的天然气耗量见表7-94。

表7-94 全辐射法带钢连续退火炉的天然气耗量

带钢规格 /mm×mm	钢种号	速度 /m·min^{-1}	生产率 /t·h^{-1}	天然气总耗量（标态）/m^3·h^{-1}	镀板耗量 /m^3·t^{-1}	出口带钢温度/℃		还原炉炉膛温度 /℃	带钢张力 /kN	还原炉热效率 /%
						均热炉	均衡段			
1276×0.89	2	56	29.7	940	31.5	740	470	800~900	4	28
1250×0.63	2	57	29.7	935	31.2	730	480	800~900	4	27
1250×0.63	2	75	29.6	895	30	715	480	800~900	3	27
1350×0.54	2	80	23.2	700	30	780	500	800~900	3	25
1000×0.60	1	80	22.6	670	29.7	760	480	800~900	3	27
1000×0.75	1	75	26.0	720	27.5	770	470	800~900	3	28
1000×0.75	1	75	26.0	790	30.05	690	470	800~900	3	27
915×0.60	2	80	26.0	685	26.7	680	480	800~900	2	24
915×0.60	2	80	20.6	685	26.7	680	480	800~900	2	24
900×0.68	2	80	19.6	725	26.5	670	480	800~900	3	20
1500×1.5	1	29	29.5	935	31.5	670	460	800~900	8	39
1500×1.4	2	30	30	935	31.0	695	470	800~900	7	41
1500×1.25	2	34	30	940	31.0	705	470	800~900	7	40
1500×1.25	2	34	30	950	31.5	725	470	800~900	7	36
1250×1.25	2	40	29.6	905	30.05	730	470	800~900	6	38
1250×1.25	2	40	29.6	905	30.0	720	470	800~900	6	38
1100×1.45	2	40	30.2	820	27.3	728	465	800~900	6	31
1020×1.5	2	41	29.5	795	27.0	760	465	800~900	6	43
1250×2.0	2	25	29.5	910	30.8	780	460	800~900	10	39
1350×1.45	2	33	29.6	970	31.6	740	470	800~900	7	38
1500×1.0	2	43	30.3	940	31	730	480	800~900	5	40
1500×0.63	2	68	30	910	30.5	740	490	800~900	5	41
1404×1.0	2	45	30	915	30.5	735	470	800~900	5	38
1404×0.88	2	48	30	930	31.5	725	480	800~900	5	39
750×0.60	2	90	19	695	31.5	750	490	800~900	2	26
795×0.75	1	80	22.5	930	32.5	700	485	800~900	3	49
795×0.75	1	80	18.6	750	33.3	720	485	800~900	3	40
900×0.56	2	80	28	670	36.0	730	490	800~900	3	73
1000×0.75	2	80	30.6	850	30.3	755	485	800~900	3	58
1300×0.75	2	67	25.4	910	29.7	740	486	800~900	3	40
799×1.25	1	54	28.6	900	31.5	770	478	800~900	3	49
920×1.50	2	44	28.3	880	30.04	795	475	800~900	5	38
760×2.50	2	25	23.2	920	25.5	790	460	800~900	8	30
781×3.0	2	21	29.5	840	36.1	760	455	800~900	11	42

7.6 节能措施

节能措施见表 7-95 ~ 表 7-98。

表 7-95 各种余热锅炉的比较

项 目	强制循环锅炉	火管锅炉	水管锅炉
蒸汽量/$t \cdot h^{-1}$	29	29	29
蒸发强度/$kg \cdot (m^2 \cdot h \cdot ℃)^{-1}$	19.9	11.6	13.3
传热系数/$kJ \cdot (m^2 \cdot h \cdot ℃)^{-1}$	144.2	83.6	96.14
加热面积/m^2	144	246	215
锅炉金属结构重量/t	4.30	—	12.3
构架及外壳重量/t	3.80	—	4.0
总重/t	8.10	11.8	16.3
每吨汽的金属耗量/t	2.85	4.12	5.70

表 7-96 热镀锌企业能源节约途径

<table>
<tr><th rowspan="2">序 号</th><th rowspan="2" colspan="2">项 目</th><th rowspan="2">节 约 途 径</th><th colspan="2">每年可节约成本范围</th></tr>
<tr><th>英镑/年</th><th>元人民币/年</th></tr>
<tr><td>1</td><td colspan="2">加强能源管理</td><td>能源管理的政策、责任及观念</td><td>1000 ~ 5000</td><td>15000 ~ 75000</td></tr>
<tr><td rowspan="4">2</td><td rowspan="4">前处理</td><td>1</td><td>脱脂及助镀池非生产时加盖</td><td>500</td><td>7500</td></tr>
<tr><td>2</td><td>脱脂及助镀池壁保温</td><td>500 ~ 1000</td><td>7500 ~ 15000</td></tr>
<tr><td>3</td><td>温度控制及时关闭</td><td>400 ~ 800</td><td>6000 ~ 12000</td></tr>
<tr><td>4</td><td>提高燃烧器效率</td><td>100 ~ 300</td><td>1500 ~ 4500</td></tr>
<tr><td rowspan="3">3</td><td rowspan="3">热 工</td><td>1</td><td>烘干时关闭烘干室门</td><td>500</td><td>7500</td></tr>
<tr><td>2</td><td>自动关闭燃烧器（门开时）</td><td>500 ~ 1000</td><td>7500 ~ 15000</td></tr>
<tr><td>3</td><td>提高燃烧器效率</td><td>200 ~ 800</td><td>3000 ~ 12000</td></tr>
<tr><td rowspan="7">4</td><td rowspan="7">锌 锅</td><td>1</td><td>改善燃烧系统设定</td><td>500 ~ 2000</td><td>7500 ~ 30000</td></tr>
<tr><td>2</td><td>减少表面散热</td><td>1000 ~ 2000</td><td>15000 ~ 30000</td></tr>
<tr><td>3</td><td>减少吸收烟尘速率</td><td>1000 ~ 2000</td><td>15000 ~ 30000</td></tr>
<tr><td>4</td><td>减少燃烧器低热量输入</td><td>500</td><td>7500</td></tr>
<tr><td>5</td><td>燃烧空气预热</td><td>1000 ~ 1500</td><td>15000 ~ 22500</td></tr>
<tr><td>6</td><td>尽量调低锌液温度：
批量镀锌 440℃；带钢镀锌 460℃</td><td>500</td><td>7500</td></tr>
<tr><td>7</td><td>更换更先进的燃烧器</td><td>2000 ~ 3000</td><td>30000 ~ 45000</td></tr>
<tr><td>5</td><td colspan="2">余热利用</td><td>燃烧烟气余热利用</td><td>3000 ~ 5000</td><td>45000 ~ 75000</td></tr>
</table>

表 7-97 热镀锌连续退火炉节能诊断测定项目和方法

区域	项目			单位	测定位置	测定仪表与方法	测定原则	取值原则
无氧炉与预热炉	燃气	燃气流量		m^3/h	燃气管道上	流量计	1h 1次	算术平均数
		燃气成分		%	燃气管道上	燃气成分分析仪	1h 1次	算术平均数
		燃气发热值		kJ/m^3	按燃气成分计算		1h 1次	算术平均数
		燃气温度		℃	燃气管道上	温度计	1h 1次	算术平均数
		燃气含湿量		%	燃气管道上	干湿球温度计	1h 1次	算术平均数
	烟气	烟气成分	CO_2 含量	%	炉排气口	烟气分析仪	1h 1次	算术平均数
			CO 含量					
			O_2 含量					
			H_2 含量					
			N_2 含量					
		烟气含湿量		%	炉排气口	干湿球温度计	1h 1次	算术平均数
		烟气流量		m^3/h	炉排气口	温度计	1h 1次	算术平均数
		烟气温度	出炉温度	℃	炉排气口	温度计	1h 1次	算术平均数
			进入热交换器温度	℃	热交换器入口	温度计	1h 1次	算术平均数
			流出热交换器温度	℃	热交换器出口	温度计	1h 1次	算术平均数
		烟气含氧量	进入热交换器含量	%	热交换器入口	烟气分析仪	1h 1次	算术平均数
			流出热交换器含量	%	热交换器出口	烟气分析仪	1h 1次	算术平均数
	钢带	温度	入炉温度	℃	炉入口	数字式温度计	1h 1次	算术平均数
			离开无氧炉温度	℃	炉喉	数字式温度计	1h 1次	算术平均数
		过钢量		t/h	根据速度厚度宽度计算		1h 1次	算术平均数

续表 7-97

区域	项目			单位	测定位置	测定仪表与方法	测定原则	取值原则
无氧炉与预热炉	空气	空气含湿量		%	空气管道上	干湿球温度计	1h 1次	算术平均数
		无氧炉空气流量		m^3/h	无氧炉空气管道上	流量计	1h 1次	算术平均数
		预热炉空气流量		m^3/h	预热炉空气管道上	流量计	1h 2次	算术平均数
		温度	入炉温度	℃	燃烧器入口	温度计	1h 1次	算术平均数
			进入热交换器温度	℃	热交换器入口	温度计	1h 1次	算术平均数
			流出热交换器温度	℃	热交换器出口	温度计	1h 1次	算术平均数
	燃烧器	空气压力		Pa	燃烧器入口	压力表	每个燃烧器1次	算术平均数
		燃气压力		Pa	燃烧器入口	压力表	每个燃烧器1次	算术平均数
		火焰		℃	观察孔	目测	每个燃烧器1次	算术平均数
	体系散热	炉体	表面温度	℃	炉体表面	数字式温度计	$1m^2$ 测1点	算术平均数
			表面积	m^2	计算			
		烟气管道	表面温度	℃	烟气管道表面	数字式温度计	$1m^2$ 测1点	算术平均数
			表面积	m^2	计算			
		空气管道	表面温度	℃	空气管道表面	数字式温度计	$1m^2$ 测1点	算术平均数
			表面积	m^2	计算			
		热交换器	表面温度	℃	热交换器表面	数字式温度计	$1m^2$ 测1点	算术平均数
			表面积	m^2	计算			
	冷却水	温度	进水温度	℃	进水口	温度计	1h 1次	算术平均数
			出水温度	℃	出水口	温度计	1h 1次	算术平均数
		流量		m^3/h	进水口	流量计	1h 1次	算术平均数

续表 7-97

区域	项目			单位	测定位置	测定仪表与方法	测定原则	取值原则
辐射加热炉	燃气	燃气流量		m^3/h	燃气管道上	流量计	1h 1次	算术平均数
	烟气	烟气成分	CO_2 含量	%	辐射管排气口	烟气分析仪	每个辐射管1次	算术平均数
			CO 含量					
			O_2 含量					
			H_2 含量					
			N_2 含量					
		烟气含湿量		%	辐射管排气口	干湿球温度计	每个辐射管1次	算术平均数
		烟气流量		m^3/h	计　算	—	—	—
		烟气温度	进人热交换器温度	℃	热交换器入口	温度计	每个辐射管1次	算术平均数
			流出热交换器温度	℃	热交换器出口	温度计	每个辐射管1次	算术平均数
		烟气含氧量	进入热交换器含量	℃	热交换器入口	流量计	每个辐射管1次	算术平均数
			流出热交换器含量	℃	热交换器出口	流量计	每个辐射管1次	算术平均数
	钢带	离开辐射炉温度		℃	辐射炉末段	数字式温度计	1h 1次	算术平均数
	空气	流　量		m^3/h	计　算	—	—	—
		温　度	进人热交换器温度	℃	热交换器入口	温度计	1h 1次	算术平均数
			流出热交换器温度	℃	热交换器出口	温度计	1h 1次	算术平均数
	燃烧器	空气压力		Pa	燃烧器入口	压力表	每个燃烧器1次	算术平均数
		燃气压力		Pa	燃烧器入口	压力表	每个燃烧器1次	算术平均数
		火　焰		—	观察孔，炉门口	目　测	每个燃烧器1次	算术平均数
	表面散热	炉　体	表面温度	℃	炉体表面	数字式温度计	$1m^2$ 测1点	算术平均数
			表面积	m^2	计　算	—	—	—

表 7-98 热镀锌连续退火炉节能诊断测定实例

炉区	热收入项				热支出项			
	项目	MJ/h	MJ/t	%	项目	MJ/h	MJ/t	%
无氧炉区与预热区	钢带带入物理热	117.63	7.22	1.20	钢带带走物理热	4625.66	283.78	47.23
	燃气燃烧化学热	8409.76	515.94	85.87	干烟气带走物理热	2089.39	128.18	21.33
	燃气带入物理热	1.96	0.12	0.02	湿烟气带走物理热	392.72	24.09	4.01
	助燃干空气带入物理热	1244.77	76.37	12.71	炉体表面散热	706.12	43.32	7.21
	助燃湿空气带入物理热	13.71	0.84	0.14	管道表面散热	193.91	11.90	1.98
	氢气燃烧化学热	5.40	0.33	0.06	冷却水带走物理热	765.86	46.99	7.82
	—	—	—	—	其他热损失	1019.93	62.57	10.41
	热收入小计	9793.59	600.83	100.00	热支出小计	9793.59	600.83	100.00
	热转换效率	热转换效率 = [(8409.76 + 1.96 − 2089.39 − 392.72)/(8409.76 + 1.96)] × 100% = 70.49%						
	热利用效率	热利用效率 = [(4625.66 − 117.63)/(8409.76 + 1.96)] × 100% = 53.59%						
辐射管加热区	钢带带入物理热	4625.66	283.78	49.21	钢带带走物理热	5645.11	346.33	60.05
	燃气燃烧化学热	4212.82	258.46	44.82	干烟气带走物理热	2011.36	123.40	21.40
	燃气带入物理热	0.98	0.06	0.01	湿烟气带走物理热	336.23	20.63	3.58
	助燃干空气带入物理热	552.97	33.92	5.88	炉体表面散热	1207.56	74.08	12.85
	助燃湿空气带入物理热	7.85	0.48	0.08	其他热损失	200.02	12.27	2.13
	热收入小计	9400.28	576.70	100.00	热支出小计	9400.28	576.70	100.00
	热转换效率	热转换效率 = [(4212.82 + 0.98 − 2011.36 − 336.23)/(4212.82 + 0.98)] × 100% = 44.29%						
	热利用效率	热利用率 = [(5645.11 − 4625.66)/(4212.82 + 0.98)] × 100% = 24.19%						

续表 7-98

炉区	热收入项				热支出项			
	项目	MJ/h	MJ/t	%	项目	MJ/h	MJ/t	%
均热区	钢带带入物理热	5645.11	346.33	93.09	钢带带走物理热	5645.11	346.33	93.09
	电热元件发热	419.30	25.72	6.91	炉体表面散热	385.98	23.68	6.36
	—	—	—	—	其他热损失	33.32	2.04	0.55
	热收入小计	6064.41	372.05	100.00	热支出小计	6064.41	372.05	100.00
	热转换效率/%	约90（根据有关资料介绍）						
	热利用效率/%	0.00						
整个加热炉	钢带带入物理热	117.63	7.22	0.78	钢带带走物理热	5645.11	346.33	37.67
	燃气燃烧化学热	12622.58	774.39	84.22	干烟气带走物理热	4100.75	251.58	27.36
	燃气带入物理热	2.94	0.18	0.02	湿烟气带走物理热	728.95	44.72	4.86
	助燃干空气带入物理热	1797.74	110.29	12.00	炉体表面散热	2299.66	141.08	15.34
	助燃湿空气带入物理热	21.56	1.32	0.14	管道表面散热	193.91	11.90	1.29
	氢气燃烧化学热	5.40	0.33	0.04	冷却水带走物理热	765.86	46.99	5.11
	电热元件发热	419.30	25.72	2.80	其他热损失	1253.27	76.89	8.36
	热收入合计	14987.14	919.46	100.00	热支出合计	14987.51	919.48	100.00
	燃气热转换效率	燃气热转换效率 = [(12622.58 + 2.94 − 4100.75 − 728.95)/(12622.58 + 2.94)] × 100% = 64.91%						
	热利用效率	热利用率 = [(5645.11 − 117.63)/(12622.58 + 2.94)] × 100% = 43.78%						

8 热镀锌基础数据

8.1 单位换算

长度单位换算，面积单位换算，体积单位换算，力单位换算，压强单位换算，功、能量和热量单位换算，功率单位换算，质量单位换算，密度单位换算，运动黏度单位换算，马力千瓦换算，温度换算，低碳钢硬度与强度参数换算，各种硬度计测量值等参数换算，见表8-1～表8-21。

表8-1 长度单位换算

米(m)	千米(km)	厘米(cm)	毫米(mm)	市尺	英尺(ft)	英寸(in)
1	1×10^{-3}	1×10^{2}	1×10^{3}	3	3.28084	39.3701
1×10^{3}	1	1×10^{5}	1×10^{6}	3×10^{3}	3.28084×10^{3}	3.93701×10^{4}
1×10^{-2}	1×10^{-5}	1	10	3×10^{-2}	3.2808×10^{-2}	0.393701
1×10^{-3}	1×10^{-6}	0.1	1	3×10^{-3}	3.2808×10^{-3}	0.3937×10^{-2}
0.333333	3.33333×10^{-4}	33.3333	333.333	1	1.093613	13.1234
0.3048	3.048×10^{-4}	30.48	304.8	0.914400	1	12
2.54×10^{-2}	2.54×10^{-5}	2.54	25.4	7.62×10^{-2}	8.3333×10^{-2}	1

表8-2 面积单位换算

米²(m^2)	厘米²(cm^2)	公亩(a)	英亩(acre)	英尺²(ft^2)	英寸²(in^2)
1	1×10^{4}	1×10^{-2}	2.47105×10^{-4}	10.7639	1550
1×10^{-4}	1	1×10^{-6}	2.47105×10^{-8}	1.07639×10^{-3}	0.155
100	1×10^{6}	1	2.47105×10^{-2}	1076.39	1.551×10^{5}
4046.86	4.04686×10^{7}	40.4686	1	4.35599×10^{5}	6.272640×10^{6}
0.092903	929.031	9.2903×10^{-4}	2.29568×10^{-5}	1	144
6.4516×10^{-2}	6.45161	6.45161×10^{-6}	1.59423×10^{-7}	6.94444×10^{-3}	1

表8-3 体积单位换算

米³(m^3)	厘米³(cm^3)	升(L)	市尺³	英尺³(ft^3)	加仑(USgal)
1	1×10^{6}	999.972	27	35.3147	264.172
1×10^{-6}	1	9.999×10^{-4}	2.7×10^{-5}	3.53147×10^{-5}	2.6417×10^{-4}
1.000028×10^{-3}	1.00003×10^{3}	1	2.70008×10^{-2}	3.53157×10^{-2}	0.264179
3.7037×10^{-2}	3.7037×10^{4}	37.0359	1	1.30795	9.78414
2.83168×10^{-2}	2.8316×10^{4}	28.3161	0.764554	1	7.48051
3.78541×10^{-3}	3785.41	3.78531	0.102206	0.133681	1

表 8-4 力单位换算

牛顿(N)	千克力(kgf)	达因(dyn)	磅力(lbf)	英吨力(UKtonf)	磅达(pdl)
1	0.101972	1×10^{5}	0.224809	1.00361×10^{-4}	7.23301
9.80665	1	980665	2.20462	9.84207×10^{-4}	70.9316
1×10^{-5}	1.01972×10^{-6}	1	24809×10^{-6}	1.00361×10^{-9}	7.23301×10^{-5}
4.44822	0.453592	4.44822×10^{5}	1	4.46429×10^{-4}	32.1740
9964.02	1016.05	9.96402×10^{5}	2240	1	7.20699×10^{4}
0.138255	1.40981	1.38225×10^{4}	3.10810×10^{-2}	1.38754×10^{-5}	1

表 8-5 压强单位换算

标准大气压 (atm)	工程大气压 (at)	毫米汞柱 (mmHg)	毫米水柱 (mmH_2O)	毫巴 (mbar)	达因/厘米^2 (dyn/cm^2)	帕斯卡 (Pa)
1	1.0332	760	10332	1013.25	1013250	1.013×10^{5}
1.9678	1	735.56	1×10^{4}	981	981×10^{3}	9.807×10^{4}
0.00132	1.36×10^{-3}	1	13.6	1.3332	1.3332	133.322
0.9678×10^{4}	1×10^{-4}	0.07356	1	0.0981	98.1	0.9807
0.9869×10^{-3}	1.02×10^{-3}	0.75	10.2	1	1×10^{3}	1×10^{2}
0.9869×10^{-6}	1.02×10^{-6}	7.5×10^{-4}	10.2×10^{-3}	1×10^{-3}	1	1×10^{-1}
9.869×10^{-5}	1.0197×10^{-5}	7.5×10^{-3}	1×10^{-1}	1×10^{-2}	10	1

表 8-6 功、能量和热量单位换算

尔格(erg)	千克·米(kg·m)	千卡(kcal)	焦耳(J)	千瓦·小时(kW·h)	磅·英尺(lb·in)
1	1.02×10^{-8}	2.39×10^{-11}	10^{-7}	2.78×10^{-14}	7.37×10^{-8}
9.81×10^{7}	1	2.34×10^{-3}	9.81	2.73×10^{-6}	7.23
4185×10^{7}	427	1	4185	1.16×10^{-3}	3087
10^{7}	0.102	2.39×10^{-4}	1	2.78×10^{-7}	0.737
36×10^{12}	367.2×10^{3}	860	3.6×10^{6}	1	2.655×10^{6}
1.355×10^{7}	0.138	3.24×10^{-4}	1.356	3.77×10^{-7}	1
1055×107	107.6	0.252	1055	2.931×10^{-4}	778

表 8-7 功率单位换算

千克力·米/秒 (kgf·m/s)	尔格/秒(erg/s)	磅·英尺/秒(lb·ft/s)	公制马力	英制马力	千瓦(kW)
1	9.81×10^{7}	7.23	1.333×10^{-2}	1.315×10^{-2}	0.981×10^{-2}
1.02×10^{-8}	1	7.38×10^{-8}	1.36×10^{-10}	1.341×10^{-10}	10^{-10}
0.138	1.356×10^{7}	1	1.84×10^{-3}	1.818×10^{-3}	1.356×10^{-3}
75	735.6×10^{7}	542.5	1	0.986	0.7355
76.04	745.6×10^{7}	550	1.0138	1	0.7457
102	1000×10^{7}	738	1.36	1.34	1

表 8-8 质量单位换算

千克(kg)	克(g)	吨(t)	市斤	磅(lb)	盎司(oz)
1	1000	1×10^{-3}	2	2.20462	35.2740
1×10^{-3}	1	1×10^{-6}	2×10^{-3}	2.20462×10^{-3}	3.52740×10^{-2}
1000	1×10^{-6}	1	2000	2204.62	35274
0.5	500	5×10^{-4}	1	1.10231	17.637
0.453592	4.53592×10^{2}	4.53592×10^{-4}	0.907185	1	16
2.83495×10^{-2}	28.3495	2.83495×10^{-5}	5.66990×10^{-2}	0.0625	1

表 8-9 密度单位换算

千克/米^3(kg/m^3)	千克/升(kg/L)	磅/英尺^3(lb/ft^3)	磅/英寸^3(lb/in^3)	磅/加仑(lb/US)
1	1.000028×10^{-3}	6.24278×10^{-2}	3.61273×10^{-5}	8.3454×10^{-3}
999.972	1	62.4261	3.61236×10^{-2}	8.34517
16.0185	1.60189×10^{-2}	1	5.78704×10^{-4}	0.133681
27679.9	27.6807	1728	1	231
119.826	0.11983	7.48047	4.329×10^{-3}	1

表 8-10 运动黏度单位换算

米^2/秒(m^2/s)	厘米^2/秒(cm^2/s)	毫米^2/秒(mm^2/s)	米^2/小时(m^2/h)	英寸^2/秒(in^2/s)
1	1×10^{4}	1×10^{6}	3600	1.55000×10^{3}
1×10^{4}	1	1×10^{2}	0.36	0.155000
1×10^{-6}	1×10^{-2}	1	3.6×10^{-3}	1.55000×10^{-3}
2.77778×10^{-4}	2.77778	2.77778×10^{2}	1	0.430556
6.45161×10^{-4}	6.45161	6.45161×10^{2}	2.32258	1

表 8-11 常用单位换算表

物理量名称	符 号	换算系数	
		国际单位制	工程单位制
压 力	P	10^3·帕斯卡，10^5·牛顿/米^2，巴	大气压，千克力/厘米^2
		1	1.01972
		ρ，980665	1
运动黏度	ν	米^2/秒	米^2/秒
		1	1
		1 厘米^2/秒 = 10^{-4}米^2/秒 = 1	
动力黏度	μ	牛顿·秒/米^2	千克力·秒/米^2
		1	0.101972
		9.80665	1
热 量	Q	千焦	千卡
		1	0.238846
		4.1868	1
热 容	c	千焦/(千克·℃)	千卡/(千克·℃)
		1	0.238846
		4.1868	1

续表 8-11

物理量名称	符号	换算系数		
		国际单位制	工程单位制	
热扩散率	q	瓦/米^2	千卡/（米^2·小时）	
		1	0.859845	
		1.163	1	
热导率	λ	瓦/(米·℃)	千卡/(米·小时·℃)	
		1	0.859845	
		1.163	1	
传热系数	α	瓦/(米^2·℃)	千卡/(米^2·小时·℃)	
		1	0.859845	
		1.163	1	
功率	N	瓦	千卡/小时	千克力·米/秒
		1	0.859845	0.101972
		1.163	1	0.118583
		9.80665	8.433719	1

表 8-12 马力千瓦换算表

马力(ps)	千瓦(kW)	马力(ps)	千瓦(kW)	马力(ps)	千瓦(kW)
1	0.735	55	40.1	550	404.4
2	1.47	60	44.4	600	441.2
3	2.21	65	47.8	650	477.9
4	2.94	70	51.5	700	514.7
5	3.68	75	55.1	750	551.5
6	4.41	80	58.8	800	588.2
7	5.15	85	62.5	850	625.0
8	5.88	90	66.2	900	661.8
9	6.62	95	69.9	950	698.5
10	7.35	100	73.5	1000	735.3
15	11.0	150	110.3	1100	808.8
20	14.7	200	147.1	1200	882.4
25	18.4	250	183.8	1300	955.9
30	22.1	300	220.6	1400	1029.4
35	25.7	350	257.4	1500	1102.9
40	29.4	400	294.1	1600	1176.5
45	33.1	450	330.9	1700	1250.0
50	36.8	500	367.6	1800	1323.5

表 8-13 温度换算表

摄氏℃	列氏°R	华氏°F	摄氏℃	列氏°R	华氏°F	摄氏℃	列氏°R	华氏°F	摄氏℃	列氏°R	华氏°F
100	80	212	97	77.8	206.6	94	75.2	201.2	91	72.8	195.8
99	79.2	210.2	96	76.8	204.8	93	74.4	199.4	90	72	194
98	78.4	208.4	95	76	203	92	73.6	197.6	89	71.2	192.2

续表 8-13

摄氏℃	列氏°R	华氏°F	摄氏℃	列氏°R	华氏°F	摄氏℃	列氏°R	华氏°F	摄氏℃	列氏°R	华氏°F
88	70.4	190.4	57	45.6	134.6	26	20.8	78.8	-5	-4	23
87	69.6	188.6	56	44.8	132.8	25	20	77	-6	-4.8	21.2
86	68.8	186.8	55	44	131	24	19.2	75.2	-7	-5.6	19.4
85	68	185	54	43.2	129.2	23	18.4	73.4	-8	-6.4	17.6
84	67.2	183.2	53	42.4	127.4	22	17.6	71.6	-9	-7.2	15.8
83	66.4	181.4	52	41.6	125.6	21	16.8	69.8	-10	-8	14
82	65.6	179.6	51	40.8	123.8	20	16	68	-11	-8.8	12.2
81	64.8	177.8	50	40	122	19	15.2	66.2	-12	-9.6	10.4
80	64	176	49	39.2	120.2	18	14.4	64.4	-13	-10.4	8.6
79	63.2	174.2	48	38.4	118.4	17	13.6	62.6	-14	-11.2	6.8
78	62.4	172.4	47	37.6	116.6	16	12.8	60.8	-15	-12	5
77	61.6	170.6	46	36.8	114.8	15	12	59	-16	-12.8	3.2
76	60.8	168.8	45	36	113	14	11.2	57.2	-17	-13.8	1.4
75	60	167	44	35.2	111.2	13	10.4	55.4	-18	-14.4	-0.4
74	59.2	165.2	43	34.4	109.4	12	9.6	53.6	-19	-15.2	-2.2
73	58.4	163.4	42	33.6	107.6	11	8.8	51.8	-20	-16	-4
72	57.6	161.6	41	32.8	105.8	10	8	50	-21	-16.8	-5.8
71	56.8	159.8	40	32	104	9	7.2	48.2	-22	-17.6	-7.6
70	56	158	39	31.2	102.2	8	6.4	46.2	-23	-18.4	-9.4
69	55.2	156.2	38	30.4	100.4	7	5.6	44.8	-24	-19.2	-11.2
68	54.4	154.4	37	29.6	98.6	6	4.8	42.8	-25	-20	-13
67	53.6	152.6	36	28.8	96.8	5	4	41	-26	-20.8	-14.8
66	52.8	150.8	35	28	95	4	3.2	39.2	-27	-21.6	-16.6
65	52	149	34	27.2	93.2	3	2.4	37.4	-28	-22.4	-18.4
64	51.2	147.2	33	26.4	91.4	2	1.6	35.6	-29	-23.2	-20.2
63	50.4	145.4	32	25.6	89.6	1	0.8	33.8	-30	-24	-22
62	49.6	143.6	31	24.8	87.8	0	0	32	-31	-24.8	-23.8
61	48.8	141.8	30	24	86	-1	-0.8	30.2	-32	-25.6	-25.6
60	48	140	29	23.2	84.2	-2	-1.6	28.4	-33	-26.4	-27.4
59	47.1	138.2	28	22.4	82.4	-3	-2.4	26.6	-34	-27.2	-29.2
58	46.4	136.4	27	21.6	80.6	-4	-3.2	24.8	-35	-28	-31

表 8-14　低碳钢硬度与强度换算表（GB/T 1172—1999）

硬度							抗拉强度 R_m/MPa
洛氏	表面洛氏			维氏	布氏		
HRB	HR15T	HR30T	HR45T	HV	HBS		
					$F/D^2=10$	$F/D^2=30$	
60.0	80.4	56.1	30.4	105	102	—	375
60.5	80.5	56.4	30.9	105	102	—	377
61.0	80.7	56.7	31.4	106	103	—	379
61.5	80.8	57.1	31.9	107	103	—	381

续表 8-14

硬度							抗拉强度 R_m/MPa
洛氏	表面洛氏			维氏	布氏		
HRB	HR15T	HR30T	HR45T	HV	HBS		
					$F/D^2=10$	$F/D^2=30$	
62.0	80.9	57.4	32.4	108	104	—	382
62.5	81.1	57.7	32.9	108	104	—	384
63.0	81.2	58.0	33.5	109	105	—	386
63.5	81.4	58.3	34.0	110	105	—	388
64.0	81.5	58.7	34.5	110	106	—	390
64.5	81.6	59.0	35.0	111	106	—	393
65.0	81.8	59.3	35.5	112	107	—	395
65.5	81.9	59.6	36.1	113	107	—	397
66.0	82.1	59.9	36.6	114	108	—	399
66.5	82.2	60.3	37.1	115	108	—	402
67.0	82.3	60.6	37.6	115	109	—	404
67.5	82.5	60.9	38.1	116	110	—	407
68.0	82.6	61.2	38.6	117	110	—	409
68.5	82.7	61.5	39.2	118	111	—	412
69.0	82.9	61.9	39.7	119	112	—	415
69.5	83.0	62.2	40.2	120	112	—	418
70.0	83.2	62.5	40.7	121	113	—	421
70.5	83.3	623.8	41.2	122	114	—	424
71.0	83.4	63.1	41.7	123	115	—	427
71.5	83.6	63.5	42.3	124	115	—	430
72.0	83.7	63.8	42.8	125	116	—	433
72.5	83.9	64.1	43.3	126	117	—	437
73.0	84.0	64.4	43.8	128	118	—	440
73.5	84.1	64.7	44.3	129	119	—	444
74.0	84.3	65.1	44.8	130	120	—	447
74.5	84.4	65.4	45.4	131	121	—	451
75.0	84.5	65.7	45.9	132	122	—	455
75.5	84.7	66.0	46.4	134	123	—	459
76.0	84.8	66.3	46.9	135	124	—	463
76.5	85.0	66.6	47.4	136	125	—	467
77.0	85.1	67.0	47.9	138	126	—	471
77.5	85.2	67.3	48.5	139	127	—	475
78.0	85.4	67.6	49.0	140	128	—	480
78.5	85.5	67.9	49.5	142	129	—	484
79.0	85.7	68.2	50.0	143	130	—	489
79.5	85.8	68.6	50.5	145	132	—	493
80.0	85.9	68.9	51.0	146	133	—	498
80.5	86.1	69.2	51.6	148	134	—	503

续表 8-14

硬　度							抗拉强度 R_m/MPa
洛　氏	表面洛氏			维　氏	布　氏		
					HBS		
HRB	HR15T	HR30T	HR45T	HV	$F/D^2=10$	$F/D^2=30$	
81.0	86.2	69.5	52.1	149	136	—	508
81.5	86.3	69.8	52.6	151	137	—	513
82.0	86.5	70.2	53.1	152	138	—	518
82.5	86.6	70.5	53.6	154	140	—	523
83.0	86.8	70.8	54.1	156	—	—	529
83.5	86.9	71.1	54.7	157	—	—	534
84.0	87.0	71.4	55.2	159	—	—	540
84.5	87.2	71.8	55.7	161	—	—	546
85.0	87.3	72.1	56.2	163	—	—	551
85.5	87.5	72.4	56.7	165	—	—	557
86.0	87.6	72.7	57.2	166	—	—	563
86.5	87.7	73.0	57.8	168	—	—	570
87.0	87.9	73.4	58.3	170	—	—	576
87.5	88.0	73.7	58.8	172	—	—	582
88.0	88.1	74.0	59.3	174	—	—	589
88.5	88.3	74.3	59.8	176	—	170	596
89.0	88.4	74.6	60.3	178	—	172	603
89.5	88.6	75.0	60.9	180	—	174	609
90.0	88.7	75.3	61.4	183	—	176	617
90.5	88.8	75.6	6.9	185	—	178	624
91.0	89.0	75.9	62.4	187	—	180	631
91.5	89.1	76.2	62.9	189	—	182	639
92.0	89.3	76.6	63.4	191	—	184	646
92.5	89.4	76.9	64.0	194	—	187	654
93.0	89.5	77.2	64.5	196	—	189	662
93.5	89.7	77.5	65.0	199	—	192	670
94.0	89.8	77.8	65.5	201	—	195	678
94.5	89.9	78.2	66.0	203	—	197	686
95.0	90.1	78.5	66.5	206	—	200	695
95.5	90.2	78.8	67.1	208	—	203	703
96.0	90.4	79.1	67.6	211	—	206	712
96.5	90.5	79.4	68.1	214	—	209	721
97.0	90.6	79.8	68.6	216	—	212	730
97.5	90.8	80.1	69.1	219	—	215	739
98.0	90.9	80.4	69.6	222	—	218	749
98.5	91.1	80.7	70.2	225	—	222	758
99.0	91.2	81.0	70.7	227	—	226	768
99.5	91.3	81.4	71.2	230	—	229	778

续表 8-14

硬度							抗拉强度 R_m/MPa
洛氏	表面洛氏			维氏	布氏 HBS		
HRB	HR15T	HR30T	HR45T	HV	$F/D^2=10$	$F/D^2=30$	
100.0	91.5	81.7	71.7	233	—	232	788
100.5	91.6	82.2	72.1	236	—	235	798
101.0	91.7	82.5	72.6	238	—	238	808
101.5	91.8	82.8	73.0	242	—	240	817
102.0	91.9	83.1	73.5	245	—	243	827
102.5	92.0	83.4	74.3	247	—	246	836
103.0	92.1	83.6	74.8	250	—	249	846
103.5	92.2	83.8	75.2	253	—	252	855
104.0	92.3	83.0	75.7	256	—	255	865
104.5	92.4	83.4	76.2	258	—	258	875
105.0	92.5	83.6	76.7	261	—	260	884
105.5	92.6	83.7	77.1	264	—	263	895
106.0	93.1	84.0	77.6	266	—	266	906
106.5	93.3	84.1	78.2	269	—	269	916

表 8-15 各种硬度计测量值之间的换算关系

维氏硬度	布氏硬度 ($D_{钢球}=10mm; P=30000N$)		洛氏硬度刻度			维氏硬度	布氏硬度 ($D_{钢球}=10mm; P=30000N$)		洛氏硬度刻度		
	压印直径/mm	硬度 HR	C (150kg)	B (100kg)	A (60kg)		压印直径/mm	硬度 HR	C (150kg)	B (100kg)	A (60kg)
1224	2.20	780	72	—	84	401	3.10	388	41	—	71
1116	2.25	745	70	—	83	390	3.15	375	40	—	70
1022	230	712	68	—	82	380	3.20	363	39	—	70
941	2.35	682	66	—	81	361	3.25	352	38	—	69
868	2.40	653	64	—	80	344	3.3	341	36	—	68
804	2.45	627	62	—	79	334	3.35	331	35	—	67
746	2.50	601	60	—	78	320	3.40	321	33	—	67
694	2.55	578	58	—	78	311	3.45	311	32	—	66
650	2.60	555	56	—	77	303	3.5	302	31	—	66
606	2.65	534	54	—	76	292	3.55	293	30	—	65
587	2.70	514	52	—	75	285	3.6	285	29	—	65
551	2.75	495	50	—	74	278	3.65	277	28	—	64
534	2.80	477	49	—	74	270	3.70	269	27	—	64
502	2.85	461	48	—	73	261	3.75	262	26	—	63
474	2.90	444	46	—	73	255	3.80	255	25	—	63
460	2.95	429	45	—	72	228	4.00	229	20	100	61
435	3.00	415	43	—	72	222	4.05	223	19	99	60
423	3.05	401	42	—	71	217	4.10	217	17	98	60

续表 8-15

维氏硬度	布氏硬度（$D_{钢球}$=10mm；P=30000N）		洛氏硬度刻度			维氏硬度	布氏硬度（$D_{钢球}$=10mm；P=30000N）		洛氏硬度刻度		
	压印直径/mm	硬度 HR	C（150kg）	B（100kg）	A（60kg）		压印直径/mm	硬度 HR	C（150kg）	B（100kg）	A（60kg）
213	4.15	212	15	97	59	149	4.90	149	—	82	—
208	4.20	207	14	95	59	148	4.95	146	—	81	—
201	4.25	201	13	94	58	143	5.00	143	—	80	—
197	4.30	197	12	93	58	140	5.05	140	—	79	—
192	4.35	192	11	92	57	138	5.10	137	—	78	—
186	4.40	187	9	91	57	134	5.15	134	—	77	—
183	4.45	183	8	90	56	131	5.20	131	—	76	—
178	4.50	179	7	90	56	129	5.25	128	—	75	—
174	4.55	174	6	89	55	127	5.30	126	—	74	—
171	4.60	170	4	88	55	123	5.35	123	—	73	—
166	4.65	167	3	87	54	121	5.40	121	—	72	—
162	4.70	163	2	86	53	118	5.45	118	—	71	—
159	4.75	159	1	85	53	116	5.50	116	—	70	—
155	4.80	156	0	84	52	115	5.55	114	—	68	—
152	4.85	152	—	83	—	113	5.60	111	—	67	—

表 8-16　热镀锌层厚度及镀层重量的公、英制换算表（ASTM A123/A 123M-01）

镀层等级	镀层厚度/mil	镀层重量/oz · ft^{-2}	镀层厚度/μm	镀层重量/g · m^{-2}
35	1.4	0.8	35	245
45	1.8	1.0	45	320
50	2.0	1.2	50	355
55	2.2	1.3	55	390
60	2.4	1.4	60	425
65	2.6	1.5	65	460
75	3.0	1.7	75	530
80	3.1	1.9	80	565
85	3.3	2.0	85	600
100	3.9	2.3	100	705

表 8-17　国际单位制的基本单位

量	单位名称	单位符号
长　度	米	m
质　量	千克（公斤）	kg
时　间	秒	s
电　流	安（培）	A
热力学温度	开（尔文）	K
物质的量	摩（尔）	mol
发光强度	坎（德拉）	cd

表 8-18 国际单位制的辅助单位

量	单位名称	单位符号
（平面）角	弧　度	rad
立体角	球面度	sr

表 8-19 国际单位制中具有专门名称的导出单位

量	单位名称	单位符号	其他表示式	
			用 SI 单位示例	用 SI 基本单位
频　率	赫［兹］	Hz	—	s^{-1}
力；重力	牛［顿］	N	—	$m \cdot kg \cdot s^{-2}$
压力，压强；应力	帕［斯卡］	Pa	N/m^2	$m^{-1} \cdot kg \cdot s^{-2}$
能［量］；功；热量	焦［耳］	J	$N \cdot m$	$m^2 \cdot kg \cdot s^{-2}$
功率；辐［射能］通量	瓦［特］	W	J/s	$m^2 \cdot kg \cdot s^{-3}$
电荷［量］	库［仑］	C	—	$s \cdot A$
电压；电动势；电位；［电势］	伏［特］	V	W/A	$m^2 \cdot kg \cdot s^{-3} \cdot A^{-1}$
电　容	法［拉］	F	C/V	$m^{-2} \cdot kg \cdot s^4 \cdot A^2$
电　阻	欧［姆］	Ω	V/A	$m^2 \cdot kg \cdot s^{-3} \cdot A^{-2}$
电　导	西［门子］	S	A/V	$m^{-2} \cdot kg^{-1} \cdot s^3 \cdot A^2$
磁通［量］	韦［伯］	Wb	$V \cdot s$	$m^2 \cdot kg \cdot s^{-2} \cdot A^{-1}$
磁通［量］密度，磁感应强度	特［斯拉］	T	Wb/m^2	$kg \cdot s^{-2} \cdot A^{-1}$
电　感	亨［利］	H	Wb/A	$m^2 \cdot kg \cdot s^{-2} \cdot A^{-2}$
摄氏温度	摄［氏度］	℃	—	K
光通量	流［明］	Lm	—	$cd \cdot sr$
［光］照度	勒［克斯］	Lx	lm/m^2	$m^{-2} \cdot cd \cdot sr$
［放射性］活度	贝可［勒尔］	Bq	—	s^{-1}
吸收剂量	戈瑞	Gy	J/kg	$m^2 \cdot s^{-2}$
剂量当量	西沃特	Sv	J/kg	$m^2 \cdot s^{-2}$

表 8-20 国家选定的非国际单位制单位

量	单位名称	单位符号	换算关系和说明
时间	分	min	1min = 60s
	［小］时	h	1h = 60min = 3600s
	日［天］	d	1d = 24h = 36400s
［平面］角	［角］秒	(″)	1″ = (π/648000) rad（π 为圆周率）
	［角］分	(′)	1′ = 60″ = (π/10800) rad
	度	(°)	1° = 60′ = (π/180) rad
旋转速度	转每分	r/min	$1r/min = (1/60)s^{-1}$
长　度	海里	nmile	只用于航行
速　度	节	kn	只用于航行
质　量	吨	t	$1t = 10^3 kg$
	原子质量单位	u	$1u \approx 1.6605655 \times 10^{-27} kg$
体积，容积	升	L，(l)	$1L = 1dm^3 = 10^{-3} m^3$
能	电子伏	eV	$1eV \approx 1.6021892 \times 10^{-19} J$
级　差	分贝	dB	—
线密度	特［克斯］	tex	$1tex = 10^{-6} kg/m$

表 8-21 用于构成十进倍数和分数单位的词头

所表示的因数	词头名称		词头符号	所表示的因数	词头名称		词头符号
	原文（法）	中文			原文（法）	中文	
10^{18}	exa	艾［可萨］	E	10^{-1}	déci	分	d
10^{15}	peta	拍［它］	P	10^{-2}	centi	厘	c
10^{12}	téra	太［拉］	T	10^{-3}	milli	毫	m
10^{9}	giga	吉［咖］	G	10^{-6}	micro	微	μ
10^{6}	mèga	兆	M	10^{-9}	nano	纳［诺］	n
10^{3}	kilo	千	k	10^{-12}	pico	皮［可］	p
10^{2}	hecto	百	h	10^{-15}	femto	飞［母托］	f
10^{1}	déca	十	da	10^{-18}	atto	阿［托］	a

8.2 常用热镀锌材料

8.2.1 金属材料

常用金属材料的化学-物理特性值，见表 8-22 ~ 表 8-25。

表 8-22 几种常用金属材料的化学-物理特性值

金 属	元素符号	相对分子质量（O = 16）	密度 /kg · dm^{-3}	熔点 /℃	沸点 (1×10^5 Pa)/℃	热容（0℃）/kJ · (kg · ℃)$^{-1}$	线膨胀系数 /℃$^{-1}$	热导率 /W · (cm · ℃)$^{-1}$	电导率(20℃) /m · (Ω · mm^2)$^{-1}$
铝	Al	26.98	2.70	659	2057	0.899	23.9×10^{-6}	2.22	37.6
铅	Pb	207.21	11.34	327	1740	0.129	29.3×10^{-6}	0.35	4.82
铬	Cr	52.01	6.9	1890	2480	0.459	6.2×10^{-6}	0.67	6.7
铁	Fe	55.85	7.87	1536	3000	0.459	11.7×10^{-6}	0.75	10.3
金	Au	197.2	19.29	1063	2600	0.129	14.2×10^{-6}	2.97	45.7
钴	Co	58.94	8.9	1445	2900	0.414	12.3×10^{-6}	0.69	16.1
铜	Cu	63.54	8.92	1083	2336	0.385	16.5×10^{-6}	1.71	60
镁	Mg	24.32	1.74	651	1107	1.20	24.5×10^{-6}	1.53	22.2
锰	Mn	54.93	7.20	1260	1900	0.481	22×10^{-6}	0.50	0.54
钼	Mo	95.95	10.2	2621	4800	0.268	2.7×10^{-6}	1.42	19.4
镍	Ni	58.69	8.9	1455	2900	0.439	13.3×10^{-6}	0.92	14.6
铑	Rh	102.91	12.5	1966	>2500	0.247	8.3×10^{-6}	0.88	1.06
银	Ag	107.88	10.5	960	1950	0.234	19.7×10^{-6}	4.18	63
硅	Si	28.09	2.3	1420	2355	0.677	$2.8 \sim 7.3 \times 10^{-6}$	0.84	10^{-3}
钽	Ta	180.88	16.65	2991	4100	0.142	6.6×10^{-6}	0.54	8.1
钛	Ti	47.90	4.4	1800	>3000	0.518	8.41×10^{-6}	0.63	1.25
钒	V	50.95	6.07	1710	3000	0.497	8.3×10^{-6}	0.31	3.84
钨	W	183.92	19.3	3410	5900	0.134	4.6×10^{-6}	2.85	18.2
锌	Zn	65.38	7.13	419	906	0.385	39.7×10^{-6}	1.13	16.9
锡	Sn	118.70	7.28	232	2260	0.226	23×10^{-6}	0.63	12.9

表 8-23 碳钢和合金钢在 20℃时的重度（kg/m³）

钢 号	重 度	钢 号	重 度	钢 号	重 度
纯 铁	7880	40CrSi	7753	Cr14Ni14W	8000
10	7830	50SiMn	7769	W18Cr4V	8690
20	7823	30CrNi	7869	40Mn-65Mn	7810
30	7817	30CrNi3	7830	30Cr-50Cr	7820
40	7815	18CrNiW	7940	40CrV	7810
50	7812	GCr15	7812	35-40CrSi	7140
60	7810	60Si2	7680	25-35Mn	7800
70	7810	Mn12	7975	12CrNi2	7880
T10	7810	1Cr13	7750	12CrNi3	7880
T12	7790	Cr17	7720	12CrNi3	7880
15Cr	7827	Cr25	7650	5CrNiW	7900
40Cr	7817	Cr18Ni	7960		

表 8-24 几种材料的最高使用温度

序 号	材 料	器壁最高允许使用温度/℃
1	铸 铁	550～600
2	耐热铸铁	600～650
3	耐热球墨铸铁	650～700
4	表面渗铝碳钢	650～700
5	耐热钢(1Cr18Ni9)	800

表 8-25 碳钢和合金钢的线膨胀系数

序 号	钢 号	在 20～t(℃)范围的线膨胀系数/℃$^{-1}$						
		20～100	20～200	20～300	20～400	20～600	20～800	20～1000
1	纯 铁	11.5×10^{-6}	11.7×10^{-6}	—	11.8×10^{-6}	12.0×10^{-6}	—	—
2	10	11.6×10^{-6}	12.6×10^{-6}	13.0×10^{-6}	13.6×10^{-6}	14.6×10^{-6}	14.6×10^{-6}	13.3×10^{-6}
3	20	11.7×10^{-6}	12.1×10^{-6}	12.8×10^{-6}	13.4×10^{-6}	14.4×10^{-6}	12.9×10^{-6}	13.2×10^{-6}
4	30	12.1×10^{-6}	13.9×10^{-6}	—	15.0×10^{-6}	15.6×10^{-6}	—	—
5	40	11.3×10^{-6}	12.0×10^{-6}	12.5×10^{-6}	14.5×10^{-6}	14.6×10^{-6}	11.7×10^{-6}	13.2×10^{-6}
6	55	11.0×10^{-6}	11.8×10^{-6}	12.6×10^{-6}	13.4×10^{-6}	14.5×10^{-6}	12.5×10^{-6}	14.4×10^{-6}
7	65	11.0×10^{-6}	11.6×10^{-6}	12.3×10^{-6}	13.2×10^{-6}	14.2×10^{-6}	12.7×10^{-6}	14.8×10^{-6}
8	T8	11.0×10^{-6}	11.6×10^{-6}	12.4×10^{-6}	13.2×10^{-6}	14.2×10^{-6}	—	15.7×10^{-6}
9	T13	10.9×10^{-6}	11.1×10^{-6}	11.7×10^{-6}	12.7×10^{-6}	14.0×10^{-6}	14.8×10^{-6}	17.4×10^{-6}
10	15Cr	11.7×10^{-6}	12.7×10^{-6}	—	14.0×10^{-6}	14.8×10^{-6}	—	—
11	30Cr	13.4×10^{-6}	13.3×10^{-6}	—	14.8×10^{-6}	14.8×10^{-6}	—	—
12	35SiMn	11.5×10^{-6}	12.6×10^{-6}	—	14.1×10^{-6}	14.4×10^{-6}	—	—
13	10Ni	12.2×10^{-6}	12.2×10^{-6}	—	13.8×10^{-6}	14.4×10^{-6}	—	—
14	40CrNi	11.8×10^{-6}	12.3×10^{-6}	—	13.4×10^{-6}	14.0×10^{-6}	—	—
15	30CrNiW	11.6×10^{-6}	13.2×10^{-6}	—	13.4×10^{-6}	13.5×10^{-6}	—	—
16	GCr15	14.0×10^{-6}	15.1×10^{-6}	—	15.6×10^{-6}	15.8×10^{-6}	—	—
17	Cr13	11.2×10^{-6}	12.6×10^{-6}	—	14.1×10^{-6}	14.3×10^{-6}	—	—

续表 8-25

序　号	钢　号	在 20 ~ t(℃)范围的线膨胀系数/$℃^{-1}$						
		20 ~ 100	20 ~ 200	20 ~ 300	20 ~ 400	20 ~ 600	20 ~ 800	20 ~ 1000
18	Cr18Ni9	16.0×10^{-6}	16.8×10^{-6}	17.5×10^{-6}	18.1×10^{-6}	—	—	19.3×10^{-6}
19	Cr10Ni25Si	14.2×10^{-6}	17.5×10^{-6}	—	19.3×10^{-6}	19.3×10^{-6}	—	—
20	Mn12	18.0×10^{-6}	—	—	—	—	—	—
21	硅钢 C0. 09%, Si3. 7%	11.1×10^{-6}	—	12.6×10^{-6}	—	14.0×10^{-6}	—	—
22	C0. 14%, Cu1. 85%	11.2×10^{-6}	—	12.7×10^{-6}	—	14.3×10^{-6}	—	—
23	C0. 4%, W3. 96%	11.1×10^{-6}	—	12.5×10^{-6}	—	14.2×10^{-6}	—	—
24	Cr38. 6%, Al7. 9%	—	—	—	—	—	—	—
25	铬铝钴钢 Co2. 0%	11.7×10^{-6}	12.6×10^{-6}	12.4×10^{-6}	12.9×10^{-6}	13.9×10^{-6}	14.7×10^{-6}	15.8×10^{-6}
26	Cr22. 6%, Al5. 3%	—	—	—	—	—	—	—

纯铁和碳素钢在一定温度下的热含量，见表 8-26。

表 8-26　铁和碳素钢的热含量（kJ/kg）

温度/℃	纯　铁	碳素钢的含碳量/%								
		0. 09	0. 23	0. 30	0. 54	0. 61	0. 795	0. 994	1. 235	1. 575
100	46. 4	46. 4	46. 4	46. 8	47. 2	47. 7	48. 1	48. 5	49. 3	50. 2
200	97. 8	95. 3	95. 7	95. 7	95. 7	96. 1	96. 6	99. 1	99. 9	100. 7
300	153. 7	147. 9	149. 6	150. 5	151. 3	152. 6	154. 2	154. 2	154. 7	156. 8
400	215. 0	204. 8	205. 6	206. 1	208. 6	209. 4	209. 8	210. 7	212. 7	213. 6
500	239. 4	265. 0	266. 2	267. 1	267. 9	268. 8	270. 8	271. 7	273. 8	296. 1
600	357. 8	338. 5	339. 4	340. 2	342. 8	343. 2	344. 0	345. 7	364. 9	350. 7
700	402. 9	418. 4	418. 8	420. 1	422. 2	422. 6	423. 8	422. 2	427. 2	430. 5
800	506. 5	530. 8	541. 7	549. 7	546. 7	541. 3	549. 3	543. 4	547. 6	553. 0
900	585. 9	628. 3	628. 9	627. 0	619. 1	615. 7	609. 8	604. 0	601. 9	612. 8
1000	674. 2	705. 4	700. 6	697. 6	689. 1	685. 5	677. 9	699. 6	660. 0	668. 8
1100	742. 8	779. 5	771. 2	767. 0	759. 5	756. 2	748. 2	739. 8	731. 1	718. 9
1200	814. 3	848. 9	843. 1	840. 1	830. 1	827. 6	819. 7	802. 9	794. 2	781. 7
1250	893. 8	884. 0	878. 6	876. 1	867. 7	864. 8	854. 8	840. 2	831. 8	818. 3

碳素钢及高合金钢在一定温度下的热含量，见表8-27。

表8-27 在不同温度下碳素钢及合金钢的热含量（kJ/kg）

温度/℃	碳素钢与低合金钢	高合金钢				
		C 1.2% Mn 13%	C 0.28% Ni 28%	X18H9Cr 19% Ni 28%	C 0.13% Cr 13%	C 0.7%，Cr 4% W 18.5%，V 1.1%
50	22.99	25.08	24.62	20.90	23.82	20.48
100	47.23	50.02	49.74	49.20	47.65	40.96
150	72.31	75.24	75.24	76.49	72.31	62.28
200	98.65	106.17	101.16	102.82	97.81	84.02
250	125.40	135.01	127.91	129.99	124.56	106.59
300	152.98	164.92	150.90	157.16	152.15	129.99
350	181.41	191.47	178.07	185.17	201.89	153.82
400	211.50	221.4	205.24	213.59	211.09	179.32
450	242.44	254.98	232.83	242.85	242.85	205.23
500	275.88	281.67	260.83	272.53	276.71	232.82
550	310.99	321.86	289.67	298.07	313.08	261.67
600	348.61	385.4	318.93	336.07	351.95	292.18
650	387.48	389.16	348.61	334.40	392.92	322.28
700	438.50	420.93	377.87	398.77	434.72	354.46
750	514.14	451.44	406.71	430.54	480.70	389.99
800	547.58	484.88	434.72	463.98	518.32	426.36
850	54.34	508.40	486.16	493.24	555.94	459.80
900	614.46	551.76	497.42	526.68	589.38	497.42
950	647.90	574.00	526.68	560.12	622.82	526.68
1000	681.34	618.64	555.94	593.56	656.26	555.94
1050	710.60	652.08	585.20	627.00	689.70	585.20
1100	744.04	685.52	618.64	639.54	718.96	618.64
1150	777.48	723.14	647.90	693.88	752.40	647.90
1200	810.92	756.18	677.16	727.32	785.84	677.16
1250	844.36	806.74	706.42	760.76	806.74	706.42

常用金属材料在一定温度下的平均热容，见表8-28。

表8-28 常用金属材料在一定温度下的平均热容

序号	材料名称	在下列温度范围内的平均热容/kJ·(kg·℃)$^{-1}$		
		0～200℃	0～900℃	0～1200℃
1	铝	0.945	1.350	—
2	铜	0.397	0.443	0.648
3	纯铁	0.489	0.648	0.669
4	碳钢和低合金钢	0.493	0.681	0.677
5	高碳钢	0.502	0.677	0.694
6	铬12（Cr12）	0.489	0.656	0.656
7	锰13（Mn13）	0.530	0.614	0.627
8	高速钢	0.409	0.510	0.560
9	铸铁	0.543	0.711	—

铁与合金钢在一定温度范围的平均热容，见表 8-29。

表 8-29 铁与钢在一定温度范围的平均热容

序 号	铁与钢	温度范围/℃	热容 C/kJ·(kg·℃)$^{-1}$
1	熟 铁	0～250	0.46～0.50
2	碳钢，含碳 1.5%	17～100 17～680	0.448 0.577
3	含 Ni10% 的钢	30～250	0.484
4	含 Ni20% 的钢	30～250	0.497
5	含 Ni40% 的钢	30～250	0.468
6	含 Ni60% 的钢	30～250	0.502
7	奥氏体钢	0	0.502
8	钨 钢	20	0.439
9	不锈钢 V2A	0	0.493
10	不锈钢(1.09% C 及 9.5% Cr)	0	0.505
11	耐热钢(25% ～30% Cr, 0.1% ～0.3% C)	18～200 18～600	0.627 0.689
12	变压器硅钢（4% Si）	0～100 0～700 0～1300	0.451 0.627 0.715

碳素钢在不同温度下的热导率，见表 8-30。

表 8-30 碳素钢在一定温度下的热导率

序 号	温度/℃	λ_t/kJ·(m·h·℃)$^{-1}$	
		当 λ_0 >40 时	当 λ_0 <40 时
1	0	λ_0	λ_0
2	200	$0.95\lambda_0$	$(4.47-0.013\lambda_0)\lambda_0$
3	400	$0.85\lambda_0$	$(5.09-0.042\lambda_0)\lambda_0$
4	600	$0.75\lambda_0$	$(6.68-0.071\lambda_0)\lambda_0$
5	800	$0.68\lambda_0$	$(6.10-0.088\lambda_0)\lambda_0$
6	1000	$0.68\lambda_0$	$(6.10-0.088\lambda_0)\lambda_0$
7	1200	$0.73\lambda_0$	$(5.72-0.071\lambda_0)\lambda_0$

铁和一些元素氧化物的容积比，见表 8-31。

表 8-31 铁和一些元素氧化物的容积比

金 属	$M_d/(m_D)$	金 属	$M_d/(m_D)$	金 属	$M_d/(m_D)$	金 属	$M_d/(m_D)$
Mo	3.4	Co	1.99	Ni	1.52	Mg	0.79
W	3.4	Ti	1.95	Zr	1.51	Ba	0.74
V	3.18	Mn	1.79	Pb	1.40	Ca	0.65
Cb	2.61	Fe	1.77	Sn	1.32	Sr	0.65
Sb	2.35	Cu	1.68	Th	1.32	Na	0.58
Ta	2.33	Zn	1.62	Hg	1.31	Li	0.57
Bi	2.27	Pd	1.60	Al	1.28	Cs	0.46
Si	2.27	Bc	1.59	Cd	1.21	K	0.45
Cr	1.99	Ag	1.59	Ce	1.16	Rb	0.45

碳素钢的热含量与温度的关系，见表8-32。

表8-32 碳素钢的热含量与温度的关系（kJ/kg）

温度/℃	钢的含碳量/%										
	0.090	0.234	0.300	0.540	0.610	0.795	0.920	0.994	1.235	1.410	1.575
100	46.4	46.4	46.8	47.2	47.6	48.1	48.3	48.5	49.3	49.7	50.2
200	95.3	95.7	95.7	95.7	96.1	96.6	98.3	99.1	99.9	100.3	100.7
300	146.3	149.6	150.5	151.2	152.5	154.6	155.5	154.2	154.7	154.9	156.6
400	204.8	205.7	206.3	208.6	209.4	209.8	213.2	212.2	212.9	213.2	213.6
500	265.1	265.3	267.2	267.9	270.2	270.8	271.2	271.7	273.1	273.8	276.1
600	338.5	340.5	342.2	342.8	343.8	349.1	349.3	449.5	449.6	449.7	449.9
700	418.4	419.2	421.2	422.2	423.7	424.7	426.7	427.5	428.5	429.5	430.5
800	530.8	531.8	533.3	535.3	540.3	543.3	547.3	550.3	551.8	552.3	553.3
900	608.3	608.8	609.0	609.1	609.3	609.9	610.1	610.3	610.6	611.6	612.6
1000	703.3	696.6	697.6	678.2	675.2	676.2	672.1	672.2	660.1	672.7	672.9
1100	779.5	770.5	769.5	750.5	751.5	748.3	740.3	739.8	729.9	743.6	718.9
1200	838.6	843.7	840.2	830.6	827.6	819.7	801.9	802.9	794.2	811.2	781.7
1250	841.1	841.8	842.6	843.1	843.9	844.3	844.5	845.8	846.8	847.8	848.3

常用金属在不同温度下的热导率，见表8-33、表8-34。

表8-33 常用金属在不同温度下的热导率

序 号	金 属	温度/℃	热导率/kJ·(m·h·℃)$^{-1}$
1	纯 铁	25~50	250.8
2	碳素钢	25~50	179.7~150.5
3	中合金钢	25~50	133.8~121.2
4	高合金钢	25~50	87.8~58.2
5	高铬铸铁	25~50	58.5
6	灰铸铁	25~50	225.7~150.5
7	铝	0~600	727.32~1521.5
8	纯 铜	0~600	1408.7~1283.2
9	锌	0~400	405.5~334.4
10	镍	0~600	211.5~192.3
11	锡	0~200	225.7~192.3
12	铅	0~300	124.6~114.5
13	银	0~600	1521.5~1421.2

表8-34 生铁的热导率

温度/℃	0	100	200	300	400	500	600
热导率 λ/kJ·(m·h·℃)$^{-1}$	226.9	384.1	524.2	593.9	838.6	1170.8	1432.5

几种常用金属材料的辐射率，见表8-35。

表8-35 几种常用金属材料的辐射率

序 号	材 料	表面状态	辐射率 ε	
			常 温	高 温
1	铁与钢	光洁表面	0.2～0.3	0.6
		粗糙表面	0.5	0.8
2	不锈钢	光亮表面	0.2～0.3	0.3～0.4
3	黄 铜	压延表面	0.2	0.6
4	铝	光洁表面	0.04	0.04～0.06
		粗糙表面	0.04	0.1～0.2

不同温度下常用有色金属的热导率，见表8-36。

表8-36 不同温度下常用有色金属的热导率 λ[kJ/(m·h·℃)]

有色金属	温度/℃						
	0	100	200	300	400	500	600
铝	727.3	739.8	823.5	978.1	1145.3	1333.4	1521.5
镁	—	535.0	—	489.1	—	480.7	472.3
黄铜（90-10）	367.8	422.2	471.5	535.0	597.7	647.9	702.2
黄铜（70-30）	308.4	392.9	397.1	409.6	418	430.5	434.7
黄铜（67-30）	359.5	384.6	405.5	434.7	459.8	484.9	543.4
黄铜（60-40）	380.4	461.4	493.2	547.6	606.1	668.8	710.6
铜	1381.7	1383.6	1366.8	1345.9	1316.7	1299.9	1283.3

各钢种在一定温度下的平均热容，见表8-37。

表8-37 各钢种在一定温度下的平均热容

钢 种		温度范围/℃	热容/kJ·(kg·℃)$^{-1}$
含10% Ni钢		30～250	0.4932
含20% Ni钢		30～250	0.5016
含40% Ni钢		30～250	0.5183
含60% Ni钢		30～250	0.5016
耐热钢	25%～30% Cr	18～200	0.6270
	0.1%～0.3% C	18～600	0.6897
变压器钢		0～700	0.6286
钨 钢		20	0.4389
不锈钢		0	0.5041
低合金钢		20～100	0.460～0.480
灰铸钢		20～100	0.502～0.543

各种不同牌号钢的弹性模量，见表8-38。

表8-38 各种不同牌号钢的弹性模量

钢的化学成分/%			弹性模量 E/MPa
C及其他	Ni	Cr	
0.05~0.08C	—	—	2.07×10^{-5}
0.40~0.70C，1.5Si	—	—	2.03×10^{-5}
0.2~0.5C，1~1.5Mn	—	—	2.08×10^{-5}
0.2~0.6C	1	—	2.04×10^{-5}
0.1~0.2C	3	—	2.04×10^{-5}
0.1~0.3C	4.5	—	2.04×10^{-5}
0.12C	25	—	1.82×10^{-5}
0.3C	36	—	1.56×10^{-5}
0.15~0.8C	—	0.75~1.5	2.07×10^{-5}
0.13~0.3C	1~45	0.6~1.5	2.04×10^{-5}
0.1C	0.5	15.0	2.17×10^{-5}
0.15C	7.5	20.0	1.99×10^{-5}
0.6C，5.0Mn	15	—	—
0.5C，6.0Mn	10	3.0	1.96×10^{-5}
0.65~0.7C，18W	—	4.0	1.2×10^{-5}

几种常用材料的物理力学性能，见表8-39。

表8-39 几种常用材料的物理力学性能

材料种类	密 度 /g·cm^{-3}	热导率 /W·(m·K)$^{-1}$	抗弯强度 /MPa	抗压强度 /MPa	锌液腐蚀失重率/%	最高温度 /℃
SiC陶瓷	3.10	56.987	84.5	440	0.005	1650
FeB烧结体（未加稀土）	6.35	354.715	475	2910	-0.001	1500
FeB（加稀土）	6.37	354.715	583	3450	-0.001	1500
复层材料	7.30（平均）	393.094（平均）	8700	47000	-0.001	1500

耐热钢的特性和用途，见表8-40、表8-41。

表8-40 常用耐热钢的特性和用途

序 号	牌号(GB/T 20827—2007)	工作温度/℃	用 途
1	42Cr9Si2	800~900	炉用构件
2	40Cr10Si2Mo	850~950	炉用构件
3	06Cr13Al	—	用于退火箱、淬火台架
4	12Cr13	700~800	耐氧化用部件
5	10Cr17	900	耐氧化炉用部件、油喷嘴
6	12Cr16Ni35	1035	抗渗碳、渗氮炉用部件
7	06Cr18Ni13Si4	1035	可承受1035℃的炉用部件
8	06Cr19Ni10	870	高温用焊接结构部件
9	06Cr18Ni10Ti	900	高温用焊接结构部件
10	06Cr18Ni11Nb	900	高温用焊接结构部件
11	16Cr20Ni14Si2	—	适于制作高温受力的炉用构件
12	16Cr23Ni13	980	加热炉部件，重油燃烧器

续表 8-40

序　号	牌号(GB/T 20827—2007)	工作温度/℃	用　途
13	06Cr23Ni13	980	反复加热的炉用部件
14	16Cr25N	1082	用于燃烧室
15	06Cr25Ni20	1050 ~ 1150	可承受 1035℃的炉用部件
16	20Cr25Ni20	1035	炉用部件、喷嘴、燃烧室等
17	以下为旧牌号耐热钢的特性和用途		
18	15Al3MoWTi	600	耐氧化用部件
19	Cr5Mo	650 ~ 750	耐氧化用部件
20	Cr6SiMo	700 ~ 800	耐氧化用部件
21	Cr13Si3	850 ~ 950	耐氧化用部件
22	Cr13	700 ~ 800	耐氧化用部件
23	Cr17Al4Si	1000 ~ 1100	耐氧化用部件
34	1Cr18Ni9Ti	850 ~ 1000	炉管、燃烧室体、退火炉罩等
25	Cr19Mn12Si2N	900 ~ 1000	—
26	Cr20Mn9Si2N	950 ~ 1050	—
27	Cr21Mn9Ni4N	—	以高温强度为主的炉用部件
28	Cr22Ni4N	1000 ~ 1150	—
29	Cr22Ni7N	1050 ~ 1200	—
30	Cr25Ni2、Cr24Al2Si	950 ~ 1050	—
31	Cr25、Cr25Ti	900 ~ 1000	坩埚、炉底板、导轨、料盘等
32	Cr25Ni20Si2	1100 ~ 1200	—
33	Cr28Ni48W6	1200	—
34	Cr28	1000 ~ 1100	—
35	Mn19Al6Cr5SiMo	1050 ~ 1100	—

表 8-41　耐热钢耐热温度与应力的关系

序　号	炉膛温度/℃	钢　号①	允许应力 σ/MPa			
			$T_1^{②}$/℃	σ/MPa	$T_1^{②}$/℃	σ/MPa
1	1150	X25	900	60.0	1150	
2	1100	X23H13	1000	150.0	1100	
3	1200	X28	1000	250.0	1100	100.0
4	1000	1X14H14B2M	850	800.0	1000	70.0
5	950	X17	800	90.0	950	10.0
6	950	X20H14C2	900	150.0	950	100.0
7	850	1X18H9T	850	250.0	—	—
8	800	X18H9	800	600	—	—
9	1150	X15H60	—	—	—	—
10	1200	X26H80	—	—	—	—

①前苏联钢号；②钢件温度。

钢件加热温度与其表面色泽的关系，见表 8-42。

表 8-42　钢件加热火色和温度的关系

序　号	火　色	温度/℃	序　号	火　色	温度/℃
1	暗褐色	520 ~ 580	7	橘黄微红	830 ~ 850
2	暗红色	508 ~ 650	8	淡橘黄	850 ~ 1050
3	暗樱红	650 ~ 750	9	黄色	1050 ~ 1150
4	樱红色	750 ~ 780	10	淡黄色	1150 ~ 1250
5	淡樱色	780 ~ 800	11	黄白色	1250 ~ 1300
6	淡红色	800 ~ 830	12	亮白色	1300 ~ 1350

碳钢回火色泽和温度的关系，见表8-43。

表8-43 碳钢回火色泽与温度的关系

序 号	火 色	温度/℃	序 号	火 色	温度/℃
1	浅黄色	200	7	深蓝色	320
2	黄白色	220	8	蓝灰色	340
3	金黄红	240	9	蓝灰浅白色	370
4	黄紫色	260	10	黑红色	400
5	深紫色	280	11	黑 色	460
6	蓝 色	300	12	暗黑色	500

气体成分与钢的烧损率的关系，见表8-44。

表8-44 气体成分与钢的烧损率的关系

序 号	温度/℃	钢的烧损率/%		
		CO_2	H_2O	O_2
1	1090	1.62	4.78	4.85
2	1200	3.73	9.72	9.14
3	1260	4.9	12.39	11.17

常用耐热合金钢的耐氧化性能，见表8-45。

表8-45 常用耐热合金钢的耐氧化性能

钢号①	金属状态	化学成分/%					
		C	Si	Mn	Cr	Ni	其他元素
耐氧化至800~900℃							
X17	П，T	≤0.12	≤0.8	≤0.7	16~18	≤0.6	—
1X18H9	П，TЛ	≤0.14	≤0.8	≤2.0	17~20	8~11	—
X12OC	П	0.07~0.12	1.2~2.0	≤0.7	11.5~14	≤0.5	1~1.8Al
耐氧化至1000~1100℃							
X25	П，Л	≤0.2	≤0.1	≤0.8	23~27	≤0.6	—
X28	П，Л	≤0.15	≤0.1	≤0.8	27~30	≤0.6	—
X23H13	П，Л	≤0.2	≤0.1	≤2.0	22~25	12~15	—
X18H25C2	Л	≤0.2	2~3	≤0.15	23~27	18~21	—
X25H20C2	П，TЛ	0.2~0.4	2~3	≤0.15	17~20	23~26	—
耐氧化至600~700℃							
X7CM	П，TЛ	≤0.15	1.5~2	≤0.7	6.5~8	—	0.45~0.6Mo
X10C2M	П，Л	0.35~0.45	1.9~2.6	≤0.7	9.0~10.5	≤0.5	0.7~0.9Mo
X5M	П，Л，T	≤0.15	≤0.5	≤0.6	4~6	—	0.5~0.6Mo
耐氧化至700~800℃							
4X14H14B2M	Л	0.4~0.8	≤0.8	≤0.7	13~15	13~15	2.5W；0.3Mo
1X14H14B2M	Л，T	≤0.15	≤0.8	≤0.7	13~15	13~15	2.5W；0.5Mo
X14H14CB2M	Л	0.4~0.5	2.75~3.25	≤0.7	13~15	13~15	2.3W；0.3Mo

①前苏联钢号。

各钢种的平均线膨胀系数，见表8-46。

主要合金元素的物理常数，见表8-47。

各种化学元素的物理性质，见表8-48。

表 8-46 各钢种的平均线膨胀系数 β（$℃^{-1}$）

温 度	含0.1%～0.6%C的碳素钢	高铬铸铁		灰铸铁	高 铸 钢				镍 铬 钢		
		1%C	2%～2.5%C	3%C	X5M①，X7CM	X17①	X25①	X28①	X18H19①	X20H80①	含36%Ni合金
20～100℃	12.0×10^{-6}	9.8×10^{-6}	9.4×10^{-6}	8.4×10^{-6}	11.0×10^{-6}	10.8×10^{-6}	10.6×10^{-6}	10.5×10^{-6}	16.6×10^{-6}	14.0×10^{-6}	2.1×10^{-6}
20～200℃	12.6×10^{-6}	10.2×10^{-6}	10.3×10^{-6}	-11.6×10^{-6}	—	10.7×10^{-6}	10.4×10^{-6}	10.2×10^{-6}	17.0×10^{-6}	14.7×10^{-6}	3.2×10^{-6}
20～300℃	13.2×10^{-6}	1.6×10^{-6}	10.8×10^{-6}	—	—	11.0×10^{-6}	10.7×10^{-6}	10.5×10^{-6}	17.2×10^{-6}	15.0×10^{-6}	6.1×10^{-6}
20～400℃	13.6×10^{-6}	10.9×10^{-6}	11.3×10^{-6}	—	11.8×10^{-6}	11.3×10^{-6}	11.0×10^{-6}	10.8×10^{-6}	17.5×10^{-6}	15.2×10^{-6}	8.9×10^{-6}
20～500℃	13.9×10^{-6}	11.2×10^{-6}	11.4×10^{-6}	—	12.0×10^{-6}	11.55×10^{-6}	11.3×10^{-6}	11.0×10^{-6}	17.2×10^{-6}	15.3×10^{-6}	10.1×10^{-6}
20～600℃	14.2×10^{-6}	11.4×10^{-6}	11.5×10^{-6}	—	12.2×10^{-6}	11.8×10^{-6}	11.5×10^{-6}	11.1×10^{-6}	18.2×10^{-6}	15.6×10^{-6}	11.2×10^{-6}
20～700℃	—	11.6×10^{-6}	11.9×10^{-6}	—	12.3×10^{-6}	12.05×10^{-6}	11.7×10^{-6}	11.4×10^{-6}	18.6×10^{-6}	15.9×10^{-6}	12.1×10^{-6}
20～800℃	—	12.2×10^{-6}	12.3×10^{-6}	—	12.1×10^{-6}	12.35×10^{-6}	12×10^{-6}	—	18.9×10^{-6}	16.4×10^{-6}	12.8×10^{-6}
20～900℃	—	12.7×10^{-6}	12.7×10^{-6}	—	—	12.8×10^{-6}	12.5×10^{-6}	—	19.3×10^{-6}	17.0×10^{-6}	13.4×10^{-6}
20～1000℃	—	13.1×10^{-6}	13.0×10^{-6}	—	—	—	—	—	19.2×10^{-6}	17.5×10^{-6}	14.0×10^{-6}

①前苏联钢号。

表 8-47 主要合金元素的物理常数

元 素	密度/$kg\cdot dm^{-3}$	熔点 t_r/℃	溶解热 q_n/$kJ\cdot kg^{-1}$	20℃时热容/$kJ\cdot(kg\cdot℃)^{-1}$	线膨胀系数 β/$℃^{-1}$	比电阻 ρ/$\Omega\cdot mm^2\cdot m^{-1}$	弹性模量 E/MPa
Al	2.7	658	392.9	0.87	24×10^{-6}	2.7×10^{-2}	0.72×10^{-5}
V	5.68	1710	—	0.46	—	—	—
W	19.3	3370	191.0	0.15	4×10^{-6}	5.48×10^{-2}	4.2×10^{-5}
(α)Fe	7.68	1530	271.7	0.43	11.9×10^{-6}	9.065×10^{-2}	2.1×10^{-5}
Au	19.32	1063	67.4	0.13	14.4×10^{-6}	2.19×10^{-2}	0.79×10^{-5}
(α)Co	8.9	1490	244.0	0.42	12.08×10^{-6}	9.7×10^{-2}	2.075×10^{-5}
Si	2.35	1427	—	0.71	6.05×10^{-6}	—	0.445×10^{-5}
(α)Mn	7.44	1242	270.8	0.46	23×10^{-6}	4.4×10^{-2}	2.016×10^{-5}
Mo	10.2	2620	—	0.27	4×10^{-6}	4.4×10^{-2}	3.5×10^{-5}
Cu	8.94	1083	203.9	3.80	16.42×10^{-6}	1.56×10^{-2}	1.12×10^{-5}
Ni	8.9	1452	308.5	0.44	13.7×10^{-6}	11.8×10^{-2}	2.05×10^{-5}
Sn	7.3	231.9	60.2	2.21	22.4×10^{-6}	11.4×10^{-2}	0.55×10^{-5}
Pt	21.45	1773	100.7	0.13	8.8×10^{-6}	10.06×10^{-2}	1.7×10^{-5}
Pb	11.34	327.4	26.4	0.13	29.5×10^{-6}	20.4×10^{-2}	0.078×10^{-5}
Ag	10.53	960.5	105.3	0.15	18.9×10^{-6}	1.47×10^{-2}	0.81×10^{-5}
Ti	4.5	1813	—	0.46	—	35.7×10^{-2}	0.84×10^{-5}
石 墨	2.5	3500	—	0.67	7.86×10^{-6}	$(40000\sim100000)\times10^{-2}$	—
金刚石	3.52	3500	—	0.46	1.18×10^{-6}	—	—
Zn	7.14	419.4	100.7	0.37	32.5×10^{-6}	5.92×10^{-2}	1.3×10^{-5}
Cr	7.14	1550	132.7	0.44	8.1×10^{-6}	2.6×10^{-2}	—

表 8-48 各种化学元素的物理性质

序号	元素符号	中文名称	原子序数	电导率 κ /cm·μΩ	热导率 λ /W·(cm·K)$^{-1}$	密度 ρ /g·mL^{-1}	熔点 t_m /℃	沸点 t_b /℃	英文名称	相对原子质量	价电子排布式	原子半径 /m	电负性
1	Ac	锕	89	—	0.12	10.07	1050	3200	actinium	227	$6d^1 7s^2$	—	1.1
2	Ag	银	47	0.63	4.29	10.5	961	2163	silver	107.8682	$4d^{10} 5s^1$	1.75×10^{-10}	1.93
3	Al	铝	13	0.377	2.34	2.702	660.25	2467	aluminum	26.98154	$3s^2 3p^1$	1.82×10^{-10}	1.61
4	Am	镅	95	0.022	0.1	13.67	994	2607	americium	243	$5f^7 7s^2$	—	1.3
5	Ar	氩	18	—	0.0001772	1.7824g/L	-189.19	-185.7	argon	39.948	$3s^2 3p^6$	0.88×10^{-10}	—
6	As	砷	33	0.0345	0.502	5.72	808	603	arsenic	74.92159	$3d^{10} 4s^2 4p^3$	1.33×10^{-10}	2.18
7	At	砹	85	—	0.017	—	302	337	astatine	210	$4f^{14} 5d^{10} 6s^2 6p^5$	1.43×10^{-10}	2.2
8	Au	金	79	0.452	3.17	19.32	1064.58	2807	gold	196.9665	$4f^{14} 5d^{10} 6s^1$	1.79×10^{-10}	2.54
9	B	硼	5	1.00×10^{-12}	0.274	2.34	2300	4002	boron	10.811	$2s^2 2p^1$	1.17×10^{-10}	2.04
10	Ba	钡	56	0.03	0.184	3.59	729	1898	barium	137.327	$6s^2$	2.78×10^{-10}	0.89
11	Be	铍	4	0.313	2.01	1.848	1278	2970	beryllium	9.012182	$2s^2$	1.4×10^{-10}	1.57
12	Bh	铍	107	—	—	—	—	—	bohrium	262	$6d^5 7s^2$	—	—
13	Bi	铋	83	0.00867	0.0787	9.75	271.52	1564	bismuth	208.9804	$4f^{14} 5d^{10} 6s^2 6p^3$	1.63×10^{-10}	2.02
14	Bk	锫	97	—	0.1	14.78	986	—	beryllium	247	$5f^9 7s^2$	—	1.3
15	Br	溴	35	—	0.00122	3.119	-7.1	59.25	bromine	79.904	$3d^{10} 4s^2 4p^5$	1.12×10^{-10}	2.96
16	C	碳	6	0.00061	1.29	2.26	3500	4827	carbon	12.011	$2s^2 2p^2$	0.91×10^{-10}	2.55
17	Ca	钙	20	0.298	2.01	1.55	839	1484	calcium	40.078	$4s^2$	2.23×10^{-10}	1
18	Cd	镉	48	0.138	0.968	8.65	321.18	765	cadmium	112.411	$4d^{10} 5s^2$	1.71×10^{-10}	1.69
19	Ce	铈	58	0.0115	0.114	6.77	798	3426	cerium	140.115	$4f^1 5d^{-1} 6s^2$	2.7×10^{-10}	1.12
20	Cf	锎	98	—	0.1	15.1	900	—	californium	251	$5f^{10} 7s^2$	—	1.3
21	Cl	氯	17	—	0.00008	214g/L	-100.84	-33.9	chlorinr	35.4527	$3s^2 3p^5$	0.97×10^{-10}	3.16
22	Cm	锔	96	—	0.1	13.5	1067	3110	curium	247	$5f^7 6d^1 7s^2$	—	1.3
23	Co	钴	27	0.172	1	8.9	1495	2870	cibait	58.9332	$3d^7 4s^2$	1.67×10^{-10}	1.88
24	Cr	铬	24	0.0774	0.937	7.19	1857	2672	chromium	51.9961	$3d^5 4s^1$	1.85×10^{-10}	1.66
25	Cs	铯	55	0.0489	0.359	1.873	28.55	671	cesium	132.9045	$6s^1$	3.34×10^{-10}	0.79
26	Cu	铜	29	0.596	4.01	8.96	1084.6	2567	cipper	63.546	$3d^{10} 4s^1$	1.57×10^{-10}	1.9

续表 8-48

序号	元素符号	中文名称	原子序数	电导率 κ /cm·μΩ	热导率 λ /W·(cm·K)$^{-1}$	密度 ρ /g·mL^{-1}	熔点 t_m /℃	沸点 t_b /℃	英文名称	相对原子质量	价电子排布式	原子半径 /m	电负性
27	Db	𨧀	105	—	0.58	—	—	—	dubnium	262	$6sd^37s^2$	—	—
28	Dy	镝	66	0.0108	0.107	8.55	1412	2562	dysprosium	162.5	$4f^{10}5s^2$	2.49×10^{-10}	1.22
29	Er	铒	68	0.0117	0.143	9.07	1522	2863	erbium	167.26	$4f^{12}6s^2$	2.45×10^{-10}	1.24
30	Es	锿	69	—	0.1	—	860	—	einsteinium	252	$5f^{11}7s^2$	—	1.3
31	Eu	铕	63	0.0112	0.139	5.24	822	1597	europium	151.965	$4f^76s^2$	2.56×10^{-10}	1.2
32	F	氟	9	—	0.00027	1.696g/L	−219.52	−188.1	fluorine	18.9984	$2s^22p^5$	0.57×10^{-10}	3.98
33	Fe	铁	26	0.0993	0.802	7.874	1535	2750	iron	55.847	$3d^64s^2$	1.72×10^{-10}	1.83
34	Fm	镄	100	—	0.1	—	—	—	fermium	257	$5f^{12}7s^2$	—	1.3
35	Fr	钫	87	0.03	0.15	—	27	677	francium	223	$7s^1$	—	0.7
36	Ga	镓	31	0.0678	0.406	5.907	29.9	2403	gallium	69.723	$3d^{10}4s^24p^1$	1.81×10^{-10}	1.81
37	Gd	钆	64	0.00736	0.106	7.895	1312	3266	gadolinium	157.25	$4f^75d^16s^2$	2.54×10^{-10}	1.2
38	Ge	锗	31	1.45×10^{-8}	0.599	5.323	937.4	2830	germanium	72.61	$3d^{10}4s^24p^2$	1.52×10^{-10}	2.01
39	H	氢	1	—	0.00181	0.089g/L	−258.95	−252.7	hydrogen	1.00794	$1s^1$	0.79×10^{-10}	2.2
40	He	氦	2	—	0.00152	0.178g/L	−272.05	−268.8	helium	4.0026	$1s^2$	0.49	—
41	Hf	铪	72	0.0312	0.23	13.31	2227	4603	hafnium	178.49	$4f^{14}5d^26s^2$	2.16	1.3
42	Hg	汞	80	0.0104	0.0834	13.546	−38.72	357	mercury	200.59	$4f^{14}5d^{10}6s^2$	1.76	2
43	Ho	钬	67	0.0124	0.162	8.8	1470	2695	holmium	164.93	$4f^{11}6s^2$	2.47×10^{-10}	1.23
44	Hs	𬭶	108	—	—	—	—	—	hassium	265	$6d^67s^2$	—	—
45	I	碘	53	8.00×10^{-16}	0.00449	4.93	113.5	185.4	iodine	126.905	$4d^{10}5s^25p^5$	1.32×10^{-10}	2.66
46	In	铟	49	0.116	0.816	7.31	156.76	2073	indium	114.82	$4d^{10}5s^25p^1$	2×10^{-10}	1.78
47	Ir	铱	77	0.197	1.47	22.4	2443	4428	iridium	192.22	$4f^{14}5d^76s^2$	1.87×10^{-10}	2.2
48	K	钾	19	0.139	1.024	0.862	63.35	759	potassium	37.0983	$4s^1$	2.77×10^{-10}	0.82
49	Kr	氪	36	—	0.00009	3.75g/L	−157.22	−153.2	krypton	83.8	$3d^{10}4s^24p^6$	1.03×10^{-10}	—
50	La	镧	57	0.0126	0.135	6.15	920	3457	lanthanum	138.906	$5d^16s^2$	2.74×10^{-10}	1.1
51	Li	锂	3	0.108	0.847	0.534	180.7	1342	lithium	6.941	$1s^22s^1$	2.05×10^{-10}	0.98
52	Lr	铹	103	—	0.1	—	—	—	lawrencium	260	$5f^{14}6d^17s^2$	—	—

续表 8-48

序 号	元素符号	中文名称	原子序数	电导率 κ /cm·μΩ	热导率 λ /W·(cm·K)$^{-1}$	密度 ρ /g·mL^{-1}	熔点 t_m /℃	沸点 t_b /℃	英文名称	相对原子质量	价电子排布式	原子半径 /m	电负性
53	Lu	镥	71	0.0185	0.164	9.84	1663	3395	lutetium	174.967	$4f^{14}5d^{1}6s^{2}$	2.25×10^{-10}	1.27
54	Md	钔	101	—	0.1	—	—	—	mendelevium	258	$5f^{13}7s^{2}$	—	1.3
55	Mg	镁	12	0.226	1.56	1.738	649	1090	magnesium	24.305	$3s^{2}$	1.72×10^{-10}	1.31
56	Mn	锰	25	0.0695	0.0782	7.43	1244	1962	manganese	54.9381	$3d^{5}4s^{2}$	1.79×10^{-10}	1.55
57	Mo	钼	42	0.187	1.38	10.22	2617	4612	molybdenum	95.94	$4d^{5}5s^{1}$	2.01×10^{-10}	2.16
58	Mt	鿏	109	—	—	—	—	—	meitnerium	266	$6d^{7}7s^{2}$	—	—
59	N	氮	7	—	0.0002598	1.2506g/L	-209.86	-195.65	nitrogen	14.00674	$2s^{2}2p^{3}$	0.75×10^{-10}	3.04
60	Na	钠	11	0.21	1.41	0.971	98	883	sodium	22.98977	$3s^{1}$	2.23×10^{-10}	0.93
61	Nb	铌	41	0.0693	0.537	8.57	2468	4744	niobium	92.90638	$4d^{4}5s^{1}$	2.08×10^{-10}	1.6
62	Nd	钕	60	0.0157	0.165	7.01	1016	3068	neodymium	144.24	$4f^{4}6s^{2}$	2.64×10^{-10}	1.14
63	Ne	氖	10	—	0.000493	0.9	-248.44	-245.90	neon	20.1797	$2s^{2}2p^{6}$	0.51×10^{-10}	—
64	Ni	镍	28	0.143	0.907	8.9	1453	2732	nickel	58.6934	$3d^{8}4s^{2}$	1.62×10^{-10}	1.91
65	No	锘	102	—	0.1	—	—	—	nobelium	259	$5f^{14}7s^{2}$	—	1.3
66	Np	镎	93	0.00822	0.063	20.2	640	3902	neptunium	237.0482	$5f^{4}6d^{1}7s^{2}$	—	1.36
67	O	氧	8	—	0.0002674	1.429g/L	-222.65	-182.82	oxygen	15.9994	$2s^{2}2p^{4}$	0.65×10^{-10}	3.44
68	Os	锇	76	0.109	0.876	22.6	3027	5012	osmium	190.2	$4f^{14}5d^{6}6s^{2}$	1.92×10^{-10}	2.2
69	P	磷	15	0.100	0.00235	1.82	44.3	280	phosphorus	30.97376	$3s^{2}3p^{3}$	1.23×10^{-10}	2.19
70	Pa	镤	91	0.0529	0.47	15.4	1840	4027	protactinium	213.0359	$5f^{2}6d^{1}7s^{2}$	—	1.5
71	Pb	铅	82	0.0481	0.353	11.35	327.6	1740	lead	207.2	$4f^{14}5d^{10}6s^{2}6p^{2}$	1.81×10^{-10}	2.33
72	Pd	钯	46	0.095	0.718	12.02	1552	2964	palladium	106.42	$4d^{10}$	1.79×10^{-10}	2.2
73	Pm	钷	61	—	0.179	7.3	931	3512	promethium	145	$4f^{5}6s^{2}$	2.62×10^{-10}	1.13
74	Po	钋	84	0.0219	0.2	9.3	254	962	polonium	209	$4f^{14}5d^{10}6s^{2}6p^{4}$	1.53×10^{-10}	2
75	Pr	镨	59	0.0148	0.125	6.77	931	3512	praseodymium	140.9077	$4f^{3}6s^{2}$	2.67×10^{-10}	1.13
76	Pt	铂	78	0.0966	0.716	21.45	1772	3827	platinum	195.08	$4f^{14}5d^{9}6s^{1}$	1.83×10^{-10}	2.28
77	Pu	钚	94	0.00666	0.0674	19.84	640	3230	plutonium	244	$5f^{6}7s^{2}$	—	1.28
78	Ra	镭	88	—	0.186	5.5	700	1536	radium	226.0254	$7s^{2}$	—	0.9

续表 8-48

序号	元素符号	中文名称	原子序数	电导率 κ /cm·μΩ	热导率 λ /W·(cm·K)$^{-1}$	密度 ρ /g·mL^{-1}	熔点 t_m /℃	沸点 t_b /℃	英文名称	相对原子质量	价电子排布式	原子半径 /m	电负性
79	Rb	铷	37	0.0779	0.582	1.63	39.64	688	rubidium	85.4678	$5s^1$	2.98×10^{-10}	0.82
80	Re	铼	75	0.0542	0.479	21.04	3180	5627	rhenium	186.207	$5f^{14}5d^5 6s^2$	1.97×10^{-10}	1.9
81	Rf	铲	104	—	0.23	—	—	—	rutherfordium	261	$6d^2 7s^2$	—	—
82	Rh	铑	45	0.211	1.5	12.41	1966	3727	rhodium	102.9055	$4d^8 5s^1$	1.83×10^{-10}	2.28
83	Rn	氡	86	—	0.0000364	9.73g/L	-71	-62	radon	222	$4f^{14}5d^{10}6s^2 6p^6$	1.34×10^{-10}	0
84	Ru	钌	44	0.137	1.07	12.37	2250	3900	ruthenium	101.07	$4d^7 5s^1$	1.89×10^{-10}	201
85	S	硫	16	5.00×10^{-24}	0.00269	2.07	115.36	444.75	sulfur	32.066	$3s^2 3p^4$	1.09×10^{-10}	2.58
86	Sb	锑	51	0.0288	0.243	6.684	630.9	1587	antimony	121.757	$4d^{10}5s^2 5p^3$	1.53×10^{-10}	2.05
87	Sc	钪	21	0.0177	0.158	2.99	1539	2831	scandium	44.95591	$3d^7 4s^2$	2.09×10^{-10}	1.36
88	Se	硒	34	1.00×10^{-12}	0.0204	4.79	221	685	selenium	78.96	$3d^{104}s^2 4p^4$	2.55×10^{-10}	2.55
89	Sg	𬭳	106	—	—	—	808	603	seaborgium	263	$6d^4 7s^2$	—	—
90	Si	硅	14	2.52×10^{-12}	1.48	2.33	1410	2355	silicon	28.0855	$3s^2 3p^2$	1.46×10^{-10}	1.9
91	Sm	钐	62	0.00956	0.133	7.52	1072	1791	samarium	150.36	$4f^6 6s^2$	2.59×10^{-10}	1.17
92	Sn	锡	50	9.17×10^{-2}	0.666	7.31	232.06	2270	tin	118.71	$4d^{105}s^{25}p^5$	1.72×10^{-10}	1.96
93	Sr	锶	38	0.0762	0.353	2.45	769	1384	strontium	87.62	$5s^2$	2.45×10^{-10}	0.95
94	Ta	钽	73	0.0761	0.575	16.65	2996	5425	tantalun	180.9479	$4f^{14}5d^3 6s^2$	2.09×10^{-10}	1.5
95	Tb	铽	65	0.00889	0.111	8.23	1357	3023	terbium	158.9253	$6d^5 7s^2$	2.51×10^{-10}	1.2
96	Tc	锝	43	0.067	0.506	11.5	2200	4877	technetium	98	$4f^9 6s^2$	1.95×10^{-10}	1.95
97	Te	碲	52	2.00×10^{-6}	0.0235	6.24	449.65	988	tellerium	127.6	$4d^{10}5s^2 5p^4$	1.42×10^{-10}	2.1
98	Th	钍	90	0.0653	0.54	11.724	1755	4788	thorium	232.0381	$6d^2 7s^2$	—	1.3
99	Ti	钛	22	0.0234	0.219	4.54	1660	3287	titanium	47.88	$3d^2 4s^2$	2×10^{-10}	1.54
100	Tl	铊	81	0.0617	0.461	11.85	304	1473	thallium	204.3833	$4f^{14}5d^{10}6s^2 6p^1$	2.08×10^{-10}	2.04
101	Tm	铥	69	0.015	0.168	9.32	1545	1947	thulium	168.9342	$4f^{13}6s^2$	2.42×10^{-10}	1.25
102	U	铀	92	0.038	0.276	18.95	1132	4134	uranium	238.0289	$5f^3 6d^1 7s^2$	—	1.38
103	V	钒	23	0.0489	0.307	6.11	3456	3409	vanadium	50.9415	$3d^3 4s^2$	1.92×10^{-10}	1.63
104	W	钨	74	0.189	1.74	19.35	3407	5655	tungsten	183.85	$5d^4 6s^2$	2.02×10^{-10}	2.36
105	Xe	氙	54	—	5.69×10^{-5}	5.9g/L	-111.7	-107.97	xenon	134.29	$5s^2 5p^6$	1.24×10^{-10}	0
106	Y	钇	39	0.0166	0.172	4.47	1526	3338	yttrium	88.90585	$4d^1 5s^2$	2.27×10^{-10}	1.22
107	Yb	镱	70	0.0351	0.349	6.9	824	1194	ytterbium	173.04	$4f^{14}6s^2$	2.4×10^{-10}	1.1
108	Zn	锌	30	0.166	1.06	7.13	419.73	907	zinc	65.39	$3d^{10}4s^2$	1.53×10^{-10}	1.65
109	Zr	锆	40	0.0236	0.227	6.51	1852	4377	zirconium	91.224	$4d^2 5s^2$	2.16×10^{-10}	1.33

8.2.2 非金属材料

非金属材料的技术参数，见表8-49。

表8-49 各种不同材料的重度、热导率、热容和热扩散率

材料名称	γ/kg·m^{-3}	t/℃	λ/kJ·(m·h·℃)$^{-1}$	c_p/kJ·(kg·℃)$^{-1}$	a/m^2·h^{-1}
铝箔	20	50	0.17	—	—
石棉板	770	30	0.42	0.82	0.712×10^{-3}
石棉	470	50	0.40	0.82	1.04×10^{-3}
沥青	2110	20	2.51	2.09	0.57×10^{-3}
混凝土	2300	20	4.60	1.13	1.77×10^{-3}
耐火黏土	1845	450	3.72	1.09	1.855×10^{-3}
干土	1500	—	0.50	—	—
湿土	1700	—	2.36	2.01	0.693×10^{-3}
煤	1400	20	0.67	1.3	0.37×10^{-3}
绝热砖	550	100	0.50	—	—
建筑用砖	800~1500	20	0.84~1.05	—	—
硅砖	1000	—	2.93	0.68	6.0×10^{-3}
焦炭分	449	100	0.69	1.21	0.126×10^{-3}
锅炉水锈（水垢）	—	65	4.72~11.29	—	—
干砂	1500	20	1.17	0.79	9.85×10^{-3}
湿砂	1650	20	4.05	2.09	1.77×10^{-3}
波特兰水泥	1900	30	1.09	1.13	0.506×10^{-3}
云母	290	—	2.09	0.88	82.0×10^{-3}
玻璃	2500	20	2.68	0.67	1.6×10^{-3}
矿渣混凝土块	2150	—	3.34	0.88	1.78×10^{-3}
矿渣棉	250	100	0.25	—	—
铝	2670	0	731.5	0.92	328.0×10^{-3}
青铜	8000	20	229.9	0.38	75.0×10^{-3}
黄铜	8600	0	307.23	0.38	95.0×10^{-3}
铜	8800	0	1379.4	0.39	412.0×10^{-3}
镍	9000	20	209.00	0.46	50.5×10^{-3}
锡	7230	0	229.9	0.23	141×10^{-3}
汞（水银）	13600	0	31.35	0.14	16.7×10^{-3}
铅	11400	0	125.4	0.13	85.0×10^{-3}
银	10500	0	1646.9	0.23	670.0×10^{-3}
钢	7900	20	163.02	0.46	45.0×10^{-3}
锌	7000	20	418	0.39	152.0×10^{-3}
铸铁（生铁）	7220	20	225.7	0.50	62.5×10^{-3}

8.3 酸碱盐

常用酸碱盐的技术参数，见表8-50。

表 8-50　各种酸碱盐的技术参数

名　称	分子式	相对分子质量	密度/g·mL^{-1}	状　态	贮存方法
硫　酸	H_2SO_4	98	1.84	油状液体	—
硝　酸	HNO_3	63	1.42	透明液体	避　光
盐　酸	HCl	20	—	透明液体	—
氢氧化钠	NaOH	40	2.13	白色结晶	防　潮
氯化铵	NH_4Cl	53.5	—	白色结晶	防　潮
酒　精	C_2H_5OH	46.1	—	透明液体	防　火
汽　油	—	—	—	透明液体	防　火

硫酸溶液（酸的水化物）的组成及结晶温度，见表 8-51。

表 8-51　硫酸溶液（酸的水化物）的组成及结晶温度

水化物的化学式	质量分数/%				结晶温度/℃
	H_2SO_4	总 SO_3	游离 SO_3	H_2O	
$H_2SO_4 \cdot 4H_2O$	57.6	46.9	—	53.1	-24.4
$H_2SO_4 \cdot 2H_2O$	73.2	59.8	—	40.2	-39.6
$H_2SO_4 \cdot H_2O$	84.5	69.0	—	31.0	+8.1
H_2SO_4	100.0	81.6	—	18.4	+10.45
$H_2SO_4 \cdot SO_3$	110.1	89.9	44.95	10.1	+35.85
$H_2SO_4 \cdot 2SO_3$	113.9	93.0	62.0	7.0	+1.2

盐酸的浓度及密度见表 8-52。

表 8-52　盐酸的质量分数、浓度及密度

w/%	c/g·L^{-1}	ρ/g·mL^{-1}	w/%	c/g·L^{-1}	ρ/g·mL^{-1}
0.12	2	1.000	17.13	186	1.085
0.15	12	1.005	18.11	197	1.090
2.15	22	1.010	19.06	209	1.095
3.12	32	1.015	20.01	220	1.100
4.13	42	1.020	20.97	232	1.105
5.15	53	1.025	21.92	243	1.110
6.15	63	1.030	22.86	255	1.115
7.15	74	1.035	23.82	267	1.120
8.16	85	1.040	24.78	279	1.125
9.16	96	1.045	25.75	291	1.130
10.17	107	1.050	26.70	302	1.135
11.18	118	1.055	27.66	315	1.140
12.19	129	1.060	28.14	321	1.142
13.19	140	1.065	28.61	328	1.145
14.17	152	1.070	29.57	340	1.150
15.16	163	1.075	29.57	345	1.152
16.15	174	1.080	29.95	353	1.155

续表 8-52

w/%	c/g·L⁻¹	ρ/g·mL⁻¹	w/%	c/g·L⁻¹	ρ/g·mL⁻¹
30.55	366	1.160	35.39	418	1.180
31.52	373	1.163	36.31	430	1.185
32.10	379	1.165	37.23	443	1.190
32.49	391	1.170	38.16	456	1.195
33.46	394	1.171	39.11	469	1.200
33.42	404	1.175	40.10	483	1.205

盐酸的质量分数、当量浓度及密度，见表 8-53。

表 8-53 盐酸的质量分数、当量浓度及密度

w/%	$c_{当}$/N	ρ/g·mL⁻¹	w/%	$c_{当}$/N	ρ/g·mL⁻¹
1.00	0.28	1.0032	17.00	5.05	1.0827
1.81	0.50	1.0072	18.00	5.37	1.0878
2.00	0.55	1.0083	19.00	5.69	1.0929
3.00	0.83	1.0132	19.93	6.00	1.0977
3.59	1.00	1.0161	20.00	6.02	1.0980
4.00	1.12	1.0181	21.00	6.35	1.1031
5.00	1.40	1.0230	22.00	6.69	1.1083
6.00	1.69	1.0279	22.93	7.00	1.1131
7.00	1.98	1.0327	23.00	7.02	1.1135
7.06	2.00	1.0330	24.00	7.36	1.1187
8.00	2.28	1.0376	25.00	7.71	1.1239
9.00	2.57	1.0425	25.86	8.00	1.1283
10.00	2.87	1.0474	26.00	8.05	1.1290
10.42	3.00	1.0495	27.00	8.40	1.1341
11.00	3.17	1.0524	28.00	8.75	1.1392
12.00	3.48	1.0574	28.72	9.00	1.1428
13.00	3.79	1.0624	29.00	9.10	1.1430
13.68	4.00	1.0659	30.00	9.46	1.1493
14.00	4.10	1.0675	31.00	9.81	1.1543
15.00	4.41	1.0725	31.52	10.00	1.1569
16.00	4.73	1.0776	32.00	10.17	1.1593
16.85	5.00	1.0819	33.00	10.54	1.1642
34.00	10.90	1.1691	34.27	11.00	1.1704
35.00	11.27	1.1740	36.00	11.64	1.1789
36.97	12.00	1.1836	37.00	12.01	1.1837
38.00	12.39	1.1885	39.00	12.76	1.1933

硫酸的质量分数、当量浓度及密度，见表 8-54。

表 8-54 硫酸的质量分数、当量浓度及密度

w/%	$c_{当}$/N	ρ /g·mL^{-1}	w/%	$c_{当}$/N	ρ /g·mL^{-1}	w/%	$c_{当}$/N	ρ /g·mL^{-1}	w/%	$c_{当}$/N	ρ /g·mL^{-1}
1.00	0.20	1.0051	27.00	6.57	1.1942	52.00	15.00	1.4148	75.00	25.53	1.6692
2.00	0.41	1.0118	28.00	6.86	1.2023	53.00	15.40	1.4248	75.90	26.00	1.6799
2.42	0.50	1.0145	28.00	7.00	1.2060	54.00	15.80	1.4350	76.00	26.05	1.6810
3.00	0.62	1.0184	29.00	7.16	1.2104	54.49	16.00	1.4400	77.00	26.58	1.6927
4.00	0.84	1.0250	30.00	7.45	1.2185	55.00	16.21	1.4453	77.80	27.00	1.7020
4.76	1.00	1.0301	31.00	7.75	1.2267	56.00	16.62	1.4557	78.00	27.11	1.7043
5.00	1.05	1.0317	31.81	8.00	1.2333	56.90	17.00	1.4652	79.00	27.64	1.7158
6.00	1.27	1.0385	32.00	8.06	1.2349	57.00	17.04	1.4662	79.67	28.00	1.7235
7.00	1.49	1.0453	33.00	8.37	1.2432	58.00	17.47	1.4768	80.00	28.18	1.7272
8.00	1.72	1.0522	34.00	8.68	1.2515	59.00	17.90	1.4875	81.00	28.71	1.7383
9.00	1.94	1.0591	35.00	8.99	1.2599	59.24	18.00	1.4901	81.54	29.00	1.7441
9.24	2.00	1.0608	35.02	9.00	1.2601	60.00	18.33	1.4983	82.00	29.25	1.7491
10.00	2.17	1.0661	36.00	9.31	1.2684	61.00	18.77	1.5091	83.00	29.78	1.7594
11.00	2.41	1.0731	37.00	9.63	1.2729	61.51	19.00	1.5147	83.42	30.00	1.7636
12.00	2.64	1.0802	38.00	9.96	1.2855	62.00	19.22	1.5200	84.00	30.31	1.7693
13.00	2.88	1.0874	38.12	10.00	1.2865	63.00	19.67	1.5310	85.00	30.83	1.7786
13.48	3.00	1.0909	39.00	10.29	1.2941	63.73	20.00	1.5391	85.33	31.00	1.7815
14.00	3.13	1.0947	40.00	10.63	1.3028	64.00	20.12	1.5421	86.00	31.24	1.7872
15.00	3.37	1.1020	41.00	10.97	1.3116	65.00	20.59	1.5533	87.00	31.85	1.7951
16.00	3.62	1.1094	41.10	11.00	1.3125	65.88	21.00	1.5632	87.31	32.00	1.7973
17.00	3.87	1.1168	42.00	11.31	1.3205	66.00	21.06	1.5646	88.00	32.34	1.8022
17.00	4.00	1.1206	43.00	11.66	1.3294	67.00	21.53	1.5760	89.00	32.82	1.8087
18.00	4.13	1.1243	43.97	12.00	1.3382	67.96	22.00	1.5871	89.37	33.00	1.8108
19.00	4.38	1.1318	44.00	12.01	1.3384	68.00	22.01	1.5874	90.00	33.30	1.8144
20.00	4.65	1.1394	45.00	12.37	1.3476	69.00	22.50	1.5989	91.00	33.76	1.8195
21.00	4.91	1.1471	46.00	12.73	1.3569	70.00	22.99	1.6105	91.52	34.00	1.8218
21.33	5.00	1.1486	46.74	13.00	1.3639	70.02	23.00	1.6108	92.00	34.22	1.8240
22.00	5.18	1.1548	47.00	13.09	1.3663	71.00	23.48	1.6221	93.00	34.66	1.8279
23.00	5.45	1.1626	48.00	13.47	1.3758	72.00	23.99	1.6338	93.77	35.00	1.8304
24.00	5.73	1.1703	49.00	13.84	1.3854	72.02	24.00	1.6341	94.00	35.10	1.8312
24.00	6.00	1.1781	49.41	14.00	1.3895	73.00	24.50	1.6456	95.00	35.52	1.8337
25.00	6.01	1.1783	50.00	14.22	1.3951	73.98	25.00	1.6572	96.00	35.93	1.8355
26.00	6.29	1.1862	51.00	14.61	1.4049	74.00	25.01	1.6584	96.17	36.00	1.8357

硫酸溶液的密度与浓度换算，见表8-55。

表8-55 硫酸溶液的密度与浓度换算表

密度(15℃)/g·mL^{-1}	波美度数	质量分数/%	浓度/g·L^{-1}
1.000	0	0.09	1
1.020	2.7	3.03	31
1.040	5.4	5.96	62
1.060	8.0	8.77	93
1.080	10.6	11.60	12.5
1.100	13.0	14.35	158
1.120	15.4	17.01	191
1.140	17.7	19.61	223
1.170	20.9	23.47	275
1.190	23.0	26.04	310
1.200	24.0	27.32	328
1.220	26.0	29.84	364
1.240	27.9	32.28	400
1.260	29.7	34.57	435
1.280	31.5	36.87	472
1.300	33.3	39.19	510
1.320	35.0	41.50	548
1.340	36.6	43.74	586
1.360	38.2	45.88	624
1.380	39.8	48.00	662
1.400	41.2	50.11	702
1.410	42.0	51.15	721
1.450	44.8	55.03	798
1.490	47.4	58.74	876
1.520	49.4	61.59	936
1.550	51.2	64.26	996
1.590	53.6	67.83	1078
1.600	54.1	68.70	1099
1.620	55.2	70.42	1141
1.650	56.9	72.96	1204
1.670	57.9	74.66	1246
1.690	58.9	76.38	1289
1.700	59.5	77.17	1312
1.720	60.4	78.95	1357
1.740	61.4	80.68	1404
1.750	61.8	81.56	1427
1.780	63.2	84.50	1504
1.800	64.2	86.92	1564
1.820	65.0	90.05	1639
1.826	65.3	91.25	1666
1.835	65.7	93.56	1717
1.849	—	99.12	1823

磷酸的质量分数、当量浓度及密度关系，见表8-56。

表8-56 磷酸的质量分数、当量浓度及密度关系

w/%	$c_{当}$/N	ρ /g · mL^{-1}	w/%	$c_{当}$/N	ρ /g · mL^{-1}	w/%	$c_{当}$/N	ρ /g · mL^{-1}	w/%	$c_{当}$/N	ρ /g · mL^{-1}
1.00	0.31	0.003	22.00	7.58	1.1263	45.0	17.8	1.293	70.0	32.7	1.526
2.00	0.62	1.0092	23.00	7.98	1.1329	45.4	18.0	1.296	70.4	33.0	1.530
3.00	0.93	1.0146	23.06	8.00	1.1333	46.0	18.3	1.301	71.0	33.4	1.536
3.22	1.00	1.0158	24.00	8.37	1.1395	47.0	18.8	1.309	72.0	34.1	1.547
4.00	1.25	1.0200	25.00	8.77	1.1462	48.0	19.4	1.318	73.0	34.8	1.557
5.00	1.57	1.0254	25.57	9.00	1.1500	49.0	19.9	1.326	74.0	35.5	1.568
6.00	1.89	1.0309	26.00	9.18	1.1529	50.0	20.4	1.335	74.7	36.0	1.575
6.33	2.00	1.0327	27.00	9.58	1.1597	51.0	21.0	1.334	75.0	36.3	1.579
7.00	2.22	1.0364	28.00	10.00	1.1665	52.0	21.5	1.352	76.0	37.00	1.589
8.00	2.55	1.0420	29.00	10.42	1.1735	53.0	22.1	1.361	77.0	37.7	1.600
9.00	2.89	1.0476	30.00	10.84	1.1805	54.0	22.6	1.370	78.0	38.5	1.611
9.34	3.00	1.0495	30.4	11.0	1.183	55.0	23.2	1.379	78.7	39.0	1.619
10.00	3.22	1.0532	31.0	11.3	1.188	56.0	23.8	1.388	79.0	39.2	1.622
11.00	3.57	1.0589	32.0	11.7	1.195	56.4	24.0	1.391	80.0	40.0	1.633
12.00	3.91	1.0647	32.7	12.0	1.200	57.0	24.4	1.397	81.0	40.8	1.644
12.26	4.00	1.0662	33.0	12.1	1.202	58.0	25.0	1.407	82.0	41.5	1.655
13.00	4.26	1.0705	34.0	12.6	1.029	59.0	25.6	1.416	82.6	42.3	1.662
14.00	4.61	1.0764	35.0	13.0	1.216	60.0	26.2	1.426	83.0	42.6	1.669
15.00	4.97	1.0824	36.0	13.5	1.223	61.0	26.8	1.436	84.0	43.1	1.678
15.08	5.00	1.0829	37.0	13.9	1.231	61.3	27.0	1.439	85.0	42.4	1.687
16.00	5.33	1.0889	38.0	14.4	1.239	62.0	27.4	1.445	85.5	43.7	1.689
17.00	5.70	1.0946	39.0	14.9	1.246	63.0	28.1	1.455	86.0	44.8	1.700
17.82	6.00	1.0997	39.3	15.0	1.248	64.0	28.7	1.465	86.3	45.0	1.703
18.00	6.07	1.1008	40.0	15.4	1.254	65.0	29.3	1.475	87.0	45.6	1.712
19.00	6.44	1.1071	41.0	15.8	1.262	66.0	30.0	1.485	88.0	46.4	1.732
20.00	6.82	1.1134	42.0	16.3	1.270	67.0	30.7	1.495	88.5	46.8	1.738
20.48	7.00	1.1165	43.0	16.8	1.277	68.0	31.3	1.505	89.0	47.7	1.741
21.00	7.20	1.1198	44.0	17.3	1.285	69.0	32.0	1.515	90.0	48.1	1.746

硝酸溶液的密度与浓度换算，见表8-57。

表8-57 硝酸溶液的密度与浓度换算表

ρ(15℃)/g·mL^{-1}	波美度数	w/%	c/g·L^{-1}	ρ(15℃)/g·mL^{-1}	波美度数	w/%	c/g·L^{-1}
38.29	0	0.10	1	1.240	27.9	—	475
39.82	1.4	1.90	19	1.250	28.8	—	498
1.020	2.7	3.70	38	1.270	30.6	42.87	544
1.030	4.1	5.50	57	1.290	32.4	45.95	593
1.040	5.4	7.26	75	1.300	33.3	47.49	617
1.050	6.7	8.99	94	1.320	35.0	50.71	669
1.060	8	10.68	113	1.330	36.8	52.37	697
1.070	9.4	12.33	132	1.350	37.4	55.79	753
1.080	10.6	13.95	151	1.360	38.2	57.57	783
1.090	11.9	15.33	169	1.380	39.8	61.27	846
1.100	13.0	17.11	188	1.390	40.5	63.23	879
1.110	14.2	18.67	207	1.410	42.0	67.50	952
1.120	15.4	20.23	227	1.420	42.7	69.80	991
1.130	16.5	21.77	246	1.440	44.1	74.68	1075
1.150	18.8	24.84	286	1.460	45.4	79.98	1168
1.160	19.8	26.36	306	1.470	46.1	82.90	1219
1.180	22.0	29.38	347	1.490	47.4	89.60	1335
1.200	24.0	32.36	388	1.500	48.1	94.09	1411
1.220	26.0	35.28	430	1.150	48.7	98.10	1481

氟氢酸溶液的密度与浓度换算，见表8-58。

表8-58 氟氢酸（HF）溶液的密度与浓度换算表

ρ(20℃)/g·mL^{-1}	w/%	c/g·L^{-1}	ρ(20℃)/g·mL^{-1}	w/%	c/g·L^{-1}
1.003	1	10.03	1.089	25	272.25
1.007	2	20.14	1.095	27	294.65
1.011	3	30.33	1.104	30	331.2
1.014	4	40.56	1.106	31	342.86
1.018	5	50.90	1.112	33	366.96
1.023	6	61.38	1.114	34	378.76
1.027	7	71.89	1.117	35	390.95
1.030	8	82.40	1.122	37	415.14
1.035	9	93.15	1.127	39	439.53
1.038	10	103.80	1.130	40	452
1.045	12	125.40	1.136	42	477.12
1.052	14	147.28	1.141	44	502.04
1.059	16	169.44	1.113	45	514.35
1.066	18	191.88	1.149	47	540.03
1.072	20	214.40	1.152	48	552.96
1.082	23	248.86	1.157	50	578.5

醋酸的质量分数、当量浓度及密度关系，见表8-59。

表8-59　醋酸的质量分数、当量浓度及密度关系

w/%	$c_{当}$/N	ρ /g·mL^{-1}	w/%	$c_{当}$/N	ρ /g·mL^{-1}	w/%	$c_{当}$/N	ρ /g·mL^{-1}	w/%	$c_{当}$/N	ρ /g·mL^{-1}
1.00	0.17	0.9996	27.00	4.65	1.0349	51.07	9.00	1.05	78.0	13.90	1.07
2.00	0.33	1.0012	28.00	4.83	1.0361	52.00	9.17	1.06	79.0	14.08	1.06
3.00	0.50	1.0025	28.95	5.00	1.0371	53.00	9.35	1.06	80.0	14.25	1.07
4.00	0.67	1.0040	29.00	5.01	1.0372	54.00	9.54	1.06	81.0	14.43	1.06
5.00	0.84	1.0055	30.00	5.19	1.0384	55.00	9.72	1.06	82.0	14.61	1.07
5.96	1.00	1.0068	31.00	5.37	1.0395	56.00	9.90	1.06	83.0	14.78	1.06
6.00	1.01	1.0069	32.00	5.55	1.0406	56.54	10.00	1.06	84.0	14.96	1.07
7.00	1.18	1.0083	33.00	5.72	1.0417	57.00	10.08	1.06	85.0	15.13	1.07
8.00	1.35	1.0111	34.00	5.90	1.0428	58.00	10.27	1.06	86.0	15.30	1.07
10.00	1.69	1.0125	34.54	6.00	1.0433	59.00	10.45	1.063	87.0	15.47	1.07
11.00	1.86	1.0139	35.00	6.08	1.0438	60.00	10.63	1.06	87.5	15.64	1.07
11.83	2.00	1.0151	36.00	6.26	1.0449	61.00	10.82	1.06	88.0	15.75	1.07
12.00	2.03	1.0154	37.00	6.44	1.0459	62.00	11.00	1.06	89.0	15.81	1.07
13.00	2.20	1.0168	38.00	6.62	1.0469	63.00	11.18	1.068	90.0	15.98	1.07
14.00	2.37	1.0182	39.00	6.81	1.0479	64.00	11.36	1.07	90.5	16.00	1.07
15.00	2.55	1.0195	40.00	6.99	1.0488	65.00	11.54	1.066	91.0	16.14	1.06
16.00	2.72	1.0209	40.08	7.00	1.0489	66.00	11.73	1.067	92.0	16.31	1.06
17.00	2.89	1.0223	41.00	7.17	1.0498	67.00	11.91	1.067	93.0	13.47	1.06
17.61	3.00	1.0231	42.00	7.35	1.0507	67.50	12.00	1.067	93.5	16.62	1.06
18.00	3.07	1.0236	43.00	7.53	1.0516	68.00	12.09	1.068	94.0	16.78	1.06
19.00	3.24	1.0250	44.00	7.71	1.0525	69.00	12.27	1.068	95.0	16.93	1.06
20.00	3.42	1.0263	45.00	7.89	1.0534	70.00	12.46	1.068	96.0	17.00	1.06
21.00	3.59	1.0276	45.58	8.00	1.0539	71.00	12.64	1.069	97.0	17.07	1.06
22.00	3.77	1.0288	46.00	8.08	1.0542	72.00	12.82	1.069	97.5	17.15	1.06
23.00	3.95	1.0301	47.00	8.26	1.0551	73.00	13.00	1.069	98.0	17.22	1.05
23.31	4.00	1.0305	48.00	8.44	1.0559	74.00	13.18	1.069	98.5	17.28	1.05
24.00	4.12	1.0313	49.00	8.62	1.0567	75.00	13.36	1.069	99.0	17.35	1.05
25.00	4.30	1.0326	50.00	8.80	1.0575	76.00	13.54	1.069	99.5	17.48	1.05
26.00	4.48	1.0338	51.00	8.99	1.0582	77.00	13.72	1.069	100.0	17.55	1.05

氨水的质量分数、当量浓度及密度关系，见表8-60。

表8-60　氨水的质量分数、当量浓度及密度关系

w/%	$c_{当}$/N	ρ/g·mL^{-1}	w/%	$c_{当}$/N	ρ/g·mL^{-1}
0.86	0.50	0.9945	3.46	2.00	0.9833
1.00	0.58	0.9939	4.00	2.30	0.9811
1.72	1.00	0.9907	5.00	2.87	0.9770
2.00	1.16	0.9895	5.23	3.00	0.9761
3.00	1.76	0.9853	6.00	3.43	0.9730

续表 8-60

w/%	$c_{当}$/N	ρ/g·mL^{-1}	w/%	$c_{当}$/N	ρ/g·mL^{-1}
7.00	3.98	0.9690	18.35	10.00	0.9284
7.03	4.00	0.9689	19.00	10.33	0.9262
8.00	4.53	0.9651	20.00	10.84	0.9229
8.85	5.00	0.9619	20.32	11.00	0.9218
9.00	5.08	0.9613	21.00	11.34	0.9196
10.00	5.62	0.9575	22.00	11.84	0.9164
10.70	6.00	0.9549	22.33	12.00	0.9153
11.00	6.16	0.9538	23.00	12.33	0.9132
12.00	6.96	0.9501	24.00	12.82	0.9101
12.58	7.00	0.9480	24.36	13.00	0.9090
13.00	7.22	0.9465	25.00	13.31	0.9070
14.00	7.75	0.9430	26.00	13.81	0.9040
14.47	8.00	0.9414	26.41	14.00	0.9028
15.00	8.28	0.9396	27.00	14.28	0.9010
16.00	8.79	0.9362	28.00	14.76	0.8980
16.40	9.00	0.9348	28.85	15.00	0.8965
17.00	9.31	0.9328	29.00	15.24	0.8950
18.00	9.82	0.9295	30.00	15.71	0.8920

在一定温度下水的密度与体积参数关系，见表8-61。

表8-61 在一定温度下水的密度与体积参数关系

温度/℃	ρ/t·m^{-3}	ρ^*/t·m^{-3}	质量体积/m^3·t^{-1}	温度/℃	ρ/t·m^{-3}	ρ^*/t·m^{-3}	质量体积/m^3·t^{-1}
0	0.99987	0.99993	1.00013	36	0.99372	0.9968	1.00632
2	0.99997	0.99998	1.00003	38	0.99299	0.9964	1.00706
4	1.00000	1.00000	1.00000	40	0.9922	0.9960	1.0078
6	0.99997	0.99998	1.00003	45	0.9903	0.9951	1.0099
8	0.99988	0.99994	1.00012	50	0.9881	0.9940	1.0121
10	0.99973	0.99987	1.00027	55	0.9857	0.9927	1.0145
12	0.99953	0.9998	1.00048	60	0.9832	0.9915	1.0171
14	0.99927	0.9996	1.00073	65	0.9806	0.9902	1.0198
16	0.99897	0.9995	1.00103	70	0.9778	0.9888	1.0227
18	0.99862	0.9994	1.00138	75	0.9749	0.9874	1.0258
20	0.99823	0.9990	1.00177	80	0.9718	0.9858	1.0240
22	0.99780	0.9988	1.00221	85	0.9687	0.9842	1.0324
24	0.99732	0.9986	1.00268	90	0.9653	0.9825	1.0359
26	0.99681	0.9983	1.00320	95	0.9619	0.9807	1.0396
28	0.99626	0.9981	1.00375	100	0.9584	0.9789	1.0434
30	0.99567	0.9977	1.00435	110	0.9510	0.9752	1.0515
32	0.99505	0.9974	1.00497	120	0.9435	0.9712	1.0600
34	0.99440	0.9972	1.00563	130	0.9351	0.9670	1.0694

续表 8-61

温度/℃	ρ/t·m⁻³	ρ*/t·m⁻³	质量体积/m³·t⁻¹	温度/℃	ρ/t·m⁻³	ρ*/t·m⁻³	质量体积/m³·t⁻¹
140	0.9263	0.9625	1.0795	240	0.809	0.900	1.236
150	0.9172	0.9577	1.0903	250	0.794	0.891	1.259
160	0.9076	0.9526	1.1018	260	0.779	0.883	1.283
170	0.8973	0.9472	1.1145	270	0.765	0.875	1.308
180	0.8866	0.9415	1.1279	280	0.75	0.866	1.34
190	0.8750	0.9354	1.1429	290	0.72	0.849	1.38
200	0.8628	0.9288	1.1590	300	0.70	0.837	1.42
210	0.850	0.922	1.177	310	0.68	0.825	1.46
220	0.837	0.915	1.195	320	0.66	0.812	1.51
230	0.823	0.907	1.215	—	—	—	—

注：ρ^* 为在不同压力下得到的数据。

氯化物的沸腾温度，见表 8-62。

表 8-62 氯化物的沸腾温度

氯 化 物	氯化物的沸腾温度/℃	氯 化 物	氯化物的沸腾温度/℃
氯化锡	115	$ZnCl_2$ 含 10% NH_4Cl	343
氯化铝	182	氯化锌	730
氯化锑	222	氯化铅	900
氯化镁	310	氯化镉	900
氯化铵	338	氯化亚铁	1024

氯化铵水溶液质量分数和相对密度浓度的关系，见表 8-63。

表 8-63 氯化铵水溶液质量分数和相对密度及浓度的关系

质量分数/%	相对密度	浓度/g·L⁻¹	质量分数/%	相对密度	浓度/g·L⁻¹
1	1.0013	10.013	14	1.0401	145.614
2	1.0045	20.090	16	1.0457	167.312
4	1.0107	40.428	18	1.0512	189.216
6	1.0168	61.008	20	1.0567	211.340
8	1.0227	81.816	22	1.0621	233.662
10	1.0286	102.860	24	1.0736	278.876
12	1.0344	124.128	—	—	—

钼酸盐的分子式、溶解度及其 pH 值，见表 8-64。

表 8-64 钼酸盐的分子式、溶解度及其质量分数为 2% 溶液或饱和溶液的 pH 值

序 号	分 子 式	溶解度/g	pH 值
1	H_2MoO_4	0.26(24.6℃)	3.6
2	$P_2O_5 \cdot 24MoO_3 \cdot nH_2O$	>10	1.6
3	$SiO_2 \cdot 12MoO_3 \cdot nH_2O$	≤0.1(30℃)	2.3
4	$Li_2MoO_4 \cdot nH_2O$	44.81(25℃)	9.6
5	$ZnMoO_4 \cdot nH_2O$	<0.1	6.4
6	$Na_2MoO_4 \cdot 2H_2O$	39.82(30℃)	7.4

8.4 常用气体

几种常用气体的特性值，见表8-65～表8-68。

表8-65 几种常用气体的特性值

气体名称	化学符号	相对分子质量	密度(标态) /kg·m^{-3}	质量体积(标态) /m^3·kg^{-1}	总分子体积(标态) /m^3·(kmol)$^{-1}$	热值(标态)/MJ·m^{-3}	
						上限	下限
氧 气	O_2	32.000	1.42895	0.699815	22.39	—	—
氮 气	N_2	28.016	1.2505	0.79968	22.40	—	—
氩 气	Ar	39.944	1.7839	0.56057	22.39	—	—
空 气	—	28.960	1.2928	0.77351	22.40	—	—
二氧化碳	CO_2	44.010	1.9768	0.50587	22.26	—	—
一氧化碳	CO	28.010	1.2500	0.80000	22.40	12.6	12.6
二氧化硫	SO_2	64.060	2.9263	0.34173	21.89	—	—
硫化氢	H_2S	34.076	1.5392	0.64969	22.14	25.7	23.7
氢 气	H_2	2.016	0.08987	11.12718	22.43	17.3	10.7
水	H_2O	18.016	(0.804)	(1.24378)	(22.4)	—	—
氨 气	NH_3	17.031	0.771	1.297	22.09	—	—
饱和的碳水化合物							
甲 烷	CH_4	16.042	0.7168	1.39509	22.38	39.8	35.7
乙 烷	C_2H_6	30.068	1.356	0.73746	22.17	70.3	64.2
丙 烷	C_3H_8	44.094	2.0037	0.49908	22.01	101.7	93.4
丁 烷	C_4H_{10}	58.120	2.703	0.36996	21.50	133.8	123.4
苯	H_6C_6	78.108	3.48	0.2874	22.4	146.1	140.1
不饱和的碳水化合物							
乙 炔	C_2H_2	26.036	1.1708	0.85404	22.24	58.9	56.8
乙 烯	C_2H_4	28.052	1.2605	0.79334	22.25	63.9	59.8
丙 烯	C_3H_6	42.078	1.915	0.52219	21.97	94.2	88.1
丁 烯	C_4H_8	56.104	2.50	0.400	22.4	121.7	113.7

表8-66 各种气体的化学特性

气体种类	铁及其合金					其他金属及合金		
	中性	氧化性	还原性	脱碳性	增碳性	中性	氧化性	还原性
(一)元素								
A	○	—	—	—	—	○	—	—
He	○	—	—	—	—	○	—	—
N_2	○	—	—	—	—	○	—	—
O_2	—	○	—	○	—	—	○	—
H_2	—	—	○	○	—	—	—	○
(二) 化合物								
H_2O	—	○	—	○	—	—	○	—
CO_2	—	○	—	○	—	—	○	—
CO	—	—	○	—	○	—	—	○
CH_4	—	—	○	—	○	—	—	○

注：有○者视为有。

表 8-67 几种常用气体的密度（标态）

气 体	ρ/kg·m^{-3}	气 体	ρ/kg·m^{-3}
空 气	1.293	一氧化碳	1.251
氧	1.429	二氧化碳	1.977
氮	1.251	甲 烷	0.717
氢	0.0899	水蒸气	0.804

表 8-68 各种常见气体 μ_0[①]和 C[②]值

气 体	μ_0/mPa·s	C	气 体	μ_0/mPa·s	C
空 气	1.72	122	一氧化碳	1.65	102
氧	1.92	138	二氧化碳	1.38	250
氮	1.67	107	水蒸气	0.85	673
氢	0.85	75	燃烧产物	—	170

① 气体 μ_0 为温度 0℃时运动黏度；
② C 值为在某一温度下气体运动黏度的换算系数。

常用气体的气体常数 R 值，见表 8-69。

表 8-69 常用气体的气体常数 R 值

气体名称	符 号	R/m·K^{-1}	气体名称	符 号	R/m·K^{-1}
空 气	—	29.27	水蒸气	H_2O	47.10
氧 气	O_2	26.52	一氧化碳	CO	30.30
氮 气	N_2	30.13	二氧化碳	CO_2	19.27
氢 气	H_2	420.90	甲 烷	CH_4	53.00

常用气体在标准状态下的 γ_0 值，见表 8-70。

表 8-70 常用气体在标准状态下的 γ_0 值

气体名称	符 号	γ_0/kg·m^{-3}	气体名称	符 号	γ_0/kg·m^{-3}
空 气	—	1.293	一氧化碳	CO	1.251
氧 气	O_2	1.429	二氧化碳	CO_2	1.997
氮 气	N_2	1.251	二氧化硫	SO_2	2.927
氢 气	H_2	0.0899	甲 烷	CH_4	0.7168

常用气体的生成焓，见表 8-71。

表 8-71 常用气体的生成焓

序 号	名 称	符 号	反 应 式	焓/kJ·mol^{-1}
1	乙 炔	C_2H_2	$2C + H_2 = C_2H_2$	+234.5
2	乙 烷	C_2H_6	$2C + 3H_2 = C_2H_6$	-89.5
3	乙 烯	C_2H_4	$2C + 2H_2 = C_2H_4$	+51.4
4	氨	NH_3	$1/2N_2 + 3/2H_2 = NH_3$	-45.1
5	正丁烷	C_4H_{10}	$4C + 5H_2 = C_4H_{10}$	-124.1
6	丁二烯	C_4H_8	$4C + 4H_2 = C_4H_8$	-1.3
7	二氧化碳	CO_2	$C + O_2 = CO_2$	-392.9

续表 8-71

序 号	名 称	符 号	反应式	焓/kJ · mol^{-1}
8	一氧化碳	CO	$C+1/2O_2=CO$	-405.5
9	甲 烷	CH_4	$C+2H_2=CH_4$	-73.6
10	戊 烷	C_5H_{12}	$5C+6H_2=C_5H_{12}$	-145.5
11	丙 烷	C_3H_8	$3C+4H_2=C_3H_8$	-104.5
12	丙 烯	C_3H_6	$3C+3H_2=C_3H_6$	+14.2
13	二氧化硫	SO_2	$S+O_2=SO_2$	-296.4
14	硫化氢	H_2S	$H_2+S=H_2S$	-20.1
15	水蒸气	H_2O	$H_2+1/2O_2=H_2O$	-241.2

常用气体的导热性，见表8-72。

表 8-72 常用气体导热性的比值①（100℃时）

序 号	气 体	比 值	序 号	气 体	比 值	序 号	气 体	比 值
1	干空气	1.00	9	H_2S	0.54	17	Cl_2	0.34
2	N_2	0.99	10	SO_2	0.35	18	He	5.50
3	O_2	1.02	11	CS_2	0.28	19	Nr	1.80
4	H_2	7.35	12	CO	0.97	20	Ar	0.70
5	NH_3	0.90	13	CO_2	0.68	21	Kr	0.38
6	H_2O	0.81	14	CH_4	1.50	22	Xe	0.22
7	NO	1.02	15	C_2H_4	0.86	23	$C_3H_8$②	0.67
8	N_2O	0.68	16	C_2H_2	0.79	24	C_6H_{14}③	0.52

① 把干空气的导热性作为1时，其他气体与它的比值；

② 20℃时丙烷；

③ 0℃时己烷。

在一定温度下，几种常用气体在水中的溶解度，见表8-73。

表 8-73 在一定温度下几种常用气体在水中的溶解度（标态，m^3/m^3）

序 号	温度/℃	NH_3	CO_2	CO	O_2	H_2S	H_2
1	0	1186	1.713	0.035	0.049	4.670	0.021
2	2	1125	1.584	0.034	0.047	4.379	0.021
3	4	1067	1.473	0.032	0.044	4.107	0.021
4	6	1010	1.377	0.031	0.042	3.852	0.020
5	8	957	1.282	0.029	0.040	3.616	0.020
6	10	903	1.194	0.028	0.038	3.399	0.020
7	12	852	1.117	0.027	0.037	3.206	0.019
8	14	807	1.050	0.026	0.035	3.028	0.019
9	16	763	0.985	0.025	0.034	2.865	0.019
10	18	721	0.928	0.024	0.033	2.717	0.018
11	20	683	0.878	0.023	0.031	2.582	0.018
12	25	602	0.759	0.021	0.029	2.282	0.018
13	30	539	0.665	0.020	0.027	2.037	0.017
14	35	488	0.592	0.019	0.025	1.831	0.017

续表 8-73

序　号	温度/℃	NH_3	CO_2	CO	O_2	H_2S	H_2
15	40	446	0.530	0.018	0.023	1.660	0.016
16	45	409	0.479	0.017	0.022	1.516	0.016
17	50	375	0.436	0.016	0.021	1.392	0.016
18	60	314	0.359	0.015	0.019	1.190	0.016
19	70	256	—	0.014	0.018	1.022	0.016
20	80	203	—	0.014	0.017	0.917	0.016
21	90	150	—	0.014	0.017	0.840	0.016
22	100	98	—	0.014	0.017	0.810	0.016

在标准大气压下几种常用气体的熔点、熔化热、沸点、汽化热，见表 8-74。

表 8-74　在标准大气压下几种常用气体的熔点、熔化热、沸点、汽化热

序　号	名　称	熔点/℃	熔化热 /kJ · kg^{-1}	沸点/℃	在 t(℃)时汽化热	
					汽化热/kJ · kg^{-1}	t/℃
1	乙　炔	—	—	-83.6	827.6	-83.6
2	乙　烷	-183.6	91.96	-88.6	539.2	-88.6
3	乙　烯	-169.4	104.50	-103.5	522.5	-103.5
					466.1	-40
					431.4	-20
					372.9	0
					255.4	20
4	氨	-77.7	338.58	33.4	1399.0	-45
					1327.2	-20
					1260.3	0
					1185.4	20
					1099.3	40
5	正丁烷	-135	75.24	0.5	422.2	-40
					406.3	-20
					388.7	0
					368.7	20
					345.7	40
6	丁　烯	-130	—	-6.1	402.5	-6.1
7	二氧化碳	-56	—	-78.5	576.0	-78.5
					332.3	-40
					287.6	-20
					233.7	0
					146.7	20
					0	31
8	一氧化碳	-205	29.68	-191.5	211.1	-191.5
9	空　气	—	—	-193	213.2	-193
10	甲　烷	-182.5	58.52	-161.5	547.6	-161.5

续表 8-74

序号	名称	熔点/℃	熔化热/kJ·kg^{-1}	沸点/℃	在 t(℃)时汽化热	
					汽化热/kJ·kg^{-1}	t/℃
11	正戊烷	-135	115.78	36.1	390.8	0
					334.4	60
					271.7	120
					146.3	180
12	丙烷	-189.9	—	-42.6	447.3	-42.6
					398.3	-20
					374.5	0
					348.5	20
13	丙烯	-185.2	69.81	-47	455.6	-47
14	氧气	-218.8	3.3	-183	213.2	-183
15	SO_2	—	—	-10	401.3	-10
16	H_2S	-85.6	16.6	-60.4	551.8	-60.4
17	N_2	-210.0	6.1	-195.8	200.6	-195.8
18	H_2	-259.2	14	-252.8	456.7	-252.8

不同温度下的饱和水蒸气量，见表 8-75。

表 8-75 不同温度下的饱和水蒸气量

温度/℃	饱和水蒸气分压/mmHg	1m^3 水蒸气(标态)含水汽量/g	温度/℃	饱和水蒸气分压/mmHg	1m^3 水蒸气(标态)含水汽量/g
20	17.5	19.0	39	52.4	59.6
21	18.9	20.2	40	55.3	63.1
22	19.8	21.5	42	61.5	70.8
23	21.1	22.9	44	68.3	79.3
24	22.4	24.4	46	75.5	88.8
25	23.8	26.0	48	83.7	99.5
26	25.2	27.6	50	92.5	111
27	26.7	29.3	52	102.1	125
28	28.3	31.1	54	112.5	140
29	30.0	33.1	56	123.8	156
30	31.8	35.1	57	129.8	166
31	33.7	37.3	58	136.1	175
32	35.7	39.6	60	149.4	197
33	37.7	42.0	62	163.8	221
34	39.9	44.5	64	179.3	248
35	42.2	47.3	66	196.1	280
36	44.6	50.1	68	214.2	315
37	47.1	53.1	70	233.7	357
38	49.7	56.2	72	254.6	405

注：1mmHg = 133.3Pa。

气体的平均热容见表8-76。

表 8-76　气体的平均热容[kJ/(m³ · ℃)]

温度/℃	O_2	N_2	CO	H_2	CO_2	H_2O	SO_2	CH_4	空　气	烟　气
0	1.3063	1.2937	1.2979	1.2770	1.5994	1.4947	1.7233	1.5491	1.2979	1.4235
100	1.3188	1.2979	1.3021	1.2895	1.7082	1.5073	1.8129	1.6412	1.3021	—
200	1.3356	1.3021	1.3063	1.2979	1.7878	1.5240	1.8883	1.7585	1.3063	1.4235
300	1.3565	1.3063	1.3147	1.3000	1.8631	1.5407	1.9552	1.8883	1.3147	—
400	1.3775	1.3147	1.3272	1.3021	1.9301	1.5659	2.0180	2.0139	1.3272	1.4570
500	1.3984	1.3272	1.3440	1.3063	1.9887	1.5910	2.0683	2.1395	1.3440	—
600	1.4151	1.3398	1.3565	1.3105	2.0432	1.6161	2.1143	2.2609	1.3565	1.4905
700	1.4361	1.3525	1.3733	1.3147	2.0850	1.6412	2.1520	2.3781	1.3691	—
800	1.4486	1.3649	1.3858	1.3188	2.1311	1.6664	2.1813	2.48953	1.3816	1.5198
900	1.4654	1.3775	1.3984	1.3230	2.1688	1.6957	2.2148	2.6000	1.3984	—
1000	1.4779	1.3900	1.4151	1.3314	2.2023	1.7250	2.2358	2.7005	1.4110	1.5449
1100	1.4905	1.4026	1.4235	1.3356	2.2358	1.7501	2.2609	2.7884	1.4235	—
1200	1.5031	1.4151	1.4361	1.3440	2.2651	1.7752	2.2776	2.8638	1.4319	1.5659
1300	1.5114	1.4235	1.4486	1.3523	2.2902	1.8045	2.2986	2.8889	1.4445	—
1400	1.5198	1.4361	1.4570	1.3606	2.3143	1.8296	2.3195	2.9601	1.4528	1.5910
1500	1.5282	1.4445	1.4654	1.3691	2.3362	1.8548	2.3404	3.0312	1.4696	—
1600	1.5366	1.4528	1.4738	1.3733	2.3572	1.8784	2.3614	—	1.4779	1.6161
1700	1.5449	1.4612	1.4831	1.3816	2.3739	1.9008	2.3823	—	1.4863	—
1800	1.5533	1.4696	1.4905	1.3900	2.3907	1.9217	—	—	1.4947	1.6412
1900	1.5617	1.4738	1.4989	1.3984	2.4074	1.9427	—	—	1.4989	—
2000	1.5701	1.4831	1.5031	1.4068	2.4242	1.9636	—	—	1.5073	1.6663

气体和水蒸气在不同温度下的质量热容，见表8-77。

表 8-77　气体和水蒸气在不同温度下的质量热容

在不同温度下 t(℃)和恒定压力（1×10^5Pa）下，气体和水蒸气的质量热容/kJ · (kg · ℃)$^{-1}$										
t/℃	H_2	N_2	O_2	CO	NO	H_2O	CO_2	N_2O	SO_2	空　气
0	36.28	29.09	29.22	29.09	29.68	33.36	35.99	41.50	38.92	29.00
100	28.67	29.18	29.80	29.26	29.89	33.66	40.50	42.01	42.51	29.20
200	29.22	29.47	30.81	29.64	30.31	34.78	43.76	45.02	45.73	29.68
300	29.30	29.93	31.80	30.43	31.02	35.78	47.48	47.65	48.20	30.26
400	29.38	30.55	32.77	30.93	32.06	36.95	49.28	49.70	50.28	30.93
500	29.51	31.22	33.52	31.64	32.56	38.12	51.21	51.71	52.93	31.64
600	29.76	31.89	33.94	32.29	33.23	39.33	52.79	53.21	53.28	32.27
700	30.09	32.52	34.74	33.02	33.82	40.63	54.09	54.63	53.93	32.90
800	30.43	33.06	35.15	33.57	34.36	41.88	55.18	55.51	54.34	33.40
900	30.84	33.57	35.53	34.07	34.78	43.05	56.05	56.35	54.97	33.86
1000	31.31	34.03	35.95	34.44	35.15	44.22	56.85	57.10	55.39	34.32
1100	31.72	34.44	36.20	34.82	35.45	45.31	57.43	57.64	56.01	34.65
1200	32.14	34.78	36.49	35.15	35.74	46.31	57.98	58.19	56.15	37.20

续表 8-77

在不同温度下 t(℃)和恒定压力(1×10^5Pa)下，气体和水蒸气的质量热容/kJ·(kg·℃)$^{-1}$										
t/℃	H_2	N_2	O_2	CO	NO	H_2O	CO_2	N_2O	SO_2	空 气
1300	32.60	35.03	36.74	35.40	35.99	47.27	58.44	58.60	56.26	35.24
1400	32.98	35.28	36.99	35.66	36.16	48.15	58.81	58.98	56.47	35.49
1500	33.36	35.49	37.20	35.82	36.32	48.95	59.15	59.31	56.68	35.70
1600	33.77	35.70	37.45	36.03	36.49	49.66	59.44	59.57	56.81	35.90
1700	34.10	35.90	37.66	36.20	36.66	50.33	59.69	59.82	56.93	36.12
1800	34.44	36.07	37.95	36.32	36.78	50.95	59.90	60.02	57.06	36.28
1900	34.78	36.20	38.21	36.45	36.87	51.53	60.10	60.19	57.14	36.45
2000	35.03	37.91	38.41	36.58	36.99	52.04	60.27	60.35	57.22	36.66

各种气体与水蒸气在不同温度下的容积热容，见表 8-78。

表 8-78 各种气体与水蒸气在不同温度下的容积热容

在不同温度下 t(℃)和恒定压力(1×10^5Pa)下，气体和水蒸气的容积热容(标态)/kJ·(m^3·℃)$^{-1}$										
t/℃	H_2	N_2	O_2	CO	NO	H_2O	CO_2	N_2O	SO_2	空 气
100	28.93	29.13	29.47	29.13	29.85	33.57	38.33	40.55	40.71	29.09
200	29.05	29.26	29.89	29.26	29.97	33.98	40.34	42.30	42.43	29.30
300	29.10	29.43	30.34	29.51	30.17	34.36	42.05	52.04	43.89	29.51
400	29.18	29.64	30.85	29.76	30.51	34.86	43.47	44.89	45.31	29.80
500	29.21	29.89	31.31	29.81	30.84	35.40	44.94	46.06	46.44	30.09
600	29.30	30.14	31.73	30.19	31.18	35.95	46.11	46.98	47.44	30.39
700	29.39	30.39	32.10	30.68	31.52	36.53	46.33	48.07	48.28	30.68
800	29.51	30.72	32.48	31.05	31.85	37.16	48.07	48.95	49.00	31.02
900	29.64	31.02	32.81	31.35	32.19	37.79	48.90	49.74	49.66	31.31
1000	29.76	31.31	33.11	31.64	32.44	38.37	49.66	50.45	50.20	31.60
1100	29.89	31.60	33.36	31.94	32.73	38.96	50.37	51.04	50.70	31.85
1200	30.09	31.85	33.61	32.18	32.98	39.50	50.95	51.62	51.54	32.10
1300	30.26	32.06	33.90	32.44	33.19	40.4	51.50	52.17	51.64	32.31
1400	30.43	32.31	34.10	32.65	33.40	40.63	52.04	52.67	51.87	32.52
1500	30.56	32.52	34.38	32.85	33.57	41.13	52.50	52.68	52.16	32.77
1600	30.76	32.69	34.44	33.02	33.77	41.63	52.92	53.42	52.46	32.94
1700	30.93	32.85	34.61	33.20	33.98	41.80	53.29	53.84	52.71	33.11
1800	31.18	33.06	34.82	33.36	34.06	42.64	53.67	54.13	52.96	33.27
1900	31.30	33.19	35.03	33.52	34.23	43.05	54.00	54.38	53.13	33.40
2000	31.48	33.36	35.20	33.65	34.36	43.51	54.30	54.71	53.38	33.56

湿空气的蒸汽压力、密度、水分含量和热焓，见表 8-79。

表 8-79 湿空气的蒸汽压力、密度、水分含量和热焓

温度 θ_s/℃	蒸汽分压 p_s/mmHg	密度 γ' /kg·m^{-3}	水分含量						热焓			
			$f'^{-1}\cdot 10^3$ /m^3(湿)·g^{-1}	f'/g·m^{-3} (湿)	F_s/g·m^{-3} (干)	f_{vol}(标态) /m^3(蒸汽)·m^{-3}(干)	f'_s/g·m^{-3} (湿)	f'_{vol}(标态) /m^3(蒸汽)·m^{-3}(湿)	$\Delta h''_s$ /kcal·kg^{-1}	$f_s\cdot\Delta h''_s$(标态) /kcal·m^{-3}(干)	Δh_s(标态) /kcal·m^{-3}(干)	$\Delta h'_s$(标态) /kcal·m^{-3}(湿)
-15	0.436	1.367	—	1.395	1.321	0.0019	1.318	0.189	$\Delta h_s=f_s\cdot\Delta h''_s+cp\theta_s$			
-10	2.149	1.340	—	2.154	2.081	0.0028	2.075	0.283	$\Delta h'_s=f'_s\cdot\Delta h''_s+(1-f'_{vol})c_p\cdot\theta_s$			
-5	3.163	1.315	—	3.341	3.294	0.0042	3.280	0.416	c_p(标态)=0.32kcal/m^3(干)(1cal=4.1868J)			
0	4.579	1.290	206.3	4.846	4.923	0.0060	4.893	0.602	597.2	2.94	2.94	2.94
1	4.924	1.285	192.7	5.181	5.242	0.0065	5.210	0.648	597.2	3.13	3.45	3.43
2	5.291	1.280	180.0	5.557	5.637	0.0070	5.598	0.696	598.0	3.37	4.01	3.98
3	5.698	1.275	168.2	5.945	6.050	0.0075	6.005	0.748	598.5	3.62	4.58	4.55
4	6.097	1.270	157.3	6.358	6.503	0.0080	6.451	0.802	599.0	3.90	5.18	5.13
5	6.539	1.266	147.2	6.795	6.978	0.0086	6.919	0.860	599.4	4.18	5.78	5.73
6	7.010	1.261	137.8	7.257	7.485	0.0092	7.416	0.922	599.8	4.49	6.41	6.35
7	7.510	1.256	129.1	7.747	8.025	0.0099	7.946	0.988	600.2	4.82	7.06	6.99
8	8.041	1.251	121.0	8.267	8.507	0.0106	8.417	1.058	600.7	5.11	7.67	7.59
9	8.650	1.246	113.4	8.816	9.211	0.0113	9.106	1.132	601.1	5.54	8.42	8.32
10	9.204	1.242	106.4	9.396	9.859	0.0121	9.740	1.211	601.6	5.93	9.13	9.02
11	9.84	1.237	99.92	10.01	10.56	0.0129	10.41	1.295	602.0	6.35	9.87	9.74
12	10.54	1.232	93.85	10.66	11.28	0.0138	11.13	1.383	602.5	6.80	10.64	10.49
13	11.22	1.227	88.19	11.34	12.06	0.0148	11.88	1.476	602.9	7.27	11.43	11.26
14	11.98	1.226	82.91	12.06	12.88	0.0158	12.68	1.576	603.4	7.77	12.25	12.06
15	12.78	1.218	77.99	12.82	13.76	0.0168	13.52	1.682	603.8	8.31	13.11	12.89
16	13.63	1.213	73.39	13.63	14.69	0.0179	14.43	1.793	604.3	8.88	14.00	13.75
17	14.52	1.208	69.10	14.47	15.67	0.0191	15.37	1.911	604.7	9.48	14.92	14.63
18	15.47	1.204	651.0	15.36	16.71	0.0204	16.37	2.036	605.1	10.11	15.87	15.55
19	16.47	1.199	61.35	16.30	17.82	0.0217	17.43	2.167	605.6	10.79	16.87	16.51

续表 8-79

温度 θ_s/℃	蒸汽分压 p_s/mmHg	密度 γ' /kg·m^{-3}	水分含量						热焓			
			$f'^{-1}\cdot 10^3$ /m^3(湿)·g^{-1}	f'/g·m^{-3} (湿)	F_s/g·m^{-3} (干)	f_{vol}(标态) /m^3(蒸汽)·m^{-3}(干)	f'_s/g·m^{-3} (湿)	f'_{vol}(标态) /m^3(蒸汽)·m^{-3}(湿)	$\Delta h''_s$ /kcal·kg^{-1}	$f_s\cdot\Delta h''_s$(标态) /kcal·m^{-3}(干)	Δh_s(标态) /kcal·m^{-3}(干)	$\Delta h'_s$(标态) /kcal·m^{-3}(湿)
20	17.53	1.194	57.84	17.29	18.99	0.0231	18.56	2.307	606.0	11.51	17.91	17.50
21	18.64	1.189	54.56	18.33	20.24	0.0245	19.74	2.453	606.5	12.27	18.99	18.53
22	19.82	1.185	51.44	19.42	25.55	0.0261	20.98	2.608	606.9	13.08	20.12	19.59
23	21.06	1.180	48.63	20.56	22.93	0.0277	22.29	2.771	607.3	13.92	21.28	20.69
24	22.37	1.175	45.94	21.77	24.41	0.0294	23.68	2.943	607.8	14.84	22.32	21.85
25	23.75	1.171	43.41	23.04	25.93	0.0313	25.15	3.125	608.2	15.77	23.77	23.05
26	25.20	1.166	41.04	24.37	27.60	0.0332	26.69	3.316	608.6	16.80	25.12	24.29
27	26.73	1.161	38.82	25.76	29.34	0.0352	28.31	3.517	609.1	17.87	26.51	25.58
28	28.34	1.156	36.73	27.23	31.18	0.0373	30.02	3.729	609.5	19.01	27.97	26.92
29	30.04	1.151	34.77	28.76	33.12	0.0395	31.81	3.953	610.0	20.20	29.48	28.32
30	31.82	1.471	32.93	30.36	35.17	0.0419	33.69	4.187	610.4	21.47	31.07	29.77
31	33.70	1.142	31.20	32.04	37.33	0.0443	35.68	4.434	610.8	22.80	32.72	31.27
32	35.67	1.137	29.58	33.80	39.62	0.0469	37.76	4.693	611.3	24.22	34.46	32.84
33	37.74	1.132	28.05	35.65	42.06	0.0497	40.00	4.966	611.7	25.72	36.28	34.48
34	39.91	1.127	26.61	37.58	44.60	0.0525	42.26	5.251	612.1	27.30	38.18	36.17
35	42.18	1.122	25.25	39.60	47.30	0.0555	44.67	5.550	612.5	28.97	40.17	37.94
36	44.55	1.117	23.97	41.71	50.15	0.0586	47.21	5.862	613.0	30.74	42.26	39.78
37	47.06	1.112	22.77	43.92	53.16	0.0619	49.87	6.192	613.4	32.61	44.45	41.70
38	49.69	1.107	21.63	46.22	56.33	0.0654	52.65	6.539	613.9	34.58	46.74	43.69
39	52.45	1.102	20.56	48.63	59.69	0.0690	55.57	6.901	614.3	36.67	49.15	45.76

续表 8-79

温度 θ_s/℃	蒸汽分压 p_s/mmHg	密度 γ' /kg·m^{-3}	水分含量						热焓			
			$f'^{-1}\cdot 10^3$ /m^3(湿)·g^{-1}	f'/g·m^{-3} (湿)	F_s/g·m^{-3} (干)	f_{vol}(标态) /m^3(蒸汽)·m^{-3}(干)	f'_s/g·m^{-3} (湿)	f'_{vol}(标态) /m^3(蒸汽)·m^{-3}(湿)	$\Delta h''_s$ /kcal·kg^{-1}	$f_s\cdot\Delta h''_s$(标态) /kcal·m^{-3}(干)	Δh_s(标态) /kcal·m^{-3}(干)	$\Delta h'_s$(标态) /kcal·m^{-3}(湿)
40	55.32	1.097	19.55	54.14	63.23	0.0728	58.63	7.279	614.7	38.87	51.67	47.91
41	58.33	1.092	18.60	53.77	66.98	0.0768	61.84	9.675	615.2	41.21	54.33	50.16
42	61.49	1.086	17.70	56.50	70.93	0.0809	65.19	8.091	615.6	43.66	57.10	52.48
43	64.80	1.081	16.85	59.35	75.10	0.0853	68.70	8.526	616.0	46.26	60.02	54.90
44	68.26	1.076	16.04	62.33	79.51	0.0898	72.37	8.982	616.4	49.01	63.09	57.42
45	71.87	1.070	15.28	65.44	84.18	0.0946	76.22	9.457	616.8	51.92	66.32	60.05
46	78.65	1.065	14.56	68.67	89.10	0.0995	80.23	9.954	617.2	54.99	69.71	62.78
47	79.60	1.060	13.88	72.03	94.30	0.1047	84.42	10.47	617.7	58.25	73.29	65.61
48	83.71	1.054	13.24	75.53	99.80	0.1102	88.80	11.02	618.1	61.68	77.04	68.56
49	88.03	1.048	12.63	79.18	105.60	0.1158	93.38	11.58	618.5	65.32	81.00	71.62
50	93.51	1.043	12.05	82.98	111.80	0.1217	98.17	12.17	619.0	69.19	85.19	74.82
51	97.19	1.037	11.50	86.93	118.3	0.1466	103.36	12.79	619.4	73.27	89.59	78.13
52	102.1	1.031	10.98	91.03	125.0	0.1534	108.40	13.30	619.8	77.47	94.11	81.59
53	107.2	1.025	10.49	95.30	132.5	0.1644	113.80	14.11	620.2	82.16	99.12	85.14
54	112.5	1.019	10.02	99.74	140.2	0.1737	119.50	14.80	620.6	87.02	104.3	88.86
55	118.1	1.013	9.584	104.30	148.4	0.1840	125.30	15.54	621.0	92.13	109.7	96.68
56	123.8	1.007	9.164	109.1	157.1	0.1946	131.50	16.29	621.5	97.60	115.5	96.71
57	129.8	1.001	8.764	114.1	166.3	0.2060	137.90	17.08	621.9	103.4	121.7	100.9
58	136.1	0.9948	8.385	119.3	176.2	0.2181	144.6	17.91	622.3	109.6	128.2	105.2
59	142.6	0.9884	8.025	124.7	186.7	0.2310	151.6	18.76	622.7	116.2	135.1	109.9
60	149.4	0.9819	7.682	130.2	197.7	0.2447	158.8	19.66	623.2	123.2	142.4	114.4

续表 8-79

温度 θ_s/℃	蒸汽分压 p_s/mmHg	密度 γ' /kg·m^{-3}	水分含量						热焓			
			$f'^{-1}\cdot 10^3$ /m^3(湿)·g^{-1}	f'/g·m^{-3} (湿)	F_s/g·m^{-3} (干)	f_{vol}(标态) /m^3(蒸汽)·m^{-3}(干)	f'_s/g·m^{-3} (湿)	f'_{vol}(标态) /m^3(蒸汽)·m^{-3}(湿)	$\Delta h''_s$ /kcal·kg^{-1}	$f_s\cdot\Delta h''_s$(标态) /kcal·m^{-3}(干)	Δh_s(标态) /kcal·m^{-3}(干)	$\Delta h'_s$(标态) /kcal·m^{-3}(湿)
61	156.4	0.9752	7.356	135.9	209.3	0.2591	166.2	20.58	623.6	130.5	150.0	119.2
62	163.7	0.9687	7.046	141.9	221.9	0.2745	174.1	21.54	624.0	138.5	158.3	124.2
63	171.3	0.9619	6.752	148.1	235.3	0.2910	182.3	22.54	624.4	146.9	167.1	129.4
64	179.2	0.9550	6.473	154.5	249.5	0.3085	190.7	23.58	624.8	155.9	176.4	134.8
65	187.4	0.9479	6.206	161.1	264.7	0.9270	199.4	24.64	625.2	165.5	186.3	140.4
66	196.0	0.9408	5.951	168.0	271.1	0.3475	208.6	25.79	625.6	175.8	197.0	146.2
67	204.9	0.9335	5.709	175.2	298.7	0.3691	218.2	26.96	626.0	187.0	208.4	152.2
68	214.1	0.9262	5.478	182.6	317.5	0.3922	228.1	28.17	626.4	198.9	220.6	158.5
69	223.6	0.9187	5.258	190.2	337.6	0.4169	238.2	29.42	626.9	211.6	233.7	164.9
70	233.5	0.9111	5.049	198.1	359.2	0.4435	248.9	30.72	627.3	225.3	247.7	171.6
71	243.8	0.9032	4.849	206.2	382.5	0.4723	259.8	32.08	627.7	240.1	262.8	178.5
72	254.5	0.8952	4.658	214.6	407.7	0.5035	271.2	33.49	628.1	256.1	279.1	185.6
73	265.6	0.8871	4.476	223.4	435.2	0.5372	283.1	34.95	628.5	273.5	296.9	193.1
74	277.1	0.8789	4.302	232.4	464.8	0.5738	295.4	36.46	628.9	292.3	316.0	200.8
75	289.0	0.8705	4.136	241.8	497.3	0.6136	308.2	38.03	629.3	312.9	336.9	208.8
76	301.3	0.8618	3.977	251.4	532.4	0.6569	321.3	39.64	629.7	335.3	359.6	217.0
77	314.1	0.8532	3.826	261.4	571.1	0.7044	335.1	41.33	630.1	359.9	384.5	225.6
78	327.3	0.8443	3.681	271.7	613.5	0.7564	349.3	43.07	630.5	386.8	411.8	234.4
79	341.0	0.8352	3.543	282.3	660.1	0.8138	363.9	44.87	630.9	416.5	442.1	243.5
80	355.2	0.8259	3.410	293.3	711.9	0.8775	379.2	46.74	631.3	449.4	475.0	253.0

续表 8-79

温度 θ_s/℃	蒸汽分压 p_s/mmHg	密度 γ' /kg·m^{-3}	水分含量						热焓			
			$f'^{-1}\cdot 10^3$ /m^3(湿)·g^{-1}	f'/g·m^{-3} (湿)	F_s/g·m^{-3} (干)	f_{vol}(标态) /m^3(蒸汽)·m^{-3}(干)	f'_s/g·m^{-3} (湿)	f'_{vol}(标态) /m^3(蒸汽)·m^{-3}(湿)	$\Delta h''_s$ /kcal·kg^{-1}	$f_s\cdot\Delta h''_s$(标态) /kcal·m^{-3}(干)	Δh_s(标态) /kcal·m^{-3}(干)	$\Delta h'_s$(标态) /kcal·m^{-3}(湿)
81	369.9	0.8164	3.283	304.6	769.4	0.9482	374.9	48.67	631.7	486.0	511.9	262.8
82	384.9	0.8070	3.162	316.2	833.0	1.0261	411.1	50.65	632.1	526.5	552.8	272.8
83	400.5	0.7972	3.047	328.2	904.6	1.1140	427.9	52.70	632.5	572.2	598.7	283.2
84	416.6	0.7874	2.936	340.6	985.6	1.2132	445.3	54.82	632.8	623.7	650.6	294.0
85	433.3	0.7773	2.830	353.4	1078	1.3263	463.4	57.01	633.2	682.5	709.7	305.1
86	450.6	0.7669	2.728	366.6	1184	1.4564	482.0	59.59	633.6	750.2	777.7	316.6
87	468.5	0.7563	2.630	380.2	1307	1.6072	501.3	61.65	634.0	828.6	856.5	328.5
88	487.1	0.7453	2.537	394.2	1451	1.7850	521.2	64.09	634.4	920.8	949.0	340.8
89	506.1	0.7344	2.447	408.6	1622	1.9933	541.7	66.59	634.7	1029	1058	353.4
90	525.7	0.7233	2.361	423.5	1826	2.244	563.0	69.17	635.1	1160	1189	366.5
91	546.0	0.7119	2.279	438.8	2078	2.551	585.0	71.84	635.5	1320	1349	380.0
92	567.0	0.7001	2.200	454.5	2393	2.938	607.6	74.61	635.9	1521	1551	393.8
93	588.6	0.6883	2.124	470.7	2798	3.434	631.0	77.45	636.3	1780	1810	408.2
94	611.0	0.6759	2.051	487.3	3341	4.101	655.0	80.40	636.7	2127	2157	422.9
95	633.8	0.6638	1.981	504.5	4095	5.022	680.0	83.40	637.0	2608	2639	438.2
96	657.6	0.6510	1.914	522.1	5237	6.422	705.6	86.53	637.4	3338	3369	453.9
97	682.0	0.6381	1.851	540.2	7133	8.744	732.0	89.74	637.8	4549	4580	470.1
98	707.2	0.6249	1.789	558.8	10930	13.794	759.3	93.05	638.2	6975	7007	486.7
99	733.1	0.6116	1.730	578.0	22249	27.253	787.5	96.46	638.6	14206	14238	503.9
100	760.0	0.5977	1.673	597.7	—	—	816.5	100.0	639.0	—	—	521.7

8.5 希腊字母表

通用希腊字母表，见表8-80。

表8-80 希腊字母表

序 号	大 写	小 写	英文注音	中文注音
1	Α	α	alpha	阿尔法
2	Β	β	beta	贝 塔
3	Γ	γ	gamma	伽 马
4	Δ	δ	delta	待耳塔
5	Ε	ε	epsilon	艾普西隆
6	Ζ	ζ	zeta	仄 塔
7	Η	η	eta	艾 塔
8	Θ	θ	theta	西 他
9	Ι	ι	iota	约 塔
10	Κ	κ	kappa	卡 帕
11	Λ	λ	lambda	兰姆塔
12	Μ	μ	mu	缪
13	Ν	ν	nu	牛
14	Ξ	ξ	xi	克 西
15	Ο	ο	omieron	奥密克戒
16	Π	π	pi	派
17	Ρ	ρ	rho	洛
18	Σ	σ	sigma	西格玛
19	Τ	τ	tau	陶
20	Υ	υ	upsilon	宇普西隆
21	Φ	φ	phi	斐
22	Χ	χ	chi	喜
22	Ψ	ψ	psi	普 西
24	Ω	ω	omega	奥美伽

8.6 标准综述

8.6.1 冷轧类标准总览

冷轧类标准汇总表，见表8-81。

8.6.2 国内外产品牌号对照

国内外产品牌号对照表，见表8-82。

8.6.3 日本标准冷轧涂镀产品牌号标志

日本标准冷轧涂镀产品牌号标志方法，见表8-83。

8.6.4 冷轧镀锌彩板特性标志

冷轧镀锌彩板特性标志，见表8-84。

8.6.5 国家标准涂镀产品牌号标志

国家标准涂镀产品牌号标志方法，见表8-85。

8.6.6 镀层特性标志

镀层特性标志，见表8-86。

表 8-81　冷轧类标准汇总表

区别	中国	欧洲	日本	美国	国际标准
热轧	—	—	JIS G3131 热轧低碳钢板及钢带	—	—
冷轧	GB 5213 深冲压用冷轧薄钢板及钢带	EN10130 冷轧钢板产品—冷成形用低碳钢供货技术条件	JIS G3141 冷轧低碳钢板及钢带	—	—
冷轧	GB/T 699 优质碳素结构钢	—	JIS G3101 一般结构用轧制钢材	—	—
镀锌	GB/T 2518 连续热镀锌钢板及钢带	EN10327 连续热浸镀层钢板及钢带—冷成形用低碳钢供货技术条件	JIS G3302 热镀锌钢板及钢带	ASTM A653M 热浸镀锌或锌铁合金钢板技术条件	ISO3575　商品级和冲压级热镀锌钢板
镀锌	GB/T 2518 连续热镀锌钢板及钢带	EN10326 连续热浸镀层钢板及钢带—结构钢供货技术条件	JIS G3321 热镀 55% 铝-锌钢板及钢带	ASTM A792M 热浸镀 55% 铝-锌合金钢板技术条件	ISO4998　结构级热镀锌钢板
镀锌	GB/T 14978 连续热镀铝锌合金钢板及钢带	EN10336 连续热浸镀层钢板及钢带—冷成形用较高屈服强度钢供货技术条件	JIS G3317 热镀锌 – 5% 铝钢板及钢带	ASTM A875M 热浸镀锌 – 5% 铝合金钢板技术条件	ISO9364　一般冲压及结构级热镀 55% 铝-锌钢板
镀锌	GB/T 14978 连续热镀铝锌合金钢板及钢带	EN10292 连续热浸镀层钢板及钢带—冷成形用多相钢供货技术条件	JIS G3314 热镀铝钢板及钢带	ASTM A463M 热浸镀铝钢板技术条件	ISO14788 热镀锌-5% 钢板
镀锌	GB/T 14978 连续热镀铝锌合金钢板及钢带	EN10143 连续热浸镀层钢板及钢带—尺寸和外形公差	JIS G3313 电镀锌钢板及钢带	—	—
彩涂	GB/T 12754 彩色涂层钢板及钢带	EN10169 连续有机涂层（卷涂）钢板产品	JIS G3312 涂装热镀锌钢板及钢带	ASTM A755M 建筑外用预涂热镀金属镀层钢板	—
彩涂	GB/T 12754 彩色涂层钢板及钢带	EN10169 连续有机涂层（卷涂）钢板产品	JIS G3322 涂装热镀 55% 铝-锌钢板及钢带	ASTM A755M 建筑外用预涂热镀金属镀层钢板	—
彩涂	GB/T 12754 彩色涂层钢板及钢带	EN10169 连续有机涂层（卷涂）钢板产品	JIS G3318 涂装热镀锌-5% 铝钢板及钢带	ASTM A755M 建筑外用预涂热镀金属镀层钢板	—

表 8-82 国内外产品牌号对照表

产品	级别	中国		欧洲		日本		美国	国际标准
冷轧	一般用	—		DC01		SPCC（T）		—	01
	冲压用	—		DC03		SPCD		—	02
	深冲压用	—		DC04		SPCE		—	03
	特深冲压用	—		DC05		SPCF		—	04
	超深冲压用	—		DC06		SPCG		—	05
镀锌	一般用	DX51D + Z	DX51D + ZF	DX51D + Z	DX51D + ZF	SGCC	SGHC	CS C	01
	冲压用	DX52D + Z	DX52D + ZF	DX52D + Z	DX52D + ZF	SGCD1		CS A，CS B	02
	深冲压用	DX53D + Z	DX53D + ZF	DX53D + Z	DX53D + ZF	SGCD2 SGCD3		FS B FS A	03
	特深冲压用	DX54D + Z	DX54D + ZF	DX54D + Z	DX54D + ZF			DDS	04
	超深冲压用	DX56D + Z	DX56D + ZF	DX56D + Z	DX56D + ZF			EDDS	05
	结构用	S220GD + Z	S220GD + ZF	S220GD + Z	S220GD + ZF			SS230	220
		S250GD + Z	S250GD + ZF	S250GD + Z	S250GD + ZF	SGC340	SGH340	SS255	250
		S320GD + Z	S320GD + ZF	S320GD + Z	S320GD + ZF	SGC440	SGH440	—	320
		S350GD + Z	S350GD + ZF	S350GD + Z	S350GD + ZF	SGC490	SGH490	SS340	350
		S550GD + Z	S550GD + ZF	S550GD + Z	S550GD + ZF	SGC570	SGH540	SS550	550
镀铝锌	一般用	DX51D + AZ		DX51D + AZ		SGLCC	SGLHC	CS	01
	冲压用	DX52D + AZ		DX52D + AZ		SGLCD	—	FS	02
	深冲压用	DX53D + AZ		DX53D + AZ		—	—	DS	03
	结构用	S250GD + AZ		S250GD + AZ		SGLC400	SGLH400	SS255	250
		S300GD + AZ		S300GD + AZ		SGLC440	SGLH440	SS275	320
		S350GD + AZ		S350GD + AZ		SGLC490	SGLH490	SS345	350
		S550GD + AZ		S550GD + AZ		SGLC570	SGLH540	SS550	550

表 8-83 日本标准冷轧涂镀产品牌号标志方法

<table>
<tr><th>序 号</th><th>第一部分</th><th>第二部分</th><th>第三部分</th><th colspan="2">第四部分</th><th>附加部分</th></tr>
<tr><td>1</td><td>材料的大类</td><td>材料的小类</td><td>轧制方法</td><td colspan="2">质量级别</td><td>用 途</td></tr>
<tr><td rowspan="8">2</td><td rowspan="8">S—钢材类
F—铁材类
C—涂敷非金类</td><td>P—板材类</td><td rowspan="3">H—热轧
C—冷轧</td><td rowspan="3">冷变形钢</td><td>C—商用级</td><td rowspan="8">R—屋面用
HA—外墙用</td></tr>
<tr><td>S—结构类</td><td>D—冲压级（1，2，3）</td></tr>
<tr><td>G—热镀锌</td><td>E—深冲级</td></tr>
<tr><td>E—电镀锌</td><td rowspan="5">冷轧结构钢 C 省略</td><td rowspan="5">结构钢</td><td>340（最小抗拉强度）</td></tr>
<tr><td>ZA—镀锌铝</td><td>400（最小抗拉强度）</td></tr>
<tr><td rowspan="3">GL—镀铝锌</td><td>440（最小抗拉强度）</td></tr>
<tr><td>490（最小抗拉强度）</td></tr>
<tr><td>540（最小抗拉强度）</td></tr>
</table>

表 8-84 冷轧镀锌彩板特性标志

<table>
<tr><th colspan="2">冷 轧</th><th colspan="3">热镀锌</th><th colspan="3">彩 板</th></tr>
<tr><th rowspan="2">表面调整类型</th><th rowspan="2">表面加工类型</th><th rowspan="2">锌花大小</th><th rowspan="2">镀后处理</th><th rowspan="2">镀层系列</th><th colspan="2">耐久性</th><th rowspan="2">表面保护</th></tr>
<tr><th>正 面</th><th>背 面</th></tr>
<tr><td>A—退火状态
S—标准调质
8—1/8 硬质
4—1/4 硬质
2—1/2 硬质
1—全硬</td><td>D—毛化终轧
B—光整终轧</td><td>R—大锌花
Z—小锌花</td><td>C—Cr 酸盐处理
P—P 酸盐处理</td><td>（Z06） Z08
Z10 Z12
Z18 Z20
Z22 Z25
Z27 Z35
Z45 Z60</td><td>0—不规定涂膜
不保证耐久性；
1— 一层涂膜 1 级耐久性；
2— 两层涂膜 2 级耐久性；
3— 两层以上涂膜 3 级耐久性</td><td>0—不规定涂膜
不保证耐久性；
1— 一层涂膜 1 级耐久性；
2— 两层涂膜 2 级耐久性；
3— 两层以上涂膜 3 级耐久性</td><td>P—保护膜
T—涂蜡</td></tr>
</table>

表 8-85 国家标准涂镀产品牌号标志方法

彩涂代号	用途	轧制状态	钢种	钢级代号	钢种特征	热镀代号
T—彩涂	D—冷成形用扁材 S—结构钢 H—高屈服强度钢	C—冷轧 D—热轧 X—不规定 （冷热均可）	冷成形钢	51——般级 52—冲压级 53—深冲级 54—特深冲级 55—特深冲级 56—特优深冲级 57—超深冲级	G—不规定，可省略 P—加磷钢 IF—无间隙原子钢 Y—高强度无间隙原子钢	D＋热镀锌
			结构钢	180（最小屈服强度） 220（最小屈服强度） 250（最小屈服强度） 280（最小屈服强度） 980（最小屈服强度）		

表 8-86 镀层特性标志

热镀锌产品（GB/T 2518—2008）					彩涂（GB/T 12754—2006）			
镀层种类代号	表面质量	镀层厚度代号	表面结构	表面处理	用途	表面状态	面漆种类	涂层结构
Z 纯锌 ZF 锌铁 ZA 锌铝 AZ 铝锌 ZE 电镀锌	FB 较高级 FC 高级 FD 超高级	40/40 50/50 60/60 70/70 80/80 90/90 225/225	N 普通纯锌花 M 纯锌小锌花 R 普通锌铁合金锌花	C 有铬钝化 C5 无铬钝化 0 涂油 P 磷化 SL 自润滑 SL5 无自润滑 U 不处理 UF 普通耐指纹 UF5 无铬耐指纹	JW—建筑外用 JN—建筑内用 JD—家电 QT—其他	TC 涂层板 YA 涂层板 YI 印花板	PE—聚酯 SMP—硅改性聚酯 HDP—高耐久性聚酯 PVDF—聚偏氟乙烯	2/1 正面二层 反面一层 2/2 正面二层 反面二层

8.7 涂镀层标准

（一）美国带钢连续热镀锌钢板及钢带标准

1 范围

1.1 本标准适用于热浸镀法生产的镀锌或锌铁合金钢板（卷）。

1.2 镀锌或者锌铁合金层钢板（卷）按不同锌层重量（质量）或锌层标号生产，如表1所示。

1.3 依据本标准提供的产品应符合最新发布的A924/A924M标准的应用要求（除非本文另有规定）。

1.4 对产品进行设计，分为4个类别产品有多种标号、等级，从而适合于不同的应用要求。

1.4.1 产品具有特定化学成分要求和典型力学性能要求。

1.4.2 产品具有特定化学成分和特定力学性能要求。

1.4.3 产品具有特定化学成分和通过固溶强化或者烘烤硬化来达到的特定力学性能。

1.5 本规范既适用以英制为单位（如A653）的订单，也适用以公制为单位（如A653M）的订单。

一些英制单位和公制单位的值未必是等量值，本文括号内的单位为公制单位。两种单位体系之间相互独立，不受制约。

1.6 除非订单特别指出供货规格以公制为单位，否则产品供货规格应以英制为单位。

1.7 作为注释材料，本文提供了注解和脚标，除了图表中的注解和脚标，本规范其他的注解和脚标不作产品规范要求。

1.8 本标准没有涉及所有使用过程中的安全因素，要求用户在实践中不断调整，以便在使用前确定其健康与安全的局限性。

2 规范性引用文件

下列文件中的条款通过本标准引用而成为本标准的条款。凡是注日期的引用文件，其随后所有的修改单（不包括勘误的内容）或修订版均不适用于本标准，然而，鼓励根据本标准达成协议的各方研究是否可使用这些文件的最新版本。凡是不注日期的引用文件，其最新版本适用于本标准。

2.1 ASTM标准

A90/A90M 镀锌或锌铁合金层制品的锌层重量试验法

A370 产品力学性能定义和试验方法

A568/A568M 热轧和冷轧碳素钢、高强度低合金钢板一般规范要求

A902 有关金属镀层钢板的术语

A924/A924M 热浸金属镀层钢板的一般规范要求

D2092 油漆前镀锌钢板表面的制备规程

E517 金属板材塑性应变比（r值）试验法

E646 金属板材抗拉应变-硬化指数（n 值）试验法

2.2 ISO 标准

ISO3575 商品级、拉伸性连续热浸镀锌碳素钢板

ISO4998 结构性连续热浸镀锌碳素钢板

3 术语和定义

3.1 定义

热浸金属镀层产品一般术语的有关定义可见术语 A902。

3.2 本标准专用术语

3.2.1 烘烤硬化钢

应变或冷加工后通过适当的热处理（如涂漆烘烤）能显著提高屈服强度的钢板。

3.2.2 差厚镀层

镀锌板两面锌层厚度不一致，这样，用不同的标号表示不同的锌层面，也就是一面规定了一个“锌层标号”，而另一较薄镀层面规定新的“锌层标号”的镀锌板。

说明：就镀层的均匀度而言，每一面的镀层与每一“镀层标号”的关系与表 1 中的附注相同。

3.2.3 高强度低合金钢板

采用一种或一组微合金元素作为强化元素，例如铌、钒、钛、钼等，与普钢板相比改善了成形性能与焊接性能。

说明：供货方可采用一种或一组微合金元素实现其想要的性能，产品应用两个标号即 HSLAS 和 HSLAS-F 两类产品都是通过微合金强化，只是 HSLAS-F 需要特殊处理，以有效控制夹杂物。

3.2.4 小锌花

热浸镀锌小锌花钢板和普通镀锌花相比，锌花更小且不明显，锌层晶体样式肉眼可见但很微小。

说明：生产获得上述表面有两种方法，一种是在锌层凝固过程中，锌晶开始增长时通过特殊生产工艺阻止其长大。另一种方法是在锌层的凝固过程中，通过锌锅里的化学成分与冷却相结合的方式抑制锌花生长。通常小锌花镀层代号为 G90［Z275］和更薄的镀层。

3.2.5 普通锌花

普通锌花是钢板表面在热浸镀锌的生产后出现可见的多面晶体结构。

说明：普通锌花镀锌板锌层凝固过程未加控制，从而锌板表面产生各种各样尺寸的晶粒。

3.2.6 无锌花

锌花形貌，特别是由于锌晶粒生长造成的表面不规则现象肉眼不可见，表面形成色泽均匀一致的镀层。

说明：在锌层的凝固过程中，锌层生长由于锌液化学成分、冷却以及两者组合造成锌花长大停止，形成无锌花表面。

3.2.7 固溶强化钢

添加置换合金元素，如锰、磷或者硅，使钢板得到强化。

说明：置换合金元素，如锰、磷、硅占据铁原子在晶粒结构中的位置。由于这些合金元素原子和铁原子尺寸不匹配从而导致钢板得到强化。

3.2.8 锌铁合金

无锌花热浸镀锌钢板形成无花纹的均匀一致的银灰色镀层表面。

说明：锌铁合金镀层完全由金属间合金组成。它通常是通过将从锌锅中出来的热浸镀锌板进行合金化处理而得到的。这类镀层适合于直接涂漆，不必作进一步的任何毛化处理（参见 D2092 规程）。由于合金镀层延展性的不足，在加工过程中镀层可能会出现粉化等缺陷。

4 分类及代号

4.1 材料所分标号，如下所示：

4.1.1 商业级钢（CS A、B 和 C 类）；

4.1.2 固定成形级钢（FS A 和 B 类）；

4.1.3 深冲压级钢（DDS A 和 C 类）；

4.1.4 超深冲压级钢（EDDS）；

4.1.5 结构钢（SS）；

4.1.6 高强度低合金钢（HSLAS）；

4.1.7 优良成形性能的高强度低合金钢（HSLA-F）；

4.1.8 固溶强化钢（SHS）；

4.1.9 烘烤硬化钢（BHS）。

4.2 根据力学性能，可将结构钢、高强度低合金钢、固溶强化钢及烘烤硬化钢分成几种等级提供。结构钢 50［340］级按照抗拉强度可分成四种类型提供。结构钢 80［550］级按照化学成分分为两个系列提供。

4.3 可提供几种镀层重量（质量）或几种镀层代号的镀锌层或锌铁合金镀层的材料，可提供两面同一镀层代号或不同镀层代号的钢板。

表 1 镀层重量（质量）要求[A,B,C]

最低要求[D]				
		三点试验		单点试验
英制单位				
种 类	锌层代号	两面总和/oz · ft²	单面/oz · ft²	两面总和/oz · ft²
锌	G360	3.60	1.28	3.20
	G300	3.00	1.04	2.60
	G235	2.35	0.80	2.00
	G210	2.10	0.72	1.80
	G185	1.85	0.64	1.60
	G165	1.65	0.56	1.40
	G140	1.40	0.48	1.20
	G115	1.15	0.40	1.00
	G100	1.00	0.36	0.90
	G90	0.90	0.32	0.80
	G60	0.60	0.20	0.50

续表 1

最低要求[D]				
		三点试验		单点试验
英制单位				
种类	锌层代号	两面总和/oz·ft²	单面/oz·ft²	两面总和/oz·ft²
锌	G40	0.40	0.12	0.30
	G30	0.30	0.10	0.25
	G01	无最低值	无最低值	无最低值
锌铁合金	A60	0.60	0.20	0.50
	A40	0.40	0.12	0.30
	A25	0.25	0.08	0.20
	A01	无最低值	无最低值	无最低值
公制单位				
种类	锌层代号	两面总和/g·m⁻²	单面/g·m⁻²	两面总和/g·m⁻²
锌	Z1100	1100	390	975
	Z900	900	316	790
	Z700	700	238	595
	Z600	600	204	510
	Z550	550	190	475
	Z500	500	170	425
	Z450	450	154	385
	Z350	350	120	300
	Z305	305	110	275
	Z275	275	94	235
	Z180	180	60	150
	Z120	120	36	90
	Z90	90	30	75
	Z001	无最低值	无最低值	无最低值
锌铁合金	ZF180	180	60	150
	ZF120	120	36	90
	ZF75	75	24	60
	ZF001	无最低值	无最低值	无最低值

注：镀层的厚度可以参见本标准 8.1.2 节所提供的镀层重量（质量）信息。

A 镀层代号是一个专门术语，由它来规定产品种类。由于连续热镀锌线具有多种可变因素及特性，因此锌或锌铁合金不总是均匀地分布在镀锌薄板的两个面上，在一个面上也不是均匀地分布的。但通常在任何一个面上三点平均镀层重量（质量）的最低极限可以达到不少于单点极限的 40%。

B 由于镀锌薄钢板或镀锌合金镀层薄钢板的大气耐腐蚀性直接随着镀层厚度重量（质量）的变化而变，这是一个已经建立的事实，所以选择较薄镀层代号将会造成镀层耐腐蚀性能下降。例如：较厚的镀锌层在大气环境下不会遭受腐蚀，而较薄的镀锌层则常常涂有油漆或类似的涂层以提高耐腐蚀性。因此，对于声称“满足 ASTMA635/A635M 要求”的产品应该标明具体的镀层代号。

C 国际标准 ISO3575 连续热镀锌碳素薄钢板包括 Z100 和 Z200 代号，且不必规定一个 ZF75 镀层。

D 无最低极限值指对三点和单点试验没有最低极限要求。

表 2　化学成分要求[A]

标　号	C	Mn	P	S	Cu	Ni	Cr	Mo	V	Nb	TiB
CS Type A[C,D,E]	0.10	0.60	0.030	0.035	0.20	0.20	0.15	0.06	0.008	0.008	0.025
CS Type B[F,C]	0.02～0.15	0.60	0.030	0.035	0.20	0.20	0.15	0.06	0.008	0.008	0.025
CS Type C[C,D,E]	0.08	0.60	0.100	0.035	0.20	0.20	0.15	0.06	0.008	0.008	0.025
FS Type A[C,G]	0.10	0.50	0.020	0.035	0.20	0.20	0.15	0.06	0.008	0.008	0.025
FS Type B[F,C]	0.02～0.10	0.50	0.020	0.030	0.20	0.20	0.15	0.06	0.008	0.008	0.025
DDS Type A[D,E]	0.06	0.50	0.020	0.025	0.20	0.20	0.15	0.06	0.008	0.008	0.025
DDS Type C[H]	0.02	0.50	0.020～0.100	0.025	0.20	0.20	0.15	0.06	0.10	0.10	0.15
EDDS[H]	0.02	0.40	0.020	0.020	0.20	0.20	0.15	0.06	0.10	0.10	0.15

A　钢的碳含量超过 0.02% 时，提供钛的含量允许达到 0.025%，氮不能超过 3.4%；
B　当用户需要应用镇静钢时，订购 CS 和 FS 总铝含量最少要达到 0.01%；
C　供货方生产钢一般经过真空或者化学稳定或者两者同时具备；
D　碳含量不大于 0.02% 时，供货方选择钒、铌、钛或者三者的化合物作为稳定元素，在这种情况下，钒、铌含量不应超过 0.10%，钛含量不应超过 0.15%；
E　CS 和 FS，指明类型 B 碳含量不应低于 0.02%；
F　不应该供给镇静钢；
G　应该供给镇静剂。

表 3　化学成分要求[A]

标　号	C	Mn	P	S	Cu	Ni	Cr	Mo	V[B]	Nb[B]	Ti[C,B,D]
SS											
33[230]	0.20	1.35	0.04	0.04	0.20	0.20	0.15	0.06	0.008	0.008	0.025
37[255]	0.20	1.35	0.10	0.04	0.20	0.20	0.15	0.06	0.008	0.008	0.025
40 [275]	0.25	1.35	0.10	0.04	0.20	0.20	0.15	0.06	0.008	0.008	0.025
50[340]1,2 和 4 类	0.25	1.35	0.20	0.04	0.20	0.20	0.15	0.06	0.008	0.008	0.025
50[340]3 类	0.25	1.35	0.04	0.04	0.20	0.20	0.15	0.06	0.008	0.008	0.025
80[550]1 类	0.20	1.35	0.04	0.04	0.20	0.20	0.15	0.06	0.008	0.015	0.025
80[550]2E 类	0.02	1.35	0.05	0.02	0.20	0.20	0.15	0.06	0.10	0.10	0.15
HSLAS-F											
40[275]	0.20	1.20	…	0.035	…	0.20	0.15	0.16	≥0.01	≥0.005	≥0.01
50[340]	0.20	1.20	…	0.035	0.20	0.20	0.15	0.16	≥0.01	≥0.005	≥0.01
60[410]	0.20	1.35	…	0.035	0.20	0.20	0.15	0.16	≥0.01	≥0.005	≥0.01
70[480]	0.20	1.65	…	0.035	0.20	0.20	0.15	0.16	≥0.01	≥0.005	≥0.01
80[550]	0.20	1.65	…	0.035	0.20	0.20	0.15	0.16	≥0.01	≥0.005	≥0.01
HSLAS-F[F,G]											
40[275]	0.15	1.20	…	0.035	…	0.20	0.15	0.16	≥0.01	≥0.005	≥0.01
50[340]	0.15	1.20	…	0.035	0.20	0.20	0.15	0.16	≥0.01	≥0.005	≥0.01
60[410]	0.15	1.20	…	0.035	0.20	0.20	0.15	0.16	≥0.01	≥0.005	≥0.01
70[480]	0.15	1.65	…	0.035	0.20	0.20	0.15	0.16	≥0.01	≥0.005	≥0.01
80[550]	0.15	1.65	…	0.035	0.20	0.20	0.15	0.16	≥0.01	≥0.005	≥0.01
SHS	0.12	1.50	0.12	0.30	0.20	0.20	0.15	0.06	0.008	0.008	0.025
BHS	0.12	1.50	0.12	0.30	0.20	0.20	0.15	0.06	0.008	0.008	0.025

A　表中出现了省略号部分不作要求，但是报告应该进行分析；
B　钢的碳含量≤0.02% 时，供货方选择钒、铌、钛或者三者的化合物用来作为稳定元素，在这种情况下，钒、铌含量不应超过 0.10%，钛含量不应超过 0.15%；
C　SS 钢提供钛的含量≤0.025%，氮不能超过 3.4%；
D　碳含量超过 0.02%，钛含量≤0.025%，铌不能超过 3.4%；
E　提供镇静钢；
F　HSLAS 和 HSLAS-F 一般包含强化元素，如铌、钒、钛单一添加或者组合添加，为强化钢微合金元素选择量很少；
G　HSLAS-F 生产要加以控制。

5 订货信息

5.1 镀锌或锌铁合金钢板（卷）的厚度值需精确到0.001in（0.01mm）。钢板的厚度包括基板和镀层。

5.2 订购此规范产品时应包括下列必要信息，以清楚表明所需产品：

5.2.1 产品名称（钢板、镀锌）和锌铁合金镀层（合金化）;

5.2.2 钢板的标号［CS（A、B 和 C 类），FS（A 和 B 类），DDS（A 和 C 类），EDDS，SS，HSLAS，HSLAS-F，SHS，或者 BHS］;

当 CS 级没有指明时，按 CS 级的 B 类进行供货；FS 级没有指明时，则按 FS 级 B 类进行供货；DDS 级没有指明时，则按 DDS 级 A 类进行供货；

5.2.3 当指明 SS，HSLAS，HSLAS-F，SHS，或者 BHS 标号时，要说明级别或者类型以及系列；

5.2.4 ASTM 标号及发布年号，例如英制单位 A653 或公制单位 A653M；

5.2.5 镀层代号；

5.2.6 化学处理或无化学处理；

5.2.7 涂油或不涂油；

5.2.8 细小锌花（如需要）；

5.2.9 额外平整（如需要）；

5.2.10 磷化处理（如需要）；

5.2.11 尺寸：给出厚度、最小值或名义值，宽度、平直度要求（如果是钢板，给出长度）。用户订货时，应当指明在 A924/A924M 规范中适当的厚度公差，也就是，距边部3/8in(10mm)厚度公差，或者距边部 1in（25mm）;

5.2.12 钢卷尺寸要求[制定最大外径(OD)尺寸和可接收内径(ID)尺寸及最大重量(质量)]；

5.2.13 包装要求；

5.2.14 质保书，熔炼分析和力学性能报告（如需要）；

5.2.15 应用（部件名称及介绍）；

5.2.16 特殊要求（如果有）：

若需要，可订购指定基板厚度的产品（见附加要求—S1）。

注 1，典型的订单介绍如下：

例 1：钢板，镀锌、商业级 A 类、ASTM A 653、镀层标号 G 115、化学处理、涂油、最小尺寸 0.040in ×34in ×117in(1in =2.54 cm)、制作储罐。

例 2：钢板、镀锌，340 级高强度低合金钢，ASTM、A653M，镀层标号 Z275，细小锌花，非化学处理，涂油，钢卷最小尺寸 1.00mm（厚度）×920mm（宽度）×*C*mm（长度），最大外径尺寸 1520mm，内径尺寸 600mm，最大重量 10000kg，用作拖拉机内防护板。

注 2，用户应该注意到实际生产存在多种偏差，因此建议用户指定厚度公差标准程序。

6 化学成分

6.1 基板

6.1.1 基板的熔炼分析应符合表 2 和表 3 所列条件的要求，表 2 中钢板级别为 CS(A、B

和 C 类)、FS(A 和 B 类)、DDS(A 和 C 类)和 EDDS,表 3 中钢板级别为 SS、HSLAS、HSLAS-F、SHS 和 BHS。

6.1.2　在熔炼分析报告中应该包括表 2 和表 3 所列的每一个元素。当铜、镍、铬或钼含量小于 0.02% 时，分析报告记作小于 0.008% 或者实际测定值。

6.1.3　化学分析步骤及生产公差见规范 A924/A924M。

6.2　锌锅中锌的分析

连续热浸锌用的镀锅中锌含量不得低于 99%。

注：为控制合金结构的形成和增加镀锌层对基板的附着力，熔态金属镀料成分通常应含有 0.15% ~0.25% 的铝，铝是以指定成分的粗锌方式或者是以铝为主要合金的方式有意加入的。

7　力学性能

7.1　结构钢和成形性良好的高强度低合金钢板、固溶强化钢及烘烤硬化钢应该符合表 4 列出的钢级别、类型所规定的所有力学性能要求。

7.2　烘烤硬化钢应该符合表 4 列出的烘烤硬化指标要求。在附件中说明了烘烤硬化指标的测试方法。烘烤硬化钢应该给出屈服强度最小增加量，相对上屈服点增加 25MPa，或相对于下屈服点增加 20MPa，预应力试样标准烘烤周期 170℃，20min。

表 4　基板力学性能要求（纵向）

英制单位					
标号	等级	屈服强度(最小值)/ksi	抗拉强度(最小值)/ksi[A]	伸长率(最小值,2in 标距)/%[A]	烘烤硬化指标高/低屈服[A]
SS	33	33	45	20	…
	37	37	52	18	…
	40	40	55	16	…
	50 一类	50	65	12	…
	50 二类	50	…	12	…
	50 三类	50	70	12	…
	50 四类	50	60	12	…
	80 一类[B]	80	82	…	…
	80 二类[B,D]	80	82	…	…
HSLAS	40	40	50[E]	22	…
	50	50	60[E]	20	…
	60	60	70[E]	16	…
	70	70	80[E]	12	…
	80	80	90[E]	10	…
HSLAS-F	40	40	50[E]	24	…
	50	50	60[E]	22	…
	60	60	70[E]	18	…
	70	70	80[E]	14	…
	80	80	90[E]	12	…

续表4

标号	等级	屈服强度（最小值）/ksi	抗拉强度（最小值）/ksi[A]	伸长率(最小值，2in标距)/%[A]	烘烤硬化指标高/低屈服[A]
英制单位					
SHS	26	26	43	32	…
	31	31	46	30	…
	35	35	50	26	…
	41	41	53	24	…
	44	44	57	22	…
BHS	26	26	43	30	4/3
	31	31	46	28	4/3
	35	35	50	24	4/3
	41	41	53	22	4/3
	44	44	57	20	4/3
公制单位					
标号	等级	屈服强度[C]（最小值）/MPa	抗拉强度（最小值）/MPa	伸长率(最小值，50mm标距)/%	烘烤硬化指标高/低屈服
SS	230	230	310	20	…
	255	255	360	18	…
	275	275	380	16	…
	340 一类	340	450	12	…
	340 二类	340	…	12	…
	340 三类	340	480	12	…
	340 四类	340	410	12	…
	550 一类[B]	550C	570	…	…
	550 二类[B,D]	550C	570	…	…
HSLAS	275	275	340[E]	22	…
	340	340	410[E]	20	…
	410	410	480[E]	16	…
	480	480	550[E]	12	…
	550	550	620[E]	10	…
HSLAS-F	275	275	340[E]	24	…
	340	340	410[E]	22	…
	410	410	480[E]	18	…
	480	480	550[E]	14	…
	550	550	620[E]	12	…
SHS	180	180	300	32	…
	210	210	320	30	…
	240	240	340	26	…
	280	280	370	24	…
	300	300	390	22	…
BHS	180	180	300	30	25/20
	210	210	320	28	25/20
	240	240	340	24	25/20
	280	280	370	22	25/20
	300	300	390	20	25/20

A 表中出现了省略号部分不作要求。

B 钢板的厚度≤0.71mm，如果洛氏硬度≥B85，拉伸试验不作要求。

C 如果没有屈服平台，屈服强度测试应该从0.5%延伸降到0.2%。

D 由于不同的化学成分，相对于一类，SS80级（550）二类也许表现出不同的成形性能。

E 如果要求更高的抗拉强度，用户应该咨询供货方。

7.3 钢的典型力学性能标号列于表5中。这些力学性能值非特定值，用户可以根据这些性能得到尽量多的关于钢的有用信息，以选定钢板。

表5 典型的力学性能范围 A，B（非强制）

纵向					
标号	屈服强度		伸长率（50mm标距）/%	r_m 值[C]	n 值[D]
	ksi	MPa			
CS TypeA	25/55	[170/380]	≥20	E	E
CS TypeB	30/55	[205/380]	≥20	E	E
CS TypeA	25/45	[170/310]	≥25	1.0/1.4	0.17/0.21
DDS TypeA	20/35	[140/240]	≥32	1.4/1.8	0.19/0.24
DDS TypeC	25/40	[170/280]	≥32	1.2/1.8	0.17/0.24
EDDS[F]	15/25	[105/170]	≥40	1.6/2.1	0.22/0.27

A 此处的典型力学性能非指标性，仅仅是给用户提供尽可能的信息以便订购合适的钢种，还需要此范围以外的性能值，用户如果要求别的性能或者更加严格的性能，可以与供货方进行协商；
B 超出钢板厚度范围的力学性能，由于钢板厚度下降，屈服强度往往是增加的，成形数值标准一般要下降一些；
C r_m 值：按照试验 E517 确定塑性应变比平均值；
D n 值：按照试验 E646 确定应变-硬度指数；
E 力学性能未作具体设定；
F EDDS 板力学性能变化未经时效。

7.4 当需要基板的力学性能时，要求按照规范 A924/A924M 规定的方法进行所有试验。

7.5 最小冷弯半径、冷弯性能-结构钢和高强度低合金钢通常采用冷弯曲法进行加工制造。存在许多相关因素影响钢在冷弯超过一给定半径时的弯曲成形能力，这些因素包括厚度、强度、应变程度、与轧制方向的关系、化学成分和基板微观结构。附录11列出了结构钢和高强度低合金钢进行90°冷弯的最小推荐内径。原则上要求预先按“硬法（hard way）”（弯曲轴平行于轧制方向）进行弯曲试验和合理良好成形试验。如可能的话，建议采用横向试样进行弯曲试验，以便保证成形质量。

8 镀层性能

8.1 镀层重量（质量）

8.1.1 镀层重量（质量）应符合指明镀层代号的要求，如表1所示。

8.1.2 根据下面的镀层重量（质量）关系估算镀层厚度：

8.1.1.1 $1oz/ft^2$ 镀层重量 = 1.7mils 镀层厚度

8.1.1.2 $7.14g/m^2$ 镀层重量 = 1μm 镀层厚度

8.2 镀层重量（质量）测试

8.2.1 镀层重量（质量）的试验应根据 A924/A924M 规范执行。

8.2.2 用仲裁法应按 A90/A90M 试验法进行。

8.3 镀层弯曲试验

8.3.1 以字母“G”（“Z”）为代号的镀层钢板弯曲试样向任一方向弯曲180°后，弯曲外侧不应有镀层剥落。镀层弯曲试验内径与试样的厚度的关系如表6所示。距弯曲试样边部0.25in（6mm）以内的剥落不应作为拒收的理由。

表6 镀层弯曲试验要求

英制单位

试样厚度与内部弯曲直径的比（任何方向）

镀层代号[B]	CS，FS，DDS，EDDS，SHS，BHS			SS级[A]		
	钢板厚度			33	37	40
	<0.039in	0.039~0.079in	>0.079in			
G235	2	3	3	3	3	3
G210	2	2	2	2	2	2.5
G185	2	2	2	2	2	2.5
G165	2	2	2	2	2	2.5
G140	1	1	2	2	2	2.5
G115	0	0	1	1.5	2	2.5
G100	0	0	1	1.5	2	2.5
G90	0	0	1	1.5	2	2.5
G60	0	0	0	1.5	2	2.5
G40	0	0	0	1.5	2	2.5
G30	0	0	0	1.5	2	2.5
G01	0	0	0	1.5	2	2.5

	HSLAS[A]					HSLAS-F		
	40	50	60	40	50	60	70	80
G115	1.5	1.5	3	1	1	1	1.5	1.5
G100	1.5	1.5	3	1	1	1	1.5	1.5
G90	1.5	1.5	3	1	1	1	1.5	1.5
G60	1.5	1.5	3	1	1	1	1.5	1.5
G40	1.5	1.5	3	1	1	1	1.5	1.5
G30	1.5	1.5	3	1	1	1	1.5	1.5
G01	1.5	1.5	3	1	1	1	1.5	1.5

公制单位

试样厚度与内部弯曲直径的比（任何方向）

镀层代号[B]	CS，FS，DDS，EDDS，SHS，BHS			SS级[C]		
	钢板厚度			230	255	275
	≤1.0mm	1.0~2.0mm	>2.0mm			
700	2	3	3	3	3	3
600	2	2	2	2	2	2.5
550	2	2	2	2	2	2.5
500	2	2	2	2	2	2.5
450	1	1	2	2	2	2.5
350	0	0	1	1.5	2	2.5
305	0	0	1	1.5	2	2.5
275	0	0	1	1.5	2	2.5
180	0	0	0	1.5	2	2.5
120	0	0	0	1.5	2	2.5
90	0	0	0	1.5	2	2.5
001	0	0	0	1.5	2	2.5

	HSLAS[C]					HSLAS-F		
	275	340	410	275	340	410	480	550
350	1.5	1.5	3	1	1	1	1.5	1.5
305	1.5	1.5	3	1	1	1	1.5	1.5
275	1.5	1.5	3	1	1	1	1.5	1.5
180	1.5	1.5	3	1	1	1	1.5	1.5
120	1.5	1.5	3	1	1	1	1.5	1.5
90	1.5	1.5	3	1	1	1	1.5	1.5
001	1.5	1.5	3	1	1	1	1.5	1.5

A SS50级和80级，HSLAS和HSLAS-F70级和80级不作弯曲试验；

B 如果有别的镀层要求，用户应该咨询供货方提出适当的弯曲试验要求；

C SS340级和550级、HSLAS和HSLAS-F480级和550级不作弯曲试验。

8.3.2　标有“A”（“ZF”）标号的锌铁合金层由于具有3.2.3节所说明的特性，不作镀层弯曲试验。

9　尺寸及允许偏差

所有尺寸及允许偏差都应符合A924/A924M规范的要求，除SS和HSLAS、HSLAS-F平直度之外，它们分别列于表7和表8中。

表7　结构钢平直度公差（仅限于板材）

厚度/in(mm)	宽度/in(mm)	平直度公差(从水平面起的最大偏差)/in(mm)
>0.060(1.5)	≤60(1500)	0.5(12)
	60(1500)~72(1800)	0.75 (20)
≤0.06(1.5)	≤36(900)	0.5(12)
	36(900)~60(1500)	0.75(20)
	60(1500)~72(1800)	1(25)

注：1. 此表也适用于把卷切成板，这些板是在进行平直度测量时由用户剪切的；
2. 对于50级（1，2，3和4类）钢，采用的值为该表所列值的1.5倍；
3. 对于80[550]级钢，没有定义平直度标准。

表8　改善成形性的高强度低合金钢—平直度公差（仅限于板材）

英制单位						
厚度/mm	宽度/mm	平直度公差（从水平面起的最大偏差）				
		等　级				
—	—	40	50	60	70	80
>0.060	≤60	5/8	3/4	7/8	1	1.5
	>60	1	11/8	1.25	$1\frac{3}{8}$	$1\frac{1}{8}$
≤0.06	≤36	5/8	3/4	7/8	1	$1\frac{1}{8}$
—	36~60	1	$1\frac{1}{8}$	$1\frac{1}{4}$	$1\frac{3}{8}$	$1\frac{1}{2}$
—	>60	$1\frac{3}{8}$	$1\frac{1}{2}$	$1\frac{5}{8}$	$1\frac{3}{4}$	$1\frac{7}{8}$
公制单位						
厚度/mm	宽度/mm	平直度公差(从水平面起的最大偏差)/mm				
		等　级				
—	—	275	340	410	480	550
>1.5	≤1500	15	20	22	25	30
—	>1500	25	30	32	35	38
≤1.5	≤900	15	20	22	25	30
—	900~1500	25	30	32	35	33
—	>1500	35	38	40	45	48

注：此表也适用于把卷切成板，这些板是在进行平直测量时由用户剪切的。

10　关键词

合金化镀层钢，烘烤硬化钢，高强度低合金钢，小锌花镀层钢，薄钢板，固溶强化钢，大锌花钢，普通钢板，结构钢，锌，锌层，锌铁合金，锌铁合金层。

11 补充要求

下列标准化补充要求可供用户使用，这些附加要求仅供订货时使用。

11.1 基板厚度

11.1.1 规定的最小厚度仅适用于基板

11.1.2 订单上镀层标号表示适用于指定的最小基板厚度的镀层

11.2 基板厚度的公差如表16和表17所示，冷轧板（碳钢、高强度低合金钢）厚度公差按规范A568/A568M。

（二）欧洲带钢连续热镀锌钢板及钢带标准

1 范围

1.1 本标准规定了厚度在0.35~3.0mm（除非另有协议，见本标准1.2节）的连续热浸镀低碳钢镀锌（Z）、镀锌铁合金（ZF）、镀锌铝合金（ZA）、镀铝锌合金（AZ）和镀铝硅合金（AS）（见表1）的钢板和钢带的交货技术要求。这里的厚度是指交货产品镀层后的最终厚度。

本标准适用于所有宽度的钢带和从宽度不小于600mm的钢带剪切而成的钢板及从宽度小于600mm的钢带剪切而成的定尺产品。

1.2 如果在询价和订货时有协议，本标准也适用于厚度大于3.0mm的连续热浸镀镀层扁平材产品。在这种情况下，产品的力学性能、镀层附着性和表面质量要求都应在订货或询价时进行协商。

1.3 本标准规定的产品主要用于将冷成形性和耐腐蚀性作为重要参考因素的场合下。合金的耐腐蚀性与镀层厚度成正比（见7.3.2节）。

1.4 本标准不适用于：

- 结构用热浸镀镀层扁平材产品（见EN 10326）；
- 冷轧电镀锌扁平材钢产品（见EN 10152）；
- 连续有机涂层（涂层带卷）扁平材钢产品（见EN 10169-1、EN 10169-2和EN 10169-3）；
- 冷成形用较高屈服强度的连续热浸镀涂层钢板和钢带（见EN 10292）。

2 引用标准

下列文件中的条款通过本标准的引用而成为本标准的条款。凡是注日期的引用文件，仅该版本适用于本标准。凡是不注日期的引用文件，其最新版本适用于本标准（包括修改单）。

EN 10002-1　金属材料—拉伸试验—第1部分：室温实验方法

EN 10020：2000　钢牌号定义和分类

EN 10021：1993　钢及钢产品交货一般技术要求

EN 10027-1　钢代号体系—第1部分：钢名称、基本符号

EN 10027-2 钢代号体系—第 2 部分：数字代号体系

EN 10079 钢产品分类

EN 10143 连续热浸镀金属镀层钢板和钢带—尺寸外形及允许偏差

EN 10204 金属产品—检验文件的类型

EN 10113 金属材料—钢板和钢带—塑性应变比的测定

EN 10275 金属材料—钢板和钢带—拉伸应变硬化指数的测定

EN 10260 钢代号体系—补充符号

3 术语和定义

本标准除采用 EN 10020：2000、EN 10021：1993、EN 10079：1992、EN 10204：1991 中的术语和定义外，还采用如下术语和定义：

注：1. 钢铁的防护一般导则见 EN ISO 14713.

2. 连续热浸镀钢带镀层的成分见 3. 1 节 ~3. 4 节。

3.1 热浸镀锌镀层（Z）

将准备好的产品浸入到纯度至少为 99% 的熔融锌液中获得的锌镀层（另见 7. 4. 2 节）。

3.2 热浸镀锌-铁镀层（ZF）

将准备好的产品浸入到纯度至少为 99% 的熔融锌液中获得锌镀层，然后退火，形成至少含有 8% ~12% 的铁的铁-锌镀层（另见 7. 4. 3 节）。

3.3 热浸镀锌铝合金镀层（ZA）

将准备好的产品浸入到含有大约 5% 铝的熔融锌液中获得的锌铝合金镀层。

3.4 热浸镀铝锌合金镀层（AZ）

将准备好的产品浸入到含有约 55% 铝、1. 6% 硅的熔融锌液中获得的铝锌合金镀层。

3.5 热浸镀铝硅合金镀层（AS）

将准备好的产品浸入到含有 8% ~11% 硅的熔融铝液中获得的铝硅合金镀层。

3.6 镀层重量

镀层重量是产品两个面的镀层总重量（用 g/m^2 表示）。

4 分类和代号

4.1 根据 EN 10020，本标准包括的牌号为非合金钢。这些牌号按照其冷成形性能的递增进行分类（见表 1）。

DX51D：弯曲和成形级；

DX52D：冲压级；

DX53D：深冲级；

DX54D：特殊深冲级；

DX55D：特殊深冲级（仅 AS），耐热达 800℃；

DX56D：特优深冲级；

DX57D：超深冲级。

4.2　代号

4.2.1　钢名称

本标准包括的钢牌号，列于表 1 中的钢是按照 EN 10027-1 和 CR 10260 命名的。

4.2.2　钢的数字代号

本标准包括的钢牌号，列于表 1 中的钢是按照 EN 10027-2 命名数字代号的。

5　需方应提供的信息

5.1　必要信息

需方应在询价和订货时提供以下信息：

a）交货数量；

b）产品类型（钢板、钢带、定尺）；

c）尺寸标准号（EN 10143）；

d）公称尺寸和尺寸外形允许偏差，表征相关特殊偏差的符号（如果有）；

e）术语“钢”；

f）本标准号（EN 10326）；

g）钢名称或钢数字代号和表 1 中的热浸镀镀层符号；

h）镀层公称重量代号（例如 275 = 275g/m^2，两面，见表 3 ~ 表 6）；

i）镀层表面结构符号（N、M 或 R，见 7.4 节和表 4、表 5）；

j）表面质量符号（A、B 或 C，见 7.5 节）；

k）表面处理（C、O、CO、S、P、PO，见 7.6 节）。

例如，1 钢板，尺寸允许偏差按 EN 10143 中公称厚度为 0.80mm 的钢板，特殊要求厚度允许偏差（S），公称宽度 1200mm，特殊要求宽度允许偏差（S），公称长度 2500mm，特殊要求不平度（FS），按 EN 10327 制造的 DX53D + ZF（1.0355 + ZF），镀层重量 275g/m^2，镀层表面结构 R，表面质量 B，表面涂油（O）；

1 钢板 EN 10143-0.80S × 1200S × 2500FS

钢 EN 10327-DX53D + Z275-R-B-O 或者：

1 钢板 EN 10143-0.80S × 1200S × 2500FS

钢 EN 10327-ZF(1.0355 + ZF) + Z275-R-B-O

5.2　可选要求

本标准中列出如下一些可选要求。如果需方没有明确提出如下要求，产品按基本要求供货。

a）产品交货厚度大于 3mm（见 1.2 节）；

b）对熔炼分析进行确认（见 7.1.2 节）；

c）产品以适用于制造某种具体的部件的要求来供货（见 7.2.2 节）；

d）镀层重量不同于表 3 ~ 表 5 的规定和/或要求差厚钢板（见 7.3.2 节）；

e）大锌花镀层钢板（见 7.4.2.1 节或 7.4.5 节）；

f）在进行铝硅镀层时，对铝铁硅合金层最大重量有特殊要求（见 7.4.6 节）；

g）对热浸镀铝硅合金镀层产品表面结构有特殊要求（B 型表面，见 7.5.3 节注）；

h）S类镀层（见7.6.5节）；

i）无破断产品（见7.7节）；

j）冷加工时要求无滑移线（见7.8.2节）；

k）产品单面最大或最小镀层重量有特殊要求（见7.9.2节）；

l）告知哪一面已进行检验（见7.10.1节）；

m）按本标准要求进行一致性试验（见8.1.1节和8.1.2节）；

n）提供检验文件和检验文件的类型（见8.1.2节）；

o）采用产品的商标进行标识（见9.2节）；

p）包装要求（见10节）。

6 制造工艺

炼钢和制造产品的工艺由生产厂决定。

7 要求

7.1 化学成分

7.1.1 熔炼分析的化学成分应符合表1的规定。

7.1.2 若询价和订货时达成协议进行成品分析，则与表1熔炼分析成分的偏差值应符合表2规定。

7.2 力学性能

7.2.1 产品以表1中的力学性能要求为基础交货。

7.2.2 如在询价或订货时有协议，表1中规定的产品可以适用于制造某种具体的部件的要求来供货。这种情况下，表1中的数值不再适用。拒收的允许偏差值应不超过询价和订货时的规定。

7.2.3 如果按7.2.1节订货，除非在询价或订货时另有协议，否则，表1中的力学性能值适用于如下时间段内（自产品制造的日期到用户生产应用的日期）的产品：

—镀层符合表1规定的DX51D、DX52D牌号，1个月；

—镀层符合表1规定的DX53D、DX54D、DX55D、DX56D、DX57D牌号，6个月。

7.2.4 拉伸试验的数值适用于横向试样，并且与试样的横截面有无镀层有关。

7.3 镀层

7.3.1 产品应以表3～表6规定的镀锌（Z）、镀锌铁合金（ZF）、镀锌铝合金（ZA）、镀铝锌合金（AZ）和镀铝硅合金（AS）镀层交货。

7.3.2 表3中的镀层重量适用于所有牌号。若在询价和订货时有协议，也可以供应差厚镀层钢板。

较厚的镀层可能会对产品的可加工性和可焊性产生影响。因此，应考虑到订货时要求的镀层重量对加工性能和焊接性能的影响。

生产工艺可让产品的两个面具有不同的外观质量。

7.4 镀层表面结构（见表4～表6）

7.4.1 一般要求

根据镀层的情况，可以出现不同尺寸的晶粒和表面结构。镀层的质量不受其影响。

表1 钢牌号和力学性能（纵向试样）

代号			化学成分(质量分数,最大值)/%						力学性能				
钢号	数字代号	镀层类型代号	C	Si	Mn	P	S	Ti	屈服强度 R_e^a/MPa①	抗拉强度 R_m/MPa①	伸长率 A_{80}^b(最小)/%	塑性应变比 r_{90}（最小）	加工硬化指数 n_{90}（最小）
DX51D	1.0226	+Z、+ZF、+ZA、+AZ、+AS	0.12	0.5	0.6	0.1	0.045	0.3	—	270 ~	22	—	—
DX52D	1.0350	+Z、+ZF、+ZA、+AZ、+AS							140 ~ 300[c]	270 ~ 420	26	—	—
DX53D	1.0355	+Z、+ZF、+ZA、+AZ、+AS							140 ~ 260	270 ~ 380	30	—	—
DX54D	1.0306	+Z、+ZA							120 ~ 220	260 ~ 350	36	1.6	1.8
DX54D	1.0306	+ZF							120 ~ 220	260 ~ 350	34	1.4	1.8
DX54D	1.0306	+AZ							120 ~ 220	260 ~ 350	30	—	—
DX54D	1.0306	+AS							120 ~ 220	260 ~ 350	39	1.4[d,e]	1.8
DX55D	1.0309	+AS							140 ~ 240	270 ~ 370	37	—	—
DX56D	1.0322	+Z、+ZA							120 ~ 180	260 ~ 350	39	1.9[d]	0.21
DX56D	1.0322	+ZF							120 ~ 180	260 ~ 350	41	1.7[d,e]	0.20[e]
DX56D	1.0322	+AS							120 ~ 180	260 ~ 350	39	1.7[d,e]	0.20[e]
DX57D	1.0853	+Z、+ZA							120 ~ 170	260 ~ 350	41	2.1[d]	0.22
DX57D	1.0853	+ZF							120 ~ 170	260 ~ 350	39	1.9[d,e]	2.1[e]
DX57D	1.0853	+AS							120 ~ 170	260 ~ 350	41	1.9[d,e]	2.1[e]

a 如果屈服强度不明显，可以用 $R_{p0.2}$ 代替；如果屈服强度明显，该值为下屈服点（R_{el}）；

b 对于厚度在 0.50mm ≤ t ≤ 0.70mm（包括镀层）之间的产品，最小伸长率（A_{80}）应减少 2 个单位；对于 t ≤ 0.50mm 的，减少 4 个单位；

c 该数值仅适用于光整产品（表面质量为 B 和 C 级）；

d 对于 t > 1.5mm 的产品，r_{90} 值应减少 0.2；

e 对于 t ≤ 0.70mm 的产品，r_{90} 值应减少 0.2，n_{90} 值应减少 0.01。

① 1MPa = 1N/mm^2。

表2 成品分析相对于表1规定的熔炼分析的允许偏差

序 号	元 素	表1规定的熔炼分析极限值(质量分数)/%	成品分析允许偏差(质量分数)/%
1	C	0.12	+0.02
2	Si	0.50	+0.03
3	Mn	0.60	+0.10
4	P	0.10	+0.01
5	S	0.045	+0.005
6	Ti	0.30	+0.01

表3 镀层重量

镀层代号	最小镀层重量（双面）[a]/g·m^{-2}		单点试验每个面的镀层厚度理论值/μm		密度/g·cm^{-3}
	三点试验	单点试验	典型数值[b]	范围[c]	
锌镀层重量(Z)					
Z100	100	85	7	5~12	7.1
Z140	140	120	10	7~15	
Z200	200	170	14	10~20	
Z225	225	195	16	11~22	
Z275	275	235	20	15~27	
Z350	350	300	25	19~33	
Z450	450	385	32	24~42	
Z600	600	510	42	32~55	
锌铁合金镀层重量（ZF）					
ZF100	100	85	7	5~12	7.1
ZF140	140	120	10	7~15	
锌铝合金镀层重量（ZA）					
ZA095	95	80	7	5~12	6.9
ZA130	130	110	10	7~15	
ZA185	185	155	14	10~20	
ZA200	200	170	15	11~21	
ZA255	255	215	20	15~27	
ZA300	300	255	23	17~31	
铝锌合金镀层重量（AZ）					
AZ100	100	85	13	9~19	3.8
AZ150	150	130	20	15~27	
AZ185	185	160	25	19~33	
铝硅合金镀层重量（AS）					
AS060	60	45	8	6~13	3.0
AS080	80	60	14	10~20	
AS100	100	75	17	12~23	
AS120	120	90	20	15~27	
AS150	150	115	25	19~33	

a 见7.9节；

b 镀层厚度可以根据镀层重量算出（见7.9.1节）；

c 用户可以提出期望值，这些极限值是从上表面和相反表面获得的。

表4 锌镀层（Z）表面质量、锌层结构、可用镀层

钢牌号	数字代号	镀层代号[a]	镀层结构			
			N	M		
			表面质量			
			A	A	B	C
DX51D+Z	1.0226	Z100	X	X	X	X
		Z140	X	X	X	X
		Z200	X	X	X	X
		(Z225)	(X)	(X)	(X)	(X)
		Z275	X	X	X	X
		Z350	X	X	—	—
		(Z450)	(X)	(X)	—	—
		(Z600)	(X)	(X)	—	—
DX51D+Z	1.0350	Z100	X	X	X	X
		Z140	X	X	X	X
		Z200	X	X	X	X
		(Z225)	(X)	(X)	(X)	(X)
		Z275	X	X	X	X
DX53D+Z DX54D+Z DX56D+Z DX57D+Z	1.0355 1.0306 1.0322 1.0853	Z100	X	X	X	X
		Z140	X	X	X	X
		Z200	X	X	X	X
		(Z225)	(X)	(X)	(X)	(X)
		(Z275)	(X)	(X)	(X)	(X)

a 括号中的镀层和表面质量可进行协商。

表5 锌铁合金镀层（ZF）表面质量、锌层结构、可用镀层

钢牌号	镀层代号	镀层结构		
		R		
		表面质量[a]		
		A	B	C
所有牌号（+ZF）见表1	ZF100	X	X	X
	ZF120	X	X	X
	(ZF140)	(X)	(X)	(X)

a 括号中的镀层和表面质量可进行协商。

表6 锌铝合金（ZA）、铝锌合金（AZ）、铝硅合金（AS）镀层质量、锌层结构、可用镀层

钢牌号	镀层代号	表面质量[a]		
		A	B	C
	锌铝合金（ZA）			
所有牌号（+ZA）除DX55D以外见表1	ZA095	X	X	X
	ZA130	X	X	X
	ZA185	X	X	X
	ZA200	X	X	X
	ZA255	X	X	X
	ZA300	X	—	—

续表 6

钢牌号	镀层代号	表面质量[a]		
		A	B	C
铝锌合金（AZ）				
DX51D、DX52D DX53D、DX54D （+AZ）	AZ100	X	X	X
	AZ150	X	X	X
	AZ185	X	X	X
铝硅合金（AS）				
所有牌号（+AS）见表 1	AS060	X	X	X
	AS080	X	X	X
	AS100	X	X	X
	AS120	X	X	(X)
	AS150	X	(X)	(X)

a　括号中的镀层和表面质量可进行协商。

7.4.2　锌镀层产品（Z）

7.4.2.1　大锌花（N）

锌镀层自然固化到产品表面时获得的表面结构。根据镀锌的条件，可出现无锌花或不同尺寸锌晶粒和表面结构的情况。镀锌层的质量不受其影响。

如果希望产品表面有明显的锌花，应在订货和询价时协商确定。

7.4.2.2　小锌花（M）

通过特殊方式对镀锌层的固化过程进行影响而获得的镀层。这样的表面会出现细小的锌花，在某些时候，用裸眼无法看到。如果大锌花结构（见 7.4.2.1 节）不能满足表面质量要求时，应要求此种表面结构。

7.4.3　锌铁合金镀层产品（ZF）

通过镀后热处理让铁在锌中进行扩散而获得的锌铁合金镀层（R）。这种表面外观呈均匀的银灰色，一般含有 8% ~10% 的铁。

7.4.4　锌铝合金镀层产品（ZA）

镀层的表面具有金属光泽，这是因为在大固化过程中锌铝晶粒无约束的长大造成的。根据生产条件的不同，可出现不同尺寸的晶粒和光亮度。

7.4.5　铝锌镀层产品（AZ）

该产品以大锌花状态交货。大锌花镀层结构具有金属光泽，这是因为在大固化过程中锌铝晶粒无约束的长大造成的。如果希望产品表面有明显的锌花，应在订货和询价时确定。

7.4.6　铝硅镀层产品（AS）

与其他热镀产品不同，在热镀过程中，会在基板的表面形成相对明显的合金（铝-铁-硅）镀层。如对镀层的最大重量值有要求，则应在询价和订货时进行协商确定。实验方法按照附录 C 的规定。

7.5　表面质量

7.5.1　一般要求

产品应以 7.5.2 节 ~7.5.4 节规定的某种表面质量交货（见表 4 ~ 表 6）。

7.5.2 普通表面（A）

表面允许存在麻点、斑痕、擦伤、凹坑、表面颜色不均、暗斑、条纹、轻微的钝化斑痕等缺陷。也可以存在拉伸矫直裂纹（即滑移线）或锌流小波浪。

7.5.3 较高级表面（B）

此等级表面允许存在拉伸矫直裂纹、光整压痕、轻微划痕、小的锌波浪和轻微钝化斑痕等小缺陷。

注：对于特殊用途并经双方协商的热浸镀铝硅镀层产品可以以光亮表面交货。这种情况下，表面的质量等级为B。

7.5.4 高级表面（C）

C级表面是通过光整获得的。较优一面不得对涂漆后外观产生不利影响，对另一面的要求应至少达到B级水平（见7.5.3节）。

7.6 表面处理（表面防护）

7.6.1 一般要求

热浸镀镀层扁平产品在生产厂进行如下一种表面处理（见7.6.2节~7.6.5节）：

- 化学钝化 C
- 涂油 O
- 化学钝化+涂油 CO
- 耐指纹漆 S
- 磷化 P
- 磷化+涂油 PO

表面防护只能提供临时的耐腐蚀防护，这取决于贮存的条件和气候。

如果需方需要不经过表面防腐后处理的产品，则可以只供应未经处理的热浸镀扁平材产品。在这种情况下，就增加了产品的表面在储存和运输的过程中被腐蚀的风险。

7.6.2 化学钝化（C）

化学钝化会保护产品表面不受潮湿的影响并且降低在贮存和运输过程中被腐蚀的风险。这种处理会使产品表面产生局部色斑，但这并不影响产品的质量。

7.6.3 涂油（O）

这种处理也会降低产品被腐蚀的风险。油层应该能用不损伤镀锌层的脱脂剂去除。

7.6.4 化学钝化+涂油（CO）

在需要增加产品的耐腐蚀性能时，可以按照7.6.2节和7.6.3节的要求进行协商。

7.6.5 耐指纹涂层（S）

经过双方协商，在产品上涂上的一层极薄（大约$1g/m^2$）的有机涂料。这种涂层可以提供一种附加的防腐蚀作用，主要取决于其本身的性质，也增加了产品的耐指纹性能，在成形过程中可改善润滑性能并可作为后续涂层的永久防护层。采用S形镀层，应在订货或询价时进行协商。

7.6.6 磷化（P）

这种处理可改善涂层的附着性和耐腐蚀性。同样也降低了在贮存和运输过程中被腐蚀的风险。

7.6.7 磷化+涂油（PO）

这种组合处理方式可以提高产品的成形性。

7.7 无开卷折纹

如果要求产品无开卷折纹，应在询价和订货时明确说明。

7.8 滑移线

7.8.1 为了避免产品在冷成形过程中出现滑移线，强烈建议订购高级表面质量的 B 级品（见 7.5.3 节）。

由于产品在搁置一段时间以后再加工就会有出现滑移线的倾向，因此需方应在得到产品后尽早予以使用，存放期不允许超过 6 个月。

7.8.2 表面质量为 B、C 级的产品在如下时间段内（自产品制造的日期到用户生产应用的日期）进行加工，不会出现滑移线：镀层符合表 1 规定的 DX51D、DX52D 牌号，1 个月；镀层符合表 1 规定的 DX53D、DX54D、DX55D、DX56D、DX57D 牌号，6 个月。

7.9 镀层重量

7.9.1 镀层重量应符合表 3 的规定。这些数值适用于三点试验和单点试验（见 8.4.3 节和 8.5.2 节）下的双面镀层总重量。镀层厚度可以通过镀层重量计算出来，例如：双面镀锌层重量为 $100g/m^2$ 的产品，相对应的镀层厚度为 $7\mu m$/面。

$$\frac{\text{镀锌层重量}(g/m^2,\text{双面})}{2\times 7.1(g/cm^3)} = \text{镀锌层厚度}(\mu m/\text{面})$$

其他镀层也可采用类似方法计算（见表 3）。产品两个面的镀锌层重量不总是相等的。但是，可以假定表 3 中单点试验数值的至少 40% 的镀层重量分布在产品的每个面上。

7.9.2 表 3 ~ 表 6 中产品每个面的镀层重量（单点试验）的最大和最小值应在询价和定货时协商。

7.10 镀层附着性

镀层附着性应采用生产厂选择的方法在生产厂进行试验。

7.11 表面质量

7.11.1 产品表面应符合 7.4 节 ~ 7.6 节要求。除非在询价和订货时另有规定，否则只检查产品一个面。

在需要的时候，供方应告知需方检查的是上表面还是下表面。

对不切边产品，允许边部存在小的边部裂纹，并且不作为拒收的判定依据。

7.11.2 当带钢以卷供货时，存在表面缺陷的风险相对于钢板和定尺产品会高一些，因为生产厂不可能对整个板卷的缺陷予以清除。在需方对产品进行评估时，应考虑到这一点。

7.12 尺寸、外形及允许偏差

按 EN 10143 要求。

7.13 进一步深加工的适用性

7.13.1 本标准规定的产品，除了 S550GD 外，应适用于普通方式焊接。对于较厚镀层的产品，如进行焊接，最好先进行厚度的测量。

7.13.2 本标准规定的产品，如果先进行适当的表面处理，可以黏结到一起。

7.13.3 如果先进行适当的表面处理，所有的牌号和表面质量的产品都适用于涂镀有机涂层。产品的最终外观和质量取决于镀层的结构（见 7.5 节）。

8 试验

8.1 一般要求

8.1.1 产品可以根据本标准要求进行试验后供货，也可不进行试验供货。

8.1.2 如要求进行试验，需方应在询价和订货时提供以下信息：试验类型（规定试验或非规定试验，EN 10021）；检验文件的类型（EN 10204）。

8.1.3 规定试验应按照 8.2 节 ~8.6 节的要求。

8.2 试验单元

试验单元应由不超过 20t 的相同牌号、相同公称厚度、相同镀层厚度和表面质量的热浸镀镀层扁平材产品组成。对于钢带，卷重超过 20t 的也视为一个试验单元。

8.3 试验数量

应对按照 8.2 节确定的试验单元进行一系列试验：力学性能（见 8.5.1 节）；如果在表 1 中规定，测定 n 值、r 值；镀层重量（见 8.5.2 节）。

8.4 取样

8.4.1 对于钢带，取样应在板卷的始端或末端。对于钢板和定尺产品，试样的选取由供方确定。

8.4.2 拉伸试验（见 8.5.1 节）试样应在距离产品边部至少 50mm 以内的范围内沿纵向取。

8.4.3 在宽度允许的条件下，镀层重量试验的 3 个试样（见 8.5.3 节）的取样位置应按图 1 要求进行。

试样应为圆形或方形，单个试样的面积应至少为 5000mm^2。如果因为宽度太窄而无法取得试样，只需要取一个面积至少为 5000mm^2 的试样。由此测定的镀层重量应符合表 3 规定的单点试验的规定值要求。

8.4.4 在需要对试样进行机加工时，应采用不会对实验结果产生影响的加工方式。

8.5 试验方法

8.5.1 拉伸试验应按照 EN 10002-1 进行，采用 2 型试样（原始标距长度 $L_0 = 80\text{mm}$，宽度 $b = 20\text{mm}$）（另见 7.2.4 节）。

8.5.2 塑性应变比 r 和加工硬化指数 n 的测定应按照 ISO 10113 和 ISO 10275 的规定进行。塑性应变比 r 和加工硬化指数 n 的测定应在 10% ~20% 的应变范围内。由于测量是在均匀变形的范围内，如果被测试材料的均匀伸长率低于 20%，那么应变范围的上限值可以采用 15% ~20%。

8.5.3 镀层重量应从有镀层试样和化学方式清除镀层后的重量的差来测定。三点试验值为三次试验的算术平均值。单次试验的结果应满足表 3 中规定的单点试验的平均值。在生产厂也可以采用其他方法进行连续检验，例如无损试验方法。在发生争议时，应采用附录 A（Z、ZA、AZ）、附录 B（AS）的方法进行仲裁。

8.5.4 如果经协商确定对热浸镀铝硅合金镀层产品（见 7.4.6 节）测定铝铁硅镀层的重量，应采用附录 C 的方法进行。

8.6　复验

应按 EN 10021 的规定进行。对于板卷产品，复验试样应至少距离端部一圈的距离，但最大不超过 20m。

9　标志

9.1　系到每卷或每捆产品上的标牌应至少包括如下信息：

a）生产厂名称或商标；

b）代号（包括 5.1b、5.1f、5.1k）；

c）产品的公称尺寸；

d）标识号；

e）订单号；

f）卷（捆）重。

9.2　采用商标标志时，应在订货和询价时协商。

10　包装

产品的包装要求应在订货和询价时协商。

11　贮存和运输

11.1　湿气，特别是凝结在钢板之间、板卷之间的水分会因氧的浓差腐蚀作用，很快造成热镀锌层发生电化学腐蚀。可采用表面临时保护方法来防止此种情况发生，见 7.6 节。有必要提醒，产品在贮存和运输的过程中一定要保持干燥，必须避免结露和遭雨水浸蚀。

11.2　在运输的过程中，产品的表面由于摩擦可能会出现摩擦黑点。一般情况下，这只是影响外观。摩擦黑点可以通过预先涂油的方式避免。但是宜采用如下提醒方式：牢固包装、平放、无局部受压点、车行无颠簸的平坦路。

12　异议

按 EN 10021 规定。

附录 A

（规范性）

锌、锌铝、铝锌镀层重量测定方法

A.1　原理

试样的面积至少应为 5000mm^2。采用面积为 5000mm^{2}的试样，镀层溶解掉以后的失重量（单位为 g）乘以 200，就是产品两个面的每平方米面积上的镀层重量。

A.2　试剂和溶解准备

试剂：盐酸（HCl ρ_{20} = 1.19g/mL）；六甲撑四胺溶解准备：

盐酸采用与其等量的无离子水或蒸馏水稀释（50%的溶剂）。然后加入六甲撑四胺，搅拌，加入比例为1L稀盐酸溶液加入3.5g。制备好的溶液无论是速度上还是精确度上都能使镀层在满意的条件下进行连续溶解。

A.3 设备

精确度为0.001g的天平称量试样的重量。对本试验，还需要捞取装置。

A.4 步骤

对每个试样进行如下操作：

a）如需要，采用不损坏镀层的有机溶剂对试样进行脱脂，然后烘干；

b）测量试样的重量，精确到0.001g；

c）将试样浸入到六甲撑四胺盐酸溶液中，初始试验温度为室温（20~25℃）。以试验浸泡的不再释放出氢气或冒出的气泡量很少时为准；

d）溶解完毕后，用流水冲洗并刷去附着物，然后用布擦干，并加热到100℃并冷却，或采用暖风烘干；

e）称量试样的重量，精确到0.001g；

f）测定带镀层试样和不带镀层试样的重量差。该差值（单位为g），就是镀层重量值。

附录B
（规范性）
铝硅镀层重量的测定方法

B.1 原理

下面所述的试验方法是用来测定铝硅镀层扁平材产品的镀层重量的。试样在去除镀层之前和之后都进行称重。

B.2 试剂

盐酸（HCl $\rho_{20}=1.19$g/mL）；浓度为20%的氢氧化钠溶液，配制方法为将20g氢氧化钠溶解到80g的水中。

B.3 步骤

B.3.1 试样

试样的取样应按照8.4.4节的规定进行。试样应进行清洁。如需要，试样应首先用流水清洗，这不会损坏镀层，然后用酒精清洗，最后晾干。

B.3.2 方法

按照B3.1清洗后，进行称重，精确到0.001g，然后将试样浸入到氢氧化钠溶液中，直到反应停止。从溶液中取出试样，用水冲洗，再用布擦干，然后放置到盐酸中2~3s。用水进行再次漂洗，然后将试样浸入到氢氧化钠溶液中，直到反应不再进行。重复进行这一步，直到当试样浸入到溶液中时反应不再进行为止。对试样清洗、烘干并重新称重（精确到 0.001g）。

B.4　评估

双面镀层重量（g/m^2）可以用下面的公式算出：

$$\frac{(m_0 - m_1) \times 10^6}{A}$$

式中　m_0——去除镀层前试样的重量，g；

m_1——去除镀层后试样的重量，g；

A——试样的面积，mm^2。

附录 C

（规范性）

铝铁硅合金镀层的重量测定

C.1　原理

下面所述的试验方法用于测定热浸镀铝硅合金镀层的合金层重量。按照附录 B，首先清除所谓的非合金层，其次清除合金层。该方法是基于二氯化锡溶液与铝反应生成金属锡（海绵状）；该溶液不与合金或钢基反应。试样在去除镀层之前和之后都进行称重。

C.2　试剂

C.2.1　二氯化锡溶液

C.2.1.1　为减少储备溶液量，将 1000g $SnCl_2 \cdot xH_2O$ 溶解到 500mL 的稀盐酸（1∶1）中。增加 5 ~ 10g 的金属锡后配置到 1000mL。加热，直到澄清为止。

C.2.1.2　为减少试验溶液的量，在使用前将 200mL 水加入到 20mL 储备液中。

C.3　步骤

C.3.1　除去非合金层

按 8.4.4 节取得的试样，采用石油乙醚清洁，并浸入到 200mL 的试验溶液（见 C.2.1.2 节）中直到反应停止。从溶液中取出试样后，用小刮铲将海绵锡清除。重复这一步骤，直到不再发生反应为止。然后冲洗试样并干燥。

C.3.2　合金层的重量测量

按 C.3.1 节制备的试样按 B.3.2 节规定进行处理。

C.4　评估

合金层的重量采用 B.4 节的公式计算，从试验前后的重量差，即可获得镀层重量。

(三) 日本带钢连续热镀锌钢板及钢带标准

1 范围

本标准对在含有99%以上的Zn液（其中，Al含量在0.30%以下）中进行钢带（以下称为钢板及钢卷）双面等厚热浸镀锌适用。在此情况下，钢板除了平板外，还包括在JIS G 3316中规定的形状和尺寸的波纹板（注：本标准的对应国际标准如下所示：附带说明一下，表示对应程序的符号式根据ISO/IEC Guide21的规定，分别用IDT（一致）、MOD（有修正）、NEQ（不等同）表示。ISO 3575：1996，普通级，固定成形级和冲压成形级连续热镀锌碳素钢薄板（continuous hot-dipzinc-coated carbon sheet of commercial, lock-forming and drawing qualities）（MOD），ISO4998：1996，结构级连续热镀锌碳素钢薄板（continuous hot-dipzinc-coated carbon steel sheet of structural quality）（MOD））。

2 规范性引用文件

下列文件中的条款通过本标准的引用而成为本标准的条款。凡是注日期的引用文件，其随后所有的修改单（不包括勘误的内容）或修订版均不适用于本标准，然而，鼓励根据本标准达成协议的各方研究是否可使用这些文件的最新版本。凡是不注日期的引用文件，其最新版本适用于本标准。

JIS G 0320 钢材的钢液分析方法
JIS G 0404 钢材的一般供需双方条件
JIS G 0415 钢及钢制品检验单
JIS G 0594 无机涂层钢板的循环腐蚀加速试验方法
JIS G 3316 钢板制波纹板的形状及尺寸
JIS H 0401 热镀锌试验方法
JIS H 8502 镀层的腐蚀性试验方法
JIS K 0119 荧光X射线分析方法通则
JIS K 5621 普通用的防锈漆
JIS Z 2201 金属材料拉伸试样
JIS Z 2241 金属材料拉伸试验方法
JIS Z 8401 数值的舍入方法

3 分类及代号

钢板及钢卷的种类分为使用热轧原板的6种和使用冷轧原板的10种，其代号分别见表1和表2。

4 化学成分

钢板及钢卷的母材的化学成分，应进行17.1节所规定的化学成分分析试验，其钢液分析值应符合表3规定。

表 1　种类及代码（使用热轧原板的场合）（mm）

序　号	种类的代号	适用的公称厚度①	适　用
1	SGHC	1.60 ~ 6.00	普通用
2	SGH340		结构用
3	SGH400		
4	SGH440		
5	SGH490		
6	SGH540		

①公称厚度按 11a）的规定。

表 2　种类及代号（使用冷轧原板的场合）（mm）

序　号	种类的代号	适用的公称厚度①	适　用
1	SGCC	0.25 ~ 3.2	普通用
2	SGCH	0.11 ~ 1.0	普通硬质用
3	SGCD1	0.40 ~ 2.3	深冲用 1 种
4	SGCD2		深冲用 2 种
5	SGCD3	0.60 ~ 2.3	深冲用 3 种
6	SGC340	0.25 ~ 3.2	结构用
7	SGC400		
8	SGC440		
9	SGC490		
10	SGC570	0.25 ~ 2.0	

注：1. 代号为 SGCD3 的钢板及钢卷，当根据卖方的指定需保证无时效性时，则在种类代号的末尾加上 N，变成 SGCD3N。所谓无时效性，就是指在加工时不发生拉伸应变的一种性质。

2. 供需双方当事人可协商决定表 2 以外的公称厚度的产品。

3. 当用作屋顶板和建筑外板等用途时，可在表 2 所示种类代号的末尾加上特定的字母，如屋顶板加上 R、建筑外板加上 A。此时的公称厚度及镀层附着量标示代号需依据附件 1 的规定。

4. 当依据 JIS G 3316 的规定加工成波纹板时，需在表 2 的种类代号中加上 W 以及波纹板的形状代号。此时的公称厚度及镀层附着量标示代号需依据附件 2 的规定。

5. 在表 2 的种类中，可用“普通用”、“普通硬质用”和“结构用”3 类产品来加工波纹板。

① 公称厚度按 11a）的规定。

表 3　化学成分（使用热轧原板的场合）（%）

种类代号	C	Mn	P	S
SGHC	<0.15	<0.80	<0.05	<0.05
SGH340	<0.25	<1.70	<0.20	<0.05
SGH400	<0.25	<1.70	<0.20	<0.05
SGH440	<0.25	<2.00	<0.20	<0.05
SGH490	<0.30	<2.00	<0.20	<0.05
SGH540	<0.30	<2.50	<0.20	<0.05

注：C、Mn、P、S 钢液分析值的报告，由供需双方协商决定。

5　镀层的种类

镀层的种类分为双面等厚非合金化镀层和合金化镀层两种。

注：所谓合金化镀层是指在整个镀层中使 Zn 与 Fe 生成合金层，该合金层主要由 δ_1 相（含 Fe 达 7% ~16%）构成。

6　镀层表面

6.1　镀层表面的加工

非合金化镀层的表面加工种类及代号依照表4规定。

表4　镀层表面加工的种类及代号

镀层表面加工的种类	代　号	备　注
大锌花	R	具有锌花的产品，锌的晶核在凝固过程中生成
小锌花	Z	尽可能地使锌花达到最细小的产品

6.2　平整处理

为使表面达到平坦而进行的平整处理，应依照订货方的指定要求实施。在此场合下，规定其代号为S。

7　镀层的附着量

镀层的附着量应按照17.2节的规定进行试验，双面等厚镀层的最小附着量（双面合计）及附着量标示代号依照如下规定：

a）钢板及钢卷的双面等厚镀层的附着量用双面的附着量表示，其镀层的最小附着量及附着量标示代号依据表5规定。

b）钢板及钢卷的双面等厚镀层的单点最小附着量最好能在双面单点附着量（双面合计）的40%以上。

表5　双面等厚镀层的最小附着量（双面合计）

镀层分类	镀层的附着量标示代号	3点平均最小附着量	单点最小附着量
非合金化	(Z 06)①	60	51
	Z 08	80	68
	Z 10	100	85
	Z 12	120	102
	Z 18	180	153
	Z 20	200	170
	Z 22	220	187
	Z 25	250	213
	Z 27	275	234
	Z 35	350	298
	Z 37	370	315
	Z 45	450	383
	Z 60	600	510
合金化	(F 04)①	40	34
	F 06	60	51
	F 08	80	68
	F 10	100	85
	F 12	120	102
	(F 18)①	180	153

注：1. SGCD1、SGCD2及SGCD3不适用附着量标示代号Z35、Z37、Z45、Z60、F10、F12及F18；
2. 镀层3点平均最小附着量（双面合计）采用从试验钢材上取的3个试样测定值的平均值；
3. 镀层的单点最小附着量（双面合计）采用从试验钢材上所取的3个试样测定值的最小值；
4. 镀层的最大附着量（双面合计）可由供需双方协商决定。

① 括号内的代号的最小附着量亦可由供需双方协商决定。

8 化学钝化处理

钢板及钢卷的化学钝化处理的种类及代号应依据表6规定。但是，如无特别指定，则非合金化镀层应进行铬酸盐处理，合金化镀层不作处理。

表6 化学钝化处理的种类及代号

序 号	化学钝化处理的种类	代 号
1	铬酸盐处理	C
2	磷酸盐处理	P
3	无处理	M

注：表6以外的化学钝化处理的种类，可由供需双方协商决定。

9 涂油

钢板及钢卷涂油的种类和代号依据表7规定。但是，只要没有特别规定，即应视为非合金化镀层为不涂油，合金化镀层为涂油。

表7 涂油的种类及代号

序 号	涂油的种类	代 号
1	涂 油	O
2	无涂油	X

10 力学性能

10.1 适用的力学性能

适用于钢板及钢带的力学性能，依据表8规定。

表8 适用的力学性能①

序 号	种类的代号	弯曲性	屈服点或屈服强度、抗拉强度、伸长率
1	SGHC	○	—
2	SGH340	○	○
3	SGH400	○	○
4	SGH440	○	○
5	SGH490	○	○
6	SGH540	○	○
7	SGCC	○②	—
8	SGCH	—	—
9	SGCD1	○	○
10	SGCD2	○	○
11	SGCD3	○	○③
12	SGC340	○	○
13	SGC400	○	○
14	SGC440	○	○
15	SGC490	○	○
16	SGC540	—	○

① 屋顶及建筑外板用镀锌板的力学性能，可引用表9的种类代号；
② 对波纹板不适用；
③ SGCD3根据订货方的指定，适用无时效性。

10.2 弯曲性

符合10.1节所要求的力学性能钢板及钢带，在按17.4节及表9的规定进行试验时，其弯曲性应满足如下要求，即在其外侧表面（距试样宽度方向两端各7mm以上的内侧部分）不得有镀层剥离、钢基裂纹（肉眼可见的裂纹）及断裂。

表9 弯曲性

种类代号		公称厚度＜1.6mm			公称厚度＞3.0mm				
		镀层的附着量标识代号			镀层的附着量标识代号				
热轧原板	冷轧原板	＜Z27	Z35、Z37	Z45、Z60	＜Z27	Z45、Z60	＜Z27	Z35、Z37	Z45、Z60
SGHC	SGCC	1	1	2	1	2	2	2	2
—	SGCH	—	—	—	—	—	—	—	—
—	SGCD1	1	—	—	1	—	—	—	—
—	SGCD2 SGCD3	0	—	—	0	—	—	—	—
SGH340	SGC340	1	1	2	1	2	2	2	3
SGH400	SGC400	2	2	2	2	2	3	3	3
SGH440 SGH490 SGH540	SGC440 SGC490	3	3	3	3	3	3	3	3
—	SGC570	—	—	—	—	—	—	—	—

注：1. 与种类的代号无关，规定弯曲角度为180°；

2. 在采用热轧原板的场合，对公称厚度1.6mm以上者方可适用。

10.3 屈服点或屈服强度、抗拉强度及伸长率

钢板及钢带的屈服点或屈服强度、抗拉强度及伸长率（一般仅限使用冷轧钢板的场合），应按17.5节进行试验。使用热轧原板热镀锌时依照表10规定；使用冷轧原板热镀锌时依照表11规定。

表10 屈服点或屈服强度、抗拉强度及伸长率（使用热轧原板的场合）

种类及代号	屈服强度 /N·mm^{-2}（min）	抗拉强度 /N·mm^{-2}（min）	试样及方向				
			1.6~2.0	2.0~2.5	3.2~4.0	4.0~6.0	—
SGHC	(205)	(270)	—	—	—	—	轧制方向
SGH340	245	340	20	20	20	20	轧制方向或垂直于轧制方向
SGH400	295	440	18	18	18	18	
SGH440	335	440					
SGH490	365	490	16	16	16	16	
SGH540	400	540					

注：1. 1N/mm^2 =1MPa；

2. 表10的括号内的数字是为便于参考而示出的。

表 11　屈服点或屈服强度、抗拉强度及伸长率（使用冷轧原板的场合）

种类及代号	屈服强度 /N·mm^{-2}(min)	抗拉强度 /N·mm^{-2}(min)	试样及方向					
			0.25～0.4	0.4～1.0	0.6～1.0	1.6～2.5	>2.5	—
SGHC	(205)	(270)	—	—	—	—	—	轧制方向
SGCH	—	—	—	—	—	—	—	
SGCD1	—	270	—	34	36	38	—	
SGCD2	—	270	—	36	38	40	—	
SGCD3	—	270	—	38	40	42	—	
SGC340	245	340	20	20	20	20	20	轧制方向或垂直于轧制方向
SGC400	295	400	18	18	18	18	18	
SGC440	335	440	18	18	18	18	18	
SGC490	365	490	16	16	16	16	16	
SGC570	560	570	—	—	—	—	—	

注：1. 当使用 SGCD3 钢板及钢卷而又有无时效性要求时，则应保证出厂后 6 个月内无时效性；
2. 对公称厚度不足 0.25mm 者，亦可不实施拉伸试验；
3. 表中括号内的数字仅供参考；
4. 1N/mm^2 = 1MPa。

参考：SGCH 是没有实施退火的材料，通常洛氏硬度在 85HRB 以上、维氏硬度在 170HV 以上（试验载荷为任意值）。

11　尺寸的表示方法

钢板及钢卷尺寸的表示方法依据如下的规定：

a）钢板及钢卷的厚度，以镀层前的原板厚度作为标示厚度，在原板上实施镀层后的厚度则作为产品厚度。

b）对于钢板的尺寸，其标示厚度、宽度及长度均用毫米（mm）表示。当钢卷质量是由计算质量决定时，则其长度用米（m）表示。

12　标准尺寸

钢板及钢卷的标准尺寸依据如下的规定。但是，波纹板的标准标示厚度、波纹板在波纹成形前的标准宽度及标准长度，则需依据附件 2 的规定；另外，波纹板的标准长度及标准成品宽度，则应依据 JIS G 3316 的规定。

a）标准标示厚度

钢板及钢卷的标准标示厚度依照表 12 规定。

表 12　标准标示厚度（mm）

(0.30)	0.40	0.50	0.60	0.70	0.80	0.90	1.0	1.2	1.4
1.8	2.3	2.8	3.2	3.6	4.0	4.5	5.0	5.6	6.0

注：1. 括号内的数值适用于镀层附着量代号 Z18 以上的情况；
2. 亦可根据供需双方的协定，将 0.65mm 及 0.75mm 作为标准标示厚度。

b）标准宽度及标准长度

钢板及钢卷的标准宽度及钢板的标准长度，依据表 13 规定。

表 13 标准宽度及标准长度（mm）

序号	标准宽度	钢板的标准长度
1	762	1829 2134 2438 2743 3048 3353 3658
2	914	1829 2134 2438 2743 3048 3353 3658
3	1000	2000
4	1219	2438 3048 3658
5	1524	3048
6	1829	3658

注：在为钢卷时，除表中所列的标准宽度外，610mm 亦可视为标准宽度。

13 尺寸允许偏差

13.1 产品厚度允许偏差

钢板及钢带的产品厚度允许偏差依据如下的规定：

a）产品的厚度允许偏差，但将标示厚度保持至小数点后 3 位，再加上表 17、表 18 中所列的相应镀层厚度后得到的数值。

b）产品厚度的允许偏差依据表 14、表 15 或表 16 规定。但是，产品厚度的测定部位必须在距侧边 25mm 以上的内侧任意位置。

表 14 产品厚度允许偏差（使用热轧原板的普通用途热镀锌钢材的场合）（mm）

公称厚度	宽度			
	<1200	1200~1500	1500~1800	1800~2300
1.6~2.0	±0.17	±0.18	±0.19	±0.22①
2.0~2.5	±0.18	±0.20	±0.22	±0.26①
2.5~3.15	±0.20	±0.22	±0.25	±0.27
3.15~4.0	±0.22	±0.24	±0.27	±0.28
4.0~5.0	±0.25	±0.27	—	—
5.0~6.0	±0.27	±0.29	—	—
6.0	±0.30	±0.31	—	—

①适用于宽度不足 2000mm 的产品。

表 15 产品厚度允许偏差（使用热轧原板的结构用途热镀锌钢材的场合）（mm）

公称厚度	宽度	
	<1600	1600~2000
1.6~2.0	±0.20	±0.24
2.0~2.5	±0.21	±0.26
2.5~3.15	±0.23	±0.30
3.15~4.0	±0.25	±0.35
4.0~5.0	±0.46	—
5.0~6.0	±0.51	—

表 16　产品厚度允许偏差（使用冷轧原板的场合）（mm）

公称厚度	630 ~ 1000	1000 ~ 1250	1250 ~ 1600	> 1600
< 0. 25	± 0. 04	± 0. 04	—	—
0. 25 ~ 0. 40	± 0. 05	± 0. 05	± 0. 06	—
0. 40 ~ 0. 60	± 0. 06	± 0. 06	± 0. 07	± 0. 08
0. 60 ~ 0. 80	± 0. 07	± 0. 07	± 0. 07	± 0. 08
0. 80 ~ 1. 0	± 0. 07	± 0. 08	± 0. 09	± 0. 10
1. 0 ~ 1. 25	± 0. 08	± 0. 09	± 0. 10	± 0. 12
1. 25 ~ 1. 6	± 0. 10	± 0. 11	± 0. 12	± 0. 14
1. 6 ~ 2. 0	± 0. 12	± 0. 13	± 0. 14	± 0. 16
2. 0 ~ 2. 5	± 0. 14	± 0. 15	± 0. 16	± 0. 18
2. 5 ~ 3. 15	± 0. 16	± 0. 17	± 0. 18	± 0. 21
> 3. 15	± 0. 18	± 0. 20	± 0. 21	—

表 17　相应的镀层厚度（mm）

镀层厚度号	Z06	Z08	Z10	Z20	Z25	Z35	Z45	Z60
镀层厚度	0. 013	0. 017	0. 021	0. 040	0. 049	0. 064	0. 080	0. 102

表 18　相应的镀层厚度（mm）

镀层附着量代号	F04	F06	F08	F10	F12	F18
镀层厚度	0. 008	0. 013	0. 017	0. 021	0. 026	0. 034

13. 2　宽度允许偏差

钢板及钢带的宽度允许偏差依照表 19 规定。宽度的测定部位规定在钢带大部分及钢板的任意位置。但是，波纹板的成品宽度的允许偏差则应遵照 JIS G 3316 规定。

表 19　宽度允许偏差（mm）

宽　度	使用热轧原板的场合		使用冷轧原板的场合
	公差（A）	公差（B）	公差（C）
< 1500	+ 25	+ 10	+ 7 0
> 1500	0	0	+ 10 0

注：通常公差（A）适用于轧制边的情况，而公差（B）适用于剪切边的情况。

13. 3　长度的允许偏差

钢板长度的允许偏差依据表 20 规定。长度的测定部位可以是钢板的任意位置。

表 20　长度的允许偏差

使用热轧原板的场合	使用冷轧原板的场合
+ 15	+ 15
0	0

14 形状

14.1 镰刀弯

钢板及钢带镰刀弯的最大值依照表21或表22规定。

表21 镰刀弯的最大值（使用热轧原板的场合）（mm）

钢板宽度	钢板 长度			钢带
	<2500	2500~4000	>4000	
<630	5	8	12	任意2000mm长度下，（弯曲最大值）为5
630~1000	4	6	10	
>1000	3	5	8	

表22 镰刀弯的最大值（mm）

钢板宽度	钢板 长度		钢带
	<2000	>2000	
<630	4	任意长度下每2000mm，（弯曲最大值）为4	
>630	2	任意长度下每2000mm，（弯曲最大值）为2	

14.2 脱方度

钢板的脱方度可用（A/B）×100%表示，其值不得超过1%。

14.3 不平度

钢板的不平度依照表23规定。不平度是放在平台上测定的，其值是从最大变形值减去钢板的厚度后的值，适用于钢板的上侧面。

表23 不平度（mm）

宽度	种类		
	双边浪	单边浪①	中间浪②
>1000	<12	<8	<6
1000~1250	<15	<9	<8
1250~1600	<15	<11	<8
>1600	<20	<13	<9

① 指钢板及钢带的边部（宽向端部）出现浪形；

② 指钢板及钢带的中央部分出现浪形。

15 质量及其允许偏差

15.1 钢板的质量

钢板的质量是指以千克表示的通常的计算质量。

15.2 钢带的质量

钢带的质量是以千克表示的钢带实测质量或计算质量。

15.3　质量的计算方法

钢板及钢带的质量计算方法应根据标示的尺寸和镀层附着量，按表 24 规定计算。用于质量计算的镀层量常数见表 25。

表 24　质量的计算方法

计算顺序		计 算 方 法	结果的位数
原板的基本质量/kg·$(mm^1 \cdot m^2)^{-1}$		7.85(厚度 1mm·面积 1m^2)	—
原板的单位质量/kg·m^{-2}		原板的基本质量[kg/(mm·m^2)]×标示厚度(mm)	修约至 4 位有效数字
镀层后的单位质量/kg·m^{-2}		原板的单位质量(kg/m^2)+镀层量常数(见表 25)	修约至 4 位有效数字
钢　板	钢板的面积/m^2	宽度(mm)×长度(mm)×10^{-6}	修约至 4 位有效数字
	1 张钢板的质量/kg	镀层后的单位质量(kg/m^2)×面积(m^2)	修约至 3 位有效数字
	1 包钢板的质量/kg	1 张钢板的质量(kg)×同一尺寸的 1 包内的块数	修约至 kg 位有效数字
	总质量/kg	各包质量(kg)的总和	kg 的整数值
钢卷	钢卷的单位质量/kg·m^{-1}	镀层后的单位质量[kg/(mm·m^2)]×宽度×10^{-3}	修约至 3 位有效数字
	1 个钢卷的质量/kg	钢卷的单位质量(kg/m)×长度(m)	修约至 kg 的整数值
	总质量/kg	各钢卷的质量(kg)的总和	kg 的整数值

注：1. 在指定了整包质量的场合，则将该指定质量除以同一形状、同一尺寸、同一附着量的一块钢板的质量，保留到整数值；
2. 用以计算波纹板的面积的宽度尺寸，应采用波纹形成前的尺寸；
3. 数值的修约方法遵照 JIS Z 8401 规定。

表 25　用于质量计算的镀层量常数

镀层附着量代号	Z06	Z08	Z10	Z12	Z18	Z20	Z22	Z25	Z27
镀层量常数	0.090	0.12	0.150	0.183	0.244	0.285	0.305	0.350	0.381
镀层附着量代号	Z35	Z45	Z60	F04	F06	F08	F10	F12	F18
镀层量常数	0.458	0.565	0.722	0.060	0.090	0.120	0.150	0.183	0.244

15.4　钢板的计算质量允许偏差

钢板的计算质量允许偏差是将由 15.3 节求得的计算质量与实测质量的差除以计算质量后以百分率表示的值，其值应符合表 26 规定。

表 26　质量允许偏差

一组的计算量/kg	允许偏差/%	备　注
<600	±10	将同一材质、同一形状、同一尺寸及同一镀层附着量的钢板作为一组计算
600~2000	±7.5	
>2000	±5	

16　外观

钢板及钢带上不得有对使用有害的缺陷，但是，在钢卷的情况下，焊缝区不在此限。

17　试验

17.1　化学成分的分析试验

17.1.1　分析试样的一般事项及分析试样的取样方法

钢板及钢带母材的化学成分需通过钢液分析求得，分析试样的一般事项及分析试样的取样方法依照 JIS G 0404 的 8 节（化学成分）的规定。

17.1.2 分析方法

分析方法依照 JIS G 0320 的规定。

17.2 镀层的附着量试验

17.2.1 试验钢材的抽取方法是对同一尺寸及同一附着量的产品依照如下规定进行的。另外，在波纹板的场合，则需在形成波纹前的平板状态下抽取试验钢材。

a）连续镀层的钢卷或者是由连续镀层的钢卷分切成板时，按每 50t 各抽取一张钢板作为试验钢材。

b）如果是在预先按所规定的尺寸分切的原板上实验镀层时，则按每 3000 张钢板另抽取一张样品作为试验钢材。

17.2.2 试样的取样方法

试样的取样方法可在 JIS H 0401 的 3.2.2（2）（试样的取样位置及大小）的三点法和附件 3 的方法两者中任选一种实施。

17.2.3 试验方法

对钢板两面的镀层附着量进行测定，其试验方法可遵照 JIS H 0401 的氯化铵法、环六亚甲基四胺（即乌洛托品）法，或附件 3 的方法实施。亦可根据供需双方协定，用在线荧光 X 射线法进行试验。

17.3 镀层的耐蚀性试验

在进行镀层的耐蚀性试验时，可按照如下方法中的一种方法实施。这些方法是：

a）JIS H 8502 的 8 节（循环试验法）的方法；

b）JIS K 5621 的 7.12 节（耐腐蚀循环防蚀法）的表 4 所示的方法；

c）JIS G 0594 的方法。

另需说明的是，该试验作为按供需双方的协定实施的试验，其评价标准（基准值、特性值的设定）亦可由供需双方协商确定。

17.4 弯曲试验

17.4.1 试验的一般事项

弯曲试验的一般事项依据 JIS G 0404 的 9 节（力学性能）的规定。

17.4.2 试验钢材的抽取方法

试验钢材是对同一种类、同一厚度、同一附着量的产品按每 50t 各抽取一张钢板作为试验钢材。

17.4.3 试样

试样的宽度为 75 ~ 125mm，其长度的适宜尺寸为其宽度的 2 倍左右，只要没有特别指定，就从实验钢材上按与轧制方向平行的方向取一个试样。

17.4.4 试样的弯曲操作

试样的弯曲操作，通常是用手动的老虎钳如图 2 所示的那样在试样的长度方向弯曲 180°。但是，当不能用老虎钳时，则亦可用其他的适宜方法进行试验。

17.5 拉伸试验

17.5.1 试验的一般事项

拉伸试验的事项依据 JIS G 0404 的 9 节（力学性能）的规定。

17.5.2　试验钢材的抽取方法

试验钢材是对同一种类、同一厚度、同一附着量的产品按每 50t 各抽取一张钢板作为其试验钢材。

17.5.3　试样

试样为 JIS Z 2201 的 5 号试样，从试验钢材上按表 11 及表 12 所示的方向取一个试样。

17.5.4　试验方法

试验方法遵照 JIS Z 2241 的规定。

17.5.5　用于计算抗拉强度的厚度

用于计算抗拉强度的厚度是去除镀层后的实测厚度，或者是从包含了镀层的实测厚度中减去相当于镀层的厚度后的值。

18　检验

18.1　检验

检验依据如下的规定：

a）镀层的附着量必须符合本标准 7 节的规定；

b）力学性能必须符合本标准 10 节的规定；

c）尺寸必须符合本标准 13 节的规定；

d）形状必须符合本标准 14 节的规定；

e）质量必须符合本标准 15 节的规定；

f）外观必须符合本标准 16 节的规定。

18.2　复验

当镀层的附着量试验、弯曲试验及拉伸试验中的部分值不符合规定时，则亦可按 JIS G 0404 的 9.8 节（复验）的规定进行复验以决定符合与否。

19　标示

对于检验合格的钢板及钢卷，可采用适当的方法将以下项目逐个包装或逐包地加以标示。但亦可根据供需双方当事人间的协议，采用适当的方法逐张钢板地标示如下项目。

a）种类的代号（波纹板的场合，还包括波纹板的形状代号）；

b）表面加工、平整处理、化学钝化处理、涂油等代号（注：在订货方指定要标示这些代号时，则标示）；

c）镀层的附着量标示代号；

d）尺寸（在一张钢板时，则仅需标示其厚度）；

e）产品的识别代号；

f）块数或质量（在一张钢板时，可以省略）；

g）生产厂家名及其代号。

标示可依照以下例子进行。

20　订货时的确认事项

为了适当地指定不违背本标准的事项，供需双方最好要在引证书和合同书中包含以下的信息。

a）种类的代号（表1及表2）；

b）尺寸（标准厚度、标准宽度及标准长度参见表13及表14）；

c）镀层的表面加工代号（表5）；

d）平整处理；

e）镀层的附着量标示代号（表6）；

f）化学钝化处理的代号（表7）；

g）涂油的代号（表8）；

h）产品一捆或一卷的最大质量及最小质量；

i）订货总质量；

j）热轧原板的场合，宽度的允许偏差（表9）；

k）钢卷的场合，内径及外径；

l）在可能的情况下，还包括用途、加工方法等。

21 报告

在订货方预先有要求时，镀锌钢板生产厂家应向订货方提交检验单。此时，报告应依照JIS G 0404的13节（报告）的规定。检验单的种类只要没有特别指定，则为JIS G 0415的表1的代号2.3或3.1B。

（四）中国带钢连续热镀锌钢板及钢带标准

1 范围

本标准规定了连续热镀锌钢板及钢带（以下简称钢板及钢带）的术语和定义、分类和代号、尺寸、外形、重量、技术要求、检验和试验、包装、标志及质量证明书等要求。本标准规定的钢板及钢带的厚度为0.35~3.0mm，主要用于制作汽车、建筑、家电等行业的内外覆盖件和结构件。

2 规范性引用文件

下列文件中的条款通过本标准的引用而成为本标准的条款。凡是注日期的引用文件，其随后所有的修改单（不包括勘误的内容）或修订版均不适用于本标准，然而，鼓励根据本标准达成协议的各方研究是否可使用这些文件的新版本。凡是不注日期的引用文件，其新版本适用于本标准。

GB/T 223.5 钢铁及合金化学分析方法 还原型硅钼酸盐光度法测定酸溶硅含量

GB/T 223.9 钢铁及合金化学分析方法 铬天青S光度法测定铝含量

GB/T 223.12 钢铁及合金化学分析方法 碳酸钠分离-二苯碳酰二肼光度法测定铬含量

GB/T 223.13 钢铁及合金化学分析方法 硫酸亚铁铵容量法测定钒含量

GB/T 223.14 钢铁及合金化学分析方法 钽试剂萃取光度法测定钒含量

GB/T 223.16 钢铁及合金化学分析方法 变色酸光度法测定钛含量

GB/T 223.17 钢铁及合金化学分析方法 二安替比林甲烷光度法测定钛含量

GB/T 223.26 钢铁及合金化学分析方法 硫氰酸盐直接光度法测定钼含量

GB/T 223.40 钢铁及合金 铌含量的测定 氯磺酚 S 分光光度法

GB/T 223.59 钢铁及合金化学分析方法 锑磷钼蓝光度法测定磷含量

GB/T 223.60 钢铁及合金化学分析方法 高氯酸脱水重量法测定硅含量

GB/T 223.63 钢铁及合金化学分析方法 高碘酸钠（钾）光度法测定锰含量

GB/T 223.64 钢铁及合金化学分析方法 火焰原子吸收光谱法测定锰含量

GB/T 223.78 钢铁及合金化学分析方法 姜黄素直接光度法测定硼含量

GB/T 228 金属材料 室温拉伸试验方法（GB/T 228—2002，eqv ISO 6892：1998）

GB/T 247 钢板和钢带检验、包装、标志及质量证明书的一般规定

GB/T 1839 钢产品镀锌层质量试验方法（GB/T 1839—2003，ISO 1460：1992，MOD）

GB/T 2975 钢及钢产品力学性能试验取样位置及试样制备（GB/T 2975—1998，eqv ISO 377：1997）

GB/T 4336 碳素钢和中低合金钢火花源原子发射光谱分析方法（常规法）

GB/T 5027 金属薄板和薄带塑性应变比（*r* 值）试验方法（GB/T 5027—1999，eqv ISO 10113：1991）

GB/T 5028 金属薄板和薄带拉伸应变硬化指数（*n* 值）试验方法（GB/T 5028—1999，eqv ISO 10275：1993）

GB/T 8170—1987 数值修约规则

GB/T 17505 钢及钢产品交货一般技术要求（GB/T 17505—1998，eqv ISO 404：1992）

GB/T 20123 钢铁总碳硫含量的测定 高频感应炉燃烧后红外吸收法（常规方法）（GB/T 20123—2006，ISO 15350：2000，IDT）

GB/T 20125 低合金钢多元素含量的测定电感耦合等离子体原子发射光谱法（GB/T 20125—2006，JIS G 1258—1989，MOD）

GB/T 20126 非合金钢 低碳含量的测定 第2部分：感应炉（经预加热）内燃烧后红外吸收法（GB/T 20126—2006，ISO 15349—2：1999，IDT）

GB/T 20066 钢和铁 化学成分测定用试样的取样和制样方法（GB/T 20066—2006，ISO 14284：1996，IDT）

GB/T 20564.1—2007 汽车用高强度冷连轧钢板及钢带 第1部分：烘烤硬化钢

3 术语和定义

下列术语和定义适用于本标准。

3.1 热镀纯锌镀层（Z）

热镀锌生产线上，将经过预处理的钢带浸入熔融锌液中所得到的镀层。熔融锌液中锌含量应不小于99%。

3.2 热镀锌铁合金镀层（ZF）

热镀锌生产线上，将经过预处理的钢带浸入熔融锌液中所得到的镀层。熔融锌液中锌含量应不小于99%。随后，通过合金化处理在整个镀层上形成锌铁合金层，合金镀层中铁

含量通常为8%～12%。

3.3 无间隙原子钢（Y）

无间隙原子钢是在超低碳钢中加入适量的钛或铌，使钢中的碳、氮间隙原子完全被固定成碳、氮化物，钢中没有间隙原子存在的一类钢。

3.4 烘烤硬化钢（B）

在低碳钢或超低碳钢中保留一定量的固溶碳、氮原子，同时可通过添加磷、锰等固溶强化元素来提高强度。加工成形后，在一定温度下烘烤后，由于时效硬化使钢的屈服强度进一步升高50～100MPa。

3.5 低合金钢（LA）

在低碳钢或超低碳钢中，通过单一或复合添加铌、钛、钒等微合金元素，形成碳氮化合物粒子析出进行强化。同时，并通过微合金元素的细化晶粒作用，以获得较高的强度。

3.6 双相钢 dual phase steels（DP）

钢的显微组织为铁素体和马氏体，马氏体组织以岛状弥散分布在铁素体基体上。具有低的屈强比和较高的加工硬化性能。与同等屈服强度的高强度低合金钢相比，具有更高的抗拉强度。

3.7 相变诱导塑性钢（TR）

钢的显微组织为铁素体、贝氏体和残余奥氏体，其中，残余奥氏体的含量最少不低于5%。在成形过程中，残余奥氏体可相变为马氏体组织，具有较高的加工硬化率、均匀伸长率和抗拉强度。与同等抗拉强度的双相钢水平相比，具有更高的伸长率。

3.8 复相钢（CP）

钢的显微组织主要为铁素体和（或）贝氏体组织，在铁素体和（或）贝氏体基体上，分布少量的马氏体、残余奥氏体和珠光体组织，并通过添加微合金元素Ti或Nb，形成细化晶粒或析出强化的效应。这种钢具有非常高的抗拉强度。与同等抗拉强度的双相钢相比，其屈服强度明显要高很多。这种钢具有高的能量吸收能力和高的残余应变能力。

3.9 拉伸应变痕

冷加工成形时，由于时效的原因导致钢板或钢带表面出现的滑移线、“橘子皮”等有损表面外观的缺陷。

4 分类和代号

4.1 牌号命名方法

钢板及钢带的牌号由产品用途代号、钢级代号（或序列号）、钢种特性（如有）、热镀代号（D）和镀层种类代号五部分构成，其中热镀代号（D）和镀层种类代号之间用加号“+”连接。具体规定见4.1.1～4.1.5节。

4.1.1 用途代号

a）DX：第一位字母D表示冷成形用扁平钢材，如果第二位字母为X，代表基板的轧制状态不规定；如果第二位字母为C，代表基板规定为冷轧基板；如果第二位字母为D，代表基板规定为热轧基板；

b）S：表示为结构用钢；

c）HX：第一位字母 H 代表冷成形用高屈服强度扁平钢材，如果第二位字母为 X，代表基板的轧制状态不规定；如果第二位字母为 C，代表基板规定为冷轧基板；如果第二位字母为 D，代表基板规定为热轧基板。

4.1.2　钢级代号（或序列号）

a）51～57：2 位数字，用以代表钢级序列号；

b）180～980：3 位数字，用以代表钢级代号；根据牌号命名方法的不同，一般为规定的最小屈服强度和最小抗拉强度，单位为 MPa。

4.1.3　钢种特性

钢种特性通常用 1～2 位字母表示，其中：

a）Y 表示钢种类型为无间隙原子钢；

b）LA 表示钢种类型为高强度低合金钢；

c）B 表示钢种类型为烘烤硬化钢；

d）DP 表示钢种类型为双相钢；

e）TR 表示钢种类型为相变诱导塑性钢；

f）CP 表示钢种类型为复相钢；

g）G 表示钢种特性不规定。

4.1.4　热镀代号

热镀代号表示为 D。

4.1.5　镀层代号

纯锌镀层表示为 Z，锌铁合金镀层表示为 ZF。

4.2　牌号命名示例

a）DX57D + ZF：表示产品用途为冷成形用，扁平钢材，基板的轧制状态不规定，钢级序列号为 57，锌铁合金镀层热镀产品 。

b）S350GD + Z：表示产品用途为结构用，规定的最小屈服强度值为 350MPa，钢种特性不规定，纯锌镀层热镀产品。

c）HX340LAD + ZF：表示产品用途为冷成形用，高屈服强度扁平钢材，基板的轧制状态不规定，规定的最小屈服强度值为 340MPa，钢种类型为高强度低合金钢，锌铁合金镀层热镀产品。

d）HX340/590DPD + Z：表示产品用途为冷成形用，高屈服强度扁平钢材，基板的轧制状态不规定，规定的最小屈服强度值为 340MPa，规定的最小抗拉强度值为 590MPa，钢种类型为双相钢，纯锌镀层热镀产品。

4.3　钢板及钢带的牌号及特点应符合表 1 的规定。

4.4　表面质量分类和代号

钢板及钢带按表面质量分类和代号应符合表 2 的规定。

4.5　镀层种类、镀层表面结构、表面处理分类和代号

钢板及钢带的镀层种类、镀层表面结构、表面处理的分类和代号应符合表 3 规定。

表1 钢板及钢带的牌号及特点

牌号	钢种特性
DX51D + Z，DX51D + ZF	低碳钢
DX52D + Z，DX52D + ZF	
DX53D + Z，DX53D + ZF	无间隙原子钢
DX54D + Z，DX54D + ZF	
DX56D + Z，DX56D + ZF	
DX57D + Z，DX57D + ZF	
S220GD + Z，S220GD + ZF	结构钢
S250GD + Z，S250GD + ZF	
S280GD + Z，280GD + ZF	
S320GD + Z，S320GD + ZF	
S350GD + Z，S350GD + ZF	
S550GD + Z，S550GD + ZF	
HX260LAD + Z，HX260LAD + ZF	低合金钢
HX300LAD + Z，HX300LAD + ZF	
HX340LAD + Z，HX340LAD + ZF	
HX380LAD + Z，HX380LAD + ZF	
HX420LAD + Z，HX420LAD + ZF	
HX180YD + Z，HX180YD + ZF	无间隙原子钢
HX220YD + Z，HX220YD + ZF	
HX260YD + Z，HX260YD + ZF	
HX180BD + Z，HX180BD + ZF	烘烤硬化钢
HX220BD + Z，HX220BD + ZF	
HX260BD + Z，HX260BD + ZF	
HX300BD + Z，HX300BD + ZF	
HX260/450DPD + Z，HC260/450DPD + ZF	双相钢
HC300/500DPD + Z，HC300/500DPD + ZF	
HX340/600DPD + Z，HX340/600DPD + ZF	
HX450/780DPD + Z，HC450/780DPD + ZF	
HC600/980DPD + Z，HX600/980DPD + ZF	
HC430/690TRD + Z，HC410/690TRD + ZF	相变诱导塑性钢
HC470/780TRD + Z ，HC440/780TRD + ZF	
HC350/600CPD + Z ，HC350/600CPD + ZF	复相钢
HC500/780CPD + Z，HC500/780CPD + ZF	
HC700/980CPD + Z，HC700/980CPD + ZF	

表2 钢板及钢带按表面质量分类和代号

级别	代号
普通级表面	FA
较高级表面	FB
高级表面	FC

表 3　钢板及钢带的镀层种类、镀层表面结构、表面处理的分类和代号

<table>
<tr><th>分类项目</th><th colspan="2">类　别</th><th>代　号</th></tr>
<tr><td rowspan="2">镀层种类</td><td colspan="2">纯锌镀层</td><td>Z</td></tr>
<tr><td colspan="2">锌铁合金镀层</td><td>ZF</td></tr>
<tr><td rowspan="4">镀层表面结构</td><td rowspan="3">纯锌镀层（Z）</td><td>普通锌花</td><td>N</td></tr>
<tr><td>小锌花</td><td>M</td></tr>
<tr><td>无锌花</td><td>F</td></tr>
<tr><td>锌铁合金镀层（ZF）</td><td>普通锌花</td><td>R</td></tr>
<tr><td rowspan="12">表面处理</td><td colspan="2">铬酸钝化</td><td>C</td></tr>
<tr><td colspan="2">涂　油</td><td>O</td></tr>
<tr><td colspan="2">铬酸钝化 + 涂油</td><td>CO</td></tr>
<tr><td colspan="2">无铬钝化</td><td>C5</td></tr>
<tr><td colspan="2">无铬钝化 + 涂油</td><td>CO5</td></tr>
<tr><td colspan="2">磷　化</td><td>P</td></tr>
<tr><td colspan="2">磷化 + 涂油</td><td>PO</td></tr>
<tr><td colspan="2">耐指纹膜</td><td>AF</td></tr>
<tr><td colspan="2">无铬耐指纹膜</td><td>AF5</td></tr>
<tr><td colspan="2">自润滑膜</td><td>SL</td></tr>
<tr><td colspan="2">无铬自润滑膜</td><td>SL5</td></tr>
<tr><td colspan="2">不处理</td><td>U</td></tr>
</table>

5　订货所需信息

订货时用户需提供下列信息：

a）产品名称（钢板或钢带）

b）本国家标准号

c）牌号

d）镀层种类及镀层重量代号

e）尺寸及其精度（包括厚度、宽度、长度、钢带内径等）

f）不平度精度

g）镀层表面结构

h）表面处理

i）表面质量

j）重量

k）包装方式

i）其他（如光整、表面朝向等）

6　尺寸、外形、重量及允许偏差

6.1　尺寸

6.1.1　钢板及钢带的公称尺寸范围应符合表 4 规定。经供需双方协商，也可提供其他尺寸规格的钢板及钢带。纵切钢带特指由钢带（母带）经纵切后获得的窄钢带，宽度一般在

600mm 以下。

表4 钢板及钢带的公称尺寸范围

<table>
<tr><th colspan="2">项 目</th><th>公称尺寸/mm</th></tr>
<tr><td colspan="2">公称厚度</td><td>0.30～5.0</td></tr>
<tr><td rowspan="2">公称宽度</td><td>钢板及钢带</td><td>600～2050</td></tr>
<tr><td>纵切钢带</td><td><600</td></tr>
<tr><td>公称长度</td><td>钢 板</td><td>1000～8000</td></tr>
<tr><td>公称内径</td><td>钢带及纵切钢带</td><td>610 或 508</td></tr>
</table>

6.1.2 钢板及钢带的公称厚度指基板厚度和镀层厚度。

6.2 尺寸及外形允许偏差

钢板及钢带的尺寸和外形允许偏差应符合附录 A（规范性附录）的规定。

6.3 重量

钢板通常按理论重量交货，理论重量的计算方法应符合附录 B（规范性附录）的规定。钢带通常按实际重量交货。

7 技术要求

7.1 化学成分

钢的化学成分（熔炼分析）可参考附录 C 的规定（资料性附录）。如需方对化学成分有要求，应在订货时协商。

7.2 冶炼方法

钢板及钢带所用的钢采用氧气转炉或电炉冶炼，除非另有规定，冶炼方式由供方选择。

7.3 交货状态

钢板及钢带经热镀或热镀加平整（或光整）交货。

7.4 力学性能

7.4.1 钢板及钢带的力学性能应分别符合表 5～表 13 的规定。除非另行规定，拉伸试样为带镀层试样。

7.4.2 由于时效的影响，钢板及钢带的力学性能会随着储存时间的延长而改变，如屈服强度和抗拉强度的上升，断后伸长率的下降，成形性能变差等，建议用户尽早使用。

7.4.3 对于表 5 中牌号为 DX51D＋Z、DX51D＋ZF、DX52D＋Z、DX52D＋ZF 的钢板及钢带，应保证在制造后 1 个月内，钢板及钢带的力学性能符合表 5 的规定；对于表 5 中其他牌号的钢板及钢带，应保证在制造后 6 个月内，钢板及钢带的力学性能符合表 5 的规定。对于表 8 中规定牌号的钢板及钢带，应保证在产品制造后 3 个月内，钢板及钢带的力学性能符合表 8 的规定。对于表 7 和表 9 中规定牌号的钢板及钢带，应保证在制造后 6 个月内，钢板及钢带的力学性能符合相应表中的规定。对表 6、表 10、表 11 和表 12 中规定牌号的钢板及钢带，其力学性能的时效不作规定。

7.5 拉伸应变痕

7.5.1 对于表 5 中牌号为 DX51D＋Z、DX51D＋ZF、DX52D＋Z、DX52D＋ZF 的钢板及钢

带，应保证其在制造后 1 个月内使用时不出现拉伸应变痕。对于表 7 和表 9 中规定牌号的钢板及钢带，应保证在制造后 6 个月内使用时不出现拉伸应变痕。对表 6、表 10、表 11 和表 12 中规定牌号的钢板及钢带，其拉伸应变痕不作规定。

7.5.2　随着储存时间的延长，受时效的影响，所有牌号的钢均可能产生拉伸应变痕，建议用户尽快使用。

7.5.3　如对拉伸应变痕有特殊要求，应在订货时协商并在合同中注明。

7.6　镀层黏附性应采用适当的试验方法进行试验，试验方法由供方选择。

表 5　钢板及钢带的力学性能

牌　号	屈服强度[a, b] R_{el} 或 $R_{p0.2}$/MPa	抗拉强度 R_m/MPa	断后伸长率[c] A_{80}(不小于)/%	r_{90}（不小于）	n_{90}（不小于）
DX51D + Z，DX51D + ZF	—	270 ~ 500	22	—	—
DX52D + Z，DX52D + ZF	140 ~ 300	270 ~ 420	26	—	—
DX53D + Z，DX53D + ZF	140 ~ 260	270 ~ 380	30	—	—
DX54D + Z	120 ~ 220	260 ~ 350	36	1.6	0.18
DX54D + ZF			34	1.4	0.18
DX56D + Z	120 ~ 180	260 ~ 350	39	1.9[d]	0.21
DX56D + ZF			37	1.7[d, e]	0.20[e]
DX57D + Z	120 ~ 170	260 ~ 350	41	2.1[d]	0.22
DX57D + ZF			39	1.9[d, e]	0.21[e]

a　无明显屈服时采用 $R_{p0.2}$，否则采用 R_{el}；

b　试样为 GB/T 228 中的 P6 试样，试样方向为横向；

c　当产品公称厚度大于 0.5mm，但不大于 0.7mm 时，断后伸长率允许下降 2%；当产品公称厚度不大于 0.5mm 时，断后伸长率允许下降 4%；

d　当产品公称厚度不大于 1.5mm 时，r_{90} 允许下降 0.2；

e　当产品公称厚度小于等于 0.7mm 时，r_{90} 允许下降 0.2，n_{90} 允许下降 0.01。

表 6　钢板及钢带的力学性能

牌　号	屈服强度[a,b] R_{eL} 或 $R_{p0.2}$（不小于）/MPa	抗拉强度 R_m（不小于）/MPa	断后伸长率[c] A_{80}（不小于）/%
S220GD + Z，S220GD + ZF	220	300	20
S250GD + Z，S250GD + ZF	250	330	19
S280GD + Z，S280GD + ZF	280	360	18
S320GD + Z，S320GD + ZF	320	390	17
S350GD + Z，S350GD + ZF	350	420	16
S550GD + Z，S550GD + ZF	550	560	—

a　无明显屈服时采用 $R_{p0.2}$，否则采用 R_{el}；

b　试样为 GB/T 228 中的 P6 试样，试样方向为纵向；

c　除 S550GD + Z 和 S550GD + ZF 外，其他牌号的抗拉强度可要求 140MPa 的范围值。

表7 钢板及钢带的力学性能

牌号	屈服强度[a,b] R_{el} 或 $R_{p0.2}$/MPa	抗拉强度 R_m/MPa	断后伸长率[c] A_{80}(不小于)/%	r_{90}^{d}(不小于)	n_{90}(不小于)
HX180YD+Z	180~240	340~400	34	1.7	0.18
HX180YD+ZF			32	1.5	0.18
HX220YD+Z	220~280	340~410	32	1.5	0.17
HX220YD+ZF			30	1.3	0.17
HX260YD+Z	260~320	380~440	30	1.4	0.16
HX260YD+ZF			28	1.2	0.16

a 无明显屈服时采用 $R_{p0.2}$，否则采用 R_{eL}；

b 试样为 GB/T 228 中的 P6 试样，试样方向为横向；

c 当产品公称厚度大于 0.5mm，但不大于 0.7mm 时，断后伸长率（A_{80}）允许下降 2%；当产品公称厚度不大于 0.5mm 时，断后伸长率（A_{80}）允许下降 4%。

表8 钢板及钢带的力学性能

牌号	屈服强度[a,b] R_{eL} 或 $R_{p0.2}$/MPa	抗拉强度 R_m/MPa	断后伸长率[c] A_{80}(不小于)/%	r_{90}^{d}(不小于)	n_{90}(不小于)	烘烤硬化值 BH_2(不小于)/MPa
HX180BD+Z	180~240	300~360	34	1.5	0.16	30
HX180BD+ZF			32	1.3	0.16	30
HX220BD+Z	220~280	340~400	32	1.2	0.15	30
HX220BD+ZF			30	1.0	0.15	30
HX260BD+Z	260~320	360~440	28	—	—	30
HX260BD+ZF			26	—	—	30
HX300BD+Z	300~360	400~480	26	—	—	30
HX300BD+ZF			24	—	—	30

a 无明显屈服时采用 $R_{p0.2}$，否则采用 R_{eL}；

b 试样为 GB/T 228 中的 P6 试样，试样方向为横向；

c 当产品公称厚度大于 0.5mm，但不大于 0.7mm 时，断后伸长率允许下降 2%；当产品公称厚度不大于 0.5mm 时，断后伸长率允许下降 4%。

表9 钢板及钢带的力学性能

牌号	屈服强度[a,b] R_{eL} 或 $R_{p0.2}$/MPa	抗拉强度 R_m/MPa	断后伸长率[c] A_{80}(不小于)/%
HX260LAD+Z	260~330	350~430	26
HX260LAD+ZF			24
HX300LAD+Z	300~380	380~480	23
HX300LAD+ZF			21
HX340LAD+Z	340~420	410~510	21
HX340LAD+ZF			19
HX380LAD+Z	380~480	440~560	19
HX380LAD+ZF			17
HX420LAD+Z	420~520	470~590	17
HX420LAD+ZF			15

a 无明显屈服时采用 $R_{p0.2}$，否则采用 R_{eL}；

b 试样为 GB/T 228 中的 P6 试样，试样方向为横向；

c 当产品公称厚度大于 0.5mm，但不大于 0.7mm 时，断后伸长率允许下降 2%；当产品公称厚度不大于 0.5mm 时，断后伸长率允许下降 4%。

表 10　钢板及钢带的力学性能

牌　号	屈服强度[a,b] R_{eL}或 $R_{p0.2}$/MPa	抗拉强度 R_m（不小于）/MPa	断后伸长率[c] A_{80}（不小于）/ %	n_0（不小于）	烘烤硬化值 BH_2（不小于）/MPa
HC260/450DPD + Z	260 ~ 340	450	27	0.16	30
HC260/450DPD + ZF			25		30
HC300/500DPD + Z	300 ~ 380	500	23	0.15	30
HC300/500DPD + ZF			21		30
HC340/600DPD + Z	340 ~ 420	600	20	0.14	30
HC340/600DPD + ZF			18		30
HC450/780DPD + Z	450 ~ 560	780	14	—	30
HC450/780DPD + ZF			12		30
HC600/980DPD + Z	600 ~ 750	980	10	—	30
HC600/980DPD + ZF			8		30

a　无明显屈服时采用 $R_{p0.2}$，否则采用 R_{eL}；

b　试样为 GB/T 228 中的 P6 试样，试样方向为横向；

c　当产品公称厚度大于 0.5mm，但不大于 0.7mm 时，断后伸长率允许下降 2%；当产品公称厚度不大于 0.5mm 时，断后伸长率允许下降 4%。

表 11　钢板及钢带的力学性能

牌　号	屈服强度[a,b] R_{eL}或 $R_{p0.2}$/MPa	抗拉强度 R_m（不小于）/MPa	断后伸长率[c] A_{80}（不小于）/%	n_0（不小于）	烘烤硬化值 BH_2（不小于）/MPa
HC430/690TRD + Z	430 ~ 550	690	23	0.18	40
HC430/690TRD + ZF			21		40
HC470/780TRD + Z	470 ~ 500	780	21	0.16	40
HC470/780TRD + ZF			18		40

a　无明显屈服时采用 $R_{p0.2}$，否则采用 R_{eL}；

b　试样为 GB/T 228 中的 P6 试样，试样方向为横向；

c　当产品公称厚度大于 0.5mm，但不大于 0.7mm 时，断后伸长率允许下降 2%；当产品公称厚度不大于 0.5mm 时，断后伸长率允许下降 4%。

表 12　钢板及钢带的力学性能

牌　号	屈服强度[a,b] R_{eL}或 $R_{p0.2}$/MPa	抗拉强度 R_m（不小于）/MPa	断后伸长率[c] A_{80}（不小于）/%	烘烤硬化值 BH_2（不小于）/MPa
HC350/500CPD + Z	350 ~ 500	600	16	30
HC350/600CPD + ZF			14	
HC500/780CPD + Z	500 ~ 700	780	10	30
HC500/780CPD + ZF			8	
HC700/980CPD + Z	700 ~ 900	980	7	30
HC700/980CPD + ZF			5	

a　无明显屈服时采用 $R_{p0.2}$，否则采用 R_{eL}；

b　试样为 GB/T 228 中的 P6 试样，试样方向为横向；

c　当产品公称厚度大于 0.5mm，但不大于 0.7mm 时，断后伸长率允许下降 2%；当产品公称厚度不大于 0.5mm 时，断后伸长率允许下降 4%。

7.7 镀层重量

7.7.1 可供的公称镀层重量范围应符合表 13 的规定。经供需双方协商，亦可提供其他镀层重量。

表 13 钢板及钢带的力学性能

镀层形式	适用的镀层表面结构	下列镀层种类的公称镀层重量范围/g·m^{-2}	
		纯锌镀层（Z）	锌铁合金镀层（ZF）
等厚镀层	N、M、F、R	50~600	60~180
差厚镀层[a]	N、M、F	25~150（每面）	—

a 对于差厚镀层形式，镀层较重面的镀层重量与另一面的镀层重量比值应不大于3。

7.7.2 推荐的公称镀层重量及相应的镀层代号应符合表 14 的规定。经供需双方协商，等厚公称镀层重量也可用单面镀层重量进行表示。

表 14 镀层重量

镀层种类	镀层形式	推荐的公称镀层重量/g·m^{-2}	镀层代号
Z	等厚镀层	60	60
		80	80
		100	100
		120	120
		150	150
		180	180
		200	200
		220	220
		250	250
		275	275
		350	350
		450	450
		600	600
ZF		60	60
		90	90
		120	120
		140	140
Z	差厚镀层	30/40	30/40
		40/60	40/60
		40/100	40/100

例如：热镀锌镀层 Z250 可表示为 Z125/125，热镀锌铁合金镀层 ZF180 可表示为 ZF90/90。

7.7.3 对于等厚镀层，镀层重量三点试验平均值应不小于规定公称镀层重量，镀层重量单点试验值应不小于规定公称镀层重量的 85%。单面单点镀层重量试验值应不小于规定公称镀层重量的 34%。

7.7.4 对于差厚镀层，公称镀层重量及镀层重量试验值应符合表 15 的规定。

表 15 镀层重量

镀层种类	镀层形式	镀层代号[a]	公称镀层重量(不小于)/g · m^{-2}	
			单面三点平均值	单面单点值
Z	差厚镀层	A/B^n	A/B^n	(0.85 × A)/(0.85 × B)

a A、B 分别为钢板及钢带上、下表面（或内、外表面）对应的公称镀层重量（g/m^2）。

7.8 表面处理

钢板及钢带通常进行以下表面处理。

7.8.1 铬酸钝化（C）和无铬钝化（C5）

该表面处理可减少产品再运输和储存期间表面产生白锈。采用铬酸钝化处理方式，存在表面产生摩擦黑点的风险。无铬钝化处理时，应限制钝化膜中对人体健康有害的六价铬成分。

7.8.2 铬酸钝化 + 涂油（CO）和无铬钝化 + 涂油（CO5）

该表面处理可减少产品在运输和储存期间表面产生白锈。无铬钝化处理时，应限制钝化膜中对人体健康有害的六价铬成分。

7.8.3 磷化（P）和磷化 + 涂油（PO）

该表面处理可减少产品在运输和储存期间表面产生白锈，并可改善钢板的成形性能。

7.8.4 耐指纹膜（AF）和无铬耐指纹膜（AF5）

该表面处理可减少产品在运输和储存期间表面产生白锈，无铬耐指纹膜处理时，应限制耐指纹膜中对人体健康有害的六价铬成分。

7.8.5 自润滑膜（SL）和无铬自润滑膜（SL5）

该表面处理可减少产品在运输和储存期间表面产生白锈，并可较好改善钢板的成形性能，无铬自润滑膜处理时，应限制自润滑膜中对人体健康有害的六价铬成分。

7.8.6 涂油处理（O）

该表面处理可减少产品在运输和储存期间表面产生白锈，所涂的防锈油一般不作为后续加工用的轧制油和冲压润滑油。

7.8.7 不处理（U）

该表面处理仅适用于需方在订货期间明确提出不进行表面处理的情况，并需在合同中注明，这种情况下，钢板及钢带在运输和储存期间表面较易产生白锈和黑点，用户在选用该处理方式时应慎重。

7.9 表面质量

7.9.1 钢板及钢带表面不应有漏镀、镀层脱落、肉眼可见裂纹等影响用户使用的缺陷。不切边钢带边部允许存在微小锌层裂纹和白边。

7.9.2 钢板及钢带各级别表面质量特征应符合表 16 的规定。

7.9.3 由于在连续生产过程中，钢带表面的局部缺陷不易发现和去除，因此，钢带允许带缺陷交货，但有缺陷的部分应不超过每卷总长度的 6%。

表 16 表面质量特征

级 别	表面质量特征
FA	表面允许有缺陷，例如小锌粒、压印、划伤、凹坑、色泽不均、黑点、条纹、轻微钝化斑、锌起伏等。该表面通常不进行平整（光整）处理
FB	较好的一面允许有小缺陷，例如光整印压、轻微划伤、细小锌花、锌起伏和轻微钝化斑，另一面表面质量至少为 FA。该表面通常进行平整（光整）处理
FC	较好的一面必须对缺陷进一步限制，即较好的一面不应有影响高级涂漆表面外观质量的缺陷，另一面表面质量至少为 FB。该表面通常进行平整（光整）处理

8 检验和试验

8.1 每批钢板及钢带的检验项目、试样数量、取样方法和试验方法应符合表 17 的规定。

表 17 试样

检验项目	试样数量	取样方法	试验方法	取样位置
化学分析	1/炉	GB/T 20066	GB/T 223、GB/T 4336、GB/T 20123、GB/T 20125、GB/T 20126	
拉伸试验	11	GB/T 2975	GB/T 228	试样位置距边部应不小于 50mm
r_{30}值	1	GB/T 2975	GB/T 5027	
n_{30}（或 n_0）值	1	GB/T 2975	GB/T 5028	
BH_2 值	1	GB/T 2975	GB/T 20564.1 附录 A	
镀层重量	1 组 3 个	单个试样的面积不小于 5000mm²	GB/T 1839	见图 1

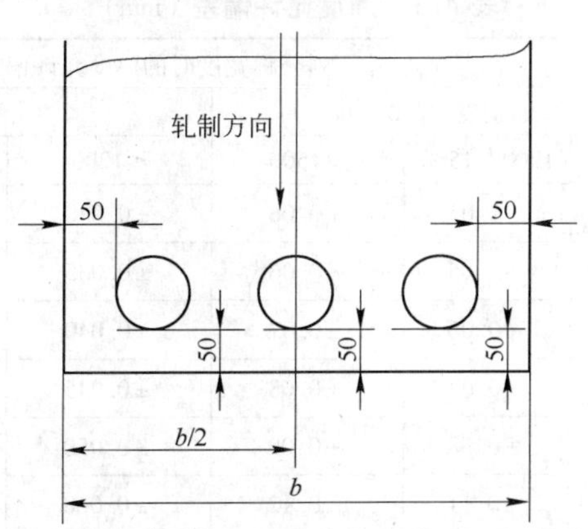

图 1 镀层重量试样的取样位置

b—钢板或钢带的宽度

8.2 钢板及钢带的外观表面质量用肉眼检查。

8.3 钢板及钢带的尺寸、外形应用合适的测量工具测量。厚度测量部位为距边部不小于 40mm 的任意点。

8.4 r_{90}是在 15% 应变时计算得到的；均匀伸长率小于 15% 时，以均匀伸长结束时的应变进行计算。n_{90}（或 n_0）值是在 10% ~20% 应变范围内计算得到的，当均匀伸长率小于 20% 时，应变范围为 10% 至均匀伸长结束。

8.5　钢板及钢带应按此检验，每个检验批由不大于 30t 的同牌号、同规格、同一镀层重量、同镀层表面结构和同表面处理的钢材组成。对于单个卷重大于 30t 的钢带，每卷作为一个检验批。

8.6　钢板及钢带的复验应符合 GB/T 17505 的规定。

9　包装、标志和质量证明书

钢板及钢带的包装、标志及质量证明书应符合 GB/T 247 的规定。如需方对包装有特殊要求，可在订货时协商。

10　数值修约规则

数值修约规则应符合 GB/T 8170 的规定。

附录　A

（规范性附录）

钢板及钢带的尺寸、外形允许偏差

A.1　厚度允许偏差

A.1.1　对于规定的最小屈服强度小于 260MPa 的钢板及钢带，其厚度允许偏差应符合表 A.1 的规定。

表 A.1　厚度允许偏差（mm）

公称厚度	下列公称宽度时的厚度允许偏差[a]					
	普通精度 PT. A			高级精度 PT. B		
	≤1200	1200 ~ 1500	>1500	≤1200	1200 ~ 1500	>1500
0.20 ~ 0.40	±0.04	±0.05	±0.06	±0.030	±0.035	±0.040
0.40 ~ 0.60	±0.04	±0.05	±0.06	±0.035	±0.040	±0.045
0.60 ~ 0.80	±0.05	±0.06	±0.07	±0.040	±0.045	±0.050
0.80 ~ 1.00	±0.06	±0.07	±0.08	±0.045	±0.050	±0.060
1.00 ~ 1.20	±0.07	±0.08	±0.09	±0.050	±0.060	±0.070
1.20 ~ 1.60	±0.10	±0.11	±0.12	±0.060	±0.070	±0.080
1.60 ~ 2.00	±0.12	±0.13	±0.14	±0.070	±0.080	±0.090
2.00 ~ 2.50	±0.14	±0.15	±0.16	±0.090	±0.100	±0.110
2.50 ~ 3.00	±0.17	±0.17	±0.18	±0.110	±0.120	±0.130
3.00 ~ 5.00	±0.20	±0.20	±0.21	±0.15	±0.16	±0.17
5.00 ~ 6.50	±0.22	±0.22	±0.23	±0.17	±0.18	±0.19

a　钢带焊缝附近 10m 范围的厚度允许偏差可超过规定值的 50%；对双面镀层重量的和不小于 450g/m^2 的产品，其厚度允许偏差应增加 ±0.01mm。

A.1.2 对于规定的最小屈服强度不小于 260MPa，且小于 360MPa 的钢板及钢带，其厚度允许偏差应符合表 A.2 的规定。牌号为 DX51D+Z（ZF）和 S550GD+Z（ZF）的钢板及钢带应符合表 A.2 的规定。

表 A.2 厚度允许偏差（mm）

公称厚度	下列公称宽度时的厚度允许偏差[a]					
	普通精度 PT. A			高级精度 PT. B		
	≤1200	1200~1500	>1500	≤1200	1200~1500	>1500
0.20~0.40	±0.05	±0.06	±0.07	±0.035	±0.040	±0.045
0.40~0.60	±0.05	±0.06	±0.07	±0.040	±0.045	±0.050
0.60~0.80	±0.06	±0.07	±0.08	±0.045	±0.050	±0.060
0.80~1.00	±0.07	±0.08	±0.09	±0.050	±0.060	±0.070
1.00~1.20	±0.08	±0.09	±0.11	±0.060	±0.070	±0.080
1.20~1.60	±0.11	±0.13	±0.14	±0.070	±0.080	±0.090
1.60~2.00	±0.14	±0.15	±0.16	±0.080	±0.090	±0.110
2.00~2.50	±0.16	±0.17	±0.18	±0.110	±0.120	±0.130
2.50~3.00	±0.19	±0.20	±0.20	±0.130	±0.140	±0.150
3.00~5.00	±0.22	±0.24	±0.25	±0.17	±0.18	±0.19
5.00~6.50	±0.24	±0.25	±0.26	±0.19	±0.20	±0.21

a 钢带焊缝附近 10m 范围的厚度允许偏差可超过规定值的 50%；对双面镀层重量的和不小于 450g/m^2 的产品，其厚度允许偏差应增加 ±0.01mm。

A.1.3 对于规定的最小屈服强度不小于 360MPa 且小于等于 420MPa 的钢板及钢带，其厚度允许偏差应符合表 A.3 的规定。

表 A.3 厚度允许偏差（mm）

公称厚度	下列公称宽度时的厚度允许偏差[a]					
	普通精度 PT. A			高级精度 PT. B		
	≤1200	1200~1500	>1500	≤1200	1200~1500	>1500
0.35~0.40	±0.05	±0.06	±0.07	±0.040	±0.045	±0.050
0.40~0.60	±0.06	±0.07	±0.08	±0.045	±0.050	±0.060
0.60~0.80	±0.07	±0.08	±0.09	±0.050	±0.060	±0.070
0.80~1.00	±0.08	±0.09	±0.11	±0.060	±0.070	±0.080
1.00~1.20	±0.10	±0.11	±0.12	±0.070	±0.080	±0.090
1.20~1.60	±0.13	±0.14	±0.16	±0.080	±0.090	±0.110
1.60~2.00	±0.16	±0.17	±0.19	±0.090	±0.110	±0.120
2.00~2.50	±0.18	±0.20	±0.21	±0.120	±0.130	±0.140
2.50~3.00	±0.22	±0.22	±0.23	±0.140	±0.150	±0.160
3.00~5.00	±0.22	±0.24	±0.25	±0.17	±0.18	±0.19
5.00~6.50	±0.24	±0.25	±0.26	±0.19	±0.20	±0.21

a 钢带焊缝附近 10m 范围的厚度允许偏差可超过规定值的 50%；对双面镀层重量的和不小于 450g/m^2 的产品，其厚度允许偏差应增加 ±0.01mm。

A. 1. 4　对于规定的最小屈服强度大于 420MPa 且小于等于 900MPa 的钢板及钢带，其厚度允许偏差应符合表 A. 4 的规定。

表 A. 4　厚度允许偏差（mm）

公称厚度	下列公称宽度时的厚度允许偏差[a]					
	普通精度 PT. A			高级精度 PT. B		
	≤1200	1200 ~ 1500	>1500	≤1200	1200 ~ 1500	>1500
0. 35 ~ 0. 40	±0. 06	±0. 07	±0. 08	±0. 045	±0. 050	±0. 060
0. 40 ~ 0. 60	±0. 06	±0. 08	±0. 09	±0. 050	±0. 060	±0. 070
0. 60 ~ 0. 80	±0. 07	±0. 09	±0. 11	±0. 060	±0. 070	±0. 080
0. 80 ~ 1. 00	±0. 09	±0. 11	±0. 12	±0. 070	±0. 080	±0. 090
1. 00 ~ 1. 20	±0. 11	±0. 13	±0. 14	±0. 080	±0. 090	±0. 110
1. 20 ~ 1. 60	±0. 15	±0. 16	±0. 18	±0. 090	±0. 110	±0. 120
1. 60 ~ 2. 00	±0. 18	±0. 19	±0. 21	±0. 110	±0. 120	±0. 140
2. 00 ~ 2. 50	±0. 21	±0. 22	±0. 24	±0. 140	±0. 150	±0. 170
2. 50 ~ 3. 00	±0. 24	±0. 25	±0. 26	±0. 170	±0. 180	±0. 190
3. 00 ~ 5. 00	±0. 26	±0. 27	±0. 28	±0. 23	±0. 24	±0. 26
5. 00 ~ 6. 50	±0. 28	±0. 29	±0. 30	±0. 25	±0. 26	±0. 28

a　钢带焊缝附近 10m 范围的厚度允许偏差可超过规定值的 50%；对双面镀层重量的和不小于 450g/m² 的产品，其厚度允许偏差应增加 ±0. 01mm。

A. 1. 5　对于由宽钢带纵切而成的窄钢带，其厚度允许偏差应符合未纵切前钢带（母带）的厚度允许偏差。

A. 2　宽度允许偏差

A. 2. 1　对于宽度不小于 600mm 的宽钢带，其宽度允许偏差应符合表 A. 5 的规定。

A. 2. 2　对于宽度小于 600mm 的纵切钢带，其宽度允许偏差应符合表 A. 6 的规定。

A. 5　宽度允许偏差（mm）

公称宽度	宽度允许偏差	
	普通精度 PW. A	高级精度 PW. B
600 ~ 1200	+5	+2
	0	0
1200 ~ 1500	+6	+2
	0	0
1500 ~ 1800	+7	+3
	0	0
>1800	+8	+3
	0	0

表 A.6 宽度允许偏差（mm）

项 目	公称厚度	公称宽度			
		<125	125~250	250~400	400~600
普通精度 PW. A	<0.6	+0.4 0	+0.5 0	+0.7 0	+1.0 0
	0.60~1.0	+0.5 0	+0.6 0	+0.9 0	+1.2 0
	1.0~2.0	+0.6 0	+0.8 0	+1.1 0	+1.4 0
	2.0~3.0	+0.7 0	+1.0 0	+1.3 0	+1.6 0
	3.0~5.0	+0.8 0	+1.1 0	+1.4 0	+1.7 0
	5.0~6.5	+0.9 0	+1.2 0	+1.5 0	+1.8 0
高级精度 PW. B	<0.6	+0.2 0	0.2 0	+0.3 0	+0.5 0
	0.60~1.0	+0.2 0	0.3 0	+0.4 0	+0.6 0
	1.0~2.0	+0.3 0	+0.4 0	+0.5 0	+0.7 0
	2.0~3.0	+0.4 0	+0.5 0	+0.6 0	+0.8 0
	3.0~5.0	+0.5 0	+0.6 0	+0.7 00	+0.9 0
	5.0~6.5	+0.6 0	+0.7 0	+0.8 0	+1.0 0

A.3 长度允许偏差

钢板的长度允许偏差应符合表 A.7 的规定。

表 A.7 长度允许偏差（mm）

公称长度	长度允许偏差	
	普通精度 PL. A	高级精度 PL. B
<2000	+6 0	+3 0
≥2000	+0.3% ×L 0	+0.15% ×L 0

注：L 为钢板的长度。

A.4 不平度

A.4.1 不平度允许偏差要求仅适用于钢板。钢板的不平度是将钢板自由放置在平台上测得的钢板下表面和平台之间的最大距离。

A.4.2 对规定最小屈服强度小于 260MPa 的钢板，不平度最大允许偏差应符合表 A.8 的规定。

表 A.8　不平度（mm）

规定的最小屈服强度/MPa	公称宽度/mm	下列公称厚度时的不平度/mm							
		普通精度 PF. A				高级精度 PF. B			
		<0.70	0.70~1.60	1.6~3.0	3.0~6.5	<0.70	0.70~1.60	1.6~3.0	3.0~6.5
<260	<1200	10	8	8	15	5	4	3	8
	1200~1500	12	10	10	18	6	5	4	9
	≥1500	17	15	15	23	8	7	6	12

A.4.3　对规定最小屈服强度不小于260MPa，但小于360MPa的钢板，以及牌号为DX51D+Z、DX51D+ZF和S550GD+Z，S550GD+ZF的钢板，其不平度最大允许偏差应符合表A.9的规定。

表 A.9　不平度（mm）

规定的最小屈服强度/MPa	公称宽度/mm	下列公称厚度时的不平度/mm							
		普通精度 PF. A				高级精度 PF. B			
		<0.70	0.70~1.60	1.6~3.0	3.0~6.5	<0.70	0.70~1.60	1.6~3.0	3.0~6.5
260~360	<1200	13	10	10	18	8	6	5	9
	1200~1500	15	13	13	25	9	8	6	12
	≥1500	20	19	19	28	12	10	9	14

A4.4　规定的最小屈服强度不小于350MPa的钢板，其不平度最大允许偏差可由供需双方在订货时协商。

A.5　脱方度

脱方度为钢板或钢带的宽边向轧制方向边部的垂直投影长度。脱方度应不大于钢板实际宽度的1%。

A.6　镰刀弯

A.6.1　镰刀弯是指钢板及钢带的侧边与连接测量部分两端点的直线之间的最大距离。它在产品呈凹形的一侧测量。

A.6.2　边切状态交货的钢板及钢带的镰刀弯，在任意2000mm长度上应不大于5mm；当钢板的长度小于2000mm时，其镰刀弯应不大于钢板实际长度的0.25%。

A.6.3　对于纵切钢带，当规定的屈服强度不大于260MPa时，可规定其镰刀弯在任意2000mm长度上不大于2mm。

附录 B
（规范性附录）
理论计重时的重量计算方法

B.1　镀层公称厚度的计算方法

$$公称镀层厚度 = [镀层公称重量(g/m^2)/50(g/m^2)] \times 7.1 \times 10^{-3}(mm)$$

B.2　钢板理论计重时的重量计算方法按表B.1的规定。

表 B.1　钢板理论计重时的重量计算方法

计算顺序	计算方法	结果的位数
基本重量/kg·(mm·m^2)$^{-1}$	7.85(厚度1mm,面积1m^{2}的重量)	
基板的单位重量/kg·m^{-2}	基本重量[kg/(mm·m^2)]×(公称厚度－镀层厚度)(mm)	修约到有效数字4位

续表 B.1

计算顺序		计算方法	结果的位数
镀后的单位重量/kg·m^{-2}		基板的单位重量(kg/m^2)+镀层公称重量(kg/m^2)	修约到有效数字4位
钢板	钢板面积/m^2	宽度(m)×长度(m)	修约到有效数字4位
钢板	1块的重量/kg	镀后的单位重量(kg/m^2)×面积(m^2)	修约到有效数字3位
钢板	1捆的重量/kg	1块的重量(kg)×1捆中同一尺寸块数	修约到kg的整数值
钢板	总重量/kg	各捆重量(kg)相加	kg的整数值

附录 C
（资料性附录）
钢的化学成分

C.1 钢的化学成分（熔炼分析）参考值见表 C.1～表 C.4。

表 C.1 钢的化学成分

牌号	化学成分（熔炼分析）（质量分数，不大于）/%					
	C	Si	Mn	P	S	Ti
DX51D+Z，DX51D+ZF	0.12	0.50	0.60	0.10	0.045	0.30
DX52D+Z，DX52D+ZF						
DX53D+Z，DX53D+ZF						
DX54D+Z，DX54D+ZF						
DX56D+Z，DX56D+ZF						
DX57D+Z，DX57D+ZF						

表 C.2 钢的化学成分

牌号	化学成分（熔炼分析）（质量分数，不大于）/%					
	C	Si	Mn	P	S	C
S220GD+Z，S220GD+ZF	0.20	0.60	1.70	0.10	0.045	0.20
S250GD+Z，S250GD+ZF						
S280GD+Z，S280GD+ZF						
S320GD+Z，S320GD+ZF						
S350GD+Z，S350GD+ZF						
S550GD+Z，S550GD+ZF						

表 C.3 钢的化学成分

牌号	化学成分（熔炼分析）（质量分数，不大于）/%							
	C	Si	Mn	P	S	Alt	Ti[a]	Nb[a]
HX180IFD+Z，HX180IFD+ZF	0.01	0.10	0.70	0.06	0.025	0.02	0.12	—
HX220IFD+Z，HX220IFD+ZF	0.01	0.10	0.90	0.08	0.025	0.02	0.12	—
HX260IFD+Z，HX260IFD+ZF	0.01	0.10	1.60	0.10	0.025	0.02	0.12	—
HX180BD+Z，HX180BD+ZF	0.04	0.50	0.70	0.06	0.025	0.02	—	—
HX220BD+Z，HX220BD+ZF	0.06	0.50	0.70	0.08	0.025	0.02	—	—
HX260BD+Z，HX260BD+ZF	0.11	0.50	0.70	0.10	0.025	0.02	—	—
HX300BD+Z，HX300BD+ZF	0.11	0.50	0.70	0.12	0.025	0.02	—	—

续表 C. 3

牌　号	化学成分（熔炼分析）（质量分数，不大于）/%							
	C	Si	Mn	P	S	Alt	Ti[a]	Nb[a]
HX260LAD + Z，HX260LAD + ZF	0. 11	0. 50	0. 60	0. 025	0. 025	0. 015	0. 15	0. 09
HX300LAD + Z，HX300LAD + ZF	0. 11	0. 50	1. 00	0. 025	0. 025	0. 015	0. 15	0. 09
HX340LAD + Z，HX340LAD + ZF	0. 11	0. 50	1. 00	0. 025	0. 025	0. 015	0. 15	0. 09
HX380LAD + Z，HX380LAD + ZF	0. 11	0. 50	1. 40	0. 025	0. 025	0. 015	0. 15	0. 09
HX420LAD + Z，HX420LAD + ZF	0. 11	0. 50	1. 40	0. 025	0. 025	0. 015	0. 15	0. 09

a　可以单独或复合添加 Ti 和 Nb。也可添加 V 和 B，但是这些合金元素的总含量≤0. 22%。

表 C. 4　钢的化学成分

<table>
<tr><th rowspan="2">牌　号</th><th colspan="10">化学成分（熔炼分析）（质量分数，不大于）/%</th></tr>
<tr><th>C</th><th>Si</th><th>Mn</th><th>P</th><th>S</th><th>Alt</th><th>Cr + Mo</th><th>Nb + Ti</th><th>V</th><th>B</th></tr>
<tr><td>HX260/450DPD + Z，HX260/450DPD + ZF</td><td rowspan="2">0. 14</td><td rowspan="5">0. 8</td><td rowspan="2">2. 0</td><td rowspan="5">0. 08</td><td rowspan="5">0. 015</td><td rowspan="5">2. 0</td><td rowspan="5">1. 0</td><td rowspan="5">0. 15</td><td rowspan="5">0. 2</td><td rowspan="5">0. 005</td></tr>
<tr><td>HX300/500DPD + Z，HX300/500DPD + ZF</td></tr>
<tr><td>HX340/590DPD + Z，HX340/590DPD + ZF</td><td>0. 17</td><td>2. 2</td></tr>
<tr><td>HX420/780DPD + Z，HX420/780DPD + ZF</td><td>0. 18</td><td rowspan="2">2. 5</td></tr>
<tr><td>HX550/980DPD + Z，HX550/980DPD + ZF</td><td>0. 23</td></tr>
<tr><td>HX380/590TRD + Z，HX380/590TRD + ZF</td><td rowspan="2">0. 32</td><td rowspan="2">2. 2</td><td rowspan="2">2. 5</td><td rowspan="2">0. 12</td><td rowspan="2">0. 015</td><td rowspan="2">2. 0</td><td rowspan="2">0. 6</td><td rowspan="2">0. 20</td><td rowspan="2">0. 2</td><td rowspan="2">0. 005</td></tr>
<tr><td>HX410/690TRD + Z，HX410/690TRD + ZF</td></tr>
<tr><td>HX440/780TRD + Z，HX440/780TRD + ZF</td><td rowspan="2">0. 18</td><td rowspan="3">0. 8</td><td rowspan="3">2. 2</td><td rowspan="3">0. 08</td><td rowspan="3">0. 015</td><td rowspan="3">2. 0</td><td rowspan="2">1. 0</td><td rowspan="3">0. 15</td><td rowspan="2">0. 2</td><td rowspan="3">0. 005</td></tr>
<tr><td>HX650/780CPD + Z，HX650/780CPD + ZF</td></tr>
<tr><td>HX720/980CPD + Z，HX720/980CPD + ZF</td><td>0. 23</td><td>1. 2</td><td>0. 2</td></tr>
</table>

（五）中国连续热镀铝锌硅合金钢板及钢带标准

1　范围

本标准规定了连续热镀铝锌合金钢板及钢带的术语和定义、分类和代号、尺寸、外形、技术要求、检验和试验、包装、标志及质量证明书等。本标准适用于宝山钢铁股份有限公司生产的厚度为 0. 22 ~ 1. 30mm 的连续热镀铝锌合金钢板及钢带，以下简称钢板及钢带。

2　规范性引用文件

下列文件中的条款通过本标准的引用而成为本标准的条款。凡是注日期的引用文件，其随后所有的修改单（不包括勘误的内容）或修订版均不适用于本标准，然而，鼓励根据本标准达成协议的各方研究是否可使用这些文件的最新版本。凡是不注日期的引用文件，其最新版本适用于本标准。

GB/T 222—1984　钢的化学分析用试样取样法及成品化学成分允许偏差

GB/T 223　钢铁及合金化学分析方法

GB/T 228—2002　金属材料 室温拉伸试验方法

GB/T 232—1999　金属材料 弯曲试验方法

GB/T 1839—2003 钢铁产品镀锌层质量试验方法
GB/T 2975—1998 钢及钢产品力学性能试验取样位置及试样制备
GB/T 8170—1987 数值修约规则
Q/BQB 400—2003 冷轧产品的包装、标志及质量证明书
Q/BQB 401—2003 冷连轧钢板及钢带的尺寸、外形、重量及允许偏差 ASTM A754M—96 用 X 射线荧光法测量钢铁产品金属镀层重量的试验方法

3 术语和定义

3.1 铝锌合金镀层 连续热镀锌生产线生产的、由铝锌合金组成的镀层，镀层中铝的质量分数约为 55%，硅的质量分数约为 1.6%，其余成分为锌。

4 分类和代号

4.1 钢板及钢带按用途分类，见表 1 规定。

表 1 钢板及钢带按用途分类

序 号	牌 号	用 途
1	DC51D + AZ	冷成形用
2	DC52D + AZ	冷成形用
3	S250GD + AZ	结构用
4	S300GD + AZ	结构用
5	S350GD + AZ	结构用
6	S550GD + AZ[a]	结构用

a 适用于轧硬后不完全退火产品。

4.2 钢板及钢带按表面质量区分按表 2 的规定。

4.3 镀层重量的表示方法示例如下：钢板：上表面镀层重量/下表面镀层重量，例如：50/50，单位为 g/m^2。钢带：外表面镀层重量/内表面镀层重量，如：60/60，单位为 g/m^2。所采用代号，见表 2。

表 2 钢板及钢带表面质量区分

序 号	表面质量级别	代 号
1	较高级的精整表面	FB（O3）
2	高级的精整表面	FC（O4）

4.4 镀层种类、表面结构、表面处理的分类和代号按表 3 的规定。

表3 镀层种类、表面结构、表面处理的分类和代号

序号	项目	分类	代号
1	镀层种类	铝锌合金镀层	AZ
2	表面结构	大锌花	N
		光整锌花	S
3	表面处理	铬酸钝化处理	C
		涂油	O
		铬酸钝化处理+涂油	CO
		涂耐指纹膜	UF
		不处理	U

5 订货所需信息

5.1 订货时用户需提供下列信息：

a）本产品标准号
b）产品名称
c）牌号
d）表面结构
e）镀层重量
f）表面质量级别
g）表面处理
h）规格及尺寸精度
i）不平度精度
j）重量
k）包装方式
l）其他特殊要求

5.2 如订货合同中未注明尺寸及不平度精度、表面质量级别、表面结构、表面处理及包装方式，则以尺寸为普通精度、不平度为普通精度、表面质量级别为FB、表面结构为光整锌花、表面处理为涂耐指纹膜，并按供方提供的包装方式供货。

6 尺寸、外形、重量及允许偏差

6.1 钢板及钢带的公称尺寸按表4的规定。

表4 钢板及钢带的公称尺寸（mm）

公称厚度	宽度	钢板长度	钢带内径
0.22~1.30	700~1250	1000~6000	508

6.2 钢板及钢带的公称厚度指基板厚度和镀层厚度的和。

6.3 钢板及钢带的厚度允许偏差应符合表5的规定。

表5 钢板及钢带的厚度允许偏差

牌 号	公称厚度 /mm	厚度允许偏差/mm			
		普通精度 PT. A		高级精度 PT. B	
		公称宽度/mm		公称宽度/mm	
		700~1200	1200~1250	700~1200	1200~1250
DC51D+AZ DC52D+AZ S250GD+AZ	0.22~0.40	±0.05	±0.06	±0.03	±0.04
	0.40~0.60	±0.06	±0.07	±0.04	±0.05
	0.60~0.80	±0.07	±0.08	±0.05	±0.06
	0.80~1.00	±0.08	±0.09	±0.06	±0.07
	1.00~1.20	±0.09	±0.10	±0.07	±0.08
	1.20~1.30	±0.11	±0.12	±0.08	±0.09
S300GD+AZ S350GD+AZ S550GD+AZ	0.22~0.40	±0.06	±0.07	±0.04	±0.05
	0.40~0.60	±0.07	±0.08	±0.05	±0.06
	0.60~0.80	±0.08	±0.09	±0.06	±0.07
	0.80~1.00	±0.09	±0.11	±0.07	±0.08
	1.00~1.20	±0.11	±0.12	±0.08	±0.09
	1.20~1.30	±0.13	±0.14	±0.09	±0.11

6.4 钢板及钢带的宽度允许偏差按表6的规定。

表6 钢板及钢带的宽度允许偏差（mm）

公称宽度	宽度允许偏差	
	普通精度 PW. A	高级精度[a] PW. B
700~1200	+5 0	+2 0
1200~1250	+6 0	+2 0

a 高级精度仅适用于以切边状态交货的产品。

6.5 钢板及钢带的其他尺寸、外形及其允许偏差，按Q/BQB401的规定。其中DC51D+AZ、DC52D+AZ的不平度允许偏差，应符合Q/BQB401中规定的最小屈服强度小于280MPa时的相应规定。

6.6 钢板通常按理论重量交货，也可按实际重量交货，理论重量计算方法见附录A。钢带通常按实际重量交货。

7 技术要求

7.1 化学成分

7.1.1 钢的化学成分应符合表7的规定。

7.1.2 钢板及钢带的成品化学成分允许偏差应符合GB/T 222的规定。

7.2 冶炼方法

钢板及钢带所用的钢采用氧气转炉冶炼。

表 7　钢的化学成分

牌　号	碳含量（熔炼分析，不大于）/%	
	C	备　注
DC51D + AZ	0.10	成品取样
DC52D + AZ	0.08	
S250GD + AZ	0.12	
S300GD + AZ	0.30	
S350GD + AZ[a]	0.30	
S550GD + AZ	0.20	

a　钢中也可添加 Ti 等合金元素，但是这些合金元素的总含量不大于 0.22%。

7.3　交货状态

通常情况下，钢板及钢带经热镀（退火）加平整后交货。

7.4　力学性能

钢板及钢带的力学性能应符合表 8 和表 9 的规定。

表 8　钢板及钢带的力学性能

牌　号	拉伸试验[a]			
	屈服强度[b]（不大于）/MPa	抗拉强度（不大于）/MPa	断后伸长率（L_0 = 80mm，b = 20mm）（不小于）/%	
			厚度/mm	
			<0.7	≥0.7
DC51D + AZ	—	500	22	24
DC52D + AZ	300	420	24	26

a　拉伸试验试样为横向样；

b　当屈服现象不明显时采用 $R_{p0.2}$，否则采用 R_{eL}。

表 9　钢板及钢带的力学性能

牌　号	拉伸试验[a]		
	屈服强度[b]（不小于）/MPa	抗拉强度（不小于）/MPa	断后伸长率（L_0 = 80mm，b = 20mm）（不小于）/%
S250GD + AZ	250	320	22
S300GD + AZ	300	340	18
S350GD + AZ	350	420	14
S550GD + AZ	550	570	—

a　拉伸试验试样为纵向样；

b　当屈服现象不明显时采用 $R_{P0.2}$，否则采用 R_{eL}。

7.5　镀层弯曲试验

钢板及钢带进行镀层弯曲试验的弯心直径按表 10 的规定。弯曲 180°后，试样外表面不得出现镀层剥落，但距试样边部 6mm 范围内的镀层剥落是允许的。仲裁时弯曲试样宽度不小于 50mm。

表 10 弯心直径

序 号	牌 号	180°弯曲试验
		弯心直径
1	DC51D + AZ	$1a$①
2	DC52D + AZ	$1a$
3	S250GD + AZ	$1a$
4	S300GD + AZ	$3a$
5	S350GD + AZ	$3a$
6	S550GD + AZ	—

① a 表示钢板试验厚度。

7.6 拉伸应变痕

对于 DC51D + AZ 和 DC52D + AZ，产品放置一段时间后，由于时效的影响，其屈服强度上升，断后伸长率下降，且加工成形时较易产生拉伸应变痕，建议用户尽早使用。

7.7 镀层重量

7.7.1 可供的公称镀层重量范围为 30/30 ~ 90/90g/m²。

7.7.2 推荐的公称镀层重量列于表 11 中，如需方有特殊要求，经供需双方协议，亦可提供其他镀层重量。

表 11 公称镀层重量

镀 层 种 类	推荐的公称镀层重量[a]/g·m⁻²
铝锌合金镀层	30/30，40/40，50/50，60/60，75/75，90/90

a 50g/m² 镀层重量，约等于镀层厚度为 13.3μm。

7.7.3 镀层重量每面三点试验平均值应不小于相应面公称镀层重量，单点试验值应不小于相应面公称镀层重量的 85%。

7.7.4 带钢在机组运行时，上下表面的镀层重量按 ASTM A754 规定的 X 射线荧光法进行在线监控。

7.8 表面质量

7.8.1 钢板及钢带表面不应有漏镀、镀层脱落、裂纹等影响用户使用的缺陷。

7.8.2 各表面质量级别按表 12 的规定。

表 12 表面质量级别

表面质量级别	代 号	特 征
较高级的精整表面	FB（O3）	允许有不影响成形性及涂漆附着力的轻微缺陷存在，如小划痕、小辊印、轻微的刮伤等
高级的精整表面	FC（O4）	产品两面中较好的一面须对小划痕、辊印等轻微缺陷作进一步限制，另一面至少应达到 FB 的要求

7.8.3 对于钢带，由于没有机会切除带缺陷部分，所以允许带缺陷交货，但有缺陷的部分不得超过每卷总长度的 6%。

7.9 表面结构钢板及钢带的表面结构按表 13 的规定。

表 13 表面结构

表面结构	代 号	特 征
大锌花	N	镀锌后在通常条件下锌层冷凝而得的锌花
光整锌花	S	大锌花经光整处理得到的表面结构

7.10 表面处理

7.10.1 铬酸钝化处理（C）

此种表面处理可减少产品表面在运输和储存期间产生黑锈。

7.10.2 铬酸钝化处理 + 涂油（CO）

此种表面处理可进一步减少产品表面产生黑锈。

7.10.3 涂油（O）

此种表面处理可减少产品表面产生黑锈，一般不作为后加工用轧制油和冲压润滑油。

7.10.4 涂耐指纹膜（UF）

此种表面处理可减少产品表面产生黑锈。

7.10.5 不处理（U）

本处理方式仅适用于需方在订货期间明确提出不要求表面处理的情况，并需在合同中注明。这种情况下钢板及钢带表面极易产生黑锈，用户在选用时应慎重考虑。

8 表面质量检验

8.1 钢板及钢带的表面质量用肉眼检查。

8.2 钢板及钢带的尺寸、外形应采用合适的量具进行测量。

8.3 每批钢板及钢带的检验项目、试样数量、取样方法及试验方法应符合表 14 的规定。

表 14 钢带的检验项目、试样数量、取样方法及试验方法

序 号	检验项目	试样数量	取样方法（图 1）	试 验 方 法
1	化学分析	1 个/炉	GB/T 222	GB/T 223
2	拉伸试验	1 个	GB/T 2975	GB/T 228
3	镀层重量	1 组 3 个	如图 1 所示，试样位置距边部不小于 50mm，直径为 44 ~ 65mm 的圆形或边长 45 ~ 60mm 的正方形	GB/T 1839
4	镀层弯曲	1 个	距边部不小于 50mm，试样宽度不小于 50mm	GB/T 232

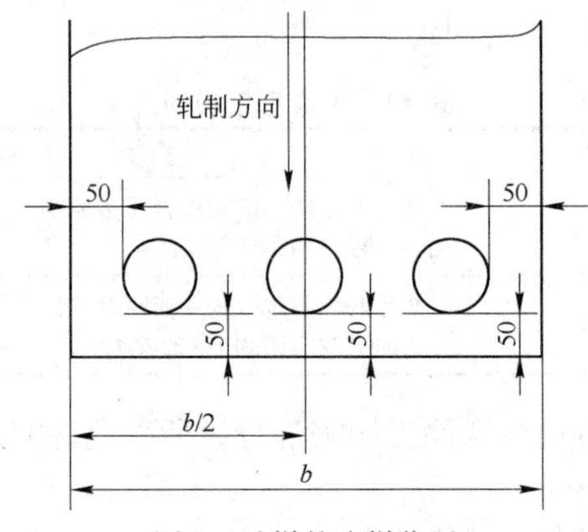

图 1 试样的取样位置

8.4 钢板及钢带应按批检验，每批由不大于30t的同牌号、同镀层重量、同尺寸规格、同表面结构和表面处理的钢材组成。

8.5 如有某一项试验结果不符合标准要求，则从同一批中再任取双倍数量的试样进行该不合格项目的复验。复验结果（包括该项目试验所要求的所有指标）合格，则整批合格。复验结果（包括该项目试验所要求的所有指标）即使有一个指标不合格，则复验不合格。如复验不合格，则已做试验且试验结果不合格的单件不能验收，但该批材料中未做试验的单件可逐件重新提交试验和验收。

9 包装、标志及质量证明书应符合 Q/BQB 400 的规定。

10 数值修约方法按 GB/T 8170《数值修约规则》的规定。

附录 A

（规范性附录）

理论计重时的重量计算方法

A.1 镀层厚度的计算方法 镀层厚度 = [镀层公称重量(g/m^2)/ 50(g/m^2)] ×13.3 ×10^{-3}(mm)

A.2 钢板理论计重时的重量计算方法按表 A.1 的规定。

表 A.1 钢板理论计重时的重量计算方法

计算顺序		计 算 方 法	结果的位数
基本重量/kg·(mm·m^2)$^{-1}$		7.85(厚度1mm,面积1m^2 的重量)	—
基板的单位重量/kg·m^{-2}		基本重量[kg/(mm·m^2)]×(公称厚度－镀层厚度)(mm)	修约到有效数字4位
镀后的单位重量/kg·m^{-2}		基板的单位重量(kg/m^2)+镀层公称重量（kg/m^2）	修约到有效数字4位
钢 板	钢板面积/m^2	宽度（m）×长度（m）	修约到有效数字4位
钢 板	1块的重量/kg	镀后的单位重量（kg/m^2）×面积（m^2）	修约到有效数字3位
钢 板	1捆的重量/kg	1块的重量（kg）×1捆中同一尺寸块数	修约到kg的整数值
钢 板	总重量/kg	各捆重量（kg）相加	kg的整数值

附录 B

（资料性附录）

本标准与相关标准相近牌号对照，见表 B.1。

表 B.1 本标准与相关标准相近牌号对照

Q/BQB 425—2004	AS 1397—2001	E10215—1995	ASTM A792M—02	JIS G 3321：1998	ISO 9364—2001
DC51D + AZ	G2 + AZ	DX51D + AZ	CS type B、type C	SGLCC	01
DC52D + AZ	G3 + AZ	DX52D + AZ	DS	SGLCD	02
S250GD + AZ	G250 + AZ	S250GD + AZ	255	—	250
S300GD + AZ	G300 + AZ	—	—	—	—
S350GD + AZ	G350 + AZ	S350GD + AZ	345 Class1	SGLC490	350
S550GD + AZ	G550 + AZ	S550GD + AZ	550	SGLC570	550

（六）中国批量热镀锌标准

1 范围

本标准规定了钢铁制件热浸镀层（其他合金元素总含量不超过 2%）的技术要求和试验方法。

本标准不适用于下列情况：

a）连续式热浸镀生产的板材、带材、线材、管材和棒材；

b）采用特殊标准的热浸镀锌产品；

c）有附加要求或由与本标准要求不一致的热浸镀锌产品。

注：某些产品标准可以通过引用本标准号或修改本标准的部分条款来规定产品的热浸镀锌层。

本标准对热浸镀锌产品的后处理和附加保护涂层未做规定。

2 规范性引用文件

下列文件中的条款通过本标准的引用而成为本标准的条款。凡是注日期的引用文件，其随后所有的修改单（不包括勘误的内容）或修改版均不适用于本标准，然而，鼓励根据本标准达成协议的各方研究是否可使用这些文件的最新版本。凡是不注日期的引用文件，其最新版本适用于本标准。

GB/T 470 锌锭（dqv ISO 752）

GB/T 4955 金属覆盖层厚度测量阳极溶解库仑法（eqv ISO 2177）

GB/T 4956 磁性金属基体上非磁性覆盖层厚度测量磁性法（eqv ISO 2178）

GB/T 6462 金属和氧化物覆盖层横断面厚度显微镜测量方法（eqv ISO 1463）

GB/T 9793 金属和其他无机覆盖层热喷涂锌、铝及其合金（eqv ISO 2063）

GB/T 12334 金属和其他无机覆盖层 关于厚度测量的定义和一般规则（eqv ISO 2063）

GB/T 13825 金属覆盖层黑色金属材料热镀锌层质量测定称重法（nqv ISO 1460）

GB/T 18253 钢及钢产品检验文件的类型（eqv ISO 10747）

ISO 2859—1 特性检查的抽样程序第 1 部分：按可接收的质量水平（AQL）确定的逐批检查抽样方案

ISO 2859—3 特性检查的抽样程序 第 3 部分：不连续批的抽样程序

3 术语和定义

GB/T 12334 中确立的以及下列术语和定义适用于本标准。

3.1 热浸镀锌

将经过前处理的钢或铸铁制件浸入熔融的锌液中，在其表面形成锌和（或）锌－铁合金镀层的工艺过程和方法。

3.2 热浸镀锌层

采用热浸镀锌方法在钢铁件表面上获得的锌和（或）锌-铁合金镀层。

注：本标准中简称为镀层。

3.3 镀层的镀覆量

钢铁表面单位面积锌和（或）锌-铁合金镀层的总质量，以 g/m^2 表示。

3.4 镀层厚度

钢铁表面上锌和（或）锌-铁合金镀层的总厚度，以 μm 表示。

3.5 主要表面

制件上被热镀锌或将被热浸镀锌的部分表面，该部分表面上的镀层对于制件的外观和（或）使用性能是极为重要的。

3.6 样本

从检查批中随即抽取用于试验的热浸镀锌制件或制件组。

3.7 基本测量面

按规定次数进行检测试验的区域。

3.8 镀层局部厚度

在某一基本测量面按规定次数用磁性法所测得的镀层厚度的算术平均值或用称量法进行一次测量所测得的镀层镀覆量的厚度换算值。

3.9 镀层平均厚度

对某一大件或某一批镀锌件抽样后测得镀层局部厚度的算术平均值。

注：本标准中大件是指主要表面的表面积大于 $2m^2$ 的制件（见 6.2 节，7.2 节）。

3.10 镀层的局部镀覆量

采用称量法进行一次测量所测得的某一区域镀层的镀覆量。

3.11 镀层的平均镀覆量

按第 5 项规定抽样，用称量法测得的镀层局部镀覆量的算术平均值，或镀层平均厚度的换算值。

3.12 最小值

在基本测量面上用称量法测得的镀层镀覆量厚度换算值中的最小值，或按规定次数用磁性法所测得的镀层厚度算术平均值中的最小值。

3.13 检查批

简称批。指一次订货或一次交货的热浸镀锌制件。

3.14 验收检查

没有其他规定的情况下，应在热浸镀锌生产厂家内对某检查批的热浸镀锌制件进行检查。

3.15 漏镀面

钢铁表面未与熔融锌发生反应的区域。

4 一般要求

4.1 需方应向供方提供的资料

4.1.1 必要资料

本标准的标准号。

4.1.2 附加资料

需方若有特殊要求，则应提供下列资料：

a）对热浸镀锌会产生影响的基体金属的化学成分和性能（参见附录 C）；

b）主要表面的标定，可利用图纸标明或提供标有适当标记的样品；

c）镀件表面平整与否将会影响镀锌制件使用性能，故需将此区域用图纸或其他方法标明，这些不平整区域往往会在镀锌过程中形成锌瘤或因制件相互接触造成斑痕；应由供需双方协商解决这些问题；

d）用样品或其他方法说明产品要求的表面光滑程度；

e）是否有特殊预处理要求；

f）是否有特殊的镀层厚度要求（见 6.2 节中注和附录 C）；

g）是否允许经离心或爆炸处理的镀层厚度达到表 3 而不是表 2 要求；

h）热浸镀锌后是否还要进行后处理或涂装（见 6.2.3 节，附录 C.4 和附录 C.5）；

i）抽样方法（见第 5 章）；

j）合格证书是否要求与 GB/T 18253 的规定一致。

供方应根据需方要求提供包括修复方法（见 6.3.2 节和附录 C.5）在内的有关资料。

4.2 基体金属

基体金属的化学成分、表面状况、制件的重量及镀锌条件都将影响镀层的外观、厚度、组织结构及物理力学性能。本标准没有对这些提出具体的要求，供需双方可参照附录 C 对基体金属的选择及镀锌条件进行协商。

4.3 热浸镀锌浴

用于热浸镀锌的锌浴主要应由熔融锌液构成。熔融锌中的杂质总含量（铁、锡除外）不应超过总质量的 1.5%。所指杂质见 GB/T 470 规定。

4.4 安全

在热浸镀锌的生产过程中应按附录 D 的要求采取安全措施。

注：ISO 14713 给出了钢铁热浸镀锌层的选用指南。ISO 12944-5 包含有关钢铁热浸镀锌层上涂装的信息（参见附录 F）。

5 抽样

用于镀层厚度试验的样本应从每一检查批（见 3.6 节）中随机抽取，应按表 1 要求从每一检查批中抽取不少于最小数量的制件组成样本。

表 1 按批量的大小确定样本大小

序 号	检查批的制件数量	样本所需制件的最小数量
1	1～3	全 部
2	4～500	3
3	501～1200	5
4	1201～3200	8
5	3201～10000	13
6	>10000	20

除非订货时需方提出其他要求，验收检查应在产品离开镀锌厂家之前进行。

6 镀层的要求

6.1 外观

目测所有热浸镀锌制件，其主要表面（见3.5节）应平滑，无滴瘤、粗糙和锌刺（如果这些锌刺会造成伤害），无起皮，无漏镀，无残留的溶剂渣，在可能影响热浸锌工件的使用或耐腐蚀性能的部位不应有锌瘤和锌灰。

注1："粗糙"和"平滑"是相对概念，制件镀层的粗糙度不同于经机械辊挤或（和）吹、抹的镀锌制品（如镀锌钢板和镀锌钢丝）的粗糙度。只要镀层的厚度大于规定值，被镀制件表面允许存在发暗或浅灰色的色彩不均匀区域。潮湿条件下储存的镀锌工件，表面允许有白锈（以碱式氧化锌为主的白色或灰色腐蚀产物）存在。

注2：不可能确立一个能覆盖所有实际要求的关于外观和精饰的定义。目查外观，检查不合格的制件应按6.3.2节进行修复或重镀后再交送重新检查。若有特殊要求（例如镀锌后需要涂装），应按要求提供样品（见4.1.2节和附录C.1.4）。

6.2 厚度

镀层的厚度试验应按第5章规定数量抽样，并按7.2节规定的试验方法进行试验。根据热浸镀锌制件主要表面（见3.5节）面积的大小，试验测得的镀层厚度应分别达到以下要求：

a）对于主要表面（见3.5节）面积大于$2m^2$的制件（即大件），样本中每个制件的所有基本测量面（见3.7节）内测得的镀层平均厚度应不小于表2或表3中相应的平均镀层厚度的最小值。

b）对于主要表面（见3.5节）面积小于或等于$2m^2$的制件，在每个基本测量面（见3.7节）内测得的局部镀层厚度应不小于表2或表3中局部厚度最小值，在样品的所有基本测量面（见3.7节）测得的镀层平均厚度应不小于表2或表3相应镀层平均厚度最小值。

注：热浸镀锌层防腐蚀时间的长短大致与镀层厚度成正比。在极严酷的腐蚀条件下服役和（或）要求更长的服役时间的制件，其镀层厚度要求可以高于本标准的规定要求。但是镀锌层的厚度要受基材的化学成分、制件的表面状况、制件的几何尺寸、热浸镀工艺参数等因素的限制。当需要较厚镀层时，供需双方应探讨热浸镀技术上的可能性，注明相关技术条件（参见附录C）。

表2 未经离心处理的镀层厚度最小值

序 号	制件及其厚度/mm	镀层局部厚度(min)/μm	镀层平均厚度(min)/μm
1	钢厚度≥6	70	85
2	3≤钢厚度<6	55	70
3	1.5≤钢厚度<3	45	55
4	钢厚度<1.5	35	45
5	铸铁厚度≥6	70	80
6	铸铁厚度<6	60	70

注：本表为一般的要求，具体产品标准可包含不同的厚度等级及分类在内的各种要求，在和本标准不冲突情况下，可以增加更厚的镀层要求和其他要求。

表 3　经离心处理的镀层厚度最小值

制件及其厚度/mm		镀层局部厚度(min)/μm	镀层平均厚度(min)/μm
螺纹件	直径≥20	45	55
	6≤直径<20	35	45
	直径<6	20	25
其他制件（包括铸铁件）	厚度≥3	45	55
	厚度<3	35	45

注：1. 本表为一般的要求，紧固件和具体产品标准可以有不同要求（见 4.1.2.g）。
2. 采用爆锌代替离心处理或同时采用爆锌和离心处理的镀锌制件见附录 C.4。

6.3　漏镀和修复

6.3.1　漏镀

热浸镀锌制件漏镀面的总面积不应超过制件总表面积的 0.5%。每个漏镀面的面积不应超过 10cm²。当供需双方没有其他协议时，若漏镀面积大于上述规定值，这些制件应予重镀。

6.3.2　修复

热浸镀锌制件表面若存在漏镀面，应采用热喷涂锌、涂敷富锌涂料等方法对漏镀面进行修复（见附录 C.5）。除非需方另有特殊要求，如：热浸镀锌以后还要进行涂装处理或修复层的厚度必须与原镀锌层的厚度相同，修复区域内锌的涂（覆）层厚度一般应比表 2 或表 3 中要求的相应的镀层局部厚度厚 30μm 以上。修复涂层应能在钢的使用过程中给予钢材以牺牲性阳极保护。

修复前，应去除漏镀区域内的氧化皮和其他污物，或采用其他前处理方法，以保证修复层与基体间的附着力。若采用热喷涂锌修复，则应按 GB/T 9793 要求进行。

供方应将修复方法告知需方。若需方有特殊要求，则应在修复前要求供方告知修复方法。

6.4　附着力

一般厚度的热浸镀锌工件在工作条件下应没有剥落和起皮现象。镀锌后再进行弯曲和变形加工产生的镀层剥落和起皮现象不表示镀层的附着力不好。

若需方有特殊要求，必须测试附着力，则由供需双方协商。

6.5　验收准则

按 7.2.2 节的要求选取若干基体测量面，在这些基体测量面上按 7.2.3 节规定的试验方法进行试验，所测的镀层厚度不应小于表 2 和表 3 所规定的值。除非在有争议的情况下，或供方许可切割其制件做称量法试验，否则都应采用非破坏性试验方法。当制件的钢材厚度不同时，则每一厚度范围的制件都应视为单独的处理批次，其镀层厚度都应分别达到表 2 和表 3 中的相应值。

如果样本的镀层厚度不符合这些要求，则应在该批制件中双倍取样（制件数小于最低取样数则取全部制件进行试验）。若这一较大的样本通过了试验则视该批制件合格；若通不过，则不符合要求的制件应报废，或经需方允许重镀。

7 试验方法

7.1 外观试验

采用矫正视力在大的运动环境下目查。

7.2 镀层厚度试验

7.2.1 一般试验条件

在制件的尺寸允许的情况下镀层的厚度测量不应在离边缘小于10mm的区域、火焰切割面或边角进行（见附录C.1.2）。

7.2.2 基本测量面（见3.7节）

为了获得尽可能具有代表性的镀层平均厚度（见3.9节）或镀覆量（见3.11节），采用磁性法或称量法测量镀层的厚度时，基本测量面的数量、位置及尺寸应根据制件形状和大小确定。对样本中较长制件，其基本测量面应在离其每端大约100mm，大致接近中心线的位置获取，并应包括制件的整个横截面。

基本测量面的数量取决于样本中各制件的尺寸，应按以下规定确定：

a）主要表面（见3.5节）面积大于$2m^2$的制件（即大件）样本中的每个制件至少应取3个基本测量面；

b）主要表面（见3.5节）面积大于$10000mm^2$ ~ $2m^2$（包括$2m^2$）的制件样本中每个制件应至少取一个基本测量面；

c）主要表面（见3.5节）面积为1000 ~ $10000mm^2$（包括$10000mm^2$）的制件样本中每个制件应取一个基本测量面；

d）主要表面（见3.5节）面积小于$1000mm^2$的制件应由足够数量的制件共同提供至少$1000mm^2$的面积作为一个单独的基本测量面。基本测量面的总数应按表1最后一列取。因此，用于测量的制件总数等于提供一个单独的基本测量面所需的制件数乘以表1最后一列提供的数量，这与用于测量的制件总数与检查批（见3.13节）的大小有关（如果批不大，也可取全部的制件用于进行试验）。如果不采用上述规定，也可以按ISO 2859-1或ISO 2859-3规定的抽样程序进行。

注：$10000mm^2 = 100cm^2$；
$1000mm^2 = 10cm^2$；
$2m^2$ 典型的表示为200cm×100cm；
$10000mm^2$ 典型的表示为10cm×10cm；
$1000mm^2$ 典型的表示为10cm×1cm。

7.2.3 厚度测量方法（参见附录E）

镀层的厚度可采用以下方法测量：

a）称量法。它是仲裁的方法，按GB/T 13825要求进行。按本方法测得的镀锌层的镀覆量应按镀层的密度（$7.2g/cm^3$）换算成镀层的厚度（参见附录E.2）。本方法是破坏性试验方法。在制件数量少于10件的情况下，如果称量法可能牵涉到制件损坏和由此发生的费用令需方不可接受，则需方不应勉强接受称量法。

b）磁性法。它是非破坏性试验，按GB/T 4956要求进行。测量时，其基本测量面应置于能够为称重法所选中作为基本测量面的典型区域内。在每个不小于$1000mm^2$的基本测量面内采用磁性法测厚时，应至少取 5 个测量点测厚，其算术平均值即为该基本测量面的镀层局部厚度（见 3.9 节）。只要该平均值不低于表 2 或表 3 中局部厚度所要求的值，允许个别测量点上的测量值低于表 2 或表 3 中的值。磁性法最适用于在工厂内进行在线质量控制。由于用该方法测量的每个区域都非常小，个别测量值可能低于镀层的局部厚度或平均厚度值。如果用磁性法在一个基本测量面内进行了足够次数的测量，则测得的局部厚度值应趋近于用称量法测得的值。

c）横截面显微镜法。它是破坏性试验方法而且仅仅代表某一点，所以不适用大件或贵重件的常规检查，但可观察某点的金相，按照 GB/T 6462 要求进行。

d）阳极溶解库仑法。它是破坏性试验方法，按照 GB/T 4955 要求进行。

注：也可采用电磁法，电磁法是非破坏性试验方法（参见附录 E. 1）。

在上述测量方法中，破坏性试验方法会对热浸镀锌制件造成损坏，一般情况下应采用非破坏性试验方法，但是，若产生争议，则应采用称量法仲裁。若制件很小，必须要 5 个以上制件的主要表面积的和才能达到 1000mm^2，在每个制件都有适合于磁性法的基本测量面的条件下，可采用磁性法，否则应采用称量法。镀层厚度与镀覆量的换算方法参见附录 E。

7.3　附着力试验

只要镀锌层与基体的附着力能满足制件的使用和一般操作条件下的要求，通常不需专门测试镀锌层和基体制件的结合力。

若需方有特殊要求，可由供需双方协商确定附着力的试验方法（参见附录 C. 6）。附着力试验应在主要表面和使用过程中对附着力有一定要求的区域内进行。

8　合格证书

根据需要，热浸镀锌厂家应提供符合本标准要求的证书。

附录 A
（资料性附录）
本标准章条编号与 ISO 1461：1999 章条编号对照

表 A. 1 给出了本标准章条编号与 ISO 1461：1999 章条编号对照一览表。

表 A. 1　本标准章条编号与 ISO 1461：1999 章条编号对照

序　号	本标准章条编号	对应的 ISO 1461：1999 章条编号
1	4. 1	4. 2 和附录 A
2	4. 2	第 4 章注 1
3	4. 3	4. 1
4	4. 4	4. 3
5	第 4 章注	第 4 章注 2
6	6，7	6
7	8	7

续表 A.1

序　号	本标准章条编号	对应的 ISO 1461：1999 章条编号
8	附录 C	附录 C
9	附录 D.1 和 D.2	附录 B
10	附录 E	附录 D
11	参考文献	附录 E

注：表中章条以外的本标准其他章条编号与 ISO 1461：1999 其他章条编号均相同且内容相对应。

附录 B

（资料性附录）

本标准与 ISO 1461：1999 的技术性差异及其原因

表 B.1 给出了本标准与 ISO 1461：1999 的技术性差异及其原因

表 B.1　本标准与 ISO 1461：1999 的技术性差异及其原因

本标准章条编号	技术性差异	原　因
6.2	采用爆锌代替离心处理或同时采用爆锌和离心处理的镀锌制件（见附录 C.4）其镀层厚度可参照表 3 要求	我国很多热浸镀锌厂家采用爆锌或离心加爆锌处理
附录 D.3	要求采取措施，防止飞溅的锌液烫伤人体	我国很多厂家的热浸镀锌前无烘干工序或制件未完全烘干即进行热浸镀锌

附录 C

（资料性附录）

热浸镀锌的影响因素

C.1　基体金属

C.1.1　成分

碳钢、低合金钢及灰口铸铁和马口铸铁一般都适合热浸镀锌，其他铁基金属需热浸镀锌时，需方应向供方提供资料或样品，以决定这些钢热浸镀锌后是否能获得满意的结果，含硫的易切削钢不适合热浸镀锌。

C.1.2　表面状态

进入热浸镀锌之前的基体金属表面应干净。酸洗是清洗表面的推荐方法，但是应避免过度酸洗。不能酸洗掉的表面污物，如：碳膜（如轧制油的残余物）、油污、油漆、焊渣以及类似的污染物应在酸洗前去除，去除这些杂质的责任应由供需双方商定。

铸铁件表面应尽可能无孔隙和缩孔，并应采用喷砂、抛丸、电解酸洗或其他适用于铸铁件的方法进行清理。

C. 1. 3　钢材的表面粗糙度对镀锌层厚度的影响

钢表面粗糙度对镀层厚度和镀层结构有影响，基体金属表面不均匀性在热浸镀锌后仍会保留。

钢材在酸洗前进行喷砂、粗磨等处理可获得粗糙表面，如此处理的钢材热浸镀锌后获得的镀层要厚于仅进行酸洗处理的。相反，表面光滑的制件较难获得较厚的镀锌层。

火焰切割改变了火焰切割区域内钢材的组织和成分，以至于该区域内难以得到 6. 2 节以及表 2 和表 3 规定的镀层厚度，为了得到规定的镀层厚度，可磨去火焰切割表面后再热浸镀锌。

C. 1. 4　基体金属中的活性元素对镀锌层厚度及外观的影响

大多数钢都能满意地热浸镀锌，但是钢中的一些活性元素会影响热浸镀锌，如硅（Si）和磷（P）。钢材的表面成分将会影响镀锌层的厚度和外观。在一定的成分范围内，硅和磷可能会导致形成不均匀的光亮和（或）暗灰色镀层。这些部位的镀层可能较脆较厚。法国标准 NF A35-503：1994（见参考文献）给出了可适用于热浸镀锌的钢及性能指南，但是关于钢种特殊元素影响的研究仍在进行之中［参见 ISO14713（见参考文献）］。

C. 1. 5　基体金属中的内应力

基体金属中部分应力在热浸镀锌过程中会去除，同时可能会引起镀锌制件的变形。

钢制件经一定程度的冷加工（例如弯曲）后会变脆，这取决于钢的种类和冷加工程度。热浸镀锌是一个热处理过程，如果被镀钢材对形变时效敏感，会加速形变时效的发生而使钢铁制件脆化。为了避免这种脆化危险，可使用对形变时效-硬化不敏感的钢。如果认为某种钢对形变时效敏感，在可能的情况下应避免深度冷加工；若不能避免深度冷加工，则应在酸洗和热浸镀锌前进行去应力热处理。

注：形变时效硬化敏感性和随时产生的脆性增加主要是由钢中氮所引起，更确切地说极大地取决于钢的生产过程。在现代化工工业生产中，一般不会产生此类问题。铝镇静钢可将形变时效降到最低程度。

经过热处理和冷加工强化的钢在热浸镀锌的同时还会受热回火而使经热处理或冷加工获得的强度降低。

淬火钢和（或）经深度拉伸的钢会有内应力，如此大的内应力可使酸洗和热浸镀锌过程增加钢制件在锌浴中开裂的危险性。在酸洗和热浸镀锌前对制件进行消除应力处理可以减小这种开裂风险。但是对此类钢材进行热浸镀锌处理时应向专家咨询。

结构钢一般不会在酸洗时由于吸氢而产生脆断，残留的氢（即使有的话）一般不会影响结构钢，对于结构钢而言，被吸入的氢在热浸镀锌过程中会被释放出去，如果钢的硬度高于 34HRC、340HV 或 325HB（见 ISO 4964），在前处理中应尽量将吸氢量降到最低程度。

对于防止脆断而言，如果某个地方的经验表明，特殊的钢材预处理、热处理和机械处理、酸洗以及热浸镀锌方法可以获得满意的结果，则这些经验对于其他地方相同的钢材预处理、热处理和机械处理、酸洗以及热浸镀锌方法将具有指导作用。

C.1.6 制件几何尺寸的影响

大尺寸和常规则制造方法制成的厚钢件的冶金学性质要求制件在热浸镀锌浴中停留较长的时间，这会导致形成厚的镀层。

C.1.7 热浸镀锌工艺

作为热浸镀锌处理技术的一部分，在热浸镀锌浴（符合4.3节的要求）中加入少量合金元素，可以显著地降低硅和磷的不利影响（见C.1.4）或改善镀层外观。这些添加元素不影响热浸镀锌层的一般质量、耐腐蚀寿命和镀锌产品的力学性能，对此类添加元素无需进行标准化。

C.2 设计

C.2.1 总则

热浸镀锌制件的设计应适应热浸镀锌工艺，在设计和制造热浸镀锌产品前，需方应向热浸镀锌厂家进行咨询，因为可能有必要使制件的结构适合于热浸镀锌工艺。

C.2.2 配合螺纹件的尺寸公差

有两种不同的预留加工的余量方法：一是下切外螺纹；二是上切内螺纹。如果是紧固件可参见有关紧固件的规定和标准，一般情况下有配合要求的螺纹件上应预留加工余量，以容纳镀层厚度。对热浸镀锌后加工出或再加工出的内螺纹上的镀层不做要求。

螺纹元件的镀层厚度指的是螺纹元件经热浸镀锌的后立即进行离心或爆锌处理而获得的镀层厚度，进行这样的后处理的目的是保证螺纹清洁。

注1：内外螺纹件配合在一起时，外螺纹件上的镀层可对螺纹形成阴极保护，因此不要求内螺纹上有镀锌层。

注2：经热浸镀锌的螺纹件应有足够的强度以满足原设计的要求。

C.2.3 工艺加热的影响

在热浸镀锌浴中加热会受到不利影响的材料不应热浸镀锌。

C.3 热浸镀锌浴

在有特殊要求的场合，需方可规定镀锌浴和镀锌层中的添加元素或杂质的含量。

特别是要对锅炉（即热水贮槽和罐）进行热浸镀锌处理并将其与热浸镀锌钢管一道用于饮用水系统的情况下，需方可要求其镀层成分同样符合EN10240（见参考文献）对管子镀层提出的成分要求。

C.4 后处理

一般情况下，当制件还是热的和湿的状态时，制件不应堆集在一起。小制件可散放在料筐中或置于料架上，从热浸镀锌浴中取出后立即离心甩掉或爆除多余的锌。

为了防止制件在潮湿环境中存放时表面产生白锈，不再涂装的制件镀锌后应进行适当的表面处理。如果制件镀锌后要涂漆或粉末喷涂，需方应在热浸镀锌之前告知供方。

C.5 漏镀面和损伤面的修复

若制件镀锌后需要涂装，供方应告知需方允许对损伤面进行修复，还应告知修复漏镀或损伤区域的推荐方法和材料。需方和后续涂层的涂覆方应保证后续涂层体系所采用的修复方法和材料的相容性。

6.3节规定了修复层厚度的验收要求。损伤面的现场修复可以采用同样的方法进行。

修复面的大小应与漏镀面的大小一致；如果某一尺寸的漏镀面是可以接受的，则同样大小的修复面也应是可以接受的。

C.6　附着力试验

镀层与基体结合力强是热浸镀锌工艺的特点，所以通常不需测试镀锌层和基体制件的结合力。但是一般厚度的热浸镀锌工件在使用和大操作条件下应没有剥落和起皮现象。若必须测试结合力，例如：制件在使用和安装过程中要承受较大的机械应力，则供需双方可参照被镀制件的服役条件协商选定适当试验方法。刻划十字的试验方法对评价镀层的力学性能有一定的参考意义，但是在某些条件下试验的要求要高于使用要求。另外也可采用锤击法和锉刀法。

任何建议的附着力试验都应取得供需双方同意，并应符合实际的工况条件。

附录 D
（规范性附录）
安全要求

D.1　热浸镀锌生产过程应按国家有关安全、环保和人体健康的法则和标准要求进行。

D.2　严禁对包含有封闭内腔的制件进行热浸镀锌，除非在封闭内腔适当开孔，以防止封闭内腔内的空气受热后压力增加产生爆炸。另外，适当开孔可保证热浸镀锌后，内腔内的锌液能顺利地流出。在国家的安全和健康法规未具体设计内腔的排气和倒流问题的情况下，需方应提供开孔的方法或其他处理措施，否则由供方自行处理。开孔排气导流的方法可参见 ISO 14713（见参考文献）。

D.3　未经完全烘干的制件，表面会残留溶剂和水溶液或其他水分，浸入锌浴后会爆炸，应采取措施防止飞溅的锌液烫伤人体。

附录 E
（资料性附录）
厚度测定

E.1　总则

镀锌层厚度的检测方法有破坏法和非破坏法（无损测厚法）。

最常用的非破坏法是磁性法（参见 6.2 节和 GB/T 4956）。电磁法也是一种非破坏试验方法（参见 ISO 2808）。

破坏法包括称量法（参见 GB/T 13825）、阳极溶解库仑法（参见 GB/T 4955）和横断面显微镜法（参见 GB/T 6462）。

应仔细研究第 3 项，特别是对使用磁性法得到的局部厚度和平均厚度的关系有争议时，其测量结果应以称量法为准。

E.2　单位面积镀层镀覆量与镀层厚度之间的换算（参考方法）

用 GB/T 13825 规定的称量法可测出单位面积镀层的镀覆量，用 g/m^2 表示，除以镀层密度（$7.2g/cm^2$）可将镀层的镀覆量换算成镀层厚度。与表 2 和表 3 中镀层厚度对应的近似镀层的镀覆量见表 E.1 和表 E.2。

表 E.1 未经离心处理的镀层的镀覆量和厚度的关系

制件及其厚度/mm	局部值		平均值	
	镀覆量/g·m⁻²	厚度/mm	镀覆量/g·m⁻²	厚度/mm
钢厚度≥6	505	70	610	85
3≤钢厚度<6	395	55	505	70
1.5≤钢厚度<3	325	45	395	55
钢厚度<1.5	250	35	325	45
铸铁厚度≥6	505	70	575	80
铸铁厚度<6	430	60	505	70

表 E.2 经离心处理的镀层的镀覆量和厚度的关系

制件及其厚度/mm		局部值		平均值	
		镀覆量/g·m⁻²	厚度/mm	镀覆量/g·m⁻²	厚度/mm
螺纹件	直径≥20	325	45	395	55
	6≤直径<20	250	35	325	45
	直径<6	145	20	180	25
其他制件（包括铸铁）	厚度≥3	325	45	395	55
	厚度<3	250	35	325	45

（七）中国彩色涂层钢板及钢带标准

1 范围

本标准规定了彩色涂层钢板及钢带的术语和定义、分类和代号、尺寸、外形、重量、技术要求、检验和试验、包装、标志及质量证明书等。

本标准适用于建筑内、外用途的彩色涂层钢板及钢带（以下简称为彩涂板）。家电及其他用途的彩涂板可参考使用。

2 规范性引用文件

下列文件中的条款通过本标准的引用而成为本标准的条款。凡是注日期的引用文件，其随后所有的修改单（不包括勘误的内容）或修订版均不适用于本标准，然而，鼓励根据本标准达成协议的各方研究是否可使用这些文件的最新版本。凡是不注日期的引用文件，其最新版本适用于本标准。

GB/T 228 金属材料 室温拉伸试验方法（eqv ISO 6892：1998）

GB/T 247 钢板和钢带检验、包装、标志及质量证明书的一般规定

GB/T 1766—1995 色漆和清漆 涂层老化的评级方法

GB/T 1839 钢产品镀锌层质量试验方法

GB/T 2975 钢及钢产品力学性能试验取样位置及试样制备（eqv ISO 377：1997）

GB/T 13448 彩色涂层钢板及钢带试验方法

GB/T 15957—1995 大气环境腐蚀性分类

GB/T 17505 钢及钢产品交货一般技术要求［eqv ISO 404：1992（E）］

GB/T 19292.1—2003 金属和合金的腐蚀 大气腐蚀性分类（ISO 9223：1992，IDT）

3 术语和定义

下列术语和定义适用于本标准。

3.1 彩涂板 prepainted steel sheet

在经过表面预处理的基板上连续涂覆有机涂料（正面至少为两层），然后进行烘烤固化成的产品。

3.2 基板 steel substrate

用于涂覆涂料的钢带。

3.3 正面 top side

通常指彩涂板两个表面中对颜色、涂层性能、表面质量等有较高要求的一面。

3.4 反面 bottom side

彩涂板相对于正面的另一个表面。

3.5 建筑外用 building exterior applications

受外部大气环境影响的用途。

3.6 建筑内用 building interior applications

受内部气氛影响的用途。

3.7 硬度 hardness

涂层抵抗擦划伤、摩擦、碰撞、压入等机械作用的能力。

3.8 柔韧性 flexibility

涂层与基板共同变形而不发生破坏的能力。

3.9 附着力 adhesion

涂层间或涂层与基板间结合的牢固程度。

3.10 使用寿命 life to the first major maintenance

从生产结束时开始到原始涂层的性能下降到必须对其进行大修才能维持其对基板的保护作用时的间隔时间。

3.11 耐久性 durability

涂层达到规定使用寿命的能力。

3.12 老化 weathering

涂层在使用环境的影响下性能逐渐发生劣化的现象。

4 分类和代号

4.1 牌号命名方法

彩涂板的牌号由彩涂代号、基板特性代号和基板类型代号三个部分组成，其中基板特性代号和基板类型代号之间用加号“+”连接。

4.1.1 彩涂代号用“涂”字汉语拼音的第一个字母“T”表示。

4.1.2 基板特性代号

a）冷成形用钢

电镀基板时由三个部分组成，其中第一部分为字母“D”，代表冷成形用钢板；第二部分为字母“C”，代表轧制条件为冷轧；第三部分为两位数字序号，即01、03和04。

热镀基板时由四个部分组成，其中第一部分和第二部分与电镀基板相同，第三部分为两位数字序号，即51、52、53和54；第四部分为字母“D”，代表热镀。

b）结构钢

由四个部分组成，其中第一部分为字母“S”，代表结构钢；第二部分为3位数字，代表规定的最小屈服强度（单位为MPa），即250、280、300、320、350、550；第三部分为字母“G”，代表热处理；第四部分为字母“D”，代表热镀。

4.1.3　基板类型代号

“Z”代表热镀锌基板，“ZF”代表热镀锌铁合金基板，“AZ”代表热镀铝锌合金基板，“ZA”代表热镀锌铝合金基板，“ZE”代表电镀锌基板。

4.2　彩涂板的牌号及用途见表1。

表1　彩涂板的牌号及用途

彩涂板的牌号					用　途
热镀锌基板	热镀锌铁合金基板	热镀铝锌合金基板	热镀锌铝合金基板	电镀锌基板	
TDC51D + Z	TDC51D + ZF	TDC51D + AZ	TDC51D + ZA	TDC01 + ZE	一般用
TDC52D + Z	TDC52D + ZF	TDC52D + AZ	TDC52D + ZA	TDC03 + ZE	冲压用
TDC53D + Z	TDC53D + ZF	TDC53D + AZ	TDC53D + ZA	TDC04 + ZE	深冲压用
TDC54D + Z	TDC54D + ZF	TDC54D + AZ	TDC54D + ZA	—	特深冲压用
TS250GD + Z	TS250GD + ZF	TS250GD + AZ	TS250GD + ZA	—	结构用
TS280GD + Z	TS280GD + ZF	TS280GD + AZ	TS280GD + ZA	—	
—	—	TS300GD + AZ	—	—	
TS320GD + Z	TS320GD + ZF	TS320GD + AZ	TS320GD + ZA	—	
TS350GD + Z	TS350GD + ZF	TS350GD + AZ	TS350GD + ZA	—	
TS550GD + Z	TS550GD + ZF	TS550GD + AZ	TS550GD + ZA	—	

4.3　彩涂板的分类及代号见表2。如需表2以外用途、基板类型、涂层表面状态、面漆种类、涂层结构和热镀锌基板表面结构的彩涂板应在订货时协商。

表2　彩涂板的分类及代号

分　类	项　目	代　号
用　途	建筑外用	JW
	建筑内用	JN
	家　电	JD
	其　他	QT
基板类型	热镀锌基板	Z
	热镀锌铁合金基板	ZF
	热镀铝锌合金基板	AZ
	热镀锌铝合金基板	ZA
	电镀锌基板	ZE

续表2

分 类	项 目	代 号
涂层表面状态	涂层板	TC
	压花板	YA
	印花板	YI
面漆种类	聚酯	PE
	硅改性聚酯	SMP
	高耐久性聚酯	HDP
	聚偏氟乙烯	PVDF
涂层结构	正面二层、反面一层	2/1
	正面二层、反面二层	2/2
热镀锌基板表面结构	光整小锌花	MS
	光整无锌花	FS

5 订货所需信息

订货时需方应提供如下信息：

a）产品名称（钢板或钢带）

b）本产品标准号

c）牌号

d）产品规格

e）尺寸、不平度精度

f）钢卷内径（钢带时）

g）基板镀层重量

h）基板表面结构（热镀锌基板时）

i）涂层结构

j）涂层表面状态

k）面漆种类和颜色

l）重量

m）包装方式

n）用途

o）其他特殊要求

6 尺寸、外形、重量及允许偏差

6.1 尺寸

6.1.1 彩涂板的尺寸范围见表3。

表3 彩涂板的尺寸范围（mm）

序 号	项 目	公 称 尺 寸
1	公称厚度	0.20～2.0
2	公称宽度	600～1600
3	钢板公称长度	1000～6000
4	钢卷内径	450、508 或 610

6.1.2 彩涂板的厚度为基板的厚度，不包含涂层厚度。

6.1.3 彩涂板的尺寸允许偏差应符合附录A的规定。

6.2 彩涂板的外形允许偏差应符合附录A的规定。

6.3 彩涂板按实际重量交货。

6.4 如需方对尺寸、外形、重量及允许偏差有特殊要求应在订货时协商。

7 技术要求

7.1 力学性能

7.1.1 彩涂板的力学性能应符合附录B的规定，如对力学性能有特殊要求应在订货时协商。

7.1.2 供方如能保证，可以用基板的力学性能代替彩涂板的力学性能。

7.2 基板类型和镀层重量

7.2.1 彩涂板的基板类型见表2，如需其他类型的基板应在订货时协商。

7.2.2 热镀锌基板、热镀锌铁合金基板、热镀铝锌合金基板和热镀锌铝合金基板应进行光整处理，其中热镀锌基板的表面结构应为光整小锌花或光整无锌花，如采用其他表面结构的基板应在订货时协商。

7.2.3 各类型基板在不同腐蚀性环境中推荐使用的公称镀层重量见表4。

表4 公称镀层重量（g/m^2）

基板类型	公称镀层重量		
	使用环境的腐蚀性		
	低	中	高
热镀锌基板	90/90	125/125	140/140
热镀锌铁合金基板	60/60	75/75	90/90
热镀铝锌合金基板	50/50	60/60	75/75
热镀锌铝合金基板	65/65	90/90	110/110
电镀锌基板	40/40	60/60	—

注：使用环境的腐蚀性很低和很高时，镀层重量由供需双方在订货时协商。

7.2.4 镀层重量每面三个试样平均值应不小于相应面的公称镀层重量，单个试样值应不小于相应面公称镀层重量的85%。

7.3 正面涂层性能

7.3.1 涂料种类

7.3.1.1 彩涂板的面漆种类见表2，如需其他种类的面漆应在订货时协商。

7.3.1.2 底漆种类通常不作要求，如有要求应在订货时协商。

7.3.2 涂层厚度

7.3.2.1 涂层厚度为初涂层和精涂层厚度的和。

7.3.2.2 涂层厚度应不小于20μm，如小于20μm应在订货时协商。

7.3.2.3 涂层厚度为三个试样平均值，单个试样值应不小于最小规定值的90%。

7.3.3 涂层色差

如对涂层色差有要求应在订货时协商。

7.3.4　涂层光泽

7.3.4.1　涂层光泽使用60°镜面光泽，光泽分为低、中和高三级，各级别的光泽度应符合表5的规定。

表5　各级别的光泽度

级别（代号）	光泽度
低（A）	≤40
中（B）	40～70
高（C）	>70

7.3.4.2　光泽度三个试样值均应符合表5的相应规定，每批产品光泽度差值应不大于10个光泽单位。

7.3.4.3　涂层光泽通常按低、中光泽供货，需高光泽时应在订货时说明，如对光泽有特殊要求应在订货时协商。

7.3.5　涂层硬度

7.3.5.1　涂层硬度通常用铅笔硬度试验进行评价，如需用耐磨性、耐划伤等试验作进一步评价应在订货时协商。

7.3.5.2　铅笔硬度试验

7.3.5.2.1　各种面漆的铅笔硬度应符合表6的规定，如对铅笔硬度有特殊要求应在订货时协商。

表6　各种面漆的铅笔硬度

面漆种类	铅笔硬度（不小于）
聚　酯	F
硅改性聚酯	
高耐久性聚酯	HB
聚偏氟乙烯	

7.3.5.2.2　铅笔硬度三个试样值均应符合表6的相应规定。

7.3.6　涂层柔韧性/附着力

7.3.6.1　涂层柔韧性/附着力通常用弯曲试验和反向冲击试验进行评价，如需用划格、杯突等试验作进一步评价应在订货时协商。

7.3.6.2　弯曲试验

7.3.6.2.1　弯曲性能分为低、中和高三级，各级别的T弯值应符合表7的规定。

表7　各级别的T弯值

级别（代号）	T弯值（不大于）
低（A）	5T
中（B）	3T
高（C）	1T

7.3.6.2.2　弯曲试验三个试样值均应符合表7的相应规定。

7.3.6.2.3　弯曲试样用胶带剥离后弯曲处不应有涂层剥落，距试样边部10mm以内的涂层脱落不计，如要求弯曲处无肉眼可见的开裂应在订货时协商。

7.3.6.2.4 T弯通常按低级供货，需中、高级时应在订货时说明，如对T弯有特殊要求应在订货时协商。

7.3.6.2.5 厚度大于0.80mm或规定的最小屈服强度不小于550MPa的彩涂板对弯曲试验不作要求。

7.3.6.3 反向冲击试验

7.3.6.3.1 反向冲击性能分为低、中和高三级，各级别的冲击功应符合表8的规定。

表8 各级别的冲击功（J）

级别（代号）	冲击功（不小于）
低（A）	6
中（B）	9
高（C）	12

7.3.6.3.2 反向冲击试验三个试样值均应符合表8的相应规定。

7.3.6.3.3 反向冲击试样用胶带剥离后变形区不应有涂层剥落，如要求变形区无肉眼可见的开裂应在订货时协商。

7.3.6.3.4 反向冲击通常按低级供货，需中、高级时应在订货时说明，如对冲击功有特殊要求应在订货时协商。

7.3.6.3.5 厚度小于0.4mm或规定的最小屈服强度不小于550MPa的彩涂板对冲击试验不作要求。

7.3.7 涂层耐久性

7.3.7.1 涂层耐久性通常用耐中性盐雾试验和紫外灯加速老化试验进行评价，如需用氙灯加速老化、耐湿热和耐二氧化硫湿热等试验作进一步评价，应在订货时协商。

7.3.7.2 耐中性盐雾试验

7.3.7.2.1 各种面漆的耐中性盐雾试验时间应符合表9的规定，如对试验时间有特殊要求应在订货时协商。

表9 各种面漆的耐中性盐雾试验时间（h）

面漆种类	耐中性盐雾试验时间（不小于）
聚　酯	480
硅改性聚酯	600
高耐久性聚酯	720
聚偏氟乙烯	960

7.3.7.2.2 耐中性盐雾试验三个试样值均应符合表9的相应规定。

7.3.7.2.3 在表9规定的时间内，试样起泡密度等级和起泡大小等级应不大于GB/T 1766中规定的3级，但不允许起泡密度等级和起泡大小等级同时为3级。

7.3.7.3 紫外灯加速老化试验

7.3.7.3.1 各种面漆的紫外灯加速老化试验时间应符合表10的规定。

表 10　各种面漆的紫外灯加速老化试验时间（h）

面漆种类	试验时间（不小于）	
	UVA-340	UVB-313
聚　酯	600	400
硅改性聚酯	720	480
高耐久性聚酯	960	600
聚偏氟乙烯	1800	1000

7.3.7.3.2　紫外灯加速老化试验三个试样值均应符合表 10 的相应规定。

7.3.7.3.3　在表 10 规定的时间内，试样应无起泡、开裂，粉化应不大于 GB/T 1766 中规定的 1 级。

7.3.7.3.4　面漆为聚酯和硅改性聚酯时通常采用 UVA-340，面漆为高耐久聚酯和聚偏氟乙烯时通常采用 UVB-313。

7.3.7.4　供方如能保证，可不做耐中性盐雾和紫外灯加速老化的检验。

7.3.8　其他性能

如对耐有机溶剂、耐酸碱、耐污染、耐沸水和耐干热等性能有要求，应在订货时协商。

7.4　反面涂层性能

7.4.1　涂层厚度

涂层为一层时，其厚度应不小于 5μm。涂层为两层时，其厚度应不小于 12μm，如小于 12μm，应在订货时协商。

7.4.2　其他性能

涂料种类、涂层色差、涂层光泽、涂层硬度、涂层柔韧性/附着力、涂层耐久性等性能通常不作要求，如有要求，应在订货时协商。

7.5　印花板

除涂层性能应在订货时协商外，其他技术要求应符合相应的规定。

7.6　压花板

供方应保证压花前的彩涂板的技术要求符合相应的规定。

7.7　表面质量

7.7.1　钢板表面不应有气泡、缩孔、漏涂等对使用有害的缺陷。

7.7.2　对于钢卷，由于没有机会切除带缺陷部分，因此钢卷允许带缺陷交货，但有缺陷的部分应不超过每卷总长度的 5%。

7.7.3　彩涂板在使用过程中会发生老化，出现失光、变色、粉化、起泡、开裂、剥落和生锈等缺陷，如对使用过程中出现的缺陷有要求，应在订货时协商。

8　检验和试验

8.1　彩涂板的外观用肉眼检查。

8.2　彩涂板的尺寸、外形应用合适的测量工具测量。

8.3　每批彩涂板的检验项目、试样数量、试样位置和试验方法应符合表 11 的规定。

表 11 试样位置和试验方法

序号	检验项目	试样数量	试样位置	试验方法	备注
1	涂层厚度	3 个/批	在板宽的 1/2 处取一个，在两边距边部 50mm 处各取一个	GB/T 13448	测量点为距边部不小于 50mm 的任意点
2	镜面光泽				—
3	铅笔硬度				—
4	弯曲				试样方向为纵向（沿轧制方向）
5	反向冲击				—
6	镀层重量			GB/T 1839	—
7	拉伸试验	1 个/批	GB/T 2975	GB/T 228	拉伸试样不去除镀层

8.4 耐中性盐雾试验和紫外灯加速老化试验的试样数量、试样位置和试验方法应符合表 12 的规定。

表 12 试样位置和试验方法

序号	检验项目	试样数量	试样位置	试验方法	备注
1	耐中性盐雾	3 个	在板宽的 1/2 处取一个，在两边距边部 50mm 处各取一个	GB/T 13448	平板试样
2	紫外灯加速老化				UVA-340 采用 12h 为一循环周期：8h 紫外光照，黑板温度 60℃ ±3℃，4h 冷凝，黑板温度 50℃ ±3℃。 UVB-313 采用 8h 为一循环周期：4h 紫外光照，黑板温度 60℃ ±3℃，4h 冷凝，黑板温度 50℃ ±3℃

8.5 彩涂板应按批检验，每批应由不大于 30t 的同牌号、同规格、同镀层重量，以及涂层厚度、涂料种类和颜色相同的彩涂板组成。

8.6 彩涂板的复验应符合 GB/T 17505 的规定。

9 包装、标志及质量证明书

彩涂板的包装、标志及质量证明书应符合 GB/T 247 的规定，另外，标志中还应包括基板镀层重量、面漆种类、颜色等内容。

附录 A
（规范性附录）
彩涂板的尺寸、外形允许偏差

A.1 尺寸允许偏差

A.1.1 厚度允许偏差

A.1.1.1 规定的最小屈服强度小于 280MPa 以及牌号为 TDC51D 和 TS550GD 系列的热镀基板彩涂板的厚度（不包括涂层）允许偏差应符合表 A.1 的规定。

表 A.1　涂板的厚度允许偏差（mm）

公称厚度	下列宽度时的厚度允许偏差					
	普通精度 PT. A			高级精度 PT. B		
	≤1200	1200～1500	>1500	≤1200	1200～1500	>1500
0.30～0.40	±0.05	±0.06	—	±0.03	±0.04	—
0.40～0.60	±0.06	±0.07	±0.08	±0.04	±0.05	±0.06
0.60～0.80	±0.07	±0.08	±0.09	±0.05	±0.06	±0.06
0.80～1.00	±0.08	±0.09	±0.10	±0.06	±0.07	±0.07
1.00～1.20	±0.09	±0.10	±0.11	±0.07	±0.08	±0.08
1.20～1.60	±0.11	±0.12	±0.12	±0.08	±0.09	±0.09
1.60～2.00	±0.13	±0.14	±0.14	±0.09	±0.10	±0.10

A.1.1.2　规定的最小屈服强度不小于 280MPa 的热镀基板彩涂板的厚度（不包括涂层）允许偏差应符合表 A.2 的规定。

表 A.2　热镀基板彩涂板的厚度允许偏差（mm）

公称厚度	下列宽度时的厚度允许偏差					
	普通精度 PT. A			高级精度 PT. B		
	≤1200	1200～1500	>1500	≤1200	1200～1500	>1500
0.30～0.40	±0.06	±0.07	—	±0.04	±0.05	—
0.40～0.60	±0.07	±0.08	±0.09	±0.05	±0.06	±0.07
0.60～0.80	±0.08	±0.09	±0.11	±0.06	±0.07	±0.07
0.80～1.00	±0.09	±0.11	±0.12	±0.07	±0.08	±0.08
1.00～1.20	±0.11	±0.12	±0.13	±0.08	±0.09	±0.09
1.20～1.60	±0.13	±0.14	±0.14	±0.09	±0.11	±0.11
1.60～2.00	±0.15	±0.17	±0.17	±0.11	±0.12	±0.12

A.1.1.3　电镀锌基板彩涂板的厚度（不包括涂层）允许偏差应符合表 A.3 的规定。

A.1.1.4　彩涂板的厚度小于 0.30mm 时的厚度允许偏差由供需双方协商。

表 A.3　电镀锌基板彩涂板的厚度允许偏差（mm）

公称厚度	下列宽度时的厚度允许偏差					
	普通精度 PT. A			高级精度 PT. B		
	≤1200	1200～1500	>1500	≤1200	1200～1500	>1500
0.30～0.40	±0.04	±0.05	—	±0.025	±0.035	—
0.40～0.60	±0.05	±0.06	±0.07	±0.035	±0.045	±0.05
0.60～0.80	±0.06	±0.07	±0.08	±0.045	±0.05	±0.05
0.80～1.00	±0.07	±0.08	±0.09	±0.05	±0.06	±0.06
1.00～1.20	±0.08	±0.09	±0.10	±0.06	±0.07	±0.07
1.20～1.60	±0.10	±0.11	±0.11	±0.07	±0.08	±0.08
1.60～2.00	±0.12	±0.13	±0.13	±0.08	±0.09	±0.09

A.1.2 宽度允许偏差

A.1.2.1 热镀基板彩涂板的宽度允许偏差应符合表 A.4 的规定。

表 A.4 热镀基板彩涂板的宽度允许偏差（mm）

公称宽度	宽度允许偏差	
	普通精度 PW. A	高级精度 PW. B
≤1200	0 ~ +5	0 ~ +2
1200 ~ 1500	0 ~ +6	0 ~ +2
>1500	0 ~ +7	0 ~ +3

A.1.2.2 电镀基板彩涂板的宽度允许偏差应符合表 A.5 的规定。

表 A.5 电镀基板彩涂板的宽度允许偏差（mm）

公称宽度	宽度允许偏差	
	普通精度 PW. A	高级精度 PW. B
≤1200	0 ~ +4	0 ~ +2
1200 ~ 1500	0 ~ +5	0 ~ +2
>1500	0 ~ +6	0 ~ +3

A.1.3 彩涂板的长度允许偏差应符合表 A.6 的规定。

表 A.6 彩涂板的长度允许偏差（mm）

公称长度	长度允许偏差	
	普通精度 PL. A	高级精度 PL. B
≤2000	0 ~ +6	0 ~ +3
>2000	(0 ~ +0.003)×公称长度	(0 ~ +0.0015)×公称长度

A.2 外形允许偏差

A.2.1 钢板应切成直角，脱方度应不大于钢板宽度的 1%。

A.2.2 彩涂板的镰刀弯在任意 2000mm 长度上应不大于 6mm。钢板的长度不大于 2000mm 时，其镰刀弯应不大于钢板实际长度的 0.3%。

A.2.3 钢板的不平度应符合表 A.7 的规定。牌号为 TDC51D 系列钢板的不平度按小于 280MPa 的相应规定，规定的最小屈服强度大于 350MPa 时不平度的允许偏差由供需双方协商。

表 A.7 钢板的不平度（mm）

规定的最小屈服强度/MPa	公称宽度	不平度（不大于）					
		普通精度 PF. A			高级精度 PF. B		
		公称厚度			公称厚度		
		<0.70	0.70 ~ 1.2	1.2 ~ 2.0	<0.70	0.70 ~ 1.2	1.2 ~ 2.0
<280	≤1200	10	8	6	5	4	3
	1200 ~ 1500	13	10	8	6	5	4
	>1500	18	15	13	8	7	6
280 ~ 350	≤1200	13	11	8	8	6	5
	1200 ~ 1500	16	13	11	9	8	6
	>1500	21	18	17	12	10	9

A.3　厚度的测量点为距边部不小于 20mm 的任意一点。

附录 B
（规范性附录）
彩涂板的力学性能

彩涂板的力学性能应符合表 B.1、表 B.2 和表 B.3 的规定。

表 B.1　彩涂板的力学性能

牌　号	屈服强度[a] /MPa	抗拉强度 /MPa	断后伸长率（L_0 = 80mm，b = 20mm）（不小于）/% 公称厚度/mm ≤0.70	>0.70
TDC51D + Z、TDC51D + ZF、TDC51D + AZ、TDC51D + ZA	—	270 ~ 500	20	22
TDC52D + Z 、TDC52D + ZF、TDC52D + AZ、TDC52D + ZA	140 ~ 300	270 ~ 420	24	26
TDC53D + Z、TDC53D + ZF、TDC53D + AZ、TDC53D + ZA	140 ~ 260	270 ~ 380	28	30
TDC54D + Z、TDC54D + AZ、TDC54D + ZA	140 ~ 220	270 ~ 350	34	36
TDC54D + ZF	140 ~ 220	270 ~ 350	32	34

注：拉伸试验试样的方向为横向（垂直轧制方向）。
a　当屈服现象不明显时采用 $R_{p0.2}$，否则采用 R_{eL}。

表 B.2　彩涂板的力学性能

牌　号	屈服强度[a]（不小于）/MPa	抗拉强度（不小于）/MPa	断后伸长率（L_0 = 80mm，b = 20mm）（不小于）/% 公称厚度/mm ≤0.70	>0.70
TS250GD + Z、TS250GD + ZF、TS250GD + AZ、TS250GD + ZA	250	330	17	19
TS280GD + Z、TS280GD + ZF、TS280GD + AZ、TS280GD + ZA	280	360	16	18
TS300GD + AZ	300	380	16	18
TS320GD + Z、TS320GD + ZF、TS320GD + AZ、TS320GD + ZA	320	390	15	17
TS350GD + Z、TS350GD + ZF、TS350GD + AZ、TS350GD + ZA	350	420	14	16
TS550GD + Z、TS550GD + ZF、TS550GD + AZ、TS550GD + ZA	550	560	—	—

注：拉伸试验试样的方向为纵向（沿轧制方向）。
a　当屈服现象不明显时采用 $R_{p0.2}$，否则采用 R_{eH}。

表 B.3　彩涂板的力学性能

牌　号	屈服强度[a,b] /MPa	抗拉强度（不小于）/MPa	断后伸长率（L_0 = 80mm，b = 20mm）（不小于）/% 公称厚度/mm ≤0.50	0.50 ~ 0.7	>0.7
TDC01 + ZE	140 ~ 280	270	24	26	28
TDC03 + ZE	140 ~ 240	270	30	32	34
TDC04 + ZE	140 ~ 220	270	33	35	37

注：拉伸试验试样的方向为横向（垂直轧制方向）。
a　当屈服现象不明显时采用 $R_{p0.2}$，否则采用 R_{eL}。
b　公称厚度 0.50 ~ 0.7mm 时，屈服强度允许增加 20MPa。公称厚度≤0.50mm 时，屈服强度允许增加 40MPa。

附录 C

（资料性附录）

国内外彩涂板常用基板近似牌号（钢级）对照表

热镀锌和热镀锌铁合金基板、热镀铝锌合金基板、热镀锌铝合金基板、电镀锌基板国内外近似牌号（钢级）对照表分别见表 C.1、表 C.2、表 C.3 和表 C.4。

表 C.1 国内外彩涂板常用基板近似牌号对照

EN 10142—2000、EN 10147—2000	JIS G 3302—1998	ASTM A653M—2004a	GB/T 2518—2004
DX51D + Z、DX51D + ZF	SGCC	CS	02
DX52D + Z、DX52D + ZF	SGCD1	FS	03
DX53D + Z、DX53D + ZF	SGCD2	DDS	04
DX54D + Z、DX54D + ZF	SGCD3	—	05
S250GD + Z、S250GD + ZF	SGC340	SS255	250
S280GD + Z、S280GD + ZF	—	SS275	280
S320GD + Z、S320GD + ZF	—	—	320
S350GD + Z、S350GD + ZF	—	SS340	350
S550GD + Z、S550GD + ZF	SGC570	SS550	550

表 C.2 国内外彩涂板常用基板近似牌号对照

EN 10215—1995	JIS G 3321—1998	ASTM A792M—2003	AS/NZS 1397—2001
DX51D + AZ	SGLCC	CS	G2
DX52D + AZ	SGLCD	FS	G3
DX53D + AZ	—	DS	—
DX54D + AZ	—	—	—
S250GD + AZ	—	SS255	G250
S280GD + AZ	—	SS275	
—	—	—	G300
S320GD + AZ	—	—	—
S350GD + AZ	—	SS340	G350
S550GD + AZ	SGLC570	SS550	G550

表 C.3 国内外彩涂板常用基板近似牌号对照

EN 10214—1995	JIS G 3317—1994	ASTM A875M—2002a
DX51D + ZA	SZACC	CS
DX52D + ZA	SZACD1	FS
DX53D + ZA	SZACD2	DDS
DX54D + ZA	SZACD3	—
S250GD + ZA	SZAC340	SS255
S280GD + ZA	—	SS275
S320GD + ZA	—	—
S350GD + ZA	—	SS340
S550GD + ZA	SZAC570	SS550

表 C.4 国内外彩涂板常用基板近似牌号对照

EN 10152—2003	JIS G 3313—1998	ASTM A591M—1998
DC01 + ZE	SECC	CS
DC03 + ZE	SECD	DS
DC04 + ZE	SECE	DDS

参考文献

[1] 李九岭. 带钢连续热镀锌（第3版）[M]. 北京：冶金工业出版社，2010.
[2] 李九岭，许秀飞，李守华. 带钢连续热镀锌生产问答[M]. 北京：冶金工业出版社，2011.
[3] 卢锦堂，许乔瑜，孔钢. 热浸镀技术与应用[M]. 北京：机械工业出版社，2006.
[4] 许秀飞. 带钢热镀锌技术问答[M]. 北京：化学工业出版社，2007.
[5] 许秀飞. 带钢连续涂镀和退火疑难对策[M]. 北京：化学工业出版社，2010.
[6] 张启富，刘邦津，黄建中. 现代钢带连续热镀锌[M]. 北京：冶金工业出版社，2007.
[7] 顾国城，刘邦津. 热浸镀[M]. 北京：化学工业出版社，1988.
[8] 朱立. 钢材热镀锌[M]. 北京：化学工业出版社，2006.
[9] 刘邦津. 钢材的热浸镀铝[M]. 北京：冶金工业出版社，1995.
[10] Бугаков В З. Диффузия в металлахи сплавах. Гостехиздаг. Москва. 中译本：金属与合金中的扩散[M]. 北京：科学出版社，1959.
[11] Смирнов А В. Горячее пинкование，Металлургиздаг，Москва，1953. 中译本：热镀锌[M]. 北京：冶金工业出版社，1959.
[12] Томашов Н Д. Теория коррозии металлов，Металлургиздат，Москва. 中译本：金属腐蚀理论[M]. 北京：科学出版社，1957.
[13] 王义生. 国外钢管热镀锌生产[M]. 北京：冶金工业出版社，1982.
[14] Bablik H. Galvanizing（Hot-Dip）. 中译本：热镀锌理论与工艺[M]. 北京：冶金工业出版社，1959.
[15] 陈厚载. 热镀锌技术1000例[M]. 上海：上海交通大学出版社，1994.
[16] 何福朝，尹镇东，王高明. 镀锌实践概论[M]. 北京：友谊出版社，1984.
[17] 潘晓笛. 热镀锌[M]. 兰州：甘肃人民出版社，1985.
[18] 蔡乔方. 加热炉[M]. 北京：冶金工业出版社，1983.
[19] 周良，朱振明，谢崇峻. 钢丝的连续生产[M]. 北京：冶金工业出版社，1988.
[20] 何英介. 工业炉节能技术[M]. 济南：山东科学技术出版社，1984.
[21] 臧尔寿. 热处理炉[M]. 北京：冶金工业出版社，1983.
[22] 杨满. 实用热处理技术手册[M]. 北京：机械工业出版社，2010.

冶金工业出版社部分图书推荐

书　　名	定价(元)
带钢连续热镀锌(第3版)	86.00
带钢连续热镀锌生产问答	48.00
冶金资源综合利用	46.00
金属表面处理与防护技术	36.00
气相防锈材料及技术	29.00
现代钢带连续热镀锌	228.00
锌的腐蚀与电化学	59.00
有色金属特种功能粉体材料制备技术及应用	45.00
有色金属及合金的熔炼与铸锭	39.00
原铝及其合金的熔炼与铸造	59.00
水平连铸与同水平铸造	76.00
材料成形控制工程基础教程	35.00
金精矿焙烧预处理冶炼技术	65.00
铁合金冶炼工艺学	42.00
轧制工艺润滑原理、技术与应用(第2版)	49.00
铁合金生产知识问答	28.00
无机材料工厂工艺设计概论	45.00
二氧化锆制备工艺与应用	39.00
现代铸铁学(第2版)	59.00
现代铝电解(平装)	108.00
脉冲复合电沉积的理论与工艺	29.00
铁矿石检验结果的数据处理	42.00
铁矿石国际标准制定及应对策略	56.00
铁矿石资源的战略研究	35.00
铁矿石取制样及物理检验	59.00
铁矿石商品的检验管理	55.00
伴生金银综合回收	39.00
锆铪冶金	60.00
锆铪及其化合物应用	45.00
钨钼冶金	79.00
二十辊轧机及高精度冷轧钢带生产	69.00
热轧带钢轧后层流冷却控制系统	18.00
真空镀膜设备	26.00
真空镀膜技术	59.00